国家出版基金资助项目

现代农业科技专著大系

中国大白菜育种学

Chinese Cabbage Breeding

柯桂兰　主编

中国农业出版社

图书在版编目(CIP)数据

中国大白菜育种学/柯桂兰主编．—北京：中国农业出版社，2009.12
ISBN 978-7-109-14211-4

Ⅰ. 中… Ⅱ. 柯… Ⅲ. 大白菜—育种—中国 Ⅳ. S634.103.6

中国版本图书馆 CIP 数据核字(2009)第 212048 号

中国农业出版社出版
（北京市朝阳区农展馆北路 2 号）
（邮政编码 100125）
责任编辑 孟令洋

北京中科印刷有限公司印刷 新华书店北京发行所发行
2010 年 3 月第 1 版 2010 年 3 月北京第 1 次印刷

开本：787mm×1092mm 1/16 印张：29.5 插页：4
字数：700 千字 印数：1～2 000 册
定价：150.00 元

《中国大白菜育种学》编委会

编　　委：（按姓氏笔画排序）

王玉海　王均邦　王翠花　冯　辉
孙日飞　李明远　李省印　何启伟
宋胭脂　张　斌　张凤兰　张晓伟
赵利民　柯桂兰　闻凤英　徐家炳
曹家树　程永安

编委会秘书：赵利民

审　　稿：何启伟　曹家树　柯桂兰

主　　编：柯桂兰

副 主 编：何启伟　徐家炳　孙日飞　冯　辉　张凤兰　曹家树

编写人员：（按姓氏笔画排序）

于占东　（山东省农业科学院蔬菜研究所）
于拴仓　（北京市农林科学院蔬菜研究中心）
王子欣　（河北省农业科学院经济作物研究所）
王玉海　（河北省农业科学院经济作物研究所）
王翠花　（山东省农业科学院蔬菜研究所）
韦石泉　（沈阳农业大学植保学院）
冯　辉　（沈阳农业大学园艺学院）
朴钟云　（沈阳农业大学园艺学院）
刘　凡　（北京市农林科学院蔬菜研究中心）
刘学岷　（河北省农业科学院经济作物研究所）
刘学敏　（东北农业大学农学院）

刘焕然 （西北农林科技大学园艺学院）
孙日飞 （中国农业科学院蔬菜花卉研究所）
李明远 （北京市农林科学院植物保护研究所）
李省印 （西北农林科技大学园艺学院）
杨晓云 （青岛市农业科学研究院）
吴春燕 （山东省农业科学院蔬菜研究所）
何启伟 （山东省农业科学院蔬菜研究所）
余阳俊 （北京市农林科学院蔬菜研究中心）
宋廷宇 （山东省农业科学院蔬菜研究所）
宋胭脂 （西北农林科技大学园艺学院）
张　斌 （天津科润农业科技股份有限公司蔬菜研究所）
张凤兰 （北京市农林科学院蔬菜研究中心）
张晓伟 （河南省农业科学院生物技术研究所）
张鲁刚 （西北农林科技大学园艺学院）
赵利民 （西北农林科技大学园艺学院）
胡齐赞 （浙江省农业科学院蔬菜研究所）
柯桂兰 （西北农林科技大学园艺学院）
闻凤英 （天津科润农业科技股份有限公司蔬菜研究所）
原玉香 （河南省农业科学院生物技术研究所）
徐家炳 （北京市农林科学院蔬菜研究中心）
曹家树 （浙江大学蔬菜研究所）
崔崇士 （东北农业大学园艺学院）
蒋武生 （河南省农业科学院生物技术研究所）
程永安 （西北农林科技大学园艺学院）

序

大白菜起源于我国，是我国的特产蔬菜，深受广大消费者喜爱。同时，大白菜也是我国栽培面积最大的蔬菜作物，在蔬菜周年均衡供应中占有非常重要的地位。新中国成立以来，特别是改革开放以来，党和政府十分重视大白菜等主要蔬菜的科学研究工作。从“六五”至“十五”期间，国家组织了主要蔬菜育种研究的协作攻关，20 多年来取得了重大进展，成绩斐然。其中，我国在大白菜杂种优势育种研究方面的成绩尤为突出，例如，在抗病育种工作中已经建立了多抗性育种的技术体系，大大缩小了与世界先进水平的差距；在大白菜雄性不育系选育与利用、单倍体和多倍体育种等方面则处于世界领先地位；在大白菜分子标记辅助育种和基因工程研究方面，也做了大量卓有成效的工作，为常规育种与生物技术育种相结合，进一步提高我国的大白菜育种水平奠定了基础。多年来，全国大白菜育种工作者辛勤耕耘，育成了众多的大白菜优良杂种一代新品种在全国推广，已经实现了多次品种更新，为我国大白菜的丰产、稳产，满足市场供应，增加菜区农民收入作出了重大贡献，获得了多项国家级奖励成果。

在进入新世纪之初，认真总结大白菜的育种工作，编著一部代表我国的研究水平，能够发挥承上启下作用，进而推动我国大白菜育种再上新台阶的大白菜育种专著，是广大蔬菜育种工作者，特别是年轻育种工作者的迫切愿望和要求。正是在这样的形势下，在西北农林科技大学领导的关心和支持下，由柯桂兰同志发起，并组织全国从事大白菜育种工作的专家们合作完成了《中国大白菜育种学》的编写工作。他们在我国蔬菜育种界带了一个好头，办了一件好事，真是可喜可贺。

据了解，在《中国大白菜育种学》一书的编著过程中，编著者队伍中实行了老、中、青相结合，并充分调动了大家的积极性。从讨论制定编写提纲，到分工落实各章节的写作，真正做到了谁熟悉什么就写什么，以力求能够代表我国在大白菜育种方面的研究水平。在初稿完成之后，几度集中主要编著人员修改书稿，并充分发扬学术民主，认真进行讨论分析，力求内容准确无误。他们一丝不苟，求真务实和合作共事的精神值得学习和赞扬。

作为从事十字花科蔬菜育种工作的同行和本书的第一位读者，认为该专著具有以下特点：首先，该书的内容丰富，章节安排有序合理，便于读者循序渐进阅读；而有关育种技术的几个层面又各具特色，独立成章，内容系统完整。第二，该书在写作上充分体现了理论与实践相结合的原则，在各章节既反映了我国在大白菜育种工作中取得的理论成果，更突出了便于实践应用的初衷，相信读者会受益匪浅。第三，该书文字流畅，言简意赅，通俗易读，图文并茂，不愧为新中国成立以来，第一部全面、系统反映我国大白菜育种水平和成就的专著，是向新中国成立60周年献上的一份厚礼。在此向广大读者郑重推荐，并向编著者们再次表示敬意和祝贺。

方智远

2009年5月20日

前言

大白菜［*Brassica campestris* L. ssp. *pekinensis*（Lour.）Olsson］，原产于中国，是中国特产蔬菜。大白菜口味淡雅，品质柔嫩，风味鲜美，营养丰富，素有“百菜唯有白菜美”的赞誉。大白菜还有一定的保健作用，深受我国广大消费者的喜爱，在蔬菜周年供应中占有十分重要的地位。

大白菜在我国具有悠久的栽培历史，在其历史演化进程中，凝结了广大劳动人民的智慧，培育了众多的农家品种，并因地制宜创立了相应的栽培技术，为后人留下了宝贵财富。据了解，目前在国家种质资源长期库保存的大白菜种质资源达 1 706 份，为我国大白菜育种研究奠定了坚实基础。优良品种资源与特定栽培技术相结合所形成的许多名产大白菜深受广大消费者喜爱，成为蔬菜中的珍品。

新中国成立以来，各级政府十分重视大白菜的生产和科研工作。20 世纪 50 年代末至 60 年代初，在全国范围内开展了大白菜品种种质资源搜集和整理工作，大白菜育种及相关研究也陆续展开。之后十多年中，谭启猛先生在大白菜育种基础理论方面的研究、李家文先生在大白菜分类方面的研究，以及青岛市农业科学研究所率先选育自交不亲和系，并育成第一个大白菜一代杂种，均为我国大白菜育种作出了杰出贡献。20 世纪 70 年代以来，青岛市农业科学研究所、山东省农业科学院蔬菜研究所和北京市农林科学院蔬菜研究中心等单位，先后育成多个大白菜杂种一代新品种在全国推广。1980 年后，在全国范围内进行了第二次大白菜品种资源的搜集整理工作，并相继开展了种质资源评价和品种创新研究。为了更好地解决蔬菜供应问题，1983 年国家把主要蔬菜新品种选育研究列入重点科技攻关计划，白菜（含大白菜、白菜）育种列入攻关课题，在“六五”到“十五”20 多年的协作攻关中，历经了大白菜抗病育种、多抗育种、优质抗病育种、种质创新与育种技术研究（包括雄性不育系选育、多倍体育种、抗病耐热种质创新）、生物技术应用（包括单倍体育种、分子标记辅助育种、基因工程）等多个阶段，全国有十几家科研、教学单位，100多位科技工作者参加了大白菜育种的协作攻关，取得了显著成绩，并推动了全国大白菜育种工作的健康发展。

回顾我国大白菜育种协作攻关以来的工作，在诸多方面取得了突破性进展。例如，在原陕西省农业科学院及西北农林科技大学领导的直接关心支持下，由育种专家和植物病理专家共同组成攻关组，建立了大白菜多抗育种技术体系，育成了抗多种病害的大白菜新品种，并创制了第一个可以利用的大白菜胞质雄性不育系，配制出系列杂种一代新品种大面积应用于生产，同时，完成了相应配套基础理论方面的研究工作。该项研究先后获得成果十多项，其中，省部级二等奖以上成果七项，国家科技进步二等奖一项，国家发明三等奖一项。沈阳市农业科学研究所率先育成了核显性基因控制的基因互作雄性不育系，并应用于制种生产。北京市农林科学院和河南省农业科学院利用单倍体育种技术，培育并推广了一批大白菜新品种。国内多家育种单位在选育秋大白菜品种的同时，在早秋大白菜育种，特别是春、夏大白菜育种方面也取得了重要进展，从而为实现大白菜一年多季栽培、周年供应提供了优良品种。

认真总结我国大白菜育种工作取得的进展、经验和学术成果，编著一部大白菜育种专著，对于传承与发展大白菜育种事业，推动我国大白菜育种再上新台阶具有十分重大的意义，既是广大科技工作者的迫切要求，也是我们义不容辞的责任。而且，该书的编著出版也是赵稚雅先生的遗愿。赵稚雅先生生前长期从事十字花科蔬菜杂种优势利用研究，有许多独到见解，并得到谭启猛先生、李家文先生的支持和鼓励。可惜他英年早逝，未能完成编写大白菜育种专著的心愿。

编著出版《中国大白菜育种学》，一直受到西北农林科技大学孙武学校长、赵忠副校长、马书尚副书记的关心和支持。学校不仅给予经费资助，而且几次编审会议，领导都亲临指导。2006年3月，在校长基金资助下，于西安市召开了该书编委会第一次会议，研究编写提纲与任务要求，并本着谁熟悉什么就写什么的原则进行了任务分工和写作进度安排。在此后3年多的时间里，参加编写的同志本着求真务实的科学态度，努力写好每一章、节。初稿完成之后，两度召开编委会主要成员会议，大家充分发扬学术民主，集思广益，对每一章、节都进行认真讨论和修改，这种一丝不苟和团结协作的精神令人感动。

在本书出版之际，特别感谢西北农林科技大学、山东省农业科学院蔬菜研究所、北京市农林科学院蔬菜研究中心、中国农业科学院蔬菜花卉研究所、沈阳农业大学、浙江大学蔬菜研究所、天津科润蔬菜研究所、河南省农业科学院生物研究所、河北省农林科学院经济作物研究所、东北农业大学、青岛市农业科学研究院、浙江省农业科学院蔬菜研究所、山西省农业科学院蔬菜研究所、沈阳市农业科学院、郑州市蔬菜研究所、登海种业有限公司西由种子分公司等单位的参与、支持与合作；感谢全国从事大白菜育种工作的老专家和中青年科技工作者的参与、支持与鼓励。特别令人敬佩的是多位年迈的老同志不顾年老多病，尽力修改书稿；不少年轻同志勇挑重担，积极承担任务，这一切令人难以忘怀。还特别感谢中国农业出版社对本书的出版给予的支持与合作。

在本书的编著过程中，深感大白菜育种在某些学术方面的研究仍欠深入，某些学术观点还难以准确把握，加之编著者水平所限，书中谬误之处在所难免，敬请广大读者批评指正。

柯桂兰

2009 年 6 月 28 日

目录

Contents

第一章

绪　论

第一节　大白菜在蔬菜生产中的地位

一、栽培历史

大白菜，又称结球白菜、白菜、芽白、黄芽菜，起源于中国，具有悠久的栽培历史，品种类型极为丰富，是历代劳动人民长期培育出来的中国特产蔬菜。

在我国新石器时期的西安半坡原始村落遗址中，曾发现有类似白菜的种子，说明我们的祖先早在 6 000～7 000 年以前已经开始栽培白菜类蔬菜作物。此类蔬菜在古代称为葑，是一种叶和根都可食用的蔬菜。可以说是当今的大白菜、白菜和芜菁等蔬菜的共同祖先。

唐代称白菜类蔬菜为“菘”。苏恭在《新修草本》中记有：“菘有三種，牛肚菘叶最大厚，味甘。紫菘蕖薄细，味少苦。白菘似蔓菁也。”

到了宋代，苏颂对牛肚菘有了更进一步的记述：“扬州一种菘，叶圆而大，或若蓮，啖之无滓，绝胜他土者，疑即牛肚菘也。”北宋苏东坡（1037—1101）有：“白菘类羔豚，冒土出熊蹯”；南宋范成大（1127—1274）有：“桑下春蔬绿满畦，菘心青嫩芥薹肥，溪头洗择店头卖，日暮裹盐沽酒归”；南宋陆游（1125—1210）为菘作诗一首，“雨送寒声满背蓬，如今真是荷锄翁，可惜遇事常迟钝，九月区区种晚菘。”

到了元代，据忽思慧在《饮膳正要》（1330）中对 46 种蔬菜绘制的图形看松图呈抱合状，可能为半结球白菜。《辍耕录》（1366）描述大白菜“大者拾伍斤，有臂力人所负方肆至伍棵耳”。

在明、清时期，明朝《群芳谱》有花心大白菜的记载，称为“黄芽菜”。另外，《广百川学海》（1563）、《本草纲目》（1566）、《农政全书》（1628）、《授时通考》（1742）、《农圃便览》（1755）、《植物名实图考》（1848）等著名农书中都有关于大白菜的记述，并将其誉为“神品”、“嘉品”、“第一品也”。在明朝的文献里还有关于大白菜贮存方法的记载。从以上可以看出，元、明两代，大白菜的生产和贮存技术已经较为完善。

到了清代，大白菜栽培已很普遍，而且有了著名的大白菜产区。顺治 16 年（1659），河南省《胙城县志》记有：“白菜有数种，茎叶宽白者尤美，俗谓之黄芽白。”康熙 13 年（1674），河北省《安肃县志》记有：“白菜中黄芽者”著名。乾隆 43 年（1778）《安肃县志》中记有："安邑鸡爪泉，水最温，自孤荘管至北关流人瀑河，故水土暖，秋闲种白菜，尤为肥美，冬窖藏之，至来春清明味始减，谓之黄芽菜。国朝定制，设菜园荘头，以黄芽菜人贡，故又名贡菜。"又据河北省平乡县（在河北省南部，滏阳河流域，秦置巨鹿县，北魏改置平乡县）志（1673）载："平乡白菜古名菘，有黄羊白、茎白两种。滏河两岸最茂，每年入冬大批白菜顺滏河运往京津两地。清代皇帝曾选肖湾村的白菜为贡品，派专船护运，以供宫庭。"

在新中国成立以前，大白菜的主要产区分布在我国东部、中部及沿海一带，其他地区种植很少。新中国成立以后，随着社会的发展和人民生活水平的提高，大白菜生产有了快速的发展。它是所有蔬菜作物中栽培面积最大，也是产量最高的作物之一。

20世纪50年代，各省（自治区、直辖市）在大白菜品种资源调查整理的基础上，对当地优良品种进行了提纯复壮和示范推广，扩大了生产面积。但因气候和病害的变化、连作，以及品种抗病性较差等原因，病害逐年加重，在病害大流行年份常导致白菜大幅度减产甚至绝产，因而各地栽培面积有所下降。20世纪60年代后，西南、西北、东北地区从华北地区如北京、天津、山东、河北等省（直辖市）引进良种和配套栽培技术，从而使大白菜生产逐渐得到恢复和稳步发展。20世纪70年代中期至80年代初期，是我国大白菜发展较快的时期，全国各地都非常重视大白菜生产，组织形成了科研和生产协作网，加速了优良品种和丰产栽培技术的推广，并在试验研究和总结群众经验的基础上，逐步改进了各地的栽培技术，基本上解决了大白菜的自给问题，减少了调运损失和供需矛盾。

特别值得提出的是20世纪80年代中期，因高产、抗病的大白菜杂种一代品种在生产上大面积推广应用，其产量和品质得到进一步提高，同时丰富和完善了种植经验，形成了配套的规范化栽培技术，从而使大白菜的栽培面积不断扩大，并提高了稳产水平。

20世纪90年代初期以来，随着蔬菜生产结构的调整，特别是保护地蔬菜生产的快速发展，以及南菜北调、西菜东调等流通网络的形成，使城镇居民在冬春季的蔬菜消费从以大白菜、萝卜、马铃薯等耐贮蔬菜为主逐步转向多种类、多品种的消费。但由于大白菜具有产量高、耐贮性强、品质优良等特性，仍深受我国人民的喜爱，所以其作为秋、冬、春三季蔬菜供应的主导地位仍未改变。目前，大白菜的生产目标是在稳定产量的前提下，适当减少秋季播种面积，改善产品品质，提高品种抗病性、抗逆性、耐贮性等，同时积极发展春、夏播生产，提高周年鲜菜均衡供应水平，这也是今后一个时期大白菜生产的发展方向。

20世纪90年代中期以来，大白菜除以秋冬季节栽培为主的生产方式外，各地根据当地自然条件特点，积极开展了相应的引种、育种和栽培技术研究，逐步扩大了春季与夏秋季栽培的方式，并在全国形成了多个春、夏大白菜的生产基地，通过短期贮藏和运输，供应各地市场，满足消费需求。

二、在蔬菜生产中的地位

大白菜生态类型多样，分布广，产量高，耐贮运，供应期长，营养丰富，食用方法多样，深受消费者欢迎，且种植简易，省工、成本低。由于其栽培面积大，其丰歉关系到蔬菜的市场供应和市场价格，因此是名副其实的重要蔬菜。

据农业部统计，1992 年全国蔬菜播种面积为 10 545.9khm²，大白菜播种面积为 796.2khm²，占全国蔬菜播种面积的 7.5%，产量为 2 673.4 万 t，占全国蔬菜总产量的 15.8%；2006 年全国蔬菜播种面积上升到 18 216.9khm²，大白菜播种面积2 623.7khm²，占蔬菜播种面积的 14.4%，产量为 10 506.3 万 t，占全国蔬菜总产量的 18%。其面积和总产量在各种蔬菜中都位居第一位。

20 世纪 90 年代以来，随着人民生活水平的提高和对大白菜的喜爱，春、夏大白菜生产迅速发展，基本实现了秋、冬、春、夏大白菜周年供应。另外，在我国寒冷季节较长的东北、西北广大地区，秋冬大白菜的生产和供应仍占主导地位。

进入 21 世纪以来，大白菜出口和外运生产基地相继建立，专业化、规模化生产基地正在兴起，如河北、山东、河南、辽宁、陕西、黑龙江、湖北、云南等省都建有大面积的大白菜生产基地，对维护我国南北方大白菜市场均衡供应和出口创汇起着愈来愈大的作用。

大白菜除了在我国大面积种植外，世界上种植较多的国家（地区）还有日本、韩国、朝鲜及东南亚各国，而且各具特色。在日本称大白菜为“唐人菜”、“山东菜”、“芝罘菜”，消费量在蔬菜中排第 4 位。韩国和朝鲜种植面积也较大，其中大部分用来加工成泡菜。大白菜在欧、美均有栽培，有人称为“中国甘蓝”（Chinese cabbage）。特别在华人居住的地区，一年四季均有供应。总之，大白菜在蔬菜生产和消费中具有极其重要地位。

三、产区分布

大白菜在全国普遍栽培，其中山东、河北和河南等省种植面积较大，西藏、青海种植面积较小。由于历史、生态、生产和消费习惯的原因，我国北方地区仍为大白菜的主产区。

由表 1-1 可见，2006 年全国大白菜播种面积为 2 623.7khm²，播种面积在 100khm² 以上的省、自治区依次为山东、河北、河南、广西、广东、江苏、湖北、湖南、贵州、云南、黑龙江、江苏、辽宁和四川。由此可以看出，除山东、河北、河南仍然为大白菜主产区外，长江以南地区近年来面积增长较快，可能是作为苗菜食用增多的原因所致。

表 1-1 中国各省（自治区、直辖市）大白菜种植面积和产量

（引自：《2006 年中国农业统计资料》）

地 区	播种面积（khm^2）	总产量（万 t）	每公顷产量（kg）
总 计	2 623.7	10 506.3	40 044
北 京	14.0	98.8	70 536
天 津	16.0	86.6	54 141
河 北	251.1	1 776.1	70 732
山 西	36.3	183.8	50 633
内蒙古	39.9	236.3	59 211
辽 宁	112.5	769.3	68 381

（续）

地　区	播种面积（khm^2）	总产量（万 t）	每公顷产量（kg）
吉　林	71.2	364.5	51 187
黑龙江	113.4	488.8	43 108
上　海	5.2	25.4	48 902
江　苏	143.0	681.2	40 642
浙　江	32.7	110.7	33 855
安　徽	82.2	251.3	30 574
福　建	69.7	154.8	22 204
江　西	91.6	179.7	19 613
山　东	264.4	1 542.2	58 327
河　南	197.6	869.7	44 013
湖　北	139.7	424.4	30 377
湖　南	128.6	364.0	28 306
广　东	144.2	313.2	21 723
广　西	180.8	369.7	20 449
海　南	7.3	10.9	14 998
重　庆	29.9	62.8	20 998
四　川	108.3	306.2	28 272
贵　州	128.5	290.1	22 576
云　南	115.1	240.4	20 882
西　藏	2.3	8.0	34 589
陕　西	30.5	87.3	28 621
甘　肃	32.5	149.4	45 969
青　海	3.0	11.1	36 955
宁　夏	6.7	29.9	44 564
新　疆	25.5	120.0	47 070

四、营养成分及食用价值

大白菜营养较丰富，含有蛋白质、脂肪、多种维生素和钙、磷等多种矿物质及大量的膳食纤维。据测定，每 100g 可食用部分含维生素 C 20mg、维生素 B_1 20mg、维生素 B_2 0.04mg、胡萝卜素 0.04mg、维生素 PP 0.30mg，含钙 40～80mg、磷 37mg、铁 0.5mg、钾 199mg、钠 70mg、镁 8mg、硅 128mg、锰 3.12mg、锌 4.22mg、钼 0.178mg、铜 0.97mg、镍 46.8mg、硒 0.33μg。以上说明，大白菜中含有许多人体不可缺少的营养物质，经常食用大白菜无疑对人体的营养和保健是大有裨益的。

此外，大白菜还有一定的药用价值。其味甘性温，具解热除烦，生津利尿，补中消

食，通利肠胃，清热止咳，解渴、除瘴气等作用。大白菜还含有较多的纤维素，每 100g 约含膳食纤维 1.5～2.3g、粗纤维 0.4g。纤维素能促进人体胃肠的蠕动，有活血、通便、预防肠癌及糖尿病的作用。中国北方地区冬季膳食纤维的主要来源是大白菜。在《本草拾遗》中记载，大白菜"甘温无毒，利肠胃、除烦渴、解酒渴、利大小便、和中止渴"；《纲目拾遗》中说，"食之，利五脏，且能降气，清声音，唯性滑泄，患痢人勿服。"大白菜和辣椒熬水，每晚睡前洗患处，连洗数日可治冻疮；大白菜捣烂取汁，外搽患处可治漆疮；用新鲜大白菜帮、绿豆芽、马齿苋洗净后捣烂外敷，可治丹毒；取白菜籽少许细研，用水调和，分两次服下，可解酒醉不醒；盐腌大白菜的卤汁，性咸寒，饮服可解咽喉肿毒，气虚胃寒者慎服。

大白菜也可与其他食物配合制成食疗菜。如白菜豆腐汤，具有清养作用，适宜高血压患者食用；大白菜与大葱、生姜或白菜根加红糖、生姜一起煎汤有防治感冒的作用；大白菜适量加冰糖煎服，可治热咳痰多；大白菜加锅焦、虾米制成白菜心锅焦汤，有补气润脾、消食止渴、止酸的作用，适合于胃和十二指肠溃疡病人食用；大白菜猪肝汤能利胆，通肠益胃，对肛病患者有辅助疗效。此外，大白菜还可以和粳米、肉末、香菇等制成白菜粥，对胸中烦闷、脘腹胀闷、大小便不畅患者有一定疗效；大白菜薏米煮粥，有健脾祛湿、清热利尿的作用；大白菜根和绿豆芽煮汤也能起到清热解毒的作用。

五、食用与加工方法

（一）食用方法

大白菜的食用方法极多，生熟均可，荤素皆宜，有蒸、煮、烩、炒、烧、扒、焖、煎、涮、熘、炸、熬、腌、炝、拌等多种烹调和食用方法，还可以做成馅和配菜。大白菜既能做主料，又能做配料。做主料时，对配料从不挑剔；做配料时，对主料从不抢味。无论荤素，都起着烘托作用。对调料更是样样均可，酸、甜、苦、辣、咸随个人口味任意调配，油、盐、酱、醋、糖、葱、蒜、姜、辣任意添加，加什么味有什么味，但同时又不失大白菜的本味。总之，大白菜虽为食用数量最多、食用时间最长的一种蔬菜，但只要烹调得法，就会常吃常新，百吃不厌。

（二）加工方法

1. 冬菜 冬菜是一种采用半干发酵的方法制成的腌制品。始于清代乾隆年间，是中国名特产品之一，为传统出口食品，被誉为中国四大咸菜之一，长期以来在海内外享有极高盛誉。

其"津冬菜"采用天津南运河畔盛产的青麻叶大核桃纹品种为原料，以本地红皮大蒜和高温加工的精制海盐为辅料，每年秋天收获季节，选取棵大肥嫩的大白菜去其外叶，采用嫩白菜心，切成细丝首先晾晒，一般每 20kg 鲜菜晒到 10kg 菜坯即可。每 20kg 菜坯加盐 3kg，充分揉搓后装入缸中，压实，上面再撒上一层盖面盐，加盖封闭。腌渍 2～3d 后取出，每 25kg 加入大蒜泥 2.5kg 及香料等调配，充分混匀后装入坛中，压实加盖，并用水泥密封坛口，放入室内，经发酵 3 个月制作而成。

冬菜色泽金黄，具有特殊的香味，甘咸适度，味道鲜美，不仅可作佐粥的小菜，还可用来烹制菜肴、做汤、做馅。虽以大白菜为原料，但其味道与大白菜迥然不同。其制作方便，可长期贮存。如果采用人工加温的办法，能加速发酵，可提前制成。加入大蒜的冬菜称“荤冬菜”，不加大蒜的冬菜称“素冬菜”。制成的冬菜需要在低温下密封贮藏。为了使制品安全贮藏，应将已制成的冬菜取出晾晒后再次装坛、压实后密封保存。

2. 渍酸菜 是加工大白菜的一种简易渍制方法。产品呈乳白色，质地清脆而微酸，可作为炒菜、做馅和做汤的原料。

制作时常选用半包心大白菜，晾晒3～4d后去掉菜根和黄叶，并清洗干净，装入缸内并压上石块，加满清水，采取自然乳酸发酵。渍制过程中仅用清水，不用食盐，不加任何香料与调味品。一般经过20d左右的渍制即可食用。有的地方在渍制过程中加入少量米汤，促其发酵，可缩短渍制时间。如一时吃不完可贮存，只要每隔10d舀出一部分菜水，换入清水即可。在15℃以下的温度条件下可保存数日。也可利用“酸菜粉”，这种经过筛选的乳酸菌，不但可以有效缩短渍酸菜的时间，而且渍出的酸菜质量和味道也好。

3. 辣白菜 辣白菜是指在盐腌过的大白菜上添加一些调味品，并使之发酵的一种传统菜肴。根据季节和地区的不同，辣白菜分为很多种类。用辣白菜可以做汤、菜饼以及炒饭等。近年来新出现的辣白菜比萨饼、辣白菜汉堡包也受到人们的喜爱。

一般10kg大白菜需盐、萝卜、胡萝卜各1kg，大葱0.2kg，生姜0.1kg，大蒜0.15kg，虾酱0.2kg，辣椒粉0.3kg，香菜0.5kg，味精0.04kg。制作时选用包心紧实、单株重1.5kg左右的大白菜，去掉黄叶、老帮，洗净后入缸腌渍。放一层白菜撒一层盐，装满后加入少量清水，上面用重石压住。1～2d后盐水淹没白菜，再腌3～5d，取出，洗净，沥干水分待用。将萝卜、胡萝卜、大葱、生姜切丝，大蒜捣成泥，香菜切成末，然后把萝卜、胡萝卜丝放在盆中，撒少量盐，稍腌后拌入辣椒粉、虾酱、香菜末、味精、葱、姜、蒜。将这些调料均匀夹在菜中，装入缸内，上盖一层菜帮，再压上石块，放在阴凉处，使之发酵，2～3d后再添加一些盐水，3周后即为成品。

4. 泡菜 腌制泡菜的器皿是坛口突起，坛口周围有一圈凹形水槽，扣上扣碗可以密封的专用坛子。泡菜的盐卤是先将清水烧开，按100∶8的比例加入食盐，再根据各地口味加上不同的调料，如姜、花椒、茴香、黄酒等。

泡制前把白菜去掉黄叶、老帮，洗净晾干后，切成条块，放入坛中已调制好的盐卤中腌制。菜要填满坛子，少留空隙，卤水要淹没白菜，液面距坛口6～7cm为宜。然后盖上扣碗，在坛口周围注入凉开水，放在阴凉处，自然发酵7～10d即成。

泡菜爽口、清脆、助消化、增食欲，是民间喜爱的食品。

5. 酱白菜 加工100kg鲜白菜，需食盐7kg，面酱3kg。

制作时选取鲜嫩的大白菜叶，去掉叶子仅留菜帮，洗净后切成方块，加盐拌匀，放入缸中，随时翻动。2d后取出，用水冲洗后放在阴凉通风处，阴干2d。然后装入布袋，投入面酱缸中浸泡，每天搅动2次，15d后即成。

6. 白菜干 选用叶色深绿、质地脆硬、干物质含量高的大白菜，去其黄叶、老帮和根，切块，用清水洗净。另将清水煮沸，放入0.5%的小苏打，搅动溶解待用。

制作时，首先烧一锅开水，然后将整理好的大白菜逐个投入锅中热烫1～2min，捞出后放入流水中冷却，再放入0.5%小苏打的冷水中稍泡，捞出后沥去水分，摊开散热。接

着将其送进烘房中烘制，烘房温度掌握在75～80℃，烘烤8h左右，即可完成并包装上市。

大白菜经加工以后，不仅味道鲜美，而且营养成分也发生了变化，表现为一些营养成分（主要是维生素）被破坏和流失，而有些营养成分（如矿物质含量）反而因失水有所提高。如大白菜加工成冬菜后，水分含量下降到67%，其他营养成分含量则大幅度提高。与鲜菜相比，每100g冬菜中钙的含量由41mg增加到168mg，磷由37mg增加到197mg，铁由0.6mg增加到37.7mg，热量增加4.5倍。制成酸菜的大白菜，钙的含量由每100g中含41mg增加到56mg，铁的含量则增加了1倍。经过酱制的大白菜，每100g中碳水化合物的含量由2.4g增加到5.9g，热量增加了2倍，钙的含量增加了近1.5倍，磷增加了2.5倍，铁增加了9倍多。

第二节 育种简史

一、地方品种搜集整理

1955年，农业部就发出了"从速调查搜集农家品种、整理祖国农业遗产"的通知，全国搜集到一大批蔬菜品种。20世纪60年代中至70年代末，蔬菜品种资源调查、征集、整理工作一度中断。1979年国家科委和农业部联合发出了关于开展农作物品种资源补充征集的通知，要求把散落在农村和群众手中的农家品种搜集起来，保存好。"七五"期间（1986—1990），"蔬菜种质资源繁种和主要性状鉴定"被列入国家重点科技项目"农作物品种资源研究"中的一个专题，并由中国农业科学院蔬菜花卉研究所牵头，组织全国29个省、自治区、直辖市（西藏、台湾未参加）蔬菜科研、教学单位协作攻关，将搜集到的蔬菜种质资源经过系统整理和繁殖更新，种子送交国家种质资源库长期保存，其中搜集并入库保存的大白菜资源共1 691份。与此同时，对大白菜、萝卜、黄瓜、辣椒等4种蔬菜种质资源进行了主要病害的抗病性鉴定和品质分析。

二、地方品种提纯复壮

新中国成立以来至1960年，全国各地在搜集整理大白菜地方品种资源的基础上，先后开展了地方品种的提纯复壮工作。这些地方品种长期以来散落在农村中，由菜农自留、自繁、自种。一般来说，地方品种的特点是品质较好，适应当地气候条件，也比较适合当地生产和消费习惯。但由于各种条件的限制，再加上不注意选择和隔离采种，所以地方品种通常较混杂，甚至发生退化，严重影响大白菜的种性、产量与品质。新中国成立以后，由于国家对农业的重视，科研、技术推广部门逐步建立，大白菜地方品种的提纯复壮和良种繁育工作随之而广泛开展，选优、复壮、推广了一大批优良的地方品种，如福山包头、城阳青、济南小根、冠县包头、肥城卷心、早皇白、北京小白口、北京翻心白、房山翻心黄、小青口核桃纹、天津大核桃纹、天津白麻叶、石特1号、林水白、玉青、洛阳包头、二牛心、河头早、兴城大矬菜、小狮子头、慈溪黄芽白等，对促进当时大白菜生产起了重要作用，并为以后育种工作的开展打下了基础。

三、杂种优势利用的兴起

日本遗传育种家伊藤庄次郎（1954）和治田辰夫（1962）在开展十字花科蔬菜自交不亲和系选育和遗传机制研究的基础上，确立了利用自交不亲和系生产杂交一代种子的技术途径，为大白菜杂种优势利用打下了理论和技术基础。此后，大白菜杂种优势利用在日本得到迅速发展，到20世纪60年代中期，大白菜一代杂种在日本已普及。

20世纪60年代初期到70年代中期，我国大白菜因三大病害（病毒病、霜霉病和软腐病）危害严重，对蔬菜供应带来严重的不良影响。在这种情况下，各地的农业科研单位先后成立了大白菜育种课题组，通过调查研究，最后认定杂种优势利用是培育大白菜优良品种的最佳选择。我国大白菜杂优利用起步早的是青岛市农业科学研究所。从20世纪60年代初期开始进行大白菜自交不亲和系的选育。1971年育成了福山包头自交不亲和系及一代杂种青杂早丰。20世纪70年代以来，我国大白菜杂种优势利用得到迅速发展，北方各省（直辖市）有关蔬菜研究单位，均先后开展了大白菜杂种优势利用的研究，并在育种途径和方法上进行了探索，对推动大白菜杂种一代优势利用打下了基础。由于大白菜一代杂种具有主要经济性状整齐、丰产、抗病、生长速度快、商品性好等诸多优点，一经推出就受到广大菜农的欢迎。以当时北京市农业科学院蔬菜菜研究所为例，1976年大白菜一代杂种推广面积为66.7hm^2，1977年就扩大为400hm^2，1978年猛增到1 333.3hm^2，3年增长了近20倍。所以，我国在不到10年时间里，分别通过选育大白菜自交不亲和系、高代自交系和雄性不育两用系等途径，先后育成青杂早丰、青杂中丰（青岛市农业科学研究所）；山东2号、山东3号、山东4号（山东省农业科学院蔬菜研究所）；北京4号、北京88号、北京106号（北京市农业科学院蔬菜研究所）；郑州早黑叶×小青口 F_1（郑州市蔬菜研究所）；沈阳快菜（沈阳市农业科学研究所）等大白菜一代杂种，在全国各地推广。

四、突出抗病性的品种选育

1983年国家科委和农业部组织成立了全国“白菜抗病新品种选育协作攻关组”，我国白菜育种进入以抗病为主攻方向的品种选育阶段。“六五”期间主要开展以抗病毒病为主的单抗育种；“七五”期间开展以优质、双抗（抗病毒病、霜霉病）为主的抗病育种；“八五”以优质多抗（抗病毒病兼抗霜霉病、黑斑病、黑腐病、白斑病、软腐病等其中两种以上病害）为主攻目标；“九五”期间则以筛选优质、创新三抗育种材料及完善多抗性鉴定方法为主攻目标。这期间在病毒病研究上取得了突破性进展，在基本摸清我国大白菜主产区病毒病病毒种群分布的基础上，筛选了一套鉴定TuMV株系的寄主谱，建立了“中国大白菜TuMV抗原资源库”，研究并制定了病毒病、霜霉病、黑斑病、黑腐病等人工接种鉴定技术规程，大白菜杂种优势利用在以抗病育种为主攻目标的育种理论、手段和方法上都得到了很大发展，为今后的大白菜育种奠定了坚实基础。经过多年不懈的努力，筛选出

了一批主要经济性状优良的抗病材料，并育成了一大批适合我国不同季节和不同生态型的春、夏、秋大白菜优良抗病一代杂种应用于生产，对大白菜的丰产、稳产发挥了重要作用，由此基本做到了大白菜的“周年供应”，获得了巨大的经济效益和社会效益。

五、生物技术与常规育种相结合

20 世纪 90 年代以来，在传统育种技术不断提高的同时，大白菜游离小孢子培养技术、多倍体育种技术、分子标记辅助育种技术、基因工程技术等已先后在大白菜种质创新中得到应用，显著提高了我国大白菜育种的技术水平。通过游离小孢子培养技术获得再生植株首先在日本获得成功。此后，我国在培养基、培养条件和胚发生机制方面做了进一步的系统研究工作，胚诱导率、成苗率得到大幅度提高，获得成功的基因型范围不断扩大，并先后育成了北京橘红心、豫白菜 7 号等多个品种在生产上推广应用。目前该技术在多家育种单位已作为常规技术手段应用于大白菜育种。

近年来，分子育种技术已成为世界各国育种工作者竞相研究的热点。发达国家起步较早，在此领域已走在前列。2000 年拟南芥基因组已被全部测序，并建立了遗传图谱。目前芸薹属 5 个种中已构建了多张分子图谱，其中甘蓝型油菜遗传图谱已趋于饱和。另外，作为多国芸薹属基因组计划的重要组成部分——大白菜基因组计划，于 2005 年由韩国、加拿大、英国、美国、澳大利亚和中国 6 个国家参与并正式启动。

我国大白菜分子育种技术研究起步较晚，虽先后利用不同群体、不同标记构建了较为完整的大白菜分子遗传图谱，并在晚抽薹性、耐热性、抗 TuMV 等重要农艺性状的 QTL 定位以及橘红心基因、雄性不育基因、TuMV 感病基因等重要农艺性状的连锁分子标记研究方面取得了一定进展，但分子育种技术还没有在实际育种中得到应用。

我国的大白菜基因工程遗传改良研究，主要开展了芜菁花叶病毒（TuMV）抗性、软腐病抗性及对鳞翅目害虫的抗性改良方面的工作，大白菜病毒病或抗虫基因的转化材料目前已经有案例进入中间实验，但未见进入环境释放的案例。

第三节 育种成就与发展策略

一、育种的主要成就

（一）新品种及获奖成果

由于我国大白菜科技工作者多年来孜孜不倦，辛勤耕耘，付出了艰苦的努力，获得了丰硕成果。据统计，自 1980 年以来，大白菜育种研究获得国家发明二、三等奖各 1 项；获得国家科技进步二等奖 5 项、三等奖 6 项；省部级一等奖 12 项、二等奖 23 项（见附录 1）。

统计表明，截至 2007 年，通过国家和省（市）级农作物品种审定委员会审（认）定的大白菜品种 188 个。其中，1990 年以前全国育成大白菜品种 22 个，1990 年以后育成品种 166 个；通过国家农作物品种审定委员会审（鉴）定品种 43 个，通过省（市）级农作物品种审定委员会审（认）定品种145个；审（鉴）定品种中春大白菜品种13个，夏大白菜品种21个，早秋大白菜品种41个，秋大白菜品种107个，特色大白菜品种6个（见附录2）。

在生产中先后发挥作用较大的品种有：青杂中丰、山东4号、鲁白3号、鲁白6号、北京小杂56号、秦白2号、秦白3号、早熟5号、沈阳快菜、北京小杂60号、丰抗70、丰抗78、改良青杂3号、北京新1号、北京新3号、郑白4号、鲁春白1号、山东19号、青庆、晋菜3号、太原2青、秋绿60、秋绿75、北京68号、京夏1号等。

（二）育种技术的突破

1. 雄性不育系选育与利用 20世纪70年代初期，谭其猛等先后发现了隐性核基因（ms）控制的雄性不育，由此选育出了多个雄性不育两用系，育成了沈阳快菜、大白菜156等杂种一代品种在生产上推广应用。

1976年，张书芳在农家品种万泉青帮中发现了显性不育基因（*Sp*），利用*Sp*基因与其显性上位基因（*Ms*）互作的遗传学原理，育成了不育株率和不育度均为100%的大白菜核基因互作雄性不育系，并育成了杂种一代8801F_1、8902F_1。近年来，冯辉等（1996）针对该类型雄性不育的遗传特点，提出了“复等位基因遗传假说”，设计了新的核基因雄性不育转育方案并应用于实践。

柯桂兰等（1992）开展了异源胞质大白菜雄性不育系的选育，利用甘蓝型油菜Polima不育胞质，转育获得大白菜异源胞质雄性不育系CMS3411-7，其不育株率达100%，不育度95%以上，并育成了杂13、杂14等杂种一代品种。2003年后用甘蓝型油菜萝卜胞质不育源，育成新的大白菜细胞质雄性不育系RC_7，其不育度和不育株率均达100%，配合力强，所配F_1新品种已用于生产。

近年来，北京市蔬菜研究中心通过引进甘蓝型油菜新型细胞质不育材料（CMS96），通过转育获得了不育性稳定、花器官发育正常、在低温条件下幼苗叶片不黄化、不育株率和不育度可达100%、配合力好的大白菜细胞质雄性不育系，正在应用于F_1品种的选育。

2. 抗病育种 经过“六五”至“九五”（1983—2000）以抗病育种为主要目标的全国协作攻关研究，我国的大白菜抗病育种迈上了一个新台阶，获得了一批优秀成果，达到了国际先进水平。在抗病毒病育种研究方面，已基本探明了我国大白菜主产区病毒病病毒种群分布，并从十字花科蔬菜作物中筛选出一套鉴定TuMV株系的寄主谱，划分出7个株系群，同时分别鉴定了我国大白菜资源3 000多份，筛选出高抗材料8份，建立了“中国大白菜TuMV抗原资源库”。另外，通过对杂交瘤细胞及单克隆抗体技术的研究，使对病毒株系分化的识别达到了分子生物学水平。在抗霜霉病育种研究方面，通过对白菜霜霉病菌生理型分化研究，初步筛选出7个鉴别寄主，划分出大白菜的霜霉病菌有7个生理型。在黑斑病菌致病类型的研究方面，用了4个经选择代表不同抗病性的寄主，将56个黑斑病分离物划分成5个致病类型。目前已确立了一整套病毒病、霜霉病、黑斑病、黑腐病、白斑病、软腐病等苗期人工接种抗病性鉴定方法和规范化操作规程。全国抗病育种协作攻关以来，已育成了一大批优良的大白菜单抗、双抗和多抗性育种材料及杂种一代品种。

在已研究的基础上，目前多抗性鉴定技术取得了重大进展，创建了大白菜TuMV、霜霉病、黑斑病或黑腐病三抗人工复合接种鉴定技术，使大白菜多抗性鉴定技术得到了进一步的完善和发展，为开展复合抗性种质材料鉴定、筛选提供了技术保证。复合接种鉴定技术不仅节省了种子、设备和费用，而且提高了效率，取得了良好效果。

3. 抗逆育种 在抗逆育种方面，我国主要开展了耐热和晚抽薹大白菜的品种选育工作。20 世纪 80 年代以来，随着我国对外交流的不断增加，特别是与亚洲蔬菜研究和发展中心（AVRDC）的合作，引进该中心的耐热大白菜种质资源，对我国大白菜耐热育种工作起了较大的推动作用。此后，江苏、云南、山东、四川、北京、山西、河北、天津、辽宁等省、直辖市先后开展耐热大白菜育种工作，研究建立了大白菜苗期和成株期人工耐热性鉴定方法，明确了耐热性遗传规律，育成了一批耐热品种如夏丰、西白 1 号、京夏 1 号等，先后在生产上应用。

关于大白菜晚抽薹育种，日本和韩国开展研究较早，并先后育成了一批春大白菜一代杂种广泛用于生产。我国 20 世纪 70～80 年代，也育成了冬性较强、春秋兼用品种，如鲁春白 1 号、北京小杂 56 号、早心白、日喀则 1 号等，但春播时生产上应用先期抽薹的风险较大。近年来，通过引进和创新晚抽薹种质资源，选育出一批晚抽薹性较好的春大白菜新品种，如北京市蔬菜研究中心推出的京春白 2 号、改良京春绿，山东省农业科学院蔬菜研究所育成的天正春白 1 号等品种，不但晚抽薹性强，而且抗病毒病和干烧心特性也比韩国品种有所提高。

另外，通过研究低温和苗龄对种子、幼苗春化的效果，以及光周期对幼苗春化后抽薹开花的影响，初步建立了简便、快速、准确的大白菜人工控制条件下的晚抽薹性鉴定方法和操作技术规程。

4. 品质育种 20 世纪 80 年代中期以来，大白菜品质育种工作得到了重视并取得了可喜的进展。在品质性状中，大白菜的商品（外观）品质一直是国内外育种者重点的育种目标，叶球的形状、大小、色泽，乃至结球方式、球顶状况、叶球紧实度、个体之间整齐度等均是影响商品品质的重要因素。从目前商品基地适季生产和丰富市场供应方面的发展需求来说，叶球筒形、炮弹形等便于包装运输和超市销售，受到了生产者、营销者和消费者的欢迎。北京市蔬菜研究中心育成的北京新 3 号品种，由于叶球为上下等粗的直筒形，球形美观，便于包装、耐贮运，口感品质好，在华北和东北地区得以大面积推广。

经众多单位和学者的研究证实，大白菜营养比较丰富，是人体所必需的维生素、矿物质及膳食纤维等营养物质的重要来源。同时，不同品种间在可溶性蛋白、糖、维生素 C（Vc）、粗纤维以及矿物质等营养成分的含量方面有较大差异。于占东（2004）等已对大白菜干物质含量、维生素 C、可溶性糖、有机酸、氨基酸、粗纤维等主要营养成分，以及 Ca、Fe、Zn、Mn、K、Na、P、Mg 等矿质元素含量进行了遗传效应分析，为开展大白菜营养品质育种提供了技术依据。

大白菜的风味品质，实际上包括质地品质和特有的风味物质含量。李敏（1997）等研究了大白菜质地品质与叶部组织结构的关系；乔旭光（1991）等对大白菜感官品质与营养品质的相关性进行了统计分析，其相关性达到了极显著水平。何洪巨（2002）通过对与大白菜苦味、辣味密切相关的硫代葡萄糖苷含量的测定结果表明，硫代葡萄糖苷的含量在不同品种间差异很大，认为十字花科蔬菜的特有风味主要是由于硫代葡萄糖苷的降解产物而引起的。近年来，不少单位在品尝研究大白菜风味品质时采用系统评分法，其评定内容包括球叶脆度、甜度、风味、易煮烂程度及综合评价等，进行大白菜的风味品质的鉴定。

5. 生物技术育种 基因组学和生物信息学的迅猛发展，促使育种方法和技术发生重大变革。进入21世纪以来，细胞工程和分子育种技术得到快速发展。尤其是游离小孢子培养技术，在优化前处理条件、胚诱导和芽再生培养基等研究的基础上，逐步建立了大白菜双单倍体育种技术体系，并作为有效育种技术应用于大白菜育种中。利用该技术已成功培育了近20个品种，并在生产中推广应用。在大白菜分子育种领域，我国虽起步较晚，但近几年进展较快，进行了遗传图谱的构建和一些重要农艺性状，如耐热性、晚抽薹性、抗病性、橘红心、品质等的基因定位研究，但基本上处于标记开发研究阶段。在大白菜基因工程研究方面也取得了重要进展，已得到了一些稳定遗传的基因工程植株，为今后利用基因工程创新大白菜种质奠定了基础。

6. 种子检验技术 种子纯度是决定种子质量的关键因素。近年来，北京市蔬菜研究中心建立了利用同工酶和分子标记技术鉴定杂交种纯度的技术体系，并建立了具有品种特性、品种标准鉴别图谱、鉴别标准操作技术图文并茂的种子杂交种纯度检验和品种鉴定数据库，形成了规范化的种子纯度、真实性快速检测技术和计算机辅助分析系统，大规模用于商品种子检测，有效地缩短了种子纯度的鉴定时间，提高了种子质量信誉，并可为种子企业避免经济损失。

二、存在问题与发展策略

（一）存在问题

近30年来，我国大白菜育种取得了举世瞩目的成就，为大白菜生产的发展和保障市场供应做出了重大贡献。但是，从国内市场对大白菜需求的变化，日本、韩国春夏大白菜品种的涌入，以及国产大白菜品种如何进入国际市场等方面来看，并对照国际现代蔬菜育种技术的发展趋势，我国大白菜育种还存在下述问题和差距，现提出供商榷。

1. 育成品种尚不能完全满足市场需求 目前，国内市场要求一年多季栽培，周年均衡供应，并逐步形成适地、适季的规模化基地生产，通过运销供应相关市场。而国内在春夏大白菜育种上，与日、韩等国育成的品种还有差距，尤其在强冬性、广适应性育种方面还没有实现技术和材料上大的突破，还有适合包装和耐贮运品种选育历史较短，育成品种尚少。长期以来，在国际市场上推广应用的大白菜品种多为日本和韩国的品种，而作为大白菜原产国，我国的大白菜品种还很少进入国际市场，这种局面需要通过努力加以改变。

2. 品种整齐度有待进一步提高 品种的整齐度不高主要涉及四个方面：一是目前我国主要推广的品种其亲本系多为自交不亲和系或高代自交系，往往因花期差异、蜂源不足或天气异常等原因造成杂交率不高，显著降低了F_1品种的整齐度；二是一些品种在亲本系主要经济性状尚未达到高度整齐一致时就用来进行杂交制种；三是在亲本扩繁中由于花粉污染而降低了纯度；四是由于母性遗传的原因，致使正反交F_1个体在主要经济性状上有明显差异，从而也会使F_1品种的整齐度受到影响。

3. 应用基础研究有待加强 在较长一段时期，重视新品种选育，忽视应用基础理论研究的倾向在各地普遍存在，其后果是明显制约了我国大白菜育种技术水平的提高。例

如，对大白菜主要经济性状遗传规律的研究还不深入；对大白菜亲本配合力的理论和提高亲本配合力的措施尚未开展深入的研究；对大白菜抗病性、抗逆性、适应性的鉴定和选择，尚缺乏快捷、有效、准确、实用的技术手段和指标等。

众所周知，新品种选育上的突破，关键是种质创新，即育种材料的突破，以及育种方法和鉴定选择技术上的进步。目前，我国在大白菜基因工程、分子标记辅助育种等研究方面才刚刚起步，还未达到实用阶段。

4. 良种产业化水平不高，缺乏国际竞争力 目前，国内在大白菜育种、繁育、推广方面已经做了大量卓有成效的工作。但是，从推进良种产业化的角度，从产学研结合的程度，并与国际上著名种子企业相比，我国还处在良种产业化的初级阶段。国内市场群雄割据、品种侵权问题时有发生，假冒伪劣种子屡禁不止。同时，缺乏既有育种和繁育实力，又有经营和开发实力，能够进入国际市场，并具有竞争力的大型种子企业。

（二）发展策略

1. 调整育种目标，实现育成品种的多样化与专用化 就国内市场来说，首先要重视市场需求的多元化。例如，以山东半岛为代表的东部沿海地区，多喜爱种植合抱的卵圆型品种；以河南、陕西为代表的广大地区，则乐于种植叠抱的平头型品种；北京、河北等地区，多习惯于栽培高桩叠抱类型；天津、内蒙古和河北东北部、辽宁西部等地区，则多栽培拧抱的直筒型品种。再如，黑龙江等省喜爱种植二牛心为代表的合抱大白菜，广东等南方各省则喜爱品质好的早熟、包心或半包心的小棵菜或菜秧（苗菜）品种。近年来，不少大白菜专业化生产基地则乐于种植叶球上下粗细相近、便于包装且耐贮运的品种，而高纬度、高海拔地区则需要生长期较短、晚抽薹的品种。第二，要根据实现大白菜多季栽培、周年供应目标的需求，重视选育不同结球类型、不同熟性的品种，特别应加强选育反季节栽培的春、夏大白菜品种，并逐步取代进口的春、夏大白菜品种。第三，从长远的观点看，随着人民生活水平的不断提高，生产者和消费者对大白菜品种的需求应在实现品种抗病、丰产、稳产，综合性状优良的基础上，重点突出商品品质、营养品质、风味品质俱佳的中小型、新稀特品种。

从国际市场看，要实现我国大白菜种子尽快进入国际市场，就要重视国际市场对大白菜品种商品性状的需求，以及生态条件和栽培习惯的调查，重点选育生长期短、适应性强、抗病、稳产、品质优良、单株重1～2kg的小型大白菜品种。

2. 丰富种质资源，加强种质创新 作为大白菜原产国，我国科技工作者有责任继续广泛搜集、保存好种质资源，并利用形态学、生理学和分子生物学手段，深入开展种质资源的研究、鉴定和评价，在此基础上建立大白菜种质资源数据库和相关的计算机管理系统，以利方便、快捷地为广大育种者服务。

利用现代高新技术和常规育种技术的紧密结合，努力进行大白菜种质资源创新，是加快新品种选育、提高育种水平的基础性工作。利用基因工程，改良某些不良性状；通过近缘或远缘杂交、多亲杂交等创新种质；坚持做一些艰苦、细致、长远的研究工作，积极创新出优异的种质资源材料，为今后的大白菜高水平新品种选育工作奠定坚实的基础。

3. 强化育种理论与技术研究，提升育种水平

（1）在大白菜杂种优势利用的技术途径上，要加强雄性不育系选育理论、选育和转育技术的研究，建立准确、快捷、有效的技术体系，尽快扩大雄性不育性的有效利用。在自交不亲和系利用方面，要努力克服杂交率偏低的问题，研究制定提高杂种一代种子纯度和质量的相关技术。

（2）要重视大白菜主要经济性状遗传规律的研究，为提高亲本系和杂种一代选育的效率提供技术依据。要研究提高亲本系配合力的理论依据和技术措施，探讨配合力形成的机理，完善提高配合力的技术措施，为提高亲本系选育水平奠定理论基础。

（3）抗病育种依然是育种工作的重点之一，不可忽视。由于天气变化、环境污染、长年连作的影响，一些新病害，如黑腐病、根肿病、黄萎病等悄然发展，甚至流行；一些老病害，如病毒病、霜霉病、软腐病、黑斑病等，会随新株系、新的生理小种的产生而加重危害。因此，抗病育种中应认真研究新病害、密切关注老病害，不断提高抗病育种的水平。在今后的抗病育种工作中，还要十分重视克服抗病与优质的矛盾，采用相关技术打破抗病与品质不良的连锁，创新优质、抗病种质。

（4）加强抗逆性与广适性的机理与鉴定方法的研究。实践证明，要实现大白菜的稳产和扩大品种的种植区域，亲本系和品种的抗逆（耐热、耐寒、耐湿、耐旱等）性和广适应性是必须重视的目标性状。因此，研究大白菜育种材料抗逆性和广适应性形成的机理，及其生理、生化指标和鉴定评价的可行方法，将可以显著提高育种水平。

（5）目前，将现代生物技术与传统育种技术相结合，正在从深度和广度上推进育种技术的发展。以分子育种技术为代表的高新育种技术，正在成为国内外植物育种的发展趋势和方向。在大白菜分子育种中，基于迅速发展的生物信息学，开发新型分子标记，构建高饱和分子遗传图谱，进行重要性状的 QTL 定位和重要基因分子标记的开发，大力发展分子标记辅助育种。建立和完善大白菜再生和遗传转化体系，开展重要功能基因的转基因研究，创新和改良大白菜种质。可以预见，随着上述研究的深入发展，在不久的将来，一个更完善、更高效的现代生物技术与常规育种技术紧密结合的育种技术体系可以建立起来，届时大白菜育种将会发生革命性的变化，从而进入一个崭新的发展阶段。

4. 加强良种繁育技术研究，推进良种产业化 从育种材料和亲本系开花生物学的研究入手，开展提高种子产量和确保种子质量的相关技术研究，努力提高大白菜良种繁育的技术水平，提高一代杂种种子的纯度和质量。研究完善种子鉴定、清选、干燥、分级、包装的机械化操作技术体系和配套机械，提高种子的播种品质和包装质量，力争在较短时间内达到国际先进水平。

随着科技的发展，我国蔬菜育种和种子产业化呈现一片繁荣景象，产学研结合有了显著进展，国家或省级育种单位与种子企业合作，育种水平、开发实力及产业化得到了很大发展。与此同时，一批民营科技企业发展迅速，在市场竞争中占有越来越大的份额，从而进一步推进了大白菜良种产业化的发展。相信在不久的将来，我国大白菜良种的产业化将以崭新的面貌立于国际种子行业之林，大白菜优良品种的优质种子进入国际市场也将指日可待。

◆ 主要参考文献

何启伟，郭素英．1993．十字花科蔬菜优势育种．北京：中国农业出版社．

金同铭，武兴德，刘玲，等 . 1995. 北京地区大白菜营养品质评价的研究 . 北京农业科学 13 (5)：33 -37.

柯桂兰，赵稚雅，宋胭脂，等 . 1992. 大白菜异源胞质雄性不育系 CMS3411 - 7 的选育及应用 . 园艺学报 19 (4)：333 - 340.

刘宜生 . 1998. 中国大白菜 . 北京：中国农业出版社 .

鹿英杰，李光池 . 1994. “134” 大白菜细胞质雄性不育系的选育 . 中国蔬菜 (4)：4 - 6.

宋元林，周桦，黎香兰 . 1997. 大白菜 白菜 甘蓝 花椰菜栽培新技术 . 北京：中国农业出版社 .

徐家炳，张凤兰，等 . 1994. 白菜优质丰产栽培技术 100 问 . 北京：人民出版社 .

徐家炳，张凤兰 . 2005. 我国大白菜种质研究现状及展望 . 中国园艺文摘 (6)：14 - 18.

晏岷，杨健 . 1990. 百吃大白菜 . 北京：轻工业出版社 .

中华人民共和国农业部 . 2003. 中国农业统计资料 . 北京：中国农业出版社 .

中华人民共和国农业部 . 2006. 中国农业统计资料 . 北京：中国农业出版社 .

（徐家炳　孙日飞　何启伟）

第二章

起源、分类与种质资源

第一节　起源与进化

一、近缘植物

大白菜在植物学上属于十字花科（Cruciferae）芸薹属芸薹种的大白菜亚种［*Brassica campestris* L. ssp. *pekinensis*（Lour.）Olsson，syn. *B. rapa* ssp. *pekinensis*（Lour.）Hanelt］。

芸薹属植物既是重要的蔬菜作物，也是重要的油料作物，包括芸薹、甘蓝、芥菜和甘蓝型油菜等几大类。由于芸薹属植物种类繁多，变异广泛，以形态学特征进行的分类较为混乱。苏联遗传学家卡皮钦柯（Karpechenko，1924—1927）采用染色体组的分类方法，在芸薹属植物中找到三种染色体系统，即n=8、9、10，按这个系统分类，使芸薹属植物在种分类上的混乱现象得到澄清。盛永（Morinaga，1929—1934）和禹长春（U. Nagaharu，1935）等人通过对芸薹属植物的种间杂交及其杂种细胞学研究，提出了芸薹属6个种的关系，3个基本的二倍体种，即芸薹 *B. campestris*（AA，n=10）、甘蓝 *B. oleracea*（CC，n=9）、黑芥 *B. nigra*（BB，n=8）；3个基本种相互杂交形成3个复合种，即甘蓝型油菜 *B. napus*（AACC，n=19）、芥菜 *B. juncea*（AABB，n=18）、埃塞俄比亚芥 *B. carinata*（BBCC，n=17）。这些种间的亲缘关系用三角形表示，称为禹氏三角理论（图2-1）。

芸薹种作为一个基本种，包括大白菜、芜菁、白菜等几个亚种。其中大白菜包括散叶大白菜、半结球大白菜、花心大白菜和结球大白菜变种，白菜亚种包括普通白菜、塌菜、菜心、紫菜薹、分蘖菜、薹菜等变种，它们一起称为白菜类蔬菜。因其主要特征和特性相似，杂交率可达100%，而且种内杂种可以正常生长和繁殖，且染色体数全都为2n=20，同属于AA染色体组。因此，将其归为同一种是合理的。而其又是芸薹属植物中分布最为广泛的物种，由欧洲英伦三岛经欧洲、北非再经亚洲南部与纬度45°平行至喜马拉雅山以北几乎包括全部中国及朝鲜中部（Yarnell，1956）的地区都有分布。芸薹种都是异花授粉作物，种内各亚种类型间的杂交毫无障碍，不同亚种类型长期在不同生态环境下栽培，经过杂交、选择，在形态、生长发育习性、生态适应性上都产生很多变异。

芸薹（*B. campestris*）基生叶上部宽，羽裂，顶裂片圆形或卵形，边缘有不整齐弯曲

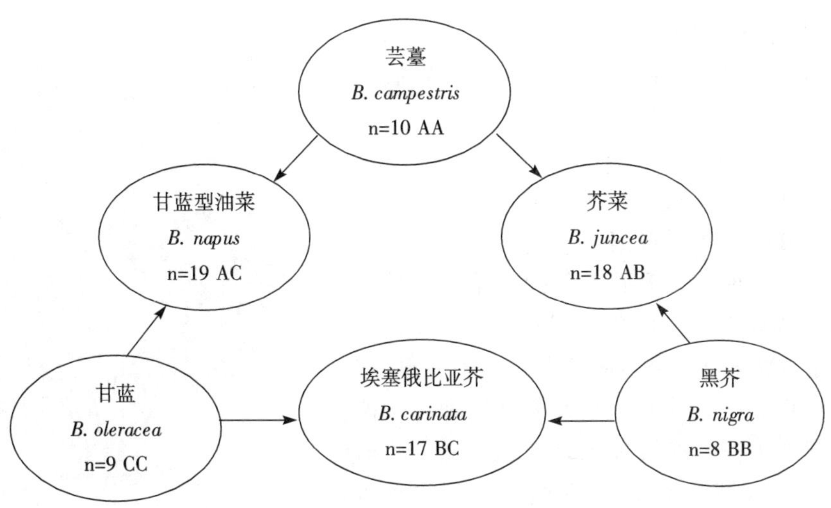

图 2-1　芸薹属 6 个种之间的关系

齿裂，侧裂片 1 至数对，基部抱茎（图 2-2）；上部茎生叶长圆状倒卵形，长圆形或长圆状披针形，抱茎。芸薹种最原始的类型，在欧洲一般为杂草，有的地方则为栽培植物。东汉服虔著《通俗文》（2 世纪）："芸薹谓之胡菜"。宋代苏颂等编著《图经本草》（1061），开始采用"油菜"的名称，并曾加以阐述："油菜形微似白菜，叶青有微刺。……一名胡蔬，始出自陇、氐、胡地。一名芸薹，产地名也。"后经明朝李时珍著《本草纲目》（1578）进行考证："芸薹，方药多用，诸家注亦不明，今人不识为何菜，珍访考之，乃今油菜也。"进一步考证其来源："羌、陇、氐、胡，其地苦寒，冬月多种此菜，能历霜雪。种自胡菜，故服虔通俗文谓之胡菜。……或云，塞外有地名云芸薹，始种此菜，故名亦通。"这些古籍记载，表明芸薹在我国的青海、甘肃、新疆、内蒙古一带作为油菜栽培。

图 2-2　林奈引用芸薹的标本图

芜菁亚种（*B. campestris* ssp. *rapifera*）又名蔓菁、圆根、卡马古、盘菜等。其基生叶大头羽裂，顶裂片很大，边缘波状或浅裂；茎生叶长圆状披针形，抱茎；直根系，肉质根膨大（图 2-3），以肥硕的肉质根、脆嫩的幼叶及花薹作蔬菜食用。西周时代（公元前 1121—前 771）的《诗经·邶风·谷风》写道："采葑采菲，无以下体"，大意是：采收芜菁和萝卜时，不要因为根不好连可食的叶子也一起弃去。说明那时葑菜和萝卜都是根叶兼食的蔬菜。"邶风"是指诗产生的地点，在今河南与河北两省交界处。汉代《礼记·坊记》注中"葑：蔓菁也"，三国陆机《毛诗草木鸟兽虫鱼疏》也同样记载"葑：蔓菁"。说明我国早在2600年前芜菁就已被采集食用，在秦汉时期已被人工驯化、栽培，到了南北朝时期已发展成为北方最主要的根菜类作物。

白菜亚种（*B. campestris* ssp. *chinensis*）又名不结球白菜等，包括普通白菜、塌菜、菜心、紫菜薹、薹菜、分蘖菜等。根据史料记载，古代的菘与蔓菁相似，是一种“无毛而大”的白菜类蔬菜，也就是现在的普通白菜。西晋（265—316）稽含所著的《南方草木状》在“芜菁附菘”一节中写道：“芜菁岭峤以南俱无之，偶有，士人因官携种，就彼种之，出地则变为芥，亦橘种江北为枳之义也。至曲江方有菘，彼人谓之秦菘。”南朝萧子显的《南齐书》（487—537）载：“尚书令王俭诣晔，晔留俭设食，柈中菘菜邑鱼而已。”其中的“菘菜”也就是南方栽培的普通白菜。唐苏恭著《唐本草》载有：“蔓菁与菘，产地各异。”宋代陆佃所著《埤雅》一书上说：“菘菜北种，初年半为芜菁，二年菘种都绝。芜菁南种也然。”宋朝《本草图经》中说：“菘南北皆有之，与蔓菁相类，梗长叶不光滑者为蔓菁。梗短叶阔厚而肥痹者为菘。”南宋陈敷在《陈敷农书》也记载：“七月种萝卜、青菜。”明朝李时珍所著《本草纲目》中说：“菘即今人呼为白菜者，一种茎圆厚微青，一种茎扁薄而白。”可见当时栽培的普通白菜中已有青梗和白梗两个类型。

图2-3 林奈引用芜菁的标本图

塌菜首见于宋代范成大《田园杂兴》诗，“拨雪挑来蹋地菘，味如蜜藕更肥浓。”塌菜比普通白菜耐寒性强，且塌地生长。这里所说的“蹋地菘”，应即是塌菜。后来明朝徐光启所著《农政全书》中也有“乌菘菜”的栽培法。

二、起源与进化

（一）大白菜起源于中国

中国是大白菜变异的多样性中心，世界其他地区栽培的大白菜源于中国。

大白菜在韩国的首次记载可以追溯到13世纪。但是，直到19世纪大白菜才成为韩国的最重要蔬菜之一（Pyo，1981）。1866年，大白菜被首次引种到日本，1920年才开始品种的选育（Watanabe，1981）。大白菜引种到东南亚却很晚。亚热带低洼地区通常只是在凉爽、干燥的季节种植，热带高原地区可以周年种植。

早在1840年，法国的Pepin就描述了大白菜的栽培和特色。他说“这种植物在植物园被了解已有20年，可是作为蔬菜只是3年前的事”（Bailey，1928）。大白菜于1887年首次引种到英格兰。1883年大白菜在美国开始受到关注，并于1893年首次由Bailey用来自英格兰的种子进行种植。

在大白菜的命名上，英文称作Chinese cabbage，直译“中国甘蓝”，类似于甘蓝的结

球白菜。全世界的分类学家都用 Pekinensis（北京），意为中国原产。这也说明，大白菜起源于中国为世界公认。

（二）有关白菜的历史记载

白菜的祖先在古代称为葑菜，是一种根和叶都可食用的蔬菜，可以说是现今的大白菜、白菜和芜菁的共同祖先。

西周时的《诗经·邶风·谷风》载有："采葑采菲，无以下体"，说明那时葑菜和萝卜都是根叶兼食的蔬菜。另外还有两首诗也提到葑菜，《诗经·鄘风·桑中》载有："爰采葑矣，沫之东矣"；《诗经·唐风·采苓》载有："采葑采葑，首阳之东"。诗中"鄘风"、"唐风"分别指今山东和山西的一个地区。三首诗都提到葑菜，表明在2000余年前的河南、河北、山东和山西等北方地区都已普遍栽培葑菜。

西汉扬雄《方言》记载更详细："蘴荛芜菁也：陈（今河南一地区），楚（安徽）之郊谓之蘴，齐鲁（山东）之郊谓之荛，关（陕西）之东西谓之芜菁，赵（河北）、魏（河南）之郊谓之大芥。"从西周开始，芜菁已由黄河流域逐渐扩展至长江流域的江苏、安徽、湖北、浙江等地。

葑菜在北方较干旱气候条件下，原来可食的根部经人工选择，逐渐成为食用肉质根的根菜类芜菁；在南方湿润气候条件下，经过长期的自然选择和人工选择双重作用，进化成为叶菜类的菘菜。

唐朝的苏恭在《新修草本》（659）中记有："菘有三种，牛肚菘蕖最大厚，味甘。紫菘蕖薄细，味少苦。白菘似蔓菁也。"宋朝苏颂对牛肚菘有了更进一步的记述："扬州一种菘，叶圆而大，或若蓮，啖之无滓，绝胜他土者，疑即牛肚菘也。"如上所述可知，牛肚菘以其叶片大而皱区别于紫菘和白菘。

南宋吴自牧《梦梁录》的菜之品项中记载："薹心、矮菜、大白头、小白头、夏菘"等，并专门介绍了"黄芽菜"，"冬至取巨菜，覆以草，即久而去，以黄白纤莹者，故名之。"这里的黄芽菜显然是在冬至节最冷的时期，为了防冻覆以草而产生了软化的纤莹的"菜芽"。黄芽菜一出现即成为"奇珍细蔬"，王官贵人争购不计其值以享时新。

元朝忽思慧（1330）《饮膳正要》中的菘图呈抱合状态，具有结球白菜的性状。

明朝陶宗仪在《辍耕录》（1366）记载："扬州（元）至正丙申，丁酉（1356—1357）间，兵燹之余，城中屋址偏生白菜，大者拾伍斤，有臂力人所负方肆至伍棵耳。"无疑这里所指的白菜已是大白菜，而不是普通白菜了。明王世懋《学圃杂疏》（1587）记载："大都今之冬菜如郡城箭杆白之类可称菘，箭杆虽佳，然不敌燕地黄芽菜，可名菜中神品，其种亦可传，但彼中经冰霜以庐覆之。"同时期的李时珍《本草纲目》（1591）记载："南方之菘畦内过冬，北方者多入窖内，燕圃人又以马粪入窖壅培，不见风日，长出苗叶皆嫩黄色，脆美无滓，谓之黄芽菜，豪贵以为嘉品。"时隔不久的明王象晋《群芳谱》（1621）就明确记载花心结球白菜："黄芽菜中别种，叶茎俱扁、叶绿茎白，惟心带微黄，以初吐有黄色，故名黄芽菜。"时隔20余年，上述两书赞誉的"神品"、"嘉品"已是"心带微黄"、"吐有黄色"的花心结球白菜了。

17世纪，北京以南的河北安肃（今徐水）竖心白菜应运而生。1674年的《安肃县志》记载："白菜暨山药著名"。在同一时期，先在北京为官后移居南京的著名文学家清初李渔仍念念不忘胜过肉味的大白菜。他在《闲情偶寄》(1671)中记载了进食大白菜的感想:"菜类甚多,其杰出者则数黄芽。此菜萃于京师而产于安肃,谓之安肃菜。此第一品也,每株大者可数斤,食之可忘肉味。不得已而思其次,其惟白下之水芹呼"予自移居白门(南京别称),每食菜,食葡萄,辄思都门(北京),食笋、食鸡、豆辄思武陵(今湖南常德),物之美者,犹令人每食不忘。"这足以说明当时的河北安肃县已继北京的京师白菜之后而成为供应北京大白菜的生产基地,并远销外地。

18世纪,继京师白菜和安肃白菜之后,山东大白菜的兴起,成为栽培最早的地区之一。山东日照县丁宜曾著《农圃便览》(1755)有详细的记载露地栽培窝心白菜成功的经验:小暑"种窝心白菜",霜降到立冬"草束窝心白菜",小雪"刨窝心白菜,竖排屋内,俟干湿适中,埋于润土内,顶上盖土,勿太深。"1752年的《胶州志》仅记载:"菘菜俗名白菜",1845年的《胶州志》才有了详细记载:"菘谓之白菜,埤雅,隆冬不凋,四时常见,有松之操,故其字会意。……其晶为蔬菜第一。叶卷如纯束,故谓之卷心白。"

(三)大白菜起源的假说

目前关于大白菜的起源主要有两种假说,分化起源假说与杂交起源假说。

1. 分化起源说 谭其猛(1979)认为,"大白菜可能是由不结球的普通白菜,在南方向北方传播栽培中逐渐产生的。"并在以后发表的"试论大白菜品种起源、分布和演化"一文中作了进一步阐述:"我认为大白菜起源于芜菁与普通白菜或普通白菜原始类型的杂交后代,是很有可能的。但另外还至少有一种可能,即芸薹的种内变异在栽培前早已存在,叶柄扁圆至扁平……大白菜的原始栽培类型可能就起源于具有相似性状的野生或半栽培类型"。并指明:"前一说可称为杂交起源说,后一说可称为分化起源说"。至于大白菜的起源中心,"很可能是冀鲁二省"。

2. 杂交起源说 李家文(1981)提出,"据观察,普通白菜和芜菁的杂种性状极似散叶大白菜。根据各种理由推论大白菜可能是由普通白菜和芜菁通过自然杂交产生的杂种。"并认为"大白菜和普通白菜虽然有许多共同的特征和特性,但有相当大的差异。因此大白菜不可能是由普通白菜发生变异而直接产生的新种。"

曹家树(1994,1995,1996,1997)等从种皮饰纹、杂交实验、叶部性状观察、染色体带型研究、RAPD分子标记分析、分支分析等方面对大白菜的起源演化进行了一系列的研究,提出了大白菜的"多元杂交起源学说"。他认为大白菜是普通白菜进化到一定程度分化出不同生态型以后,与塌菜、芜菁杂交后在北方不同生态条件下产生的,并且认为普通白菜的分化在前,大白菜的杂交起源在后。Song等人(1988)的RFLP研究结果也支持杂交起源假说。

(四)大白菜的进化

栽培作物品种演化的基本规律是经济性状由低级向高级发展,经济上愈重要的性状受到人工选择的干预愈多。大白菜也经历了从低级原始类型到高级类型的进化过程,在进化过程中形成了丰富的变异类型。由于大白菜的起源不确定性,所以关于其进化途径也有不同的学说。

李家文(1962、1981)提出了大白菜"散叶→半结球→花心→结球"的进化路线(图2-4)。散叶大白菜是大白菜的原始类型。它虽不形成叶球,但它的叶柄同普通白菜一样

扁阔而略抱合。它在较长的良好气候和栽培条件下生长，就能加强其抱合性而进化到半结球的大白菜变种。代表品种如辽宁的大矬菜、山西的大毛边等，它们的叶柄抱合紧密，但叶片披张，不能形成坚实的叶球。

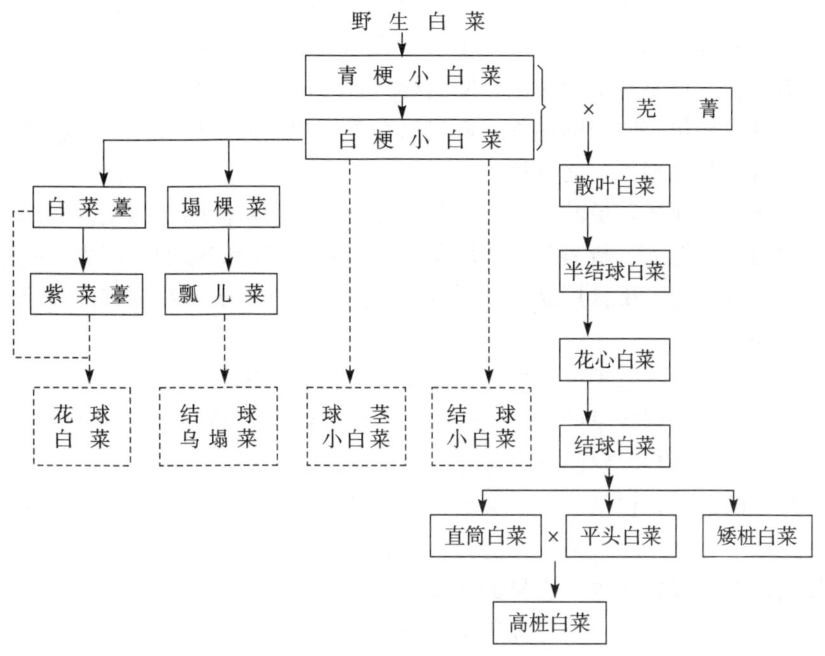

图 2-4　白菜的进化

（李家文，1981）

散叶大白菜经过选择和培育，其叶片逐渐抱合。当它们的叶片大部分抱合而形成叶球，但叶尖向外翻卷时，就进化成为花心大白菜。这一变种结球较为紧实，在北方作为早熟品种栽培。代表品种如北京的翻心黄、翻心白，天津的白麻叶，济南的大白心、小白心等。

花心大白菜经人们继续向增强结球性的方向选择和培育，它的叶尖也紧密抱合起来，就逐渐进化成为完全结球的结球大白菜。北方适合大白菜生长的温和季节较长，能加强其结球性。结球大白菜很可能先产生于北方。

结球大白菜有直筒、高桩、矮桩和平头等类型，它们是在不同生态的地区向不同方向培育和选择而产生的。

直筒型大白菜产于天津及冀东一带，如天津青麻叶品种的各品系、玉田包尖的各品系及唐山丰润等县的品种皆是。该地区基本上是海洋性气候，但又受到北部大陆性气候影响，是海洋性与大陆性气候交冲的地带，温度和湿度变化剧烈。生长在这一地区的大白菜品种形成了适应性强、耐热、耐寒、耐湿、耐旱、抗病力强的特点。

矮桩大白菜产于山东的胶东半岛各县，如胶县白菜、福山包头、栖霞包头等品种。该地区属于海洋性气候，气候温和，空气湿润，昼夜温差不大，雨水均匀。生长在这一地区的大白菜形成了需要充足肥水、品质好的特点，但不耐热、不耐旱，生长期长，适应性较差。

平头型大白菜分布最广。在陕西、山西、河北三省的南部、河南省、山东的西南部都栽培这一类型。据历代文献记载，洛阳栽培白菜最早，可能这一类型是先在该地区形成，然后传布于上述各地。该地区为大陆性气候，气候干燥，昼夜温差大，阳光充足。生长在这一地区的大白菜形成了适应较高温度、耐干旱、对地力要求较严格、生长期长、产量高的特点。

谭其猛（1979）对大白菜的进化也有独到的见解。他指出，关于大白菜品种的演化，毫无疑问是先有不结球的散叶类型，然后有半结球品种，最后出现结球充实的品种。其次，很可能是先有竖心品种，然后逐步出现增强包心倾向的品种，最后出现强烈叠抱的品种和闭心合抱品种。但是并不能完全排除这样一种可能性，即品种在向增强结球性演化的过程中，先出现有稍包心倾向的品种，而以后在不同地区的自然和人工选择压力下，逐步分别向竖心、合抱和叠抱等方向发展。

关于植株高矮的演化，虽然最初可能是由矮型散叶向较高的结球型发展的，但是其后在较矮的类型内，可能为了腌渍和便于堆藏，加上自然选择的影响，产生一些高桩或长筒品种；另一方面则可能由于食用品质等需要和自然条件的影响，在高桩或长筒型品种内产生出一些矮桩品种。

就熟性的演化来讲，似乎可以把原始不结球大白菜看做是最晚熟类型，其后逐渐出现叶球趋于充实和开始结球较早的类型。但因为不同地区、不同季节对品种的要求是有变化和多样的，后来也会从较早熟品种内分化出较晚熟品种，或从中熟品种内向早和晚两个方向分化。不过总的趋向，包括现代，大概是从晚熟向早熟发展为主。叶片数这一性状大概在品种演化史中不会是一个人工选择的目标，它的演化主要受自然选择的影响和人工对相关性状（如结球性、成熟期等）选择的间接影响。根据前述，品种在演化过程中从平原向山区扩展、晚熟向早熟演化、结球性逐渐增强等趋向推论，叶片数演化的主流似乎是从多叶到少叶，其间可能夹杂一些反向演化。

谭其猛（1982）指出，直筒型和卵圆型似乎既有共同起源的可能，也有分别起源的可能。所谓共同起源，就是说这两个类型是从同一有合抱尖头倾向的较早期品种分化演变而来的。所谓分别起源，就是说以“青麻叶”为代表的直筒型是从较早期的有包心倾向的长筒形品种演化来的；“胶州白菜”卵圆型是从较早期的有包心倾向的矮桩形品种演化来的。按照这一假设，则两个类型在叶球抱合形式方面的相似性，只是人工选择和生态条件影响下的趋同演化。这两种起源假设的差别实质就在于，株高、球高和叶球抱合形式这两种性状究竟是那一种先被选择改进。从性状在经济上的相对重要性来看，似乎较利于分别起源说。当然也可能在不同地区、不同时期对这两种性状的选择改进是交叉进行的。

河北省中部地区的高桩叠抱型品种大概至少有 3 种不同方式的起源。第一种是从原始的高桩竖心型品种演化来的，这可能是那些比较古老的、正在消失的地方品种。第二种可能从长筒竖心品种和矮桩叠抱品种杂交后代演化而来，这可能是那些抗逆性较强、叠抱性较弱品种的起源。第三种可能是从长筒叠抱品种和矮桩叠抱品种杂交后代演化而来，这大多是一些较近代产生的品种。大青口、小青口、抱头青等品种有可能是属于后两种之一起源的。

就大多数地区的品种演化来讲，早期栽培的大概都是直筒竖心品种，只是在株高、球长、叶球充实度等方面有不同，一般是南矮（如肥城花心）、北高（如山西大毛边）。现在的品种分布是早期品种逐渐被后起的优良品种替代的结果。这种后起的优良品种有些可能是当地品种改进而来的，有些可能是引入的。例如陕西省除邻近河南的地区外，在五六十年前各地栽培的基本上还都是直筒竖心品种。至于主要分布区以外的各省大概都是较近期

引入那些经济性状已经是很高级的品种。

曹家树等（1997）采用分支系统学的方法对白菜类作物 57 个品种 35 个性状进行了分支分析，并在此基础上研究了它们的演化关系。中国白菜是在中国地理条件下形成的，其中大白菜和薹菜的主产区和原始类型在华北生态区，其他白菜是在太湖、江淮和长江流域的生态区形成的，只有其中的菜心变种主产于华南。但依据古籍考证，它是由菜油兼用的“薹心菜”演化而来，无疑也属于以华东地区为主的生态区原产的类型。日本水菜在植物学形态上与我国东部沿海腋芽发达丛生的“分蘖菜”相似，但在染色体G-带带型和种皮形态等性状上又显著区别于中国白菜和芜菁，而其在日本栽培历史也不长。曹家树等（1997）认为，分蘖菜在传入日本后，受外来种质渗入的影响而形成今天的日本水菜，从而在分支图中表现出出人意料的分支结构。就其形态、染色体数和与 2n = 20 这一芸薹种各类群易杂交的特性来看，应视作一个亚种的分类处理〔*B. campestris* L. ssp. *janponica*（Sieb）Hort.〕更为合理。至于其外来种质还需要进一步研究。

曹家树等人（1996，1997）从时间和空间两个方面确定了中国白菜各自的地理类群之后，根据芜菁传入中国较早，“菘”和“薹心菜”在史籍中也记载较早的历史，以及分支图所表现出的各分支关系和杂交起源的可能，建立了中国白菜及其相邻亚种的演化关系图（图 2-5）。这一演化图既体现了它们各自历史的亲缘关系，又反映了它们各自空间的发展

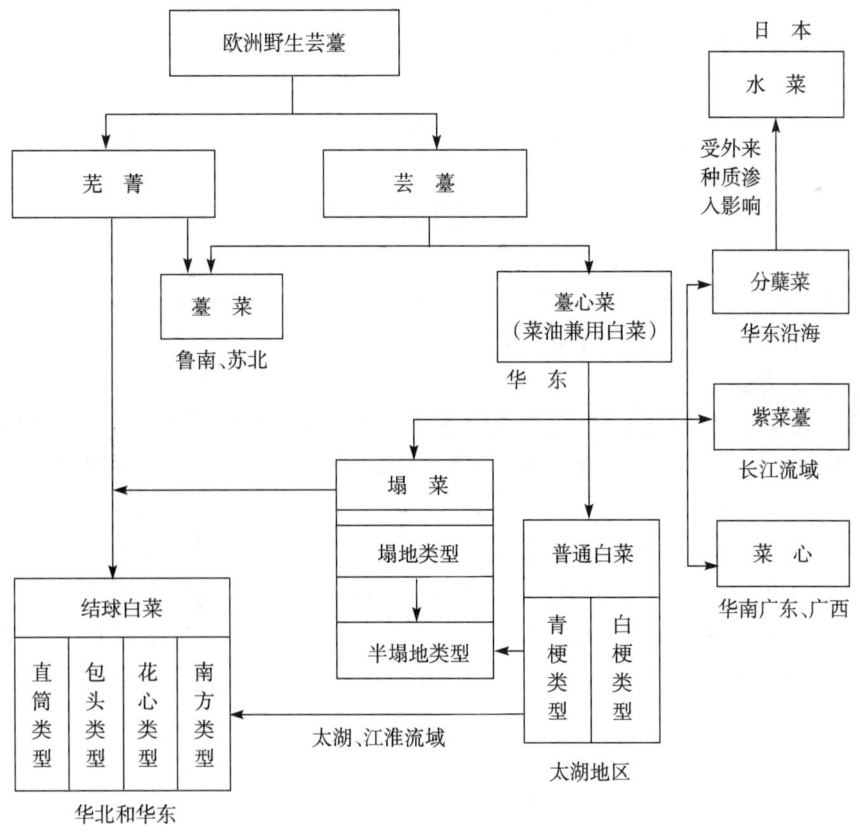

图 2-5　中国白菜及其相邻类群（2n=20）的演化关系图

（曹家树，1997）

关系。图中表明古籍上记载的“薹心菜”（菜油兼用白菜）由芸薹演化而来。薹心菜进一步进化形成多个分支。一是在太湖地区优越的自然条件和栽培条件下形成株型直立、叶片发达的普通白菜，它分为青梗类型和白梗类型。从普通白菜分支前的各类群叶柄色泽较深来看，青梗应为原始性状，白梗为进化性状。不可否认它们之间存在杂交现象，但在分类上应视作两个类型。二是太湖地区形成株型塌地的耐寒性强的塌菜，然后在江淮流域获得更为适合的生态条件后发展起来，并与普通白菜杂交形成半塌地的塌菜，如黄心乌、黑心乌、瓢儿菜，甚至直立的柴乌等。从而可将塌地的和半塌地的塌菜作为两个类型处理。三是分别在华东沿海、长江流域和华南广东、广西的生态条件下演化形成分蘖菜、紫菜薹和菜心。芜菁传入中国较早，在逐渐向东南传播的过程中，不可避免地与其原来就是同一祖先的芸薹杂交而产生薹菜；与普通白菜或塌菜杂交后，在各自的生态条件下迅速形成众多的大白菜类型。

曹家树等人（1996、1997）认为，大白菜是在白菜演化到较高水平之后，才经杂交迅速演变形成，这就是大白菜为什么直到明清时代才迅速发展起来的主要原因。从分支图上看，吴耕民对大白菜各类群的分类更易于接受，即将花心、包头、直筒和南方 4 个类型分开。因为在分支图中，杭州黄芽菜和潮汕地区原产的早皇白为一分支，翻心黄和翻心白两个花心类型为一分支，另两个分支在直筒和包头类型间存在杂交现象而不能完全分开，但它们基本上是呈两条路线演化的。鸡冠菜等则可能来自于薹菜和芜菁的杂交种。而普通白菜和芜菁杂交经不同目的的人为选择，则可能形成类似四月白、大花叶腌菜、绿叶镶边和用作油菜的浠水白、崇明菜籽等品种。

第二节 分 类

一、植物学分类

大白菜在植物学分类中的地位经历了很多的演变，不同时期和不同国家的植物分类学家的命名颇不一致，分别命名为种、亚种或者变种。

（一）学名变更

1. 将大白菜定为单独的种 瑞典植物学家林奈（Sp. Pl. 2：666. 1753）最早命名了与白菜植物有关的 2 个种，即芸薹（野油菜）*Brassica campestris* L.（图 2-2）和芜菁 *Brassica rapa* L.（图 2-3）。

最早给大白菜命名的是葡萄牙人 Loureiro（1790），在《*Flora Cochinchinensis*》一书中将大白菜命名为一个独立的种 *Sinapis pekinensis*。俄国植物学家庐甫列彻（Franz J. Ruprecht，1860）将大白菜定命名为 *B. pekinensis*。美国植物学家贝利（L. H. Bailey，1930）对种子来自中国的大白菜进行了系统而仔细的研究，甚至用白菜的中文发音将大白菜定命名为 *B. pe-tsai*。

2. 将大白菜定为亚种 俄国植物学家季托夫（Titov，1891）则把大白菜列为 *B. chinensis* 的两个亚种之一，命名为 ssp. *laminata* Titov。瑞典的 Olsson（1954）在对白菜类植物进行杂交研究的基础上，将大白菜命名为 *B. campestris* ssp. *pekinensis*（Lour.）Olsson。1986 年德国学者将大白菜改称 *B. rapa* ssp. *pekinensis*（Lour.）Hanelt。

3. 将大白菜定为变种 德国的 O. E. Schulz 于 1919 年定名为 *B. napus* var. *chinensis* (L.) Schulz。我国学者曾勉和李曙轩（1942）将大白菜划分为 3 个类型的变种：直筒型 *cylindrical* Tsen et Lee、头球型 *cephalate* Tsen et Lee、花心型 *laxa* Tsen et Lee。孙逢吉（1946）则将大白菜定为一个变种 *B. chinensis* var. *pekinensis* (Lour.) Sun。日本植物学家牧野富太郎（Tomitaro Makino）认为大白菜是芸薹的一个变种，命名为 *B. campestris* L. ssp. *chinensis* Makino var. *amplexicaulis* Makino。曹家树和曹寿椿（1999）将大白菜归为中国白菜（Chinese cabbage）亚种下的一个变种，命名为 *B. campestris* L. ssp. *chinensis* Makino var. *pekinensis* (Rupr.) J. Cao et Sh. Cao。

（二）植物学分类

李家文曾根据 20 世纪 50 年代各地调查地方品种的资料，于 1963 年提出过对我国大白菜亚种以下分类的初步意见，并在 1984 年出版的《中国的白菜》中正式将其划分为 4 个变种。

A. 散叶大白菜变种（var. *dissoluta* Li） 这一变种是大白菜的原始类型。其顶芽不发达，不形成叶球。莲座叶倒披针形，植株一般较直立。通常在春季和夏季种植作绿叶菜用，如北京的仙鹤白，济南的青芽子、黄芽子。在偏远地区也还保留着一些秋冬栽培的散叶大白菜，如雁北地区的神木马腿菜。

B. 半结球大白菜变种（var. *infacta* Li） 植株顶芽之外叶发达，抱合成球，但因内层心叶不发达，球中空虚，球顶完全开放呈半结球状态。常以莲座叶及球叶同为产品。对气候适应性强，多分布在适宜生长季节较短、高寒或干旱地区。代表品种有山西大毛边、辽宁大锉菜等。

C. 花心大白菜变种（var. *laxa* Tsen et Lee） 顶芽发达，形成颇坚实的叶球。球叶以裥褶方式抱合。叶尖向外翻卷，翻卷部分颜色较浅，呈白色、浅黄色或黄色。球顶部形成所谓“花心”状。一般生长期较短，多用于夏秋季早熟栽培或春种，不耐贮藏。代表品种有北京翻心黄、翻心白及肥城卷心、济南小白心等。

D. 结球大白菜变种（var. *cephalata* Tsen et Lee） 这一变种顶芽发达，形成坚实的叶球。球叶全部抱合，叶尖不向外翻卷，因此球顶近于闭合或完全闭合。这一变种是大白菜的高级变种，栽培也最普遍。熟性包括有 45d 成熟的极早熟种；70～80d 成熟的中熟种，以及需 120d 方可成熟的典型晚熟品种。对温度的适应性，既有耐热品种也有耐寒品种。

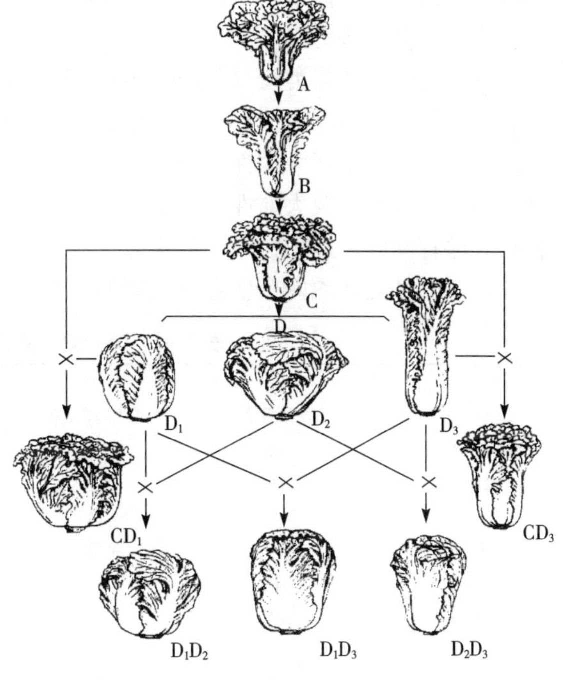

图 2-6 大白菜进化与分类模式
（李家文，1981）

由于起源地及栽培中心的气候条件不同，产生了 3 个基本生态型（图 2-6）。

二、园艺学分类

（一）按照生态型分类

由于大白菜长期在不同生态环境下栽培，再经过变异和选择，使其在形态、生长发育习性、生态适应性等方面都有很明显的差异，而各种性状在繁多品种间的变异几乎都是连续的，使得明确区分类群增加了困难。李家文在将大白菜划分为 4 个变种的基础上，将结球大白菜变种依栽培的中心地区的生态差异分为 3 个基本的生态型，此外还有由这 3 个基本生态型杂交而产生的若干派生类型。

D_1. 卵圆大白菜类型（f. *ovata* Li） 叶球卵圆形，球形指数约 1.5。球顶尖或钝圆，近于闭合。球叶倒卵形或宽倒卵形，抱合方式“裥褶”呈莲花状抱合。起源地及栽培中心在山东半岛，故为海洋性气候生态型。要求气候温和而变化不剧烈，昼夜温差小，空气湿润。本生态型品种除在胶东半岛种植外，多分布于江浙沿海、四川、贵州、云南及辽宁、黑龙江等省的温和湿润地区。代表品种有福山包头、胶县白菜、旅大小根、二牛心等。

D_2. 平头大白菜类型（f. *depressa* Li） 叶球呈倒圆锥型，球形指数约为 1。球顶平，完全闭合。球叶为宽倒卵圆形，抱合方式“叠抱”。起源地及栽培中心在河南省中部，为大陆性气候生态型，能适应气候剧烈变化和空气干燥，要求昼夜温差较大、日照充足的环境。分布于陇海铁路沿线陕西省中部到山东西部，以及沿京广线由河南省南部到河北省中部以及山西省的中南部。湖南、江西也有这一类型品种栽培。代表品种有洛阳包头、太原二包头、冠县包头等。

D_3. 直筒大白菜类型（f. *cylindrica* Li） 叶球呈细长圆筒形，球形指数＞3。球顶尖，近于闭合。球叶为倒披针形，抱合方式“旋拧”。起源地及栽培中心在冀东一带。当地近渤海湾，基本属海洋性气候。但因接近内蒙古，因此又常有大陆性气候的影响，因此这一类型为海洋性及大陆性气候交叉的生态型。这一生态型对气候的适应性很强。代表品种有天津青麻叶、玉田包尖、河头等。

两个变种之间或两个生态型之间的杂交组合表现如表 2-1。

表 2-1 变种间和生态型间的二源杂交

	A 散叶变种	B 半结球变种	C 花心变种	D_1 直筒型	D_2 卵圆型
B 半结球变种	AB 散叶				
C 花心变种	AC 散叶	BC 半结球			
D_1 卵圆型	AD_1 散叶	BD_1 半结球	CD_1 卵圆花心		
D_2 平头型	AD_2 散叶	BD_2 半结球	CD_2 直筒花心	D_1D_2 卵圆平头	
D_3 直筒型	AD_3 散叶	BD_3 半结球	CD_3 平头花心	D_1D_3 圆筒平头	D_2D_3 直筒平头

(1) 低级变种的特性有较强的遗传力。

(2) 结球大白菜变种之间的杂交组合的叶球性状综合表现双亲的特性，因此出现圆筒、直筒平头、卵圆平头等新的球形。

(3) 叶球抱合方式以“叠褶”的遗传力最强，它对裥褶和旋拧皆为显性。

通过天然杂交和混合选择，在我国形成了下列优良的品种类型：

(1) 卵圆花心型［CD_1］　结球的卵圆类型大白菜与花心大白菜变种杂交而成的派生类型。叶球卵圆形，球形指数1～1.5，上下部大小相似，叶球不坚实，顶部开张，球顶花心。分布于山东沿津浦线南段，适应性很强。代表品种如肥城花心、滕县狮子头等。东北的通化白菜、桦川白菜也属于这一类。

(2) 直筒花心型［CD_2］　结球的直筒大白菜与花心大白菜杂交而成的派生类型。叶球长圆筒型，球形指数2.5～3，上部和下部大小相等。顶生叶褶抱，球顶闭合不严密，叶尖有不同程度的外翻，外翻部分白色、淡黄色或淡绿色，分布于山东沿津浦线北段，适应性和抗逆性较强。代表品种如山东德州香把子、山东泰安青芽和黄芽等。

(3) 平头花心型［CD_3］　平头类型与花心大白菜变种杂交而成的派生类型。顶生叶直立，叶球高桩形，球形指数近于2，花心，球顶平。形成及栽培中心在河南一带，适于大陆性气候。代表品种如泌阳菊花心、信阳连心长等。

(4) 卵圆平头型［D_1D_2］　平头类型与卵圆类型杂交而成的派生类型。叶球短圆筒形，顶部平坦，球形指数近于1～1.5，顶生叶叠抱，球顶闭合严密。适于温和的海洋性气候，抗逆性较强。代表品种如城阳青等。

(5) 圆筒型［D_1D_3］　卵圆类型与直筒类型杂交而成的派生类型。叶球长圆筒形，球形指数接近2，上部和下部直径相等，顶部圆或略尖锐。顶生叶褶抱，球顶抱合严密。分布于山东北部与河北东部各县，适于温和大陆性气候。代表品种如沾化白菜、黄县包头、掖县猪咀等。

(6) 直筒平头型［D_2D_3］　平头类型和直筒类型杂交而成的派生类型。叶球上半部较大，下半部较小，球形指数接近或大于2。顶生叶上部叠抱，球顶闭合严密。分布于北京至保定一带，适宜于温和的大陆性气候，抗逆性较强。代表品种如北京大青口、小青口、拧心青、保定大窝心等。

（二）按照叶球的分类

1. 根据球叶数量及重量分类　大白菜叶球的重量主要是由球叶的数量和各叶片的重量构成的。根据球叶的数量及其重量所占叶球重的比例不同，又可分为三种类型：

(1) 叶重型　每一叶球内叶片长度在1cm以上的叶片数为45片左右，但叶球外部球叶的单叶重量与叶球内部的叶片重量相差悬殊，对叶球重起决定性作用的叶片主要是第1～15片球叶的重量，再向内的叶片数虽然数量多，但对球叶重量影响不大。

(2) 叶数型　每一叶球内叶片长度在1cm以上的叶片数达60片以上，而且在较大范围内（第1～30片），单叶之间重量的差异较小，决定叶球重量的因素，主要与具有一定重量的叶片数目有关。

（3）中间型　对叶球重量形成起重要作用的叶数界于前二者之间，单叶的重量比叶重型小，比叶数型又大些。

这些分类是相对比较而言，有的叶重型品种的球叶数目不一定少，叶数型品种的叶数也不一定很多。

2. 根据叶球形状分类　球形与球形指数（叶球高度/横径）及最大横径出现的位置和球顶的形状有关，对它们的综合描述表现出叶球的形状。

（1）球形指数 3.0 以上，上下近等粗，或最大横径在近基部

尖头……………………………………………… 炮弹形（内蒙古长炮弹、玉田包尖）

圆头至平头…………………………………… 长筒形（河头、大绿白、北京新 1 号）

（2）球形指数 1.5～3.0

上下近等粗、圆头或平头……………… 高筒形（林水白、大矬菜、北京新 3 号）

最大横径偏上部

尖头……………………………………………………………… 直筒形（拧心青）

圆头至平头…………………………… 倒卵形（包头青、大青口、北京新 2 号）

最大横径近中部

尖头………………………………………………………… 橄榄形（赣州黄芽白）

（3）球形指数 1.5 以下，上下近等粗

尖头…………………………………………………… 矮桩形（胶县白菜、福山包头）

圆头至平头…………………………………………… 短筒形（诸城白菜、城阳青）

最大横径偏上部，圆头至平头………………… 倒圆锥形（正定二庄、秦白 2 号）

最大横径近中部，圆头 …………………… 近球形（定县包头、北京小杂 50 号）

（三）按照熟性分类

根据从播种到成熟收获的天数，可以将大白菜分为不同的类型：

极早熟：＜55d；

早熟：56～65d；

中熟：66～75d；

中晚熟：76～85d；

晚熟：＞85d。

第三节　种质资源的分布与特征

一、种质资源分布

中国大白菜种质资源极为丰富。目前，我国已搜集保存大白菜种质资源 1 706 份，分布如图 2－7，比较集中于华北、东北、西北地区。其中山东省是大白菜的主要产区，种质资源数量居全国首位；其次是河北省、河南省；再次是辽宁省和四川省。

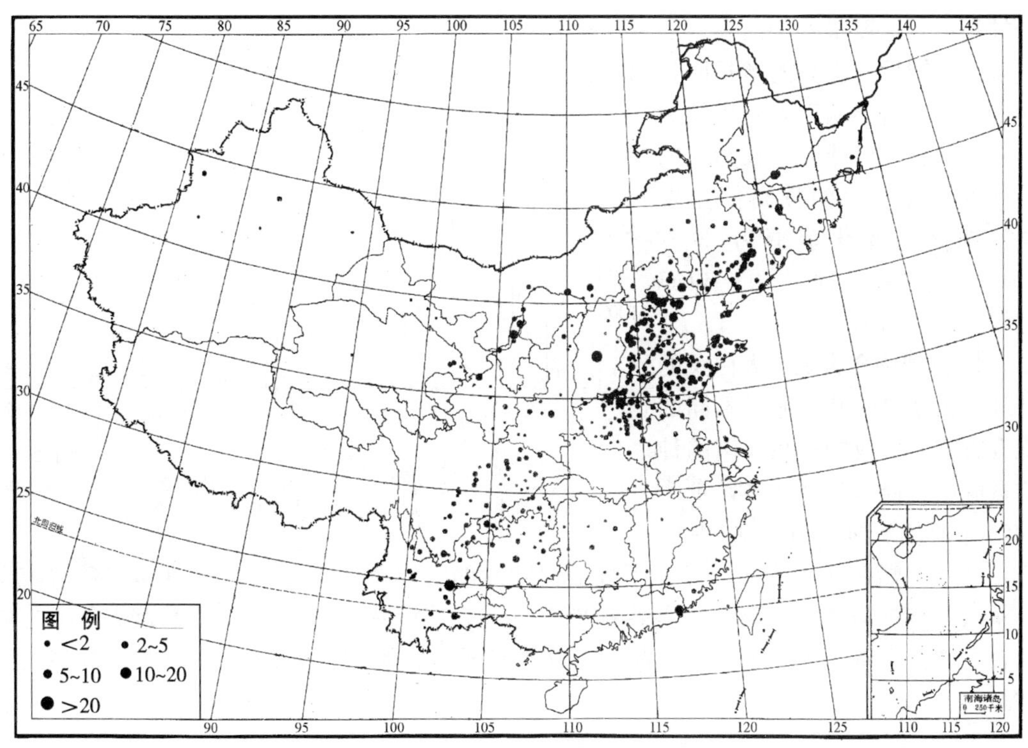

图 2-7　大白菜种质资源分布图

二、种质资源特征

我国已经建立了大白菜种质资源数据库，记录了有关品种的性状描述数据。这些数据主要是在产地的鉴定评价结果。根据现有的可取数据，对我国已经搜集的大白菜种质资源的主要性状进行分析，以便于对这些资源有一个基本的了解。

1. 生长期　品种生长期的长短决定品种所适宜栽培的地区和栽培季节，也可能决定产量和贮藏性。从搜集品种在当地的生长期可以看出，生长期的范围 40～150d，多数品种 80～100d（图 2-8）。

2. 叶球重　叶球的重量是大白菜最重要的性状，也是收获的产品器官。叶球重最小的只有几百克，最大的可达十多千克。大多数品种的叶球重为 2～4kg（图 2-9）。

3. 株高　植株的高度变化，反映着大白菜生长过程中株形的变化，也可作为由外叶发育转变为球叶发育的形态指标。从幼苗期结束到莲座末期，

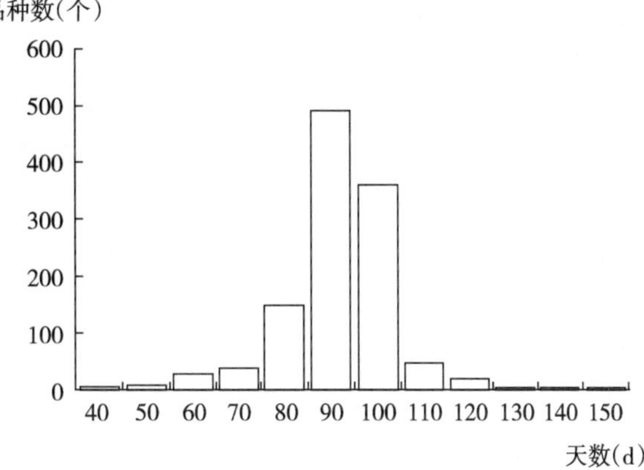

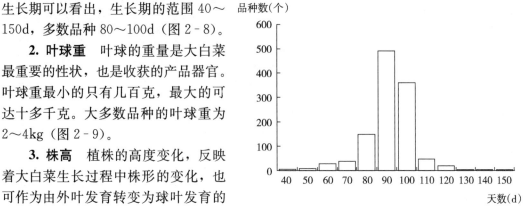

图 2-8　大白菜种质资源生长期分布图

是株高增长速度最快的时期，当进入结球期后，株高的增长明显缓慢。当大白菜从以外叶生长为主的时期进入以球叶生长为主的阶段时，大白菜的株高停止发展。株高的变化范围为 20～90cm，大多数品种在 40～60cm 之间（图 2-10）。

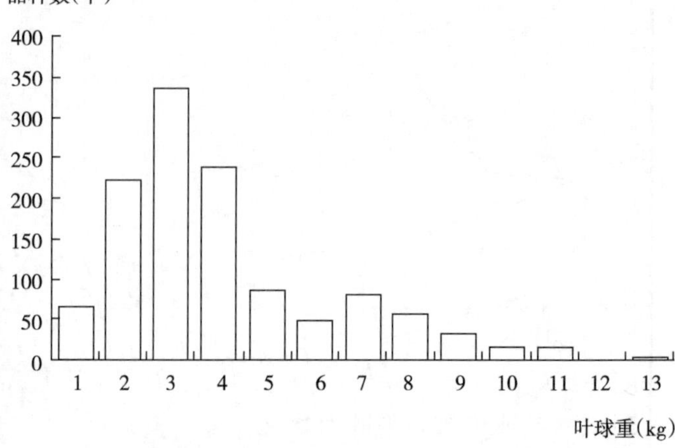

图 2-9　大白菜种质资源叶球重分布图

4. 叶球抱合方式　大白菜的叶球是由众多的叶片通过不同的抱合方式而形成的。在我国的种质资源中，合抱类型最多，表现为叶片两侧纵向沿中肋向内褶合，叶片尖端在叶球顶部合拢而不叠盖。叶片的上部弯曲抱盖叶球的顶部的叠抱类型数量次之。拧抱是大白菜的一种特殊抱合方式，即叶片沿植株中轴呈螺旋状向上拧曲卷合，如拧心青、天津青麻叶等品种。这类品种约占资源总数的 10%。花心类型最少（图 2-11）。

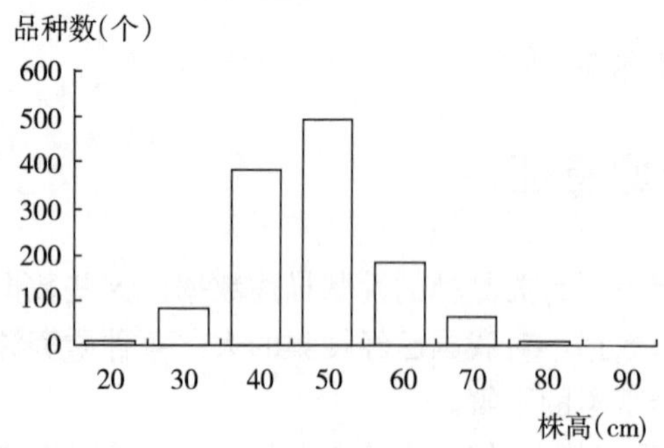

图 2-10　大白菜种质资源株高分布图

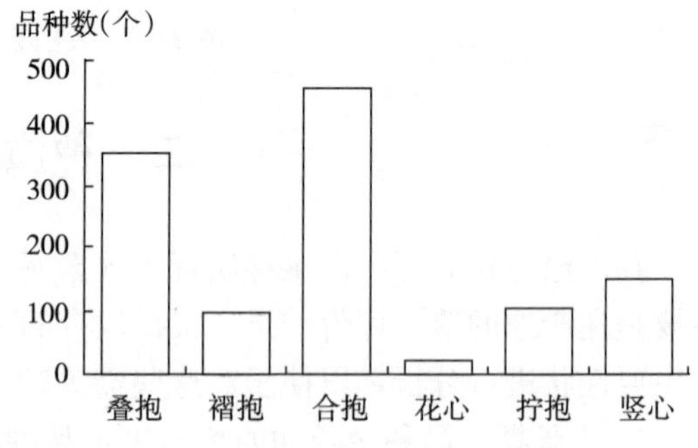

图 2-11　大白菜种质资源叶球抱合方式分布图

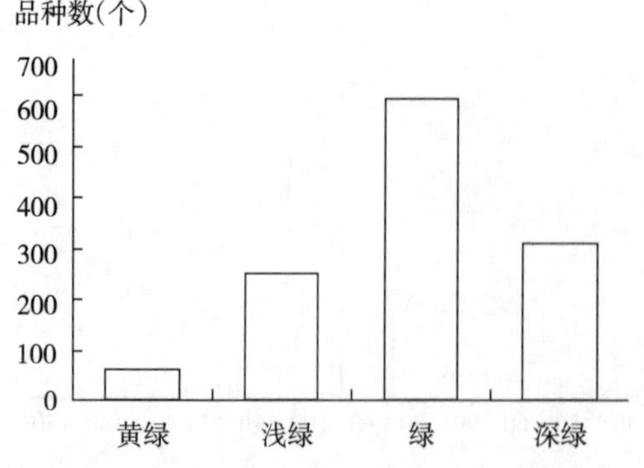

图 2-12　大白菜种质资源叶色分布图

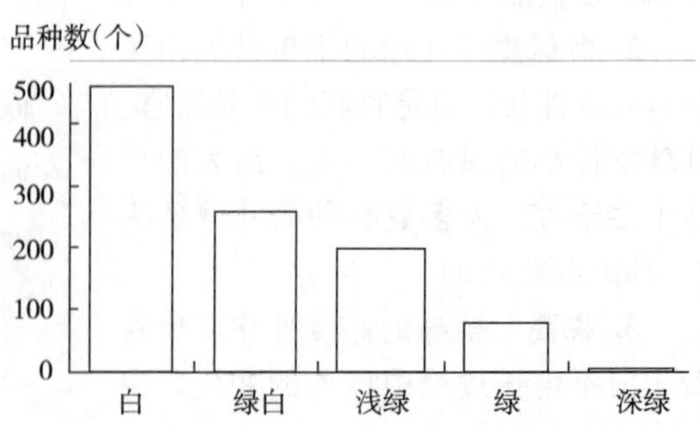

图 2-13　大白菜种质资源叶柄色分布图

5. 叶色 大白菜品种之间的叶片颜色差异较大。一般高寒地区及北方品种的叶色常较深，南方品种多较淡。大多数品种为绿色，深绿和浅绿色次之，黄绿色最少（图 2-12）。

6. 叶柄色 大白菜的叶柄颜色大多数为白色，从白色到深绿色，品种数量依次递减，最少的为深绿色（图 2-13）。

7. 叶面状况 大白菜外叶表面的皱缩程度是品种的重要特征，多数品种叶面表现为稍皱或中皱，平叶面次之，多皱者较少（图 2-14）。

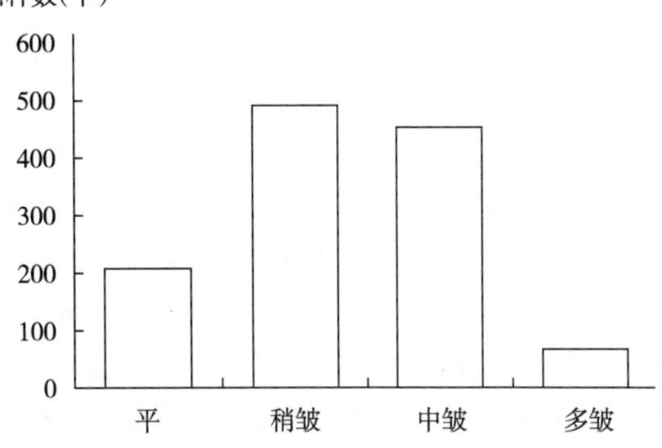

图 2-14 大白菜种质资源叶面分布图

第四节 优异种质资源

一、地方品种

在我国众多的大白菜地方品种中，不仅在植物学性状上存在着明显的不同，而且在抗病性、适应性、生长期及品质等方面也存在较大的差异。有的地方品种不仅是育种的好材料，直接用于生产也有相当的价值。

（1）早皇白 广东省潮安县农家品种。外叶近圆形，叶柄白色。叶球倒圆锥形，心叶互相抱合，黄白色，结球紧实，品质的单球重约 0.5 kg。该品种早年引入福建省，现在福建省三明市、泉州市等地称作黄金白或皇京白。据福州市蔬菜研究所介绍，早皇白抗台风的能力强，而且在台风过后生长恢复快，产量可以得到保证。

（2）漳浦蕾 又名蕾白菜，福建省漳浦县农家品种。叶球叠抱，球状，绿白色，是叠抱类型大白菜中的最小型品种。外叶叶面皱缩，淡绿色，最大外叶长 40cm，宽 25cm，耐热，纤维多，味淡，抗软腐病差。同安 40 天、泉州拳头包等品种皆属同一类型。

（3）翻心黄 北京市郊区农家品种。外叶绿叶球直筒形，白色，球叶先端向外微翻，黄白色，单株重 1.5～2 kg。该品种球叶质嫩，稍有纤维。耐热，但不耐贮。早熟，生长期 60d 左右。较抗病毒病。

（4）小白口 又称管庄小白口，北京市郊区农家品种。叶球短圆筒形，球叶黄绿色，顶部露出浅绿，球顶部稍大，单株重 2 kg 左右。该品种球叶质嫩，味甜，纤维少，品质好。抗热性较强，抗病性较差，不耐贮藏。早熟品种，生长期 60d 左右。

（5）小青麻叶 天津市西郊农家品种。叶色深绿，叶球直筒形，在莲座叶未充分长大时，球叶已开始结球。由于莲座叶与球叶同时生长，故又名连心壮。该品种球叶纤维少，易煮烂，味甜，品质好。较耐热，抗病。偏早熟，生长期 70d 左右。

（6）中青麻叶 又名天津绿或天津核桃纹。天津市西郊农家品种。叶色深绿，叶球直筒形，球顶略尖，单株重 2.5～3.0 kg。该品种球叶绿色或黄绿色，纤维少，煮食易烂，味甜柔嫩，品质好。适应性强，抗病，耐贮藏。中熟，生长期 80～85d。

（7）曲阳青麻叶　河北省曲阳县农家品种。叶片深绿色，叶缘皱褶，叶面皱缩，叶脉粗稀，刺毛少。叶球平头形，球顶微圆，球叶叠抱，球形指数 1.34，为叶重型。耐贮藏，抗热性中等，抗寒性强，抗病毒病及软腐病性强。

（8）小青口核桃纹　北京市郊区农家品种。抗病性强，对病毒病的抵抗能力尤为突出，所以稳产性好，各地引种颇多。品质好，味甜，耐贮藏，唯抗黑腐病的能力稍差。植株中桩，株高仅 42cm 左右，开展度 80cm，单株重 3～4 kg。外叶深绿色，椭圆形，成株外叶 15 片左右，最大外叶长 55cm，宽 34cm，叶柄长 41cm，叶柄宽 6.5cm，叶缘凸波形，叶面有皱褶，刺毛较少，叶背刺毛较多。叶球短筒状头球形，叠抱，纵径 40cm，横径 17cm，叶球顶部微圆，单球平均重 2～3 kg。

（9）大青口　北京市郊区农家品种。叶片绿色，叶缘波状，叶面皱缩，叶脉粗稀，刺毛少。叶球高桩形，上部显著较大，球顶圆，球心严闭，球叶叠抱，球形指数 2.05。叶重型。生长期 90～95d。极耐贮藏，抗热性及抗寒性强，抗旱性弱，抗涝性中等。抗病毒病、霜霉病性强。

（10）大白口　北京市郊区农家品种。叶片淡绿色，叶缘波状，叶面微皱，叶脉粗稀，刺毛少。叶球高桩形，上部显著较大，球顶圆，球心严闭，球形指数 2.0。叶数型。生长期 90d 左右。耐贮藏，抗热性中等，抗寒性弱，抗旱涝及抗病性弱。

（11）开封小青帮　河南省开封市农家品种。在当地种植生长期 80d 左右。植株高度 30cm，开展度 80cm，外叶绿色，叶柄白绿，叶面较平，叶缘凸波形，叶面及叶背刺毛少。叶球叠抱，矮桩平头形。抗黑斑病能力强。

（12）二牛心　黑龙江省哈尔滨、齐齐哈尔等地栽培较多。早年由山东省昌邑县引入。叶球圆锥形，顶部尖，单株重 2 kg 左右。莲座叶少，净菜率高，品质好。较耐贮藏，适应性强，耐病。偏早熟，生长期 70d 左右。

（13）肥城卷心　山东省肥城市农家品种。植株矮小，叶球短圆筒形，球叶乳黄色，心叶顶端向外翻卷。抗病，耐热。早熟，生长期 55～60d。

（14）成都白　云南省多有栽培，最初由四川省引入。叶球有高桩和矮桩两种类型，高桩的叶球倒卵形，矮桩的短倒卵形，单株重 2 kg 左右。该品种结球期短，冬性强，春季栽培抽薹率低，也较耐热，适于春季栽培。

（15）玉田包尖　河北省玉田县农家品种。叶片绿色，叶缘波状，叶面微皱，叶脉细密，刺毛少。叶球直筒状，上部显著小于下部，球顶尖锐，球心闭合，球叶拧抱，球形指数 3.2，为叶重型与叶数型的中间型。生长期 90d。抗寒性强，抗旱涝性强，抗病毒病能力中等，抗霜霉病和软腐病性强，抗蚜虫性中等。

（16）胶州白菜　山东省胶州市著名特产品种。叶片淡绿色，叶缘波状，叶面微皱，叶脉细稀，刺毛少。叶球卵圆形，球顶尖，球心闭合，球叶褶抱，球形指数 1.4～1.6，为叶数型。生长期 80～100d。本品种有大叶菜、二叶菜、小叶菜 3 个品系，品质好，耐贮藏，抗病性弱。适宜于温和湿润的海洋性气候地区栽培。

（17）福山包头　山东省福山县农家品种。叶片绿色，叶缘波状，叶面皱缩，叶脉较细稀，刺毛少，中肋宽薄、微凹，白色。叶球卵圆形，球顶圆，闭合，球形指数 1.18，

叶数型。本品种有大包头、二包头、小包头等3个品系，生长期70～100d。较抗霜霉病，不抗病毒病，适应性较强，品质优良。

（18）大矬菜　辽宁省兴城及其邻近地区农家品种。属半结球类型。叶片深绿色，叶缘波状，叶面皱缩，叶脉粗稀，刺毛极少。中肋宽厚，凹，淡绿色。叶球直筒形，球顶微圆，半结球，球叶褶抱。球形指数3.25，软叶率35%，叶重型。生长期85～90d。极耐贮藏，一般供冬季长期食用。抗热性中等，抗寒性强，抗病毒病性中等，抗霜霉病及软腐病性强。

（19）桶子白　山西省清徐县农家品种，属半结球变种。叶片淡绿色，叶缘伞褶，叶面微皱，叶脉粗稀，无刺毛。中肋宽厚，深凹，白色。叶球直筒形，球顶尖锐，半结球。球叶褶抱，叶重型，生长期85～90d。耐贮藏，供冬季食用。抗热性中等，抗寒性强，抗旱性中等，抗软腐病性强。

（20）大毛边　山西省阳城县农家品种。属半结球类型。莲座叶阔披针形，长68cm，宽37cm，叶形指数1.83，叶片淡绿色，叶缘伞褶，叶面皱缩，叶脉粗稀，刺毛多。叶球直筒形，球顶微圆，半结球，球叶褶抱，叶重型，生长期95d左右。耐贮藏，供冬季长期食用。抗热性中等，抗寒性强，抗旱涝性强。抗病毒病、霜霉病、软腐病性强。

（21）黄芽菜　浙江省杭州市郊区农家品种。属花心白菜变种。叶片黄绿色，叶缘皱褶，叶面微皱，叶脉细稀，刺毛少。中脉宽薄、微凹，白色。叶球卵圆形，球顶尖，翻心，翻卷部分黄色，球叶褶抱。球形指数1.57，为叶数型，生长期80～90d。不耐贮藏。抗热性及抗寒性中等，抗病性弱。

（22）济南小根　山东省济南市郊区农家品种。叶片淡绿色，叶缘波状，叶面微皱，叶脉细稀，刺毛少。中脉宽薄、微凹，白色。叶球矮桩形，球顶微圆，球心闭合，球叶褶抱，球形指数1.67，为叶数型。生长期90～100d。抗病性中等，较耐贮藏。

（23）洛阳包头　河南省洛阳市郊区农家品种。叶片淡绿色，边沿波状，叶面皱缩，叶脉粗稀，刺毛少。叶球平头形，球顶微圆，球心严闭，球叶叠抱，球形指数1.1，为叶重型。生长期110d左右。极耐贮藏，抗热性中等，抗寒性及抗旱涝性弱，抗各种病害中等。本品种有大包头和二包头两个品系。大包头产量较高，抗病力较差，叶脉较粗；二包头产量较低，抗病力稍强，叶脉较细。

（24）包头白　山西省太原市郊区农家品种。叶片绿色，叶缘皱褶，叶面皱缩，叶脉细密，刺毛多。叶球平头形，球顶微圆，球心严闭，球叶叠抱。球形指数1.5，为叶重型。生长期90d左右。耐贮藏，抗热性及抗寒性弱，抗旱性中等，抗涝性中等，抗病毒病性弱，抗其他病害中等。

（25）城阳青　山东省青岛市郊区农家品种。属平头卵圆类型。叶片绿色，叶缘波状，叶面微皱，叶脉粗稀，刺毛少。叶球矮桩形，上下大小均等，球顶微圆，球心严闭，球叶叠抱，球形指数1.55，叶数型。生长期100d左右。极耐贮藏。抗热、抗寒性强，抗旱涝性强。

（26）林水白　河北省徐水市郊区农家品种。属花心直筒类型。叶片淡绿色，叶面皱缩，叶缘皱褶，叶脉粗稀，无毛。叶球上部较小，球顶尖，舒心，球叶拧抱，球形指数1.5。生长期90～95d。不耐贮藏。抗热，抗寒性、抗旱涝性及抗病性弱。

(27) 香把子　山东省德州市郊区农家品种。为花心直筒类型。叶片淡绿色，叶缘波状，叶面皱缩，叶脉细密，刺毛少。叶球高桩形，球顶微圆，球叶翻出，翻出部分淡黄色，球叶拧抱，球形指数 1.55。生长期 95d 左右。耐贮藏。抗热、抗寒性及抗旱涝性、抗病性强。

(28) 大高桩　河北省山海关农家品种。属半结球直筒类型。叶片绿色，叶缘皱褶，叶脉细密，无刺毛。叶球高桩形，球顶尖，舒心，球叶褶抱，球形指数 2.26。生长期 85～90d。极耐贮藏。抗热性中等，抗寒性、抗旱涝性及抗病性强。

二、特异种质资源

(1) 橘红心大白菜　北京市农林科学院蔬菜研究中心培育的晚熟大白菜一代杂种。该品种生长期 80d 左右。株型半直立，株高 37.3cm，开展度 61.7cm。外叶绿，叶柄绿色。叶球中桩叠抱，球高 27.8cm，球径 15.4cm，球形指数 1.8。结球紧实，单球重 2.2kg，净菜率 82%。抗病毒病、霜霉病和软腐病，品质优良。该品种的突出特点是球叶橘黄色，叶球切开在阳光下晒几分钟颜色会变深，呈橘红色。含水量、纤维含量较低。球叶色泽艳丽，口感脆嫩，特别适合于生食凉拌。

(2) 黄心大白菜　西北农林科技大学选育的叶球分别呈鲜黄色和橙黄色的优良新品系 02-61 和 02-64。球叶呈现鲜黄色和橙黄色，质地脆嫩，粗纤维较少，适口性极佳，可生熟兼用，特别适宜于生食和凉拌。新品系还富含胡萝卜素、维生素 C、维生素 B 和钙、锰、铁等矿质元素，具有较好的营养保健功能。

(3) 四倍体大白菜　河北省农林科学院经济作物研究所培育的四倍体大白菜，如翠绿、翠宝、多育 2 号等品种。这些品种克服了一般同源四倍体稔性低、生长速度慢等缺点，而且抗多种病害，品质优良。其显著特点是：口感清新，质地脆嫩，蛋白质、维生素 C 等各项营养指标均高于其他对照品种 10%～17%。

山东省农业科学院蔬菜研究所（1998）通过大白菜 2n 配子材料 1053 和四倍体 94-78 杂交，以 1053 为母本连续回交，选育成四倍体大白菜翠白 1 号。结球期表现叶片宽大、肥厚，外叶数少，净叶率高，叶球充心快。

三、优异种质资源

根据“九五”国家攻关子专题“蔬菜优良种质评价和利用研究”的任务要求，从国家种质库中提取经“八五”初评的优良大白菜品种材料 78 份，自 1997 年秋季开始，每年秋季进行田间种植，调查各品种的农艺性状、抗逆性、抗病性（主要是霜霉病、病毒病），1998 年评选出优良大白菜品种 46 份。1999 年对评选出的大白菜品种进行更新、繁种，并进行再次田间种植，调查农艺性状、抗逆性、抗病性，最后筛选出 3 份大白菜优异种质——李楼中纹、河北石特 1 号、山东福山包头，其中河北石特 1 号被农业部科技教育司评为农作物优异种质 1 级。

(1) 石特 1 号　编号 V02A0262，库号 2A0052。由河北省农林科学院经济作物研究

所繁种提供入国家种质库。由中国农业科学院蔬菜花卉研究所和山东省农业科学院蔬菜研究所“七五”和“八五”鉴定筛选出的优良种质。

该品种株高33～37cm，开展度70cm左右。外叶10～11片，深绿色，叶面皱缩。叶球倒圆形，叠抱，叶球横径35cm左右，高40cm左右，单球重4kg左右，球叶数30～40片。抗病性强，品质好。品质分析结果：干物质含量8%，粗纤维含量0.66%，每100g鲜重维生素C含量34.54 mg，可溶性糖3.53 %。高抗病毒病，病毒病病指6.95～13.87，平均10.4；抗霜霉病，霜霉病病指15.28～50.90，平均33.09。无不良农艺性状，可在生产中直接利用或用作育种材料。

（2）李楼中纹　编号V02A1014，库号0519。天津市西郊地方品种，由天津市农业科学院蔬菜研究所提供入国家种质库。由中国农业科学院蔬菜花卉研究所和山东省农业科学院蔬菜研究所“七五”和“八五”鉴定筛选出的优良种质。

该品种株高65～70cm，开展度65～70cm。外叶12片，深绿色，叶面皱缩。叶球长筒形，拧抱，叶球高55～60cm，横径13～17cm，球叶数平均35片左右，单球重2.6～4.2 kg。田间表现高抗病毒病和霜霉病，病毒病的发病率低。在杨凌种植，1997—1998年，平均病指3.67～13.33；在济南病指0.82～20.72，平均10.76。霜霉病发病率22.62%～40.06%，平均31.94%，平均病指14～15。无不良农艺性状，品质较好。品质分析结果：含干物质7 %，粗纤维0.58%，每100g鲜重维生素C含量27.42 mg，可溶性糖3.13 %，生产中可直接推广应用。在山东秋季栽培，田间表现高抗三大病害，一般每公顷产量11.25万～15万kg。

（3）福山大包头　编号V02A0775，库号2A0143 。山东省烟台市福山区地方品种，山东省农业科学院蔬菜研究所提供入国家种质库。经中国农业科学院蔬菜花卉研究所和山东省农业科学院蔬菜研究所“七五”和“八五”鉴定筛选出的优良种质。

该品种株高43～35cm，开展度95.8cm，收获时外叶14片左右，绿色。叶球卵圆形，合抱，球顶微尖，稍呈舒心。单球重5～6 kg。较抗霜霉病，品质好。品质分析结果：干物质含量5.5%，粗纤维含量0.47%，每100g鲜重维生素C含量21.64mg，可溶性糖含量3.12%。霜霉病病指29.99～33.78，病毒病病指28.33～31.39。由于该品种结球性好，品质优良，受到日本、韩国、荷兰等国家的欢迎。国内外一些生产和育种单位，有的直接在生产中应用，有的用作育种材料培育新的品种。

◆主要参考文献

曹家树，曹寿椿．1994. 中国白菜与同属其他类群种皮形态的比较和分类．浙江农业大学学报（20）：393－399.

曹家树，曹寿椿．1995. 大白菜起源的杂交验证初报．园艺学报（22）：93－94.

曹家树．1996. 中国白菜起源、演化和分类研究进展．园艺学年评．北京：科学出版社．

曹家树，曹寿椿．1997. 中国白菜各类群的分支分析和演化关系研究．园艺学报24（1）：35－42.

曹家树，曹寿椿．1999. 中国白菜及其相邻类群的分类．//中国园艺学会编．中国园艺学会成立70周年纪念优秀论文文选．北京：中国科学技术出版社．

李家文．1962. 白菜起源和演化问题的探讨．园艺学报（2）：297－304.

李家文．1980. 大白菜的分类学与杂交育种．天津农业科（2）：1－9.

李家文．1981. 中国蔬菜作物的来历与变异．中国农业科学 14 (1)：90 - 95.

林维申．1980. 中国白菜分类的探讨．园艺学报 7 (2)：21 - 26.

刘宜生．1998. 中国大白菜．北京：中国农业出版社．

谭俊杰．1980. 试论芥（芸薹）属蔬菜的起源与分类．河北农业大学学报 4 (1)：104 - 114.

谭其猛．1979. 试论大白菜品种的起源、分布和演化．中国农业科学 (4)：68 - 75.

王景义．1994. 中国作物遗传资源．北京：中国农业出版社．

叶静渊．1991. 明清时期白菜的演化和发展．中国农史 (1)：33 - 60.

周太炎，郭荣麟，蓝永珍．1987. 中国植物志：33 卷．北京：科学出版社．

Bailey，L H. 1922. The cultivated *Brassica*，Gentes Herbarium：Ⅱ.

Bailey，L H. 1930. The cultivated *Brassica* second paper，Gentes Herbarium：Ⅱ.

Olsson，G. 1954. Crosses within the campestris group of the genus *Brassica*. Hereditas，(40)：398 -418.

Opena，R T，C G. Kuo and J Y Yoon. 1988. Breeding and seed production of Chinese cabbage in the tropics and subtropics，AVRDC.

Song K，Slocum MK，Osborn TC. 1995. Molecular marker analysis of genes encoding morphological variation in *Brassica rapa* (syn. *campestris*) . Theor. Appl. Genet.，(90)：1 -10.

Song KM，Osborn TC，Williams PH. 1988b. *Brassica* taxonomy based on nuclear restriction fragment length polymorphism (RFLPs)：2. Preliminary analysis of sub - species within *B. rapa* (syn *campestris*) and *B. oleracea*. Theor Appl. Genet，(76)：593 - 600.

Talekar，N S and T D Griggs (eds) . Chinese Cabbage. Proc. First Intl Symp.，AVRDC，Shanhua，Tainan.

Warwick，SI and A. Francis. 1994. Guide to the Wild Germplasm of Brassica and Allied Crops.

（孙日飞　曹家树　徐家炳）

第三章

育种的生物学基础

第一节 植物学特征

一、根和根系

大白菜有较发达的根系，其肥大的直根是由胚根发育而来，上粗下细。主根最大横径因品种而异，3～7cm。主根上生有侧根，上部产生的侧根长而较粗，下部产生的侧根细而短。侧根可分至5～7级。根系在土壤中分布范围较广，主要的吸收根系分布在距地表40cm土层内。

主根和侧根的根尖由下而上分为根冠、分生区、伸长区、根毛区四部分。根的生长、根组织的形成、水分与矿物质的吸收，主要在根尖中完成。根尖长3～4cm，根毛区占总长的3/4。中柱由中柱原分化，范围较小，中柱原的一部分细胞分化为初生木质部和初生韧皮部，其余细胞停留在基本组织状态，并保持分化的潜能。中柱的功能在于输导水、无机盐和有机养分，还具有机械支持的作用。主根和侧根的总和构成根系。大白菜的根系属于直根系，虽然其主根可深达1m左右，但其主要吸收根群分布在距地表20～40cm处，因此它是浅根性的。大白菜根系的水平分布以主根为中心，可达50～80cm，但其主要分布范围在距主根10～20cm为半径的范围之内。

根系由小到大逐步形成。在大白菜的发芽期主根可伸长8～10cm，并可发生少量的侧根。在幼苗期结束时，主根可深达50～60cm，而且侧根发育迅速，可伸展到40～50cm的范围，侧根分级达3～4级。莲座期结束时，主根向深处生长速度减弱，侧根分化迅速，5～6级侧根发育旺盛。结球初期侧根6～7级大量发育。在温、湿度适宜的条件下，地表可出现白茸茸的分根，根系吸收水、肥能力迅速加强。至结球中期，根系不再发展，并逐渐趋于衰老。

二、营养茎和花茎

大白菜的茎可分为营养茎和花茎。营养茎是指在大白菜营养生长阶段，居间生长很不发达的茎结构，呈短锥状，节和节间区别不明显，有密集的叶痕，茎短缩、肥大，皮层和心髓比较发达。花茎是指大白菜生殖生长阶段形成的茎。花茎上有明显的节和节间，在节上生有绿色的同化叶，茎绿色，一般覆有蜡粉。

（一）营养茎

营养茎的最外层是表皮层，表皮层以内为皮层。皮层较发达，由薄壁细胞所构成。皮层最内层为内皮层，内皮层以内为中柱。在发达的髓部周围有一圈大小不等的维管束。维管束为外韧维管束，有比较发达的次生结构。韧皮部含有筛管、伴胞和薄壁组织细胞。木质部由螺纹、环纹和梯纹导管及薄壁细胞组成。韧皮部和木质部都无纤维。薄壁细胞构成茎中央部分的髓。

在大白菜子叶出土后，顶芽生长锥有明显的圆锥形轮廓，原套与原体结构非常明显。在发生第1片真叶的同时，生长锥上陆续发生叶原基，短缩茎不断膨大，横径可达4～7cm，心髓很发达。莲座末期至结球初期已分化出花原基和一些幼小的花芽，为转入生殖生长做好准备。

（二）花茎

大白菜的花茎有表皮、皮层，其内皮层分化不明显，中央部分有髓。表皮细胞排列紧密，有少量气孔，外方覆有角质层。皮层由薄壁组织组成，近表皮的细胞中有少量的叶绿体。皮层中没有机械组织，偶尔可看到叶迹。维管束大小不一，围成一环。它们的构造与营养茎的构造相同。髓为大型的薄壁组织细胞所组成。

三、叶　　片

叶片既是大白菜的同化器官，又是产品器官。在大白菜植株生长发育的不同阶段，叶片形态有明显差异，具有典型的多型性，可分为子叶、初生叶、莲座叶、球叶和顶生叶等5种形态。

（一）子叶

子叶2片，肾形，表面光滑，叶缘无齿，有明显的叶柄。子叶属于胚性器官，在种子内呈卷叠状。当种子萌发胚轴伸长后，子叶向上伸展，拱出土面。

子叶变绿前，其叶面有上下表皮，表皮上有少量气孔，外面有一层角质层。上表皮内有3～4层排列整齐的长柱状细胞，无间隙。在两层柱状细胞之间是一些薄壁细胞。当子叶出土接受阳光后，逐渐变为绿色，开始进行光合作用，叶肉细胞由叶片边缘向中脉方向分化，上表皮内的长柱形细胞分化成栅栏组织，下表皮内的短柱形细胞分化成海绵组织。在栅栏组织和海绵组织之间的薄壁细胞中分化出维管束。

（二）初生叶

初生叶又称基生叶，是大白菜幼苗最初形成的两片真叶。对生，与子叶垂直排列成十字形。初生叶长椭圆形，锯齿状叶缘，有羽状网状脉。初生叶是在子叶出土后开始分化的，有明显的叶柄，但无托叶。其主叶脉发达，有5个较大的主脉维管束。表皮外有角质层，有的表皮细胞膨大形成泡状，使叶面高低不平，还有少量单细胞的表皮毛。在上下表皮与叶脉维管束之间为大型薄壁细胞，含有少量叶绿体，细胞间有间隙，无机械组织，维管束不发达。

初生叶叶片较薄，栅栏组织和海绵组织差别较小，细胞排列疏松，有发达的细胞间

隙，细胞中含有叶绿体。叶缘的叶肉细胞不分化，只是一些薄壁细胞。

（三）莲座叶

从两片初生叶后到球叶出现之前的叶片称为莲座叶。莲座叶叶片肥大，皱褶不平，叶片绿色或深绿色，板状叶柄明显，羽状网状叶脉发达，是大白菜的主要同化器官，并对叶球起保护作用。

莲座叶的栅栏组织与海绵组织分化明显，有大量的叶绿体。维管束发达，尤其是叶柄及中脉维管束的次生结构十分发达。表皮细胞大小不一，排列不齐，有的表皮细胞膨大成泡状，细胞之间以波状壁互相连接。有的表皮细胞分化成气孔器，有 2 个保卫细胞及 3～4 个副卫细胞。气孔较多，其下方有气腔与叶肉细胞间隙相通。

（四）球叶

随着大白菜的生长，顶芽上的叶原基长成叶片，向心包合成一个大的顶芽。大白菜的产品器官是叶球，球叶硕大柔嫩，叶柄肥大，皮层厚。外面几层球叶能见到阳光，呈绿色或浅绿色；内部叶片呈淡黄色或白色。球叶通常以多种折叠方式生长。球叶的外层叶比内层叶厚，外层叶中的栅栏组织和海绵组织有明显区别，细胞较大，含有叶绿体，角质层明显，气孔较多，有较多的表皮细胞膨大成泡状，维管束发达。叶球内层叶片中的栅栏组织和海绵组织没有明显区别，细胞较小。

（五）顶生叶

在花茎上生长的叶片称为顶生叶。顶生叶叶片较小，先端尖，基部宽，呈三角形，叶片抱茎而生，无叶柄。叶面光滑，叶缘锯齿少，表皮有一层排列整齐的细胞，细胞较莲座叶和球叶的小，很少有膨大的泡状细胞，气孔密度大，角质层厚。栅栏组织和海绵组织分化明显，含有较多的叶绿体。

四、花和花序

大白菜的花序端和花端是植物体经历了营养生长发育阶段之后，转向生殖生长的顶端分生组织。它是以营养苗端为基础，发生质变之后形成的。大白菜生殖顶端是由有分区结构的营养苗端转化为不具形成层状的细胞区，进一步发育成为具倒圆锥体形的花序端。它的演变包括花序列的建成、花器官的奠基和花芽的形成。我国华北地区 9 月下旬大白菜向结球期过渡，营养苗端转变为生殖顶端，10 月份发生的叶原基是花茎上的顶生叶原基，在顶生叶原基的腋部分生出花序侧枝原端，有些品种还可能出现花原基。花序侧枝的顶端结构与主轴顶端结构相似，其细胞分裂和分化的结果，产生了花原基。

大白菜花序列属于复总状花序。花序轴的顶端原则上是无限的，在花序顶端上陆续产生出多次的分枝，分枝顶端具有典型的生殖顶端结构，逐渐发育成一个侧枝——花组，每个花组下方生有一片苞片状顶生叶。在花序轴上，生有互生的多数总状单轴花组。花序轴上着生的花组和花组中的花，成熟的顺序是由基部向顶部发展，从而形成一个单轴的复合花序。

花原基是由花群或花组的顶端周围产生一些小突起所形成的，由一层原套、两层亚外套细胞和内部的薄壁组织中心区所构成，呈圆锥形，随着体积的增大，渐渐呈平头状。花原基上发生的许多小突起，逐渐长大，形成了花器官。大白菜花的各部分原基发生顺序是：花萼原基→雄蕊原基→雌蕊原基→花瓣原基。在花原基的侧面首先出现4个小突起——萼片原基，它们逐渐伸长、扩展，形成了4枚萼片，排列成2轮。当花萼伸长至相互接触包裹住花原基时，花原基的侧面又发生出雄蕊原基。首先形成外轮2枚较短的雄蕊，然后形成内轮4枚较长的雄蕊。雄蕊原基出现后不久，雌蕊原基便开始发生，位于花原基顶端中央部位，长出1个环状突起，渐渐向上伸长、细缩，最后顶端愈合而成柱头。柱头与子房之间的部分为花柱。在花柱与柱头分化基本完成后，才在雄蕊的外方，由花原基产生突起，形成4个花瓣原基。在花原基不断分化器官的同时，其上部膨大，基部则逐渐细缩并引伸，最后形成了花梗（图3-1）。

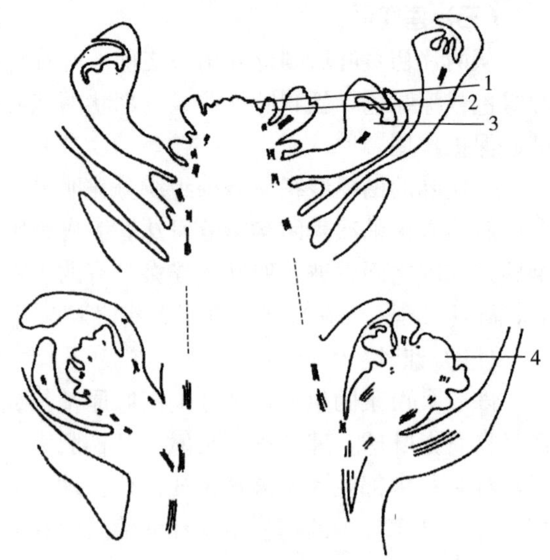

图3-1 大白菜（冠县包头）花序端纵切面
1. 花序主轴顶端 2. 花原基
3. 花蕾 4. 花序侧枝顶端
（引自：刘宜生《中国大白菜》，1998）

大白菜的花由花梗、花托、花萼、花冠、雄蕊群和雌蕊组成。花梗是花与花组轴相连的中间部分。花梗的上部逐渐膨大，顶部是花托，它是花被、雄蕊群和雌蕊着生的地方。花萼是包被在花最外方的叶状体，呈绿色，共4片，排列成内外2轮。花冠位于花萼内侧，由4个离生的花瓣组成，呈一轮，与花萼相同排列。排叠式为覆瓦状。花瓣一般为黄色（个别为白色），属十字形花冠。雄蕊群着生于花冠内方，由6枚雄蕊组成，排列成2轮，外轮雄蕊2枚，花丝较短；内轮雄蕊4枚，花丝较长。花药长圆形，着生于花丝顶上，向着雌蕊开裂。雌蕊位于花的中心，由2个合生心皮构成复雌蕊。子房上位，2室，有假隔膜。弯生胚珠多个。雌蕊的柱头，外形是圆盘状，由2个柱头愈合而成，中央凹陷。柱头表面有一层发达的乳头状突起的绒毛，细胞壁薄。绒毛下方有一些纵向伸长的薄壁细胞，原生质浓厚，细胞较小，排列紧密，与花柱的引导组织相接。在子房的基部，花丝两侧，生有6个蜜腺，呈绿色圆形小突起。

五、种子和果实

大白菜的种子为圆球形，黄色、红褐色或黑褐色，千粒重2.5～4g。成熟胚包括子叶、胚芽、胚轴和胚根。在一般贮藏条件下，种子寿命为5～6年，贮藏条件好可达10年。种子使用年限一般为2～3年。

受精卵发育产生胚，胚珠的珠被变为种皮，胚乳在胚的发育过程中逐渐消失。受精卵经过一个休眠期后，第1次的横向分裂形成了靠近胚囊中心的顶细胞与靠近珠孔的基细胞，表现出极性。基细胞继续进行横向分裂，形成2个细胞。顶细胞进行两次纵裂，形成4细胞胚，以后再进行一次横向分裂出现8个细胞胚。下方的4个细胞形成苗端和子叶，

上方的 4 个细胞形成胚轴。以后进行平周分裂，出现 8 个外层细胞，分化为表皮原始细胞。中央 8 个细胞再分裂和分化成为皮层、中柱的原始细胞。基细胞横向分裂的 6 个细胞组成胚柄，其游离端的一个长细胞，可能有吸收营养的功能。胚柄最下方的一个细胞为胚根原始细胞，经过分裂形成 8 个细胞，上方的 4 个细胞可形成根冠和根被皮的原始细胞；下方的 4 个细胞形成根的皮层原始细胞。胚和胚柄之间的细胞，分化成根的生长点。随后，胚体逐渐呈球形。球形胚体顶端两侧生长较快，形成子叶。此时胚轴与子叶同时增长。后期大白菜的胚向弯曲方向发展形成弯生型胚珠。胚是在胚乳中发育的，胚乳消化珠心和内珠被获得养料，而胚又消化吸收胚乳中的养料，所以胚乳消失较早，在种子成熟时，胚乳已不存在，它的养料被胚吸收贮藏在子叶之中，属无胚乳种子（图 3-2）。

果皮是由子房壁形成的，可以分为外果皮、中果皮、内果皮三层。外果皮只有一层细胞，上面有角质层和气孔。中果皮的外层细胞内含有叶绿素，使幼果呈绿色，果实成熟时中果皮变干收缩，成为革质。内果皮发育后细胞壁加厚，果实成熟时变成纤维。它与种子的发育是同时的。果皮和种子共同构成了大白菜的果实，它属于干果类型的长角果。果形细长，长度 3～6cm。一个果荚中可着生种子 15～30 粒（图 3-3）。

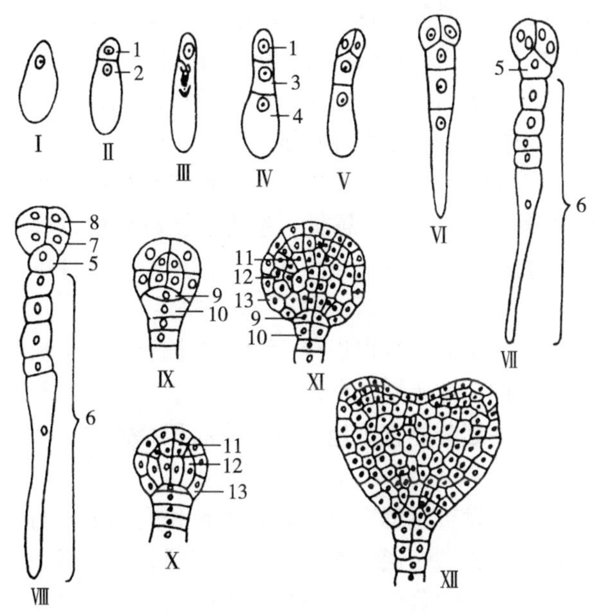

图 3-2　大白菜胚的发育过程

Ⅰ. 合子　Ⅱ. 合子第一次分裂　Ⅲ、Ⅳ. 第二次分裂，基细胞横分裂成 2 个细胞　Ⅴ、Ⅵ. 末端细胞第一次分裂　Ⅶ. 四细胞胚　Ⅷ. 八细胞胚　Ⅸ、Ⅹ、Ⅺ. 组织原分化　Ⅻ. 形成 2 个子叶胚
1. 顶细胞　2. 基细胞　3、4. 从其细胞分裂产生 2 个细胞
5. 胚柄最下方的一个细胞和根原细胞
6. 胚柄　7、8. 八个细胞中的上方和下方的 4 个细胞
9、10. 由胚根原细胞横分裂的二个细胞　11. 中柱原
12. 皮层原　13. 表皮层
（引自：刘宜生《中国大白菜》，1998）

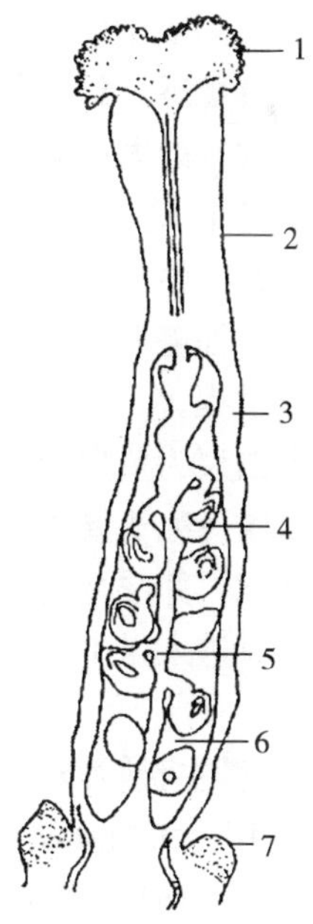

图 3-3　大白菜雌蕊纵剖面示意图

1. 柱头　2. 花柱　3. 子房壁　4. 胚珠
5. 假隔膜　6. 子房腔　7. 蜜腺
（引自：刘宜生《中国大白菜》，1998）

第二节　生长发育周期与开花授粉习性

一、生长发育周期

（一）生育阶段的划分

大白菜春播时表现为一年生，秋播时表现为二年生。一年生的大白菜可以直接从发芽期、幼苗期、莲座期或经过短暂的包心期进入抽薹开花期，继而获得成熟的种子，完成从种子到种子的发育周期；二年生的大白菜要经过一个较长的包心期，形成一个硕大的叶球，并经过一段休眠期后才进入生殖生长阶段。

日本学者加藤徹把大白菜的生长发育周期分为种子萌发期、外叶发育期、叶球形成期、叶球膨大充实期和花芽分化、抽薹、结实期等 5 个时期进行研究。种子萌发期是指从种子吸水膨胀开始至子叶出土。外叶发育期是指播种后子叶出土至有 18 片真叶伸长，同时可看到心叶立起，认为 18 片真叶以前是大白菜的外叶范围，其叶形比（长度/宽度）为 1.8。叶球形成期是指在第 18 片真叶以后的一段时间。这一时期的真叶明显增宽，叶形从匙形的长叶，逐渐变圆，叶柄和中肋变宽。对一般栽培品种来说，当看到叶形比大约在 1.2～1.5 时，就可断定进入结球状态。由于叶片相互重叠，形成一个可抱合的杯状空间。叶球膨大充实期是指结球叶迅速分化，叶重型品种结球内叶第 10～15 片（从外叶数第 28～35 片）叶重明显增加；叶数型品种直到内叶第 30～40 片，各叶重均有增加。萌动种子在 3～13℃范围内可以感受低温，温度越低，花芽分化越早，生育阶段越向前进展，对低温的感应越敏感。长日照对花芽分化、抽薹、开花有促进作用，较高的温度条件可以促进通过阶段发育的大白菜抽薹。

我国学者李家文研究认为，大白菜的生长发育过程可以分为营养生长和生殖生长两个阶段，并将营养生长时期分为发芽期、幼苗期、莲座期、结球期和休眠期，生殖生长阶段分为返青期、抽薹期、开花期和结荚期。这种划分能直观地反应种植面积最大的秋播大白菜生长发育过程。

秋播大白菜为典型的二年生植物，其生长发育过程可分为营养生长和生殖生长两个阶段。其在秋季冷凉气候条件下以进行营养生长为主，通过发芽期、幼苗期、莲座期、结球期，形成叶球，并孕育花原基或花芽。经过越冬贮藏后，于第二年春季在较高的温度和长日照条件下，进入以生殖生长为主的发育阶段，经过返青、抽薹、开花和结荚，完成一个世代的发育。

（二）营养生长阶段

1. 发芽期　大白菜从播种后种子萌动到第 1 片真叶吐心为发芽期，在适宜环境条件下需 5～8d。种子吸水膨胀后，温度适宜，水分与氧气充足，经 16h 后胚根由珠孔伸出，24h 后种皮开裂，子叶及胚轴外露，胚根上长出根毛，其后子叶与胚轴伸出地面，种皮脱落。播种后第 3d 子叶展开，第 5～8d 子叶放大，同时第 1 片真叶显露，此时发芽期结束。子叶变绿前，主要是靠种子的子叶中贮藏养分供应。随着子叶中叶绿素的增加，植株从异养逐步转向自养，形成可以进行光合作用的同化器官。此期结束时，幼苗的主根长可达

11～15cm，并有一、二级侧根出现。幼苗开始从单纯依靠子叶里的养料供应转向依靠根系吸收水分、养分，进行光合作用为主。

2. 幼苗期 从第1片真叶展开至外观可见第7～10片真叶展开，即展出第一个叶序为幼苗期。本期结束时，植株形如圆盘状，俗称"团棵"。生长期16～18d。在幼苗期，叶片数目分化较快，而叶面积扩展和根系的发育速度缓慢。通常人们将4片真叶排成近于十字形时，称为"拉大十字期"，以后叶面积及叶片数目明显增多，再经过7～9d就达到幼苗期结束时的形态指标。幼苗期的根系向纵深方向发展，拉大十字期时，根可伸长22～25cm，根系分布宽度约为20cm，在幼苗期结束时，主根长达40～50cm，侧根生长迅速，发生第3至第4级分支，根系分布直径可达40cm左右，主要根系分布在距地面5～20cm处。同时根部逐渐发生"破肚"现象，完成了根系初生生长的使命，转入了次生生长的进程。

3. 莲座期 从幼苗期结束，至外叶全部展开、心叶刚开始出现抱合时为止，生长期23～28d。莲座期结束时，外叶全部展开，全株绿色叶面积将近达到最大值，形成一个旺盛的莲座状，为结球创造了条件。一般早熟品种外叶数10～12片，中、晚熟品种外叶数18～26片。此时，球叶的第1～15片心叶已开始分化、发育。此期主根深扎速度减缓，最长的主根可达100cm以上，根系分布横径60cm左右，主要根群分布在距地面5～30cm处。

4. 结球期 从心叶开始抱合至叶球膨大充实，达到采收标准为结球期。不同熟性的品种结球所需要的天数不同，一般中、晚熟品种40～60d，早熟品种25～30d。结球期又可分为结球前期、中期、后期。结球前期外层球叶生长迅速，较快地构成了叶球的轮廓。对于叶重型品种来说，此期是第1～5片球叶的发育高峰期，根系不再深扎，但侧根分级数及根毛数猛增，主要根系分布在地表至30cm的土层中，吸水、吸肥能力极强。结球中期是叶球内部球叶充实最快的时期，球叶的第6～10片发育旺盛。当叶球膨大到一定大小，体积不再增长时，即进入结球后期，叶球继续充实，但生长量增加缓慢，生理活动减弱，逐渐转入休眠。对于叶数型品种来说，由于其结球叶片数目增多，而且单片叶重间差异较小，在结球的前、中、后期叶片数均较叶重型品种多4～7片。莲座末期时，最早生长的外叶开始衰老脱落，直至结球结束时脱落7～10片叶。结球后期，根系也开始衰老，吸水、吸肥能力明显减弱。

5. 越冬贮藏期 当秋播大白菜进入初冬，遇到不适宜的气候条件，生长发育过程受到抑制，于是由生长状态转入休眠状态。由于我国北方冬季温度低，常常收大白菜成株入窖贮藏。大白菜成株的休眠属于被迫休眠，如果条件适宜，可以不休眠或随时恢复生长。在休眠期间植株只有微弱的呼吸作用，外叶的养分仍向球叶输送，生殖顶端缓慢地进行花芽分化。贮藏期的长短，除与品种特性有关外，还取决于贮藏期的温度和湿度条件。

（三）生殖生长阶段

1. 返青期 在北方，种株切头后栽植于采种田至抽薹为返青期，一般8～12d。在此期内，给予适当的温度、光照和水分时，球叶生理活动活跃，由白色逐渐变绿，叶片中重新形成叶绿素。叶片转绿后，开始发生新根及吸收水分的根毛。

2. 抽薹期 从开始抽薹到开始开花为抽薹期，15d左右。随着温度的升高和光照的增强，从主根的上、中、下部发生多条侧根，垂直向下生长。地上部抽生花茎，花芽形成花蕾。此期要求根系和花茎生长平衡，以根系比花茎生长优先为宜。随着花茎的伸长，茎生叶叶腋间的一级侧枝长出。当主花茎上的花蕾长大，即将开花时，抽薹期结束。

3. 开花期 由始花到整株花朵谢花为开花期，一般20～30d。此期间，花蕾和侧枝迅速生长，逐渐进入开花盛期。花朵从花茎下部向上陆续开放，花茎不断抽生侧花枝。早熟大白菜每株有12～20个花枝；中、晚熟品种每株有15～25个花枝。主枝和一级分枝上花数占全株的90%左右，其结实率也高。

4. 结荚期 谢花后果荚生长、种子发育和充实为结荚期，25～35d。此期内，花枝生长基本停止，果荚和种子迅速生长发育，种子成熟时果荚枯黄。要注意防止种株过早衰老或植株贪青晚熟。当大部分花落，下部果荚生长充实时，即可减少浇水。大部分果荚变成黄绿色即可收获。

以上所述的是秋播大白菜生长发育的各个时期。春、夏大白菜情况有所不同，此外不作叙述。在采用小株采种或春播采种时，以收获种子为目的，植株可从莲座期或幼苗期直接进入生殖生长阶段，不需经历结球期和休眠期。

二、开花授粉习性

（一）阶段发育特性

大白菜要求一定的低温通过春化阶段，长日照和适当的高温通过光照阶段。通过阶段发育以后才能转入生殖生长。

李曙轩（1957）对低温春化和光照对大白菜发育的影响进行了系统研究，证明大白菜萌动的种子在0～3℃和6～8℃下都可通过春化阶段，并且0～3℃与6～8℃处理的大白菜开花迟早没有显著差异。一般大白菜品种在低温下通过春化阶段的时间为15～30d。萌动种子春化处理后，长成的植株在播种后50～60d才能开花。

多数研究结果证明，一般大白菜品种在2～10℃的低温下能够通过春化阶段。在2℃以下的低温条件下，由于生长受阻，生长点细胞分裂不甚活跃，春化阶段的进行十分缓慢。在10～15℃条件下，通过春化阶段则需要较长的时间。某些大白菜品种在15℃以上的温度条件下，也能经过较长的时间后抽薹开花。在适宜的低温（2～10℃）条件下，经受低温的时间愈长，抽薹开花愈快。萌动的大白菜种子及幼苗期、莲座期和结球期的绿体植株均可感应低温通过春化阶段。

大白菜属于长日照植物。通过春化阶段以后，每天14～20h的日照有利于通过光周期诱导。通过光照阶段的时间较短，一般为2～4d。光照阶段除要求长日照外，还要求较高的温度（18～20℃以上），但温度过高（30℃以上）反而抑制抽薹开花。

（二）花的形成和抽薹

大白菜通过春化阶段以后，营养苗端即转变为生殖顶端，在顶生叶原基的腋部分生出侧枝花序原端，并形成花原基。花原基上发生许多小突起，逐渐长大，形成了花器官。花芽分化后，花茎逐渐从叶丛中伸出，即为抽薹。

大白菜属于完全花植物。花由花梗、花托、花萼、花冠、雄蕊群和雌蕊组成。花冠由

4个离生的花瓣组成，与花萼相同排列，一般为黄色，呈十字形。雄蕊6枚，排列成2轮，外轮雄蕊2枚，花丝较短；内轮雄蕊4枚，花丝较长。花药着生于花丝顶端，向着雌蕊开裂。雌蕊由2个合生心皮构成。子房上位，2室，有假隔膜。柱头表面有一层发达的乳头状突起的绒毛，细胞壁薄。在子房的基部，生有6个蜜腺。

大白菜一般品种的单株花数1 000～2 000朵，常因种植环境条件不同而变化较大。主枝上的花先开，然后是一级侧枝和二级侧枝的花顺序开放。一般顶花序与基部花序的始花期相差5～10d。单株的花期20～30d，每天每一分枝上开2～4朵花。一个品种的花期约可延长到30～40d。一般早开放的花结荚率高，种子充实饱满。

（三）授粉受精

大白菜的柱头先于雄蕊成熟，一般品种的花朵在开花前3～4d就可以接受花粉受精。柱头上的乳头状凸起细胞，一般从开花后第3d起开始萎缩。开花前后柱头的授粉有效期为6～7d。开花当天的花粉生活力最强，开花1d后花粉生活力即大幅度下降。一般认为，开花后4～5d，花粉已基本失去生活力。

大白菜属于典型的异花授粉植物，传粉媒介为昆虫，称“虫媒花”，但亦可通过风传播。一般品种的天然异交率在70%以上。天然异交的形成机制主要是自交不亲和及自交迟配。亲和交配授粉后，在适宜条件下1～2h花粉开始萌发，3～5h花粉管穿过柱头进入花柱，12～24h完成受精。

（四）种子发育

大白菜从授粉到种子成熟，一般需30～40d。果皮和种子共同构成了大白菜的果实，属于干果类型的长角果。果形细长，长度3～6cm。一个果荚中可着生种子15～30粒。果实成熟后，多数成熟的种子由纤细的种柄连接在胎座上，成熟的长角果易纵裂而使种子散落，所以，要注意及时收获种子。

第三节　对环境条件的要求

一、温　　度

大白菜属半耐寒性蔬菜作物，生长适宜的日平均温度为12～22℃，5℃以下停止生长，能耐短期－2℃的低温，－5℃以下则受冻害。有一定的耐热性，耐热能力因品种而异，有些耐热品种可在夏季栽培。一般情况下，光合作用适宜温度为25℃左右。不同类型品种对温度的要求不同，散叶类型品种耐寒和耐热性较强，半结球类型耐寒性较强，花心类型则耐热性较强，结球类型品种对温度的要求较其他类型品种相对严格。在不同生态型中，直筒型的适温范围较广，平头型次之，卵圆类型适应性较弱。不同生长期对温度有不同的要求。

（1）发芽期　这一时期要求较高的温度，种子在8～10℃即能缓慢发芽，但发芽势较弱，在20～25℃发芽迅速而强健，为发芽适温。26～30℃时发芽更为迅速，但幼芽虚弱。

（2）幼苗期　这一时期对温度的适应性较强，既可耐一定的低温，又可耐高温，但高温下生长不良，易发生病毒病。

（3）莲座期　这一时期是形成光合器官的主要时期，以 17～22℃为宜。此期莲座叶生长迅速强健，但温度过高莲座叶徒长，容易发生病害，温度过低则生长缓慢而延迟结球。

（4）结球期　这一时期是产品形成期，适宜的温度为 12～22℃。一定的温差有利于养分积累和产量的提高。

（5）休眠期　为使呼吸作用及蒸腾作用降低到最小限度，以减少养分和水分的消耗，这一时期以 0～2℃为最适宜。低于－2℃发生冻害，5℃以上容易腐烂。

（6）抽薹期、开花期和结荚期　这一时期月均温 17～20℃为宜，15℃以下不能正常开花和授粉、受精，30℃以上的高温使植株迅速衰老，影响种子发育。

总之，大白菜在营养生长时期温度宜由高到低，而生殖生长时期则宜由低到高。此外，大白菜完成营养生长阶段要求一定的积温，由播种到成熟早熟品种约需 1 500℃，晚熟品种需 1 900～2 000℃。温度较高时，可在较少的天数内得到必需的积温；温度较低，则需较多的日数才能得到必需的积温。因此，春播需要的时间较秋播长。大白菜属萌动种子春化型，所需低温程度及其持续的时间因品种而异，一般在 3℃条件下 15～20d 就可以通过春化阶段。

二、光　　照

大白菜要求中等光强，光合作用的光补偿点约为 25μmol/(m^2 · s)，光饱和点约为 950μmol/(m^2 · s)。秋季叶片光合速率日变化一般是双峰曲线，峰值分别出现在上午 10 时 30 分和下午 2 时。下午 1 时有一“低谷”，即光合“午睡”现象。群体光合速率日变化呈平缓的单峰曲线。大白菜光合作用的 CO_2 补偿点为 47μl/L，饱和点为 1 300μl/L。

大白菜低温通过春化阶段后，需要在较长的日照条件下通过光照阶段，进而抽薹、开花、结实，完成世代交替。

三、营　　养

大白菜需氮肥较多，氮素供应充足时光合速率提高，可促进生长，提高产量。但是，氮素过多而磷、钾不足时，植株徒长，叶大而薄，结球不紧实，且含水量多，品质与抗病力下降。磷能促进叶原基的分化，使叶数增多，从而增加叶球产量。钾促进光合产物向叶球运输，钾肥供给充足时，叶球充实。

大白菜各生长期内对氮、磷、钾三要素的吸收量不同，大体上与植株干重增长量成正比，吸收动态呈 S 形曲线。由发芽期至莲座期的吸收量约占总吸收量的 10%，而结球期约吸收 90%。生长前期需氮较多，后期则需钾、磷较多。

大白菜生长期间缺氮时全株叶片淡绿色，严重时叶黄绿色，植株停止生长。缺磷时植株叶色变深，叶小而厚，毛刺变硬，其后叶色变黄，植株矮小。缺钾时外叶边缘先出现黄色，渐向内发展，然后叶缘枯脆易碎，这种现象在结球中后期发生最多。缺铁时心叶显著变黄，株型变小，根系生长受阻。缺钙时心叶边缘不均匀地褪绿，逐渐变黄、变褐，直至

干边，称为“干烧心”。在生长盛期缺硼常在叶柄内侧出现木栓化组织，由褐色变为黑褐色，叶片周边枯死，结球不良。

四、水　　分

大白菜叶面积大，角质层薄，蒸腾量大。据测定，在25℃条件下，中、晚熟品种结球期的蒸腾速率一般为13～17mmol/（m^2·s）。水分对光合作用、矿质元素吸收、叶片水势、叶面积、植株重量的影响较大，生长期间如果供水不足会使产量和品质大幅度下降。不同生育期对土壤水分要求不同，幼苗期因气温和地表温度较高，要求土壤相对含水量85%以上，以降低地温；莲座期要求80%，而结球期则以60%～80%为宜。

五、土　　壤

大白菜对土壤的适应性较强，但以肥沃、疏松、保水、保肥、透气的沙壤、壤土及轻黏土为宜。在轻沙土及沙壤土中根系发展快，幼苗及莲座叶生长迅速，但因保肥和保水力弱，到结球期需要大量养分和水分时往往生长不良，结球不紧实，产量低。在黏重的土壤中根系发展缓慢，幼苗及莲座叶生长较慢，但到结球期因为土壤肥沃及保肥保水力强，容易获得高产，不过产品的含水量大，品质较差，往往软腐病较重。最适宜的土壤沙黏比为2.66～3.29：1，土壤空气孔隙度约21%。这种土壤耕作便利，保肥、保水性良好，幼苗和莲座叶生长好，结球紧实，产量高，品质好。

第四节　基因组特征

基因组学是对生物整个基因组结构与功能进行的研究。在植物界中，现已完成测序工作的有双子叶模式植物拟南芥（*Arabidopsis thaliana*）（The Arabidopsis Genome Initiative，2000）和单子叶模式植物水稻（*Oryza sativa*）。这些植物基因组计划的完成不仅为分子生物学方面的研究提供大量有用信息，也为研究其近缘物种奠定了基础。

芸薹属作为十字花科植物的核心属种，包含了能够适应很多不同气候环境的重要作物。这些作物是植物油料、蔬菜和调味品的重要来源，不仅具有重要的经济价值，也是研究生物体多倍化的重要模式植物。芸薹属植物的种内不同亚种间和种间在根、茎、叶、花和顶芽等器官和组织方面均表现出了丰富的形态多样性。有研究表明，这种形态上的多样性可能与芸薹属植物的多倍化有关（*Paterson et al.*，2000；*Lukens et al.*，2004）。为了解大白菜的基因组结构、基因功能与芸薹属物种的进化关系和伴随多倍化引起的表现型的变异，同时可为品种改良奠定基础，作为多国芸薹属基因组计划（*Multinational* Brassica Genome Project，MBGP）的重要组成部分，由韩国、加拿大、英国、美国、澳大利亚和中国6个国家参与的大白菜基因组测序计划（*Multinational* Brassica rapa Genome Sequencing Project，MBrGSP）于2005年正式启动。

一、基因组资源

基因组资源是进行基因组计划的先决条件，它包括作图群体、细菌人工染色体（Bacterial Artificial Chromosome，BAC）文库和cDNA文库等。自20世纪90年代末期，韩国着手构建了开展大白菜基因组计划所必需的基因组资源迄今，共建有两个作图群体、两个BAC文库及其末端序列、部分BAC克隆的全序列、利用BAC文库序列开发的几百个SSR标记及其他大白菜分子标记、22个cDNA文库等。如通过花药培养方法构建了源于大白菜自交系芝罘系“Chiifu×Kenshin”的双单倍体群体，包含有78个双单倍体；利用单籽传代法建立了包含251个株系的重组自交系，现已获得F_7代自交系。这两个作图群体的建立为构建大白菜框架遗传连锁图谱奠定了基础。利用芝罘系细胞核高分子量DNA，构建了2个BAC文库（KBrH和KBrB）。KBrH是利用限制性内切酶HindⅢ构建的，该文库包含了56 592个克隆，平均插入片断长度为115kb；KBrB是利用限制性内切酶BamHI构建的，该文库包含了50 688个克隆，平均插入片断长度为124kb。最近，MBrGSP项目组已经对全部的这些BAC克隆（107 280）末端进行了测序。韩国课题组还对部分BAC克隆全序列进行了测序工作，并对其进行了分析。这些大白菜碱基序列的大量累计，将为大白菜基因组测序和遗传标记的开发提供捷径。目前，利用这些序列已开发出500余个SSR标记。此外，韩方研究组利用不同的植株组织（叶、根、子叶、胚珠和花药等）及不同的处理（盐和低温处理的叶片及根部组织）材料建立了22个cDNA文库。在这些文库中的表达序列标签（EST）数量为104 914个，平均长度为575b。全部这些资源为芸薹属A基因组测序项目奠定了坚实的基础。

二、基因组结构特点

（一）多倍化

多倍化现象被认为是基因组在进化过程中重复出现的一个重要特征。大量研究结果也证明十字花科植物在长期的进化过程中发生了多倍化。完成测序工作的模式植物拟南芥是与芸薹属物种拥有共同祖先的植物。Bowers等证明（2003）拟南芥基因组是通过整个基因组的3次复制进化而成的。同时，伴随着小范围内基因/DNA片段的复制（Maere et al.，2005）。

十字花科芸薹属植物和拟南芥有着共同的祖先。以拟南芥为模式植物，通过比较基因组学为研究芸薹属的多倍性提供了机会。Blanc等（2003）和Bowers等（2003）证实芸薹属植物和拟南芥在14 500万～20 400万年前开始分化。二倍体芸薹属物种和拟南芥间进行的比较基因组分析表明二者间存在着染色体片段上的线性关系、基因排列顺序的保守性、碱基序列的保守性（但存在由缺失和插入所导致的基因碱基序列的差异）。此外，二倍体芸薹属物种广泛地存在着拟南芥基因组片段的三倍化后的同源对应片段（Lagercrantz，1998；O’Neill and Bancroft 2000；Rana et al.，2004；Park et al.，2005；Kim et al.，2006；Town et al.，2006；Yang et al.，2006）。由此推测出二倍体芸薹属物种与拟南芥是从相同的六倍体祖先分化而来的结论。Yang等（2006）利用大白菜开花调控基因

(flowering locus C，FLC）在大白菜BAC文库中检测出38个BAC克隆，并通过DNA指纹图谱和杂交方法将这些克隆分成5个彼此独立的组，对各组的一个BAC克隆进行了测序。通过对4个平行同源大白菜BAC克隆和拟南芥第5条染色体上片断为125kb的同源序列进行比较分析，得出在1 700万～1 800万年前芸薹属植物与拟南芥分化后不久，大白菜的3个平行同源亚基因组在1 300万～1 700万年前发生了三倍化。此后，在800万年前，通过复制形成了另外两个同源序列。这些复制过程是通过染色体的重排、替换、插入和缺失而进行的动态二倍体化过程。原始祖先的基因组这种三倍化导致了二倍体芸薹属基因组大小比拟南芥增加了30%～50%。

（二）染色体核型

Koo等（2004）以5S rDNA、45S rDNA和大白菜DNA重复序列C11－350H（350 bp）为探针，采用多彩色荧光原位杂交技术对有丝分裂中期和减数分裂粗线期的染色体进行了研究，构建了一幅大白菜的分子细胞遗传图谱。结果表明，在大白菜有丝分裂中期，其染色体长度为1.46～3.30μm。通过荧光原位杂交技术，在第1、2、4、5、7条染色体上分别出现了1个45S rDNA位点，在第2、7、10条染色体上分别发现了1个5S rDNA的位点。此外，还将C11－350H位点定位到了除2、4号染色体以外的全部染色体上。

在减数分裂粗线期，10条染色体的平均长度为23.7～51.3μm，总长度为385.3μm（表3－1），比有丝分裂中期的要长17.5倍。异染色质区域的总长约为38.2μm，大约是粗线期染色体总长度的10%。粗线期染色体组型主要由2个中间着丝粒（metacentric）（染色体1和6），5个亚中间着丝粒（submetacentric）（染色体3、4、5、9、10），2个亚端着丝粒（subtelocentric）（染色体7和8），以及1个近端着丝粒（acrocentric）（染色体2）构成（图3－4）。除了在近着丝粒区域分布有异染色质外，在染色体3、4、5和7的长臂上也分布有较小的异染色质区域。

表3－1　减数分裂粗线期大白菜染色体特征

（引自：《Theor Appl Genet》，2004）

染色体序号[a]	参数						
	染色体长度（μm）		着丝粒指数[b]	异染色质（%）	杂交荧光信号[c]		
	范围	平均			5S rDNA	45S rDNA	C11－350H
1	46.0～66.0	51.3±7.45	38.8±1.59	6.37±1.44	—	S	L
2	45.1～53.3	48.0±3.05	9.38±0.91	11.5±1.14	S	S	—
3	38.8～55.8	47.1±6.20	29.5±2.78	6.37±0.78	—	—	L+S
4	37.9～47.7	41.4±3.64	30.4±3.26	6.04±0.66	—	S	—
5	34.2～47.8	40.8±6.16	32.3±2.18	14.7±1.84	—	S	L
6	34.0～40.4	36.8±2.49	41.0±4.66	13.5±1.07	—	—	S
7	32.4～42.2	36.8±4.41	17.4±4.73	16.9±1.57	L[d]	L	L+S
8	28.8～37.6	32.7±3.18	20.2±2.08	7.65±0.93	—	—	L+S
9	25.6～33.2	27.0±2.62	36.7±1.94	9.26±1.02	—	—	L+S
10	18.5～27.0	23.7±2.97	32.9±2.43	7.38±1.13	S	—	L+S

注：a. 染色体的序号以大小顺序排列；b. 着丝粒指数指染色体短臂和长臂长度的百分数；c. S：短臂；L：长臂；—：无；d. 2个位点。

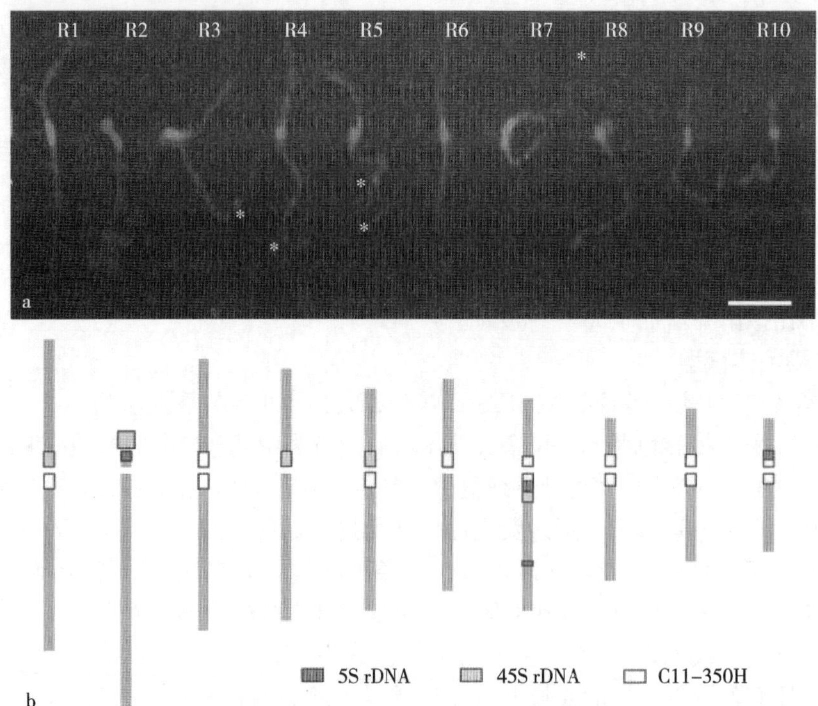

图 3-4　大白菜染色体核型

a. 在每个二价体中，染色明亮的为近着丝粒的异染色质区域。

第二条染色体的断臂包含核仁组织区（nucleolus organizing region，NOR）。星号表示异染色质区域的位置

b. 标有 5S rDNA，45S rDNA 和 C11-350H 位点的染色体模式图

（引自：《Theor Appl Genet》，2004）

（三）基因组简单重复序列的分布

简单重复序列（simple repeat sequence，SSR）亦称微卫星（microsatellites），是在真核生物基因组中普遍存在的 DNA 分子。在基因组的蛋白质编码区和非编码区均存在 SSR。但其密度随基因组的不同而变化。最近的研究指出，SSR 在编码区存在更为广泛。利用简单重复序列开发的 SSR 标记已广泛的应用于基因定位、遗传图谱的构建、系统发生和群体研究等领域。

为了解大白菜基因组中 SSR 的分布，Hong 等（2007）利用源于大白菜 BAC 克隆末端序列 17.7Mb 和部分 BAC 克隆全序列进行了分析。研究结果表明，大白菜中 SSR 主要分布于非编码区（86.6%），编码区的 SSR 占 13.4%；平均每 4.7 kb 含 1 个 SSR，在基因组中分布密度依次为 5’端、3’端、内含子、基因间区域和外含子；重复序列的类型以 1 个碱基（32.21%）、2 个碱基（29.57%）和 3 个碱基（33.89%）的居多，其中 (A) n(28.8%)、(AG) n（15.4%）、(AT) n（13.7%）和（AAG) n（13.3%）；SSR 在大白菜基因组上不是随机分布的。

（四）细菌人工染色体克隆序列分析

BAC 克隆末端序列不仅对基因组计划的执行意义重大，而且还可以用于初步解读基因组的结构，如蛋白编码区域、CpG 岛，以及含有转座因子的重复 DNA 片段等。Lim 等

(2006) 首次针对 KBrH 文库的 1 812 个 BAC 末端序列进行了分析。结果表明：在所分析的 BAC 末端序列中，含有大约 12.3%的反转录转座子（retrotransposon），11.4%的转座子（transposon）(图 3-5)。

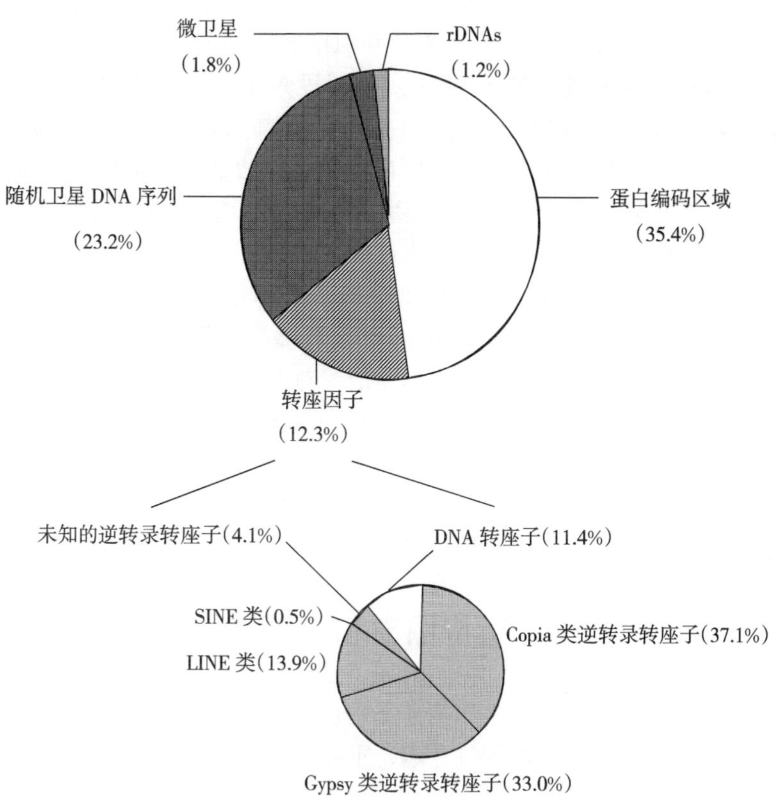

图 3-5 大白菜基因组中序列分布图
(引自：《Physiologia Plantarum》)

Hong 等 (2006) 根据 KBrH 文库的 12 017 个 BAC 末端序列（占大白菜基因组大小的 14%），进一步分析研究了大白菜基因组中转座子、简单重复序列、着丝粒卫星重复序列、基因，以及与近缘植物拟南芥的相似性。分析结果表明，大白菜基因组中包含：大约 12.3%的反转录转座子；43 000～45 000 个基因，约为拟南芥基因组中基因数的 1.6～1.7 倍；存在长度为 176bp 的着丝粒卫星重复序列；简单重复序列在大白菜基因组中的分布是非随机性，并且在基因间区域含有较丰富的简单重复序列。同时指出，芸薹属植物基因组的膨胀与反转录转座子的增多有关；着丝粒卫星重复序列在芸薹类植物基因组中经历了迅速的进化过程，并在芸薹属植物的进化过程中出现了分化。与拟南芥全基因组序列以及甘蓝基因组部分序列比较结果表明，外含子中大白菜与甘蓝的同源性为 93%，大白菜与拟南芥的同源性为 88%，而包括内含子、非编码区（UTR）以及基因间区域的序列同源性较低。该结果揭示了芸薹属植物与拟南芥分化后，与基因相关联的蛋白质编码区、转座子以及 rDNA 保持了相对的稳定。

Yang 等 (2006) 对含有开花调控基因 *FLC* 的 5 个 BAC 克隆进行了测序。序列分析表明，其中有4个克隆（KBrH052008、KBrH117M18、KBrH004D11和KBrH080A08）与拟南芥5号染色体上3.0～3.35Mbp的基因组序列具有82%的同源性。另外1个克隆（KBrH080C09）与拟南芥5号染色体上的另一组序列（25.8～26.2Mbp）具有共线性。拟南芥5号染色体上的3.0～25Mbp区域是在芸薹属植物与拟南芥分化前的基因组的第3次加倍相关联的序列。通过对4个BAC克隆和拟南芥间的公共序列进行比较，发现表现共线性的大白菜DNA片段比拟南芥中的公有片段短了40%。此外，在拟南芥序列的125kb的区域中，共有36个基因。然而在4个克隆中却分别只含有24、17、13和13个基因。在每个克隆中，最近进化而来的包括转座子在内的基因分别出现6次、3次、2次和1次。通过基因组比较分析，推测出在芸薹属植物与拟南芥分化之后，其基因组伴随缺失所导致的基因丢失经历了三倍化的多倍化过程。

通过对5个部分同源的BAC克隆与2个拟南芥加倍区域（5号染色体上的3.0～3.35Mbp和25.8～26.2Mbp区域）的序列比较，结果表明每个大白菜三倍化区域的DNA片段都比相应的拟南芥序列短0.6～0.8倍。与拟南芥相比，芸薹属由于其基因组发生了三倍化，使其基因总数增加了1.8倍，达到46 000个基因。其中约有15%表现出了与拟南芥的非同源性。而转录调控基因，在三倍化和二倍化区域都表现出了高度的保守性。在三倍化区域中，约有40%的基因恢复到单拷贝，而大多数基因的功能尚不清楚。此外，高度倍性化的芸薹属基因组在进化过程中仍然在进行着加倍化。

三、遗传图谱和物理图谱

分子标记的标定和遗传连锁图谱的构建是进行基因组计划的重要条件之一。此外，它已广泛应用于比较基因组、基因的图位克隆、重要经济性状的定位和分子标记辅助选择等研究领域。

迄今为止，利用不同的标记类型，如限制性片断长度多态性（RFLP）、随机扩增多态性DNA（RAPD）、简单序列重复（SSR）、扩增片断长度多态性（AFLP）等构建了十余个白菜类的遗传连锁图谱（Song等，1991；Chyi等，1992；Matsumoto等，1998；Kim等，2006；Suwabe等，2006；Choi等，2007）。但利用已知序列开发的PCR标记，如SSR、SCAR、STS等标记构建的大白菜遗传连锁图谱较少（Suwabe等，2006；Choi等，2007）。而这种图谱的构建更适合于将序列标签PCR标记整合到芸薹属植物基因组，以及扩展应用于其他群体中。迄今，公开发表的大白菜SSR标记有228个（Suwabe et al.，2002、2004）、235个（Choi et al.，2007）。此外，利用芸薹属其他物种以及拟南芥相继也开发了一些SSR标记。

下面仅就MBRGP利用的大白菜框架遗传连锁图谱（Choi et al.，2007）进行介绍。该图谱将作为MBRGP的锚定序列重叠片段（anchoring sequence contigs）的骨架。该图谱以前述双单倍体为构图群体，利用包含278个AFLP、235个SSR、25个RAPD、18个ESTP、STS和CAPS的556个标记，构建了总长度为1 182cM，相邻位点的平均图距为2.83cM的框架图谱。并利用与甘蓝型油菜共有的SSR标记的排列和方向标定了10个连锁群，分别为R1～R10（表3-2）。最长和最短的连锁群分别为R6和R4，长度分别为

161cM 和 81cM。各连锁群上的标记数目范围为 27～79 个。标记间隔数目的范围为 23（R4）～63（R3），平均间隔为 2.8cM。在最终的连锁图上，97.2%的基因组上每 5cM 存在一个标记。两个最大的间隙为 21cM 和 16cM，分别位于 R2 和 R3 上。

表 3-2 大白菜遗传连锁图谱的特性分析

（引自：《Theor Appl Genet》，2007）

连锁群	标记数量	密度（标记/cM）	间隔数[a]	空隙数[b]	平均图距（cM）	长度（cM）
1	46	2.96	40	0	3.40	136.3
2	40	3.01	31	1	3.89	120.6
3	79	1.95	63	1	2.45	154.2
4	27	3.02	23	0	3.54	81.5
5	72	1.82	49	0	2.67	130.9
6	79	2.03	62	0	2.59	160.7
7	74	1.23	55	0	1.66	91.3
8	36	2.78	30	0	3.34	100.2
9	59	1.95	49	0	2.35	115.1
10	44	2.08	39	0	2.35	91.6
总计/平均	556	2.13	418	2	2.83	1 182.3

注：a. 相邻标记＞1cM；b. 相邻标记间距离≥15cM。

此图谱的构建对基因组测序和遗传信息的整合具有重要意义，并有利于国际研究组织为改良大白菜和其他芸薹属栽培品种实现资源和数据的共享。

物理图谱的构建有助于检测和筛选种子 BAC（seed BAC）。目前，KBrH 的全部克隆（56 592）进行了指纹分析，并构建了大白菜的物理图谱。在这些 BAC 克隆中，17 303 个克隆被划分到了 3 854 个重叠区域（contigs）中，涵盖了大白菜基因组的 9 0.2%。利用指纹印记重叠片断（finger printed contigs）数据库，通过寻找那些可以和遗传标记杂交的 BAC 克隆，将 BAC 重叠片断（BAC contigs）和遗传图谱进行了整合。此外，为了构建一张高覆盖率的大白菜物理图谱，使用 Sna Pshot 方法，对 KBrB 文库的 50 688 个克隆完成了指纹分析。

四、功能基因组研究

为进行大白菜功能基因组研究，韩国项目组利用不同的植株组织（叶、根、子叶、胚珠和花药等）及不同的处理材料（盐和低温处理的叶片及根部组织）建立了 22 个 cDNA 文库。在这些文库中的表达序列标签（EST）数量为 104 914 个，平均长度为 575 bp。目前，公开发表的芸薹属 EST 序列共有 212 000 个，将要公开发布的 EST 序列有 475 000 个。通过利用 BLASTN 工具，分析发现在 E 值小于 10^{-10}水平下，90%的芸薹属 EST 序列与拟南芥具有同源性。所有这些原始数据可通过 ATIDB 数据库、Atensembl 和 Brassica-Arabidopsis Comparative Genome Viewer 进行游览。目前，国际上最有影响的基因芯片制造商 Affymetrix 公司承担了利用这些 EST 序列构建大白菜基因芯片的任务。大白菜基因芯片的制作完成将为我们研究大白菜的基因功能提供有力的工具。

五、基因组测序现状

大白菜基因组的测序，主要利用 BAC-By-BAC 方法。为此，韩国项目组（NIAB）已筛选出了定位于大白菜整个基因组 1 007 个种子 BAC 克隆，并完成了对其的测序工作。这些 BAC 克隆将被作为基因组测序工作的基础。同时，利用的 600 个种子 BAC 克隆序列已被应用于 SSR 标记的开发。7 个国家将分别对大白菜的 10 条染色体进行测序：韩国为第 3 条和第 9 条；加拿大为第 2 条和第 10 条；英国/中国为第 1、第 4 和第 8 条；澳大利亚为第 7 条；日本为第 5 条；印度为第 6 条。目前，共有 48 个和 45 个种子 BAC 利用分子标记技术和 FISH 技术分别定位于第 1 条和第 2 条染色体。通过对第 1 条染色体上的 BAC 克隆的序列分析，发现他们与拟南芥相对应的部分同源区域具有共线性关系，并具有 82%的序列相似性（Yang et al.，2006）。这些信息将对借助拟南芥的基因组序列完成大白菜基因组计划提供有力的保证。

根据 MBRGP 的计划，大白菜基因组计划将于 2010 前完成。该计划的完成不仅可以更深刻地了解植物进化，尤其是植物多倍化方面的相关信息，还将对更有效地改良包括大白菜在内的其他芸薹属作物方面提供良好的机遇。

主要参考文献

陈机．1984. 大白菜形态学．北京：科学出版社．

加藤徹，刘宜生．1985. 叶菜类结球现象的研究．蔬菜译丛（2）：54-5.

蒋名川．1981. 大白菜栽培．北京：农业出版社．

李家文．1984. 中国的白菜．北京：农业出版社．

李曙轩．1979. 蔬菜栽培生理．上海：上海科学技术出版社．

李杨汉．1991. 蔬菜解剖与解剖技术．北京：农业出版社．

刘宜生．1998. 中国大白菜．北京：中国农业出版社．

谭其猛．1980. 蔬菜育种，北京：农业出版社．

伊东秀夫．1957. 大白菜结球现象的研究．园艺学杂志 26（3）：154～162.

张振贤，郑国生，赵德婉．1993. 大白菜光合作用特性的研究．园艺学报 20（1）：38-44.

张振贤，艾希珍．2002. 大白菜优质丰产栽培原理与技术．北京：中国农业出版社．

张振贤．2003. 蔬菜栽培学．北京：中国农业大学出版社．

Choi SR，et al. 2007 The reference genetic linkage map for the multinational *Brassica rapa* genome sequencing project. Theor Appl Genet（115）：777-792.

Choi SR，Hong CP，Koo DH，Plaha P，Yang TJ，Park BS，Bang JW，Lim YP. 2006 Toward understanding *Brassica rapa* ssp. *pekinensis* genome and its evolution through BAC-end sequence analysis. Acta Hortic：706.

Chyi YS，Hoenecke ME，Sernyk JL. 1992. A genetic linkage map of restriction fragment length polymorphism loci for *Brassica rapa*（syn. *campestris*）. Genome，（35）：746-757.

Edwards D, Bancroft I, Park BS, Lee J, Lim YP. 2006. A Survey of the *Brassica rapa* genome through BAC-end sequence analysis and comparison with *Arabidopsis thaliana*. Molecules and Cells, (22): 300 - 307.

Hong C P, et al. 2007. Genomic distribution of simple sequence repeats in *Brassica rapa*. Mol. Cells, 23 (3): 349 - 356.

Hong, C P, Plaha P, Koo D H, Yang T J, Choi S R, et al. 2006. A survey of the *Brassica rapa* Genome by BAC-end sequence analysis and comparison with *Arabidopsis thaliana*. Mol. Cells, (22): 300 - 307.

Koo DH, Plaha P, Lim YP, Hur Y, Bang JW. 2004. A high-resolution karyotype of *Brassica rapa* ssp. *pekinensis* revealed by pachytene analysis and multicolor fluorescence *in situ* hybridization. Theor. Appl. Genet, (109): 1 346 - 1 352.

Lim K B, Yang, T J, Hwang Y J, Kim J S, Park J Y, et al. 2007. Characterization of the centromere and peri-centromere retrotransposons in *Brassica rapa* and their distribution in related *Brassica* species. Plant J., (49): 173 - 183.

Lim YP, Plaha P, Choi SR, Uhm T, Hong CP, Bang JW, Hur YK. 2006. Towards unravelling the structure of *Brassica rapa* genome. Physiologia Plantarum, 126 (1): 585 - 591.

Oneill CM, Bancroft I. 2000. Comparative physical mapping of segments of the genome of *Brassica oleracea* var. *alboglabra* that are homoeologous to sequenced regions of chromosomes 4 and 5 of *Arabidopsis thaliana*. Plant Journal, (23): 233 - 243.

Park JY, et al. 2005. Physical mapping and microsynteny of *Brassica rapa* ssp. *pekinensis* genome corresponding to a 222 kb gene-rich region of *Arabidopsis* chromosome 4 and partially duplicated on chromosome 5. Molecular Genetics and Genomics, (274): 579 - 588.

Song KM, Suzuki JY, Slocum MK, Williams PH, Osborn TC. 1991. A linkage map of *Brassica rapa* (syn. *campestris*) based on restriction fragment length loci. Theor Appl Genet, (82): 296 -304.

Suwabe K, et al. 2006. Matsumoto M. SSR - based comparative genomics between *Brassica rapa* and *Arabidopsis thaliana*: the genetic origin of clubroot resistance. Genetics, (173): 309 - 319.

Suwabe K, Iketani H, Nunome T, Kage T, Hirai M. 2002. Isolation and characterization of microsatellites in *Brassica rapa* L. Theor Appl Genet, 2002, (104): 1 092 - 1 098.

Suwabe K, Iketani H, Nunome T, Ohyama A, Hirai M, Fukuoka H. 2004. Characteristics of microsatellites in *Brassica rapa* genome and their potential utilisation for comparative genomics in *cruciferae*. Breed Res, (54): 85 - 90.

Trick M, Bancroft I, Lim Y P. 2007. The *Brassica rapa* Genome Sequencing Initiative. Genes, Genomes and Genomics.

Yang TJ, et al. 2006. Sequence-level analysis of thediploidization process in the triplicated flowering locus C region of *Brassica rapa*. Plant Cell, (18): 1 339 - 1 347.

大白菜基因组计划相关网站及数据库

http://www.brassica.info

http://www.brassicagenome.org

http://www.brassica-rapa.org

http://brassica.bbsrc.ac.uk

http://brassica.bbsrc.ac.uk/annotate.html

http://atidb.org

http：//atensembl. arabidopsis. info

http：//brassica. agr. gc. ca/navigation/viewer _ e. shtml

http：//hornbill. cspp. latrobe. edu. au

http：//bioinformatics. pbcbasc. latrobe. edu. au/cgi-bin/AnnotatorView. cgi

http：//149. 144. 200. 11/cgi-bin/bac _ status/BACStatus. cgi

（冯辉　曹家树　朴钟云）

第四章

杂种优势育种

作物杂种优势（heterosis）利用已成为农作物提高产量和增强抗性的重要手段，在目前的大白菜的新品种选育途径中占有绝对的优势地位。从20世纪60年代的零星研究，到20世纪70年代相关理论与技术研究的深入，我国大白菜杂种优势利用育种也随之得到了迅速发展，并在育种途径和方法上进行了探索，为推动大白菜杂种优势利用打下了基础，也在一定程度上促成了当今大白菜育种的成就。

第一节　育种目标

育种目标是根据生产和市场需求，在一定的自然、经济条件下，育种工作者预期育成新品种应具备的一系列优良目标性状及其应达到的指标。它是育种工作的方向和灵魂。有了明确目标，才能有目的地搜集原始材料、选择亲本、配制组合，进行品系鉴定，从中选育出符合要求的品种。同时，可避免育种工作的盲目性，减少工作量，提高工作效率。

育种目标还要有一定的前瞻性，而且可以随着生态环境变化、社会经济发展、人民生活水平的提高、市场需求以及种植制度的变革进行适当调整。育种目标在一定时期内又是相对稳定的，体现育种工作在一定时期的方向和任务。

一、制定育种目标的原则

（一）以生产和市场需求为导向

从大白菜杂种优势育种的程序推算，正常情况下，育成一个新品种至少需要5～6年，多则10多年时间。育种周期长，决定了育种目标制订必须要有预见性，至少要看到5～6年以后生产及市场需求的变化。再者，制定育种目标，首先要遵循生产和市场需求为导向的原则。所以，在制订育种目标时，要了解大白菜品种的演变历史，同时对生产和市场的发展变化做全面调查，掌握大白菜生产发展和市场对品种需求的趋势。育种目标所提出的主要目标性状不仅要考虑比原有同类品种的改进与创新，还要考虑比国内外同行育种工作具备的相对优势，从而制定出处于优势竞争地位的育种目标。

（二）目标性状要有针对性并突出重点

生产和市场对品种的需求往往是多方面的。在制订育种目标时，要根据不同时期生产和市场的需求，明确主要目标性状和次要目标性状，坚持做到主次有别，落实突出目标性状具有针对性和重点的原则。由于生物遗传的局限性，任何优良品种不可能集所有优良性状于一身，只能在突出主要目标性状的前提下，分类型选育品种。例如丰产、优质、抗病的早熟类型，丰产、优质、抗病的中晚熟类型等，其中丰产、优质、抗病就是必须具备的主要目标性状，而熟性、叶球形状、包球方式等就是一些特需目标性状。育种工作者需要通过多种相关调查研究和综合分析，有针对性地确定主要和特需目标性状，才能达到预期目的。另外，还必须对有关性状作具体分析，确定各目标性状的具体指标。例如选育早熟品种，确定生长期应该比一般品种早熟多少天；选育抗病品种时，不仅要指明具体的病害种类，有些还要落实到病原的生理小种上，同时要用量化指标提出抗性目标。

（三）注重品种选育的多样性

随着市场经济和栽培方式的发展，所制定的育种目标应进一步适应市场和栽培需求，选育的品种应向专用型和系列化的方向发展。对育种工作者来说，从长远考虑也需要注重品种的多样性。除考虑结球类型、熟性、株型大小之外，还需考虑一些特需目标，例如保健型、观赏型、加工型、耐运型、不同生态型等，以满足多元化的市场需求。大白菜育种总的趋势是由大型品种向中、小型品种发展；由类型较为单一向多类型、多品种方向发展。而且，大白菜品质问题会愈来愈重要，对品种适应性要求越来越高。以此为基础，育种工作者应培育出能抗多种病害，综合性状优良，食用品质好，适于不同地区、不同季节及不同栽培方式的多样化系列品种。

二、主要目标性状

大白菜育种目标涉及的性状很多，不同时期往往有不同的要求。我国大白菜育种在20世纪80年代以前主要解决产量问题，90年代以后对质量和产量同时要求。进入21世纪以来，对商品性、品种多样性、品质的要求逐步突出。这些变化从国家“六五”到“九五”大白菜育种攻关目标中清楚可见，其中“六五”攻关题目是“大白菜抗病育种”，突出的目标性状是抗病、丰产、稳产；“七五”攻关题目是“大白菜优质、多抗、丰产新品种选育”，突出了优质；“八五”攻关题目是“白菜新品种选育技术”，体现了研究的深入和注重育种技术的提高；“九五”以后，在总目标下将子专题分解为多个子课题，如创新大白菜育种材料、大白菜育种新技术研究、重要品质性状研究等。一般来说，凡是通过品种选育可以得到改进的性状都可以列为育种的目标性状，其中主要包括熟性、丰产性、稳产性、品质、抗病性、适应性、耐贮性、耐热性、晚抽薹性等。但对于这些目标性状，特别是体现这些目标的具体性状指标，在不同地区、不同季节及生产发展的不同时期，对品种要求的侧重点和具体内容则不尽相同。

（一）丰产性与稳产性

1. 丰产性 决定大白菜单位面积产量的因素有单株重、株型、净菜率、紧实度。在丰产性选育中，总的要求是选育出的品种应外叶较少，株型紧凑，莲座叶较直立且有层次，净菜率高，包球紧实。

球重由叶球的叶片数和平均单叶重构成。大白菜品种有叶重型和叶数型等类型。如果

能使一个品种既有较多的球叶，又有较大的叶重，就一定能显著增产。可实际上要得到叶数和叶重都在较高水平上的组合比较困难，因为叶数和叶重之间存在某种程度的负相关。一个叶数型亲本和一个叶重型亲本的杂交后代，无论是叶数或叶重都在双亲之间。

球重与品种熟性有关。一般早熟品种生长期短，棵小，单球重量轻，产量较低；晚熟品种生长期长，棵大，单球重，产量较高。对品种丰产性的要求，应该在同样的熟性和同一品种类型范围内比较产量的高低。但在对品种需求多元化的今天，不能仅用高产衡量丰产，还要根据它的商品价值来衡量是否丰产丰收。仅有产量，没有质量或者价值不高，也不能算丰收，丰产和丰收应当相辅相成。

群体的光合生产率与株型关系密切。大白菜的株型主要指外叶的直立性与开展度。株型不仅与植株的光合生产率有关，而且还通过影响株幅而影响单位面积的植株合理密度。从品种的株型来说，结球期莲座叶较直立且有层次，对提高中下层叶片的光照强度和光合效率是有利的，可明显提高群体的光合生产率。

净菜率是大白菜可食用部分的叶球重占全株重的百分比。在株重一定的情况下，提高净菜率就增加了叶球的产量，多数品种的净菜率在60%～75%之间，目前生产上要求新育成品种的净菜率应在70%以上。净菜率的测定需确定净菜标准和合理的测定时期。

2. 稳产性 影响大白菜稳产性的主要因素一是抗病性，二是对气候条件的广泛适应性。就病害而言，大多地区仍然是病毒病、霜霉病、软腐病和黑斑病等为主要病害。根据陕西省农业科学院蔬菜研究所对1949—1987年西安地区大白菜栽培历史资料分析，38年中，西安地区大白菜的大小灾年，累计达19年，占统计年数的50%，丰收年只有8年，占21%。从1980—1987年，7年中出现了两次重灾年景，其中1981年因长时间阴雨，造成霜霉病、软腐病大发生，减产严重。1986年因苗期持续高温和莲座期暴雨后猛晴导致病毒病、软腐病、黑胫病等病害大发生，造成历史上的特大灾年，当年西安市1 600hm^{2}大白菜，有1 400hm^{2}绝收，其他10多个大白菜主产市、县也普遍减产60%以上。

就大白菜对气候条件的适应性来说，以秋大白菜为例，苗期高温干旱除易引起病毒病流行外，还使植株衰弱，影响后期生长而导致减产。育成苗期耐热品种可以通过提前播种，以提高叶球充实度和单位面积产量。对于秋季大白菜来说，临近收获前的冻害，有些年份造成某些地区减产，因此抗寒性也是提高品种稳产性应注意的性状。凡是对地区适应性较广的品种，一般都是稳产性较好的品种，所以，育成的品种具有对气候条件的广泛适应性，才能保证稳产。

（二）抗病、抗逆性

1. 抗病性 病害是影响大白菜丰产、优质、稳产的主要因素。20世纪80年代以前，大白菜的主要病害是病毒病、霜霉病和软腐病，统称“三大病害”。此外，黑腐病、黑斑病、白斑病、根肿病、干烧心病也是常见的病害。因此，在国家抗病育种攻关目标中，“六五”期间主攻病毒病，“七五”以优质、双抗（病毒病、霜霉病）为主攻目标，“八五”则以多抗（抗病毒病兼抗霜霉病、黑斑病、黑腐病、白斑病、软腐病等其中两种以上病害）为主攻目标。

国家“六五”科技攻关以来，大白菜抗病育种取得了较大的成就。在主要病害病原的种群分布、株系或生理小种分化，抗病性鉴定方法、分级标准、菌种及病毒保存，抗病遗传机制、制种技术等方面做了很多研究工作。

除以上主要病害外，大白菜上还有细菌性黑胫病；生理性病害干烧心、小黑点病以及根结线虫病等多种病害。育种工作者除应根据当地生产上的主要病害制定育种目标外，还要考虑多抗性育种，因为常常是多种病害同时发生和危害。根据全国植保总站（1989—1991）在北方一些省（自治区、直辖市）的调查统计，危害大白菜的病害有25种之多，其中真菌病害12种、细菌病害5种、病毒病害4种、生理病害3种，在不同地区表现的种类和程度也不尽相同。进入21世纪，大白菜病害又有哪些变化，影响主要产区的主要病害和次要病害都有哪些，育种过程中都要进行调查，以提高抗病育种的目的性，才能取得良好的效果。

大白菜不同品种及不同育种材料之间的抗病性差异很大，存在着从免疫或者高抗到高感的各种水平。要搞好抗病育种工作，重要的是拥有好的抗源材料。优良的抗源材料，不仅要求具有较强的抗病能力，而且还应该是农艺、经济性状优良及配合力高的亲本材料。同样，病原体也有致病力差异，品种的抗病性与病原体的致病力在相互斗争中发展。因此，育种工作者要育成抗各种病害且一劳永逸的品种是不可能的。若能育成高抗某种病害，对其他病害能达到较抗或者耐病，则是比较现实和理想的目标。

2. 抗逆性 品种的抗逆性往往是扩大种植区域和种植季节，实现丰产、稳产的必要性状。品种的抗逆性包括耐寒、耐热、耐盐碱等性状，对春大白菜来说还必须具备晚抽薹性。在大白菜三种基本生态型的品种中，卵圆型品种花芽分化较晚，冬性较强，晚抽薹，而直筒型较易抽薹。另外，由于春季气温逐渐升高，春大白菜还需具备在较高温度条件下的良好结球性。夏大白菜必须具备耐热性和抗病性，即在高温条件下也能正常结球，并抗病毒病、软腐病等病害。

（三）品质

大白菜的品质性状可分为商品品质、营养品质和风味品质。一个优良的品种，应该在这三方面的品质都表现优良。

1. 商品品质 商品品质是指大白菜作为商品上市时，决定其商品等级的性状，主要是一些能够进行外观评价的形态性状，包括叶色、结球性、球形、球的大小、球叶色和是否裂球等。对商品品质的要求，因食用与消费习惯的不同往往存在着地区性差异。如北京地区喜欢高桩、花心品种；胶东半岛则喜欢卵圆型、白帮品种；河南、陕西的大多数地区喜欢矮桩、叠抱品种；山西喜欢高桩、直筒、青帮品种；东北地区则喜欢直筒、舒心类型；江苏、浙江、福建喜欢小型、光叶无毛、叠抱类型品种等。对品种商品品质的基本要求是外叶数较少，结球性良好，叶球紧实，球形符合当地消费习惯，春夏大白菜球重在1.0～2kg、秋大白菜在2.0～5.0kg，球心叶以乳黄色为主，近年来有喜欢黄色、橘红色的倾向，不裂球。

2. 营养品质 营养品质是指大白菜的营养价值，主要包括可溶性固形物、维生素、氨基酸、粗蛋白、可溶性糖、膳食纤维等营养物质的含量。大白菜的营养价值主要在于可提供人体所需的矿物盐、维生素和膳食纤维等。因此，要求优质品种的干物质、可溶性固形物和维生素C含量较高，膳食纤维含量适中，硝酸盐含量低。

3. 风味品质 风味品质是指人们食用大白菜时，口感的综合反应，包括口感是否香

甜、脆嫩、柔软、多汁、味美及无异味等。对风味品质的要求往往因食用方法及食用习惯不同而异。一般生食时，要求球叶鲜嫩、多汁、微甜、无异味；熟食要求易煮烂、味鲜美、无异味等。

风味不仅与品种球叶的可溶性糖、氨基酸、纤维素、芳香物质等的含量有关，而且还受叶柄和叶片的组织结构以及细胞壁厚薄等方面的影响，与帮叶比也有关。软叶率高，组织柔嫩，香甜爽脆、适口性好。对同一类型品种，应该选育帮叶比小、软叶率高、包球紧实的品种。

（四）生育期

生育期是指从播种至叶球充实所需的天数，实际上应称为生长期。由于不同地区适合大白菜生长的季节长短不同，需要有早、中、晚生育期不同的品种，即使同一地区为了延长市场供应期和茬口安排的需要，也要有不同生育期的品种。通常父母本生育期相差较大时，F_1 大多是中间稍偏早；父母本生育期相近时，F_1 的生育期往往与父母本相似或稍早。一般选育早熟品种，双亲应该都是早熟的，或至少一亲是早熟的，另一亲是中早熟的；选育晚熟品种，双亲应该都是晚熟的，或至少一亲是晚熟的，另一亲是中晚熟的；选育中熟品种，双亲都是中熟的，或者双亲一早一晚。另外，F_1 的熟性往往偏向母本，在选配杂交组合时需注意。

（五）耐贮藏性

大白菜是贮藏蔬菜之一，因而耐贮藏性也是秋大白菜十分重要的目标性状。耐贮性不仅要求可贮期长和损耗率低，而且要求能长期保持良好的食用品质。有些品种虽然能贮藏较长时期，但贮藏后期品质风味显著降低，不符合市场需要。影响耐贮性的性状主要有：生育期长短、花芽分化早晚、抗病性强弱和贮藏期呼吸强度、纤维含量高低等。耐贮性还与低温下花序和侧芽萌动生长速度有关，侧芽萌动生长快的容易造成裂球、脱帮，品质风味迅速降低。一个耐贮性弱的亲本与一个耐贮性强的亲本杂交，F_1 大多是中间偏弱的。要育成耐贮性好的 F_1 品种，双亲最好都较耐贮藏。

第二节　杂种优势育种途径和方法

一、杂种优势育种的概念及遗传学解释

杂种优势是生物界的一种普遍现象。杂种优势是指两个遗传性不同的品种、品系或自交系进行杂交，杂种一代在生活力、生长势、抗逆性、繁殖力、适应性、产量、品质等方面优于其双亲的现象。杂种优势育种主要指杂种一代（F_1）优势利用。大白菜杂种优势十分显著，20 世纪 70 年代以来，我国大白菜杂种一代优势育种发展很快，特别是在制种技术途径方面，利用自交不亲和系和雄性不育系技术均取得巨大成就，使大白菜生产上了新台阶。目前国内外大白菜生产用种基本实现了杂优化。

关于杂种优势形成机理及遗传学原理，国内外学者根据各自的试验研究及实践总结，提出许多假说。但是，杂种优势的理论研究并未取得重大突破和进展，至今缺乏定性结论。现将一些重要假说分述如下，供参考。

（一）显性假说

Davenporf（1908）首先提出，其后经布鲁斯（Bruce，HB，1910）及 Jones（1917）发展而成“显性假说”，又得到 Richey & Sprague（1931）用玉米聚合改良资料证实。

这一假说的基本论点是，杂种 F_1 集中了控制双亲有利性状的显性基因，每个基因都能产生完全显性或部分显性效应，由于双亲显性基因的互补作用，从而产生杂种优势。如具有 AABBccdd 和 aabbCCDD 不同基因型的两个自交系杂交，F_1 的基因型及表现型如图 4-1 所示。

```
P     AA  BB  cc  dd  ×  aa  bb  CC  DD
      12  10  4   3=29   6   5   8   6=25
                      ↓
F1             Aa Bb Cc Dd
               12 10  8  6=36
```

图 4-1　显性假说示意图

图 4-1 中，假设显性基因 A 对某一数量性状的贡献为 12，B 的贡献为 10，C 的贡献为 8，D 的贡献为 6，相应隐性基因的贡献分别为 6、5、4、3，那么亲本 AABBccdd 的表现型值为 12+10+4+3=29，另一亲本 aabbCCDD 的表现型值为 6+5+8+6=25。根据显性基因的效应可知 F_1 的表现型值。如果没有显性效应，杂合的等位基因 Aa、Bb、Cc、Dd 的贡献值就等于相应的等位显性基因和隐性基因的平均值（12+6+10+5+8+4+6+3）/2=27，这恰恰是双亲的平均值，没有杂种优势。如果表现部分显性，则 F_1 表现型值大于中亲值偏向高值亲本，表现出部分杂种优势，即 AaBbCcDd>（12+6+10+5+8+4+6+3）/2>27。如果表现为完全显性，则 F_1 大于高值亲本，杂种 F_1AaBbCcDd=12+10+8+6=36，表现出超亲杂种优势。

显性假说是大白菜及其他异花授粉作物选育高产杂种一代的理论依据之一。显性假说虽得到了实验结果的验证，但并没有考虑到非等位基因间的相互作用，而且通常杂种优势的性状大多是受累加的多基因控制，没有明显的显隐性关系。因此，显性假说还存在一定的局限性。

（二）超显性假说

Shull（1908，1910）提出超显性假说，后经 East（1936）用基因理论将“超显性假说”具体化。这一假说的基本点是：杂合等位基因的互作胜过纯合等位基因的作用，杂种优势是由于双亲基因型的异质结合引起等位基因间相互作用的结果。等位基因间没有显隐性关系，杂合的等位基因相互作用大于纯合等位基因的作用。按照这一假说，杂合等位基因的贡献可能大于纯合显性基因和纯合隐性基因的贡献，即 Aa>AA 或 aa，Bb>BB 或 bb，所以称为超显性假说或等位基因异质结合假说。这一假说认为杂合等位基因之间以及非等位基因之间，是复杂的互作关系，而不是显、隐性关系。由于这种复杂的互作效应，才可能产生超过纯合显性基因型的效应。这种效应可能是由于等位基因各有本身的功能，分别控制不同的酶和不同的蛋白质代谢过程，产生不同的产物，从而使杂合体同时产生双亲的功能。例如某些作物两个等位基因分别控制对同一种病菌的不同生理小种的抗性。纯合体只能抵抗其中一个生理小种的危害，而杂合体能同时抵抗两个甚至多个生理小种的危害。近年来一些同工酶谱的分析也表明，杂种 F_1 除具有双亲的谱带之外，还具有

新的谱带，这表明不仅有显性基因互补效应，还有杂合等位基因间的互作效应。

虽然越来越多的实验资料支持超显性假说，且超显性效应也在有些单基因控制的性状中得到证实，但在多基因控制的性状中不易得到证实，因此有学者（如 J. L. Jinks，1983）认为数量性状中不存在超显性效应。

（三）上位性与杂种优势

上位性是指非等位基因的相互作用。当两对基因相互作用时，其基因型值偏离两者相加之值，即出现基因位点间的非加性遗传效应。利用分子标记技术分析水稻杂交组合的杂种优势遗传基础表明，上位性效应在杂种优势形成中起重要作用。该学说认为，无论是显性和超显性假说，都是基于遗传学的单基因理论，而诸如产量、成熟期之类的性状均是一系列生长和发育过程的最终产物，是由许多基因共同作用的结果。因此，基因间的相互作用（上位性）理应是杂种优势的重要遗传学基础。余四斌等（1998）利用生产上广泛应用的优良杂交组合籼优 63 的分离群体，对 151 个分子标记位点构建覆盖整个水稻基因组的遗传图谱，在此基础上，用 240 个 $F_{2:3}$家系的 2 年田间试验数据，定位分析了影响产量及其构成因子的数量性状位点（QTLs）和上位性效应。2 年共定位了 32 个控制产量及其构成性状 QTLs，其中 12 个 QTLs 在 2 年均被检测到。同时，发现大量显著上位性效应广泛存在于基因组中，影响着这些性状，认为上位性效应是影响产量性状表现和杂种优势形成的重要遗传基础。然而基因互作又包括加性×加性（显性基因的累加效应）、加性×显性和显性×显性等方式，这些互作形式的相对重要性以及相互作用的生物学意义目前尚不清楚。

（四）基因互补与杂种优势

大量研究表明，线粒体、叶绿体和核基因组均参与了植物杂种优势的形成过程。杂种一代的很多生理生化过程对杂种优势产生有重要贡献。这些过程包括：DNA 高复制活性，核糖体 DNA 位点重复以及基因组活性区重复；具有特定和超常功能的多聚体酶；mRNA 的核苷酸组成不同于双亲；线粒体和叶绿体结构的发育程度优于双亲；叶绿体中片层与类囊体膜结构、体积及叶绿体含量的增加。因此，H. K. Srivastava（1981）认为，杂种优势是由于杂种一代 DNA 复制、RNA 转录和蛋白质转译上量的增加；遗传信息量和核糖体 DNA 重复数的增加，是由于杂种细胞中各种酶和调控单元工作效率的提高。

（五）基因网络系统与杂种优势

基因网络系统是鲍文奎（1990）提出的。该观点认为，不同基因型的生物都有一套保证个体正常生长与发育的遗传信息，包括全部的编码基因、基因表达的控制序列以及协调不同基因之间相互作用的组分。基因组将这些信息编码在 DNA 上，组成了一个使基因有序表达的网络，通过遗传程序将各种基因的活动联系在一起，如果某些基因发生了突变，则会影响到网络中其他成员，并通过网络系统进一步扩大其影响，发展成为可见变异。该观点还认为，在不同物种、不同生态型到同一生态型不同个体之间，存在许多执行同一功能的基因，它们在基因网络系统中处在相同的工作位置，但其功能或工作效率会有稍微的差别。杂种优势是将两个不同的基因群组合在一起形成新的网络系统。在这个新组建的网络系统中，等位基因成员可以处在最佳的工作状态，使整个遗传体系发挥最佳效能。因此，实现杂种优势必须具备两个前提：一是亲本的基因型在杂合子中必须彼此协调，如果亲缘关系相差太远，遗传体制互不相容，是无法产生杂种优势的；二是亲本的基因群组合具有互补性。在杂合子中它们能够相互促进，彼此协调，有效地控制基因的表达。

除以上假说外，还有遗传平衡与杂种优势假说、激素与其他因子说、基因多态性假说、生理刺激和原始资本说、异质结合假说、有机体生活力假说等，尽管各种假说都有实验支持，但目前还没有一种能完整而全面解释杂种优势现象的理论。显性假说、超显性假说及上位性假说，虽然都是解释杂种优势的重要理论，但是，三种假说都只是在基因水平上讲杂种优势，没有考虑染色体组及其他基因组在杂种优势表现上的整体作用，忽视了不同核基因组间的互作、细胞质基因组和核基因组间的互作、细胞质基因组间的互作对杂种优势的作用。而线粒体、叶绿体遗传、细胞质雄性不育性遗传、某些性状表现的正反交差异以及核质杂种优势表现等实例，都证实了细胞质和核质互作效应的存在。可以初步认为，有关基因互补假说、遗传平衡假说、基因网络系统假说以及其他假说，从不同角度弥补了显性假说和超显性假说方面的不足。

二、杂种一代种子生产方法

杂种优势利用是靠一代杂种实现的。大白菜属异花授粉作物，天然杂交率高，品种的遗传基础复杂，株间遗传组成不同，性状差异大。如果利用品种间杂种，则杂种一代性状很难达到整齐一致。为此，必须先进行亲本的纯化工作，选育出基因型纯合、性状优良、配合力高的亲本系，然后选配不同亲本系间一代杂种。

由于大白菜的花器小，繁殖系数低，人工授粉杂交只能用于早期的组合选配，大量的生产用种需要自然杂交，而自然杂交需要有效的杂交制种技术途径和方法。目前，大白菜杂种优势育种利用的技术途径分别是利用自交系、自交不亲和系和雄性不育系。

（一）利用自交系

为了探讨一种简易有效的杂种种子生产技术途径，赵稚雅（1978）分别在大白菜和甘蓝上，进行了不同自交系内和系间花粉亲和性差异的试验，即研究柱头对源自本系与异系花粉的受精选择性。通过对大白菜父本自交系与母本系新鲜花粉混合轮交试验，不同品种自交系间所有正反交种子几乎全部是杂种，而品种内自交系间组合的杂交率只有50%～70%。用不同的绿甘蓝自交系作母本，用红球甘蓝为父本，自交用母本系株间混合花粉授粉，杂交用父本系株间混合花粉授粉，共设计了10个授粉处理，即系内分别先授粉0.5h、1h、2h、3h、6h、12h、24h、36h、48h以后再行杂交授粉，利用红球甘蓝作为显性标志性状，进行苗期杂交率的鉴定。1977和1978两年的试验结果证明，当柱头先接受本系花粉后，在48h内只要授上异系花粉，F_1依然表现几乎为100%的杂交种。这种现象说明十字花科作物有优先接受异系花粉的习性。赵稚雅认为这是柱头对本系花粉与异系花粉存在亲和性差异，将这种不同花粉亲和性差异的特性应用于一代杂种制种，在理论和实践上应该是可行的。谭其猛20世纪70年代末也曾证实这一观点，并将自交受精慢于异交受精的特性称之为自交迟配性，它是引起异花授粉的主要原因。张焕家等在20世纪80年代初期制种实践中也证实了这种现象。依据自交系内的迟配性，可以直接用纯合的自交系制种或双亲之一为自交系制种。

利用自交系直接生产一代杂种虽然简便，但存在一定的局限性，它要求制种的双亲花

期必须完全相遇，而且双亲植株高矮和花粉量一致、蜜蜂充足、花期无长期阴雨等。由于品种间自交授粉程度的差异和个体间开花习性的差异，植株高度、花粉量的差异及环境气候的影响，均为系内自交创造了条件，这是用此方法制种杂交率往往偏低的原因。利用自交系大面积制种生产存在着风险，致使应用受到限制。随着自交不亲和系繁殖方法的改进和雄性不育系的广泛应用，利用自交系制种已经减少。

（二）利用自交不亲和系

自 20 世纪 70 年代以来，在大白菜杂交种子生产中，自交不亲和系一直作为杂交制种的主要技术途径应用。如果杂交双亲都采用自交不亲和系，最好选用正反交增产效果都显著且经济性状一致的杂交组合推广应用。田间制种时，一般将亲本隔行种植采种。如果一个亲本系的自交亲和指数较低，而另一个亲本系的亲和指数较高，则可按 2∶1 的行比，以增加亲和指数较低的亲本系的行数。还可采取自交不亲和系作母本，自交系作父本杂交制种法，易于组配出优良的杂交组合。因为只要选育出一个基因型的自交不亲和系作母本，从大量的自交系中选择经济性状好、花粉量较大、配合力高的父本系几率更高，因而较易育成优良杂交组合。安排制种时，父母本可按 1∶2 或 1∶3 的行比种植，最好在盛花期后拔除父本。

利用自交不亲和系配制杂交种有较多优点：自交不亲和性在大白菜中广泛存在，其遗传机理比较清楚，而且容易获得自交不亲和系；正反交杂交种子都可以使用，而且种子产量高。但是，利用自交不亲和系制种的难点是亲本系自身繁殖系数低，需要采取人工蕾期授粉，费工、费时，增加了种子的生产成本。同时，随着自交代数的增加，不可避免地会出现经济性状的退化和生活力下降。有些自交不亲和系用人工蕾期授粉结实率也很低，更增加了繁殖成本和亲本保存风险。张文邦等（1984）采用花期喷盐水法克服自交不亲和性，收到了明显的效果。这一技术被我国育种界广泛采用。

（三）利用雄性不育系

利用雄性不育性系是生产一代杂种最有效的途径。利用雄性不育系配制一代杂种，只要将不育系和可育的父本系种植在同一隔离区内，从不育系上采收的种子全部是杂交种。20 世纪 70 年代，我国曾采用雄性不育两用系制种。90 年代以来，我国在大白菜雄性不育系选育方面取得了重大进展，相继育成了大白菜核基因雄性不育系、大白菜核质互作雄性不育系以及大白菜细胞质雄性不育系。目前这三种雄性不育系均已应用于杂交制种生产。

三、杂种优势育种的程序

杂种优势育种的程序，主要包括确定育种目标，广泛搜集种质资源，然后对搜集到的种质资源进行自交系、自交不亲和系、雄性不育系的选育。同时，对已有资源进行创新改良，例如对生产上主栽品种或 F_1 进行分离、纯化，开展二环系选育等。通过产量、品质、抗病性及其他经济性状的综合鉴定，对已经稳定的优良亲本系，进行抗病性鉴定，对已入选的优良亲本系进行杂交组合选配，测定配合力。将入选的优良组合用生产上的主栽品种作对照，进行品系比较试验，选出的优良品系参加区域试验，经生产试验后方可申请品种审定（或认定、鉴定）、推广。

杂种优势育种程序如图 4－2 所示。

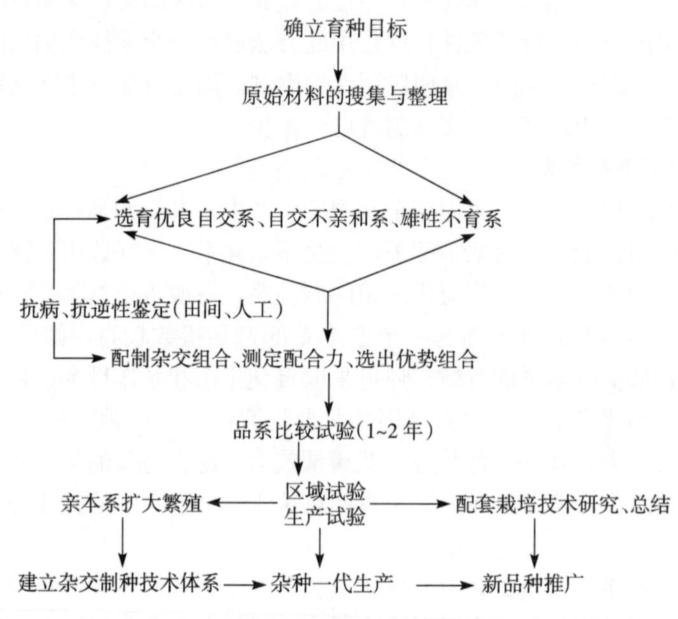

图 4－2　大白菜优势育种程序示意图

为了加快育种进展，可以利用小孢子培养等方法，加快亲本系的选育。另外，为了提高亲本系选育的目的性和效率，在亲本系选育的早期世代进行初步的配合力测定，可作为亲本系选育的参考。

第三节　亲本选择与纯化

一、原始材料的类型与搜集

（一）种质资源类型

我国幅员辽阔，又是大白菜的原产地，种质资源极为丰富。其中，山东省约有 200～300 个品种，河北省约有 100～200 个品种，是大白菜品种最为富集的两个省。以这两个省为中心，其各自相邻的辽宁、山西、河南、江苏等省，每省约有数十个品种。20 世纪 90 年代以来，亚洲蔬菜中心的微型、抗热、早熟品种的引进，以及日本、韩国的春大白菜品种陆续引入，被作为早熟、晚抽薹的资源利用。在数以千计的大白菜地方品种中，不仅在园艺性状上存在着明显不同，而且在抗病性、营养成分含量等方面也有很大差异。有的地方品种不仅是育种的好材料，直接供生产利用也有相当的价值。

（二）原始材料的搜集与保存

育种目标确定以后，就应有目的、有计划、有重点地搜集当地和外地品种资源及其他种质材料。一切具有育种目标相关性状的种质资源都可以作为杂种优势育种的原始材料。原始材料的搜集和种质创新途径如下所述。

1. 地方品种的搜集　利用优良的地方品种，最有希望选出优良的育种材料。在搜集的过程中，必须详细了解品种来源和当地的自然条件以及该品种的特征特性。

在搜集地方农家品种作为育种材料的同时，也应注意搜集具有优良性状的一代杂种，用以自交、分离、选育二环系。另外，还要特别注意搜集抗源和雄性不育系，以及其他具有突出性状的材料以备转育应用。

2. 种质资源的鉴定与创新　搜集的种质资源可能多数表现不很理想，但是可以对具有明显优良性状的种质材料，通过杂交或生物技术手段，有目的地丰富遗传基础，综合不同的优良性状，创新种质资源，以便获得符合育种目标要求的育种材料。

种质资源需要种植和鉴定。调查和鉴定的主要项目有：①生长发育期：包括幼苗期、莲座期、结球期，以及抽薹、开花和种子成熟期；②植物学性状：包括植株大小、叶片和叶球的形态、整齐度、结球率、叶球紧实度和叶球重量等；③生物学特性：包括抗病性、耐热性、耐寒性、晚抽薹性、耐肥性和丰产性等；④对栽培条件的要求：如栽培季节、种植密度等。对原始材料的研究愈加完善，对育种工作的顺利进行愈有帮助，因此力求深入细致。只有在全面鉴定分析的基础上，才能确定育种材料的利用价值。

无论利用哪种途径搜集品种资源，在搜集的过程中都要注意调查记载品种来源、主要特征特性、栽培要点等，以便于安排进一步鉴定和利用。在安排种植观察鉴定以前，所有搜集到的原始材料要进行编号、登记，将种子加以清选、晾晒后分成两份，一份准备播种鉴定，一份用干燥器贮存。对搜集到的特别珍贵的种质材料，最好是晒干（含水量不能高于7%）经包装后置于冰柜中贮存。

二、亲本系的选育

大白菜属异花授粉作物，农家品种多是一个高度杂合的群体，经过连续多代人工强制单株自交，可使有害的隐性基因纯合表现出来，通过选择予以淘汰；一些有利的基因通过选择，逐步得到累积、纯化、稳定和加强，性状上达到整齐一致。大白菜杂种优势育种的程序中，主要步骤是优良亲本系的选育、配合力的测定和优良杂交组合的选配，这三项工作可概括为“先纯后杂”，其中亲本系选育是杂种优势利用工作的基础，是一个比较漫长的过程。育种实践表明，一个优良的亲本系应具备配合力高、整齐度高、特异性突出、抗病、抗逆、综合性状及品质优良等基本条件。

（一）自交系选育

1. 选用优良的品种或杂交种作为育成优良自交系的基础材料　优良自交系大多来自优良的品种，为了增加成功的机会，应该选用优良的品种或杂交种作为分离自交系的基础材料。同时，为了增强预见性，自交系的选育应该在品种观察、鉴定和品种间配合力初步测定的基础上进行，这样可以把工作重点集中在有希望的品种内。另在自交系选育的过程中应同时进行自交系间配合力测定，使配合力测定结果与自交系选育相互参考，以便在较短的时间内育成一批优良的自交系。

2. 选择优良的单株连续自交　在选定的优良品种或杂种内选择优良的单株分别进行自交。第一年先从观察鉴定圃中按育种目标选择一些优良品种的植株作种株，一般选20～

30 株，进行冬贮。第二年再从中选出 10～15 株定植，开花时单株人工蕾期授粉套袋隔离自交采种。每一单株采 30 个左右的种荚，约 300 粒种子，分别编号登记贮存。到下一栽培季节，各单株的种子分别种一个小区，原始材料为地方品种的单株自交后代，可种30～40 株；原始材料为杂种一代的单株自交后代，可种 60～100 株。一般对原始材料为地方品种者开始选株自交时应多选一些单株进行自交，而每一自交株的后代可种植相对较少的株数；对原始材料为杂种一代的则可相对少选一些植株自交，但每一自交株的后代应种植相对较多的株数。对于株间一致性较强的品种可以相对少选一些单株自交，对于株间一致性较差的品种应该对各种有价值类型都选有代表性的植株。通常是春季花期单株自交，秋季进行经济性状鉴定选择。但耐热品种应在夏季种植鉴定，晚抽薹品种则应在早春种植鉴定。为了加速育种进程，可以在人工加代室连续自交 2～3 代，然后进行一次经济性状的鉴定选择。

3. 逐代淘汰选择和选株自交 在进行经济性状鉴定、选择时，可在诸多的 S_1 自交株系中，根据育种目标性状的要求，先淘汰一部分表现不良的 S_1 自交株系，在中选的各自交株系内分别选取几株至十几株优良单株继续进行自交。应该注意中选植株不宜过分集中在少数几个 S_1 株系内，以免将来育成的自交系大多性状相近，配组后杂种优势不强。在连续选株和自交的过程中，应注意类型上的多样性和性状上的典型性，以育成性状、特点彼此不同的众多自交系，而不一定对每个自交系都要求面面俱到，这样才有利于获得性状互补、优势较强的一代杂种。

选育优良自交系，除了在营养生长期针对主要经济性状进行选择外，还要注意开花结实期性状的选择。将自交后分离出不良花期性状的材料，如柱头外露、结实不良、花色异样、小瓣、缺瓣，以及种荚畸形、蜜腺发育不良、种株越冬性、抗病性差的植株或株系予以淘汰。自交和选择一般进行 4～5 代，直至获得纯度很高，主要性状不再分离，生活力不再明显衰退的自交系为止。以后各自交系必须在人工隔离区或自然隔离区分别繁殖，在此期间要防止异系花粉污染，因为自交系纯度越高，越容易接受异系花粉。

在自交系选育的过程中，为了避免错乱和便于考察系谱，各自交系应编号。编号时，一般将品种代号写在前面，S 代表自交，后面写上各代的株号，各代之间用横线“-”隔开。如 AS2-4-5-8，表示本系为 A 品种已经连续自交 4 代，2、4、5、8 分别是各代的株号。

4. 轮回选择法选育自交系 轮回选择法是詹金斯（Jenkins，1940）首先提出的。这种方法主要程序是，按育种目标要求，从各育种材料的基础群体中选择优良单株进行自交和配合力测定。根据测定结果，将同一份材料的各中选优良单株彼此互交，或安排在一个隔离区内令其自然授粉，从而形成一个遗传基础更加优良的新群体，这一过程称为一次轮回选择。根据轮回选择效果能否满足育种目标要求，可进行一次或多次轮回选择。通过轮回选择进行群体主要经济性状改良的遗传基础是数量遗传，其遗传特点是受微效多基因控制，而且易受环境影响。大白菜的产量、营养品质、抗逆性、叶球紧实度等均属数量性状遗传，要从多基因控制的数量性状中，选出纯合优良的个体，其概率很低。通过轮回选择实行亲本的群体改良，有利于选育出优良的自交系，进而育成优势显著的杂种一代。目前该方法已成为国内外育种工作者应用的主要方法。

（1）轮回选择的作用　①提高群体内数量性状有利基因频率。通过多次轮回选择，可把分别存在于群体内不同个体、不同位点上的有利基因积聚起来，提高优良基因型出现的频率，以增加选择优良个体的概率。②打破不利的基因连锁，增加有利基因重组。多次的杂交结果大大提高了基因重组的几率，增加了符合育种目标要求的理想个体的产生和选择机会。③能使群体不断保持较高的遗传变异水平，增加选择机会。异花授粉作物在自交系选育的过程中，由于连续严格的近亲繁殖，基因型迅速纯合，往往限制了基因的分离和重组，使选择的遗传基础和范围狭窄，常使许多有利基因丢失。轮回选择则可增加优良基因间重组的机会，丰富其遗传基础。④轮回选择利于满足长期的育种目标要求。轮回选择在满足近期育种目标需要的同时，还可以合成具有丰富基因贮备的种质库，以便能从改良的群体中不断分离出优良株系，群体本身又能保持丰富的变异，可供人们继续选择和利用，从而可使育种工作得以持续，群体则常选常新，不断满足育种目标对多种优良性状选择的需要。

（2）轮回选择的方法和程序　首先是从某个基础群体中选择优良单株进行自交和测交，以获得相当数量（一般不少于 100 株）的 S_1 系和测交组合。经过测交组合鉴定后，选出多个优良组合的相应优系的优良单株在隔离区内自由授粉，形成一个改良群体 C。这一整个过程称为一个轮回（周期）。以后还可以照此进行若干轮回。轮回选择的基本模式及群体改良应用如图 4 - 3 所示。

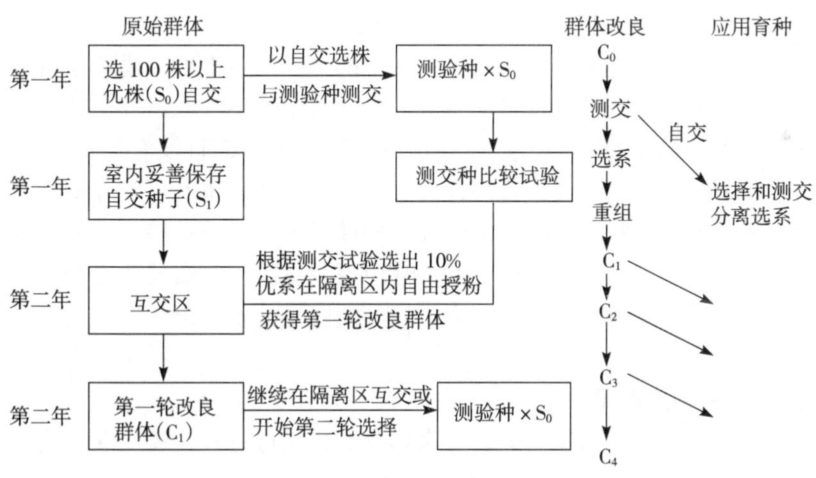

图 4 - 3　轮回选择的基本模式及群体改良应用

（引自：张天真《作物育种学总论》，2003）

随着育种实践和数量遗传学理论的发展，轮回选择的概念更加广泛，方法也在创新和提高。根据群体内遗传杂交及选择的依据和目标不同，可将轮回选择法分为群体内和群体间改良轮回选择两大类。群体间改良轮回选择适用于以选择杂交种为最终目标的异花授粉作物，根据两个群体衍生系杂交种的优势情况进行选择，如产量、品质等性状。其主要选择方法是交互轮回选择法（Comstock，1949）。在交互轮回选择的基础上，还衍生出用自交系做测验种的交互轮回选择（Russell and Eberhart，1975）、改良的交互轮回选择（Paterniani and Veneovsky，1977），以及交互的全同胞家系轮回选择（Hallauer，1967)。具体应用哪种轮回选择方法，应着重考虑育种目标、性状遗传力的高低、基因作用的类型、雄性不育的类型，以及劳力和经费的情况等。若为了简化育种工作量，一般情况下，可以对需要改良的品种（自交系）进行一轮轮回选择，然后再对其进行自交系的选育。

5. 自交系的改良方法 在自交系选育的过程中，很难选出在农艺性状、配合力、抗病性、抗逆性等方面都十分优良的亲本系，总会不同程度地存在一些缺陷。对于综合性状比较优良，但存在某些缺陷的优良自交系，可以进行改良。即在保持优良自交系大部分优良性状和高配合力的前提下，改良其不良性状，以便更有效地利用，或者将一般自交系的某些优良性状转育到综合性状优良的亲本系上。

自交系改良的基本方法是回交转育法。其基本程序是：用要改良的自交系与具有某一优良性状的自交系杂交，得到 F_1 后，连续回交4～6代。即［（A×B）×A］，A代表被改良的优良自交系又称轮回亲本，B代表具有某些特异性状的供体自交系。回交转育法的基本原理是以优良自交系为轮回亲本，与供体亲本杂交，然后连续回交，通过严格的鉴定和选择，使后代具有供体亲本提供的某一优良性状，又保持了原优良自交系的优良性状，再经过自交使基因型纯合稳定，最后选出的系就是原来自交系的改良系。利用回交法改良自交系，在大白菜育种实践中应用很多。例如，全国不少单位曾利用石特1号大白菜品种，通过自交分离，又用当地优良亲本回交、转育、纯化、选择培育出符合各自所需不同类型的抗病、优质自交系，其中陕西省农业科学院蔬菜研究所育成的抗病、优质自交系“72m752、3411-7”等均是以石特1号为供体选得。

自交系改良能否成功，关键在于对供体亲本的选择是否准确。供体亲本必须具备两个条件：第一，具有可以弥补被改良自交系的一个或几个优良性状，并了解这些性状的遗传特点，最好是简单性状遗传；第二，具有较高的配合力，而且没有严重的难以克服的缺点，否则由于基因的连锁，即使经过多代回交和严格选择，也有可能降低所改良自交系的配合力或出现新的不良性状。另外，由于改良的性状不同、遗传特点不同，以及轮回亲本和供体亲本遗传背景的差异等，其回交的代数应灵活掌握。当需要改良的性状是隐性性状时，则在每次回交后，接着进行一次自交，以便使隐性性状得以表现，以便进行选择后再回交。

（二）自交不亲和系选育

自交不亲和系的选育，除按一般自交系选育的方法进行外，还应在自交系选育的过程中进行花期人工自交来测定自交不亲和性。自交不亲和的标准，目前普遍采用亲和指数（结籽数/授粉花数）来表示。一般亲和指数<2的为自交不亲和，测定后从中选出自交不亲和株。为了获得这些自交不亲和株的后代，应在花期自交的同时，在同一植株的另一部分花枝上进行蕾期套袋人工自交，选择蕾期授粉结实率较高的系统。在自交选育3～4代后，采用系内混合花粉或成对法进行花期系内兄妹交测定亲和指数，如果测定结果为系内花期交配不亲和，即为自交不亲和系。自交不亲和性稳定的快慢在育种材料间或株系之间存在着明显的差异，有些株系在自交3代就能基本稳定，有些株系需连续自交4～5代或更多的代数。与自交系一样，一个优良的自交不亲和系，除要求自交不亲和性稳定之外，还要求主要优良经济性状退化轻并整齐一致。

自交不亲和系的繁殖，则必须设法克服其自交不亲和性。一般植株人工蕾期自交可以克服自交不亲和性而结实，有的自交不亲和系蕾期授粉结实几乎接近正常。还可用化学方法克服其自交不和性。

（三）雄性不育系的选育和转育

1. 雄性不育系的选育途径 原始雄性不育材料的获得是选育雄性不育系的首要工作。通常获得原始雄性不育材料有以下几种途径：

（1）利用自然变异 在田间发现雄性不育植株。

（2）远缘杂交 远缘杂种内经常会出现雄性不育株。

（3）人工诱变 用电离辐射或化学诱变剂处理正常可育的植株或种子，都有可能诱发出雄性不育株。

（4）自交和品种间杂交 异花授粉植物的品种群体，各植株的基因型大多处于杂合状态，而有些雄性不育为隐性性状，难以表现。通过自交分离、品种间杂交或品种内株间杂交，可使隐性不育基因纯合而表现出来。

（5）引种和转育 目前，已经有多种遗传类型的大白菜雄性不育系应用于生产，因此，引入兄弟单位育成的不育系直接利用，或通过转育育成符合育种目标所需要的不育系，是获得雄性不育资源最方便的途径。

2. 雄性不育系的选育和转育 同自交系选育一样，雄性不育系的选育和转育亦是亲本系选育中的重要基础工作。雄性不育系选育，一般采取测交和连续回交的方法，即以不育株为母本，以品种内或不同品种可育株为父本，选配若干测交组合，而父本株需同时自交。种植观察各测交组合，观察育性分离，从中选择不育株率高的组合，并用原父本自交后不出现育性分离的株系为父本进行回交。待连续回交、父本系自交，回交组合不育株率稳定，父本系性状整齐一致时，一个雄性不育系及相应保持系即算育成（核质互作雄性不育系选育）。通过选择或引进获得的雄性不育系，如果其他经济性状不符合要求或配合力不高时，就需要把雄性不育系的不育性转育给配合力高的优良自交系，育成一个新的雄性不育系，这一过程叫雄性不育系的转育。由于不同来源的雄性不育系遗传基础不同，转育方法也不尽相同，但基本的方法都是采用连续回交法，转育成既是雄性不育，又符合育种目标要求的亲本系，同时选出同型保持系。

（四）提高亲本系选择效果的方法

大白菜的性状表现既决定于基因型，又受环境条件的影响，即表型值（观察值）＝遗传变量＋环境变量。亲本系选育中，遗传力高的性状的选择效果好，遗传力小的性状选择效果差。由此可知，优势育种能否成功或育种速度的快慢，很大程度上决定于亲本系选择的效果。选择效果与所选性状的变异幅度、选择强度及遗传力大小成正比。因此，要提高选择效果，应该从以下几个方面入手。

1. 增加群体性状变异幅度 变异是选择的前提，只有在丰富变异的基础上进行选择才有成效。性状在群体内的变异幅度越大，选择潜力越大，选择效果越明显。因此，在确定亲本系供选群体时，有目的地增大供选群体的标准差，可以提高选择效果。育种实践中可通过增大群体的方法来增大变异幅度，为那些变异频率较小的类型提供表现的机会。

2. 提高性状的遗传力 遗传力是遗传变量在表型变量中所占的比率。群体性状的变异幅度，通常是由表型值来度量的，就环境因素而言，群体所处环境比较一致时，表型变量中遗传变量较大，则选择效果好。亲本系选择实践中注重选择群体应是地势、土壤、前茬及栽培管理等条件下较均匀一致的群体。在安排田间试验时应采用正确的试验设计，注重环境控制的一致性，从而降低环境变化对结果的影响。

3. 降低入选率以增大选择强度 降低入选率是增大选择强度的有效手段，可以用于突出性状的选择，如抗病性、晚抽薹性等。但入选群体过小，有丢失有利基因的危险，在具体应用时应综合考虑，不能为了提高某一性状的选择效果而把选择标准定得过高，影响对其他性状的选择。最好是通过增大群体来降低入选率，从而增加选择强度。

第四节 组合选配

大白菜虽然杂种优势明显，但也不是用任何两个亲本系随意配组就能育成优良的杂种一代，而是要在严格亲本系选择的基础上，根据大白菜主要性状遗传规律进行杂交组合选配，再经过田间性状鉴定和配合力测定，才能选出符合育种目标要求的强优势组合。

一、亲本选配原则

亲本选配是获得强优势组合的关键环节，要紧紧围绕育种目标来选配杂交组合。根据大白菜主要性状遗传规律和前人的经验，在进行杂交组合选配时，可参照以下亲本选配原则。

（一）重视各目标性状之间的互补

杂交双亲必须具有符合育种目标的优良性状，且双亲各自优良性状能够互补，隐形性状优点都具备，使双亲优良性状在 F_1 充分表现。一般是以综合性状优良的亲本系为主要亲本，按性状互补原则选配另一亲本。所谓优良性状互补有两方面的含义：一是主要目标性状的不同构成性状应该互补，如选育早熟、抗病的品种，亲本一方应具有早熟性，而另一方应具有抗病性。二是构成同一性状不同构成因素的互补，如产量的叶数与单叶重之间的互补。在此还要考虑大白菜性状遗传规律，如果要求 F_1 为某一隐性性状时，则要求双亲都必须具有该隐性性状。

（二）用不同地理来源和不同生态型亲本配组

来自不同生态类型的亲本系基因型可能比相同生态类型亲本系基因型有较大的差异。用前者配组，一般杂种优势较强，对自然条件有较好的适应性，容易选出理想的杂交组合。当然，并不是所有不同生态类型的亲本系相配的组合都优于同类型亲本系相配的组合。在一定范围内，亲本系间的遗传差异越大，F_1 的杂种优势越明显，从中选出理想杂交组合的机会也越多。

（三）所用亲本系应具有较好的配合力

亲本系的一般配合力的高低决定于数量性状遗传的基因加性效应，而基因加性效应控制的性状在杂交后代中有可能出现超亲变异。因此，选择一般配合力高的亲本配组有可能育成超亲的品种。杂种优势育种不仅要求双亲具有高的一般配合力，更强调双亲所配组合

的特殊配合力要高。只有在选择亲本一般配合力高的基础上，再选择特殊配合力高的杂交组合，才有利于选出强优势组合。

（四）亲本开花习性符合制种要求

为了提高杂交制种的种子产量，不仅要求双亲自身种子产量高，而且要求双亲花期基本相近，花粉量大，种株高度基本一致，便于相互充分授粉，结实性好。

（五）杂交双亲中最好有一个亲本为雄性不育系

在大白菜杂优利用的技术途径中，尽管有利用自交系的迟配性和自交不亲和系来制种，但是二者均存在一定弊端。实践中，即使双亲花期总体一致，但总会因为植株个体发育不同造成花期株间差异；即使双亲均为自交不亲和系，仍有1%～2%的自交可能，造成制种杂交率达不到100%。在尚未获得雄性不育系之前，可以利用自交不亲和系选配杂交组合。但在开展雄性不育系选育的基础上，在杂交组合选配中，最好亲本之一为雄性不育系，这样不仅亲本繁殖成本低，而且制种杂交率可以达到100%。

二、主要性状的遗传表现与组合选配

（一）主要性状遗传表现

根据各地的研究结果，综合大白菜主要性状的遗传表现如下（何启伟，1993）：

双亲的相对性状	F_1 的表现
叶片有毛×无毛→	有毛
叶片多毛×少毛→	中间偏多毛
叶片深绿色×绿色→	偏深绿色
绿帮×白帮→	中间偏母本
球叶合抱×叠抱→	合抱或叠抱
球叶合抱×褶抱→	近褶抱
球叶褶抱×拧抱→	褶抱
球叶褶抱×合抱→	近褶抱
球叶叠抱×拧抱→	叠抱
球叶叠抱×褶抱→	叠抱或褶抱
莲座叶直立×平展→	中间偏直立
半结球×花心→	花心
半结球×结球→	半结球
花心×结球→	花心
球顶闭合×舒心→	中间型
叶球长筒形×短筒形→	中间形
叶球长筒形×矮桩形→	高桩形
叶球短筒形×矮桩形→	短筒或矮桩形
叶球短筒形×倒圆锥形→	矮倒卵形
叶球矮桩形×倒圆锥形→	倒卵至矮倒卵形

叶球倒卵形×短筒形→　　近短筒形
叶球倒卵形×矮圆锥形→　　矮倒卵形
株　型　大×株型小→　　中间偏大株型
早　　　熟×中熟→　　中间偏早熟
中　　　熟×晚熟→　　中晚熟
抗　　　病×不抗病→　　多为中间型
耐　贮　藏×不耐贮藏→　　中间型
品　质　优×品质差→　　中间型
叶　重　型×叶数型→　　中间型

由以上遗传表现可见，大白菜的主要性状，如生育期、球形、植株生长状态、抗病性、耐藏性、品质等，在 F_1 多表现为双亲的中间型，有时偏向母本。优良的大白菜一代杂种，应该表现出性状高度整齐一致和显著的产量优势，以及品质的改善和抗病性、适应性的增强。

（二）主要性状的组合选配

1. 主要商品性状的组合选配　叶球形状、叶色、叶柄颜色、包球紧实度是大白菜的主要商品性状。在进行组合选配时，一是要考虑当地的消费习惯；二是要参照性状遗传规律；三是要注重市场需求和市场发展前景。市场对蔬菜商品性的要求，常随生活水平的提高而改变。例如，国内外市场对大白菜叶球的需求趋向于小型化，球叶色泽偏黄色或橘红色等。

2. 产量的组合选配　产量是大白菜的主要目标性状，在进行组合选配时，要注意亲本系的产量基础。一般情况下，当两个亲本系产量较低时，易得超亲组合，但产量却难以超过标准品种。当两个亲本系产量较高时，则难得超亲组合，但其杂种一代的产量大多能超过标准品种。所以，要选配高产组合，一是亲本系产量要比较高且一般配合力好；二是中选组合的特殊配合力高，才能选出强优势组合。另外，若能育成单株大小适中，莲座叶半直立，适于密植的一代杂种，其单位面积产量也会较高。

3. 品质和耐贮性的组合选配　随着人民生活水平的提高，大白菜品质育种会愈来愈显得重要。由于软叶率、纤维素、氨基酸、粗蛋白、糖等品质性状在杂种一代中多表现为双亲中间型，所以要选配优质的杂交组合，双亲均应品质优良。

对于曾经种一季吃半年的北方秋大白菜而言，大白菜的耐贮性是一重要目标性状，而且杂种一代呈中间型遗传。所以，在选配组合时，应选择亲本系在贮藏期间呼吸强度小、呼吸速率低、短缩茎伸长迟、腋芽不萌发的亲本系配组。

4. 适应性和抗病性的组合选配　适应性和抗病性是关系一个品种能否大面积推广、能否丰产稳产的关键目标性状。欲选出适应性强的杂交组合，双亲最好来自不同生态类型的地区。欲选出抗病杂交组合，应根据大白菜对各种病害的抗病遗传规律加以选配。育种实践证明，抗病性强的大白菜亲本往往品质较差，而品质较优良的亲本多不抗病。为了克服这一矛盾，可先将抗病材料和优质材料进行杂交，进行二环系的选育，待育成一些比较抗病、优质又各具特点的二环系以后，再进行组合选配。由于大白菜遗传性复杂，影响品质和抗病性的因素较多，因而优良性状的转育、重组难度较大。

三、人工交配技术与杂交组合类别

（一）人工交配技术

由于大白菜是雌雄同花的异花授粉作物，因此在选育自交系、自交不亲和系、雄性不育系及配制杂交组合时，都要在隔离条件下进行人工授粉交配。种株数较多时，多利用防虫网棚隔离；种株数或所需人工交配种子数较少时，可以利用硫酸纸袋套袋隔离。由于大白菜具有雌蕊先熟的特性，所以在进行杂交时可以不去雄，直接进行人工蕾期授粉。人工交配一般选用主花茎或一、二级分枝作为交配用花枝，为了防止异系花粉污染，必须对父母本选定的花枝进行套袋隔离，每个纸袋根据情况套入一个或数个花枝，每个花枝可以交配 20～30 朵花。具体方法是：选择花前 2～3d 的花蕾，用小镊子掐去花蕾顶端的一部分萼片和花冠，露出柱头，不必去雄，随即授上父本的花粉。可以摘取经套袋隔离的新鲜花直接授粉，也可以将父本雄蕊用镊子摘至一个容器内，用海绵刷授粉。如果双亲花期相遇，最好采用当天开花的新鲜花粉直接授粉效果较好。授粉后随即套上隔离纸袋，挂上标签，写上组合名称、代号及授粉时间等必要的内容。接受花粉的为母本，提供花粉的为父本，母本在前，父本在后，以“×”表示杂交。如：用郑早黑自交系作母本，与石特 1 号自交系杂交，则写上“郑 S2－3－5－8×石 S1－5－3－2－5”。隔离纸袋一般在授粉结束后 4～5d 摘除。在人工交配工作中，为了避免花粉混杂污染，每进行完一个单株的杂交后，应对授粉工具与手指用 70％酒精严格消毒，待酒精挥发后，再进行下一个授粉处理。授粉工作在正常天气条件下可以全日进行，但以上午 9：00～11：00 时和下午 3：00～5：00时为好，即温度在 20～23℃时授粉最适宜。

（二）杂交组合类别

按照大白菜杂交所用亲本系的情况可以分为自交系间杂交、自交系与自交不亲和系间杂交、自交不亲和系间杂交、自交系与雄性不育系间杂交等。

按照亲本系的数量和交配次数不同，又可分为单交种、三交种、双交种等。单交种，即两个亲本系杂交所产生的 F_1；三交种，即一个单交种再与另一个亲本系杂交；双交种，即两个单交种杂交。目前的大白菜杂种优势利用，几乎全部采用单交种。

四、配合力与配合力测定

（一）配合力的概念

配合力又称组合力，是指一个亲本与另外的亲本杂交后，杂种一代所表现的生产力，是亲本系的一种内在特性，受多基因效应控制。农艺性状好的亲本系不一定配合力高，只有配合力高的亲本系才能产生强优势的杂交种。从杂种优势角度考虑，可以把配合力理解为亲本系组配杂交种的一种潜在能力，它不是从亲本系的自身性状表现出来的，而是通过杂种一代的产量或其他性状的平均值估算出来的。

配合力与杂种优势有一定的联系，但又是完全不同的两个概念。配合力是一个亲本系在与其他亲本杂交后传递有利经济性状给其杂种后代的能力。杂种优势则是指杂种一代性状比其双亲相应性状的优势表现。因此，在开展杂种优势育种时，要注意亲本配合力的高低。在亲本系选育过程中，不仅要对其农艺性状进行选择，而且必须测定其配合力，以选出农艺性状优良、配合力又高的亲本系。

（二）一般配合力与特殊配合力

1. 一般配合力 一般配合力是指一个被测亲本系（自交不亲和系、雄性不育系等）与多个其他亲本系杂交后，其杂种一代在某些数量性状上的平均表现。Jenkins（1934）给出的数据表明，用顶交法测验所度量的配合力是相对稳定的。一般配合力是由基因的加性效应控制的，是可以遗传的部分。因此，一般配合力的高低是由亲本系所含的有利基因位点的多少确定的。一个亲本系所含有利基因位点越多，其一般配合力越高，反之则低。在杂种优势育种实践中，选择一般配合力高的亲本系作杂交亲本，获得优良杂种一代的可能性就大，从而可减少选配杂交组合的盲目性。所以，一般配合力高的亲本系是组配优良杂交种的基础。

2. 特殊配合力 特殊配合力是指一对特定亲本系所组配杂交种的表现水平，或者说某一特定组合 F_1 的实测值与其双亲一般配合力得到的预测值之差。特殊配合力是由基因的非加性效应决定的，即受基因的显性、超显性和上位性效应所控制，只能在特定的杂交组合中由双亲的等位基因间或非等位基因间的互作反映出来，是不能遗传的部分。

由于基因的加性效应和显性及上位性效应之间并无直接关系，因此，一般配合力与特殊配合力的选择具有相对独立性。可能两个一般配合力都不高的亲本系，由于相配后的特殊配合力较高，使所配杂交组合的性状值很高；另一对亲本系可能一般配合力很高，但特殊配合力较低，这样所获得的杂交组合的性状值不一定很高。一个亲本系的特殊配合力是在一般配合力的基础上测定出来的，在杂交优势育种中，为了获得最优性状值的杂交组合，通常应在选择一般配合力较高的亲本系的基础上，测定特殊配合力才更有意义。

（三）配合力的测定

配合力测定包括两个环节：第一是被测系与测验者杂交获得测交种种子；第二是用测交种的种子安排田间试验，进而进行配合力的统计分析。测交可以采取人工杂交授粉法，也可以采取隔离区内开放杂交授粉法，根据被测系的多少和测验者的情况来定。常用的配合力测定方法有以下几种：

1. 顶交法 顶交法是选择一个遗传基础广泛的普通品种或亲本系作测验者来测定各亲本系的配合力。具体的做法是以 A 品种或 A 亲本系作为共同测验者，1，2，3，4，5，…，n 个自交系为被测系，组配 1×A，2×A，3×A，…，n×A 正交组合，或相应的 A×1，A×2，A×3，…，A×n 反交组合，对测交组合进行产量及其他性状比较，从而计算出各被测系的一般配合力。顶交法的优点是需配制和比较的组合数少，而试验结果便于被测亲本系间相互比较。缺点是不能分别测算一般配合力和特殊配合力，所得数据是两种配合力混在一起的配合力。此外，所得数据是各被测验者与这一特定测验者的配合力，如果换一个测验者，可能得到不相同的结果，即所得结果代表性较差。因此，顶交法适用于早代（S_0 或 S_1）配合力测试比较，以便及时淘汰一些配合力相对较低的株系。顶交法也适用于测验者为最后配制杂种一代时所选出的一个最优的亲本系。例如，用一个雄性不

育系或自交不亲和系作测验者，就有可能从大量自交系中选出配合力最高的自交系，从而易于得到优良的杂交组合。

2. 多系测交法 多系测交法是用几个优良亲本系或骨干系作测验者与被测系杂交获得众多杂交种。例如，选择 A、B、C、D 四个骨干系作测验者，分别与 100 个被测系杂交，组配成 400 个测交种。种植季节按顺序排列，对比法设计进行比较试验，得到各个测交种的平均产量，也可据此估算出一般配合力和特殊配合力。

多系测交法是测定配合力与选择优良杂交组合相结合的一种方法，通过测交和比较试验，选出的优良杂交种可以及时推广应用于生产。由于应用该方法的目的多是为优良骨干系找对象，所以在优势育种中应用比较普遍。

3. 半轮配法 是双列杂交法的一种，该方法是将每一个亲本系与其他亲本系一一相配，组配方法类似于双列杂交法，但不包括自交和反交组合，交配组合数为 $n(n-1)/2$，如果有 10 个自交系，则组合数为 10（10－1）/2＝45 个。所配组合按试验设计进行田间试验，将每一组合各次重复的结果经统计分析验证，计算平均值，按下列公式计算一般配合力（$g.c.a_{ij}$）和特殊配合力（$s.c.a_{ij}$）。

$$g.c.a_i = \frac{X_i}{n-2} - \frac{\sum X_{..}}{n(n-2)} \qquad s.c.a_{ij} = \overline{X_{ij}} - \frac{X_{i.} + X_{j.}}{n-2} + \frac{\sum X_{..}}{(n-1)(n-2)}$$

式中：X_i 为以 i 自交系为亲本的所有组合某性状数值之和；X_j 为以 j 自交系为亲本的所有组合某性状数值之和；$\sum X_{..}$ 为该试验全部组合某性状数值总和；n 为亲本数；X_{ij} 为以 i 为母本、j 为父本所配制 F_1 某性状数值的平均数。利用半轮配法测定配合力的突出优点是可以了解某些主要经济性状的配合力，究竟决定于一般配合力还是特殊配合力，还可以使育种者较准确地选出优良组合。其主要缺点是所配组合数较多，工作量大。此外，有些组合的正反交在个别性状上有差异时，半轮配法不能测出。

4. 全轮配法 是完全的双列杂交法，也称互交法。该法是用一组待测自交系相互轮交，配成可能的所有杂交组合，继而进行杂种后代测定。例如：有 n 个待测自交系，可组配成 $n(n-1)$ 个测交种，包括正交和反交，在种植季节将测交种按随机区组设计，进行田间试验比较。在取得产量和其他有关数量性状的数据之后，可按照 Griffing 设计的方法和数学模型估算一般配合力和特殊配合力。

双列杂交法的优点是在测定一般配合力和特殊配合力的同时，可进行优良杂交组合的筛选。缺点是被测系数目太多时，杂交组合数过多，田间实验就难以安排。因此，此法只适用于育种后期阶段，在精选出少数优良亲本系或骨干亲本系后采用，以确定最优亲本系和最优杂交组合，或用于遗传研究。

第五节 品种比较试验、品种试验及品种审（认、鉴）定

一、品种比较试验

按照育种目标和工作计划，在进行了品种资源的搜集整理、鉴定筛选、亲本选择纯

化、杂交组合选配，并初选出优良杂交组合等一系列工作后，需要按照规范的田间试验设计，进行新品种（品系）小区比较试验，这是在育种程序中进行的最后一项田间试验。通过田间观察、性状记载、生物统计分析，从中选出符合育种目标要求的强优势组合，以便参加新品种区域性试验和生产试验。

（一）田间试验设计

田间试验设计的主要目的是减少试验误差，提高试验精确度，使所选配的优良杂交组合在田间试验鉴定过程中表现出真实准确的遗传差异。田间试验的基本要求是环境条件的一致性和田间管理措施的一致性。要正确地鉴定和选出优良的杂交组合，必须尽可能消除试验中环境条件的差异。试验田的土壤差异是环境误差的主要影响因素，因此，前茬一致、地力均匀是对试验田的基本要求。小区面积可根据试验条件确定，但栽植株数不应少于 30 株，以便调查记载，小区形状最好为长方形。为克服边际效应，试验田边际应设置 1m 左右的保护行。根据生物统计原理，品系比较试验大多采用设置重复的完全随机区组设计，重复 3～4 次。每 10 个品系设一对照，对照一般选用当前生产上的主栽品种。同时，须按照主要目标性状选用目标品种作对照。例如，选育抗病品种，则用抗性强的品种作对照；选育春季种植的品种，则用冬性强、晚抽薹的品种作对照。但无论哪种目标品种作对照，都要注意品种熟性的对应。试验按当地正常田间管理技术进行栽培管理。生长期内注意记载物候期、抗病性和适应性表现，收获时进行全部性状的调查记载。在进行品系比较试验的同时，也可进行播期、密度、肥水管理等栽培因素的试验。

（二）相关性状记载

1. 熟性（生长期） 熟性指从播种至 90％植株达到适宜收获的天数。分为极早熟（＜55d）、早熟（56～65d）、中熟（66～75d）、中晚熟（76～85d）、晚熟（＞85d）。

2. 植物学特征 植物学特征是植株各种器官的形态表现。这些特征可以作为鉴别品种的依据，同时有些特征也与栽培和利用有密切的关系。植物学性状特征记载随机调查 5～10 株，调查记载项目和标准具体见：GB/T 19557.5—2004（植物新品种特异性、一致性和稳定性测试指南——大白菜）。

3. 生物学特性 生物学特性是与栽培有关的各种特性，其中有些可以观察，有些需要调查。

（1）耐热性 主要是指在高温条件下的结球性好坏。莲座后期至结球期在日均气温 25℃以上栽培条件下，观察调查其结球性的好坏，分为弱：结球率＜60％；中：结球率 60％～90％；强：结球率＞90％。

（2）抗寒性 秋季栽培于收获时观察。在首次严霜后天气转晴时，观察叶球顶部及莲座叶尖端，凡枯败的为抗寒性弱，褪色的为中等，不受害的为抗寒性强。

（3）低温生长性 在春季栽培条件下观察其在低温下生长的速度。适应低温能力可分为强、中、弱三级。

（4）晚抽薹性 是指在春季低温栽培条件下植株抽薹的早晚，收获期调查品种的抽薹率或中心柱长度。抽薹率分为低（＜3％）、中（3％～10％）、高（＞10％）；中心柱占叶球纵剖面长度分为低（＜1/5）、中（1/5～2/3）、高（＞2/3）。

（5）抗病性 抗病性包括对病毒病、霜霉病、黑斑病、黑腐病及软腐病等病害的抗

性。抗病性的强、中、弱，根据发病率和病情指数来判断。

(6) 贮藏性　是指秋冬收获的叶球在低温下耐贮性的程度。通常在贮藏温度 0～1℃、空气相对湿度保持在 85%～95%条件下贮藏 100d，调查脱帮、抽薹、裂球、腐烂、病害等，并测定损耗率，以损耗率判断贮藏性的好坏。调查株数 30 株。分为差（损耗率>35%）、中（损耗率 35%～20%）、好（损耗率<20%）。

4. 产量　收获时测定小区的毛菜产量和净菜产量。毛菜产量为小区可食用单株重的总和。净菜产量为小区叶球净重的总和。计产结束后，用各品种重复间的平均产量折算单位面积产量。

（三）试验结果分析

对品种（品系）比较试验结果的资料加以整理，主要是进行性状综合比较和产量、品质分析。其中，对一些定性记载和计数资料，只需进行整理或者计算平均数，其结果就一目了然，不需要进行数理统计分析。例如：株高、株幅、包球类型、叶色、外叶数、叶柄形状等，这些资料经过整理后，直接可以用于品种评价或撰写试验报告。需要进行数理统计分析的资料包括：一是数量性状的计量资料，如产量、营养成分含量等经济性状；二是关于质量性状遗传规律的研究资料，如测定某一性状是几对基因控制的质量性状相关性的测定等。以下介绍应用最普遍的品种（品系）比较试验结果分析方法。

1. 性状综合比较　包括熟性、植物学性状、生物学特性的所有性状，进行归类整理，对计数资料进行观察值平均和重复间平均，比较参试品种（品系）与对照品种的差异，评选出符合育种目标的优良品种。

2. 产量比较　将各参试品种的小区产量进行整理，利用计算机程序计算各品种（品系）的产量差异显著性，同时用各参试品种（品系）的小区产量平均值与对照品种（品系）进行比较，评选出产量显著高于对照的品种。若要比较亲本系的配合力效应，可在品种（品系）间差异显著性测验的基础上，进行配合力方差分析，计算出各亲本系的一般配合力和各杂交组合的特殊配合力以及杂种优势值，选出特殊配合力高、杂种优势强的组合继续配制杂交种进入新品种区域性试验。

二、品种试验

（一）试验申请

将通过上述育种程序和鉴定方法选育出的优良杂交组合，于品种（品系）比较试验之后入选的优良杂交组合，可申请由省、自治区、直辖市和全国农作物品种审（鉴）定委员会组织的品种试验。品种试验一般在播种前 2 个月向各级品种审定委员会办公室提出申请。申请书的主要内容有：①申请组别（春大白菜、夏大白菜、早秋大白菜、秋大白菜）；②选育单位（个人）；③亲本系来源及选育过程；④选育单位（个人）两年品比试验结果（包括详细、确切的亲本系来源、选育过程和育成时间等，转基因品种应注明基因来源，并提供农业转基因生物安全性鉴定的有关证明）；⑤栽培技术要点（主要包括栽培季节、栽培方式、密度、播期、肥水管理、病虫害防治及其他栽培措施）；⑥保持品种特性和种子生产的技术要点；⑦申请单位意见。

（二）品种试验

品种试验包括为鉴定品种各种性状而设置的各类室内、室外试验，包括基本试验及为鉴定品种特殊性状而开设的各类相关试验。基本试验由各级品种审定委员会组织实施；相关试验由各级品种审定委员会指定专业研究单位进行。

基本试验有：区域试验、生产试验（展示）、品种纯度试验。若参试品种较多，主持单位可以根据需要开设预备试验。

相关试验有：抗逆试验（抗寒试验等）、抗病性鉴定、品质鉴定（品质分析鉴定、品尝鉴定等），以及为鉴定品种特殊用途而开设的其他试验。

1. 预备试验 参试品种（系）较多时，可以在区域试验之前设预备试验进行初选。预备试验年限为1年，一般在该省（自治区、直辖市）同类型品种主产区设3～5个试点。采取轮式或滚动式。采取滚动式时，第一年表现明显低劣的品种（系），不再参加下一年试验，同时增补新的参试品种（系）。

2. 区域试验 在国内或省内不同生态区域安排试验点。区域试验采取随机区组排列，以当地推广面积较大的大白菜品种作为对照品种，重复3次，试验小区面积不得小于$12m^2$。试验时间不少于2个生产周期。区域试验每年在该省（自治区、直辖市）同类型品种主产区设5～6个试点。

3. 生产试验 生产试验在接近大田生产的条件下进行，田间设计采取对比法排列，重复2次，小区面积不少于$60m^2$。试验时间不少于1个生产周期。生产试验可以与区域试验同步交叉进行。生产试验每年在该省（自治区、直辖市）同类型品种主产区设3～5个试点。

（三）相关试验

抗病（虫）性、抗逆（旱、寒）性鉴定和品质鉴定等相关试验，属单项的性状鉴定，一般由专业研究单位及其专业人员承担，是补充性鉴定，弥补品种试验中区域、环境、年度间环境条件对有关性状难以鉴定的不足。

三、品种审（认、鉴）定

在省、自治区、直辖市和全国大白菜品种试验中表现遗传性状相对稳定，形态特征和生物学特性一致，与已受理或审（认、鉴）定通过的品种有明显区别，经至少2个生长周期的区域试验和至少1个生长周期的生产试验，达到审（认、鉴）定标准，其育种单位或个人可向省、自治区、直辖市和全国农作物品种审定委员会（蔬菜品种鉴定委员会）提出审定申请或鉴定申请。

申请书包括以下内容：①选育者名称、地址、邮政编码、电话号码、传真、电子信箱、联系人。属非职务育种的，应提供相关证明；②品种名称。品种名称应当符合《中华人民共和国植物新品种保护条例》品种命名的有关规定；③品种选育过程（包括亲本组合及亲本来缘、选育方法、世代、创新点和特性描述）；④品种标准（杂交种含亲本标准）：包括特征特性、产量、品质和抗性等详细内容；⑤标准植株和叶球的照片等影像资料；⑥栽培技术要点；⑦保持品种种性和种子生产的技术要点；⑧转基因品种需提供国家有关

部门颁发的农业转基因生物生产应用安全证书。

经省、自治区、直辖市和全国农作物品种审定委员会审查通过后即颁发品种审（认、鉴）定证书。品种获得审（认、鉴）定证书后即可在适宜地区合法推广。

2000年颁布实施的《中华人民共和国种子法》，将大白菜定为非主要农作物，只进行认定或鉴定。各省、自治区、直辖市中，只有山东省和北京市将大白菜定为主要农作物，要通过审定。农业部以及各省、自治区、直辖市相关管理部门均出台了非主要农作物品种鉴定办法。品种试验和品种审（认、鉴）定工作由农业部以及各省、自治区、直辖市单独组织完成。

主要参考文献

曹家树，申书兴.2001. 园艺植物育种学. 北京：中国农业大学出版社.
何启伟.1993. 十字花科蔬菜优势育种. 北京：中国农业出版社.
李树德.1995. 中国主要蔬菜抗病育种进展. 北京：科学出版社.
刘佩瑛.1981. 蔬菜研究法. 郑州：河南科学技术出版社.
卢庆善，孙毅，华泽田.2001. 农作物杂种优势. 北京：中国农业出版社.
沈德绪，鳞波年.1985. 园艺植物遗传学. 北京：中国农业出版社.
沈阳农学院.1980. 蔬菜育种学. 北京：中国农业出版社.
谭其猛.1980. 蔬菜育种，北京：中国农业出版社.
王小佳.2000. 蔬菜育种学（各论）. 北京：中国农业出版社.
张天真.2003. 作物育种学总论. 北京：中国农业出版社.
周长久.1996. 蔬菜现代育种. 北京：科学技术文献出版社.

（柯桂兰　宋胭脂　何启伟　赵利民）

第五章

自交不亲和系选育与利用

第一节 研究现状与前景

一、自交不亲和系概念

自交不亲和性（self-incompatibility，SI）是指两性花植物的雌雄蕊功能正常，不同基因型的株间授粉能正常受精结籽，而花期自交不能结籽或结籽率极低的特性。这种特性是异花授粉植物防止近亲繁殖，丰富遗传多样性，促进进化的遗传机制。具有 SI 的植株经多代自交选择后，其自交不亲和性能稳定遗传，若同一自交系的后代株间相互授粉也不亲和，这样的系统称为自交不亲和系。

自交不亲和性在植物界是广泛存在的，如十字花科、蔷薇科、百合科、菊科、茄科、玄参科、虎耳草科等多科植物中都存在 SI，其中在十字花科中存在更为广泛。自交不亲和性和雄性不育性是芸薹属蔬菜成功生产杂交种子的两种技术途径。自日本 1950 年首次将自交不亲和系应用于甘蓝和大白菜育种以来，尽管自交不亲和系具有容易产生自交种子的缺陷，但由于这种途径已研究多年，掌握了一整套的理论和规律，选育较容易，而且在杂交种生产过程中可以双亲采种，生产成本较低，特别是当喷盐水法打破用于大量繁殖亲本种子，使制种成本变得较低。因此，目前大白菜及其他重要芸薹属作物仍主要通过自交不亲和系生产 F_1 种子。

自交不亲和性存在两种主要类型，即孢子体型自交不亲和性（sporophitic self-incompatibility，SSI）和配子体型自交不亲和性（gametophytic self-incompatibility，GSI）。SSI 存在于十字花科、菊科等 20 多个科植物中，其自交不亲和性由一个单基因座（S-基因座）的一系列复等位基因（即 S 单元型）决定受精的亲和与不亲和。其花粉表型由产生花粉的植株即孢子体基因型确定，当花粉落在柱头上时，主要是花粉外壁蛋白与柱头乳突细胞表面蛋白相互作用、相互识别，从而决定亲和与不亲和。GSI 可由单基因座控制，也可由双基因座控制。在烟草属、三叶草属中，一系列复等位基因（S_1、S_2、S_3、S_4……）共同控制自交不亲和。其花粉表型由其本身的单倍体基因型确定，当花粉落在柱头上时，花粉并不与柱头乳突细胞发生识别反应，而是一些花粉形成花粉管穿过柱头进入花柱，由于花粉管是由花粉自身形成的，因此是配子体的，只有一个 S 单元型；而花柱是孢子体的，含两个 S 单元型，因此在 GSI 中是花粉自身的一个 S 单元

型与花柱中的两个 S 单元型相互识别，决定亲和与不亲和，常表现为花粉管在花柱中生长受到抑制。

二、研究现状与应用前景

（一）自交不亲和性研究现状

日本是世界上从事十字花科蔬菜育种研究较早的国家。早在 1944 年泷井种苗公司的专家伊藤庄次郎就已从事十字花科蔬菜育种方面的研究工作，1954 年写出了“泷井研究农场第一号报告”，论述了十字花科蔬菜有关 SI 的基本原理。此后由治田辰夫延续进行了深入细致的研究工作，1962 年相继写出了“泷井研究农场第二号报告”，至此确立了十字花科蔬菜利用自交不亲和系育种的基本理论和方法。

1955 年 Bateman 首先提出复等位基因假说，此后关于十字花科蔬菜 SI 的研究一直是各方学者关注的热点，从遗传学到细胞学、再到生理生化学，从分子生物学到生物信息学的研究愈来愈深入。

十字花科植物的 SSI 由一个单基因座（S-基因座）的一系列复等位基因（即 S 单元型）决定受精的亲和与不亲和。对于 S 等位基因之间的关系也进行了大量研究。治田辰夫（1958）在只考虑显隐和共显性关系的情况下，曾把十字花科植物 SI 的类型分为 4 种。谭其猛（1982）把竞争减弱和显性颠倒两种关系考虑入内，发展为 10 种类型。到目前，在白菜类作物中已经鉴定出至少 30 个复等位基因（Nou et al.，1993）。

生理生化学方面的研究表明，花粉的抑制作用发生在花粉与柱头作用的初期，自交抑制并非花器形态学上或时间上的障碍，而是在花粉落到柱头上后，蛋白质之间的相互作用导致了柱头乳突细胞内一系列生化反应的发生，使柱头具有了接受和排斥花粉的能力。关于 SI 的生理机制提出了多种假说，最具代表性的是免疫学说、乳突隔离假说以及角质酶假说等。

分子生物学研究已发现并分离到三类与复等位基因 S 位点连锁的基因，分别编码 SLG（S-locus glycoprotein，S 位点糖蛋白）、SP11（S-locus protein，S 位点蛋白 11）/SCR（S-locus cystein-rich protein，S 位点富半胱氨酸蛋白）和 SRK（S-locus receptor kinase，S 位点受体激酶）。SP11/SCR 位于雄蕊中，SLG 和 SRK 位于雌蕊中，如果 SP11/SCR 与 SLG、SRK 的 S 位点基因相同，在花粉和干性柱头作用的初期，花粉管在雌蕊中停止生长，发生自交不亲和反应，反之则可授粉结实。这种高度特异的细胞之间的识别不仅与 S 位点基因的表达有关，同时受如 ARC1、THL1/THL2、水孔蛋白等其他因子的调控，这些因子的编码基因虽然不与 S 位点连锁，但对于自交不亲和至关重要，它们也是 SSI 的功能分子。目前，这些功能分子的研究进展迅速，基本上构成一个较清晰的 SSI 信号传导途径，已成为研究植物细胞间相互作用的重要模式系统。

（二）自交不亲和性的应用前景

1. 利用自交不亲和系育种的优缺点　与雄性不育系相比，利用自交不亲和系具有下列优点：①自交不亲和性在各种类型大白菜中普遍存在，其遗传机制已基本清楚，获得各种不同类型的自交不亲和系比较容易；②不需要选育保持系，可以省去选育保持系的庞大工作量和较长的选育过程；③作为亲本系生产杂交种时，正反交种子都可以利用，产量较高，省去了拔除父本的工序。其缺点是：①由于大多数自交不亲和系的亲和指数大于0，因此用自交不亲和系繁育的杂种一代杂交率难以达到100%；②由于SI的存在，获得自交种子比较困难，采用蕾期人工授粉采种需要劳力多，而且一般花期自交亲和指数低的材料蕾期授粉结籽率也不高，这就提高了杂交一代种子的生产成本；③自交不亲和系是经过多代人工自交选育而成，对于异花授粉作物来讲，随着自交代数的增加会出现生活力逐渐衰退的现象，使杂种一代产量也受到影响。

2. 自交不亲和性的应用前景 我国自20世纪70年代初利用自交不亲和系育成第一个大白菜杂交种青杂早丰至今已近40年，尽管利用自交不亲和系进行大白菜制种还存在一些问题，但至今我国大部分主栽品种仍然是利用自交不亲和系制种的。自20世纪80年代采用喷盐水克服自交不亲和性，并利用蜜蜂授粉大量繁殖亲本种子以来，显著降低了制种成本，增强了该途径的发展优势。随着对SI研究的不断深入，对该性状的认识愈来愈全面，在此基础上可最大限度地利用其优点，克服其缺点，利用自交不亲和系仍将是开展大白菜杂种优势利用的一个主要途径。但随着雄性不育系研究的不断深入和其使用方法的逐渐简化，加之其具有自交不亲和系所不具备的特殊优势，所繁殖的杂交种杂交率可达100%、其亲本可自我保护不易丢失等，备受广大育种者青睐，已显现出逐步取代自交不亲和系的趋势。

第二节　自交不亲和性的生物学基础

一、遗传学基础

大白菜的自交不亲和性（SI）与其他十字花科作物一样，根据花的形态，归类为同型自交不亲和类型（同型SI），并且为SSI，其SI由供体植株的S等位基因型决定，基因产物是在减数分裂之前的二倍体时期转录和翻译的。众多的研究表明了大白菜自交不亲和性遗传上的复杂性。

大白菜的自交不亲和性受一个S位点上的等位基因控制（Shinokara，1942），S位点复等位基因数量较多，在白菜类作物中已经鉴定出至少有30个复等位基因（Nou et al.，1993）。Lawson和Williams（1976）、徐家炳等（1995）以及陶新颖（2004）的研究也表明大白菜S位点复等位基因的多样性。

孢子体型自交不亲和性由S复等位基因控制。当雌雄性器官具有相同的S基因时，表现交配不亲和，雌雄双方的S基因不同时交配能亲和。进一步的研究表明，SI的遗传表现十分复杂，杂合S基因间在雌蕊和雄蕊方面存在独立和显隐关系，使其亲和关系更加复杂。独立遗传是指两个不同等位基因分别呈独立、互补干扰作用；显隐性是两个不同等位基因仅有一个起作用，另一个则表现完全或部分无活性。Haruta（1962）将这两种关系归纳为4种遗传型（图5-1-Ⅰ～Ⅳ）。更深入的研究表明，杂合的S基因间还存在着竞争减弱和显性颠倒现象。竞争减弱是指两基因的作用相互干扰，促使不亲和性减弱乃至亲和；显性颠倒是指同一基因对雌雄蕊的显隐性效应是颠倒的。据此，谭其猛（1980）推测

可能还存在着另外6种遗传型，在Haruta（1962）的基础上将遗传型扩展到10种（图5-1）。

遗传型	基因间互作关系 ♀	♂	交配亲和关系
Ⅰ	Sx<Sy	Sx<Sy	SxSx　SySy　SxSy
Ⅱ	Sx:Sy	Sx<Sy	SxSx　SySy　SxSy
Ⅲ	Sx<Sy	Sx:Sy	SxSx　SySy　SxSy
Ⅳ	Sx:Sy	Sx:Sy	SxSx　SySy　SxSy
Ⅴ	Sx>Sy	Sx<Sy	SxSx　SySy　SxSy
Ⅵ	Sx<Sy	Sx＊Sy	SxSx　SySy　SxSy
Ⅶ	Sx＊Sy	Sx<Sy	SxSx　SySy　SxSy
Ⅷ	Sx:Sy	Sx＊Sy	SxSx　SySy　SxSy
Ⅸ	Sx＊Sy	Sx:Sy	SxSx　SySy　SxSy
Ⅹ	Sx＊Sy	Sx＊Sy	SxSx　SySy　SxSy

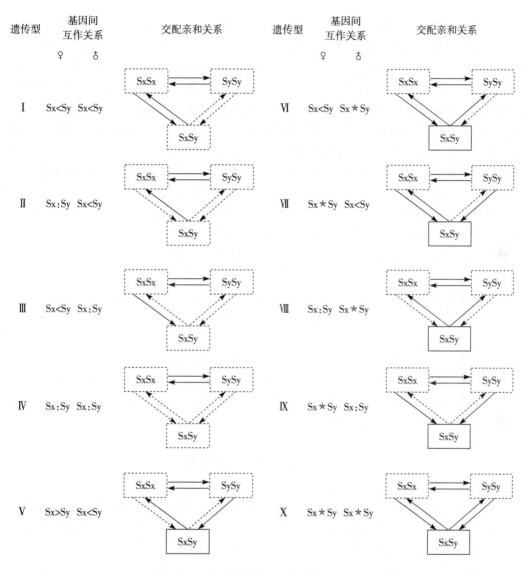

图5-1　成对S基因间各种基因型的交配亲和关系

注：—：亲和或弱不亲和；……：不亲和；父本→母本；Sx＜Sy：隐性＜显性；

Sx：Sy：独立（共显性）；Sx＊Sy：竞争减弱

自交不亲和 ⬚；自交亲和 ▭

（谭其猛，1982）

孢子体型不亲和性遗传表现主要有以下特点：一是在交配时，正交和反交常有差异；二是子代可能与亲代的双亲或亲代的一方不亲和；三是在一个自交亲和或弱不亲和株的子代可能出现自交不亲和株；四是一株自交不亲和株的后代可能出现自交亲和株；五是在一个自交不亲和群体内，可能有两种不同基因型的个体。

二、细胞学及生理学基础

芸薹属植物具有三核花粉和干性柱头，花粉的抑制作用发生在花粉与柱头作用的初期，自交抑制并非花器官形态学上或时间上的障碍，而是在花粉落到柱头上后，蛋白质之间的相互作用导致了柱头乳突细胞内一系列生化反应的发生，使柱头具有了接受和排斥花粉的能力。花粉与柱头相互作用后，花粉管生长受到抑制而导致不亲和，受抑制的部位为柱头表面。其中白菜等自交不亲和是花粉在柱头上能萌发，但不能穿透柱头乳突细胞；而甘蓝等，花粉在柱头上不能正常萌发。花粉与柱头接触后，花粉和乳突细胞胼胝质不断积累，在荧光显微镜下可以清楚地看到柱头乳突细胞与花粉粒接触部分会产生显著的胼胝质亮点（认可反应）。因此，有人认为，胼胝质的多少是芸薹属植物亲和与否的标志之一。不亲和时，乳突细胞沉积大量的胼胝质，亲和时没有或很少有胼胝质的积累。自交不亲和性对花粉而言，控制SI的S基因在花药中表现，然后基因产物再转移到花粉上；对于柱头而言，S基因产物在开花前2d左右迅速积累，表现自交不亲和性。因此，开花前2d或更早的柱头不能区分自体或异体花粉，能实现自体花粉受精。

关于自交不亲和性的生理机制有多种假说，最具代表性的是免疫学说、乳突隔离假说，以及角质酶假说等。免疫学说认为，植物柱头和花粉管具有相同的基因型时，会产生“抗原—抗体”系统，表现不亲和时，从花粉管分泌出“抗原”，刺激花柱组织形成抗体，从而阻止花粉管的伸长。乳突隔离假说则认为，柱头的表皮层具有乳突细胞，外面覆盖有角质层，它可能是自交不亲和植物阻止花粉萌发的物质。此外，克赖斯特（Christ）以角质酶假说解释自交不亲和性，认为花粉的角质酶在不亲和的柱头上失活，而亲和的柱头可活化角质酶，被激活的角质酶使柱头角质层水解而有利于花粉管的生长。Linsken等在萌发的花粉中发现角质酶而支持这一假说。

三、分子生物学基础

十字花科植物自交不亲和性的分子生物学研究进展较快，但以大白菜为材料的研究并不十分充分，因此大白菜自交不亲和性的分子生物学机理只能参照整个芸薹属植物的研究结果。芸薹属植物中普遍存在一个以S基因介导的自交不亲和信号传导途径，包含S位点糖蛋白基因*SLG*（S-locus glycoprotein）和S位点受体激酶基因*SRK*（S-locus receptor kinase）两个雌性决定基因、花粉外壳蛋白基因*SCR*/*SP*11（S-locus cysteine-rich protein/S-locus protein11）这一雄性决定基因，以及其他与自交不亲和性反应的有关基因，并对这些基因的鉴定和功能解释进行了较深入的研究。

1. S位点糖蛋白SLG和S位点受体激酶SRK SLG最初是从芜菁和甘蓝柱头乳突细胞中鉴定分离纯化出的，在白菜中也发现了这种物质，正是这种蛋白质抑制了花粉的萌发和花粉管的伸长。S位点糖蛋白是与S位点紧密连锁的可溶性胞外碱性蛋白，分子量为55～65ku（Hinata and Nishio，1978）。S位点糖蛋白分布在柱头乳突细胞的细胞壁和胞间区，在成熟的柱头乳突细胞壁中大量积累，其基因表达时间与植物自交不亲和性表达时

间关联。在一些基因型中，SLG 的最高水平可达到柱头可溶性总蛋白的 5%（Nasrallah 等，1985）。SLG 在营养组织、柱头以及子房中无分布。

SLG 在不同的 S 基因型中表现出复杂的多态性，SLG 分子量一般为 55～65ku，基因型不同，SLG 分子量有所差异（Nasrallah et al.，1984）。氨基酸序列分析表明，SLG 氨基酸序列由一个外显子编码，总长 436 个氨基酸，N-端由 31 个氨基酸序列构成一个信号肽，与内质网膜的蛋白载体连续，功能蛋白包括 405 个氨基酸和几个数目不等的 N-糖化位点。不同 S 基因编码的 SLG 的 N-糖化位点排列位置不同，表明了 SLG 的分子多样性。SLG 的氨基酸序列分成了 3 个区域：氨基端约有 80%保守性，包括 1～181 个氨基酸残基；182～268 个氨基酸残基变异幅度较大，只有 52%的保守性；羧基端保守性约为 78%，其中包括 12 个保守的半胱氨基残基（Nasrallah et al.，1989）。目前已经从芸薹属植物分离提取了多种编码 SLG 的基因，白菜中就有 *SLG*-8、*SLG*-9、*SLG*-10（Goring，1992）等。

SRK 是在 *SLG* 鉴定之后发现的与 S 位点紧密连锁的又一雌性决定因子（Howlett et al.，1991）。该基因与 *SLG* 密切相关。一般认为，SRK 在柱头乳突细胞拒绝不亲和花粉的信号传递过程中起核心作用（华志明，1999）。SRK 是一种跨膜的蛋白质激酶，它位于柱头乳突细胞质膜上，其氨基酸序列除包含一个信号肽，还包括 3 个区域：第一个是与 SLG 具有高度一致性的 S 区域（SRK 的胞外/受体区域），该区域包含 N-糖化位点和 3 个变异区域以及 12 个完全保守的半胱氨酸残基区域；第二个区域是一个跨膜结构区域；第三个是与丝氨酸/苏氨酸受体蛋白同源的激酶区域，一般认为该区域为 SRK 的功能区域（Stein 等，1991）。许多转基因试验证明 SRK 是自交不亲和反应中雌蕊一方的首要因子（Yu 等，1996）。

SLG 和 *SRK* 在柱头乳突细胞中表达一致，它们是紧密连锁的，最初认为柱头识别花粉主要依赖 *SLG*，但最近的研究从多方面否定了这种可能性。例如有些自交不亲和植株表现低水平的 *SLG*，而另一些自交亲和变异植株却表达高水平 *SLG*（Gaude et al.，1993、1995）。对油菜和甘蓝的自交亲和变异植株分析，它们表达正常水平的 SLG，但缺乏 SRK 的转录产物（Gring et al.，1993；Rundle，1994）。进一步的研究表明，SRK 是代表柱头自交不亲和特异性的唯一决定因子，SLG 只是以某种方式增加表现型的强度。

2. 花粉外被蛋白基因 *SCR/SP*11　自 *SLG* 和 *SRK* 鉴定以来，众多的研究者就致力于鉴定雄性决定成分。Suzuki 等（1999）最先在白菜 S9 纯合植株花粉表达基因中发现一个编码富含半胱氨酸蛋白的基因 *SP*11，*SP*11 在花药组织中特异表达，其产物在减数分裂后期积累。几乎同时 Schoper（1999）也发现一个决定花粉 S 单倍型特异性的 S 位点基因 *SCR*，很快 Takayama（2000）发现 *SP*11 和 *SCR* 序列完全相同，实质为同一个基因，确认为 *SCR/SP*11。将 *SCR/SP*11 转入自交不亲和芸薹属植物后，表达转入的 *SCR/SP*11 的转基因植物在花粉中要求转入基因的 S 单元型特异性，而不是在柱头上，表明 *SCR/SP*11 是雄性决定成分。再者，自交亲和系花粉的自交不亲和功能缺失与 *SCR/SP*11 缺失有关，表明 *SCR/SP*11 对花粉自交不亲和特异性是必要的，进一步证明 *SCR/SP*11 是自交不亲和的雄性决定成分。*SCR/SP*11 编码的 SCR 蛋白是一个 8.4～8.6ku 大小的亲水蛋白，包含 8 个保守的半胱氨酸残基（Schoper，2000）。

3. 其他有关基因的发现 S位点相关基因（S-locus related，*SLR*）是Lalonde等（1989）分离得到的一种与*SLG*相关的基因，目前已发现两种SLR基因：*SLR*-1和*SLR*-2，这两种基因都不与S位点连锁，但两者之间隔着一段处于较为松散的连锁状态的距离。*SLR*编码与SLG相似的蛋白质，并在柱头乳突细胞壁中表达。但目前还没有证据表明*SLR*与不同S基因的特异性的关系，其蛋白质产物的花粉识别过程的作用还不清楚。

M位点蛋白激酶（M-locus protein kinase，MLPK）存在于质膜区域，在开花期柱头大量表达，且与柱头获得自交不亲和性的阶段一致。*MLPK*基因与S位点基因类似，但独立存在于M位点。基因型m/m的植物中M位点的突变造成芸薹属植物自交不亲和性完全丧失，据此推测MLPK参与所有可能存在的SRK调控的信号途径。芸薹属植物自交不亲和信号转导途径中，这种非受体激酶MLPK与受体激酶SPK相结合，激活了某信号转导途径（Sophia et al.，2003）。

臂内重复蛋白ARC1（Arm repeat containing 1）是在柱头中发现的能与SRK激酶相结合的蛋白质，推测它可能介导了自交不亲和信号的胞内传导（Murase et al.，2004）。ARC1具有以下两个特点：第一，ARC1的mRNA仅在自交不亲和反应发生的柱头中表现；第二，氨基酸序列搜索显示ARC1的C-末端区域存在臂重复现象。

4. 分子生物学研究成果在育种实践中的应用和展望 植物自交不亲和表型易受环境因子和生理条件影响，通过传统的测交方法进行S基因型鉴定操作烦琐、耗时较长，降低了自交不亲和系选育的效率。随着*SLG*、*SRK*和*SCR*/*SP*11等基因序列的确定，通过分析S位点基因DNA的多态性使得进行植株的自交不亲和性分子标记辅助选择（MAS）和鉴定株系的S基因型变得十分容易。Nozaki等（1997）在白菜类中开发了一个和S位点紧密连锁的可能用于分子标记辅助选择的RAPD标记。Fjimoto等（2003）尝试利用*SCR*/*SP*11基因序列的多态性进行S基因型鉴定，并开发了两种Southern斑点杂交分析方法鉴定植株的S基因型。目前更为常用并在国外许多芸薹属植物商业育种中应用的简单方法是利用*SLG*或*SRK*的保守序列设计特异引物进行PCR酶切（PCR-RFLP）多态性分析（Brace et al.，1994；Nishio et al.，1997），其核心是按照*SLG*和*SRK*的保守序列设计一对特异引物进行植物基因组DNA扩增，利用不同的酶切组合切割PCR产物后，通过电泳谱带分析来准确鉴定植株的S基因型和自交不亲和性。今后这些切实可行的精确鉴定植株S基因型和自交不亲和性的方法，将越来越多地应用于育种研究中。

第三节 自交不亲和系选育与利用

一、自交不亲和系的选育

（一）优良自交不亲和系应具备的特性

（1）具有高度的花期系内株间自交不亲和性。大白菜亲和指数要小于2，而且遗传性相当稳定，不因世代环境条件、株龄、花龄等因素而发生变化。有的大白菜自交不亲和系在高温下有假亲和现象，有的自交不亲和系老花比新开的花亲和性高，这类自交不亲和系

是不适于作杂交亲本的，在选育中一旦发现应淘汰。

(2) 蕾期授粉有较高的亲和性。这可以降低生产自交不亲和系原种的成本，大白菜蕾期自交亲和指数要大于6。有的自交不亲和系花期自交亲和指数虽然很低，但蕾期自交的亲和指数也很低，除非有极特殊的配合力，否则这种系统也不适于作杂交亲本。通过自交选择，在大白菜中可以选到花期亲和指数接近0，蕾期亲和指数在8以上的优良系统。

(3) 自交多代后生活力衰退不显著。异花授粉作物经人为自交多代后普遍存在生活力衰退现象，要选出自交多代完全不衰退的自交不亲和系很困难，但选出衰退慢或基本不衰退的自交不亲和系是可以做到的。

(4) 具有性状整齐一致和符合育种目标的综合性状。

(5) 和其他自交不亲和系杂交时具有较高的配合力。

(6) 胚珠和花粉均有正常的生活力。

（二）选育自交不亲和系的方法

自交不亲和系的选育主要是通过连续多代自交、分离、选择的方法，基本上与自交系的选育方法相同。其不同之处在于增加了亲和指数测定的环节，以便鉴定和选择出亲和指数符合优良自交不亲和系要求的系统。通常情况下，自交不亲和性的选择与其他性状的选择是同步进行的，也就是说在多种性状自交纯化的同时进行不亲和性的纯化和筛选。虽然自交不亲和性在十字花科植物中普遍存在，但大白菜不同品种和个体的自交不亲和程度和稳定性常表现不同，有的系统极难选出自交不亲和系。因此，必须在原始群体自交分离的初期就开始进行不亲和性的选择。

1. 选育自交不亲和系的具体方法　在备选的各个育种材料中经田间性状观察，从每份材料中，分别选择10～15株综合性状优良或具有特殊目标性状的健康植株，切除叶球上部，保留根部及短缩茎、中心柱和生长点部分，使其呈“楔”形，直接定植到温室中。如果没有温室，可将整株放入菜窖，贮藏至翌年2月初大棚或其他设施能够栽种的时候，再切球定植。待盛花期，选择种株中部充分伸长的一级侧枝2～3个套袋，进行人工花期自交授粉。为了保证授粉质量和准确性，在套袋1周左右授粉时，首先应将花枝下部10朵花摘除（因为下部花往往发育不良，易影响授粉的准确性），授粉时应采用当日开放的花朵和新鲜花粉进行，2～3次内完成不少于30朵花的授粉，授粉完成后3～5d去袋并剪除未授粉的花和花蕾。种子成熟后各单株的种子分别收获，经考种后从中选出亲和指数（结籽数/授粉花数）低的植株。大白菜通常以亲和指数小于2作为自交不亲和的标准。为了获得这些植株的自交后代，应在同株上同时选2～3个花枝进行蕾期授粉，将开花前2～3d的花蕾，用尖头镊子小心剥除花蕾顶部少量萼片和花瓣，使柱头露出，涂上同株事先套袋的新鲜花粉。每一花枝应授20～30朵花。无论是花期授粉还是蕾期授粉，在操作前后均应立即套袋，以防止昆虫传粉。操作人员的双手和所用镊子在每一个单株授粉前后均应用70%酒精擦拭干净，以免异株花粉的污染。这些初步获得的自交不亲和株，无论在不亲和性方面或其他性状方面都会分离，故要继续进行单株自交和连续选择，下年同样进行花期和蕾期授粉，淘汰花期授粉亲和指数大于2、蕾期授粉亲和指数小于5的单株。对于具有特殊需要的目标性状的单株可将亲和指数适当放宽。如此经过5～7代自交和筛选，大部分系统的自交不亲和性和经济性状即可以稳定下来。随着自交代数的增加，入选的植株数可适量减少，以降低工作量。

徐家炳（1981）利用荧光显微镜早期鉴定自交不亲和性的方法，可加快自交不亲和系的选育进程，减少工作量。具体做法是：在花朵授粉24h后，将雌蕊切下（只保留柱头、子房和少量花柄），放在装有60%NaOH溶液的指形管中并进行60℃水浴1h使之软化透明，然后采用苯胺蓝染色，再将柱头和花柱压碎后进行镜检。可根据花粉管萌发状况和数量确定亲和与不亲和，如花粉管不萌发、萌发后不伸长或花粉管伸长后数量少的为不亲和；数量中等的为弱不亲和；数量多者为亲和。利用此法可在植株开花初期进行早期自交不亲和性测定，鉴定时间仅需3d。大白菜分枝力强，开花授粉期长，因此，早期鉴定后，可对初步鉴定为自交不亲和的植株，重点进行花期授粉，以验证不亲和性鉴定结果，并决定蕾期授粉数量。这样使授粉工作重点突出，从而提高选择效率并减少工作量。

有人提出利用氨基酸分析方法鉴定甘蓝自交不亲和系，因为自交不亲和系与亲和系的柱头和花粉氨基酸组分有显著差别。并提出柱头中苏氨酸和酪氨酸含量以及花粉中甘氨酸和丙氨酸含量可以作为评价自交不亲和性的指标。但这一方法是否适用于大白菜还有待进一步研究。

对于初步选得的自交不亲和系还要测定系内花期兄妹交的结实率，淘汰系内兄妹交亲和指数大于2的系统，选择系内株间交配结实率低的自交不亲和系作为生产一代杂种种子的双亲，这样配成的杂一代种子假杂种的百分率即可降到最低。

2. 自交不亲和株系测定系内株间交配亲和指数的方法 近年来，随着我国大白菜种业市场的迅猛发展以及国外种业集团的快速涌入，大白菜品种更新换代的步伐愈来愈快。简化育种环节、加快育种速度、尽早推出新品种愈来愈成为各育种单位追求的目标。因此，对于自交不亲和株系系内株间交配亲和指数的测定做的愈来愈少，大部分已不再进行这项工作，只在生产中某一杂种一代遇到问题时才会回过头来鉴定一下。为了简化系内花期交配工作量，可采取下列方法，即轮配法、混合授粉法和隔离区自然授粉法。

在考虑选用哪种方法之前，首先要确定每一个不亲和系应随机选用多少株参加测验，才能得到可靠的结果。一个不亲和系是一个单株自交的后代，按照不亲和性遗传的复等位S基因学说，若亲本是一个S_1S_2的杂合体，则后代将分离出3种基因型，呈$1S_1S_1$∶$2S_1S_2$∶$1S_2S_2$的比例，如随机选用4株并不能保证3种基因型都具备，要保证3种基因型都具备的几率达到95%，就需要选用10株参加测验。

（1）轮配法　就是配制全部10株间组合的正反交，共计有$n(n-1)=10\times9=90$个组合。这种测定方法的结果可靠，并可在发现亲和交配时分离出不同基因型。该方法的缺点是配制组合数多，工作量大。在实际工作中，对于已经多代自交、自交不亲和性稳定的材料互交株数的多少其结果差异不大（徐家炳等，1995）。因此，为了减少工作量，每个株系系内株间互交只选择3～5株进行完全双列杂交，也可取得较可靠的结果。

（2）全组混合授粉法　取10株花粉混合后再分别授于这10株。这种方法简便省工，测验一个不亲和系只要配制10个组合，而在理论上已包括了与轮配法相同的全部株间正反交和自交。但如果发现10个组合内有亲和指数超过不亲和指标的组合，难以判断出是哪个单株父本的问题，不便于分析基因型和淘汰选择。另外，由于花粉不是真正等量的混

合和混合不均匀等问题，可能使各次授粉中各株花粉的比例有很大差异，有些柱头可能实际上没有接触到这几株或那几株的花粉，因此用此法测验时有时不能正确反映系内亲和指数，有时可能与实际制种时的情况不太符合。

(3) 隔离区自然授粉法　就是选择自然隔离的区域种植一个自交不亲和株系，在自然条件下授粉。其优点是省工省时，而且测验条件与制种田的实际情况最接近。缺点是同时设置多个隔离区测定多个自交不亲和株系有困难。若用网纱等隔离所测得的亲和指数往往比实际偏低，如果发现亲和指数较高，则与混合授粉法一样难以判断株间基因型的异同。

测定系内株间兄妹交亲和指数的时期一般于自交 4～5 代后进行，这时的中选材料性状已基本稳定，选出的自交不亲和系可用于测定配合力并试配杂交组合。如果在分离初代进行，工作量太大，而且那时材料不纯，处在分离时期，测定的结果也不可靠。

3. 自交不亲和系选育过程中应注意的问题

(1) 自交不亲和性测定力求准确　为了保证自交不亲和性测定的准确性，授粉时用的镊子和手一定要用 70%的酒精严格进行灭活花粉，授粉 1 株进行 1 次。测定的花朵最好是当天开放的，每个被测单株的花数应不少于 30 朵，可分 2～3 次完成，授粉用的花粉必须是新鲜的。要注意异常环境条件下对不亲和性的影响。例如，不宜在高温高湿条件下测定不亲和性，因为在这种条件下亲和的植株也往往表现为不亲和。

(2) 慎重淘汰自交亲和植株　对于一些经济性状和配合力特别好而自交亲和的植株不宜过早淘汰，因为通过连续自交可能还会分离出不亲和的植株来。

(3) 观察入选自交不亲和系后期亲和性　有些系统虽然正常开花期表现不亲和，但老龄花或花枝末梢的花朵则容易自交结实，对这样的系统也应淘汰，因为利用这样的系统制种也会增加杂种一代中假杂种的比例。

(4) 避免使用双亲间不亲和或亲和性不高的系统配组　在利用自交不亲和系配制杂交种时要注意其结实情况，因为有的自交不亲和系之间由于基因型的异同也存在杂交不亲和或杂交部分不亲和现象。因此，在制种前最好提前进行双亲的花期杂交，从而进行较准确的判定，要选择杂交亲和率和结实率高的自交不亲和系为双亲，以提高杂交制种的杂交率和种子产量，从而提高杂种质量和降低制种成本。

(5) 在自交不亲和系选育过程中注重特异性状的选择　在对经济性状选择的过程中，应注意在原始材料和其后代中选择主要经济性状优良，又具有某些特异性状的植株继续自交、分离和选择，这有利于尽快育成各具特点的优良自交不亲和系。

(6) 采用鉴定与留种相对独立的方法保持自交不亲和系的种性　有些大白菜自交材料因生活力衰退，抗病能力减弱，使成株留种有困难。为了兼顾鉴定、选择和留种，可将自交 3～4 代以上的材料分为 3 份，1 份种子正常秋播（或适当早播）进行抗性鉴定；1 份种子晚播，并参照早播的鉴定结果综合考虑选系和留种；1 份种子备用。

(7) 要克服自交引起的生活力退化的不良影响　一是要尽量选择生活力退化慢的材料。二是一旦育成稳定的自交不亲和系并确定优良杂交组合后，应立即大量繁殖该亲本作为原原种或原种，并低温、干燥保存，以供多年制种使用。这样可减少因繁殖代数过多而造成的生活力退化现象。

二、自交不亲和系的利用

利用自交不亲和系配制杂交种是目前国内常用的杂交种制种方法。自交不亲和系选育成功后，就要按照育种目标，根据大白菜各性状的遗传规律，本着双亲性状互补的原则进行大量的组合选配工作。为了加快育种进程，这项工作在选育自交不亲和系时即可进行。边纯化自交不亲和系，边配制组合，期间可淘汰一些配合力较差、不具备育种目标所需要的主要目标性状、亲和指数较高且很难育成不亲和系的材料，以减小工作量，提高效率。对于特殊配合力较好、具有特殊需要的目标性状但自交亲和指数偏高的材料，要放宽条件适当保留。在自交不亲和系基本育成后，可根据早期配合力测定的结果、已有亲本系的情况及以往的测配结果，采用不规则配组法或半轮配法等进行配合力的进一步测定。根据配合力测定结果，从中选出优良的杂交组合。由于大白菜的某些性状存在母性遗传现象，对一代杂种整齐度影响较大。所以，对所选出的优良组合应注意观察正反交的表现。一般不宜选用正反交某些性状差异较大的组合。

利用自交不亲和系制种，双亲花期是否一致对制种产量和杂交率有较大影响。因此，对所选出的优良组合最好先安排小面积杂交制种试验，以在自然条件下摸清双亲花期，并选择制种产量和杂交率高的组合。近年来，日本在选配大白菜自交不亲和系 F_1 方面，为确保 F_1 性状的高度整齐一致和防止亲本系的丢失，在组合选配时，注意选用花粉量大的自交不亲和系或高代自交系为父本，在杂交制种田父母本种株栽植比例为 1∶2～3，盛花期后除去父本行。这无疑是改进自交不亲和系利用的可行方法。

在育种工作实践中，发现有的入选组合经济性状非常符合要求，但双亲结籽率和种子产量有较大差异。对于这样的组合可采用提高高产亲本种株种植比例，减小低产亲本种植比例的方法，对杂交种种子增产效果非常显著。一般采用的种植比例为高产亲本∶低产亲本＝2～3∶1，这就要求低产亲本的花粉量要大。

目前，利用大白菜自交不亲和系主要是配制单交种。由于三交种、双交种选育过程复杂，而且所配成的杂交种往往整齐度差，故很少利用。今后，随着品质育种、抗病育种的发展，选用抗病性好、品质优良等具有互补性状的亲本系配制三交种、双交种，只要能克服整齐度的问题，定会有利用价值。

◆主要参考文献

何启伟等．1992. 十字花科蔬菜优势育种．北京：农业出版社．

华志明．1999. 植物自交不亲和分子机理研究的一些进展．植物生理学通讯 35（1）：77－82.

康俊根．2005. 芸薹属植物自交不亲和性遗传机理研究及应用进展．中国农学通报 21（8）：88－92.

孙万仓等．2004. 化学药剂处理克服芸芥自交不亲和性效果研究．中国油料作物学报 26（1）．

谭其猛．1982. 蔬菜杂种优势的利用．上海：上海科学技术出版社．

汪隆植，何启伟．2005. 中国萝卜．北京：科学技术文献出版社．

西南农业大学主编．1988. 蔬菜育种学．北京：农业出版社．

徐家炳．1981. 用荧光显微镜鉴定大白菜自交不亲和性的方法．农业科技通讯（9）：24－25.

徐家炳，张凤兰，王凤香，等．1995. 大白菜自交不亲和系 S 等位基因分析．中国蔬菜（3）：1－4.

朱墨．2005. 孢子体自交不亲和的雌雄S决定子及显隐性关系．首都师范大学学报 26（2）：63-68.

Brace J，Ryder CD，Okendon DJ. 1994. Identification of S-alleles in *Brassica oleracea*. Euphytica，（80）：229－234.

Choper CR，Nasrallah ME and Nasrallah JB. 1999. The male determinant of Self-incompatibility in *Brassica*. Science，（286）：1697－1700.

Gaude T，Friry A，Heimann P，Mariac C，Rougieer M，Fobis I，Dumas C. 1993. Expression of a self-incompatible line of *Brassica oleracea*. Plant Cell，（5）：75－86.

Gaude T，Rougieer M，Heizmann P，Ockendon D J，Fobis I，Dumas C. 1995. Expression level of the SLG gene in not correlated with the self-incompatibility phenotype in the class Ⅱ S haplotypes of Brassica oleracea. Plant Mil Bicl，（27）：1003－1014.

Goring DR，Rothstein SJ. 1992. The S-locus receptic kinase gene in a self-incompatible *Brasscia napus* line encodes a functional serine/threonine kinase. Plant Cell，（4）：1273－1281.

Haruta T，Res. Bull. 1962. Noz Takil Plant Breeding and Experiment Station. Japan.

Hinata K，Nishio T. 1978. S-allele specificity of stigma proteins in *Brassica oleracea* and *Brassica campestris*. Heredity，（41）：93－100.

Lalonde B，et al. 1989. A highly conserved Brassica gene with homology to the S-locus-specific glycoprotein structural gene. Plant Cell，（1）：249－258.

Murase K，Shiba H，Iwano M，Fang-Silk C，Watannabe M，Isogai A，Takayama S. 2004. Membrane-anchored protein kinase involved in *Brassica* self-incompatibility signaling. Science，（303）：1516－1519.

Nasrallah JB，Kao TH，Goldberg ML，Nasrallah ME. 1985. A cDNA clone encoding an S-locus-specific glycoprotein from *Brassica oleracea*. Nature，（318）：263－267.

Nasrallha ME. 1984. Electrophoretic heterogeneity exhibited by the S-allele specific glycoprotein of *Brassica*. Experimenta，（40）：279－281.

Nasrallah JB，Nasrallha ME. 1989. The molecular genetics of self-incompatibility in *Brassica*. Annu Rev Genet，（23）：121－139.

Nishio T，Kusaba M，Sakamoto K，Ockendon D. 1997. Polymorphism of the kinase domain of the S-locus receptor kinase gene（SRK）in *Brassica oleracea* L. Theor Appl Genet，（95）：335－342.

Nozaki T，Kumazaki A. 1997. Linkage analysis among loci for RAPDs，isozymes and some agronomictraits in *Brassica campestris* L. Euphytica，95（1）：115－123.

Nou I S，Watanabe M，Isogai A，Hinata K. 1993. Comparison of S-alleles and S-glycloproteins between two wild populations of *Brassica campestris* inTurky and Japan［J］. Sex. plant reprod，（6）：78-86.

Rundle S J. 1994. Genetic evidence for the requirement of the *Brassica* S-locus receptor kinase gene in the self-incompatibility response. Plant J.，（5）：373－384.

Schopper CR，Nasrallah JB. 2000. Self-incompatibility：Prospects for a novel putative peptide-signaling molecule. Plant Physiol，（124）：935－939.

Sophia L S，Erin M A，Roben T M，Dapnne R G. 2003. ARCT is an E3 ubiquitin ligase and promotes the ubiquitination of proteins during the rejection of self-incompatible *Brassica* pollen. Plant Cell，（15）：885-898.

Stein JC，Howlett B，Boys DC，Nasrallah ME，Nasrallah JB. 1991. Molecular cloning of a putative receptor protein kinase gene encoded at the self-incompatibility locus of *Brassica oleracea*. Proc Natl Acad Sci USA，88（19）：8816－8820.

Suzuki G，et al. 1999. Genomic organization of the S locus：Identification and characterization of genes in SLG/SRK region of S（9）haplotype of *Brassica campestris*（syn. *rapa*）. Genetics，153（1）：

391～400.

Takayama S，et al. 2000. Isolation and characterization of pollen coat proteins of *Brassica campestris* that interact with S-locus-related glycoprotein 1 involved in pollen-stigma adhesion. Proc. Natl. Acad. . Sci. USA，(97)：3765-3770.

Takayama S，et al. 2000. The pollen determinant of self-incompatibility in *Brassica campestris*. Proc. Natl. Acad. Sci. USA，(97)：1920-1925.

Yu K，Schafer U，Glavin TL，Goring DR，Rothstein SJ. 1996. Molecular characterization of the S-locus in two self-incompatible *Brassica napus* lines. Plant Cell，(8)：2369-2380.

（张斌　闻凤英　徐家炳）

第六章

雄性不育系选育与利用

植物雄性不育（plant male sterility）是指两性花植物雄性器官发生退化或丧失功能的现象。雄性不育植株雌蕊发育一般是正常的，授粉后能正常结籽。雄性不育是一种自然现象，早在1763年就有记载。19世纪葛特纳尔（Gärter，1844）和达尔文（Darwin，1890）先后做了更详细的文字描述。20世纪以来，随着杂种优势利用在作物育种上取得突出成就，雄性不育受到格外关注。据Mohan（1988）报道，已在43科162属320个种的617个品系和种间杂种中发现了雄性不育现象。

第一节　研究进展和发展前景

一、雄性不育类型

植物雄性不育表现类型众多，引起雄性不育的原因也有多种，按其发生原因可分成两类：一类是可遗传的雄性不育，是由于遗传物质的变异而产生；另一类是不能遗传的雄性不育，也叫生理性不育，由营养缺乏或环境刺激等因素引发。

西尔斯（Sears，1943—1947）根据控制雄性不育的遗传物质在细胞中存在的位置，把植物遗传性雄性不育分为三种类型（三型学说）：一是细胞核雄性不育，不育性受控于细胞核雄性不育基因，多由核内一对隐性基因控制。二是细胞质雄性不育，不育性受控于细胞质雄性不育基因，所有品系花粉与其授粉 F_1 均表现不育。三是核质互作型雄性不育，是细胞质与细胞核雄性不育基因互作控制的不育类型。随着植物雄性不育研究的深入，在实践中出现的一些新问题用希尔斯的三型说已经无法解释，如某些细胞质雄性不育类型又找到了恢复基因，例如Ogura萝卜CMS在欧洲白花萝卜中找到了恢复源，因此有人认为单纯的细胞质雄性不育是不存在的。爱德华逊（Edwardson，1956）提出了“二型学说”，即核不育和胞质不育，他把细胞质雄性不育和核质互作型雄性不育合并统称为细胞质雄性不育（CMS）。20世纪60年代末，有人用野生山羊草与玉米、水稻、高粱等作物进行核置换，均获得相应雄性不育系，说明雄性不育是相对的，不是固定不变的，从而鲍文奎等提出了“一型学说”，即“核质协调说”。为方便研究，本书根据大白菜雄性不育特点，将其归纳为如下4种类型。

(一) 核基因雄性不育

核基因雄性不育(genetic male sterility, GMS)是由细胞核基因决定的。其不育的核基因有隐性的,也有显性的;不育基因有一对的,也有多对的;有复等位基因控制的雄性不育;除主基因外,还可能有修饰基因对不育性产生影响等。由此,形成了核基因雄性不育遗传上的复杂性。

(二) 细胞质雄性不育

细胞质雄性不育(cytoplasmic male sterility, CMS)是由不育细胞质基因单独决定的。这类材料育成的雄性不育系的特点是只有保持系而没有恢复系,大白菜中主要是转育的萝卜细胞质雄性不育材料(OguCMS、NYCMS、NY8481、CMS96 等)。这种不育材料对于像大白菜这样的以营养器官为产品的作物来说是可以利用的。

(三) 核质互作雄性不育

核质互作雄性不育(gene - cytoplasmic male sterility, G - CMS)是由不育细胞质与细胞核不育基因共同控制的雄性不育类型。利用这类材料育成的雄性不育系,既可找到保持系,亦可找到恢复系。柯桂兰等在转育具有甘蓝型油菜不育胞质(napus CMS)的大白菜雄性不育系实践中,用大量不同大白菜品种进行转育发现,真正能够转育成功不育株率100%、不育度大于95%的试材极少,而且株系间有差异,这就证明该不育源不是极易于找到保持系的胞质不育,而应属于核质互作雄性不育。

(四) 环境敏感型雄性不育

环境敏感型雄性不育(enviromental sensitive male sterility, ESMS)是一类主要受环境因素影响的雄性不育类型。在大白菜中发现的主要是温度敏感型雄性不育,又可分为高温不育型、低温不育型及高低温变温敏感型 3 种。实际上,许多核质互作雄性不育材料也常常受环境条件影响而表现育性不稳定现象。

二、研究历史与现状

十字花科作物雄性不育很早就被发现,国内外学者已经做了大量研究,开发利用了许多不育源。日本的 Tokumasa(1951)和 Nishi(1958)先后发现了萝卜(*Raphanus sativus*)雄性不育株,并证明是由隐性核基因(*ms*)控制的。Ogura(1968)在日本鹿儿岛的萝卜群体中发现了遗传组成为 S(*rfrf*)的细胞质雄性不育材料,即 Ogura CMS,日本萝卜都可做其保持系,但找不到恢复基因。Pearson(1972)从黑芥(*Brassica nigra*)与青花菜(*B. oleracea* var. *italica*)杂交后代中鉴定出了雄性不育株,由其育成的不育系蜜腺退化,雌蕊发育不良。Engle(1974)在结球甘蓝(*B. oleracea*)中发现了不育细胞质,其在高温和长日照条件下雄蕊恢复正常。Bannerot(1974)通过远缘杂交和连续回交,将甘蓝和甘蓝型油菜(*B. napus*)细胞核导入 Ogura CMS 细胞质中,得到了完全不育材料,但在该作物中找不到恢复系,不育株伴有幼苗黄化、蜜腺退化等不良性状。Bonnet(1975、1977)把 Ogura CMS 引到法国,用欧洲萝卜与之测交,既找到了保持系,又发现少数欧洲萝卜品种存在恢复基因,用其配制的 F_1 有很强的杂种优势,育成了优良杂交种。美国的 Heyn(1975)由法国 Banneot 处获得具有 Ogura CMS 不育细胞质的甘蓝

型油菜雄性不育材料，并通过与白菜杂交及回交，成功将 Ogura CMS 不育细胞质转育到白菜中，但是未能解决其幼苗黄化和蜜腺退化等问题。今野昇（1979）以二行芥（*Diplaxis muralis*）为母本与白菜杂交，再用白菜回交，育成了二行芥胞质的白菜雄性不育系，简称 mur CMS。它的不育性比 nap CMS 稳定，但仍有少量花粉。

我国自 20 世纪 70 年代初开始大白菜雄性不育研究，历经了以下两个发展阶段。

（一）隐性核不育材料研究与利用阶段（1970—1980）

谭其猛（1973）首次报道在大白菜万全青帮和 60 天还家品种自交后代中发现了雄性不育株，经鉴定为隐性核不育（*ms*），育成了具 50%不育株率的雄性不育“两用系”。钮心恪（1974）、陶国华（1978）分别从小青口中发现了隐性核不育材料。陶国华等育成了 127 雄性不育“两用系”。张书芳（1979）利用雄性不育“两用系”育成了沈阳快菜杂种一代品种。到了 20 世纪 70 年代末，已有多个单位把育成的雄性不育“两用系”应用于杂交制种实践。

（二）多种不育类型研究与利用阶段（1980— ）

利用大白菜雄性不育“两用系”配制一代杂种，需拔除占“两用系”总株数 50%左右的全部可育株，不仅耗费大量人力物力，大面积制种时杂种纯度也难以保证。1979 年，在全国第二次蔬菜科研协作会上，由中国农业科学院蔬菜花卉研究所倡导组成了全国十字花科蔬菜雄性不育系选育协作攻关组。由中国农业科学院蔬菜花卉研究所和陕西省农业科学院蔬菜研究所牵头，于 1980 年 2 月和 1982 年 2 月分别在河南郑州和陕西杨凌召开了“白菜胞质雄性不育全国协作攻关会议”，制订了“十字花科蔬菜雄性不育系选育攻关协作提纲”，讨论通过了由陕西省农业科学院蔬菜研究所起草的“大白菜雄性不育性状记载标准方案”，推动了全国大白菜雄性不育研究与利用的步伐。这一时期取得的主要成就反映在以下 4 个方面。

1. 异源胞质型雄性不育系选育与应用 由于在大白菜中没有找到细胞质雄性不育源，学者们开始引入异源不育胞质。美国的 Williams（1980）将具有 Ogura CMS 细胞质的白菜不育材料分送中国，此后中国农业科学院蔬菜花卉研究所、北京市农林科学院蔬菜研究中心、陕西省农业科学院蔬菜研究所、南京农业大学、沈阳农业大学等单位利用该不育源进行了广泛的转育研究。经过多年的选择和培育，虽然对该不育源材料的蜜腺退化、幼苗黄化、结实不良等缺陷有所改进，但是终因用其配制的杂交组合优势不强而研究停滞。李光池（1987）利用王兆红萝卜中发现的雄性不育株与大白菜 78-22-3 杂交，并连续用大白菜回交，育成了具有萝卜不育细胞质的 134 大白菜雄性不育系，但是未能最终应用于杂交制种生产。孙日飞（1993）引进新的萝卜胞质雄性不育材料 NYCMS 开展转育研究，获得了多份稳定的不育系，但是，也因配合力不强未能应用。柯桂兰等（1989）引进甘蓝型油菜 Pol CMS，首先成功转育成大白菜雄性不育系 CMS3411-7，配制出优良组合杂 13 和杂 14，并大面积应用于生产。陈文辉（1992）利用杂 14 为不育株，经多代回交转育，育成雄性不育系 98-2，并配制出优势组合“98-2×S23”。金永庆等（2000）用杂 13 不育株作母本，白菜自交系黄苗寒青为父本连续回交，选育出不育株率 100%、不育度 95%以上、带有标记性状的异源胞质雄性不育系黄苗寒青 A，配制出强优势耐热组合青星 1 号和耐寒组合青星 2 号。晏儒来等（2000）利用 Pol CMS 不育源育成紫菜薹新品种红杂 50、红杂 60 和红杂 70。沈火林（2005）用 Pol CMS 不育源育成不育率 100%的白菜不育系

19302A。王学芳（2004）利用甘蓝型油菜陕 2A 转育成大白菜不育系 12A 和白菜不育系青 1A 和青 2A。谢祝捷等（2004）利用甘蓝型油菜 TPS 细胞质雄性不育源，育成矮抗青白菜不育系。上述研究结果表明，甘蓝型油菜胞质不育源在大白菜和白菜上的应用是一条有效的途径，其与大白菜等亲缘关系近，均拥有染色体组 AA，杂交和回交转育容易成功；育成的不育系配合力强，杂种优势显著；没有蜜腺退化、苗期黄化等问题，杂交结实率高。

关于 Ogura CMS 的遗传改良，法国 Pelletier（1983）采用原生质体融合技术，获得了改良的 Ogura 萝卜胞质甘蓝型油菜雄性不育系。侯喜林等（2000）通过原生质体融合获得了新的 Ogura CMS 白菜雄性不育系。北京市农林科学院蔬菜研究中心 1996 年从法国引进改良后的 Ogura 萝卜胞质甘蓝型油菜不育系 CMS96，经多代回交转育，选育出 5 份不同类型的大白菜雄性不育系，其不育性稳定、蜜腺正常、配合力好，所配组合杂种优势明显。柯桂兰等（1997）运用引自欧洲的改良的甘蓝型油菜 Ogura CMS，经多代回交转育，育成了不同类型的大白菜雄性不育系，所配优良组合已大面积应用于生产。

2. 核基因互作型雄性不育系选育与利用 张书芳等（1990）首先发现了大白菜核基因互作雄性不育遗传现象，育成了具有 100%不育株率的大白菜核基因互作雄性不育系，并提出了“大白菜显性上位互作雄性不育遗传假说”，认为不育性受控于两对显性基因，不育基因 *SP* 对可育基因 *sp* 为显性，与其互作的显性上位基因为 *Ms*。

魏毓棠等（1992）利用 9 个雄性不育“两用系”进行不育株与可育株间的双列杂交，配出了 4 个具有 100%不育株率的核基因雄性不育系，认为其不育性受控于两对互作的核基因，一对为显性不育基因，一对为显性抑制基因。不育基因 *Ms* 对可育基因 *ms* 为显性；显性抑制基因对不育基因 *Ms* 的表达起抑制作用。提出了“大白菜主效基因显性抑制及微效基因修饰雄性不育遗传假说”。

3. 复等位基因型雄性不育系选育与利用 冯辉等（1996）针对核基因互作雄性不育系的遗传特点，首先提出了“大白菜核基因雄性不育复等位基因遗传假说”，并设计遗传分析试验证明了自己育成的具有 100%不育株率的大白菜雄性不育系的不育性，由一个核基因位点上的三个复等位基因控制：Ms^f 为显性恢复基因，*Ms* 为显性不育基因，*ms* 为隐性可育基因，其显隐关系是 $Ms^f > Ms > ms$。

此后，沈向群等（1999）在利用核不育材料转育新不育系过程中，证明了其不育材料的不育性符合复等位基因遗传。许明等（1999、2000）验证了“复等位基因遗传假说”，并转育成多个新不育系。闻凤英等（2001、2003）根据“复等位基因遗传假说”，利用引进的核不育系 3A，转育获得了具有青麻叶特征特性、不育度和不育株率均为 100%的新不育系 S_{10}。冯辉等（1998、2005、2007）根据“复等位基因遗传假说”，设计了“合成转育”和“定向转育”两种方案，应用于不育系转育实践，育成了多种生态型的大白菜雄性不育系，并将源于大白菜的核不育复等位基因转入白菜、菜心、紫菜薹中，育成了这些蔬菜具有 100%不育株率的雄性不育系。此外，王鑫等（2002）、岳艳玲等（2005）、王玉刚等（2005）、李骋宇等（2006）和徐巍等（2007）利用复等位基因遗传的大白菜雄性不育材料，也转育成了多个大白菜、白菜雄性不育系。

4. 环境敏感型雄性不育系选育与利用 由自然环境中的光照、温度、湿度等条件的变化而引发的雄性不育，称为环境敏感型雄性不育。在育种实践中十分普遍。20 世纪 70

代末至 80 年代初，黄玉蜀等选育的早皇白大白菜细胞质雄性不育系及湖北十堰市农业科学研究所选育的河头白菜细胞质雄性不育系，均属于温度敏感型雄性不育材料。其中，河头白菜雄性不育材料，经柯桂兰种植观察（1982），在陕西早春温度激烈变化中（10～25 ℃），有 1/2～2/3 植株出现花粉，个别植株变为完全可育。日均温稳定在 16℃以上时不育性恢复，20 ℃以上花粉消失变为完全不育。张鲁刚（2000）对甘蓝型油菜细胞质大白菜雄性不育系 CMS7311 温敏性进行了系统研究，发现该不育系有明显育性转换特性，人工变温条件下，在日均温 6～12 ℃范围，CMS7311 由不育变为可育，有效时间最短 3d，显著诱导温度范围为 6～9 ℃，自然变温条件下有效诱导温度低限为日均温 3.5～6.8 ℃，温度处理后到发生育性转换大约需要 10～16 d。同一植株主枝较侧枝的育性转换时间晚 8～10 d。以上的环境敏感型不育性研究，大多是为了克服其对杂交制种影响而进行的。

利用环境敏感型大白菜雄性不育系进行“两系法”制种，开始于 20 世纪 90 年代。辽宁省锦州市郊区农科站李建刚利用温度敏感型雄性不育系配制杂交种，育成了大白菜新品种锦州新 5 号。冯辉等（1995）在大白菜地方品种中发现了新的温敏雄性不育材料 TSMS-95，通过温度梯度实验证实其属于高温不育型，日均温 24℃为可育温度，日均温 16 ℃为不育低温界限，日均温 16～24℃为育性转换期。通过遗传分析试验证明了该不育性属于核遗传。利用该温敏型雄性不育系进行“两系法”制种，育成了沈农超级白菜和沈农超级 2 号两个新品种，并在生产上推广应用。

三、发展前景

为了降低制种成本，提高制种质量，十字花科蔬菜作物利用杂种优势的制种技术途经主要有 3 条：一是自交不亲和系的利用；二是自交系或自交迟配系的利用；三是雄性不育系的利用。实践证明，利用雄性不育系配制杂交种，杂交率高，制种成本低，是杂种优势利用的最佳途径。

我国在大白菜雄性不育系选育与利用上一直处于领先地位，但是仍有一些问题有待解决。例如：①利用雄性不育系配制杂交种，须拔除父本系，增加了工作量，降低了制种产量；②在不育系转育过程中，由于纯合的保持系往往自交亲和率低，或父本自交系与不育系交配亲和率低，带来了不育系繁殖的困难；③具有 100％不育株率的核基因雄性不育系，是由甲型“两用系”的不育株与“临时保持系”杂交获得的，用其配制的杂交种实际上是三交种，因此，要尽可能使甲型“两用系”和“临时保持系”遗传基础相近，否则杂种一代（F_1）整齐度难以保证；④应用异源胞质雄性不育系配制的杂交种，依然存在生长迟缓和分离大小苗等问题。上述问题需要在未来的大白菜雄性不育与杂种优势利用研究实践中加以解决。目前，国家已把相关的研究列入自然科学基金、“863”、科技支撑计划和农业行业科技计划等项目中。有理由相信，通过全国大白菜育种工作者的不懈努力，在大白菜雄性不育系选育和利用等方面，一定能取得新的创新成果，推动大白菜杂种优势利用再上一个新台阶。

（柯桂兰　冯辉　赵利民）

第二节 核基因雄性不育系选育与利用

一、核基因雄性不育的遗传

大白菜核基因控制的雄性不育常见的有4种，包括单基因隐性核不育、单基因显性核不育、核基因互作雄性不育和复等位基因雄性不育。

（一）单基因隐性核不育

迄今发现的大白菜雄性不育材料，大部分属于这种类型。不育基因为 *ms*，不育株基因型为 *msms*，可育株基因型有 *Msms* 和 *MsMs* 两种。采用测交筛选法，也只能获得不育株率稳定在50%左右的雄性不育“两用系”。该类核基因雄性不育系通常被称为甲型“两用系”。甲型“两用系”的繁殖模式如下：

msms × *Msms* ⟶ *msms*∶*Msms*
（不育株）（可育株） （不育株）（可育株）

（二）单基因显性核不育

不育基因为 *Ms*，不育株基因型有 *Msms* 和 *MsMs* 两种，但是，*MsMs* 基因型不育株难以获得。可育株基因型为 *msms*。不育株与可育株交配，后代1∶1分离。因此，测交筛选也只能获得不育株率50%左右的雄性不育“两用系”。该类不育系通常称为乙型“两用系”。乙型“两用系”的繁殖模式如下：

Msms × *msms* ⟶ *Msms*∶*msms*
（不育株）（可育株） （不育株）（可育株）

（三）核基因互作雄性不育

张书芳等（1990）首先发现的大白菜核基因互作雄性不育材料，不育性由2对核基因控制。不育基因 *Sp* 为显性，另有1对显性上位基因 *Ms* 抑制不育基因 *Sp* 的表达。不育株有 *SpSpmsms* 和 *Spspmsms* 两种基因型，可育株有 *SpSpMsMs*、*SpSpMsms*、*SpspMsMs*、*SpspMsms*、*spspMsMs*、*spspMsms*、*spspmsms* 等7种基因型。具有100%不育株率的雄性不育系遗传模式如图6-1。

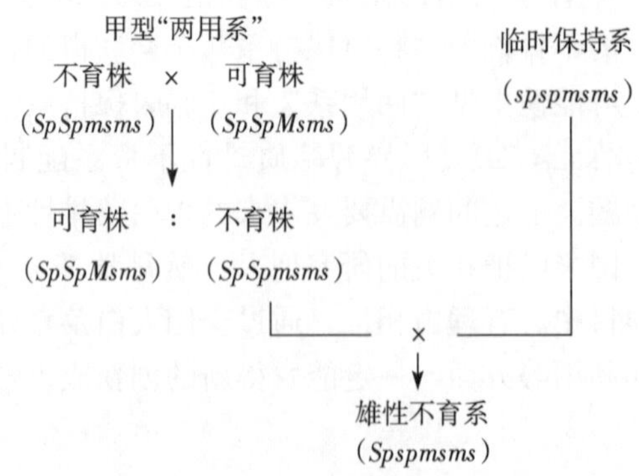

图6-1 大白菜核基因互作型雄性不育系遗传模式

（四）复等位基因雄性不育

冯辉等（1996）在大白菜核基因互作雄性不育遗传分析基础上，首先发现大白菜复等位基因型雄性不育材料，在控制雄蕊育性的位点上有 Ms^f、Ms 和 ms 3 个基因，Ms 为显性不育基因，Ms^f 为显性恢复基因，ms 为隐性可育基因。三者之间的显隐关系为 $Ms^f > Ms > ms$，不育株有 $MsMs$ 和 $Msms$ 两种基因型；可育株有 Ms^fMs^f、Ms^fMs、Ms^fms 和 $msms$ 4 种基因型。具有 100%不育株率的雄性不育系遗传模式如图 6-2。

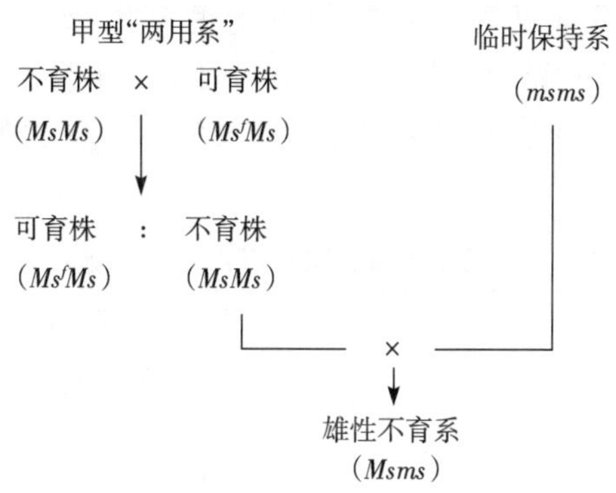

图 6-2　大白菜复等位基因型雄性不育系遗传模式

二、核基因雄性不育系选育

从理论上讲，利用单基因隐性或单基因显性材料选育雄性不育系，只能育成不育株率稳定在 50%左右的两用系。20 世纪 80 年代中期以前，国内外众多育种单位尚未能育成具有 100%不育株率的大白菜核基因雄性不育系。

张书芳（1989）首先报道在大白菜地方品种万泉青帮中找到了核基因不育材料，并育成了具有 100%不育株率的大白菜核基因雄性不育系。

具有 100%不育株率的核基因雄性不育材料，最初都是在隐性核不育与显性核不育材料相互交配中获得的，用单位点隐性或显性基因遗传都无法解释其遗传特性。1989 年，张书芳提出了大白菜“显性上位基因互作雄性不育遗传假说”。1996 年，冯辉在大白菜核基因雄性不育遗传分析的基础上，提出了“复等位基因雄性不育遗传假说”，并设计遗传验证试验，证明控制雄蕊育性的位点只有 1 个。上述两种假说，都能解释具有 100%不育株率的核基因雄性不育系的遗传现象，并在育种实践中得到了应用，是大白菜细胞核雄性不育系选育与利用上的历史性突破。

下面以核不育复等位基因型雄性不育系为例，介绍具有 100%不育株率的大白菜核基因雄性不育系选育方法。

（一）核不育复等位基因的来源

核不育复等位基因中的显性恢复基因 Ms^f 和隐性可育基因 ms 广泛存在于大白菜可育品系中，如果能够找到等位点的显性不育基因 Ms，就可以参照前述遗传模型，筛选甲型“两用系”及临时保持系，进而育成雄性不育系。如果拥有已知基因型的核不育复等位基因雄性不育材料（如甲型“两用系”、临时保持系、雄性不育系），就可以利用它们转育新的雄性不育系。

大白菜为二倍体植物，不管哪种不育源材料，其最多只含有两个复等位基因。因此，在不育系转育过程中，应首先了解待转育品系在核不育复等位基因位点上的基因型，所用不育源的基因应与待转育材料的基因互补，凑齐所有3个基因，转育才可能获得成功。

（二）核不育系选育

1. 合成转育 向未知基因型的可育品系中转育核不育复等位基因，应首先利用已知基因型材料测验该可育品系的基因型，按照基因互补的原则选用不育源。

一般可育品系在核不育复等位基因位点上的基因型为下列三者之一：Ms^fMs^f、Ms^fms、$msms$。这3种基因型可育品系与已知基因型的不育材料杂交，其后代基因型如表6-1。用甲型“两用系”不育株或可育株，以及核不育系为测交亲本，均可测验出一般可育品系的基因型。

表6-1 大白菜核不育材料与可育品系杂交后代基因型

不育材料基因型	可育品系基因型		
	Ms^fMs^f	Ms^fms	$msms$
甲型“两用系”不育株 $MsMs$	Ms^fMs （全可育）	Ms^fMs、$Msms$ （可育：不育=1：1）	$Msms$ （全不育）
甲型“两用系”可育株 Ms^fMs	Ms^fMs^f、Ms^fMs （全可育）	Ms^fMs^f、Ms^fms、Ms^fMs、$Msms$ （可育：不育=3：1）	Ms^fms、$Msms$ （可育：不育=1：1）
核不育系 $Msms$	Ms^fMs、Ms^fms （全可育）	Ms^fMs^f、Ms^fms、Ms^fMs、$Msms$ （可育：不育=3：1）	$Msms$、$msms$ （可育：不育=1：1）

以基因型为Ms^fMs^f的可育品系为例，介绍核基因雄性不育系合成转育方法。

如果待转育品系与甲型“两用系”可育株，或乙型“两用系”不育株，或核不育系杂交后代全为可育株，则可以断定该可育品系基因型为Ms^fMs^f（表6-1）。为了使转育成的新甲型“两用系”和“临时保持系”出自一个杂交组合后代，应选用核不育系（$Msms$）为不育源。转育模式如图6-3。

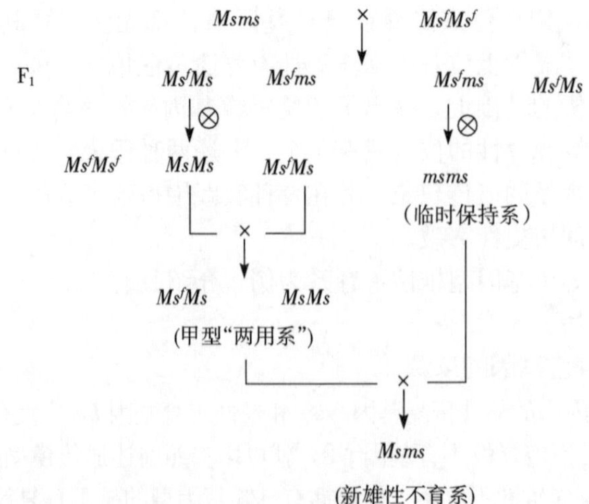

图6-3 大白菜核不育复等位基因型雄性不育系合成转育模式

按图 6－3 模式，在 F_1 中选 7 株自交。在 F_1 自交后代可育株与不育株 3∶1 分离的株系内，选 5 株可育株与不育株杂交。如果杂交后代 1∶1 分离，即为新甲型“两用系”。在 F_1 自交后代全可育的株系内选 16 株与 F_1 自交 3∶1 分离株系内的不育株杂交，如果后代全为不育株，该可育株自交后代即为临时保持系。

2. 定向转育　按照合成转育模式可以实现不育基因的转育，获得不育度和不育株率均为 100%的核基因雄性不育系。但是，利用这种方法转育成的不育系配制杂交种时，往往存在着杂种整齐度差的问题。主要原因是按照合成转育模式育成的不育系实质上是一代杂种，用其配制的商品种子实际上是三交种。这也是该类不育系在生产上应用的最大难题。该难题可以采用定向转育的方法解决。所谓定向转育，就是首先以待转育品系为轮回亲本与不育源连续多次回交，转育植物学性状和经济性状。待回交后代性状与转育品系相近时，再配制不育系。现以基因型为 Ms^fMs^f 可育品系定向转育为例做一阐述。

基因型为 Ms^fMs^f 的可育品系，由于缺少 3 个复等位基因中的 Ms 和 ms，需用核不育系（$Msms$）为不育源进行转育。用不育系与待转育品系 Ms^fMs^f 杂交，F_1 有两种基因型，即 Ms^fMs 和 Ms^fms。其中，Ms^fMs 基因型植株的自交后代可以产生甲型“两用系”；Ms^fms 基因型植株的自交后代可以产生“临时保持系”。因此，若以待转育品系为轮回亲

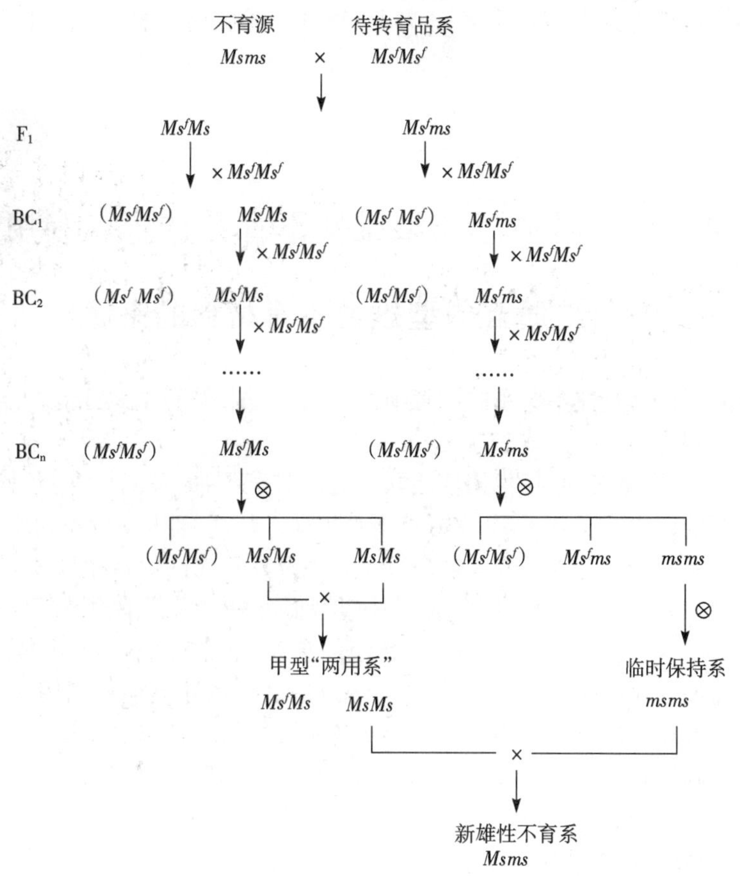

图 6－4　大白菜核不育复等位基因型雄性不育系定向转育模式

本进行连续回交，即与基因型为 Ms^fMs 的植株回交，后代中将出现 Ms^fMs 和 Ms^fMs^f 两种基因型；与基因型为 Ms^fms 的植株回交，后代中将出现 Ms^fms 基因型。在每一回交世代中通过测交将基因型为 Ms^fMs^f 的植株淘汰，Ms^fMs 和 Ms^fms 将在每个回交世代中被保持下来。再用合成转育的方法将两种基因型的植株分别进行自交，在自交后代中筛选甲型“两用系”和“临时保持系”，可育成与轮回亲本性状相近的核基因雄性不育系。遗传模式如图 6-4。

三、核基因雄性不育系的利用

利用核基因雄性不育系配制杂交种，需设立 5 个隔离区：①甲型“两用系”繁殖区。在这个区内只种植甲型“两用系”，开花时，标记好不育株和可育株，只从不育株上收种子，可育株在花谢后须拔掉。②雄性不育系繁殖区。在这个区内按 1∶3～4 的行比种植临时保持系和甲型“两用系”，而且，甲型“两用系”的株距比正常栽培小一半。快开花时，根据花蕾特征（不育株的花蕾瘦小），拔除甲型“两用系”中的可育株，然后任其自然异花授粉。在甲型“两用系”不育株上收获的种子即为雄性不育系种子，下一年用于 F_1 种子生产。③F_1 制种区。在这个区内按 1∶3～4 的行比种植 F_1 的父本和雄性不育系，任其自然异花授粉。在不育系上收获的种子为 F_1 种子。④临时保持系繁殖区。⑤父本系繁殖区。

（冯　辉）

第三节　核质互作型雄性不育系选育与利用

一、核质互作型雄性不育材料的来源

大白菜核质互作型雄性不育系的不育细胞质主要是来源于甘蓝型油菜的波里马细胞质雄性不育系（Pol CMS）。

波里马油菜是 20 世纪 60 年代初从苏联引进的甘蓝型油菜品种。傅廷栋等于 1972 年在波里马油菜试验田中，发现了 19 株雄性不育植株。1976 年崔德祈等利用波里马不育材料首先完成了三系配套，育成了“湘矮 A”不育系及其相应的保持系和恢复系。1977 年，傅廷栋等也实现三系配套，1985 年育成了甘蓝型低芥酸油菜品种华杂 2 号及湘杂 8 号，1988 年育成了华杂 3 号。此后，Pol CMS 传至加拿大、德国、法国、日本、瑞典等国家，选育出多个甘蓝型油菜杂交种。Pol CMS 被认为是目前世界上很有利用价值的胞质雄性不育源。该不育源还被广泛地应用到其他十字花科芸薹属蔬菜作物核质互作型雄性不育系选育中，先后有赵稚雅和柯桂兰等（1992）、刘自珠等（1996）、晏儒来等（2000）、向长萍等（2000）、陈文辉等（2000）、金永庆等（2001）、沈火林（2005）等育成了以 Pol CMS 为不育源的核质互作雄性不育系。

二、特征特性

（一）花器官特征

由 Pol CMS 转育成的大白菜雄性不育系，花器官较保持系小（图 6-5），花蕾瘦瘪，花瓣小、花色淡、花丝短，花药呈锥形、或短或长、透明、白色或黄白色，无花粉，蜜腺发育正常。雌蕊发育正常。遇到低温、生长弱等不利条件时，有败蕾现象发生（图 6-6），有些不育系在低温条件下会出现微量花粉。

图 6-5　大白菜不育花（左）与保持系花（右）比较

图 6-6　大白菜不育系败蕾现象

（二）遗传特性

大白菜核质互作型雄性不育系的不育性由不育胞质基因（S）和单隐性核不育基因（rf）互作控制。不育株基因型为 S（$rfrf$），可育株基因型有 5 种：N（$rfrf$）、N（$Rfrf$）、N（$RfRf$）、S（$RfRf$）、S（$Rfrf$），其遗传关系见表 6-2。

表 6-2　大白菜核质互作型雄性不育的可育株基因型及其恢保关系

基因型	N（$rfrf$）	N（$Rfrf$）	N（$RfRf$）	S（$RfRf$）	S（$Rfrf$）
表现型	可育	可育	可育	可育	可育
与不育株测交	全不育	50%可育	全可育	全可育	50%可育
自交后代	可育	可育	可育	可育	3∶1 分离
利用价值	保持系	恢复系或保持系	恢复系	恢复系	恢复系或保持系

1. 不育核基因位点　崔德祈等（1979）、杨光圣等（1990）、张鲁刚（1994）和王德芳等（2002）分别在甘蓝型油菜、白菜型油菜和芥菜型油菜、大白菜及乌塌菜中找到了 Pol CMS 的恢复基因。进一步研究结果表明，存在于白菜型、芥菜型和甘蓝型油菜中的恢复基因均位于同一位点，可能位于其共有的 aa 染色体组上。

2. 恢复基因的多样性　多数人认为，Pol CMS 的恢复基因为单显性基因（杨光圣等，

1988、1990、1994；张明龙等，2004）。但 Brown 等（1993）报道，在甘蓝型油菜中发现存在两对显性重叠恢复基因 *Rf1* 和 *Rf2*，说明在甘蓝型油菜中还存在着另一位点的恢复基因。张鲁刚等（1994）报道，在发现的 4 个大白菜异源细胞质雄性不育“CMS3411 - 7”的恢复源中，有 3 个恢复源的恢复基因符合单显性基因的遗传特点；有 1 个恢复源与“CMS3411 - 7”测交一代表现育性部分恢复，F_2 和 BC_1 分离世代的雄蕊育性表现连续性变化。

3. 不育基因表达的环境敏感性 不育基因表达的环境敏感性是该类不育系的一个普遍问题，在高粱、水稻、小麦、甘蓝型油菜、大豆、棉花、矮牵牛、甘蓝等作物上都有报道。大白菜质核互作型雄性不育系常常有微量花粉，特别是陕 2A 和玻里马等细胞质雄性不育源的环境敏感性明显。环境敏感性受内在的遗传因素和外在的环境因素，如温度、光照、肥料，包括影响环境因素的地理、气候、栽培等条件的影响。

（1）温度 根据对温度的敏感程度，核质互作型雄性不育可分为高温敏感型、低温敏感型和稳定型 3 种。Pol CMS 和陕 2A 胞质不育源在不同的遗传背景下都会出现上述 3 种表现型（杨光圣等，1987；李殿荣，1994）。只有低温敏感型在杂交制种上有利用价值（李殿荣，1994）。

（2）光照 光照对育性影响因材料而异。Kaul（1987）认为甘蓝型油菜、白菜型油菜和甘蓝不育系都受光周期影响，光周期变化会延迟 *rf* 基因的作用，使得有些花粉避开了该基因的作用而释放出活性花粉。刘尊文（1998）认为日照时数是引起光温敏型雄性不育“两用系”501 - 8S 和 498 - 1S 育性性状转换的主要原因之一。但杨光圣（1987、1997）在研究了光照对 4 种甘蓝型不育胞质（Ogu、Pol、nap、陕 2A）和白菜型胞质阿油 A 的育性影响后认为，光照对其影响较小，认为光照长度对生态型两用系 AB_1 及其杂种 F_1 的育性也没有明显影响。

（3）湿度 于澄宇等（2001）观察到由陕 2A 转育的不育材料，在花期气温偏高、干燥少雨的年份，不育性表现彻底。张鲁刚等发现由 Pol CMS 转育的大白菜雄性不育系，春季在温度 16℃左右湿度大的情况下往往出现微量花粉。

（4）其他因素 不育系植株开花期除温度、湿度、光照影响外，生产条件和技术，以及肥料等条件也会影响不育性，有的是直接影响，大多数是间接影响。直接影响因素主要是肥料。如施用过量氮肥会降低不育系的不育度，增加微粉量（李殿荣，1993；李加纳等，1996、1997）。间接影响的因素有播期、种植密度、栽培地点、生长调节剂等。有的 CMS 育性的稳定性会因栽培时间、地点不同而表现不同，如陕 2A 在其选育地黄淮地区不育性较稳定，几乎无微粉，到了长江流域其初花期则会出现微粉。Pol CMS 在长江流域育性很稳定，到了黄淮地区则也会出现微粉（李殿荣，1994）。

（三）配合力

大白菜核质互作型雄性不育系一般具有较强的配合力，配制的杂交种优势明显。柯桂兰等（1992）用波里马细胞质大白菜异源胞质雄性不育系 CMS3411 - 7 育成了杂 13、杂 14 等大白菜新品种及秦薹 1 号早菜薹品种，已大面积推广。陈文辉等（2000）利用回交替换法育成的大白菜核质互作型雄性不育系 98 - 2，配制出优良组合 98 - 2×S23，并在生产上示范推广。向长萍等（2000）利用转育成的紫菜薹雄性不育系，配制出紫菜薹杂交种

红杂 50、红杂 60 和红杂 70，通过了湖北省新品种审定。

三、Pol CMS 的细胞学鉴定

（一）染色体鉴定

大白菜 Pol CMS 是以甘蓝型油菜 Pol CMS 大白菜为母本，大白菜为父本，连续回交转育获得的不育系。由于甘蓝型油菜为复合种（AACC，2n＝38），大白菜为简单种（AA，2n＝20），在回交转育过程中，C 组染色体不能配对，逐渐丢失。一般回交转育4～5 代并配合选择，可以完成核代换，获得具甘蓝型油菜细胞质的大白菜雄性不育系，核内染色体数目可达到 2n＝20 水平。有时，转育成的异源胞质不育系的染色体核型程度不同地与相应保持系存在差异，表现在随体染色体的大小、位置、数目，近中着丝点染色体的多寡，染色体的臂比值差异等方面（柯桂兰，1996）。

（二）花药败育时期

大白菜 Pol CMS 花药发育主要受阻于孢原细胞分化期，表现为没有孢原细胞分化，不形成药室。但在不同的遗传背景下，细胞学特征略有差异，败育时期可以从小孢子母细胞期、四分体到单核小孢子期。柯桂兰等（1996）观察到，不育系“CMS3411－7”花药败育在孢原细胞形成之前，只有极少数花药中的 1～3 个花粉囊可以发育到四分体或单核花粉期，且大小极不一致。

四、Pol CMS 雄性不育机理

（一）细胞质遗传物质的差异分析

1. 线粒体基因组差异 叶绿体和线粒体作为细胞质遗传体系的 2 个独立系统，都可能是细胞质雄性不育遗传物质的载体。大量的证据表明，细胞质雄性不育与线粒体基因组及其表达产物直接相关，而与叶绿体基因组无关。Erickson 等（1986）对甘蓝型油菜的叶绿体基因组和线粒体基因组进行限制性片段电泳分析，结果是正常油菜和细胞质雄性不育油菜在叶绿体基因组上没有差异，而在线粒体基因组上存在差异。Witt 等（1991）比较了 Pol CMS 不育株、恢复系及回交突变体的 mtDNA 和 ctDNA 的 RFLP 图谱，发现恢复系和恢复株中存在两个在不育系中没有特异的 mtDNA 转录物片段。

2. 线粒体基因组重排 线粒体基因组重排引起线粒体基因组的组织结构发生改变，可产生新的嵌合基因或改变其下游基因的表达模式和功能，从而可能导致雄性不育。Singh 等（1991）比较了甘蓝型油菜可育株、Pol CMS 不育株及恢复单株的 14 个 mtDNA 基因，发现了 ATPase 亚单位 6 基因存在差异。对 Pol CMS 和甘蓝型油菜可育株 mtDNA *atp6* 区段的结构分析，发现其 *atp6* 基因上游发生了重排，产生了一个开放阅读框（orf）结构，该 orf 编码 224 个氨基酸称为 *orf 224*。*orf 224* 由一个 *orf B*（存在于月见草中的线粒体基因）5’端 58 个氨基酸编码序列及一个未知来源序列组成。*orf 224* 下游是截断的 trnfM 假基因和 *atp6* 基因。在 Pol CMS 植株中，*orf224* 和 *atp6* 同时转录，而在恢复单株中仅 *atp6* 转录，说明 *orf224* 确实同 Pol CMS 有关。Handa 等（1992）从 Pol CMS

和正常油菜中分离出含有 *atp6* 基因的线粒体基因组片段，并进行序列分析，发现二者 *atp6* 的编码区是相同的，编码 261 个氨基酸的多肽，但在细胞质雄性不育油菜的 *atp6* 基因的上游存在一个嵌合的开放阅读框架，编码 105 个氨基酸的多肽，其 5′-端与存在于细胞质雄性不育萝卜的线粒体基因组中的 *orf105* 序列同源，并把这个开放阅读框命名为 *pol - urf*。它与 *atp6* 共转录，产生双顺反子的转录体，认为 *pol - urf* 与甘蓝型油菜细胞质雄性不育有关。

L’ - Homml 等（1993）比较了 nap、cam、pol 胞质的 mtDNA 物理图谱，发现 Pol、cam 之间结构差异仅限于 *atp6* 上游 4.5kb 的区域。在 cam 胞质 mtDNA 上游缺失包括 *orf224* 在内的一般序列；而 Pol 胞质 mtDNA 的 *atp6* 上游存在 *orf224*，并同 *atp6* 共转录。在 nap 胞质的 mtDNA 的 *atp6* 上游几千个碱基对范围内也发现 *orf224* 的同源区，但该区域在 nap 中并不表达。Wang 等（1995）通过 *B. oleracea* 同 *B. napus*、Pol CMS 原生质体融合产生的胞质杂种分析，证明了不育杂种后代都含有 *orf224* 座位，表明 *orf224 - atp6* 座位是与 Pol CMS 性状连锁的（图 6 - 7）。

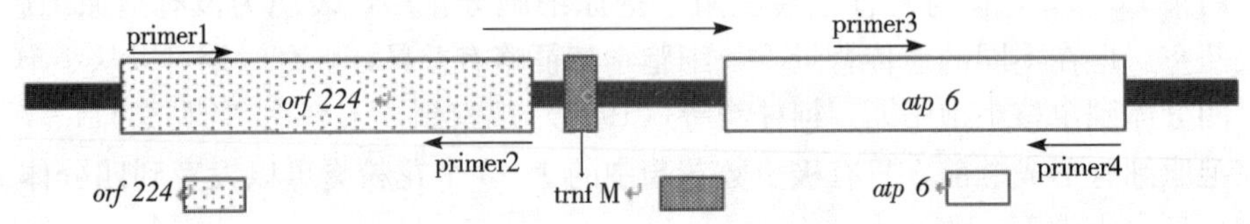

图 6 - 7　Pol CMS 的 *orf224* 与 *atp6* 在 mtDNA 染色体上的位置关系

细胞质雄性不育 *orf224* 变异具有保守性。Pol CMS 与 *atp6* 上游的 *orf224* 存在密切相关，而且成为新型细胞质雄性不育研究的比较标准。张战凤等（2006）利用 PCR 技术，从大白菜胞质雄性不育材料 CMS7311 的线粒体基因组中扩增出细胞质雄性不育相关基因片断，经克隆和序列分析，表明该片断和报道的 Polima - orf 224 序列完全相同（图 6 - 8），说明 CMS7311 的不育机理与 Pol CMS 相似，也反映了细胞质雄性不育变异的保守性。王永飞等（2001）通过合成 5′和 3′端一对特异引物，利用多聚酶链式反应（polymerase chain reaction，PCR）从 Polima 和陕 2A 两个不育系的基因组 DNA 中都扩增出了与 *orf224* 同源的 DNA 片段，将其克隆到 pGEM - T Easy 载体上进行序列测定。测序结果表明，两序列均由 675 个核苷酸组成，编码 224 个氨基酸组成的多肽，两序列的核苷酸及推导出的氨基酸同源性分别为 99.9% 和 99.6%，在 +398 处两者有一个碱基的差异（AAC→AGC）和一个氨基酸的差异（Asn→Ser）。从而证实了 Polima 和陕 2A 为线粒体上同一座位的不同等位基因的差异。林宝刚等（2006）研究表明，Pol CMS 和陕 2A CMS 的 *orf224* 基因均由 675 个核苷酸组成，起始密码子为 ATG，终止密码子为 TGA，并且 Polima 扩增片段的序列与报道的 *orf224* 基因序列完全一致；而陕 2A 的扩增片段序列与 Polima 的 *orf224* 基因序列存在 5 个位点的差异，2 个由 T 变为 C，2 个分别由 A 和 C 变为 T，1 个由 T 变为 G，核苷酸同源性为 99.3%。证实了 Polima 和陕 2A 雄性不育突变的相似性。

（二）转录水平的特征特性

orf224/apt6 是 Pol - mtDNA 中唯一与 CMS 有关的基因座位。研究发现（L’ Hom-

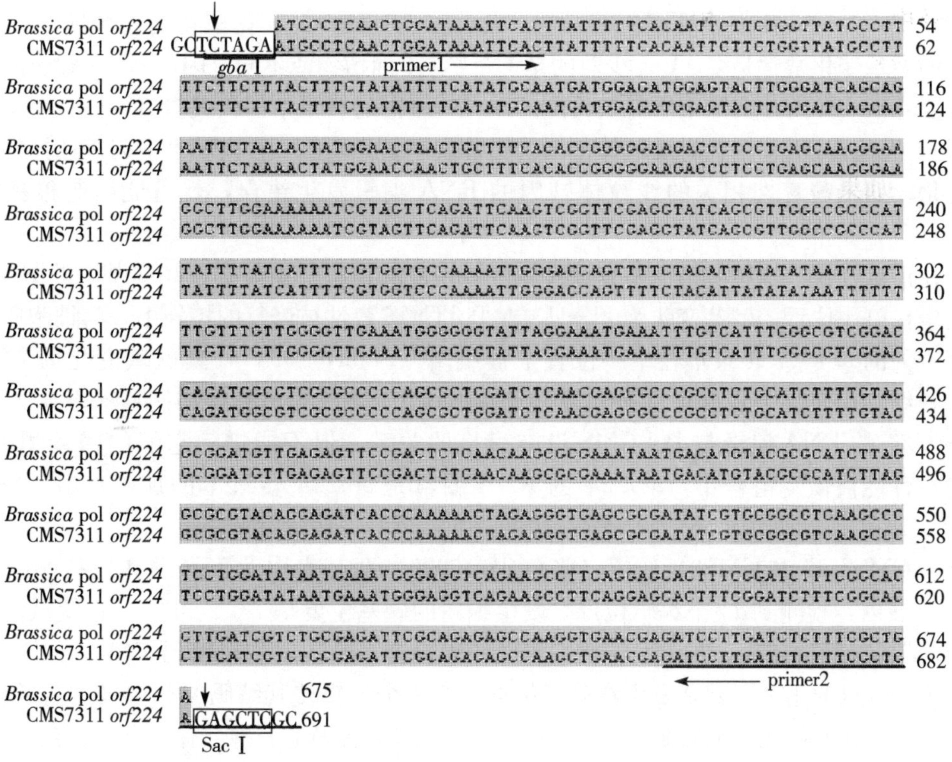

图 6-8 大白菜 CMS7311 的 *orf224* 与 Pol CMS 的 *orf224* 序列比较

me，1997)，在 Pol CMS 不育系中，orf224/apt6 共转录产生 3 个转录本 2.2kb、1.9kb、1.1kb mRNA，而在 Pol 胞质育性恢复株中，恢复基因 Rfp 可增加 1.1kb mRNA 的丰度，降低双反子转录本 2.2kb、1.9kb mRNA 的丰度，并产生 2 个特异的 1.4kb 和 1.3kb mRNA。引物延伸法分析表明，*orf224/apt6* 具有不同的转录起始位点，其中 1.3kb、1.4kb mRNA 的 5’端位于 *orf224* 内部的不同位点。

张战凤等（2006）采用 RNA 指纹技术（RAP-PCR）对两套大白菜胞质雄性不育材料 CMS7311 和 CMS3411-7 及其杂种 F_1 花蕾的总 RNA 进行了分析，通过对 186 条随机引物的筛选，获得 2 个重复性较好的差异片断 S176-343、S199-904，并对其克隆、测序。序列分析发现：S199-904 片断从 *orf224* 位点起始密码子下游 105 个碱基处开始，并覆盖了 *atp6* 位点起始密码子后 127 个碱基，证明了 *orf224/atp6* 位点存在共转录现象；S176-343 差异片断上游被定位于类似 tRNA 的假基因 trnfM 的位点。通过长引物验证，S176-343 片断在不育系和保持系的转录水平存在特殊的差异，而且将 S176-343 差异片断延伸至 *atp6* 全长，所得到的片断（约 940bp）在 mtDNA 水平不育系和保持系没有明显差异，而在 RNA 水平，保持系该片断的扩增量明显大于不育系。

（三）RNA 编辑的特征

RNA 编辑是一种 RNA 加工，即在转录后的 RNA 加工过程中，有些碱基发生转变的现象。RNA 编辑广泛存在于植物线粒体和叶绿体中（Gray et al.，1992），不存在于植物细胞核中，但受一些细胞核因素的影响（Pring，1993）。在开花植物的线粒体中，RNA 编辑的碱基变化常常是 C→U，少数的是 U→C。不同植物或不同基因的 RNA 编辑的位置和程度是不一样的，实际上所有被检测的线粒体基因的转录本都被编辑（Schuster et al.，1991）。因此，RNA 编辑对线粒体基因的正确表达是必须的，否则就会引起表达异常或功能变化。如果与育性相关的线粒体基因的 RNA 编辑发生错误，就可能引起植株雄性不育。

在正常可育、细胞质雄性不育以及育性被恢复的甘蓝型油菜中，atp6 基因的 RNA 编辑发生在单一位置，碱基变化为 U→C。在 Pol CMS 育性被恢复的植株中，与细胞质雄性不育有关的 *orf224* 转录本在单一位置上被编辑（Stahl，1994），其碱基变化为 C→U。由于在细胞质雄性不育和育性被恢复的油菜植株中 RNA 编辑完全相同，一般认为 *atp6* 和 *orf224* 的 RNA 编辑与 Pol CMS 没有直接的关系，但不能排除它们的间接相关性。因为在育性被恢复植株中，*orf224* 的 RNA 编辑是 *orf224* 转录本的加工信号（Singh，1993）。

在 CMS7311 和 CMS3411 - 7（张鲁刚，2006）两套大白菜不育系和保持系线粒体 *atp6* 区域内，检测到 11 个编辑位点，发生编辑的碱基主要是“C”和“A”，使碱基发生 C→U 或 A→G 的转变，其中发生在编码区的编辑有 8 个，发生在密码子第一位点的有 3 个，第二位点的 1 个，其余发生在第三位点。有 4 个编辑使其编码的氨基酸发生了改变，有 3 个发生在非编码区的编辑，且全都位于 *atp6* 起始密码子上游，有 1 个发生在 *atp6* 起始密码子下游 103 个碱基处的编辑为完全的 RNA 编辑，而且在两套不育系及保持系中该位点均被编辑，在线粒体基因组中该位点为“C”，但在 cDNA 克隆中变成“T”，导致密码子发生“CCA（Pro）”向“UCA（Ser）”的转变，进而影响翻译水平，该位点对应氨基酸发生脯氨酸（P）→丝氨酸（S）的转变。其余各编辑发生的位点在两套不育系及保持系中不尽相同，绝大多数编辑发生在 *atp6* 的编码区，总趋势为保持系发生编辑的频率高于不育系，这一点在 CMS7311、7311 中尤为明显；在 CMS7311 中仅发现一个编辑位点，但在保持系 7311 中检测到 5 个潜在的编辑位点。

（四）蛋白质水平的分析

关于导致 Pol CMS 雄蕊败育的原因，主要有两种假说：能量假说和毒性蛋白假说。

能量假说认为 *orf224* 的存在导致减少了 *atp6* 转录，进而减少 ATP6 蛋白量，从而损伤了线粒体的正常生理功能，引起花粉败育。研究证明，在 CMS 植株中存在 orf224 和 *atp6* 同时转录，这样 *atp6* 的单独转录量较可育株减少，同时在双顺反子的转录本中由于 tRNA 假基因序列形成的 tRNA 类似的结构存在，使双顺反子加工不完全，进一步降低了 *atp6* 的翻译水平。虽然在转录水平有一些 *atp6* 在保持系的表达量明显大于不育系的报道（张鲁刚，2006），但尚未有足够的 apt6 酶活性方面的直接论据。

毒性蛋白假说认为 *orf224* 可能产生出一种毒性蛋白从而引起不育。Pol CMS 相关的 *orf224* 编码 26ku 蛋白，计算机模拟显示有两个疏水跨膜区，可能是 1 个膜整合蛋白（夏广清，2004）。赵荣敏等（1996）将扩增出的 *orf224* 基因的 3 个片段分别克隆到大肠杆菌中的原核表达载体上，通过诱导表达，对表达产物及大肠杆菌的生理状态进行比较研究发

现，在表达*orf224*的天然蛋白时，未能检测到特异的诱导蛋白。而诱导后重组菌株的生长状态差别非常显著，利用特异性抗体可以检测到*orf224*的表达产物。其表达量极低，可能是一个疏水性较强的蛋白，对细菌生长具有抑制或毒害作用。推测*orf224*可能与玉米T-CMS中特异蛋白URF类似，本身就是一种毒蛋白，干扰花药发育的生理生化过程，导致不育。Budar等（2005、2006）也对与细胞质雄性不育相关基因的表达产物在蛋白质水平上进行了研究，并检测到了不育株中特有的蛋白质。但关于*orf224*的表达产物在植株体内的表达、定位、功能方面还没有报道。

（五）生理生化特点

生理生化的变化是植物基因型与表型之间的桥梁。决定植物性状的基因通过转录、翻译，改变或产生不同的蛋白质等生命物质，引起相关生理生化代谢的改变，通过生理生化代谢调节植株发育状态，最终产生表现型的变化。同工酶是大白菜雄性不育方面研究比较多的指标，对大白菜细胞质雄性不育系CMS3411-7和保持系根、茎、叶、花蕾、花和果荚的EST、POD、a-AMY和可溶性蛋白质的差异研究（张鲁刚等，1999）结果表明，生殖器官中不育系POD酶活性弱于保持系，叶片中不育系的酶活性则强于保持系，根和茎中两系间无差异。生殖器官中不育系较保持系缺失迁移率为0.262、0.200的两条主酶带。EST同工酶在两系间的花蕾和根中存在很大差异，不仅表现在酶活性上，在酶谱带数量上也存在很大差异，认为EST同工酶可能与育性存在密切关系。陕2A与保持系陕2B的酯酶和过氧化物酶同工酶（伊岚等，1997）比较表明，在芽期、苗期和现蕾期，陕2A各营养器官（芽、叶片、叶柄、茎、茎尖、根）的同工酶谱与陕2B无明显差异；在花期，陕2A的花器（花瓣、花萼、雌蕊）的同工酶谱与陕2B无明显差异，但花蕾的同工酶谱二者却有明显区别。

生理生化指标作为基因表达的末端环节，对性状的表达十分重要，同时涉及的代谢和过程比较多，同工酶仅仅是一个方面，要完全澄清雄性不育的机理还需要对生理生化有关的酶、代谢物质等进行全面研究。

五、核质互作型雄性不育系转育

对于大白菜核质互作型雄性不育系，不同的大白菜材料分别表现为完全保持系、半保持系和完全恢复系，因此在不育性转育中可以采取不同的策略。

（一）回交转育法

利用完全保持系和半保持系中的保持株（可育株）进行不育性回交转育，重点是在回交后代中选择经济性状与轮回亲本（即保持系）相近的植株进行回交，经过4～5代回交（图6-9），基本可以完成经济性状的转育，育成新的不育系。

利用完全恢复系和半保持系中的恢复株进行不育性转育，首先要将恢复株转化为保持系，程序如图6-10。用恢复株转育对象与保持系杂交、自交，再用不育系测定其F_2各单株的基因型，淘汰有恢复基因的单株，保留没有恢复基因、而且性状与恢复株相近的单株，然后按照完全保持系的转育方法进行，经过4～5代，基本可以完成经济性状的转化，育成新的不育系。

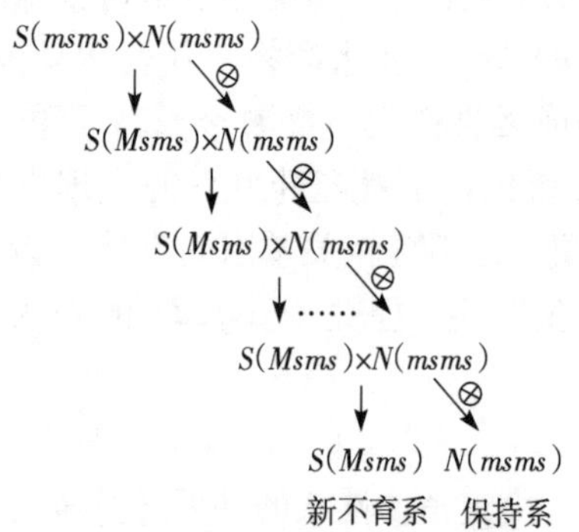

图 6-9 大白菜核质互作型雄性不育系回交转育模式

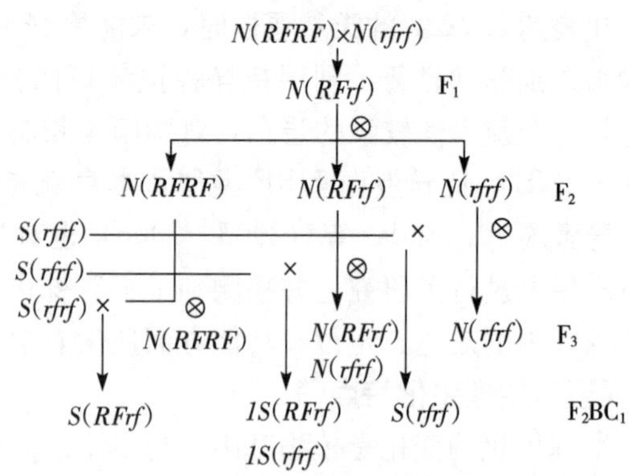

图 6-10 大白菜核质互作型雄性不育系杂交、测交转育模式

另外，针对完全恢复系和半保持系中的恢复株进行不育性转育过程复杂，周期长的缺陷，还可以利用分子标记技术早期鉴别不育株和可育株，进行辅助选择，可加快转育速度，提高转育效率。

（二）优良核质互作型雄性不育系的标准

优良的大白菜核质互作型雄性不育系除了具备一般自交系具有的优良园艺性状外，还应该具有下列 3 个条件：①不育度和不育株率高，不育性稳定。符合这个条件可以保证配制杂交种时的杂交率；②蜜腺发育正常。良好的蜜腺可以保证作为虫媒花的大白菜杂交授粉充分；③雌蕊功能正常，结籽良好。符合这个条件可提高单位面积制种产量。

大白菜核质互作型雄性不育的利用比较简单，主要是采用单交种制种方法。只要以核质互作型雄性不育系为母本，与父本自交系杂交，经过组合比较，按照蔬菜新品种鉴定程序可选育新品种。

（张鲁刚　柯桂兰　冯辉）

第四节　细胞质雄性不育系选育与应用

一、细胞质雄性不育的来源及演化

大白菜细胞质雄性不育源主要来源于萝卜（*Raphnus sativus*，RR 染色体组），包括 Ogura CMS、NyCMS、金花薹、青圆脆、王兆红等不育源材料。少数来源于黑芥（*B. nigra*，BB 染色体组）。Ogura CMS 在所有十字花科雄性不育材料中不育性最彻底、最稳定，因此备受育种工作者的重视。Bannerot（1974）用萝卜不育系与甘蓝型油菜杂交，创造出异源二倍体和异源三倍体的萝卜芸薹（*Raphanobrassicas*），其基因组为 R_1rrcc 和 $R_1rraacc$，再用秋水仙碱进行异源单倍体加倍恢复其育性，通过 R_1rrcc 及 $R_1rraacc$ 与结球甘蓝和甘蓝型油菜重复回交（6 次），再借助胚培消除萝卜染色体，保持了完全雄性不育（图 6-11）。

上述合成的甘蓝和甘蓝型油菜雄性不育系，表现为完全雄性不育，而且找不到恢复系。同时，所得到的不育系在 12℃以下低温条件下，叶片黄化，蜜腺退化，生长迟缓。Heyn（1975）利用所得到的 R_1aacc 反复与沙尔森油菜（*B. campestris* ssp. *trilocularis* - Aaa. t）回交，并针对雌性能育进行选择，经 4 代回交，获得雌性能育的沙尔森油菜（$R_1aa.t$），再与生育期短的白菜型油菜（*B. campestris* - Aaa）反复回交，获得萝卜细胞质白菜雄性不育系（图 6 - 12）。

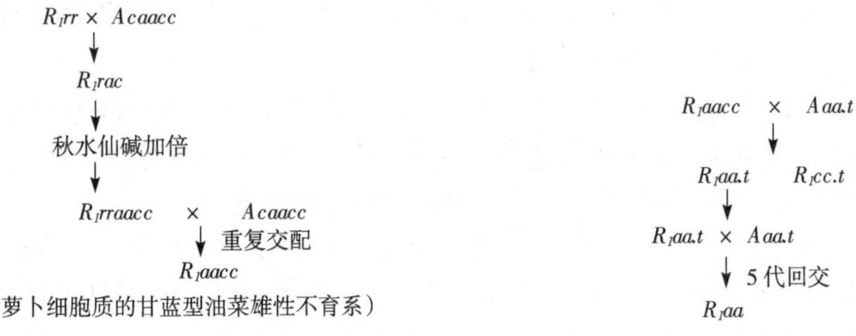

图 6 - 11 萝卜细胞质甘蓝型油菜雄性不育系合成示意图

图 6 - 12 萝卜细胞质白菜不育系合成示意图

回交 5 代后，针对雌蕊育性、克服黄化、增加抗病性等方面进行选择，9 代后雌蕊育性得到恢复，叶片黄化变轻，并含有抗霜霉病和根肿病及白锈病基因，但是蜜腺退化和生长迟缓等主要性状的缺陷未得到根本改良。Williams 等（1980）用 R_1aa 与大白菜杂交，获得了具有萝卜不育胞质的大白菜雄性不育材料（R_1aap），其依然表现幼苗黄化、蜜腺退化、花瓣畸变、生长迟缓，以及找不到恢复系等特点。

我国的大白菜细胞质雄性不育材料，主要是引入以 Ogura CMS 为主的异源胞质雄性不育材料，其途径主要有 3 条。

（一）自美国引进 Ogura CMS 源

20 世纪 70 年代末至 80 年代初，我国一些访问学者和留学生自美国 Williams 处引进。这些材料分别在“全国大白菜雄性不育攻关协作组”及各省（直辖市）白菜育种研究单位（中国农业科学院蔬菜研究所、北京市蔬菜研究中心、陕西省农业科学院蔬菜研究所、沈阳农业大学等）用于展开大白菜、甘蓝等十字花科蔬菜作物回交转育。重点针对 Ogu CMS 转育中存在的蜜腺退化、苗期叶片黄化、生长滞缓、杂交结实率低、雌性器官畸变（柱头弯曲、外露、干裂等）等缺陷进行筛选改进。魏宝琴等（1995）经 15 年 17 代转育，选得了 $1A_1$ 和 $2A_1$ 不育系，并配制了杂交组合，但因杂种优势不明显未能应用于生产。目前，对该类材料的研究多数已经停止。

李光池、鹿英杰等（1994）用当地王兆红萝卜中发现的雄性不育材料，与经过钴 60 照射的低世代大白菜杂交，经过 20 年反复转育选择，育成了 134 大白菜萝卜细胞质雄性不育系，但也未能大面积应用于生产。

（二）自美国引进改良的 Ogura CMS 源

1992 年北京市蔬菜研究中心从美国康奈尔大学引进经过改良的萝卜细胞质大白菜雄性不育系 95A12 和 95A13。1994 年中国农业科学院蔬菜花卉研究所和沈阳农业大学从美国康乃尔大学引进相似的材料。其共同特点是幼苗不黄化、蜜腺发育正常、杂交结实正常，但是结球性较差，配合力差，也难以利用。

（三）自法国引进第三代 Ogura CMS 源

1996 年北京市农林科学院蔬菜研究中心从法国引进一份经生物技术改造的甘蓝型油菜 Ogu CMS 不育源材料 CMS96。张德双等（2002）用 26 份不同类型大白菜株系多代回交转育，成功转育得到 5 份稳定的胞质雄性不育系。该材料在大白菜中没有找到恢复系，不育率和不育度均达 100%，不仅克服了蜜腺退化、叶片黄化、生长滞缓等缺陷，而且杂交结实率高，配合力强，F_1 种子产量高。

方智远等 1998 年从美国引进 CMS R_{3625} 和 CMS R_{3629} 等 6 份改良的 Ogu CMS 材料，用 30 多份甘蓝自交系和 20 多份青花菜自交系进行转育，转育后代表现低温下叶片不黄化、雌蕊结实正常、结籽好等优点，表现出较好的应用前景。

柯桂兰、赵利民等 1997 年引入甘蓝型油菜萝卜细胞质雄性不育源（Ogura CMS），经与大白菜杂交和连续回交，获得了一批具有萝卜不育胞质的大白菜雄性不育系。这些不育系的不育度和不育率稳定达到 100%，无环境敏感性，无幼苗黄化，蜜腺发育正常，植株生长势强健，配合力好，结籽率高（每荚平均 20 粒左右），已应用于大面积制种。

二、细胞质雄性不育遗传机制

细胞质雄性不育基因主要存在于细胞质的线粒体和叶绿体上。采用比较物理图谱、原生质体融合鉴别不育系、保持系及恢复系植株细胞质基因表达差异等方法，已经获得了与细胞质雄性不育相关的 DNA 序列，并深入地研究了这些序列的分子生物学特性。

（一）线粒体相关基因的克隆及结构分析

Grelon 和 Budar（1994）在 Ogu CMS 中发现 2.5kb 的线粒体 DNA 片断（Nco 2.5）与不育的特异性有关，在回复突变体中没有发现类似片断。之前 Bonnome 等（1991），及之后 Pelletier（1995）均发现这一现象。对此片段的序列和转录水平上分析表明，此片段形成了两个开放阅读框：*orf138* 和 *orf158*，且协同转绿一1.4kb 的双顺反子 mRNA，其中 *orf158* 与月见草和向日葵中发现的 *orfb* 同源，与小麦中发现的 *orf156* 也同源，*orf158* 是编码一18ku 与线粒体膜结合的蛋白质；*orf138* 编码一16ku 多肽，包括有一个 n-端的疏水区和一个 C-端的亲水区。同时发现 *orf138* 只在不育株中有特异表达，而 *orf158* 在可育和不育株中都有表达。Subbiah 和 Christopher（1994）为了研究 Ogu CMS 中 *orf138* 在表达水平上的调控特点和育性恢复基因对 orf 蛋白的影响，制备了谷胱甘肽型 orf138 与 S 转移酶的融合蛋白抗体，结果在 Ogu CMS 线粒体中检测到与线粒体膜结合的 20ku 蛋白质（orf138）在根和花的线粒体中有 10 倍的差异；在可育系叶和花线粒体中 orf138 含量很低，并且发现不育系与可育系在 *orf138* 的转录水平和 RNA 的编辑模式上没有区别；不育系和可育系的根部线粒体中 orf138 的转录和蛋白质水平差异很小。这些结果表明，orf138 蛋白质具有器官特异性表达的特点，且是由于翻译或者翻译后加工造成的。在萝卜 Ogu CMS 根中 orf138 水平最高，花中却最低，这表明高水平的 orf138 不足以造成线粒体的功能不育。在萝卜 Ogu CMS 的花药、花瓣、萼片和子房的不同组织中没

有明显组织特异性，说明 Ogu CMS 基因型与组织特异蛋白质表达不相关。

Yuki 和 Toshiya（2001）研究了萝卜线粒体基因组中与异型同源 CMS 系，发现了与不育相关的 3 个与 *orfb* 嵌合的特异基因，分别定名为 *orfb*－f_1、*orfb*－f_2 和 *orfb*－*CMS*，其中 *orfb*－f_1 的结构与向日葵中报道的 *orfb* 基因相似；*orfb*－f_2 是一个具有－3 端 200bp 未知序列的特异嵌合基因，且所有的可育系中都有 *orfb*－f_1 和 *orfb*－f_2 的存在；*orfb*－*CMS* 具有－3 端 170bp 未知序列的特异嵌合基因。从萝卜 15 个株系的 PCR 分析发现，所有具花瓣表型的 CMS 植株中都存在 *orfb*－*CMS* 基因，在 3 个株系中，*orfb*－*CMS* 和 *orfb*－f_2 同时存在，而这 3 个株系不具 CMS 的表现型，说明 CMS 表型与 orfb－CMS 有关，而与 *orfb*－f_2 无关，且 *orfb*－*CMS* 和 *orfb*－f_2 推导的氨基酸序列差异不大，尤其是蛋白质的 C－端区，这 3 个嵌合基因都能正常转录，但在 CMS 系的花中只有 orfb－CMS 蛋白质的积累，orfb－CMS 和 orfb－f_2 都有相同的 4 个 RNA 的编码位点，且在花和叶中，orfb－CMS 是从 c 到 u 的编码模式。这些结果表明，基因 *orfb*－*CMS* 与 CMS 的花瓣表现型高度相关，并且表达模式并非在 RNA 编码水平上调控，而是转录后的调控。Bellaoui 和 Martin-Canadell（1998）在 Ogu CMS 系通过 PCR 分析表明，亚化学计量分子的浓度可产生 *orf138* 的不同构型，从而造成不育性不同程度的稳定性。在其试验中发现了两种瞬间态：Nco2.7 和 Nco2.5 的平衡及 bam4.8 减少，但在材料中没有部分不育类型的表现出现，这说明不育性的表现型是 *orf138* 表达控制的质量效应，而不是数量效应。

Gregory 和 Mona（1998）曾发现可以用间接方法得到在细胞质中表达不育基因的特异蛋白：先利用核基因来编码这些特异蛋白，然后通过一转录肽再把这些特异蛋白从核中转运到细胞质中产生生物学功能。他们将芸薹属中的不育基因 *orf224* 编码序列与两个不同的转导肽序列融合，通过转基因方法转到甘蓝型油菜的核基因组中，在转基因植株后代中，有一半植株表现部分不育，几个株系表现高度不育，且有的株系出现异常表型花序，而在没有转导肽的 orf244 植株中没发现任何表型异常，且产生正常花粉。说明 *orf244* 确为决定甘蓝型油菜胞质雄性不育的特异基因，也说明这种方法在雄性不育的选育上是可行的。

张德双等（2006）为了对大白菜胞质雄性不育系进行分子特性研究，设计 *atp6* 和 *orf222* 引物，用 PCR 扩增大白菜 3 种同核异质胞质雄性不育系 Ogu CMS、Pol CMS、CMS96 和相应保持系（共 3 组 11 份材料）的线粒体 DNA（mtDNA）。结果表明，*atp6* 引物在大白菜 Ogu CMS 扩增的 200bp 片段为其特异带；*orf222* 引物仅在大白菜 Pol CMS 和 CMS96 有扩增物，但二者完全不同；大白菜 Pol CMS 不育系扩增产物为 675bp，CMS96 扩增物为 669bp，二者相差 6 个核苷酸；大白菜 Pol CMS 的 675bp 序列具有 *orf224* 开放阅读框，没有保守结构区域，而大白菜 CMS96 的 669bp 序列具有 *orf222* 开放阅读框和保守结构区域 YMF19。将大白菜 CMS96 的 669bp 序列定名为大白菜 *CMS96*－*orf222*。大白菜 *CMS96*－*orf222* 与甘蓝型油菜的 *nad5c* 基因、甘蓝型油菜 NapCMS 的 *Nap*－*orf222* 基因同源性均为 99%，E 值为 0.0。另外，利用 *atp6* 和 *orf222* 二组混合引物多重 PCR 扩增 11 份大白菜 mtDNA，结果扩增产物存在明显多态性：800bp 为大白菜保持系的差异带型；1 500bp 和 2 300bp 为大白菜 Pol CMS 特异带型；200bp 为大白菜

Ogu CMS 特异带型；690bp 为大白菜 CMS96 特异带型。该方法仅用一次 PCR 反应快速将 3 种大白菜细胞质不育系和保持系全部区分开，为大白菜分子育种和常规育种更好地结合提供了简单、快速、准确的分子鉴定方法。

（二）线粒体相关基因转录水平的调控

控制 mRNA 的量是控制基因表达的基本参数，而 RNA 的量主要决定于它的合成量和转录后的加工（通过防止其降解来控制转录的稳定性）。Grelonetal（1994）采用体外合成技术，从 Ogu CMS 的甘蓝型油菜杂种中分离出线粒体，在体外合成的多肽中发现了一条 Ogu CMS 特有的 19ku 多肽。用谷胱甘肽 S-转移酶- orf138 融合蛋白抗体的免疫分析，确定了 Ogu CMS 特定的 19ku 多肽是 mtDNA orf138 的产物。进一步用血清实验证明这个 19ku 的多肽是一种线粒体膜蛋白，它能通过改变线粒体膜功能导致雄性不育。这在一些学者的研究中得到证实。Mohanned 和 Georges（1997）报道了 Ogu 型甘蓝型油菜杂交种转录后水平的调控，转录本的 3 端决定了 mRNA 的稳定状态水平。Ogu 型 CMS 系的相关基因 *orf138* 有 3 种不同构型，即 Nco 2.5/13s（不育）、Nco2.7/13s（回复突变）和 bam4.8/18s（不育），3 种构型 mRNA 具有相同的 5 端，而 3 端结构不同。bam4.8/18s 不育性植株中 *orf138* 的转录产物比 Nco2.5/13s 不育性植株多近 10 倍，Nco 2.7/13s 育性植株中没有 *orf138* 的转录产物积累。这些结果表明 mRNA 的稳定性决定基因的转录。他们建立了 mRNA 体外衰变加工表达系统，通过体外检测进一步证明 mRNA 的 3 端结构决定了其本身的稳定性，而 mRNA 的稳定性决定了 *orf138* 能否编码出与雄性不育相关的蛋白质。

（三）不育系与保持系之间的生理生化差异

在雄性不育机理探讨中，不少学者曾对各种不育系与保持系做了大量生理生化分析对比。事实证明，不育系和保持系间在核酸、氨基酸、蛋白质、淀粉、酶类、激素等的含量上都存在着不同程度差异。

1. 同工酶 梁燕（1992）曾对陕西省农业科学院蔬菜研究所选育的两套同核异质核质雄性不育系进行 POD 酶谱及活性测定发现，不但不育系与保持系的 POD 酶谱及活性间有差异，而且发现 Ogu CMS3411－7（早期具有幼苗黄化类型不育系）的 POD 酶带比 Pol CMS34－17 和保持系均多出一条 Rf＝0.31 酶带，这条酶带只在 Ogu CMS3411－7 苗期出现，其他时期不出现；只在根部出现，其他器官不存在。

袁建玉等（2006）对通过非对称细胞融合方法创建的白菜雄性不育系及其保持系不同发育阶段的花蕾和营养生长期及盛花期叶片中的活性氧水平、丙二醛（MDA）含量及抗氧化酶活性进行了比较，结果表明：与保持系花蕾相比，雄性不育系花蕾中 O_2^- 产生速率、H_2O_2 及 MDA 含量较高，超氧化物歧化酶（SOD）、过氧化氢酶（CAT）、过氧化物酶（POD）活性也较高，但抗坏血酸过氧化物酶（APX）活性变化与上述 3 种酶不同。

2. 激素含量 孙日飞等（2000）、史公军（2004）、冯忠梅等（2005）利用酶联免疫测定等各种不同技术，对改良 Ogu 大白菜胞质雄性不育系有关成分进行测定发现：不育系和相应保持系花药组织中 IAA、GA_3、ABA、6－BA 的含量显著低于保持系，ZR/ABA 比值低于保持系，而 ABA 含量显著高于保持系。

3. 氨基酸、糖、可溶性蛋白　孙日飞等（2000）对 Ogu 型大白菜雄性不育系的分析结果看出，雄性不育系和保持系中苏氨酸和脯氨酸含量各占游离氨基酸含量的 50%，保持系的脯氨酸含量高于不育系 7～14 倍，不育系的苏氨酸含量高于保持系 4～8 倍，不育系天门冬氨酸含量低于保持系。不育系花药的葡萄糖和果糖含量均低于保持系26%～88%。

史公军等（2004）以非对称细胞融合方法创建的新不育系及保持系为试材，研究发现不育系的脯氨酸、可溶性糖、可溶性蛋白含量及 α-淀粉酶、β-淀粉酶活性均远远低于保持系，表明这些生化指标与小孢子发育有密切的联系，而游离氨基酸总量差异不大，可能它对小孢子发育的影响不大。新不育胞质与保持系叶片色素含量差异不大，表明新种质达到了细胞质和细胞核的协调一致，从而克服了原不育材料叶片的低温黄化现象。

三、细胞质雄性不育系（R_1aa. p）细胞学鉴定

试材用柯桂兰等选育的甘蓝型 Ogu CMS RC_7 及其保持系 B_7 为材料，由赵惠芳（西北农林科技大学）2007 年鉴定。

（一）保持系 B_7 花药发育过程

1. 造孢细胞期　造孢细胞位于药室中央，体积较大，核小，呈多边形，细胞质淡。

2. 花粉母细胞期　小孢子母细胞体积增大呈圆形，核大，着色深，花药壁结构分化完全，由外到内可清楚地区分出表皮、纤维层、中层和绒毡层四层结构。

3. 四分体时期　四分体由胼胝质包围，呈四面体形。绒毡层细胞开始解体、溶解，着色深，包裹在四分体周围。

4. 单核期　小孢子变圆，三沟萌发孔明显，绒毡层细胞解体，或有部分残留在药室内壁上。

5. 花粉粒成熟期　形成两细胞三核的成熟花粉粒，绒毡层完全解体，只剩下表皮和纤维层。

（二）不育系 RC_7 花药发育过程

1. 造孢细胞期　造孢细胞位于药室中央，体积较大，核小，呈多边形，细胞质淡。

2. 花粉母细胞期　小孢子母细胞体积增大呈圆形，核大，着色深，花药壁结构分化完全，由外到内可清楚地区分出表皮、纤维层、中层和绒毡层四层结构。

3. 四分体时期　四分体由胼胝质包围，呈四面体形。绒毡层细胞开始解体、溶解，着色深，包裹在四分体周围。

4. 单核期　只能形成少量正常的单核花粉，绒毡层细胞膨大。

5. 花粉粒成熟期　观察不到正常的成熟花粉粒。

鉴定结果表明：不育系 RC_7 小孢子母细胞大多能经减数分裂形成四分体，然而在此期间伴随着种种异常。首先是绒毡层细胞畸形肥厚，有的充斥整个药室，四分体刚一形成便开始退化，小孢子相互粘连、退化、解体。观察不到单核期的小孢子，也看不到雄配子体的发育。药壁变化与保持系完全不同，内壁细胞不发生形状变化和次生条状加厚，中层细胞没有退化现象，开花时仍然存在，绒毡层细胞不但没有退化，而且畸形肥厚，充满药

室，开花时随药室收缩而变形。可见，前两期 B_7 与 RC_7 的发育差异太大，至四分体时，不育系 RC_7 四分体受到膨大绒毡层细胞挤压导致变形，呈现不规则状，进一步破碎、解体，从而无法形成小孢子，说明不育系 RC_7 属单核花粉败育型（图 6-13）。

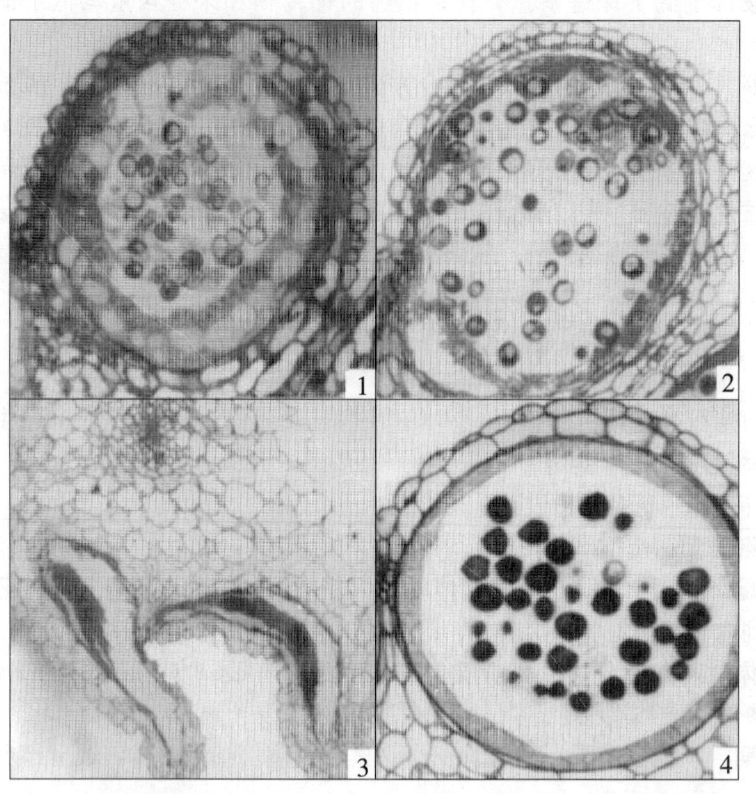

图 6-13 大白菜雄性不育系 RC_7 及其保持系 B_7 的小孢子发育解剖图（400×）
1. RC_7 单核时期 2. B_7 单核时期 3. RC_7 花粉粒成熟期 4. B_7 花粉粒成熟期

四、细胞质雄性不育系的选育

（一）细胞质雄性不育材料来源

截至目前，在大白菜中还没有发现细胞质雄性不育源。在大白菜细胞质雄性不育系选育中，首先面临的是不育源的获得和选择。其方法不外两种：一是人工创造；二是外源 CMS 基因的导入。

可供选用的不育源创制方法包括：①利用亲缘关系较远的材料进行杂交，由于遗传上的异质性，其后代群体中往往能够产生雄性不育株；②利用射线（x、γ、β 射线、电子束、激光等）照射，或化学物质诱变，引发基因突变，也可以获得雄性不育株；③通过离体细胞培养，诱导细胞无性系变异，或在离体培养中加上辐射，或化学诱变剂处理，在其后代中选择雄性不育株；④利用原生质体融合技术进行体细胞杂交，将雄性不育的细胞质线粒体转移到其他可育胞质中，实现细胞质雄性不育基因的转移，创建新的不育种质；

⑤应用基因工程方法，将线粒体中的特异雄性不育基因导入目标植株的细胞质中创造雄性不育。

当然，引种还是最快捷获得不育源的方法。

（二）细胞质雄性不育系选育

1. 转育父本的选择　转育父本就是未来的保持系，其决定着所育成不育系的利用价值，应该是稳定遗传、具多个优良目标性状的自交系。具体来说，该自交系应无自交退化和自交不亲和现象，转育后无小花败育，抗病和抗逆能力强，结籽率高，目标性状突出，配合力高。要选育耐抽薹的春大白菜不育系，就要在以上优良性状的基础上，突出晚抽薹性状选择；要选耐热的夏大白菜不育系，转育父本的高温结球能力必须突出。

2. 雄性不育系的转育　雄性不育系的转育是采用饱和回交法进行。具体应注意下列环节：

（1）除对转育后代蜜腺发育、雌蕊功能、柱头形态等进行鉴定与选择外，其他性状应以与转育父本相像为原则进行选择，一般经 4～6 代回交即可完成转育。

（2）转育父本为已育成的稳定自交系，无须在与母本交配过程中继续自交，最好每次杂交时使用原已选好定型的优良自交系（种子），避免遗传漂移带来不良后果。

（3）为加快育种进程，可进行加代繁殖。具体做法是：将大白菜种子在 20℃左右水中浸泡 4～6h，吸水膨胀后，置 25～28℃温度下 12h，当种子开始萌动时（种芽露白即可，芽子不可太长），置 2～4℃透明塑料盒 6 000～8 000lx 光照条件下处理 15～30d（根据不同品种所需春化时间定）。耐热品种要求时间短，晚抽薹品种要求时间长。然后，栽种在 25℃左右自然条件下，15～20d 即可抽薹开花，一年可繁殖 2～3 代。

（4）在转育异源不育胞质时，有时需采用特殊方法克服远缘杂交障碍。如用萝卜与大白菜杂交，生殖隔离严重，很难获得种子。克服方法有很多，包括幼蕾授粉法、摩擦柱头法、添加桥梁亲本法、CO_2 处理法、喷盐水或其他化学物质、秋水仙素加倍法、衰老柱头重复授粉法、电助授粉法、子房培养法及生物工程法等。

五、细胞质雄性不育系利用中需注意的问题

（一）不育系的繁育问题

大白菜细胞质雄性不育系与自交系、自交不亲和系一样，随着繁殖代数增加，会发生退化，表现在抗性和生长势减弱，制种产量降低等。因此，在不育系选育过程中，一旦经济性状稳定一致，就应扩大不育系繁殖量，做到一次繁殖，多年使用。对继代亲本也须坚持 3 级圃地的选育，即每年通过性状观察，选择优良母株作为原原种混合留种，第二年用原原种小株扩大作原种，第三年用原种配制 F_1 杂种。配合力测定可参照转育父本的测配基础进行。

（二）不育系与保持系间的杂交亲和性问题

随着不育系与保持系回交世代的增加，会出现不育系与其保持系间杂交表现亲和性障碍，给不育系繁殖带来困难。当然，这首先与保持系自身的自交亲和性有关。为此，在不育系稳定后，每代需对保持系作亲和性测定，一旦出现自交亲和性下降，应立即采用成对

交办法，进行自交亲和性筛选。具体做法如下：在不育系中选取5～8株健壮、与保持系相像、生长势强的植株作母本，选取同样性状标准的5～6株保持系作父本；在每一不育株上选取5～6个枝条，分别与选定的5～6株保持系单株杂交，对应的父本株自交留种。母株上所选侧枝编号应当变换位置，避免位置差异造成误差。比较用同一父本授粉所得种子的数量。如果差异不大可继续作原种使用；如果差异大，就选取采种量最多的父本单株扩繁留种繁殖不育系和保持系原种（图6-14）。

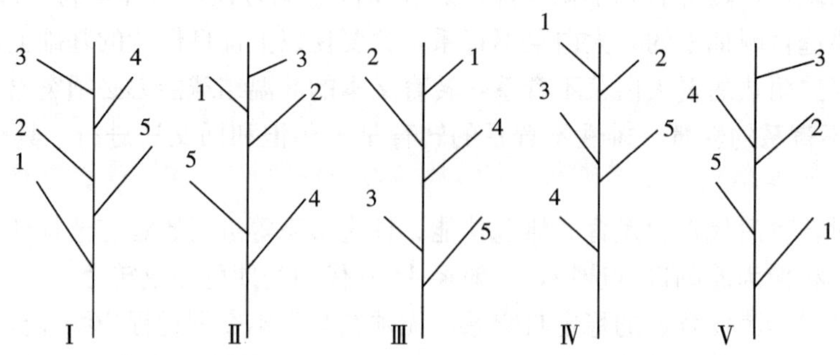

图6-14　大白菜雄性不育系的相应保持系亲和性测定方法图示

（柯桂兰　冯辉　赵利民）

第五节　环境敏感型雄性不育系选育与利用

环境敏感型雄性不育是指不育性表达主要受环境条件影响的一种不育类型。常见的有温度敏感型、光周期敏感型、温度和光周期互作敏感型等。目前，已在玉米、水稻、谷子、大豆、高粱、小麦、甘蓝型油菜等多种作物上发现了环境敏感型雄性不育材料。在园艺植物中，最早利用的是大白菜温度敏感雄性不育材料，其主要特征是在较低温度下花粉发育正常，高温条件下花粉败育（冯辉等，2002）。

利用雄性不育性的温度敏感特性，可以在不育温区内配制杂交种，在可育温区内繁殖亲本，一系两用，进行“两系法”制种。“两系法”制种可以简化制种程序，降低杂交制种成本，扩大组合配选范围，是一条较为理想的杂种制种技术途径。

一、温敏型雄性不育的花器官特征

冯辉等（1995）育成的大白菜温敏型雄性不育系TSMS-95属于嵌合不育类型，不育系内植株间、单株花枝及花朵间，以及同一朵花不同花药之间雄蕊退化的程度往往不同。与正常可育品系相比，不育系的花冠较小，花丝缩短，花药细小、浅黄至亮白色，无花粉或花粉较少，残存的花粉生活力很低，但雌蕊和蜜腺发育正常。

温敏不育系的雄蕊随着环境温度的变化表现多种形式，尤其在育性转换期嵌合不育现象普遍存在。为了区分不同嵌合程度的不育植株，评价不育系的可利用性，可以把不育系

分别按照单花、单株、群体不育度划分为0、1、2、3、4、5、6、7八个级别，划分标准见表6-3。

表6-3　大白菜温度敏感型雄性不育材料不育度分级标准

级数	单株雄蕊不育度划分标准	级数	单株雄蕊不育度划分标准
0级	败育雄蕊数=0	4级	50%<败育雄蕊数≤60%
1级	0<败育雄蕊数≤15%	5级	60%<败育雄蕊数≤85%
2级	15%<败育雄蕊数≤40%	6级	85%<败育雄蕊数<100%
3级	40%<败育雄蕊数≤50%	7级	败育雄蕊数=100%

群体不育度指数=[Σ（各不育度级数×各级株数）/（最高不育度级数×总株数）]×100，其值在0～1之间，越大表示一个群体总体不育度越高。

二、温敏型雄性不育的育性转换特性

利用温敏型不育系TSMS-95进行的育性转换温度试验结果表明，该不育系的不育性具有明显的温度敏感性，属于高温不育类型。

（一）春季露地采种条件下育性表现

在沈阳地区春季露地采种条件下，TSMS-95的不育度随着环境温度的变化而变化。日均温稳定在16℃以下的时期（5月14～24日），不育度也稳定在0级；日均温达到24℃以上的时期（5月31日以后），植株表现完全不育；个别日期温度稍低（但在20℃以上），也并未引起育性变化；日均温16～24℃不断变化的时期（5月24～31日），会引起不育度的反复变化。

（二）冬季温室加代条件下育性表现

在沈阳地区冬季温室加代种植条件下，TSMS-95的育性也有变化，随日均温的变化呈现较有规律的变化趋势。2月份（日均温低于16℃）表现为不育度较低，有大量残存花粉散出；3月下旬（日均温逐渐高于16℃），不育系表现为残存花粉量减少、颜色变浅、活力减弱等，但自交仍能结籽。

上述试验结果证明，TSMS-95属于高温不育型。不育性表达的阈值温度为日均温24℃左右，可育的阈值温度为日均温16℃左右，日均温16～24℃为育性转换期，此时的植株多表现嵌合不育。

三、温敏型雄性不育的遗传特性

冯辉等（2002）对大白菜温敏型雄性不育系TSMS-95的遗传特性进行了分析，证明其不育性属于核遗传。不育性由隐性主效基因ms^t控制，但是，不育株的不育度具有数量遗传特征，受微效基因fdi（i=1，2，3，…）影响。不育系基因型为“$ms^tms^t fdi$”，可育品系基因型为“$Ms^tMs^t fdi$”。温敏型不育系与可育品系杂交遗传模式如图 6-15。

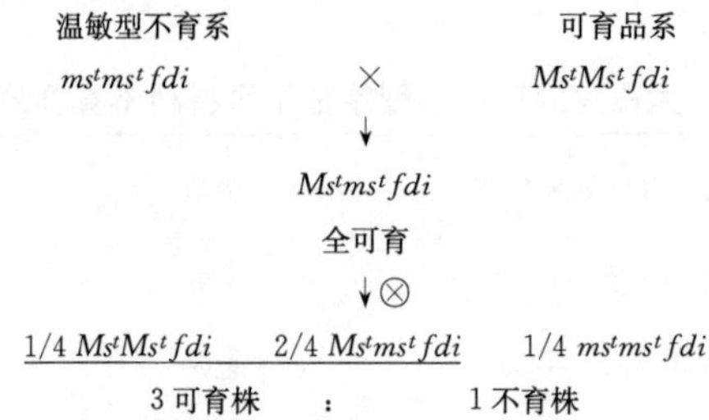

图 6-15 大白菜温敏型雄性不育系与可育品系杂交遗传模式

四、温敏型雄性不育系的选育

根据温敏型不育系 TSMS-95 的遗传特性，以其为不育源，可以采用杂交、回交和自交分离选择方法，能够转育新的温敏型雄性不育系。具体有两种转育方法。

（一）定向转育

这种方法是以温敏不育材料为不育源，向选定的优良品系中转入温敏不育基因，育成稳定遗传、经济性状和植物学性状与待转育品系相近的新温敏不育系。

具体做法是以温敏不育系为不育源，与待转育品系杂交得到 F_1（杂合显性）。F_1 自交在 F_2 代分离出不育株（纯合隐性）。选择 F_2 代中的不育株与待转育品系回交，获得 F_2BC_1（杂合显性）。F_2BC_1 自交获得 F_3BC_1（显、隐性分离），使温敏不育株分离出来。选择 F_3BC_1 的不育株（纯合隐性）继续与待转育品系回交，获得 F_3BC_2 世代，如此下去，直至选育出经济性状和植物学性状与待转育品系相近，具有典型的温敏不育性的新的雄性不育系（图 6-16）。

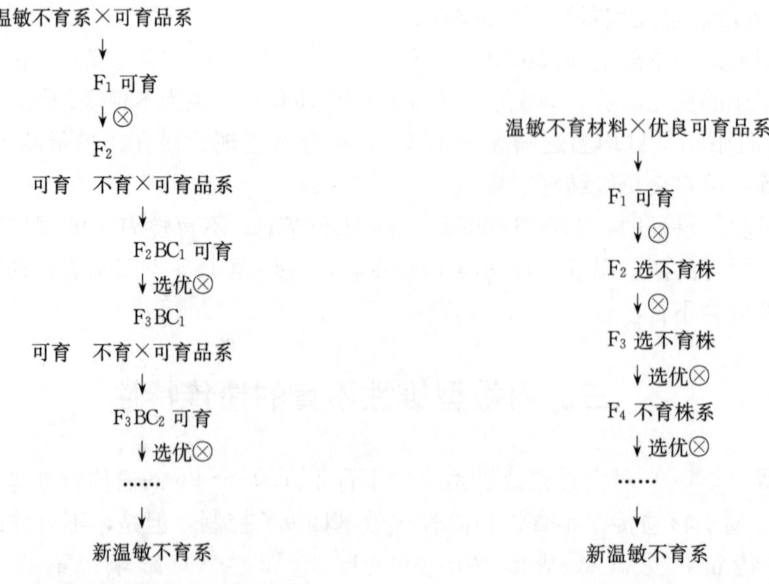

图 6-16 大白菜温敏不育系定向转育模式

图 6-17 大白菜温敏不育系合成转育模式

(二) 合成转育

合成转育也称非定向转育。具体方法是以温敏不育系为不育源，与经济性状优良的大白菜可育品系杂交得到 F_1（杂合显性），表现可育。F_1 自交获得 F_2（显、隐性分离）使不育性状表现出来。在 F_2 中选择不育株（纯合隐性）自交（利用温敏特点，在出现花粉时自交）。F_3（纯合隐性）继续进行不育性状和经济形状选择，如此下去，直至获得温敏不育性遗传稳定、经济性状优良、配合力较高的新的温敏不育系（图 6-17）。

五、温敏型雄性不育系的利用

利用大白菜温度敏感型雄性不育系配制杂交种，需设立 3 个隔离区，即不育系繁殖区、父本系繁殖区和杂交制种区。

不育系的繁殖是利用其温度敏感特性，创造可育温度条件，诱导不育系产生花粉，通过自交或系内自由传粉繁殖不育系。北方可利用温室、大棚等保护地设施，在早春创造低温条件，在棚室内繁殖不育系。父本系可以种植在隔离区内，任系内自由传粉繁殖。在 F_1 制种区，需按 3～4∶1 的行比栽植温敏雄性不育系和父本，任其自由授粉，花期过后，拔除父本植株，在不育系上收获的种子即为 F_1 种子。

◆ 主要参考文献

北京市农业科学院蔬菜研究所大白菜杂优组．1978．大白菜“127”雄性不育两用系的选育与利用．遗传学报 5（1）：52-56.

曹寿椿，李式军．1980．矮脚黄白雄性不育系两用系的选育与利用．南京农学院学报（1）：59-67.

曹寿椿，李式军．1981．火白菜“矮杂 1 号”及雄性不育两用系的选育．园艺学报 8（3）：35-41.

陈凤祥．1993．甘蓝型油菜细胞核雄性不育材料 9612A 的发现与初步研究．北京农业大学学报 19（增刊）：57-61.

方智远．1997．甘蓝显性雄性不育系的选育及其利用．园艺学报 24（3）：249-254.

冯辉，魏毓棠，许明．1995．大白菜核基因雄性不育系遗传假说及其验证//中国科协第二届青年学术年会园艺学论文集．

冯辉．1998．白菜核不育复等位基因在亚种间转育的研究//辽宁省第三届青年学术年论文集．

冯辉，邵双．2002．大白菜温度敏感型雄性不育遗传特性分析//中国园艺学会年会论文集．

冯辉，林桂荣，王玉刚．2005．大白菜细胞核雄性不育基因向小白菜中转育的研究．河北科技师范学院学报（2）：10-13.

冯辉，徐巍，王玉刚．2007．“奶白菜”核基因雄性不育系定向转育研究．园艺学报 34（3）：659-664.

傅廷栋．1995．杂交油菜的育种与利用．武汉：湖北科学技术出版社．

何启伟．1993．十字花科优势育种．北京：农业出版社．

胡齐赞，韦顺恋．1999．白菜雄性不育系的转育．浙江农业科学（6）：285-287.

胡适宜．1982．被子植物胚胎学．北京：人民教育出版社．

黄启黎，陈智英．1990．大白菜雄性不育组织培养的研究．贵州农业科学（2）：7-9.

蒋树德，等．2002．Oguar 不育源不结球白菜雄性不育系转育．中国蔬菜（5）：28-29.

金永庆，沈晓昆，等．2001．黄苗小白菜异源胞质雄性不育系及其优良组合选育．江苏农业科学（1）：50-53.

柯桂兰，宋胭脂.1989. 大白菜异源胞质雄性不育系的选育及应用. 陕西农业科学（3）：9-10.
柯桂兰，等.1992. 大白菜异源胞质雄性不育系 CMS3411-7 的选育及应用. 园艺学报 19（4）：333-340.
柯桂兰，张鲁刚.1993. 大白菜源胞质雄性不育恢保关系的研究. 西北农业学报（1）：15-20.
柯桂兰.1996. 大白菜异源胞质雄性不育核型分析及细胞学鉴定. 西北农业学报 5（2）：3-9.
李骋宇，冯辉.2006. 大白菜细胞核复等位基因型雄性不育系转育研究. 中国农学通报（7）：377-379.
李家文.1984. 中国的白菜. 北京：农业出版社.
李树林，周熙荣，李清芳，等.1998. 青菜 TPS 雄性不育系的转育. 上海农业学报 14（1）：9-12.
李树林.1985. 甘蓝型油菜细胞核雄性不育性的遗传规律探讨及其应用. 上海农业学报 1（2）：1-12.
李树林.1986. 甘蓝型油菜细胞核雄性不育性的验证. 上海农业学学报 2（2）：1-8.
李树林.1987. 显性核不育油菜的遗传性. 上海农业学报 3（2）：1-8.
励启腾，孟平红.1995. 大白菜细胞质雄性不育系的选育. 贵州农业科学 23（3）：1-4.
刘宜生.1998. 中国大白菜. 北京：中国农业出版社.
鹿英杰，李光池.1994.134 大白菜细胞质雄性不育的系的选育. 中国蔬菜（4）：4-6.
钮辛恪.1980. 大白菜雄性不育两用系的选育及其利用. 园艺学报 7（1）：25-31.
秦太辰.1978. 作物雄性不育性育种原理和方法. 上海：上海科学技术出版社.
任成伟，曹成椿.1992. 萝卜胞质不结球白菜雄性不育系材料黄化缺陷的研究. 南京农业大学学报（1）：15.
沈阳农学院园林系蔬菜专业.1978. 大白菜雄性不育性遗传规律的探讨. 遗传学报 5（3）：213-218.
宋学文，王立江.1998. 大白菜雄性不育系杂交制种技术. 蔬菜（2）：14-14.
宋胭脂.1997. 加速转育应用大白菜 CMS 的几个问题探讨. 蔬菜（5）：23-24.
孙日飞，方智远.2000. 萝卜胞质大白菜雄性不育系的生化分析. 园艺学报 27（3）：187-192.
孙日飞，吴飞燕.1995. 大白菜核雄性不育两用系小孢子发生的细胞形态学研究. 园艺学报 22（2）：153-156.
谭其猛.1982. 蔬菜杂种优势利用. 上海：上海科学技术出版社.
陶国华.1987. 关于转育大白菜 CMS 的探讨. 中国蔬菜（8）20-22.
王福青，董树莲.2000. 大白菜雄性败育过程的细胞学研究. 华中农业大学学报 19（4）：391-394.
王福青.2001. 大白菜雄性败育的显微结构观察. 植物学通报 18（1）：105-1091.
王谋.1998. 论大白菜及其近缘芸薹属作物核不育材料的育性遗传兼基因互作的抑制效应. 遗传 20（3）：31-34.
王玉刚，冯辉，林桂荣，等.2005. 白菜核基因雄性不育系转育研究，园艺学报 32（5）：884.
魏宝琴，等.1995.Oguar 不育源结球白菜雄性不育系的选育. 中国蔬菜（5）：18-21.
魏宝琴.1989. 白菜胞质型雄性不育系配制杂交组合的研究. 沈阳农业大学学报 20（10）：9-14.
魏毓棠.1992. 大白菜雄性不育遗传规律的研究. 沈阳农业大学学报 23（3）：260-266.
徐巍，冯辉，王玉刚，等.2007. 奶白菜核基因雄性不育系转育效果的评价. 长江蔬菜（3）：50-52.
许明，冯辉.1999. 大白菜甲、乙型核不育系的转育. 中国蔬菜（5）：13-16.
许明，王世刚，等.2000. 大白菜核复等位基因的可育品系 92-11 的转育. 沈阳农业大学学报 31（4）：324-327.
袁美，杨光圣.2002. 油菜细胞质雄性不育的分子生物学研究进展. 中国油料作物学报 24（2）：87-90.
岳艳玲，等.2005. 大白菜核基因雄性不育转育研究进展. 北方园艺（5）：4-6.
岳艳玲，冯辉，宋阿丽.2005. 大白菜核基因雄性不育系的合成转育研究. 吉林农业大学学报 27（2）：

179 - 182.

岳艳玲，冯辉 . 2005. 核基因雄性不育系在大白菜不同生态型品种间的转育 . 中国蔬菜（7）：22 -23.

岳艳玲，冯辉 . 2005. 核雄性不育基因向卵圆生态型大白菜中的成功转育 . 沈阳农业大学学报 36（5）：603 - 605.

张德双，等 . 2002. 大白菜转育新甘蓝型油菜细胞质雄性不育系的研究 . 华北农学报 17（1）：60 - 63.

张德双 . 2006. 大白菜 CMS96 细胞质雄性不育分子特性研究 . 分子植物育种 4（4）：545 - 552.

张鲁刚，等 . 2001. 波里马胞质大白菜雄性不育系 CMS3411 - 7 温度敏感特性研究 . 园艺学报 28（5）：415 - 420.

张鲁刚，柯桂兰 . 1994. 大白菜异源胞质雄性不育遗传规律及其恢复性的研究 . 西北农业学报（3）：45 - 50.

张明方，等 . 2003. 十字花科作物细胞质雄性不育的分子机理 . 农业生物技术学报 11（5）：538 -544.

张书芳，宋兆华 . 1990. 大白菜细胞核基因互作雄性不育系选育及应用模式 . 园艺学报 17（2）：117 - 125.

张书芳，赵雪云 . 1994. 大白菜核基因互作雄性不育系 91 - 5A 遗传机制初探 . 园艺学报 21（4）：404 - 405.

赵利民，柯桂兰 . 1993. 大白菜胞质雄性不育系制种技术 . 农业科技通讯（7）：14 - 15.

赵利民，柯桂兰 . 1998. 大白菜异源胞质雄性不育系产种量构成因素的遗传相关分析 . 西北农业学报 7（3）：39 - 42.

周长久 . 1996. 蔬菜现代育种学 . 北京：科技文献出版社 .

Albani D，Rovert L S，Donaldson P A，et al. 1990. Characterization of a pollen-specific gene family from *Brassica napus* wich is acivated during early microspore development. Plant Mol Biol，(15)：605 - 622.

Bonhomme S，Budar F，Ferault M，et al. 1991. A 2. 5 × 103 b Nco I fragment of ogura radish mitochondrial DNA is correlated with cytoplasmic male sterility in *Brassica cybrids*. Curr Genet，(19)：121 -127.

Bonhomme S，Budar F，Lancelin D，et al. 1992. Sequence and transcript analysis of the Nco2. 5 Ogura-specific fragment correlated with cytoplasmic male sterility in *Brassica cybrids*. Mol Gen Genet，(235)：340 -348.

Chetrit P，Methieu C，Vedel F，et al. 1985. Mitochondrial DNA polymorphism induced by protoplast fusion in cruciferae. Theor Appl Genet，(69)：361 - 366.

Erickson L R，Straus N A，Beversdorf W D. 1983. Restriction patterns reveal origins of chloroplast genomes in *Brassica amphidiploids*. Theor Appl Genet，(65)：201 - 206.

Erickson L，Grant I，Beversdorf W. 1986. Cytoplasmic male sterility in rapeseed (*Brassica napus* L.) I. Restriction pat terns of chloroplast and mitochondrial DNA. Theor Appl Genet，(72)：145 - 150.

Feng Hui，Wei Yutang，Zhang Shuning. 1995. Inheritance of and utilization model for genic male sterility in Chinese cabbage (*Brassica pekinensis* Rupr.)，Acta Horticulturae，(402)：133 - 140.

Feng Hui，Wei Yutang. 1996. Multiple allele model for genic male sterility in Chinese cabbage，Acta Horticulturae，(467)：133 - 142.

Gray M W，Hanic-Joyce P J，Covello. 1992. Annu rev plant physiol. Plant Mol Biol，(43)：145 -175.

Handa H，Nakajima K. 1991. Nucleotide sequence and transcription analyses of the rapeseed (*Brassica napus* L.) mitochondrial F_1 - ATPase α - subunit gene. Plant Mol Biol，(16)：361 - 364.

Handa H，Nakajima K. 1992. Different organization and altered transcription of the mitochondrial atp6 gene in the male sterle cytoplasm of rapeseed (*Brassica napus* L.) . Curr Genet，21：153 - 159.

Handa H，Ohkawa Y，Nakajima K. 1990. Mitochondrial genome of rapeseed (*Brassica napus* L.)

I. Intraspecific variation of mitochondrial DNA. Jpn J Genet，(65)：17 - 24.

Handa M，Nakajima K. 1992. RNA editing of atp6 transcript from male sterile and normal cytoplasms of rape-seed (*Brassica napus* L.) . FEBSL，310 (2)：111 - 114.

Jennie B，Fancis C. 1992. *Brassica* anther-specific genes：Characterization and in situ localization of expression. Mol Gen Genet，(234)：379 - 389.

Kemble R J，Carlson J E，Erickson L R，et al. 1986. The *Brassica* mitochondrial DNA plasmid and large RNAs are not exclusively associated with cytoplasmic male sterility. Mol Gen Genet，(205)：183 - 185.

Lonsdale D M. 1987. Cytoplasmic male sterility a molecular perspective. Plant Physiol Biochem，(25)：265 -271.

Morgan A，Maliga P. 1987. Rapid chloroplast segregation and recombinat ion of mitochondrial DNA in *Brassica* cybrids. Mol Gen Genet，(209)：240 - 246.

Palmer J D，Herbon L A. 1987. Unicircular structure of the *Brassica hirta* mitochondrial genome. Curr Genet，(11)：565 - 570.

Palmer J D，Shields C R，Cohen D B，et al. 1983. A nunusual mitochondrial DNA plasmid in the genus *Brassica*. Nature，(301)：725 - 728.

Palmer J D. 1988. Intraspecific variation and multicircularity in *Brassica* mitochondrial DNAs. Genetics，(118)：341 - 351.

Scott R，Dagless E，Hodge R，et al. 1991. Patterns of gene exprssion in developing anthers of *Brassica napus*. Plant Mol Biol，(17)：195 - 207.

Singh M，Brown G G. 1991. Suppression of cytoplasmic male sterility by nuclear genes alters expression of a novel mitochondrial gene region. Plant Cell，(3)：1349 - 1362.

Singh M，Brown G G. 1993. RNA editing of transcript of or f224 associated with cytoplasmic male-sterility in *Brassica napus* L.. Gurr Genet，(24)：316 - 322.

Szasz A. 1991. Characterization and transfer of the cytoplasmic male sterile Anand cytoplasm from *Brassica juncea* to *Brassica napus* via protoplast fusion. Physiologia Plantarum，82 (1)：A 29.

Theerakulpisut P，Xu H，Singh M B，et al. 1991. Isolation and developmental exprssion of Bcp I. an anther-specific cDNA clone in *Brassica campestris*. Plant Cell，(3)：1073 - 1084.

（冯辉　柯桂兰）

第七章

抗病育种

第一节　研究现状与前景

一、抗病育种的概念及作用

（一）抗病育种的概念

在大白菜生长过程中，经常遭受病毒病、霜霉病、软腐病、黑斑病、白斑病以及黑腐病等病害的侵染，加之一些品种的抗病性较差，致使产量下降，少则减产10%～20%，大流行年份可减产50%以上，局部地区甚至绝产绝收。因此，采取措施，对这些病害进行控制是十分必要的。

植物病害控制就是通过人为干预，改变植物、病原物与环境间的相互关系，减少病原物数量，削弱其致病性，保持与提高植物的抗病性，优化生态环境，以达到控制病害的目的，从而减少植物因病害流行而蒙受的损失。从植物病害流行学的观点出发，植物病害的防治途径和方法不外乎是通过减少初始病原物量（X_0）、降低流行速度（r）或者同时作用于两者来阻滞病害流行，其中具有垂直抗病性的品种可有效控制初始病原物量，具有水平抗性的品种可有效降低病害流行速度，而且安全无公害。因此，进行抗病育种，合理利用抗（耐）病品种是最为经济有效的控制病害危害的手段。

所谓抗病育种就是以实现选育耐病、抗病或免疫新品种为目标，利用作物不同种质对病害侵染反应的遗传差异，通过相应的育种方法和检测技术进行品种选育的过程。大白菜抗病育种即通过引种、选种、杂优利用以及基因工程创新种质等多种手段，针对某种或某些病害，选育出高产抗病优质的大白菜新品种的技术。

（二）抗病育种的作用

抗病育种是植物病害综合防治的重要手段之一，尤其是对于一些像大白菜霜霉病菌、大白菜病毒病（TuMV）等高风险性病原物引起的流行性病害的控制更为有效。选育抗病品种，是控防蔬菜病害的主要方法之一，与其他防治方法相比，效果相对稳定，简单易行，成本低，能减轻或避免农药对蔬菜产品和环境的污染，有利于保持生态平衡等。

二、抗病育种的基本原理

（一）植物抗病性的概念

植物的抗病性是指植物避免、中止或阻滞病原物侵入与扩展，减少发病和降低损失程度的一类特性。也就是说病原物在侵染寄主植物的过程中，并不是畅行无阻的，会遇到寄主某些方面的阻碍、抵抗、抑制，甚至伤害，这就是寄主植物的抗病性。寄主抗病性并非是一种简单性状，而是由多种方式、多种因素所形成的综合性状。抗病性是植物普遍存在的、相对的性状。所有的植物都具有不同程度的抗病性，从免疫、高度抗病到高度感病存在连续性的变化，抗病性强便是感病性弱，抗病性弱便是感病性强。只有以相对的概念来理解植物的抗病性，才会发现抗病性是普遍存在的，只是程度上有很大的不同。

（二）植物抗病性的类别

目前对于植物抗病性的分类比较混乱，现简述几种主要的分类系统。

1. 根据抗病性程度划分

（1）免疫　是指作物品种在任何情况下对某一病害都完全不感染，而同类作物的其他品种则会感染这种病害。事实上，真正的免疫品种是极为少见的。

（2）抗病　是指作物品种能抑制病原体和病害发展的特性。根据作物在受到病原体侵染之后所表现的损失程度，抗病性又可分为高抗、中抗和低抗。

（3）耐病　是指作物品种受到病害侵染后，表现症状或损失，但产量和品质不表现严重影响。

（4）感病　是指作物品种极易受病原物侵染，受害以后的损失达到一般品种的平均值或平均值以上。

其实感病和抗病都是用以表示寄主和病原物之间引起某种相互作用的情况和程度。抗病和感病都是相对的，彼此也是相互联系的，没有定量的概念。

2. 根据抗病性表现形式划分

（1）阻止侵染型　在作物品种中，有的表现为完全不允许病原物侵入植物组织，有的虽然侵入了，但会立即将病灶封闭，而不让其扩展。抗病品种阻止病原物侵入的方式最普遍的是过敏反应。植物病原真菌、细菌、病毒和线虫侵染抗病品种和非寄主植物体后，其周围细胞组织迅速死亡，从而强化了周围的组织屏障，断绝向病灶输送养分，结果造成病原物本身死亡或丧失活性。这种过敏反应通常是出现一个坏死斑，但在极端情况下，有的坏死部分极大，甚至比一些整株感染的还受害严重。

（2）抑制增殖型　过敏反应是完全不允许病原体在植物体内增殖，而抑制增殖型则是限制病原体在植物体内的增殖量，结果该病害的蔓延和危害程度都比感病品种明显降低。这种类型的抗病性不能完全阻止病害的发生，直接用幼苗接种鉴定时，其抗病性也不太明显，一般多在田间栽培时与感病品种相比，才能看出差别。所以有人又把这种抗性称为田间抗性或场圃抗性。

（3）潜隐型　病原体在植物体内的增殖和感病品种差不多，但通常不表现症状，或即使有症状也很轻微，这样的抗性叫做潜隐型抗病性。潜隐型在病毒病中较为常见，如番茄

中有的抗烟草花叶病毒的品种（带有 Tm 基因的）常常表现为潜隐型。

3. 根据抗病性遗传基因划分

（1）单基因抗性　指参与抗病的基因只有一个。可以根据抗病基因在杂合状态下表现为显性或隐性，分为单基因显性或单基因隐性抗性。

（2）寡基因抗性　指抗病性是由少数几个基因控制的抗性类型。

（3）多基因抗性　指抗病性是由多个微效基因共同控制的抗性。

以上 3 种蔬菜抗病品种类型举例如图 7-1。

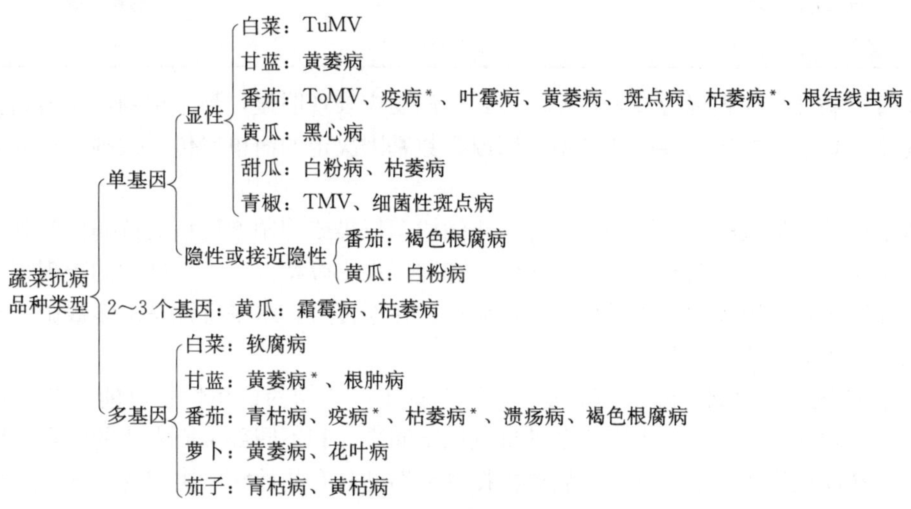

图 7-1　蔬菜抗病品种类型

（*这类病害有不同类型抗病品种）

（西南农业大学主编，1991）

4. 根据抗病性变异划分　1963 年范德普朗克（J. E. Vanderplank）根据寄主、病原物变异的关联性，把植物抗病性分为垂直抗性和水平抗性。

（1）垂直抗性　是指病原物的变异和寄主植物的变异是关联的，表现为一种植物品种对病原菌一个或几个小种具有抗性，所以又称小种专化抗性。其特点是，寄主植物对某些病原菌小种具有高度的抗性，而对另一些小种有时则高度感染，即对不同生理小种具有“特异”反应或“专化”反应。例如，具有 R_1 基因的马铃薯品种对于晚疫病菌小种 1 是感染的，但对小种 2 却是抗病的；具有 R_2 基因的马铃薯品种对于病菌小种 2 是感病的，但对小种 1 却是抗病的。这也就是“基因对基因”的概念。

所谓“基因对基因学说”最初是由美国植物病理学家弗洛尔（Flor，1947）创立的。弗洛尔从 20 世纪 30 年代就研究亚麻锈病（*Melampsora lini*），发现亚麻对锈病的抗病基因（K，L，M…）与锈菌的无毒基因（Ak，Al，Am…）存在着数量与功能的一对一的对应关系。只有具有抗病基因（R）的植物品种与具有无毒基因（A）的病菌小种互作时才表现抗病，其他情况均为感病。因此，可以说寄主植物的抗病性即不亲和性是寄主与病菌特异性互作的结果（表 7-1）。

（2）水平抗性　是指病原物的变异与寄主变异无关，即两者变异不相关联，表现为一种植物或品种对病原物的所有小种都具有抗性，所以又称为非小种专化抗性。这种抗性对病原物的不同生理小种没有什么“专化”或“特异”的反应。它对病原菌各小种的反应大体上接近一个水平，故称之为水平抗性。

表 7-1 抗病基因和无毒基因显性互作的双因子方格表示法

（王金生，1999）

寄主基因	病菌基因	
	无毒基因（*AA*）	隐性等位基因（*aa*）
抗病基因（*RR*）	抗病反应（R）	感病反应（S）
隐性等位基因（*rr*）	感病反应（S）	感病反应（S）

垂直抗病性往往表现为过敏坏死反应，抗病反应表现明显，易于识别，其最高程度可达到免疫。垂直抗性的遗传往往是单基因或少数基因决定的简单遗传，杂种后代分离也较简单。

水平抗性包括过敏坏死以外的多种阻止病原菌侵染或抑制增殖型的抗病性。其表现形式有侵染概率低、潜育期长、产生孢子量少和孢子堆小等特点。水平抗性的表现不如垂直抗性那样突出，多数表现为中等程度的抗病性。在遗传上，水平抗性是由多数微效基因所决定的，属于数量遗传范畴。

5. 根据抗病性机制划分 Kŭc 等（1983）指出，植物的抗病性不可能完全依赖于一种机制或某种化合物，而是决定于多种机制以不同方式和不同部位而表达的联合作用。

（1）被动抗病性 是植物在与病原物接触前即已具有的性状所决定的抗病性，如植物株型、气孔数量、开闭时间、体表角质层、体内薄壁组织厚度和硬度、各种抗菌物质等，也可称为既存的抗病性，可分为组织结构抗病性和化学抗病性。

（2）主动抗病性 是指植物受病原物侵染或机械损伤后，其生理代谢和细胞壁结构发生一系列的变化，构成了阻止或限制病原物侵染的化学和物理障碍。这种反应在各类病原物侵染的病害中普遍存在，也称为侵染诱发的抗病性。

无论是被动抗病性还是主动抗病性，都包括组织结构或形态抗性与生理生化抗性两大部分。

（三）植物抗病机制

植物对病原物的抗病反应又称非亲和性反应。植物尚未进化到以一种基本机制就能有效地抗衡多种病原物的程度，而是以多种结构和生化防卫机制与病原物抗衡。许多研究结果表明，植物抵抗病原物侵染有主动和被动的两个方面，包括多种抗病因素，可大体分为预先形成的抗病因素和侵染诱发的抗病因素。

1. 预先形成的抗病因素

（1）结构特征与抗病性

蜡质与茸毛：植物茎、叶表面蜡质和茸毛的有无及多少，常成为抵抗病原物侵入的特征之一。Jenning 认为，蜡质层除了物理障碍外，还存在抑菌物质。茸毛主要有三方面作用：第一，作为阻止侵染物生长的障碍，茸毛可成为芽管生长的一个物理障碍，能减少它们到达气孔的数量；第二，茸毛数量增加，可使露水更有效地覆盖叶表，因而成了喜干燥表面的锈菌芽管的有效屏障；第三，茸毛内可能含有一些酚类物质，在受到外界刺激时便

释放出来。

角质层和木栓层：表皮角质层中的角质和木栓层内的木栓质是天然存在于植物表面的结构成分。这些聚合物的作用是保护植物免于脱水和免受病原物的侵染。角质层和木栓层的厚度及硬度与抗真菌直接侵入关系密切。对叶片和果实来说，角质层是主要的。一般角质层越厚，抗侵入的能力越强。木栓层是块茎、根和茎等抵抗病菌侵入的重要结构。木栓层中的木栓质是不透水、不透光的亲脂性物质，能有效阻止病菌的侵入，尤其是对伤口侵入的弱寄生菌，如大白菜软腐病菌［*Erwinia carotovora* subsp. *carotovora*（Jones）Bergey et al.］等抗侵入效果更为明显。角质和木栓质在抗侵入中除了物理机械障碍外，近年来还发现有化学毒杀作用。角质和木栓质的某些羟基酸单体和环氧酸单体对侵染的病原物是具有高毒性的。当病原物的侵染引起这些聚合物水解时，其中含有共价结合的致毒成分就会释放出来，从而保护植物免遭进一步侵染。此外，角质层的疏水性使可湿性孢子不能停留在叶面，因而降低了侵染概率。在构成木栓质的物质中有2/3是酚类，因此，存在于木栓化组织表面或内部的病原物，将同时遭到游离羟基酸、环氧酸和游离态或结合态的酚类物质及其氧化产物的毒杀。木栓质的厚度和木栓化的速率可作为植物被动和主动抗病机制的指标。

气孔和水孔：对于由气孔或水孔侵入的病菌，植物表面气孔和叶缘水孔的密度、大小、构造及开闭习性等常成为抗侵入的重要因素。

寄主体内细胞壁结构：寄主表皮下的厚壁组织可有效的限制薄壁组织中的病原菌向外扩展。寄主组织内薄壁细胞的厚度和硬度对病菌菌丝体的扩展也有很大影响。在寄主导管组织内的病原菌，因导管的不同结构可影响病原菌的扩展。通常导管细胞壁厚而硬或管道窄的维管束可有效地抗扩展；相反，则抗扩展能力较弱。

（2）化学物质与抗病性　植物组织中有许多预先形成的抗菌物质，使得大多数微生物不能在活植物组织中定植。引起植物发病的细菌和真菌，通常也只能定殖在某一种植物中，即使在感病寄主植物中也只局限于特定的组织中。这些物质通常在健康的植物组织中的浓度均较高，有时在植物受到侵染后，这些物质便转化为更加有效的毒素。例如在有色（红皮或黄皮）洋葱的着色老化的外层鳞片中含有大量的儿茶酚和原儿茶酸（图7-2）等具有抗洋葱炭疽病作用的物质；存在于十字花科蔬菜中的芥子油是异硫氰酸的配糖酯类，经酶水解后产生异硫氰酸盐；大蒜所含的蒜素经酶水解为二烯丙基二硫化物。这些都与植物组织内存在的抗菌物质有密切关系。现已分离出数百种与抗病性有关的化合物，其中有的是植物组织既存的化合物（表7-2），有些属于植保素。

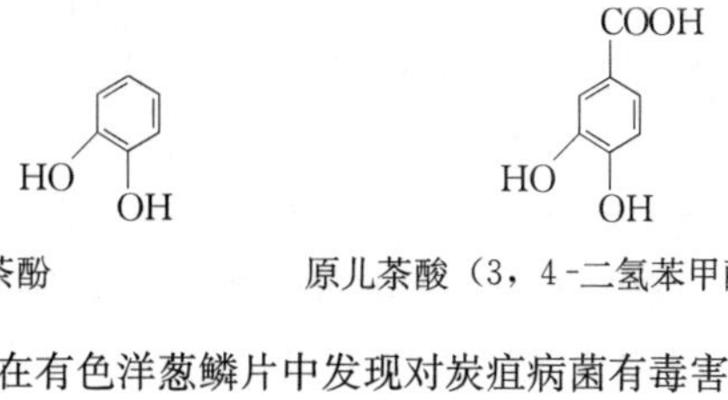

HO　OH　　　COOH　HO　OH

儿茶酚　　　原儿茶酸（3，4-二氢苯甲酸）

图7-2　在有色洋葱鳞片中发现对炭疽病菌有毒害的化合物
（陈捷，1994）

2. 侵染诱发的抗病因素　植物受病原物侵染或机械损伤后，其生理代谢和细胞壁结构要发生一系列的变化，构成了阻止或限制病原物侵染的化学和物理障碍。这种反应在各类病原物侵染的病害中普遍存在。

表 7-2　已报道的结构性抗性化合物

（陈捷，1994）

植物科	种	化合物
槭树科	挪威槭树	五倍子酸
石蒜科	洋葱	儿茶酚和原儿茶酚
五茄科	英国常春藤	Hederasponin C
小蘖科	小蘖	小蘖碱
十字花科	大白菜、甘蓝等	芥子油糖苷
蔷薇科	苹果	根皮苷和根皮素
	梨	对苯二酚葡糖苷
禾本科	燕麦	燕麦素
	大麦	大麦醇
	小麦	二羟甲氧基苯并嗪酮
	玉米	DIMBOA 糖苷
樟科	油梨	Borbonol
豆科	鸟足车轴草	棉豆苷
百合科	郁金香	郁金香素
茄科	番茄	番茄苷
	马铃薯	α-茄碱和 α-颠茄碱
		咖啡酸和氯原酸

（1）细胞和组织屏障

细胞质的凝集：在侵染点，植物细胞质发生的凝集作用是一种局部形成的细胞障碍。细胞质凝集作用的形成是相当迅速的，例如，白菜根肿病菌游动孢子囊侵染甘蓝根毛后23s 就能在侵染点形成细胞质凝集现象。在细胞质凝集物中具有很多细胞器，可以向细胞壁分泌一些在寄主细胞壁晕圈和乳突中发现的添加物质。

晕圈和乳突：病菌侵染位点周围的寄主细胞壁成分和染色特性发生变化而形成的圆形或椭圆形圈叫晕圈。晕圈中具有还原糖、乙醛、乳色硅、木质素、胼胝质及 Ca^{2+}、Mg^{2+} 等。此外，晕圈中还含有木质素。活的植物细胞表面一旦遭到病菌侵染或显微针刺伤后，在受刺激位点处的质膜与细胞壁之间形成的沉积物叫乳突。它是诱导形成的，由异质物质组成，大多数含有胼胝质（β-1，3-葡聚糖）、木质素、酚类物质、纤维素、硅质、软木质及多种阳离子（Ca^{2+}、K^{+}、P^{5+}）。乳突形成可以作为抗病策略。一般而言，乳突一旦形成便能阻止病菌进入寄主体内，避免单个寄主细胞的死亡，实现以少量能量防御病害的目的。

细胞壁的添充：病菌一旦侵入某些植物组织，在侵入点的几个到多个寄主细胞的细胞壁上便能发生明显的添充现象。寄主这种反应的程度和时间与限制病菌扩展同步发生。

细胞壁木质化与木栓化：细胞壁木质化反应是植物组织对受伤和病菌侵染最普遍的反应之一。木栓质是受伤周皮的成分之一，具有封闭植物组织伤口，阻止病菌侵入的作用，

木栓化细胞壁可以限制许多病害病斑的大小。

分生组织的障碍：植物对受伤或侵染的典型反应就是围绕受伤部位和侵染位点形成一层由分生组织细胞构成的薄壁组织。由于新分生组织产生的多层新细胞内添充了木质素、木栓质或酚类物质，因而能够限制侵染和腐烂。

（2）生理生化特性 植物和病原物在共同进化、相互作用及相互识别过程中，形成了错综复杂的关系。病原物在侵染寄主植物、获取营养的同时也激发了寄主植物体内潜在的抗病能力，即激发产生一系列抗病生理生化反应，如过敏反应、植保素合成、酚类代谢等，抵抗或限制病原物的侵染。

寄主抗性生理反应的过程：细胞坏死是寄主对病菌识别发生反应或寄主抗性反应得到活化而引起细胞膜不可逆的损伤结果。这种活化的抗性反应主要涉及木质素形成、细胞壁添加（乳突）和酚类物质在细胞壁内的早期积累。许多研究表明，寄主对侵染发生的初次反应，主要表现在苯甲酸和苯基类丙烷等低分子量酚类物质的形成，而许多酚类物质又可以和细胞壁发生酯化作用。这样的苯基类丙烷酯类相互交联又可形成木质素类似物。在侵染点寄主组织变色和自发荧光主要是由羟基肉桂酸和衍生物引起的。Matern 和 Kneuse（1988）指出，寄主防御反应分两个阶段：第一阶段是在侵染点发生酚类物质积累，减慢病菌生长，活化第二阶段的防御反应；第二阶段是启动专门的防御反应，即植保素或其他与抗性有关物质的合成。由于第一阶段防御反应发生很快，抗性基因来不及转录和翻译，基因的转录和翻译只能在第二阶段进行，属于亚级抗性反应。因此寄主防御反应各环节发生的顺序可概括为：寄主细胞坏死→有毒酚积累→细胞壁被酚类物质或机械障碍修饰（如添充或乳突）→植保素等专化性抗菌物质合成。

寄主防御酶系统的变化：寄主并不是被动接受病菌侵染，寄主本身也相应产生主动的抗病反应，其中一系列防御酶系统的变化就是这种抗病反应的基础。概括起来防御酶系统主要包括苯丙氨酸解氨酶（PAL）、过氧化物酶（POD 或 PO）、多酚氧化酶（POO）、超氧化物歧化酶（SOD）、几丁质酶、β-1，3-葡聚糖酶、β-糖苷酶、脂肪氧合酶（LOX）和 NADPH 氧化酶等。寄主受到侵染后，这些酶活性都要发生变化。

过敏性反应：寄主在侵染点周围的少数细胞迅速死亡，从而限制病菌扩展的一种特殊现象。它只在抗病品种对非亲和小种或病菌与非寄主植物互作时才表现出来，它是植物抗性反应和防卫机制的重要特征。

多酚类化合物：多酚类化合物是苯丙酸类代谢的产物，其中与抗病性有关的主要有阿魏酸、咖啡酸、绿原酸和香豆素等。植物受病原菌侵染后，绿原酸含量很快积累。绿原酸等多酚化合物在抗病中的作用包括：①在酚氧化酶或过氧化氢酶作用下，多酚化合物的氧化产物对病菌菌丝生长有毒害作用；②作为病原菌所分泌的细胞壁多糖降解酶类的抑制剂；③酚类可以形成木质素前体，从而合成木质素使细胞壁木质化。

木质素：寄主—寄生菌相互作用中，细胞壁在感染病菌后的木质化是寄主对感染的一种抵抗反应。因为病菌不能分泌分解木质素的酶类，所以木质素提供了有效的保护圈以阻止病菌对寄主的入侵。

植保素：植保素是植物受病原微生物或非病原微生物或其他因素压抑刺激，而在受感染或受压抑的部位及其周围产生和积累具有抗菌作用的亲脂性的低分子量物质，是植物受病原菌侵染后保卫反应在生化上的重要表现。已在22科植物中发现150种植保素，主要集中于豆科和茄科植物上。植保素具有以下性质：对植物的病原微生物具有拮抗性；植物的代谢物，在健康的未受刺激的植物组织中含量极低，但一旦受到侵染或刺激便能迅速产生和积累；对植物和病原微生物都不具备高度专化性；在抗病品种上植保素的产生和积累比感病品种快且量也较多；植保素是诱发性物质。

（四）大白菜抗病育种的基本方法

在选育大白菜抗病品种时，必须增强大白菜品种对某一种或几种主要病害的抗病性，同时还要注意改善其他经济性状。采用的育种方法和选择方法，主要决定于选择性状的遗传特点。在育种过程中对待抗病性也和对待其他性状一样，要进行严格系统的选择。以下介绍主要步骤和方法。

1. 抗源的搜集

（1）抗源类型　抗源就是抗病的基因资源。抗源对育种速度、新品种抗病性、延长抗病品种的使用年限都有重要作用。植物的抗病性是由寄主植物的遗传型和病原物遗传型决定的，抗病种质资源与其他性状种质资源相比更加复杂，涉及生物间互作的问题。

抗源应包括几个方面：一是已鉴定出的抗病性基因，如大白菜抗芜菁花叶病毒（Turnip mosaic virus，TuMV）基因。二是对材料已有初步了解，还未进行抗性基因鉴定，可能是优良基因的载体，如大白菜城阳青对软腐病和霜霉病都有一定的抗性，用集团选择法选出了比城阳青抗病性更强的中型城阳青。在目前情况下，上述方法鉴定资源、利用资源，还是很有效的。三是根据生态型和该资源产地具体情况，可分析某地区某些资源可能具有的抗病基因，特别是对近缘的野生种，可用先搜集再鉴定、再利用的方法。四是人工引变创造种质资源。据报道，北京市农林科学院曹鸣庆等应用基因工程方法及分子克隆技术，克隆了芜菁花叶病毒的一段基因，然后运用真空渗透原位转化技术，将病毒基因组合到大白菜基因组。由于外源基因的导入，从而使转基因植株获得对病毒的抗性。经过几年的抗病性鉴定，证明大白菜转基因植株的抗病毒能力普遍提高，获得了一批大白菜抗病新种质。

（2）抗源搜集　尽可能地利用从地方品种和已在本地推广的外来品种中经过筛选鉴定的资源为材料。因为搜集抗源的目的是为了育种，这两类品种适应当地环境并有综合的优良性状，食用品质和商品性都为当地人所习惯，且对当地病原物的优势小种（或株系）有一定的适应性。这一切都是长期自然选择和人工选择的结果。地方品种（包括引进后长期栽培品种）对病害抗性特点是一般水平抗性好，这可延长新品种的使用年限。另外，作物起源中心的原始栽培种和近缘野生种有极其丰富的抗源。

2. 抗病育种的基本程序　在抗源搜集以后，育种上主要是对抗源筛选和根据不同抗性特点确定育种方法。美国威斯康星大学 P. H. Willims 教授根据病原、寄主和环境三者相互作用表现型的原理，将抗源筛选和选育品种两部分综合为一个简图（图 7－3）。现将该图内容作一说明：

接种前，确定最适宜的接种部位，病原物接种体的毒力要一致。不同蔬菜、不同病害在进行抗性鉴定时接种的方法和部位不同。大白菜多抗性接种鉴定时，白锈病、黑斑病、霜霉病均应接种在子叶上，病毒病则要接种在第一片真叶上，根肿病、根腐病、枯萎病则要采用土壤接种方法接种在大白菜的根上。只有接种在寄主适当的部位病害症状才能充分

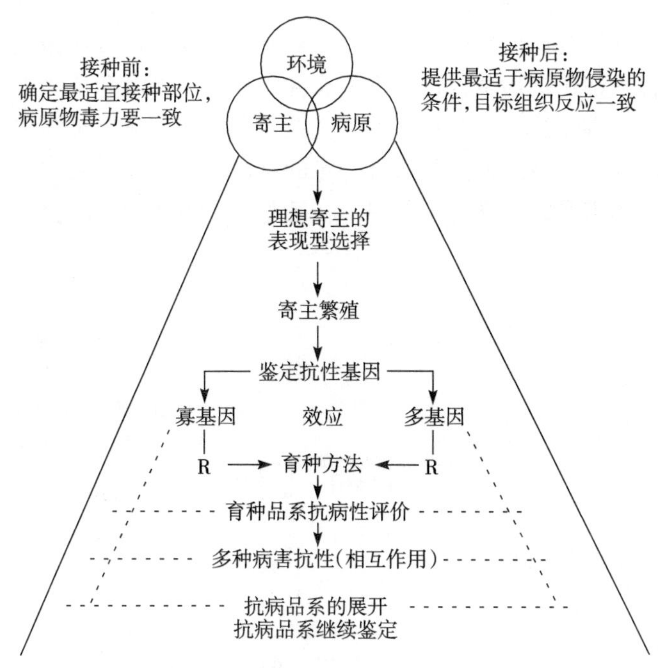

图 7-3　抗病育种抗源筛选基本程序

（方智远，2004）

显现，这个最能反映病症的部位称为"目标组织"。另一方面，接种压力也直接影响鉴定结果的准确性，只有在病原物毒力、接种压力都一致的情况下才能鉴定出寄主抗性差异，否则就会造成人为误差。如霜霉病接种时用每毫升含 10^5 个孢子囊的新鲜孢子囊悬浮液 0.01～0.02ml 接种到子叶上，每个单株都用同一接种量。

接种后，要提供最适于病原物侵染发病的条件，使目标组织反应一致。这样才能准确反映寄主对病菌的抵抗水平。不同材料（如不同自交系）内每一株目标组织的抗性程度表现一致才能准确确定寄主的抗病性。抗病株系筛选出以后，要进行抗性的遗传性研究，弄清抗性基因型、基因效应，便于确定育种方法。如抗性基因是加性效应，以选育定型品种为宜；显性效应、上位性效应，则宜选育一代杂种；若是多基因控制的水平抗性，则可用轮回选择法提高群体的抗病能力。

在育种过程中，育种者往往只注意到寄主对病原物的抗性，而忽略了病害之间的相互关系。病原物侵染寄主后寄主就是"病体"，其表现型不仅仅是寄主基因型的表现，而是寄主和病原物两种基因型相互作用的表现，也可以说是"病体"基因型的表现。一种病原物侵染寄主以后形成一种"病体"，若另有一种病原物再侵染，则第二个病原物就可能和原病体相互作用，其表现型就可能有差别。当然，也有同一寄主上两种病原物互不发生互作或互作效应不明显的，这与侵染部位、侵染程度及侵染后产生的物质种类有关，在多抗性筛选时特别容易出现此类问题。

3. 抗病性的选择

（1）接种鉴定　在抗病育种工作中，为了发现抗源必须让植物群体暴露在病原物之中，以便尽快地区分出抗病的和感病的植株。在自然流行病害严重时进行田间鉴定选择抗病植株固然是一个好机会，但由于自然条件下会有一些偶然避过病菌侵染的植株，因此造成在自然田间条件下筛选抗病基因型的不可靠性。育种工作者和植病工作者已经创造了许多人工接种的抗性筛选方法。一个良好的筛选技术必须能区分出抗病和感病的基因型，且要简便易行和比较经济。筛选方法要适应一定的寄主—病原物关系的特点。一个成功的筛选方法的各个步骤和需要的条件见图7-4。在某些情况下利用病原物毒素接种也是一个可行的方法。

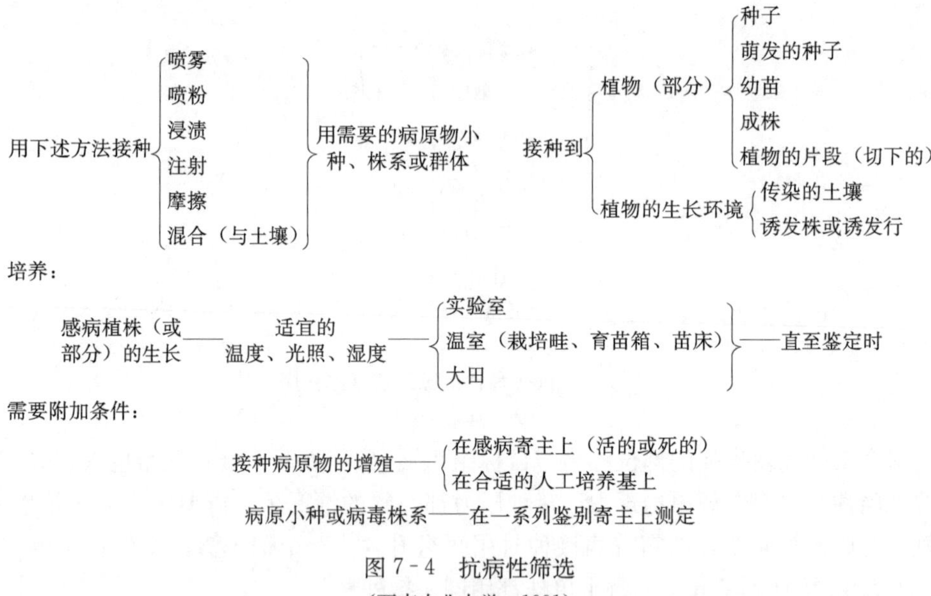

图7-4 抗病性筛选
（西南农业大学，1991）

接种真菌可以利用病原物的孢子或菌丝接种在寄主的适当部位上，然后在适合孢子萌发侵入寄主的条件下进行培养。为了比较一致地应用接种体，可以采用孢子或菌丝悬浮液进行喷雾接种；或采用微量移液器或注射器进行接种；也可以利用毛刷将干孢子撒播在植株的适当部位上。

接种细菌通常采用病原菌悬浮液喷雾的方法。其他如采用蘸过菌液的针来刺叶片或将幼苗在细菌悬浮液中浸渍接种。

接种病毒方法：一般可用嫁接传毒、机械接种和利用传毒介体（如蚜虫等）接种。许多病毒都可以利用其悬浮液进行机械摩擦叶片或植株其他部位进行接种。

（2）复合抗性的筛选 在抗性鉴定和筛选抗源时，如果能同时对一种以上的病害进行接种鉴定和筛选抗源，无疑是一个节约时间、加速育种进程的好办法。如果要探讨某种病害的抗性遗传时，则必须单独进行。如果已经知道该种病害的抗性遗传规律和一个或两个亲本具有对一种病害抗性时，复合鉴定和筛选是有效的。

威廉姆斯（Williams，1980）曾设计在大白菜等十字花科蔬菜苗期将多种病原物分别接种在幼苗不同部位上进行多抗性的筛选（图7-5）。如首先在根部接种枯萎病、根腐病及根肿病等，然后在子叶上分别接种霜霉病、白锈病或黑胫病等，于发病后，将具有多抗

性的植株再接种芜菁花叶病毒、黑腐病和软腐病等进行鉴定和筛选。

为了成功地进行接种鉴定，必须注意以下几点：第一，采用合适的病原物剂量和高质量的接种体。病害侵染发病的程度必须是适度的和接近自然发病情况的，否则就不能区分抗病的等级。相同生育期的供试植株的接种体用量要基本一致。第二，无论是自然发病鉴定或人工接种鉴定，育种材料都必须根据试验原则安排小区（包括重复和随机排列），以便进行结果的统计分析。第三，即使是采用高质量的接种体进行接种，也必须根据病害发生因素创造有利于病原物侵染的环境条件。第四，供试的寄主植株要生长正常，未受其他病虫害的侵害。要在适当的发育阶段和适当的部位进行接种。在抗性鉴定中，如利用同一寄主植株进行多种病害的依次接种鉴定，进行复合抗性筛选时，应注意选择适当的接种部位，创造有利于各种病原物侵染发病的环境条件。

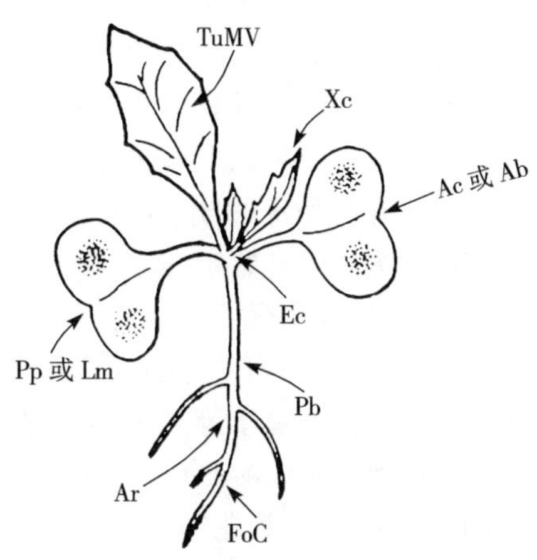

图 7-5　十字花科蔬菜苗期多抗性接种鉴定

FoC. 枯萎病　Ar. 根腐病　Pb. 根肿病
Ec. 软腐病　Lm. 黑胫病　Pp. 霜霉病
Ac. 白锈病　Ab. 黑斑病　Xc. 黑腐病
TuMV. 芜菁花叶病毒
（Williams，1980）

（3）抗性程度的评定　在有效地进行抗性选择之前，必须对发病的轻重程度进行估算。目前一般采用的鉴定标准主要是调查统计普遍率、严重度和反应型。普遍率就是调查供试材料的发病株（叶）数计算百分率，它主要反映群体的发病情况，但不能说明个体发病的严重程度。严重度一般是按 Horsfall（1945）的概念，根据各种症状的轻重划分出一些等级来进行调查统计，一般从全株无病的零级开始，由轻到重分为 0～4 级或 0～9 级，最高一级就是受害最重的。在确定等级时要注意各级之间要有比较明显的界限，不然不易掌握。有时为了便于比较不同材料的抗病性，将普遍率和严重度结合调查，然后计算病情指数，其计算公式为：

$$\text{病情指数}=\frac{\sum(\text{病级株数}\times\text{病级代表数值})}{\text{总株数}\times\text{发病最重级的代表数值}}\times 100$$

反应型是鉴定过敏性坏死反应的抗病性普遍采用的分级方法，它所反映的是材料抗病性质的特点，是一个定性分级标准。

精确的测定对于仔细研究寄主与病原物之间的相互作用是必要的，但是用在大规模的育种过程可能太复杂和太费时间，因此多数情况下都是采用不太精确的快速方法进行。

三、大白菜抗病育种的研究现状

（一）抗病育种的内容

自国家“六五”攻关以来，白菜抗病育种的研究内容不断拓展。“六五”期间主要以单抗病毒病为主，“七五”则以优质、双抗（抗病毒病、霜霉病）为主攻目标，“八五”又以多抗（抗病毒病兼抗霜霉病、黑斑病、黑腐病、白斑病、软腐病等其中2种以上病害）为主攻目标。随着病害种类的变化及病原菌生理小种种群或株系结构的改变，“九五”提出，在筛选、创新育种材料的同时，要求抗芜菁花叶病毒病、霜霉病、黑斑病、黑腐病和软腐病等病害中3种以上病害，在人工接种条件下表现抗病程度高、配合力强、综合性状优良。并且在抗病育种技术，特别是抗病性鉴定技术方面要求初步提出由单一接种过渡到复合接种的人工接种鉴定方法。

（二）病理学研究

“六五”期间，白菜专题组广泛搜集全国主要菜区的大白菜病毒病标样，经生物学、物理学、电镜及血清学等方法的鉴定，表明芜青花叶病毒（TuMV）占71.9%，黄瓜花叶病毒（Cucumber mosaic virus，CMV）占16.4%，少数为烟草花叶病毒（Tobacco mosaic virus，TMV）和花椰菜花叶病毒（Cauliflower mosaic virus，CaMV），基本摸清了我国大白菜产区病毒种群的分布，为抗病毒病育种明确了TuMV是主攻目标。在病毒株系划分方面，全国白菜抗病育种课题组利用6个品种组成的一套新的鉴定寄主，把流行于中国10个省、直辖市TuMV的19个主要分离物划分为7个株系群，即$TuMV_1$～$TuMV_7$，并建立了“中国大白菜抗TuMV的抗原资源库”。“八五”期间，建立了芜菁花叶病毒杂交瘤细胞株，制备出了单克隆抗体，使对TuMV株系分化的识别达到了分子生物学水平。

白菜霜霉病菌［*Peronospora parasitics*（Pers）Fries］是专性寄生菌，通常需要在活体植株上保存。韦在滨（1983）证明25℃条件下接种在盆栽大白菜苗上的霜霉菌可保存3周。王翠花（1989）将病叶及其上的新鲜孢子囊冷冻在－25℃条件下可以保存12个月以上，且在6个月之内不影响致病力。在对大白菜霜霉病菌生理分化方面，初步筛选出7个品种组成的鉴别寄主谱，把大白菜霜霉病菌分为7个生理小种。

白菜黑斑病菌种群、生物学和性状分化的研究结果证明，中国北方黑斑病的病菌以芸薹链格孢（*Alternaria brassicae*）为主，南方和西北部地区则以甘蓝链格孢（*A. brassicicola*）为主。严红等（1996）采用4个品种组成的鉴别寄主谱将黑斑病菌划分为AB_1～AB_5 5个致病型，其中AB_4的致病力较强。李柱刚筛选出5个品种组成的鉴别寄主谱，利用这套鉴别寄主将黑龙江省大白菜黑斑病菌划分出5个致病型，其中Ⅳ型为优势种群。

白菜软腐病菌的研究结果表明，引起大白菜软腐病的病原菌为胡萝卜软腐欧文氏菌胡萝卜软腐亚种（*Erwinia carotovora* subsp. *carotovora*，简称Ecc）。臧威（2006）根据国内不同地区各品种对软腐病菌混合菌株的抗感反应情况，筛选出5个品种组成的鉴别寄主，并将黑龙江省大白菜软腐病分离物划分为5个致病类型。

（三）抗性鉴定技术

1. 病害单抗性鉴定技术 刘栩平等（1985）用TuMV 82－018分离物在温室中的试验结果表明，人工接种鉴定大白菜抗病毒病的最佳条件是2～3片真叶的幼苗，接种浓度为pH7.0～7.2、0.05mol/L磷酸缓冲液稀释2～8倍（W/V）的病毒汁液摩擦接种，培养温度25～30℃，充分显症时间是18～22d。

霜霉病的苗期接种鉴定方法基本上是采用2～4片真叶期的幼苗，接种浓度为每毫升10^4个孢子囊，点滴或喷雾接种，接种后在温度25～30℃、相对湿度95%±5%的黑暗条

件下保持24h，接种5～7d后调查病情。

大白菜抗黑斑病苗期鉴定可采用活体和离体叶片喷雾两种接种方法。严家芸等（1988）认为接种体悬浮液的浓度以10^4个孢子/ml为宜。刘焕然（1991）则证明20～24℃的温度有利于真叶发病。齐秀菊（1993）证明利用病菌毒素处理离体叶片的抗性鉴定结果与田间自然发病结果基本一致。

大白菜软腐病抗病性鉴定一般采用离体接种法。张凤兰（1994）认为用浓度为5×10^7个菌体/ml的悬浮液针刺接种4～6叶期的离体叶柄，然后在28℃下保湿48h，发病明显。而张光明等（1995）认为离体叶片的发病程度偏离品种本身的实际抗性水平，只可用于抗源筛选，并认为用浓度为3×10^8个菌体/ml注射接种4～8片真叶期的植株，保湿处理，发病程度显著。菊本敏雄（1978）研究证明，6～7叶期，用10针束蘸5×10^8个菌体/ml的菌液刺下部3叶，保持28℃、相对湿度90%条件下发病重。土尾行天（1973）认为针刺接种细菌浓度每毫升10^{11}个菌体＞10^9个菌体，生育期6叶期＞3叶期，温度30℃＞25℃，接种部位叶基部＞先端，高湿度＞低湿度，有利于发病。

2. 大白菜病害多抗性鉴定技术　李省印等（1996）采用多抗性鉴定方法鉴定大白菜对病毒病、霜霉病和黑斑病的苗期抗性，方法是在幼苗2～3叶期接种，按病叶∶缓冲液＝1∶5（W/V）接种TuMV，48h后接种浓度为10^5个孢子囊/ml霜霉病菌，再经24h后接种浓度为7×10^4个孢子/ml的黑斑病菌。接种霜霉病菌后用塑料薄膜小拱棚和遮阳网遮光保湿（相对湿度98%以上，光照7 000lx以下），3d后揭开塑料薄膜留下遮阳网培养3d，空气相对湿度保持86%以上。在调查霜霉病和黑斑病病情前再保湿培养24h，2d后置室温25～30℃，相对湿度70%以下，光照12 000lx以上的环境下促使TuMV发病。病毒病、霜霉病和黑斑病分别在接种后25d、7d、6d调查发病情况。

3. 抗性遗传规律及抗病机制　抗病性遗传规律的研究是有效进行抗病育种的基础，对于加速育种进程和改良育种方法具有实际意义。大白菜对TuMV抗性遗传规律的研究结果表明，其符合“加性—显性”模型，遗传效应中加性和显性效应同时存在，但主要受加性效应的控制。在进行抗病育种时，以轮回或自交选择较易获得高抗品种或自交系。在选配优良杂交组合时，双亲必须具有较好的抗病性，抗性强者宜作母本。初步认为，大白菜黑腐病抗性是由1对隐性等位基因控制的；大白菜白斑病抗性受4对以上基因控制，为部分显性，具有数量性状遗传特点；大白菜苗期对黑斑病的抗性以加性效应为主，其广义遗传力为64.45%，狭义遗传力为61.95%。

研究大白菜对软腐病抗性机制的结果表明，品种的抗病性与叶柄内含菌量、过氧化物酶和多酚氧化酶的活性有关。抗病品种叶柄中的过氧化物酶活性随生育期延长而升高，含菌量变化不大，苗期叶柄中多酚氧化酶活性较高，含菌量较低；感病品种叶柄中过氧化物酶随生育期延长活性变化不大，但含菌量增加，苗期多酚氧化酶活性较低，叶柄中含菌量较高。围绕这一抗病机制，有关育种单位正在探讨大白菜抗软腐病生化鉴定方法的可行性。

4. 抗病新品种及其推广应用　“六五”以来，我国的大白菜抗病育种工作逐步走上了健康、稳步、持续发展的轨道。在近20年的时间里，先后育成了抗病、丰产、适合不同生态环境的新品种（系）。大白菜抗TuMV，兼抗霜霉病、黑斑病、黑腐病、白斑病、软腐病等病中1～2种的品种有：小杂56号、北京新3号、北京106号、京春王、京夏王、山东12号、亚蔬1号、绿宝、中白1号、中白4号、冀菜3号、龙白1号、龙协白3号、沈农青丰、秦白1号、秦白2号、秦白3号等。这些抗病品种已在我国大面积推广应用，成为我国大白菜生产上的更新换代品种，累计推广面积达300万 hm^2。

“九五”以来，育成的大白菜抗病新品种有：杂29、夏丰40、福山二包头、豫园1号、冀白菜6号、夏秋王、西白1号、杂优3号、黔菜1号、郑白4号、津绿55、津绿75等。这些品种适合于不同的季节在露地或保护地栽培，生长势、产量、整齐度、抗病性和品质等都优于同类型的地方品种。

（四）生物技术的应用

“八五”期间，我国建立了芜菁花叶病毒的杂交瘤细胞株，制备了单克隆抗体。何庆芳（1991）将纯化的TuMV的RNA反转录得到了长度为500～4 000bp的cDNA，并将其克隆到puc19质粒载体中。孔令洁（1992）以Oligo（dT）为引物合成TuMV的cDNA，测序表明TuMV有ployA尾，3'-端非编码区有209bp，CP基因由864个碱基组成，编码288个氨基酸，分子量33ku，5'-端无起始密码子AUG。Ohshima（1996）对日本的TuMV株系TuMV-J的RNA全序列进行了测定，结果表明，TuMV病毒的RNA由9 833个核苷酸组成（不包括3'-端的poly-A尾），起始密码子AUG位于130～132碱基处，其序列中编码CI蛋白的基因与加拿大株系存在核苷酸的插入和缺失的不同。Jenner等（2000）将拥有抗病基因TuRB-01的能感病的白化突变株和抗病的正常株的CI基因的cDNA的序列比较，结果表明，显性抗性基因TuRB-01的抗性是由病毒的CI基因决定的。TuMV的抗原决定簇位于CI蛋白的N一端第103～119和224～237的氨基酸残基上。闫瑾琦（2000）在大白菜抗芜菁花叶病毒病基因的RAPD分子标记研究中，通过BSA方法，筛选获得一个在抗病池和感病池之间表现多态性的特异引物OPV18，该引物扩增出两条多态性谱带，片段长度分别为1 400bp和820bp，分别命名为$OPV18_{1\,400}$和$OPV18_{820}$，经X^2检验，这两个标记带表现典型的3∶1分离。韩和平（2004）在大白菜抗TuMV基因的分子标记的研究中，利用AFLP分子标记技术，以极端抗病和极端感病单株的预扩增产物构建3对不同的抗感池，用128对引物组合，对TuMV病毒病感病基因的AFLP标记进行了筛选，分别筛选出150bp的两个与TuMV病毒病感病基因相连锁的标记CAC_{150}和CAG_{150}，并且对所有116个F_2单株进行鉴定，结果稳定。

四、大白菜抗病育种的途径与程序

（一）抗病育种的途径

1. 引种　从国内外引进抗病、优质、丰产的品种（系），经鉴定后可选出抗源。此方法具有快速的优点，并有助于丰富种质资源。

2. 选择育种　在引入的品种、杂种后代中，利用自交、分离、鉴定，选择抗病材料，并在田间不断的选择培育。

3. 杂交转育　采用有性杂交的方法使基因重组，获得抗、耐病新种质。应重视选择具有多抗性的亲本或利用多个抗病亲本进行杂交，促使多抗性基因的合理聚合，易于育成

多抗性种质材料。特别要注意利用地域相距较远的亲本材料，这些抗源的利用有助于子代产生更多的变异从而增加选择几率。

4. 人工诱变　采用物理的、化学的诱变方法，单独或综合地处理种子、花粉等材料，以便引起染色体断裂、基因点突变、染色体重组等效应。有可能诱发产生新的抗病基因，打破抗病基因与不良基因的连锁，改良抗病材料中的某些不良性状，获得理想的抗病种质材料。

5. 体细胞杂交　一般采用抗病的供体和需改良的受体的叶肉组织，经过处理分离出原生质体，用硝酸钠、高 pH、高 Ca^{2+}、聚乙二醇（PEG）以及通电刺激等手段，诱发异核体。不同质的异核体引起膜融合或局部产生细胞质桥使与细胞质结合，形成细胞质杂种细胞，并分裂成为愈伤组织团，最终选择出抗病的杂种细胞，再生成新植株。

6. 基因工程　自 1986 年美国科学家比彻（R. N. Beachy）等将 TMV 的外壳蛋白基因（*cp*）成功转入烟草中，获得了抗 TMV 的烟草植株后，世界上许多国家的学者也先后进行了大量的植物抗病毒基因转化研究工作，转基因植物已经进入了大田甚至市场。基因工程目前已经成为有效创新种质的一种生物技术。

（二）抗病育种的程序

大白菜多抗性育种工作流程如图 7-6 所示。

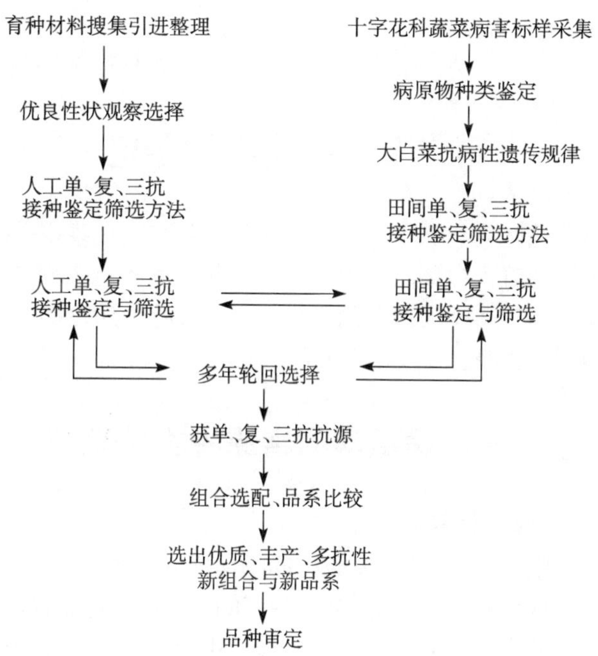

图 7-6　大白菜多抗性育种工作流程图示

（方智远，2004）

五、今后大白菜抗病育种的工作重点

蔬菜的育种目标是在适应市场需求的前提下，结合各地气候、土壤、水肥、栽培水平等条件和新老病害发生流行的情况及发展趋势，培育出能抗多种病害、综合性状优良、适于生产和消费习惯、食用品质好、营养丰富的优良品种。大白菜育种除了丰产、优质、广适应性等育种目标外，抗病性是必须长期坚持的育种目标。

20世纪80年代以来，育种学家与植物病理学家密切协作，培育出了许多抗性较好的单抗、多抗育种材料和品种，在大白菜生产上发挥了很好的作用。然而，具有较高复合抗性且农艺性状优良的品种还是不多，加上各种病害及其生理小种或株系在田间消长演替导致的病害防治工作的长期性和复杂性，蔬菜病理学的研究任务依然艰巨而繁重。为加强大白菜抗病育种研究，首先，应加深对各种病害的发生流行规律、抗性遗传规律和抗性机制的系统研究；其次，应做好大白菜病害抗病性鉴定研究，尤其是多抗性鉴定技术的研究。在对抗病材料的利用上，应深入研究各抗性材料的分子遗传学背景；第三，要广泛搜集近缘种，不断丰富抗病基因库；第四，要采用现代生物技术，增强对抗病基因的选择力度，定位并克隆出抗病基因，导入栽培品种，获得具有多基因抗性的高抗种质。

今后我国大白菜抗病育种的研究，在应用分子标记技术对抗源的研究和利用方面将具有巨大潜力，既可加强对抗源材料的筛选和鉴定，又有利于丰富抗病基因库，培育具有多个抗性基因的复合高抗品种。同时，加强抗病基因克隆、载体构建和遗传转化，加快利用抗病基因，也是今后研究的重要课题。

（刘学敏　韦石泉　李省印）

第二节　抗病毒病鉴定

大白菜病毒病俗称花叶病、孤丁病、抽风病等，常与大白菜霜霉病、软腐病并称为大白菜三大病害，严重影响着大白菜品质和产量。华北和东北地区曾多年因大白菜病毒病流行而严重减产，影响了当年冬季大白菜的供应。大白菜感染病毒病的植株，也容易感染霜霉病、软腐病，致使损失加重。

一、病毒病的毒原种类鉴定

（一）病毒标样的采集与分离纯化

1. 病毒标样采集的方法　大白菜病毒病毒原标样的采集，视研究目的不同可以采用棋盘式取样法或随机式取样法。采集标样时选择菜田中病毒病症状（如严重花叶、皱缩、畸形、瘤球状等）明显的大白菜叶片或整个植株，用10cm×20cm规格的无毒塑料袋，将袋套在重病叶上，隔膜采摘，互不接触。一样一袋，编号，注明采集品种、症状、采集时间和地点、采集人等。

2. 病毒的分离和纯化　在鉴定一种病毒时，首先要分离到这种病毒，并且加以纯化，确定其中只有一种病毒，鉴定工作才能开始。

（1）一般分离方法　病毒是专性寄生物，分离培养都是在寄主上进行的。采到的病毒病标本，一般是先用汁液摩擦的方法，接种到原来的寄主（或其他适当的植物）上增殖，

得到病毒的分离物。标本中如果只有一种病毒，而且这种病毒是机械接种可以传染的，这是很适宜的方法。但是也要估计其他可能性，如标本中的病毒不是机械传染的，其中可能有两种或几种病毒，而且这两种病毒还可能是由不同方式传染。为了避免在工作过程中，分离不到病毒或者丧失其中某一种病毒，有时要进行嫁接传染，先将病毒保存下来，然后试用虫媒或其他方法分离。根据症状判断，机械传染的可能性较小，并且对其他的虫媒比较了解，就可以同时试用虫媒进行分离。对于采集到的标本，最好是先检查它们的粒体形态。用病毒粒体的负染法，可以直接从病组织取样检查。如果其中粒体的形状和大小是一致的，可能其中只有一种病毒。假如粒体的形状和大小不一致，样本可能就不只是一种病毒。在病毒的纯化过程中，必要时可以逐步镜检，保证获得的是一种病毒分离物。

（2）混合感染病毒的分离　将标本中两种病毒分离到纯培养，视病毒形状采用不同的方法。

①两种都是机械传染的病毒，可以利用它们相应的局部病斑寄主和寄主范围的差异。如马铃薯 X 病毒和 Y 病毒都可以用汁液摩擦接种，但是马铃薯 X 病毒在千日红上引起局部病斑，马铃薯 Y 病毒则在酸浆草上形成局部病斑。它们的寄主范围也不同，曼陀罗对马铃薯 Y 病毒是免疫的，可以利用它从马铃薯 X 病毒和 Y 病毒的混合物中分离出 X 病毒。此外，还可以利用它们的致死温度和稀释终点的差异。如烟草花叶病毒的致死温度在 90℃以上，黄瓜花叶病毒是 60～70℃，病毒汁液在接种前用高温处理，可以钝化黄瓜花叶病毒而分离到烟草花叶病毒。

②一种病毒是虫媒传染的，另一种虫媒不能传染，可以利用虫媒使它们分开。如黄瓜花叶病毒可由蚜虫传播，而烟草花叶病毒则未发现虫媒传染，利用蚜虫传染就可以从混合物中分离到黄瓜花叶病毒。

③两种都是虫媒传染的病毒，则可以利用不同种的虫媒，或者利用它们得毒饲育时间持久性的长短将它们分开。

3. 病毒的保存　无论是进行品种抗性鉴定，还是抗病毒遗传规律研究，都要有确定的毒原，并长期保存这些毒原，特别是新病毒、新株系或稀有病毒毒原。毒原保存的基本要求是不退化（不丧失侵染性）、不变异、不污染。保存的方法可分为活体保存和干冻保存两类。

（1）活体保存　将病毒接种在合适的保存寄主活体上，用不断传代的方法保存毒原。保存寄主要选存活时间长、对毒原专化性强、敏感性高、易于增殖的植物。保存寄主要在严格的隔离条件下生长，以免污染和混杂。采用此法，可使毒原不断增殖，一般也不会引起退化，但工作量大，如隔离条件不完善则会引起污染和变异。有些虫传病毒，如长期不通过介体传播还会退化。

李小芹等将毒原接种在鉴别寄主上，发病后取其症状明显的嫩叶，经表面消毒后切成 0.5cm×0.5cm 的小块，植于 MS 基本培养基加 2μl/L 的 BA 培养基上诱导分化成苗，在试管内进行活体保存，既节省了隔离空间，也不退化、不污染。但对无系统症状的病毒毒原，此法保存还不理想。

（2）冻干保存　冻干保存要重视标本的采集。一般全株性感染的寄主应选含酚类及氧化酶较少的植物来接种。接种后待症状表现明显、组织中病毒浓度达到最高时采集幼嫩的病叶较好。

①直接冷冻保存。将所采新鲜病叶立即置于2℃下，剪成小块，放入瓶内塞好塞子。后将整个瓶子浸入融化的石蜡、凡士林（1∶1）混合物中，加以封闭，并立即放入干冰储藏器内。采用此法将一些敏感病毒，如番茄斑萎病毒的感病组织，置－69℃下可存活6年。

②抽提冷冻保存。将病毒的粗提液或精提液保存在－70℃下，效果良好。但如缺乏超低温条件，在－20℃下加入有关添加剂也能保存较长时间（表7-3）。此法缺点是常因突然停电或机械故障，而断送珍贵的毒原材料。

表7-3 病毒保存中添加剂的作用

（根据福本文良的资料，1981）

保存方法	保存温度（℃）	病毒	样品	添加剂	保存时间（月）
冷冻	－20	CMV	粗提液	无	1.0
				5%蔗糖、1%谷氨酰氨酸钠	36.0
		TRSV	精提液	无	<25.0
				1%葡萄糖或3%丙三醇	>25.0
		TSWV	粗提液	无	1.0
				3%丙三醇	>5.0
		TuMV	粗提液	无	1.0
				5%或3%丙三醇	36.0
			精提液	无	1.0
				3%丙三醇、0.5%胨、2.5%蔗糖、2.5%葡萄糖	24.0～48.0
低温干燥	4	TSWV	粗提液	无	7.0～39.0
				1%半光氨酸	36
	25	TuMV	精提液	无	几个月
				1%甘氨酸、1%脂、1%多胨	14.0

注：TRSV：烟草环斑病毒；TSWV：番茄斑萎病毒；TuMV：芜菁花叶病毒；CMV：黄瓜花叶病毒。

③快速干燥。将脱水剂无水氧化钙（或硅胶）装入容器底部，其用量至少应为病叶组织含水量的2倍，其上放置双层纱布，把切碎的病叶（除去中脉）放入，塞紧封口，并用胶布密封，随即置于1～4℃下保存，必要时及时更换脱水剂一次。采用此法保存多数病毒效果较好。

④冷冻干燥。将切细的病叶碎片、粗提液或精提液冷冻后，再减压蒸发除去水分，把完全干燥的样品分装于安瓿瓶中，抽出空气，以真空状态封闭，后保存于－25℃下。多数病毒都可采用此法保存，加入某些添加剂，效果更好。

（二）病毒鉴定的基本方法

1. 植物病毒的鉴定原理 植物病毒的分类是将已知病毒按一定标准、相似程度或相关性的顺序排列，拼成一个系统，即分类系统。植物病毒鉴定的主要目的是确定一种病毒在分类系统中的地位。由于植物病毒个体微小，结构简单，对寄主的依赖性强，因此鉴定

工作难度大，技术性强，对工作条件要求高。植物病毒的鉴定一般包括病害诊断和性状描述两道程序。病害诊断包含标本诊断、田间诊断和实验诊断。对一个富有经验的植病工作者或育种工作者来说，一般通过标本观察或现场察看，或做必要的实验检测，便可判断病毒的归属。但是有时即使通过一系列的实验诊断，通过各种相应病毒抗血清的测定，也很难与已知病毒对号入座，遇到这种情况，就应在实验诊断的基础上，对该致病分离物加以提纯，并做进一步测定。植物病毒属的一般鉴定内容有：①粒体的形态大小和结构；②粒体的沉降特性；③核酸的类型、链数、含量和分子量；④衣壳的多肽数目和分子量；⑤寄主的细胞病变及内含体。

2. 生物学实验　生物学实验的目的是确定病毒病原的侵染性，用实验方法证明病毒与病害的直接相关性。生物学实验还可以确定病毒的传播方式，明确病毒所致病害的症状类型和寄主范围。在分子生物学技术尚欠发展的过去，只有生物学方法可以区分在遗传信息上一个核苷酸或者蛋白质中一个氨基酸的变异，因此生物学实验是其他实验方法所不可取代的。

（1）鉴别寄主谱　生物学实验中应用最多的是鉴别寄主，即用来鉴别病毒或其株系的具有特定反应的植物。凡是病毒侵染后能产生快而稳定、并具有特征性状的植物都可作为鉴别寄主。组合使用的几种或一套鉴别寄主称为鉴别寄主谱。鉴别寄主谱中的寄主一般包括有系统侵染的、局部侵染的和不受侵染的三种反应类型。例如黄瓜花叶病毒属的 3 种主要病毒，只需通过 5 种鉴别寄主，便可做出初步诊断（表 7－4）。

表 7－4　黄瓜花叶病毒属三种主要病毒在鉴别寄主上的反应

（谢联辉、林奇英，2004）

病　毒	鉴　别　寄　主				
	普通烟	心叶烟	豇豆	菜豆	黄瓜
黄瓜花叶病毒	SM	SM	LN	LN	SM
花生矮化病毒	YRi		C，Vc	SM	Y，LN
番茄不孕病毒	SMt	SM，En	LN/O	O	C/O

注：C. 退绿；En. 耳突；LN. 局部坏死；O. 无症；SM. 系统花叶；SMt. 系统斑驳；Vc. 明脉；Y. 黄化；YRi. 黄色环斑。

鉴别寄主谱的方法简便易行，反应灵敏，只需很少的毒源材料，但工作量较大，需要一定的温室种植植物，且较费时间。有时因气候或栽培的原因，个别症状反应难以重复。

（2）传播介体　不同病毒属具有不同的传播介体，确定病毒的传播介体不但可以为防治提供依据，也是抗源筛选鉴定所必需的。植物病毒的介体主要有昆虫、螨类、线虫、真菌、菟丝子等，其中以昆虫最为重要。目前已知的昆虫介体 400 多种，其中约 200 种属于蚜虫类，130 多种属于叶蝉类。在传毒介体中，蚜虫为最主要的介体，大部分昆虫传毒的资料来源于蚜虫传毒。引起大白菜病毒病的芜菁花叶病毒和黄瓜花叶病毒的传播介体昆虫主要是萝卜蚜（*Phopalosiphum pseudobrassicae*）、桃蚜（*Myzus persicae*）、棉蚜（*Aphis gossypii*）和甘蓝蚜（*Brevicoryne brassicae*）等蚜虫，不同地区的介体昆虫有所不同。

介体与所传病毒之间的关系比较复杂，主要是根据病毒是否要在虫体内循环、是否增殖以及介体持毒时间长短来划分（表 7-5）。病毒经介体的口针、前消化道、后消化道，进入血液循环系统后到达唾液腺，再经口针传播的过程称为循回，这种病毒与介体的关系称为循回型关系，其中的病毒叫做循回型病毒，介体叫做循回型介体。循回型关系中又根据病毒是否在介体内增殖而分为增殖型和非增殖型。病毒不在介体体内循环的称为非循回型。根据介体持毒时间的长短可以分为非持久性、半持久性和持久性。非循回型的关系全是非持久性的，而循回型关系中又进一步分为半持久性和持久性两种。

表 7-5　植物病毒与介体昆虫的生物学传毒关系

相互关系		传播方式	饥饿效果	蜕皮	得毒时间	虫体内循环	传毒时间	保毒期	汁液接种
非循回型	口针型	非持久性	有	失毒	秒～分	无	秒～分	分～时	易
循回型	非增殖型	半持久性	无	失毒	分～时	无，分～时	分～时	时～日	能～不能
		持久性	无	不失毒	分～时	时～日	分～时	日～周	能～不能
	增殖型	持久性	无	不失毒	时～日	日～周	时～日	周～终	大多不能

蚜虫介体多数传非持久性病毒，即使传少数持久性病毒在循回中也不增殖。延长蚜虫获毒时间会降低传播效率，带毒蚜虫在 2～3 株健株上取食后，就丧失传毒能力。获毒后如人为禁止取食 1h，通常也丧失传毒能力。而饲毒前禁食 15～60min，可使传毒效率大大提高。叶蝉和飞虱不传非持久性病毒，所传持久性病毒常在介体内增殖。有人认为这类病毒也是介体的寄生物。

在蚜虫介体中大约有 200 种蚜虫可传播 160 多种植物病毒，有的蚜虫只传播 2～3 种病毒，有的可以传播 40～50 种病毒（如蚕豆蚜和马铃薯蚜），桃蚜甚至可以传播 100 种以上的病毒。在这 160 多种植物病毒中，有的只有一种蚜虫传播，有的可由多种蚜虫传播，黄瓜花叶病毒甚至可以由 75 种蚜虫传播。蚜虫传播病毒主要是非持久性的，如花椰菜花叶病毒属和黄瓜花叶病毒属病毒。

3. 电子显微镜技术　与光学显微镜相比，电子显微镜使用光源的波长更短（属于短波电子流），因此分辨率大大提高（9.9×10^{-11}m，比光学显微镜高千倍以上）。但是电子束的穿透力低，样品的厚度必须在 10～100nm 之间。所以电镜观察需要特殊的载网和支持膜，需要复杂的制样和切片过程。检测植物病毒的电子显微镜技术包括以下 4 种。

（1）新鲜植物材料不经染色制片法　在干净的载玻片上滴一滴蒸馏水，把植物组织的新鲜切口放在水滴上蘸几次，受伤细胞的内含物质流入水滴中，在表面形成一层膜，用载网的膜面与水滴表面接触。这是简便的方法，又叫叶浸蘸法。

（2）负染制片法　类似光学显微镜技术一样，可用染色增加反差。电镜技术中所用的染色剂多为高密度重金属盐类，重金属对蛋白质不能染色，而对核酸有很好的染色效果。病毒粒体的表面是蛋白质外壳，重金属离子在病毒粒体周围的背景处沉积下来，造成很强的电子散射而形成较暗的背景，样品则成为易被电子束穿透的电子透明颗粒，图像为暗背景上的亮物体，如同照片的底片被称为负片，这种染色方法被称为负染（图 7-7）。它的优点：快速简便，半小时内即可制备好；可用于各种样本，如植物粗汁液和各种提纯液

等；样品用量极少；有较好的超微结构。

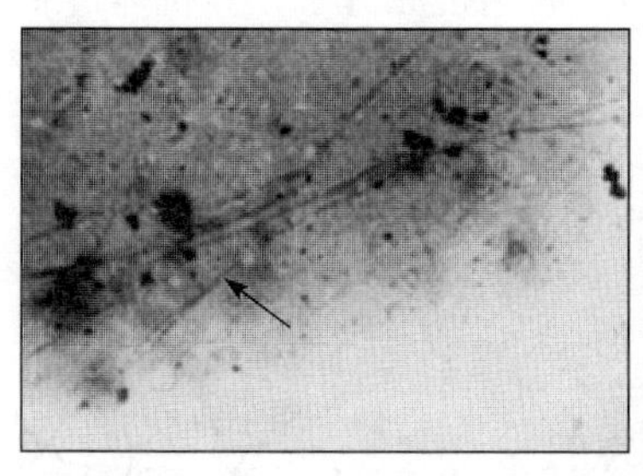
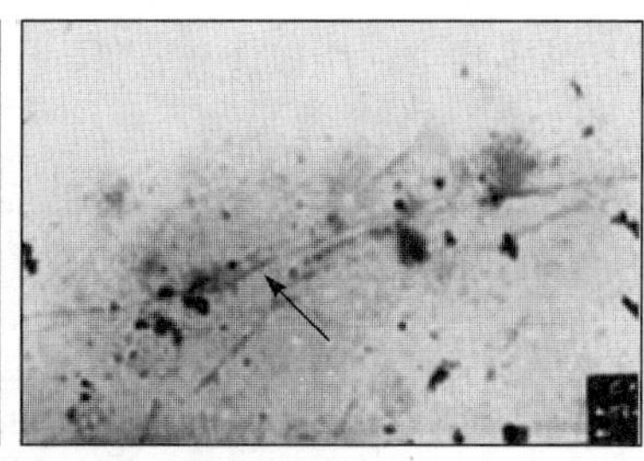

图 7-7　电镜观察到的 TuMV 线状病毒粒子照片（5000×）
（左：体积分数 2%磷钨酸钾负染；右：体积分数 1%磷钨酸钾负染）

（3）超薄切片法　在电镜技术中，超薄切片法有不可取代的地位。主要应用两方面：一是对病毒在细胞内做定位观察，研究病毒与细胞的关系。病毒与细胞在侵染、复制、增殖和转移等方面密切相关；二是用于病毒内含体研究。内含体是重要的细胞病理变化之一，观察内含体的形状及产生部位，具有诊断鉴定价值。

（4）免疫电镜技术　免疫电镜技术是用电镜负染技术检测特异性抗原抗体反应，可靠地证明血清学关系的方法。此方法结合血清学方法和电镜技术的特点，使抗原抗体反应成为可见，可以区分形态相似的不同病毒。该项技术中所用的抗原、抗体均为微量，操作时间短，准确性高，灵敏度亦高于酶联法。

4. 血清学技术　血清学反应具有很高的专化性（特异性），这种反应能通过各种方法检测而证明病毒的存在和特点。有很多病毒可以被提纯并制备成高效价（滴度）的专化抗血清。抗血清的专化成分由免疫球蛋白组成，其中最主要的是免疫球蛋白 G（简称 IgG）。IgG 有两个结合位点，是二价的，能和病毒粒体上的抗原决定簇专化性地互补结合。抗原决定簇有多个，所以病毒抗原是多价的。

血清学反应的灵敏度除了与血清本身的质量、效价和贮存条件有关外，主要决定于不同的检测方法，每种方法以不同特点将抗原和抗体结合在一起。不同的方法有不同的应用范围，其中有些主要用于检测血清的效价，如试管沉淀反应和微量沉淀反应；有的在鉴别不同病毒或同一病毒不同株系间相互关系，如免疫双扩散反应；有的适用于大量样品检测，如乳胶凝集和酶联免疫吸附反应。

在做血清学检测时应记住，即使用高度纯化的病毒制备抗血清，也不可能完全除去植物蛋白组分。因为这些植物蛋白同样激发动物产生抗体，尽管数量少，也会在血清检测时产生特异反应，因此在检测时要设置合适的对照。用未经免疫的正常血清或未受感染的健康植株反应，称为阴性对照；用已知病毒反应，称为阳性对照。设置对照不仅便于和未知样品比较，也可检测实验操作是否正确。在血清学反应中，一般用生理盐水稀释抗血清，用磷酸盐缓冲液（PBS）稀释病毒。

常用的血清学方法有三类：沉淀反应、凝集反应和标记抗体反应。

（1）沉淀反应　将可溶性抗原与相应的抗体混合，当比例合适并有盐类存在时即有沉淀物出现的反应，称作沉淀反应。沉淀物的生成可能是由二价的抗体和多价的抗原互相联结形成不溶性的网络，当聚集到一定大小时沉淀下来成为可见物。此外，也已证明抗原抗体联结改变了结合物的物理化学状态而表现为不溶。由此可以知道为什么抗原和抗体要有合适的比例。当抗原过剩时，没有足够的抗体去联结抗原分子；当抗体过剩时，抗原上的结合点满了而不形成联结，所以应该用不同的稀释度以确定最适比例。图 7-8 示抗原抗体沉淀反应原理。

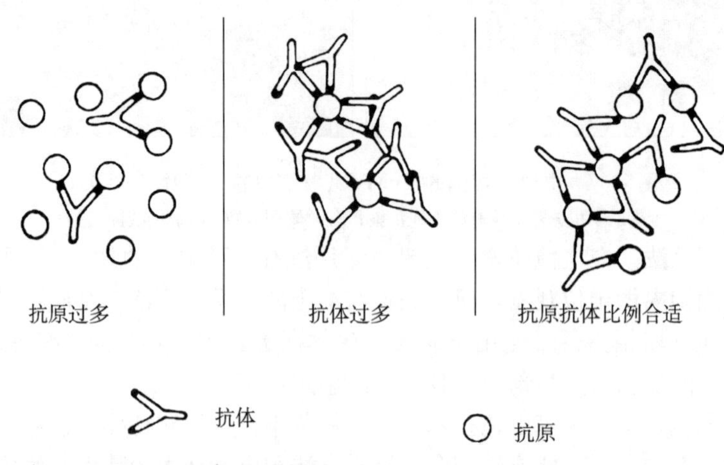

图 7-8　抗原抗体反应适合比例示意图
（谢联辉、林奇英，2004）

沉淀反应随反应基质不同分为液态基质沉淀反应和半固态基质沉淀反应两大类。前者包括试管沉淀法、微量沉淀反应和玻片沉淀法，而半固态基质沉淀反应中应用最广泛的是免疫双扩散反应法。图 7-9 示双相双向琼胶扩散法测定反应的类型。

（2）酶联免疫吸附反应　酶联免疫吸附反应（ELISA）方法是固相吸附和免疫酶技术相结合，是免疫反应和酶的高效催化反应有机的结合。该方法有两个特点：一是抗原抗体免疫反应在固体表面进行；二是用酶作为标记物进行测定。即用化学方法将酶和抗体结合形成酶标记抗体，但仍保持抗体的免疫活性，当与相应抗原反应时形成酶标记的免疫复合物，酶遇到相应的底物时降解底物而产生颜色反应。如抗原量多，结合上的酶标记抗体也多，则降解底物量大而颜色深；反之抗原量少则颜色浅。可用目测法观察颜色反应或用分光光度计测光密度值测定反应结果。在反应中所用的固相为聚苯乙烯微皿板（一般称为酶联板），所用抗体为 IgG，常用的酶为辣根过氧化物酶，但以碱性磷酸酯酶效果最好。由于 ELISA 的灵敏度高，能检测纳克水平的病毒，可检测到单头介体昆虫和单粒种子上的病毒。因此 ELISA 自建立以来经不断改进和提高，已形成多种测试方法，其中最主要的是双抗体夹心法和间接法。

双抗体夹心法：用特异性抗体溶液包被酶联板，经培育后抗体吸附于孔壁上。洗去多余抗体后加入待测抗原标样，在培育中抗原与吸附在固相表面的抗体反应。洗去多余的抗原，再加上酶标记的同种抗体。培育和洗涤后加入无色的底物溶液，使抗体—抗原—酶标记抗体复合物与底物反应，呈现深浅不同的颜色反应。反应同时设阴性和阳性对照，以判断假阳性反应。反应过程如图 7-10。

这种方法专化性强，应用广泛，目前已形成商业性生产。预先用抗体包被酶联板，配

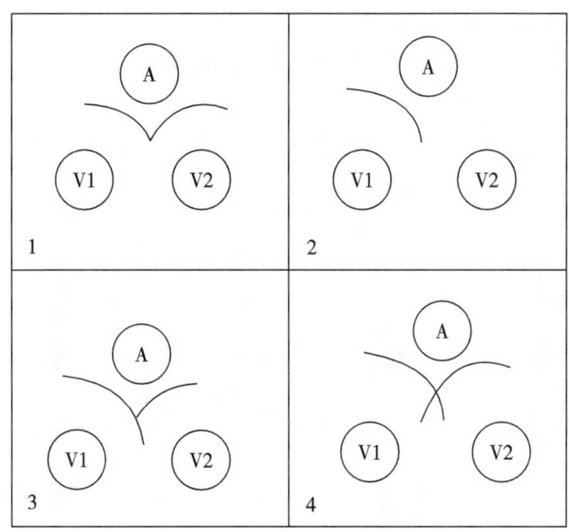

图 7-9 免疫双扩散产生的沉淀线结果及分析

（方中达，1998）

V1 和 V2 是两个病毒样本，A 是抗血清，测定结果可能表现为四种不同的反应。图中 1 的两个沉淀带互相完全衔接，说明病毒样本 V1 和 V2 全部与抗体起作用而形成沉淀，因此这两种病毒是非常相似的或者是相同的；图中 2，只在样本 V1 与抗血清间形成沉淀带，说明两种病毒是不同的；图中 3，两个病毒样本与抗血清间都形成沉淀带，但是有一短枝状突出部分，这是由于病毒样本 V2 与抗血清中部分抗体起作用而形成沉淀，还有一部分未固定的抗体就继续扩散与病毒样本 V1 形成沉淀。结果说明两种病毒有共同的抗原，但不完全相同；图中 4 形成交叉形的沉淀带，说明这两种病毒样本都不能和抗血清中的全部抗体起作用，这两种病毒有一定的相似之处，但也完全不同。病毒样本和抗血清之间，还可以形成不止一条沉淀带，表示抗原或抗体组成成分的分离。

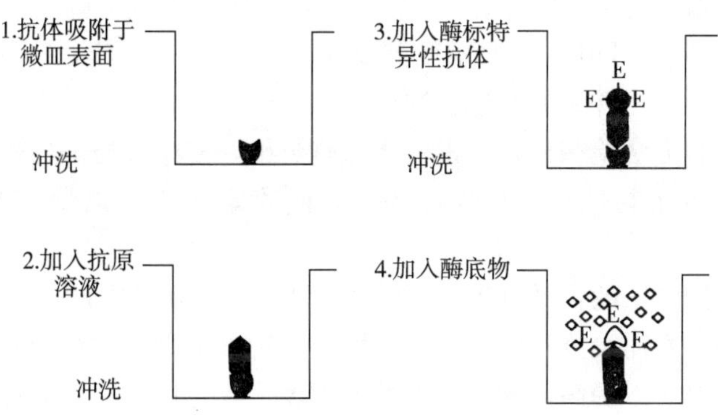

图 7-10 ELISA 双抗体夹心法示意图

（谢联辉、林奇英，2004）

以酶标抗体、浓缩洗涤液等制成成套反应盒，使用极为方便，且利于推广。这种方法的缺点是检测每种病毒都需制备相应的酶标记特异抗体，而标记过程比较复杂。

间接法：此方法中酶不标记在抗体上，而是标记在抗抗体上，间接地与抗原联结而起作用。间接法有不同的方式，最常用的是提取健康家兔血清的 IgG，以此作为抗原注射山羊，使山羊产生抗家兔 IgG 的抗体，即抗抗体。提取抗抗体 IgG，称酶标记羊抗兔 IgG，能和任何种类兔抗血清 IgG 结合，检测抗原的存在。

间接法测定的工作程序是先用待测病毒标样包被酶联板，使病毒抗原吸附在微皿孔壁上。洗去多余抗原及杂质，加入特异性兔抗血清 IgG，培育后洗去未和抗原结合的多余抗体，再加上酶标记羊抗兔 IgG，最后加底物。如有颜色反应，证明抗原—特异抗体—酶标抗抗体复合物的存在，从而确定病毒的存在。反应过程如图 7－11。

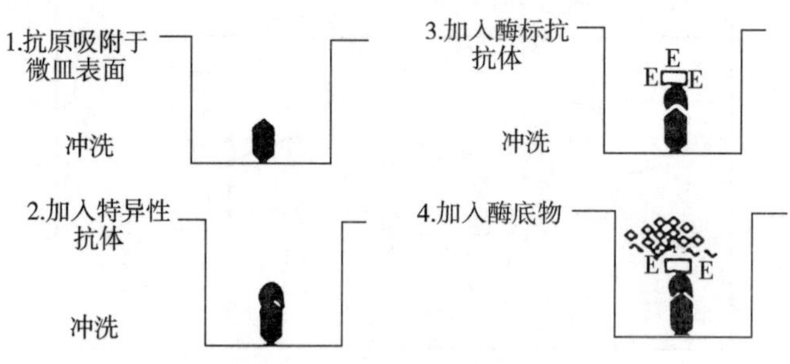

图 7－11　ELISA 间接法示意图

（谢联辉、林奇英，2004）

由于一种酶标记抗抗体能用于各种病毒检测，现在辣根过氧化物酶标记羊抗兔 IgG 已能在我国工厂化生产，可从生物制品商店买到，免除了标记酶的工作，因此这种方法已成为国内最主要的血清学检测手段。

（3）点免疫结合测定　点免疫结合测定（DIBA）利用硝酸纤维素膜代替酶联板进行免疫吸附测试，使检测更为简便、快速、经济，也很灵敏。与 ELISA 比较，DIBA 有以下特点：①用硝酸纤维素膜代替酶联板价格便宜；②所用底物不同，ELISA 的底物降解产物为可溶性的，而 DIBA 的底物降解产物为不可溶，反应结果可以长期保存；③DIBA 所需抗原和抗体用量仅为 ELISA 的 1/100 和 1/10；④可以直接应用抗血清；⑤反应时间短。由于具有这些特点，DIBA 正日益受到重视。与 ELISA 一样，DIBA 也有假阳性反应问题，要设置各种对照，并掌握合适的浓度。

采用血清学实验方法检测植物病毒的优点是灵敏、使用方便。与生物学实验相比节省空间、时间，并且可重复性强。在病毒病的诊断鉴定中常可以快速准确地提供可靠的结果。

各种血清学检测方法的灵敏度不同（表 7－6），各有其局限性，要根据检测的目的选择应用。在实验中除必需设置对照外，最好能用两种以上方法进行检测。现在这方面仍不断进行各种新的改进，以提高血清学方法的灵敏度、专化性，并且向进一步简化程序、节省时间和血清用量的方向努力。

此外，现在还有许多病毒不能或很难提纯和制备抗血清，因此，有些病毒还不能用血清学方法进行鉴定。

（4）单克隆抗体　1975 年英国科学家 Kohler 和 Milstein 成功地创建了淋巴细胞杂交瘤技术。他们设计了如下方法：小鼠骨髓瘤细胞与经绵羊红细胞免疫过的小鼠脾细胞（B 淋巴细胞）在聚二乙醇或灭活病毒的介导下融合。融合后杂交瘤细胞具有两种亲本细胞的特性，一方面可以分泌抗绵羊红细胞的抗体，另一方面像肿瘤细胞一样，可在体外培养条

件下或移植到体内无限增殖，从而分泌大量单克隆抗体（MAb）。由于它是从单细胞或无性系繁殖的，对病毒株系、细菌菌系及有关抗原的亚类都能灵敏地识别。MAb 技术最主要的优点是可以用不纯的抗原分子制备纯一的 MAb。其原因是，可以从产生各种不同抗体的杂交瘤混合细胞群体中筛选出产生特异抗体的杂交瘤细胞株。

表 7-6　血清学方法灵敏度比较

（谢联辉、林奇英，2004）

反应类型	方法	检测病毒浓度水平
沉淀反应	试管沉淀反应 微量沉淀反应 玻片沉淀反应 免疫扩散反应	0.05～1mg/ml (10^{-3}g/ml)
凝集反应	胶乳凝集反应	1～10μg/ml (10^{-6}g/ml)
标记抗体反应	ELISA DIBA	1～10ng/ml (10^{-9}g/ml)

施曼玲等（2004）先以 TuMV 免疫 BALB/C 小鼠，然后取其脾细胞使之与 SP2/0 鼠骨髓瘤细胞融合，经筛选、克隆，获得 4 株能稳定传代并分泌抗 TuMV 单克隆抗体的杂交瘤细胞，并用之制备腹水单抗。4 株单克隆抗体腹水 ELISA 效价在 10^{-6}～10^{-5}之间，仅对 TuMV 起特异性反应。

5. 核酸分子杂交及 PCR 技术　血清学方法的基础是利用病毒衣壳蛋白的抗原性，但有的病毒在某些情况下缺乏衣壳蛋白，而类病毒则没有衣壳蛋白，因此虽然血清学方法灵敏快速，但尚不能检测某些病毒或株系，也不能检测类病毒。近来，核酸分子杂交技术和 PCR 技术已在分子生物学中广泛用于 RNA 和 DNA 的检测和定性。目前正将此技术应用于植物病毒的检测上，通过检测病毒核酸证实病毒的存在。

（1）核酸分子杂交技术　核酸分子杂交主要是在 DNA 和 RNA 之间进行，依据是 RNA 与互补 DNA 之间存在着对应的碱基互补关系。当双链 DNA 之间的 H 键在加热等变性条件下被破坏时，两条链解开成单链，此时如加入互补的 RNA，在一定温度和离子强度条件下会形成稳定的 RNA—DNA 异质双链。形成异质双链的过程称为杂交。由于杂交是在分子水平上进行，所以称分子杂交。这种异质双链分子称为杂交分子。在分子杂交工作中，用于检测的已知核酸（DNA 或 RNA）序列片段称为杂交探针。类病毒和大多数植物病毒的核酸为单链 RNA，探针为互补 DNA（cDNA），而被检测的核酸则称为目标核酸。探针上的部分核苷酸分子被用放射性同位素标记，可以在实验室内检测出来，用以证明杂交的存在。分子杂交分为液相和固相杂交两类。核酸分子杂交技术能检测皮克（10^{-12}g）水平的病毒，可用于大量样品检测。

（2）PCR 技术　PCR 技术是一种特异性 DNA 体外扩增技术，即聚合酶链式反应（PCR），它是由 Mullis 等（1983）根据自然扩增理论所创建。此项技术则能检测阿克（10^{-18}g）水平的病毒，只要有一个病毒分子的模板即可进行特异性扩增，一个目的 DNA

或 RNA 经 20 轮扩增以后，可达 1×10^{6} 个病毒分子，灵敏度极高。因此，当待测样品很少或样品中病毒含量很低，用分子杂交技术达不到要求时，采用 PCR 技术则能获得满意的结果。目前已广泛用于病毒的诊断检测。

6. 物理化学特性 在植物病毒研究的过程中，人们发现不同的病毒对外界条件的稳定性不同，这便成为区别不同病毒的依据之一。随着新病毒种类的发现和分子生物学研究的深入，人们也逐渐认识到这些物理特性在区分不同病毒中的局限性。

（1）稀释限点 稀释限点（DEP）是保持病毒侵染力的最高稀释度，用 10^{-1}，10^{-2}，10^{-3}……表示。它反应了病毒的体外稳定性和侵染能力，也象征着病毒能力的高低。

（2）钝化温度 钝化温度（TIP）是处理病毒汁液 10min 使病毒丧失活性的最低温度，用摄氏温度表示。TIP 最低的病毒是番茄斑萎病毒，只有 45℃；最高的是烟草花叶病毒，为 97℃；而大多数植物病毒在 55～70℃之间。

（3）体外存活期 体外存活期（LIV）是在室温（20～22℃）下，病毒抽提液保持侵染能力的最长时间。大多数病毒的存活期在数天到数月。

（4）沉降系数及分子量 沉降系数 S 是指一种物质在 20℃水中在 10^{-5}N 的引力场中沉降的速度，单位是 cm/s。因这一单位太大，多采用千分之一，即 Svedberg 单位表示。植物病毒的 $S_{20}\omega$ 常在 50S 到数千 S 之间。沉降系数的测定要用超速分析离心机，根据该病毒在一定离心力下沉降的速度来计算。有了沉降系数还可以来计算分子量。

（5）光谱吸收特性 由于蛋白质和核酸都能吸收紫外线，蛋白质的吸收高峰在 280nm 左右，核酸在 260nm 左右。因此 260/280 的比值可以表示病毒核酸含量的多少，用于区分不同的病毒，比值小的多是线条病毒，比值高可能是球状病毒。对同一纯化的病毒，紫外吸收值可以表示病毒的浓度。对未纯化的病毒，其 260/280 的比值偏离标准值的情况，可反映病毒的纯度。

（三）病毒病主要病毒种类

目前已知危害十字花科蔬菜的主要毒原有 TuMV、CMV、TMV、萝卜花叶病毒（Radish mosaic virus，RaMV）。其中主要是前 3 种，但各地略有不同。陕西、黑龙江、辽宁、天津 TuMV 单独侵染率 65%～90%；湖南、湖北、四川、贵州、安徽、江苏 50%左右。CMV 在上述 10 省、直辖市单独侵染率 20%左右，但天津仅 2%。TMV 各地侵染率在 20%～30%。在广西，TuMV 与 CMV 复合侵染率高，而在贵州、安徽、江苏 TMV 与 TuMV 复合侵染率高。

1. 芜菁花叶病毒 该病毒分布普遍，是我国各地十字花科蔬菜病毒病的主要病原物，除危害大白菜、白菜、菜心、油菜、芥菜、芜菁、甘蓝、花椰菜及萝卜外，还能侵染菠菜、茼蒿以及荠菜、焯菜、车前草等杂草。该病毒粒体为线条状，钝化温度为 55～66℃，稀释终点为 $2\times10^{-3}\sim5\times10^{-3}$，体外存活期为 24～96h。病毒侵染幼苗，潜育期为 9～14d。潜育期长短视气温和光照而定，一般在 25℃左右，光照时间长，潜育期短。气温低于 15℃以下，潜育期延长，有时甚至呈隐症现象。由蚜虫和汁液接触传染。

2. 黄瓜花叶病毒 该病毒在长江流域和华南地区发生较多。据 1983 年以来的全国各地对白菜和甘蓝病毒病毒原普查结果，发现此病毒单独或与 TuMV 复合侵染的比例较 20

世纪 60 年代有所上升。该病毒寄主范围十分广泛，除为害十字花科蔬菜外，还能侵染葫芦科、藜科等多种蔬菜和杂草。截至 1995 年的资料所知，CMV 可侵染 85 科 365 属的 775 种植物。病毒粒体球状，二十面体，钝化温度为 55～70℃，稀释终点为 1×10^{-3}～1×10^{-4}，体外存活期为 2～4d，由蚜虫和汁液接触传染。

3. 烟草花叶病毒　只有部分十字花科蔬菜病毒病由这一病毒所致。该病毒寄主范围广，能侵染十字花科、茄科、菊科、藜科及苋科等多种植物。病毒粒体截杆状，具空心结构，钝化温度为 90～97℃，稀释终点为 1×10^{-6}。体外存活期的长短因不同株系而异，有的株系为 10d 左右，有的长达 30d 以上。只能以汁液接触传染。

4. 萝卜花叶病毒　萝卜花叶病毒为豇豆花叶病毒属病毒，病毒粒体为多角状，直径 28～30nm，病毒粒体散生在细胞质内，在液泡里排列成晶状或附着在细胞质内的液泡膜上。钝化温度 65～70℃，稀释终点为 1×10^{-4}，体外存活期 14～21d。系统侵染萝卜、芜菁等十字花科蔬菜。

侵染十字花科植物的 4 种主要病毒（图 7－12），通过由 4 种鉴别寄主组成的鉴别寄主谱，便可作出初步鉴别（表 7－7）。

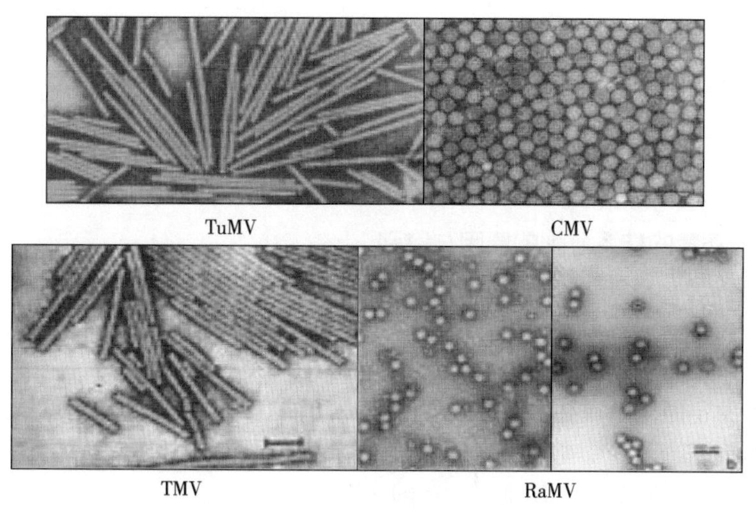

图 7－12　芜菁花叶病毒、黄瓜花叶病毒、烟草花叶病毒、萝卜花叶病毒病毒粒体照片

表 7－7　十字花科植物四种病毒的鉴别寄主谱

（谢联辉、林奇英，2004）

病　毒	鉴　别　寄　主			
	普通烟	心叶烟	黄　瓜	白　菜
芜菁花叶病毒（$TuMV-K_1$）	局部枯斑	系统枯斑	不侵染	系统花叶
萝卜花叶病毒（RAV）	局部枯斑	局部枯斑	不侵染	局部或系统枯斑
黄瓜花叶病毒（CMV）	系统花叶	系统花叶	系统花叶	不侵染或系统花叶
烟草花叶病毒（TMV）	系统花叶	局部枯斑	不侵染	系统花叶

（四）芜菁花叶病毒提纯方法

中国农业科学院蔬菜花卉研究所、西北农林科技大学园艺学院和黑龙江省农业科学院园艺研究所分别采用的 TuMV 提纯程序是硼酸盐抽提—二次糖柱纯化法、磷酸钾抽提—蔗糖梯密度纯化法和磷酸钾抽提—TritonX－100 纯化法三种。

下面仅介绍刘栩平、刘元凯改良的简化磷酸钾抽提—TritonX－100 纯化法。

新鲜病叶或－20℃下冷冻病叶 100g→加 pH 8.4 并含 0.5% Na_2SO_4的 0.5mol/L 的磷酸钾缓冲液 200ml，匀浆后，4 000r/min 离心 10min→留取上清液→加 1% TritonX－100、2% NaCl、4% PEG，充分搅拌→4℃冰箱下静置 4h→8 000r/min 离心 30min→将上清液按此步骤重复 1 次后弃掉→留取合并 2 次沉淀→加 pH 8.4 并含 0.5mol/L 脲、0.1mol/L KCl 的 0.1mol/L 的磷酸缓冲液适量，在 4℃冰箱下悬浮过夜→5 000r/min 离心 10min→留取上清液→8 000r/min 离心 3h→留取沉淀→加 pH 8.4 并含 0.5mol/L 脲、0.1mol/L KCl 的 0.1mol/L 的磷酸缓冲液适量，在 4℃冰箱下悬浮过夜→5 000r/min 离心 10min→获得上清液，即为精提纯的 TuMV 制剂液。

提纯 TuMV 病毒浓度的计算，一般用紫外分光光度计进行紫外 210～300nm 全波段扫描。计算公式为：

$$病毒浓度（mg/ml）=OD_{260}\times 稀释倍数/E_{260}^{0.1}$$

式中：TuMV 的常数值 $E_{260}^{0.1}$一般取值 2.5 或 2.7；OD_{260}也可用 λ_{260}表示。

二、病原病毒的株系分化与划分

（一）病原病毒的株系分化的原因与鉴别

1. 病毒株系分化的原因 病毒可以自然发生突变，或经过诱变产生与原来性状有一定差别的突变株，差别比较稳定而且容易鉴别的突变株后代称为株系。病毒的繁殖量很大，烟草花叶病毒的一个局部病斑中就可以有 10^{11}个病毒粒体，因此自然突变是经常发生的。一种病毒的不同株系往往发生在某些植物或品种上，或者发生在某些地区。由于株系的存在，在鉴定病毒时，要避免分离到病毒混杂不同的株系。不能局限于一个样本的研究，不要将病毒的不同株系看作是一种新的病毒。

2. 病毒株系鉴别的基本方法 病毒的增殖是通过无性复制，所以鉴别病毒种群无论是同一属内的不同病毒种，还是同种病毒的不同株系，往往带有一定的随意性。图 7－13 是推荐参考的鉴定指南。根据这个指南结合其他生物学性状和理化特性，来鉴别属内不同病毒种或不同株系是必要的。病毒种群和株系的鉴别标准介绍如下：

（1）血清学试验 血清学试验具有高度的专化性和灵敏性，因此被广泛用于病毒的诊断鉴定。事实证明，凡有血清学关系的病毒都是亲缘关系较近的病毒，而且几乎都属同一病毒属成员。当研究一个新的分离株或分离物时，为了尽快确定是个新病毒，还是已知病毒的一个株系，可参照图 7－13 的原则，采用血清学鉴别指数（SDI）做出初步判断。一般小球状病毒的 SDI，易用琼脂双扩散试验来测定；长形或体积较大的病毒的 SDI，可用液相血清学反应来测定。

（2）传染方式和介体种类 传染方式特别是传毒介体的专化性或传毒性，对鉴别同属

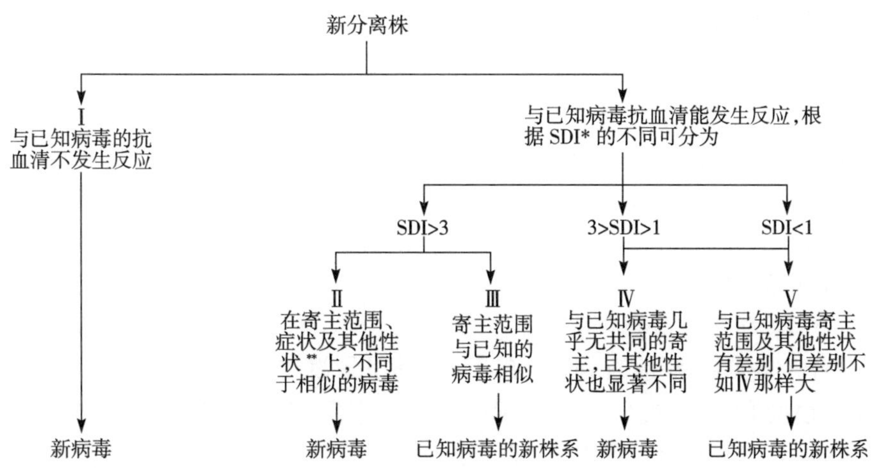

图 7-13　新病毒分离株分类地位的鉴定指南

*SDI：血清学指数，是根据玻片沉淀反应、琼脂双扩散反应等的试验中所表现的反应特点分为几个等级指数："3"是血清学反应最明显，"1"是血清学反应不明显。**其他性状是指形态学、细胞病变反应、介体种群、核酸的碱基组成、电泳特性等。

（仿 Hamilton 等，1981）

内的不同病毒种，或同种病毒的不同株系都有重要价值。

（3）寄主范围和症状类型　寄主范围和症状类型在区分同属病毒不同种、同种病毒不同株系上，都有重要的应用价值。

（4）鉴别寄主及反应特征　鉴别寄主、鉴别寄主谱及其反应特征，对同属病毒的种间和同种病毒的不同株系间的鉴别都很有用。如 TuMV 的 7 个株系都可通过相应的鉴别寄主谱做出鉴别。

（5）交互保护　一种寄主植物当受到某种病毒的某一株系侵染后，能对同种病毒的另一株系的侵染起排斥作用。这种株系之间，主要是相关株系之间的相互排斥、相互保护的作用，即为交互保护作用。测定时，一般可先在寄主植物上接种已知病毒，然后再接种另一未知病毒。如果前者能保护寄主不受后者侵染，说明两者是同种的、相关的；否则，可能是不相关的两种不同病毒。因此，利用这一现象是有一定诊断价值的，它可帮助判断株系间的相关性。但交互保护作用的情况也是多种多样的，虽然许多具有保护作用的株系都有一定的相关性，但并非所有相关株系都有交互保护作用。相反，有些相关株系在某些情况下反而会出现协生作用。此外，有些并非相关株系，甚至完全不相关的病毒，它们之间却有交互保护作用。

（6）氨基酸组成和序列分析　病毒衣壳蛋白氨基酸的组成和序列对同属病毒不同种或同种病毒的不同株系也有一定鉴别价值。如衣壳蛋白氨基酸组成明显不同，则在电泳速度、血清学专化性上有显著差异，则可能是不同的病毒种。如氨基酸组成稍有差异，则在电泳速度、血清学专化性上也稍有差异，则可能是株系的不同。

（7）碱基组成和序列分析　病毒核酸的碱基组成和序列分析，在目前的分类鉴定中占有重要地位。目前 RNA 和 cDNA 分子杂交及核酸指纹图谱等方法，已被广泛用于病毒的核酸序列分析和核酸同源性比较。

（二）芜菁花叶病毒株系划分的基本方法

1. 芜菁花叶病毒株系划分的现状 自 Hoggan 和 Johnson（1935）首次研究 TuMV 株系分化以来，国内外有不少学者先后采用了不同的方法划分 TuMV 株系。1980 年，Provvidenti 应用从日本和中国得到的大量的大白菜栽培品种，进行了 TuMV 与品种间关系的研究，获得了很大的成功。他发现，大白菜对 TuMV 的抗性具有株系特异性，一些品种或品系携带有独立的、显性遗传的抗 TuMV 基因，并从中筛选出具有基因代表性的 4 个大白菜栽培品种，作为划分 TuMV 株系的鉴别寄主谱，从而将美国纽约州大白菜、芜菁上的 TuMV 划分为 4 个株系，即 TuMV C_1、C_2、C_3和 C_4株系。1985 年，Green 对我国台湾省十字花科蔬菜上 TuMV 进行了株系鉴定，除了鉴定出 C_1～C_4株系外，还发现了 C_5株系。根据他们的鉴定结果，TuMV C_1～C_5株系在我国均有分布。分析比较 Provvidenti 和 Green 鉴别寄主谱与我国 TuMV 分离物的关系，韦石泉等（1989）建立了适合中国 TuMV 株系鉴定的鉴别寄主谱。

2. Green 鉴别寄主谱划分 TuMV 株系 Green 的 TuMV 株系鉴别寄主谱源于美国 Provvidenti 鉴别寄主谱。Provvidenti 曾在大白菜中筛选出 PI391560、PI418957、W. R65Days、Tropical delight、Tropicana、PI419106、PI419105、Crusader、Champion 9 个品种，构成一套株系鉴别寄主谱，并把纽约州的 TuMV 划分为 4 个株系。亚洲蔬菜发展研究中心 Green 经过筛选研究，把该鉴别寄主谱简化为 4 个品种，即 Tropical delight（F_1）、Crusader（F_1）、PI418957、PI419105，并将我国台湾地区的 TuMV 划分为 C_1、C_2、C_3、C_4、C_5 5 个株系（表 7 - 8）。

表 7 - 8 Green 氏对台湾的 TuMV 株系划分

PI418957		PI419105		Tropical delight（F_1）		Crusader（F_1）		株系划分
症状	抗性	症状	抗性	症状	抗性	症状	抗性	
O/O	I	L/M	S	O/O	I	L/M	S	C_1
L/O	R	L/O	R	Ch/NMDis	S	L/O	R	C_2
O/O	I	L/O	R	Ch/NM	S	L/M	S	C_3
LP/O	R	L/M	S	Ch/NM	S	L/M	S	C_4
L/VcM	S	L/M	S	Ch/NM	S	L/M	S	C_5

注：/：接种叶/非接种叶；Ch：褪绿斑；Dis：畸形；L：潜隐侵染（无症带毒）；M：花叶；N：浅褐或黄色枯斑；O：无症状；Vc：明脉；I：免疫（无症不带毒）；R：抗病；S：感病。

（三）中国芜菁花叶病毒株系划分

1. 用 Green 氏鉴别寄主谱对中国 10 省（直辖市）**TuMV 主流分离物的鉴定** 全国白菜、甘蓝抗病育种协作攻关组对 10 省（直辖市）的 7982 份病样中筛选出的 19 个 TuMV 主流分离物，采用 Green 氏鉴别寄主谱，在同一条件下进行了鉴定。结果表明，属于 C_1 株系的分离物 1 个，属于 C_4株系的分离物 6 个，属于 C_5株系的分离物 7 个，未检出 C_2和 C_3株系。另外，尚有 5 个分离物不能按 Green 的标准归类，其中 4 个性状相近的分离物暂定为 C_{3-2}，另外 1 个定为 C_6（表 7 - 9）。

表 7-9　用 Green 氏寄主谱鉴别我国十字花科蔬菜 TuMV 分离物

（刘栩平等，1990）

TuMV 分离物	鉴别寄主								按照 Green 氏方法划分株系	参照 Green 氏方法暂定株系
	PI418957		PI419105		Tropical delight（F_1）		Crusader（F_1）			
	症状	抗性	症状	抗性	症状	抗性	症状	抗性		
黑 1	L-N/O	S	Ch/M	S	N'/N^+	S	Ch/M	S	C_5	—
黑 2	O/O	I	Ch/M	S	N'/N^+	S	Ch/M，M	S	—	C_{3-2}
黑 3	O/O	I	Et/M	S	O/O	I	Ch/Dis，M	S	C_1	—
辽 1	N/M	S	Ch/M	S	N'/N^+	S	Ch/Dis	S	C_5	—
京 1	L-Ch/O	S	Ch/M	S	N'/N^+M	S	L/M	S	C_5	—
京 2	L/O	R	L/M	S	N'/N^+	S	L/M	S	C_4	—
京 3	P/O	R	Ch/M	S	N/N^+	S	L/M，M	S	C_4	—
冀 1	Ch/M	S	Ch/M	S	N/N^+	S	Ch/Dis	S	C_5	—
冀 2	L/O	R	Ch/M	S	N/N^+	S	Ch/M，M	S	C_4	—
冀 3	N/N	S	Ch/M	S	O/O	I	Ch/Dis	S	—	C_6
沪 1	P/Ch	S	Ch/M	S	N'/N^+	S	Ch/M	S	C_5	—
沪 2	O/O	I	Ch/M	S	N'/N^+	S	L/M	S	—	C_{3-2}
宁 1	L/O	R	L/M	S	Ch/N^+M	S	L/M	S	C_4	—
宁 2	O/O	I	L/C	S	N'/N^+M	S	L/M	S	—	C_{3-2}
粤 1	L/O	R	Rs/M	S	N'/N^+	S	Ch/M	S	C_4	—
秦 1	O/O	I	L/M	S	N'/N^+	S	L/M，M	S	—	C_{3-2}
川 1	L/O	R	L/M	S	N'/N^+	S	Ch/Dis	S	C_4	—
鲁 1	L/Ch	S	L/M	S	N'/N^+	S	Ch/M	S	C_5	—
鲁 2	Ch/M	S	Ch/M	S	N'/N^+	S	Ch/M	S	C_5	—

注：/：接种叶/非接种叶；O：无症状；L：潜隐侵染（无症带毒）；N：浅褐或黄色枯斑；N′：黑色褪绿边枯斑；N^+：枯斑加沿脉坏死和畸形；Ch：褪绿斑；Et：蚀纹；M：花叶；Rs：深绿色环斑；Dis：畸形；I：免疫（无症不带毒）；R：抗病；S：感病。

采用 Green 鉴别寄主谱鉴定中国十字花科蔬菜 TuMV 株系，发现接种叶片带毒的，在一定温度下可以不表现症状。当温度有所变化时，又可以表现出轻微症状来。以此作为决定寄主抗、感属性不能反应株系特性，也与生产情况不符。在用做鉴别寄主的 4 个大白菜品种中，PI418957 的症状反应对温度的变化过于敏感，也造成了株系判断上的困难或误差。此外，隶属于同一株系的各个分离物对大白菜或其他十字花科蔬菜，甚至是同一个品种的致病力往往有较大差异。据此，研究者认为，根据 Green 推荐的 4 个大白菜品种作为 TuMV 株系鉴别寄主谱，对中国生态区域差异显著的广阔地域内的丰富的十字花科蔬菜资源来说，尚难反映其实际上的区别或实质上的差异。因此，根据中国的实际情况，寻求筛选新的鉴别寄主，并进行株系划分方法研究，甚为必要。

2. 新鉴别寄主谱对中国 TuMV 株系划分结果　全国白菜、甘蓝抗病育种协作攻关组选择了十字花科作物芸薹属和萝卜属共计94个品种作为鉴别寄主筛选对象，根据19个TuMV分离物在各品种上症状特征和致病力分化等基本特征，确定了鉴别寄主对TuMV分离物的基本特性，最后选定了鲁白2号和秦白1号大白菜、C_2白菜、渝8748甘蓝、山东菜子芜菁、法国花椰菜等6个品种组成一套鉴别寄主谱，并对19个TuMV分离物进行株系鉴定和归类。研究者根据10省（直辖市）19个TuMV主流分离物在鉴别寄主谱上的反应归纳为7类，即划分为7个株系，并按照各株系对十字花科不同种类蔬菜致病力专化性的差异，分别命名为普通株系（Tu1）、白菜株系（Tu2）、海洋性大白菜株系（Tu3）、大陆性大白菜株系（Tu4）、甘蓝株系（Tu5）、花椰菜株系（Tu6）和芜菁株系（Tu7）。

表7-10　芜菁花叶病毒7个株系在鉴别寄主上的反应

（刘元凯等，1989）

株　系	鉴别寄主					
	鲁白2号大白菜	秦白1号大白菜	C_2白菜	渝8748甘蓝	法国花椰菜	山东菜子芜菁
普通株系（Tu1）	T	R	T	R	R	R
白菜株系（Tu2）	S	R	S	R	R	T
海洋大白菜株系（Tu3）	S	T，R	T，R	T，R	T，R	R
大陆性大白菜株系（Tu4）	S	S	R	R	R	R
甘蓝株系（Tu5）	S	S，R	T，R	S	T	R
花椰菜株系（Tu6）	I	T，R	R	S	S	I
芜菁株系（Tu7）	S	T，R	S	R	R	S

注：I（免疫）：无症不带毒；R（抗病）：无症带毒～11.11%（病情指数）；T（耐病）：11.12%～25.00%；S（感病）：病指25.00%以上。

三、大白菜抗病毒病遗传规律

有关大白菜对TuMV抗性遗传规律研究报道很多，说法不一（Lim，1998）。Provvidenti（1980）应用来自中国和日本的大量大白菜品种，进行了TuMV与品种间关系研究，发现大白菜TuMV的抗性具有株系特异性，一些品种或品系携带有独立的、显性遗传的抗TuMV基因。钮心恪（1982）选用不同抗性材料对F_1、F_2、BC_1群体进行抗性分析时指出，大白菜对TuMV的抗性受两对相互独立的显性基因控制，只要具有其中之一就表现抗性。Leug和Willianms（1983）也报道了类似的结果。他认为大白菜对TuMV-C_1的抗性遗传受显性基因的控制。Suh等（1995、1996）用抗病材料0-2和感病材料Seoul、Cheongbang、Ssd31、Yakil杂交，分析其对TuMV抗性遗传规律，结果表明：大白菜对TuMV的抗性被一个或两个显性基因控制。Kim（1996）的研究结果也表明大白菜对TuMV的抗性为显性单基因控制。选用对TuMV-C_1～C_5 5个株系都产生抗性的自交系

0-2 为抗病材料，分析研究大白菜对 TuMV 抗性遗传规律，Yoon（1993）证明大白菜对 TuMV C_4和 C_5的抗性遗传受两个隐性基因控制。

魏毓堂等（1991）以 TuMV 辽宁 1 号株系（TuMV Ln-1）为对象，分析研究大白菜对 TuMV 的抗性遗传规律，指出大白菜对 TuMV 的抗性是不完全显性，至少受 4 对以上微效基因控制，且易受环境敏感基因的影响，因而具有较显著的数量性状遗传特点。在回交测验中，发现明显的核遗传，但同细胞质又有密切关系。通过配合力分析证明，一般配合力和特殊配合力的方差都达到极显著水平，其比值为 13.28，说明加性效应起主导作用。李省印（1991）、曹光亮等（1995）采用双列杂交遗传设计，结合配合力分析，对白菜抗 TuMV 遗传规律进行了初步研究，结果表明，白菜对 TuMV 的抗性符合“加性—显性”模型，且为不完全显性，属数量性状遗传。通过对白菜 TuMV 抗性遗传规律的研究，国内各育种单位一致认为其符合“加性—显性”模型，遗传效应中加性和显性效应同时存在，但主要受加性效应的控制。在进行抗病育种时，以轮回或自交选择较易获得高抗品种或自交系，在选配优良杂交组合时，双亲必须具有较好的抗病性，抗性强者宜作母本（李彬，2000）。

四、抗病毒病人工接种鉴定方法

（一）试材与病毒的准备

抗源材料以高代自交纯化、稳定遗传的亲本材料为主，兼顾不同生态区域，以获得高抗、优质的育种材料。鉴定试验宜在防虫温（网）室或塑料棚内进行，白天气温 25～32℃，夜间 16～20℃为宜。所需土壤和器皿均经高温消毒。各供鉴试材的种子要求充实饱满、纯度高、发芽势一致。重病区所采种子用 0.1%升汞消毒 5min 或在 50℃温水中处理 10min。播种于口径 10cm 装有消毒土的塑料营养钵内，同时设相应的抗病材料对照和感病材料对照。

以当地 TuMV 的优势株系群作为抗病毒病育种的主要目标，毒原必须是经单斑分离、鉴定和纯化的当地主导株系，每年需要进行病毒特性和侵染能力的恢复与验证。例如，TuMV 秦 1 毒原，采集分离于西安市郊区大白菜病株，在商南连毛英白菜上增殖，经鉴定观察为陕西大白菜的 TuMV 主流株系。

（二）接种苗龄

从病情指数和植株生长量两个方面考虑，鉴定大白菜对 TuMV 抗性的适宜苗龄是2～3 片真叶期。苗龄小于 2 片叶，在短日照的冬季和多雨寡照的夏季容易在接种后病症未能充分表达前死亡。苗龄大于 3 片叶，观察周期长，占地面积大，达不到快速经济鉴定的目的。另外，采用剥叶接种法可以使对育种亲本的抗病性鉴定达到比较准确的程度。一代两次筛选，可有效区别后代抗病性的真伪，对于大白菜这样的异交作物可靠抗病资源的筛选具有益处（刘栩平，1985）。

（三）接种方法

接种所用的毒原浓度越低，大白菜达到充分显症所需要的时间越长，病情指数也越低，以致得不到真正的筛选压力。因此，接种用的病毒浓度，以把适龄病株的榨取汁液稀释成 1/2～1/8 浓度为宜（刘栩平，1985）。手指摩擦汁液法接种病情指数变化范围较小，对幼苗造成的不良影响小（图 7-14）。压力喷枪喷雾接种可造成幼苗倒伏，而手指和毛笔摩擦接种则易引起幼苗叶子干枯。

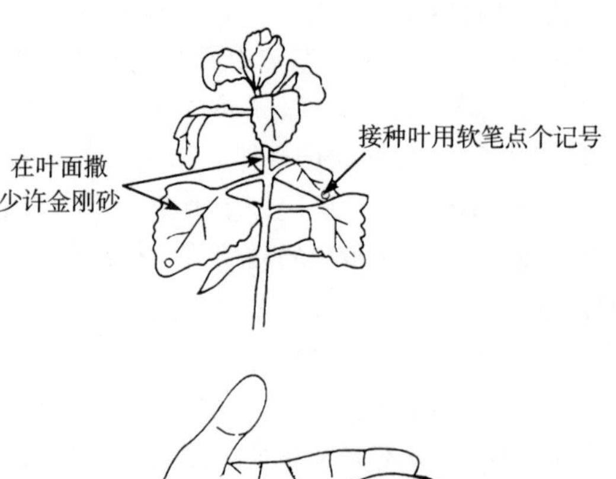
接种叶用软笔点个记号
在叶面撒
少许金刚砂
接种叶的叶面向上,用手掌垫托自上而下的轻摩擦

图 7-14 在苋色藜（*Chenopodium amaranticolor*）叶片上摩擦接种的程序

（四）发病环境的调控

在 20～30℃的温度范围内，温度越高，大白菜接种后病情发展速度越快，即在一定范围内温度升高，病毒侵染力增强。苗期适宜的生长发育温度，也是病毒病发生最适宜的温度，二者是同步的，在这种情况下，发病与否或发病的轻重则完全取决于病原物的存在与否。低于 20℃和高于 35℃的情况下，病毒病发生发展有自然隐症的现象，即大白菜病情发展到一定程度后，温度不适于发病时，病情指数反而逐渐降低。在 17～22℃气温条件下，在接种后的前中期利于幼苗症状显现；32～37℃高温容易造成症状时隐时现。因此，认为抗病性鉴定或筛选应该在25～30℃气温下进行，观察期不得少于接种后 22～25d。

人工接种 TuMV 的最适宜光照强度为 12 000～13 000lx，光照过强或过弱不但影响植株的正常生长，而且影响后期的病害观察，这与气温对发病的影响有些相似。因此，人工接种抗病性鉴定的调查时间应在接种后 22～25d 为佳。

（五）病情调查分级标准

0 级：无任何症状；

1 级：接种叶或心叶出现褪绿斑、明脉或轻花叶；

3 级：心叶及中部叶片产生花叶或明脉；

5 级：心叶及中外部叶片花叶，并有少数（<1/2）病叶疱斑、皱缩或稍畸形；

7 级：重花叶，多数（>1/2）病叶疱斑、皱缩或畸形，植株矮化；

9 级：严重花叶、疱斑、皱缩、畸形或植株严重矮化，叶脉或全株坏死。

（六）抗感类型划分标准

抗病性类型　病毒病病情指数

HR（高抗）：≤5.55；

R（抗病）：5.56～11.11；

T（耐病）：11.12～33.33；

S（感病）：33.34～55.55；

HS（高感）：>55.55。

五、抗病毒病田间鉴定方法

田间鉴定是在田间自然诱发病圃或人工接种病圃的条件下鉴定品种、原始材料和杂交后代抗病性的方法。田间鉴定分自然诱发鉴定和人工接种鉴定。自然诱发鉴定，是在田间自然条件下，通过自然感染发病来鉴定大白菜的抗病性。鉴定时每个供试品种或育种材料的株数不少于30株。每隔10行安排一行已知的感病品种作为病害诱发行，或在重病区安排试验。供试材料秋季播种期和定植期一般要比正常提早3～5d，或在重病季节进行试验，田间不喷防病药剂。

田间人工接种鉴定是在田间条件下进行人工接种，将一定量的病原物接种在植株上，调查植株发病情况。

病害调查采用棋盘式取样方法进行，小区试验调查不少于30株，大田调查不少于90株。在大白菜结球中期进行病毒病的调查，病情分级标准与群体抗病性划分标准可参照苗期人工接种鉴定标准。鉴定评价品种抗病性可采用定性的和定量的方法。定性的评价是根据大白菜的症状反应程度进行分级；定量的评价主要是根据群体的发病强度、普遍率和严重度进行分级。这两种方法可以结合运用。

（韦石泉 刘学敏 李省印）

第三节 抗真菌病害鉴定

病原真菌是引发植物病害最多的一类病原物。大白菜真菌性病害主要有霜霉病、黑斑病、白斑病、白锈病、黑胫病、根肿病、炭疽病、菌核病等，其中大白菜霜霉病和黑斑病是发生最普遍、最严重的真菌性病害。

一、大白菜抗霜霉病育种

（一）霜霉病的症状与危害

1. 分布与危害 大白菜霜霉病，在气温较低、湿度较大的早春和晚秋发病严重。在华北、西北和东北地区，大白菜霜霉病、软腐病和病毒病一起被列为大白菜三大病害。霜霉病在气候潮湿、冷凉地区和沿江、沿海地区易流行。长江中下游地区，以秋播大白菜受害严重。流行年份，大白菜发病率可达80%～90%，减产3～5成，成株不耐贮存。

2. 症状特点 大白菜从苗期到结球期、从种株生长前期到开花结荚期的整个生育期都可受到该病菌的危害，受害的器官有子叶、真叶（包括球叶和功能叶）、种株茎秆、花枝和果荚。在营养生长阶段，幼苗期，子叶发病时，初在叶正面出现褪绿小斑点，叶背出现白色霉层，在高温条件下，病部常出现近圆形枯斑，严重时叶柄上也产生白霉层，苗、叶枯死；真叶发病多始于叶背面，初生水渍状淡黄色周缘不明显的斑，水渍状斑持续较长时间后，病部在湿度大或有露水时出现白色霉层，条件不适时，叶正面出现淡绿至淡黄色的小斑点，扩大后呈黄褐色，而后枯死变为褐色多角形斑。莲座期发病，叶片出现水渍状小斑，以后扩大成为受叶脉限制的多角形或不整形病斑，病斑由淡黄色逐渐变为淡褐色。潮湿时，病部出现白色霉状物。结球期环境条件适宜，病斑迅速增加并连片；潮湿时叶背面或正面长出大量白霉层。严重时病斑连接成片，病叶枯死，植株不能结球。大白菜结球中后期，环境适宜时病情发展迅速，叶片连片枯死，进而病株叶片由外向内层层干枯，严重的只剩下叶球。生殖生长阶段发病，花薹、花枝及种荚发病时，呈畸形肿胀，扭曲似龙头，病斑青白色，病部长出一层白霉。花枝、花器肥大畸形，花瓣绿色，种荚淡黄色，瘦瘪。

3. 发病规律　病菌主要以卵孢子随病残体在土壤中，或以菌丝体在窖贮采种母株上越冬。卵孢子只要经过2个月休眠，春季温湿度适宜时就可萌发侵染。在发病部位可产生孢子囊不断重复侵染，因此北方地区卵孢子是十字花科蔬菜霜霉病的主要初侵染来源。华南地区冬季气温较高，田间终年种植十字花科作物，病菌借助不断产生的大量孢子囊在多种作物上辗转危害，致使该病周而复始，终年不断，故不存在越冬问题。长江中下游地区，病菌的卵孢子随病残体在土壤中越冬，春季条件适宜时萌发侵染春菜。也可以菌丝体潜伏于秋季发病的植株体内越冬。越冬后病株体内的菌丝体可形成孢囊梗和孢子囊，传播侵染无病植株。因此，这一地区的初侵染源是卵孢子和孢子囊。卵孢子和孢子囊主要靠气流和雨水传播，萌发后从叶片气孔或表皮直接侵入，有多次再侵染，病害逐步蔓延。植株生长后期，病株组织内菌丝分化成藏卵器和雄器，有性结合后发育成卵孢子。直到秋末冬初条件恶劣时，才以卵孢子在寄主组织内越冬。此外，病菌也可附着在种子上越冬，播种带菌种子可直接侵染幼苗，引起幼苗发病。

该病害发生和流行的平均气温为16℃左右，病斑在16～20℃扩展最快。高湿是孢子囊形成、萌发和侵染的重要条件，多雨时病害常严重发生；田间高湿，即使无雨，病情也加重。北方大白菜莲座期以后至结球期，若气温偏高，或阴天多雨，日照不足，多雾，重露，病害易流行。在早播、昼夜温差大、植株过密、通风不良、连茬、结球期缺肥、生长势弱的情况下，发病重。播种过早的秋季大白菜往往病害发生严重。

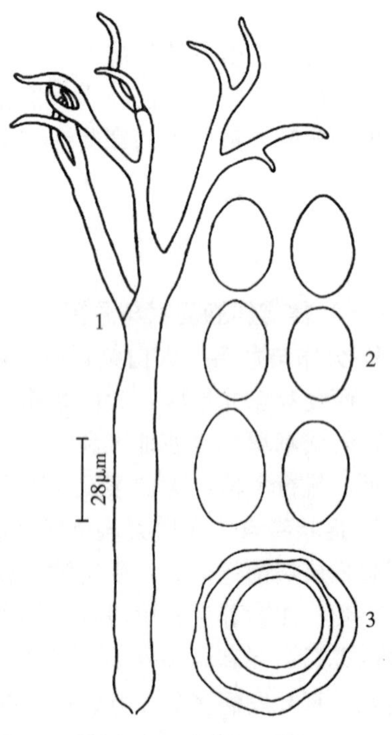

图7-15　寄生霜霉（*Peronospora parasitica*）
1. 孢囊梗　2. 孢子囊　3. 卵孢子

（二）病原菌及生理分化

1. 大白菜霜霉病病菌　大白菜霜霉病是由寄生霜霉［*Peronospora parasitica*（Pers）Fr.］（图7-15）侵染所致。病菌属鞭毛菌亚门、霜霉目、霜霉科、霜霉属真菌，专性寄生。病菌菌丝无色，无隔膜，蔓延于寄主细胞间，靠吸器伸入细胞内吸收水分和养分，吸器为囊状、球状或分杈状。无性繁殖时，病组织内菌丝产生孢囊梗从寄主气孔或表皮细胞间隙伸出。孢囊梗无色、无隔，单生或2～4根束生，长260～300μm，茎部

单一不分枝，基部稍膨大，呈连续状两杈分枝，顶端两杈分枝 3～8 次。分枝处常有分隔，主轴和分枝成锐角，顶端的小梗细而尖，略弯曲，每小梗顶端着生 1 个孢子囊。孢子囊长圆形至卵圆形，无色，单胞，大小为 24～27μm×15～20μm，萌发时多从侧面直接产生芽管，不形成游动孢子。有性生殖产生卵孢子，多在发病后期的寄主病组织内形成，留种株在畸形花轴皮层内形成最多。卵孢子单胞，黄至黄褐色，球形，表面光滑，直径 30～40μm，胞壁厚，表面光滑或略带皱纹，抗逆性强，条件适宜时，可直接产生芽管进行侵染。

2. 病菌生物学特性 病菌产生孢子囊最适温度为 8～12℃，相对湿度低于 90%时孢子囊不能萌发。在水滴中和适温下，孢子囊只需 3～4h 即可萌发，侵入寄主最适温度为 16℃。孢子囊对日光抵抗力较弱，不耐干燥，在空气中阴干 5h 后即失去发芽能力。菌丝在寄主体内生长发育最适温度为 20～24℃。卵孢子形成的最适温为 10～15℃，相对湿度为 70%～75%。卵孢子萌发需充足的水分，吸水后明显胀大，直径为 43～50μm，色淡黄，壁变薄，2d 后开始发芽。

3. 病菌生理分化 病菌为专性寄生菌，存在明显的寄生专化性。目前国内分芸薹专化型［*Peronospora parasitica*（Pers）Fr. var. *brassicae*］、萝卜专化型［*P. parasitica*（Pers）Fr. var. *raphani*］和荠菜专化型［*P. parasitica*（Pers）Fr. var. *capsella*］3 个专化类型。

芸薹专化型包括大白菜、油菜、芥菜、芜菁和甘蓝等寄主上的霜霉菌，它对芸薹属蔬菜侵染力极强，对萝卜属侵染力极弱，而对荠菜属则不侵染。在芸薹属专化型中，根据病菌致病力的差异，又将其分为白菜类型、甘蓝类型和芥菜类型 3 种致病类型。

白菜致病类型对大白菜、白菜、油菜、芥菜及芜菁的侵染力极强，而对甘蓝的侵染力极弱。

甘蓝致病类型对甘蓝、芥蓝、花椰菜侵染力较强，而对大白菜、油菜、芜菁和芥菜的侵染力弱。

芥菜致病类型对芥菜侵染力极强，而对甘蓝侵染力极弱，有的菌株还能侵染白菜、油菜、芜菁，有的则不能。

萝卜专化型包括萝卜属和一些芸薹属蔬菜上的霜霉菌。它对萝卜属蔬菜侵染力极强，对芸薹属一些蔬菜如大白菜、甘蓝和芥菜等的侵染力极弱，对荠菜属也不侵染。

荠菜专化型只侵染荠菜，不侵染萝卜属和芸薹属蔬菜。

（三）病原菌的分离与保存

1. 病原菌的分离与纯化 病原菌的分离、纯化是研究病菌形态、生活史、生理和生态，以及病菌致病性和寄主抗病性的基础工作。寄生霜霉是专性寄生菌，必须在活体上转接、保存、分离和纯化。

将采回的病器官（病叶、花梗、荚果等）用自来水冲洗表面，并用毛笔刷去霉层及表面其他附着物，使无孢子存留，以防混杂，然后置于保湿箱内诱发。诱发条件为相对湿度 95%左右，温度 18～25℃。待长出大量新鲜孢子囊后，用洁净毛笔将孢子囊刷下，制成孢子囊悬浮液。该悬浮液即为供试的病菌材料，接种于鉴别寄主上，用于以后进行致病性生理分化和寄主抗病性研究。

2. 病菌的保存 大白菜霜霉病菌是专性寄生菌，不能离体培养，一般可采用如下方法保存。

（1）活体植株保存 将分离到的病菌用无菌水制备孢子囊悬浮液，喷雾或点滴接种于无菌土栽培的健康大白菜幼苗上，16～24℃条件下保湿24h，显症发病后常规管理。使用这种方法应在隔离条件下，选择大白菜的感病品种繁殖菌株作保存寄主，并避免污染。利用这样方法，在16℃、相对湿度85%以上、正常光照条件下可以保存病菌3～4周。这种保存菌株的方法比较简单，但缺点是保存时间短，而且需要大量的保存空间，长期保存需要多次转接，培养条件严格。

（2）离体冷冻保存 采集大白菜的霜霉病叶片，用自来水冲洗干净表面着生的霉层及附着物后，置于18℃、相对湿度100%的黑暗条件下，在搪瓷盘内培养24h，待长出新鲜霉层后放入－25℃冰箱内保存。利用此法保存6个月后接种大白菜幼苗，发病率仍为100%，而病情指数也可达60以上，并可产生大量孢子囊。这种方法既延长了保存期限，又解决了多次寄主转接及培养条件太严格的难题。该方法的一个重要环节是将霜霉病叶片上原有的霉层冲洗干净，在适宜条件下培养出新的霉层再进行冰存。但是利用这种方法保存的大白菜霜霉病菌12个月后再接种，其致病力显著下降，孢子囊产生极少，难以再次繁殖。可见离体冷冻保存法具有较强的时间局限性，故接种鉴定应尽可能使用新鲜菌种。在确需冰存菌种时，则以保存6个月以内为宜（王翠花等，1989）。

（3）液体保存 即用0.5%葡萄糖液和鲜白菜叶榨取汁液以1∶16稀释液保存孢子囊于－30℃中，接种前解冻即可。这方法最佳使用期为10d，存活期可达50d以上。这种方法目前尚未普遍应用。

（四）抗性鉴定技术

1. 寄主培养 十字花科作物霜霉病菌的鉴别寄主包括十字花科的主要栽培种，寄主及鉴别寄主接种前要求为健苗，无其他杂菌感染。因此，寄主一般培育于防虫、可调控温度、湿度、光照的温室中，并且事先要将培养器具、培养土进行高温消毒，按照常规栽培方法播种，培养寄主苗。当幼苗长至有2片真叶期时，即可接种。

2. 接种苗龄 接种苗龄影响鉴定结果的准确性。在子叶平展期接种，由于子叶易受侵染，材料间抗性差异不明显，鉴定困难。拉大十字期（即4片真叶期）接种存在育苗时间长，苗体大，隔离控制难，试验成本高，误差几率大等缺点。而拉小十字期接种，由于真叶上发病明显，故能准确反映被鉴定材料的苗期抗性，具有快速、准确、简便、易操作的特点，因此拉小十字期（2片真叶期）为苗期人工接种的最佳苗龄（程永安等，1995）。

3. 接种体孢子囊悬浮液的制备和浓度 白菜霜霉病菌孢子囊的产生与其环境条件有着密切的关系。研究表明，在环境相对湿度95%～99%，离体病叶在13℃条件下不产生孢子囊；在13～15℃条件下24h后开始产生孢子囊，36h达到孢子囊产生盛期；在17～22℃下，16h后开始产生孢子囊，24h后进入盛期。

大白菜幼苗抗病性程度与侵染压力有很大的关系，使用合适的接种体悬浮液的浓度对于准确判断品种的抗病性十分重要。王世祥等（1990）采用浓度为每毫升1×10^4个孢子囊悬浮液接种，程永安等（1995）采用浓度为每毫升1×10^5个孢子囊悬浮液接种都获得了较理想的结果。

孢子悬浮液制备过程中，常常出现孢子浓度过稀的现象。此时可用离心的方法进行浓缩。一般在 3 500r/min 下离心 5min，弃除上清液，然后用蒸馏水稀释调至每毫升 1×10^4～1×10^5 个孢子囊浓度范围内即可。

4. 接种方法 白菜霜霉病接种方法有点滴和喷雾接种两种，接种量视大白菜苗大小以 80～150μl/株为宜，接种群体为每种寄主 30 株，重复 3 次。接种后置于 16～24℃，空气相对湿度 95%左右下保湿 24h，置隔离温室中令其发病。

采用点滴孢子囊悬浮液接种的方法有以下缺点：由于一株株手工点滴接种，费工、效率低；由于是根据单斑进行鉴定，因而鉴定结果不够准确；由于水珠容易滚落，不能保证较高的发病率。

采用喷雾法接种的优点是：由于是成片喷雾接种，因而快速、省工、简便易行；根据多斑进行鉴定，提高了鉴定结果的可靠性；喷雾均匀，可达到很高的发病率。

5. 接种后发病条件 接种后影响发病的主要因素是温度、湿度和光照。其中温度、湿度影响尤为重要。

（1）温度 接种后的温度是影响发病的重要因素之一。温度影响病原菌孢子囊的萌发、侵染、潜育期以及病斑产生孢子囊的快慢。昼夜温差大或忽冷忽热有利于发病，因为孢子囊萌发和侵入需要的温度较低（萌发 7～13℃，侵入 16℃），而菌丝生长发育需要的温度较高（20～24℃）。大白菜霜霉病的发病适温为 16～25℃。

（2）湿度 湿度也是影响接种后发病的重要因素。温度决定发病的早晚，湿度决定发病的轻重，湿度越大，发病越重，一般接种后要有 85%以上的相对湿度才有利于发病。

6. 抗病性调查方法 接种 1 周后调查发病情况。调查的分级标准如下：

0 级：无侵染症状；

1 级：接种叶上有稀疏的褐色斑点，不扩展；

3 级：叶片有较多的病斑，多数凹陷，叶背无霉层；

5 级：叶片病斑向四处扩展，叶背生少量的霉层；

7 级：病斑扩展面积达叶片的 1/2 以上 2/3 以下，有较多的霉层；

9 级：病斑扩展面积达叶片的 2/3 以上，有大量的霉层。

以病情指数（Disease index，DI）确定其抗、感类型，其标准为：

高抗（HR）：0<DI<11.1；

抗病（R）：11.2<DI<33.3；

耐病（T）：33.4<DI<55.5；

感病（S）：55.6<DI<77.7；

高感（HS）：DI>77.8。

7. 田间自然诱发抗病性鉴定 田间自然诱发抗病性鉴定是传统的、应用较为广泛的抗病性鉴定、筛选方法，操作简单，易于实施。但由于病原菌的不稳定性和环境因素的干扰，染病的均匀程度和发病的轻重年际间会有差异，因而影响到鉴定结果和入选材料的准确性，然而可以作为入选抗病材料的参考。

（五）鉴定技术在育种上的应用

霜霉病是大白菜重要病害之一，抗霜霉病仍是大白菜育种的重要目标性状。在育种实践中，兼顾多个目标性状，培育综合性状优良的品种，是育种家们追求的最高目标，但操作往往是从每一个具体目标性状进行的，然后逐渐集聚育成带有多个优良目标性状的育种材料或品种。对霜霉病而言，选育抗霜霉病的育种材料或品种可参照下列程序（图7-16）。

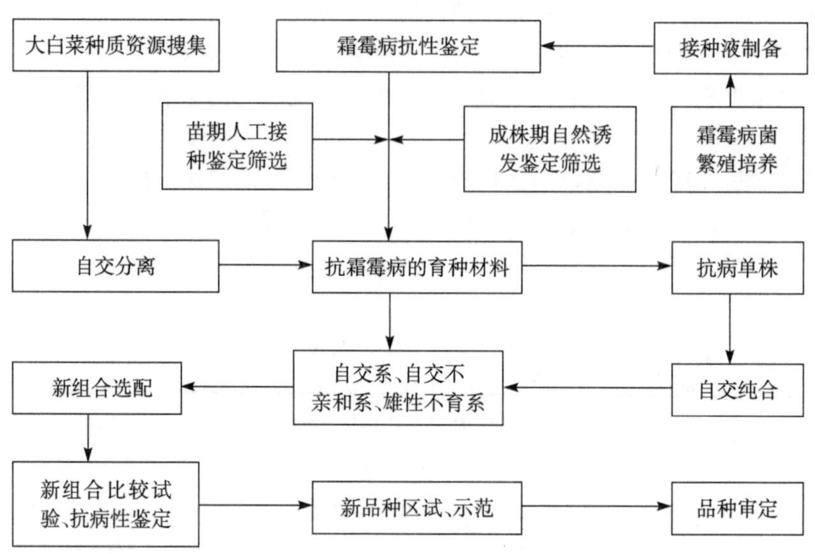

图7-16　大白菜抗霜霉病育种一般程序

二、大白菜抗黑斑病鉴定

（一）黑斑病的症状与危害

1. 分布与危害　十字花科蔬菜黑斑病在许多国家都有发生，尤其在美国、芬兰、加拿大、中国台湾发生严重。20世纪40年代，在中国已分布较普遍，但对生产影响不大，之后该病的发生日益严重。发病植株的叶片、花茎、长角果等染病部位呈现褪绿和黑色坏死斑，被侵染的种子皱缩和发芽率降低。黑斑病对十字花科蔬菜的危害仅次于病毒病、霜霉病和软腐病3大病害。我国受害较重的地区主要有云南、贵州、河北、湖北、北京、甘肃等省（直辖市）及吉林省的部分县市。1988年大白菜黑斑病曾在我国华北、东北和西北地区突然暴发流行，北京市当年秋大白菜损失达20%以上。1990年，吉林省敦化市大白菜黑斑病严重发生，发病率达99.6%。

1991年大白菜黑斑病从陕西关中地区、华北地区向东北地区转移，吉林省的敦化市和黑龙江省的哈尔滨市均有较大面积的发生，减产在20%以上。1996年大白菜黑斑病再次在北京市郊区流行。1999年内蒙古呼伦贝尔盟大白菜黑斑病流行，严重地块发病率高达100%，病情指数达61.5。黑斑病不仅影响大白菜的产量和品质，还造成贮藏期腐烂。

2. 症状特点　引起大白菜黑斑病的3种病原菌产生的症状稍有不同。

由芸薹链格孢引起的黑斑病，自大白菜子叶期即可发病。最初在子叶上出现褐色小点，逐渐发展为褪绿斑，扩大后使大部分或整个子叶干枯，严重时造成死苗。在真叶上，最初形成圆形褪绿斑，病斑扩大后转为暗黑色。几天后病斑扩大到直径 5～10mm，呈淡褐色，有明显的同心轮纹，并生有黑褐色霉状物，病斑变薄，有时破裂或脱落，周围有或无黄色晕圈。发生严重时病斑汇集成大的病区，使大部分到整个叶片枯死。全株叶片由外向内干枯。叶柄发病，病斑为椭圆至梭形，暗褐色，凹陷，大小不一。最大直径可逾 20mm，表面生褐色霉层，并引起叶柄腐烂。该病在种荚上引起近圆形病斑，中央灰白色，边缘褐色，周围淡褐色，有或无轮纹。潮湿时出现褐色霉状物，种荚瘦小，在收获时污染种子。

甘蓝链格孢为害大白菜时，在叶片上也可形成有轮纹的圆斑，轮纹较稀，但往往生有较多的黑色霉层。为害大白菜叶柄时，常形成表面带有黑霉的大型梭状斑（直径 20mm 左右），病斑往往会扩大至叶片，引起叶片自一侧向上枯死。

萝卜链格孢可为害大白菜的叶片及种荚，引起与芸薹链格孢相似的症状，仅表面产生的霉层为黑色。也可以污染种子，影响种子的发芽率。

3. 发病规律　3 种大白菜黑斑病菌主要在冬贮大白菜上越冬，翌年春季传播给早春白菜、萝卜等。病菌还可以在病残体上越冬或越夏。干燥的病叶在室温下贮藏 12 个月仍可以产生孢子，在－18℃以下可以贮藏 3 年以上。此外，病菌还可以菌丝潜伏在种子表皮内越冬并传播，成为远距离传播的初侵染源。也可以孢子附着在种子表面越冬。但是芸薹链格孢孢子对干燥的忍耐力较差，一般在种子表面存活的可能性不大。

病菌的孢子可借风雨传播，在条件合适时产生芽管，从寄主的气孔或表皮直接侵入，侵入后若条件适宜，约过 1 周即可产生大量新的分生孢子，重复侵染，扩大蔓延。

（二）病原菌及其种类

1. 大白菜黑斑病致病菌　病菌为半知菌亚门、丝孢纲、丝孢目、链格孢属真菌。世界上已经报道的链格孢属中近 90％以上的种能够兼性寄生于不同种植物，引起多种叶斑病。据研究，在北京，大白菜黑斑病病菌以芸薹链格孢［*Alternaria brassicae*（Berk.）Sacc.］为主，甘蓝链格孢［*A. brassicicola*（Schw.）Wilt］和萝卜链格孢（*A. raphani* Groves et Skoloko，syn. *A. japonica*）偶尔也为害大白菜（图 7－17）。

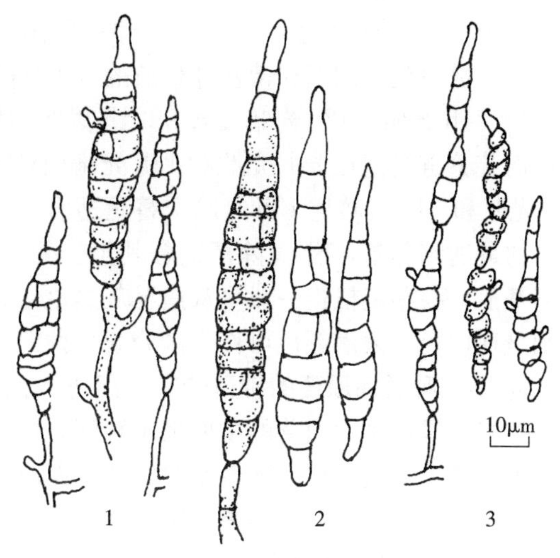

图 7－17　侵染大白菜的 3 种黑斑病菌
1. 萝卜链格孢（*A. raphani*）　2. 芸薹链格孢（*A. brassicae*）
3. 甘蓝链格孢（*A. brassicicola*）

芸薹链格孢菌丝具分枝，有隔，透明，光滑，宽 4～8μm。分生孢子梗从气孔伸出，通常单生，有时束生，束生时每束 2～10 根或更多。直立或向上弯曲，常呈曲膝状，通常基部稍肿大，有横隔，蓝褐色至淡蓝灰色，光滑，长可达 170μm，宽 6～11μm。分生孢子单生，偶见串生，最多可达 4 个 1 串，为孔生孢子。孢子直或微弯，倒棒状，具6～9（偶有 11～15）个横隔及 0～8 个纵隔及斜隔，淡色或淡蓝褐色，光滑或罕见有小疣，长 75～350μm，最宽部分为 20～30μm（有时达 40μm），具喙，为分生孢子长的 1/3～1/2，宽 5～9μm，孢身至喙渐细。

甘蓝链格孢及萝卜链格孢的形态与芸薹链格孢的形态在许多方面相似，但在孢子的着生状态、大小、喙和厚垣孢子的有无及产孢能力上都有一定的差别。

上述 3 个菌在北方大白菜窖藏期间较为常见，引起大白菜叶帮腐烂，一度成为北京强制通风型菜窖烂窖的主要原因。

此外，在大白菜叶片上有时可见一些无明显轮纹的近圆形病斑，表面也长有黑霉。这些病斑往往是细交链孢［*A. alternata*（Fries）Keissler］在病毒病、霜霉病、白锈病老病灶以及各种伤害引起的枯斑上腐生的结果。因此，这种菌除对贮藏期的大白菜及种子有一定的危害以外，不对大白菜构成危险。侵染大白菜的 3 种病原孢子及细交链孢主要性状比较见表 7-11。

表 7-11　侵染大白菜的 3 种病原孢子及细交链孢主要性状比较

病菌种类	分生孢子着生状	分生孢子大小（μm）	喙	厚垣孢子	PDA 上产孢
芸薹链格孢	单生（有时短串生）	（75～350）×（20～30）	长	很少见	易至难
萝卜链格孢	单生（有时短串生）	（27.5～76.3）×（12.5～30.0）	短	大量产生	较难
甘蓝链格孢	长串生	（15.0～90.0）×（6.2～17.5）	短至不明显	无	易
细交链孢	长串生	（9.5～40.0）×（5.0～13.0）	短至不明显	无	易

2. 病菌生物学特性　肖长坤等（2004）研究认为，甘蓝链格孢的中国菌株和美国菌株以及萝卜链格孢菌株菌丝体在 10～40℃内均可生长，而芸薹链格孢的中国菌株和美国菌株在 10～35℃时菌丝可生长。3 个种的病菌最适生长温度均在 20～25℃，变化幅度较小。芸薹链格孢中国菌株菌丝体生长的 pH 范围为 4～8，其他所有供试菌株生长的 pH 为 3～11。24h 光照、12h 光暗交替和 24h 黑暗对国内外甘蓝链格孢菌株生长速率影响均不大，而芸薹链格孢在 24h 光照和 12h 光暗交替下的生长速率比 24h 黑暗处理的显著增大，24h 光照和 24h 黑暗比 12h 光暗交替更适合萝卜链格孢生长。PDA 是白菜黑斑病菌营养生长的最适培养基，SNA 除了适合其生长外，还对供试 3 个种的病菌生长有选择性。在培养基上，芸薹链格孢一般呈灰白至灰黑色，甘蓝链格孢一般呈黑褐至灰褐色，萝卜链格孢则呈现白色。菌落颜色可作为区分 3 个种的辅助特征之一。

3. 不同种类病原菌的种群分布　经过大面积调查鉴定，在陕西地区，芸薹链格孢和甘蓝链格孢是侵染大白菜的主要黑斑病菌。由于它们流行感染需要的温度不同，这两个种群在大白菜上出现的比率随着季节的变化而改变。在大白菜和黑油菜上，春、秋两季以芸薹链格孢为主，而夏秋高温季节则以甘蓝链格孢为主。在北京，调查结果与陕西相似。由于北京 9 月份以后温度趋于凉爽，均以芸薹链格孢为主。在冬季温暖的广州，则以甘蓝链格孢为主，种群比率表现出明显的季节性差异。

4. 芸薹链格孢菌致病力的分化　用 4 个不同抗性的大白菜品种作为鉴别寄主，严红

等（1996）对从全国采集的53个芸薹链格孢菌菌株的致病力分化进行了分析测定。根据各菌株在鉴别寄主上抗感病反应，将这53个菌株由弱至强划分为AB1、AB2、AB3、AB4、AB5五个不同的致病类型。虽然从采集的地域或原寄主角度看，尚未表现出某些规律，但得到了其在供试材料上出现的频率。根据菌株致病力和出现频率，推荐AB4致病类型作为全国抗源筛选用的接种菌。

崔崇士等（2000）以二牛心、97-3-114、牡丹江1号、新1号和四九菜心5个大白菜和菜心品种为鉴别寄主，根据菌株在鉴别寄主上的抗感病反应，将黑龙江省有代表性的22个芸薹链格孢单孢菌株划分为Ⅰ、Ⅱ、Ⅲ、Ⅳ、Ⅴ五个致病型。其中Ⅳ型为优势种群，也是致病力最强的种群；Ⅰ型次之，Ⅲ、Ⅴ型较弱，Ⅱ型致病力最弱。

来自不同寄主的芸薹链格孢分离物对十字花科蔬菜的致病性反应也有差异。柯常取等（1991）研究结果表明，3种来自不同寄主的分离物对不同十字花科蔬菜表现出不同的致病性，对芸薹属和萝卜属植物基本都能侵染，对芥菜属植物则不能侵染。在芸薹属内，致病力也有一定差异，芥蓝和甘蓝比较抗病，大白菜均较感病，未发现高抗或免疫的品种。

（三）抗病性遗传规律

李彬等（2000）认为大白菜苗期对黑斑病的抗性属于数量遗传，符合加性—显性模型，以加性效应为主，其广义遗传力为64.45%，狭义遗传力为61.95%。杨广东等（2000）研究指出，大白菜对黑斑病的抗性为显性遗传，并受单个显性基因控制。

（四）苗期抗性鉴定技术

1. 病原菌分离 从大白菜生产田采摘黑斑病叶。在实验室，自病斑边缘切取边长约5mm的小块病组织，用70%的酒精浸几秒钟，再在0.1%升汞水溶液中浸3～5min。而后用灭菌水换洗3次，将其移置在PDA琼脂培养基平板上，在20～25℃温度条件下培养。待长出菌丝后，自边缘挑取菌丝，转移至PDA斜面培养基上，进一步纯化、鉴定。为制备大量分生孢子，可采用玉米粒培养基。

2. 培养基制备

（1）PDA培养基 将洗净后去皮的马铃薯200g切碎，加水煮沸30min，用纱布滤去马铃薯块，加水补足1 000ml，然后加葡萄糖或蔗糖20g，加琼脂15g，加热至琼脂完全溶化，趁热用纱布过滤分装试管或三角瓶，培养基在121℃下加热灭菌20min。如果器皿中所盛培养基超过1 000ml，同时灭菌前培养基已经凝固，必须延长灭菌时间到30～45min，冷却后即可用于病菌分离培养和扩大繁殖。

（2）玉米粒培养基 玉米粒培养基是一种既经济效果又好的培养基，一旦接种后，可反复收取孢子3～4次。制备方法是，将玉米粒洗净，在锅内加水，煮至玉米开裂。分装入三角瓶中，用棉塞塞紧，上覆盖牛皮纸，固定好，然后灭菌。灭菌方法同PDA培养基，但灭菌时间应适当延长。

3. 病原菌接种技术

（1）离体接种方法 选取粒大饱满的种子，在0.1% $HgCl_2$ 中消毒10min，无菌水冲洗后催芽，播于无菌土搪瓷盘上，子叶期移入6cm×6cm×4cm塑料钵中，每钵2株，4～5叶期采叶接种鉴定。

剪取幼苗下部2～4叶位健康叶片，或该部位叶片的中部叶块（5cm×5cm），用10%

过氧化氢消毒 10min，无菌水冲洗后，扦插于搪瓷盘内的蛭石基质上（干净细沙、锯末高压灭菌后亦可用）。加注 5% MS 无激素改良营养液（KNO_3、$MgSO_4 \cdot 7H_2O$、水、KH_2PO_4、$CaCl \cdot 2H_2O$）或甲营养液（KNO_3、$MgSO_4 \cdot 7H_2O$）与乙营养液［$Ca(NO_3)_2 \cdot 4H_2O$］按 1∶1比例制备的混合营养液。

（2）活体植株接种　选用高温灭菌营养土，苗床和育苗钵用 0.1%新洁尔灭消毒，供鉴定种子用 0.1%升汞消毒 5min，冲净后播种在封闭温室内。在 4～5 片真叶期进行接种鉴定。

4. 接种鉴定预备工作

（1）土壤和温室准备　接种材料进行人工鉴定，一般在苗期（子叶期或 4～5 片真叶期）进行。

培育幼苗前，应进行土壤和温室消毒。温室消毒，先把温室封闭，在温室内喷洒新洁尔灭或氯化苦，关闭 2～3d，然后通气备用。无菌土以采用高压蒸气灭菌的方法最好，因为不会破坏土壤结构和营养。也可用 10%甲醛洒入土中，外用薄膜封闭，7d 后摊开晾散毒气。

育种盘和用具可用干热灭菌（但必须是耐高温材料）。

（2）供试材料播种　应选用粒大、饱满、发芽率高的种子，播种前将种子倒入烧杯，用 0.1%升汞消毒 5min，再用无菌水冲洗 3 次。

将育苗盘装好无菌土，插好标签，浇足水分。将种子撒于表面，并用灭菌干土覆盖 5mm（以盖住种子为限），上覆薄膜保湿，待种子发芽后，撤去薄膜，置于阳光充足的温室培养。适时分植于营养钵内，继续培养备用。接种前后，须对幼苗进行防虫、防病、加强肥水以及温湿度等管理。

（3）接种　在子叶展平出后，可进行苗期子叶期接种鉴定。在幼苗长出 4～5 片真叶时，即可进行真叶期人工接种鉴定或用离体叶接种鉴定。

接种方法因接种苗龄不同而有差别，一般子叶期接种鉴定，采用点滴法。而真叶期接种，采用喷雾法。离体叶接种，也采用喷雾法。接种液（孢子悬浮液）浓度为每毫升 $4 \times 10^7 \sim 8 \times 10^7$ 个孢子。毒素测定法则采用苗期醮根。

5. 抗病性调查方法

（1）真叶期接种鉴定调查分级标准

0 级：无病；

1 级：接种叶生少量褐色小点，无霉层；

3 级：接种叶生 2～3mm 的褪绿斑，无霉层；

5 级：接种叶生 3mm 以上枯死斑，有少量霉层；

7 级：接种叶生大而多的褐斑，连片，有较多霉层，叶面有轻度萎蔫或有 1/2 以下叶片枯萎；

9 级：叶面生有大而多的褐斑，连片，霉层多而密，揭膜后，多数叶片萎蔫枯干。

（2）单株抗性分级方法

0 级：免疫（I）；

1 级：高抗（HR）；

3 级：抗病（R）；

5 级：中抗（MR）；

7 级：感病（S）；

9 级：高感（HS）。

（3）群体抗性分级方法

免疫（I）：病情指数=0；

高抗（HR）：病情指数=0.1～11.1；

抗病（R）：病情指数=11.2～33.3；

中抗（MR）：病情指数=33.4～55.6；

感病（S）：病情指数=55.7～77.8；

高感（HS）：病情指数=77.9～100。

（4）成株期调查分级标准

0 级：无病；

1 级：下部叶片个别有少量病斑；

3 级：中下层叶有 1/4 以下叶面有病斑，无枯叶；

5 级：中下层叶有 1/2 叶面有病斑，无枯叶；

7 级：中下部叶片均有病斑，并有少数外叶干枯，上部叶有少量叶片有病斑；

9 级：可见叶均有病斑，病斑面积占叶面积的 3/4 以上，多数外叶有枯萎症状。

（5）子叶期调查分级标准

0 级：无病；

1 级：接种叶有少量枯死小点，一般不透过叶背；

3 级：接种叶病斑面积占全叶的 1/4 以下；

5 级：接种叶病斑面积占全叶的 1/4 以上，但不超过 1/2；

7 级：接种叶病斑面积占全叶 1/2，但不超过 3/4；

9 级：病斑面积超过全叶的 3/4 或全叶萎蔫枯干。

（6）抗病性分析　根据病情指数，将群体抗病性进行抗感归类。

在单株抗性归类中，根据发病情况轻重，纳入分级标准，然后判断单株抗感情况。

在苗期抗性鉴定得出结果后，必须与大田诱发的成株期发病状况进行比较，根据连续 3 年（其中一年要求有中度以上流行年）平均病指的归类状况判断品种抗感病性。苗期发病的人工接种调查归类分数与成株期大田调查归类的分数要求吻合率达 90%以上，否则必须调整苗期接种压力水平，以使苗期人工接种抗性鉴定能准确反映品种的抗性水平。

$$\text{吻合率（\%）}=\frac{\text{人工接种总份数}-\text{与大田诱发不吻合份数}}{\text{大田诱发调查或人工接种总份数}}\times 100$$

（五）黑斑病抗源筛选

对大白菜黑斑病抗源的筛选，必须将人工接种抗病性鉴定与大田诱发鉴定两种方法结合进行。

1. 人工接种抗病性鉴定　人工接种抗性筛选必须多次对材料进行群体接种，在调查发病状况时，对抗病性强的品种单株标记。在单独标记的品种中，再选择 0～3 级单株。集中后，进行二次接种。再通过分级调查，选择 0～3 级单株，移入采种棚越冬，第 2 年抽薹开花后，单株套袋蕾期授粉，挂牌标记，单收单藏。

在第 2 年秋播时，将编号的种子分成两份，一份播大田诱发观察，另一份继续做人工接种筛选，通过 4～5 代筛选，可获得稳定而抗性提高的亲本系材料。

2. 大田诱发抗病性鉴定 将人工接种筛选出的单株挂牌后移入采种棚，第二年单株人工套袋蕾期授粉，单收单藏。秋播时，在田间隔 2～3 份材料种一诱发感病品种，定期观察记载。选择 0～3 级抗病单株，移入窖中作种株窖藏。第二年移入采种棚，单株套袋人工蕾期授粉，挂牌标记，单收单藏。种子参加人工接种鉴定筛选。

3. 田间观察 秋季播种时，将入选单株的种子，随小区试验播入田中。在苗期、团棵期及成株期统一进行黑斑病发病调查，分析发病状况，与田间诱发试验、人工接种鉴定结果进行比较。计算病情指数，进行抗感性归类，淘汰病指偏高的材料。对抗性材料，继续进行严格的抗性筛选，直至筛选出高抗亲本系，参加杂交组配。

（六）黑斑病其他抗性鉴定方法

1. 苗期离体叶黑斑病抗性鉴定 大白菜离体叶黑斑病人工接种抗性鉴定技术，是在大白菜苗期人工接种抗性鉴定技术的基础上发展而来的。是利用大白菜幼苗的离体叶块和叶片扦插，配以营养液、光照、温湿度控制技术，延长离体叶的鲜活期，使之与病原病程同步，进行黑斑病接种而完成鉴定。

（1）接种前准备 将消毒锯末、蛭石或海绵块置于白瓷盘中，以无菌水浇至饱和无明水状态，每中型盘加入 MS 改良营养液（KNO_3、$MgSO_4 \cdot 7H_2O$、水、KH_2PO_4、$CaCl_2 \cdot 2H_2O$）5ml。离体叶块剪自幼苗下部 2～3 叶叶片，与主脉垂直，在基质上划一垄沟，将叶片或叶块直立插入其中，用基质将叶下部固定，使叶片或叶块直立于叶盘。

将扩繁的黑斑病新鲜分生孢子，在无菌水中制成浓度为每毫升含 1×10^4～2×10^4 个孢子悬浮液，或每视野（10×10 倍镜）10～20 个分生孢子悬浮液。

（2）接种 将黑斑病孢子悬浮液，用手持喷雾器，对每盘已栽植好的叶片进行喷雾接种，每盘接种 5ml。要求均匀喷到每个叶片，喷雾时，喷头应与叶面垂直，距离15～20cm。

（3）接种后管理 将接种后的叶盘，搬至培养室。要求室温 10～22℃，20cm 处光照 1 800～2 200lx，相对湿度 95%～100%。用薄膜严密封闭保湿。

（4）病程观察 接种至显症 3d，显症至产孢 5d，产孢始期至盛期 2d。镜检观察，接种 1 周内，为病斑发育阶段，第 8d 开始产孢，第 10d 达产孢盛期。

（5）病害分级标准及抗感病程度分级

病害分级标准：

0 级：无病；

1 级：1mm 以下失绿斑；

3 级：1～3mm 坏死小斑；

5 级：3～5mm 中型褐斑，不连片，有少量霉层；

7 级：5mm 以上坏死斑，有少量连片，霉层较多；

9级：5mm以上坏死斑，病斑密布连片，叶片有干枯。

抗感病程度分级：

免疫（I）：病情指数=0；

高抗（HR）：病情指数=0.1～11.1；

抗病（R）：病情指数=11.2～33.3；

中感（MR）：病情指数=33.4～55.6；

感病（S）：病情指数=55.7～77.8；

高感（HS）：病情指数=77.9～100。

2. 利用黑斑病毒素鉴定

（1）孢子悬浮液制备　将黑斑病菌接至CMA培养基上，在生长箱中于18℃恒温下培养5～8d，为供试菌原，浓度为每滴（5号针头）10～20个孢子。

（2）粗毒素制备　悬浮菌丝琼脂块，定量接种到Fries培养液内，置温室间歇培养振荡30d。将培养液过滤，再将滤液以4 000r/min离心20min，取上清液镜检，查无菌丝和分生孢子后，置4℃冰箱备用。

（3）幼苗培养和接种　土壤用高压蒸汽灭菌，用具以0.1%新洁尔灭消毒，种子用0.1%升汞液消毒后，再用无菌水冲洗3次，在已消毒密闭的人工气候室内培养幼苗，待子叶充分长开后，用点滴法接种。接种后黑暗保湿48h，常规管理4～5d，再黑暗保湿24h，揭膜调查病情。

（4）离体叶片毒素处理　取植株第3片真叶，立即蘸浸毒素液（1∶50倍），置加湿滤纸的培养皿内培养，48h后调查。以清水和营养液为对照。

（5）毒素蘸根处理　将长有3～4片真叶的大白菜幼苗，用水冲净根部泥土，插入稀释100倍的毒素液中，24h后调查。以清水为对照。

（6）调查标准

①苗期接种依据苗期叶片接种分级调查标准进行。

②离体叶片毒素处理分级标准

0级：无病；

1级：产生个别侵染点和褐色枯点；

3级：产生多数侵染点或褐色枯点；

5级：产生个别侵染斑块；

7级：产生多个侵染斑块；

9级：侵染斑块连片，叶片枯死。

③毒素蘸根处理分级标准

0级：无症；

1级：个别叶片产生失水斑点；

3级：多数叶片产生失水斑点；

5级：叶片产生多个失水斑点，叶缘轻度萎蔫；

7级：全叶轻度萎蔫；

9级：全部叶片重度萎蔫。

$$萎蔫系数=\frac{\sum(显症株数\times该级代表值)}{(总株数\times最高级代表值)}\times 100$$

（程永安　刘焕然　李明远　刘学敏）

第四节　抗细菌性病害育种

病原细菌引起的植物病害仅次于真菌和病毒。已知由病原细菌引起的植物病害在 500 种以上，细菌性青枯病、软腐病和马铃薯环腐病都是世界性重要病害，在十字花科蔬菜中，软腐病和黑腐病一直是大白菜的重要病害。

一、大白菜抗软腐病育种

（一）软腐病特征

1. 分布与危害　大白菜软腐病又称腐烂病、水烂、烂葫芦、烂疙瘩等。大白菜软腐病全国各地都有发生，北方地区个别年份可造成大白菜减产 50%以上，个别地块可造成绝产。在窖内，可引起全窖腐烂，损失极大。1982 年安徽省大白菜软腐病和霜霉病大流行，合肥市减产 80%，安庆市 400 多 hm^2 大白菜几乎绝产。1987 年湖南省软腐病大流行，全省平均减产 40%～50%，严重影响城市蔬菜供应。2001 年黑龙江省东部地区由于大白菜生长前期高温干旱，生长后期突降暴雨，软腐病的发生极其严重，造成大面积减产，个别地块甚至绝收。

2. 症状特点　软腐病的危害症状常因植株受害部位和环境条件不同，表现有差异。常见类型有 3 种：①外叶呈萎蔫状，莲座期可见植株于晴天中午萎蔫，但早晚恢复，持续几天后，病株外叶平贴地面，心部或叶球外露，叶柄或根茎处髓组织溃烂，流出灰褐色黏稠状物，轻碰病株即倒折溃烂；②病菌由叶柄基部伤口侵入，形成水渍状浸润区，逐渐扩大后变为淡灰褐色，病组织呈黏滑软腐状；③病菌由叶柄或外部叶片边缘，或叶球顶端伤口侵入，引起腐烂。上述三类症状在干燥条件下，腐烂的病叶经日晒逐渐变干，呈薄纸状，紧贴叶球，腐烂处均产生硫化氢恶臭味，成为该病重要特征。软腐病在贮藏期可继续扩展，造成烂窖。窖藏的大白菜带菌种株，定植后也会发病，致使种株提前枯死。

3. 发病规律　软腐病菌以病株残体在土壤和堆肥里越冬。另外，带菌的种株、菜窖内外和附近残留的病残体、带菌越冬的媒介昆虫都可成为初侵染源。病原菌一旦遇到适宜的温度和湿度条件就会从植株由虫害、机械伤和人为造成的伤口侵入，然后通过维管束传到地上各部位。通常情况下，这些细菌处于潜伏侵染状态，在条件适宜时引起组织腐烂。潜伏在维管束中的细菌在植株生长前期和正常通气条件下与寄主间形成一种平衡，繁殖量不大，植株也不表现明显症状。直到植株生长后期或受厌气条件影响而抗性减弱时，原来的平衡关系受到破坏，潜伏的细菌首先在维管束中大量繁殖，然后通过胞外酶特别是果胶酶的作用，使以果胶物质为主要成分的导管侧壁的薄壁部分分解破坏，而木质化的螺纹分离成弹簧状，细菌从崩溃的导管进入薄壁细胞，进一步分解中胶层。由于中胶层的水解，

增加了细胞间隙可溶性的程度，细胞间隙渗透压相应增加，造成细胞水解外流，引起细胞质壁分离而死亡。病组织细胞解体，呈现出软腐症状。

4. 影响发病的因素

（1）不同生育期的愈伤能力　软腐病多发生在大白菜结球初期以后，其重要原因之一是大白菜不同生育期的愈伤能力不同。试验证明，大白菜幼苗期受伤，伤口经 3h 即开始木栓化，经 24h 木栓化的，即可达到病菌不易侵入的程度，即幼苗期一般不发生软腐病。而莲座期以后，伤口 12h 才开始木栓化，需经 72h 木栓化，才能达到细菌不能侵染的程度，可见软腐病从莲座期以后进入发生危害期。

大白菜不同生育阶段的愈伤能力对环境的反应也不同。幼苗期对温度不敏感，在15～32℃之间，伤口细胞木栓化的速度差异不大；而结球期的愈伤能力却对温度很敏感，26～32℃时需经 6h 伤口才开始木栓化；15～20℃时则需 12h 伤口才开始木栓化；7℃左右时更需经 24～48h 伤口才开始木栓化。由于软腐病菌从伤口侵入，所以寄主愈伤组织形成（木栓化）的快或慢，直接影响到该病害的发生与危害程度。

（2）植株的伤口种类　据在黑龙江省的调查表明，大白菜生育后期植株上的伤口有自然裂口、虫伤、病伤和机械伤 4 种，引起软腐病发病率最高的是叶柄上的自然裂口，其次为虫伤。这些自然裂口以纵裂为主，多发生在久旱降雨以后，病菌从这种裂口侵入后，发展迅速，损失最大。其他地区则以虫伤侵入为主。

（3）昆虫　昆虫可在大白菜植株上造成伤口，有利于软腐病菌侵入。另一方面是有的昆虫体内外携带病菌，直接起了传染和接种的作用。据报道，黄条跳甲与菜螓象的成虫、菜粉蝶与大猿叶虫的幼虫，它们的口腔、肠管内都有软腐病菌。蜜蜂、麻蝇、芜菁叶蜂、小菜蛾等昆虫的体内外也带菌（体表带菌较多），其中麻蝇、花蝇传带能力最强，可作长距离传播。我国东北地区的大白菜软腐病发生，与地蛆（种蝇幼虫）和甘蓝夜盗虫、甘蓝夜蛾幼虫的为害有关，凡是虫口率高的地块，发病较重。金针虫、蝼蛄、蛴螬等造成的伤口，也能导致发病。及时防治各种害虫，对预防软腐病具有极为重要的意义与作用。

（4）气象条件　气象条件中以雨水与发病的关系最大。大白菜包心以后，若遇多雨天气，往往发病严重。原因是多雨易使叶片基部处于浸水和缺氧的状态，伤口不易愈合，又有利于病菌的繁殖和传播蔓延。多雨也常使气温偏低，不利于大白菜伤口愈合，同时促使害虫向叶球内钻藏。软腐病菌随害虫进入而加重病情。

（5）栽培措施　高畦地面不易积水，土壤中氧气充足，有利于寄主的愈伤组织形成，可减少病菌侵染的机会，发病较轻；而平畦地面容易积水，土壤中氧气缺乏，不利于寄主根系或叶柄基部的愈伤组织形成，发病较重。

大白菜与玉米、小麦、豆类等大田作物进行轮作，则发病轻；与茄科和瓜类等蔬菜进行轮作，发病重，与十字花科蔬菜连作则更易发病。究其原因可能是各种作物的根际微生物类群不同，软腐病菌受到某些作物根际微生物的拮抗作用而消亡。茄科、瓜类等蔬菜本身感病，其植株残体上保存有大量菌源，容易传染。有的前茬作物害虫多，种植大白菜后容易再受危害，产生较多的虫伤，造成更多的传病机会。

播种期提早，大白菜包心提前，感病期也提早，发病一般较重。但也与当年雨水有关，在雨水多的年份，病情一般较重。

（6）品种　狄原渤（1990）研究指出，大白菜对软腐病的抗性，品种之间存在很大差异。抗病品种的愈伤组织形成速度较快。青帮直筒类型的品种，由于外叶直立，垄间通风良好，在田间发病轻；外叶贴地、叶球牛心类型的品种发病则重。柔嫩多汁的白帮品种抗病性一般都比青帮品种差。大多数高抗病毒病和霜霉病的品种，往往也抗软腐病。

（二）病原菌及其生物学特性

1. 病原菌及分布　引起大白菜软腐病的病原菌主要是胡萝卜软腐欧氏菌胡萝卜亚种（*Erwinia carotovora* subsp. *carotovora*，简称 Ecc），其次还有胡萝卜软腐欧氏菌黑胫亚种（*E. carotovora* subsp. *atroseptica*，简称 Eca）和菊欧氏菌（*E. chrysanthemi*，简称 Ech）。三种细菌的寄主及分布范围不同，Ecc 的寄主范围和分布比 Eca 和 Ech 都要广泛，是细菌性软腐病的主要病原菌。

王慧敏等（1988）选择北京地区大白菜软腐病症状典型、发病较重、有代表性的 28 个菌株进行致病性测定，结果 24 株是 Ecc，占鉴定菌株数的 85.7%；其余 4 株是 Eca，占 14.3%。王金生（1985）等从来自 18 个省（自治区）的 52 份大白菜地土样中分离到 108 个软腐欧氏杆菌的菌株，其中 95 个菌株是 Ecc，13 个菌株是 Ech，未发现 Eca。藏威等（2006）从黑龙江省哈尔滨市、齐齐哈尔市、牡丹江市、佳木斯市等 8 个地市的 40 个大白菜地块上采集的 300 份软腐病样中分离出了 Ecc、Eca 和 Ech 3 种软腐病菌，经柯赫氏法则回接鉴定后，均产生明显的病症，说明这 3 种病菌都是大白菜软腐病的致病菌。3 种细菌中 Ecc 的比例最大，占 75%～90%；其次为 Eca 和 Ech，分别占 4%～15.79%和 3.7%～16.67%。证明黑龙江省秋季大白菜软腐病的主要致病菌是胡萝卜软腐欧氏菌胡萝卜亚种。

2. 病原菌形态　胡萝卜软腐欧氏菌胡萝卜亚种在普通肉汁胨培养基上的菌落灰白色，圆形或不定型，表面光滑，微凸起，半透明，边缘整齐。在电镜下进行观察，病原菌体为短杆状，周围有鞭毛 2～8 根，大小 0.5～1.0μm×2.2～3.0μm，无荚膜，不产生芽孢，革兰氏染色阴性反应（图 7-18）。在 Cuppels 与 Kelman 的结晶紫果胶酸盐培养基（CVP）上产生杯状凹陷。

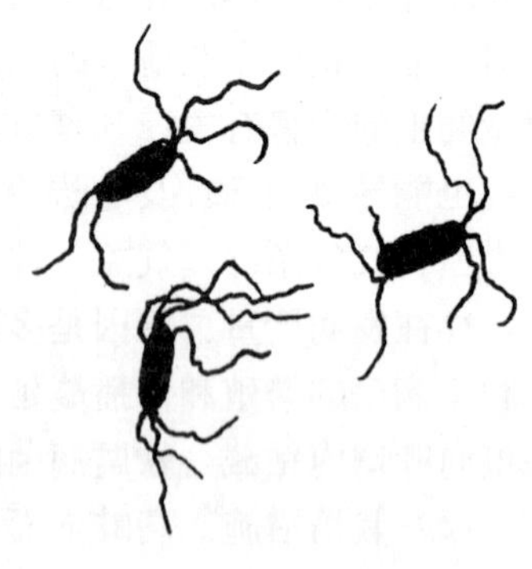
图 7-18　胡萝卜软腐欧氏菌胡萝卜亚种

3. 病原菌的生物学特性　Ecc 在 4～36℃之间都能生长发育，最适温度为 25～30℃；对氧气要求不很严格，在缺氧的情况下也能生长发育；pH 在 5.3～9.3 之间都能生长，但以 pH 7.0～7.2 为最适宜。致死温度为 50℃，不耐干燥和日光。病菌脱离寄主单独存在于土壤中，只能存活 15d 左右。病菌通过猪的消化道以后全部死亡。

Eca 生长发育最适温度为 20～25℃，能利用蔗糖产生还原物质，37℃下不生长，能在 5%NaCl 培养液中生长，能利用 a-甲基-d-葡萄糖苷和麦芽糖产酸，对红霉素不敏感。

Ech 生长发育最适温度为 28～31.5℃。其部分能利用蔗糖产生还原物质，部分则不能；37℃能够生长，在 5%NaCl 培养液中不能生长。不能利用 a-甲基-d-葡萄糖苷和麦芽糖产酸，对红霉素敏感。

4. 大白菜软腐病菌（Ecc）致病类型分化　藏威等（2006）通过测定我国各地推广使用的20个大白菜杂种一代品种对Ecc抗感病情况，从中选出高抗1号、秋绿60、龙白2号、秦白2号和快春5个品种组成的一套鉴别寄主谱，鉴定了采集于黑龙江省的20个典型的Ecc菌株的致病性，发现菌株间的致病力存在差异，根据菌株在鉴别寄主上的抗感病反应划分为5个致病力类型，其中V型为优势种群，分布广，致病力强。

（三）病原菌的分离与保存

1. 软腐病菌的分离　选取新鲜的标本，用锋利的刀片切下小块病部组织，蒸馏水冲洗干净，然后用70%的酒精表面消毒2～3s，再用无菌水冲洗3次。转移至含有0.5ml无菌水的灭菌培养皿中，用灭菌玻璃棒将病组织捣碎，无菌条件和室温下静置10～15min，使病组织中的细菌流入无菌水中，制成细菌悬浮液。然后用无菌移植环蘸取菌悬液，采用平板划线法分离细菌，目的是使细菌分开形成分散的菌落。划线分离法的关键是等到琼胶平板表面冷凝水完全消失后才能划线，否则细菌将在冷凝水中流动而影响单个分散的菌落。分离纯化培养基采用结晶紫果胶酸盐培养基（CVP）。划线后的培养皿放于28℃温箱中培养，1～2d后即可出现杯状凹陷菌落，即为大白菜软腐病菌，转移至普通肉汁胨培养基（NA）斜面保存即可。

2. 菌种保存方法　传统的菌种保存方法是定期转管保存，这种方法操作简单，不需要特殊设备，但保存时间短，保存期不超过1～10周。由于菌种不断生长和移植，致病力容易发生变化，而且污染机会也多。这种方法只适合于临时使用的菌种，不适合长期保存菌种。可采用以下几种方法长期保存Ecc菌种。

（1）灭菌水中保存　用牛肉浸膏蛋白胨培养液繁殖菌种，离心洗涤3次，最后一次离心后将细菌悬浮在灭菌蒸馏水中，每毫升含10^6～10^7个细菌，储放在室温下，最好储放在4℃冰箱中，可以存活几年。

（2）甘油保存　将细菌在肉汁蛋白胨培养液中繁殖（27℃，1～2d），加灭菌的甘油使最后的浓度达15%，分装小瓶，每瓶1ml，在−20℃冷柜中保存。温度更低，存活期更长，这是简便易行的保存方法。

（3）冷冻干燥保存　冷冻干燥是保存细菌最好的方法，世界各国的植物病原细菌收藏中心，都是采用冷冻干燥保存。方法是将细菌悬浮在保护剂中（血清或脱脂牛乳），再把少量悬浮液在无菌条件下分盛于无菌安瓿瓶中，于抽气系统中抽气干燥，安瓿瓶封口后在室温或冰箱中保存。

（四）抗病性鉴定方法

1. 寄主准备及接种苗龄　软腐病主要在大白菜生长的中后期发生危害，此时植株较大，不适于进行大量的抗病性鉴定和抗源筛选工作，选择准确反应大白菜抗病性的合适苗龄是抗源筛选的基础工作。多数研究证实，不同苗龄对抗源材料的鉴定结果存在明显差异。苗龄过大，发病重，但浪费空间；苗龄过小，发病不充分，鉴定时间延长，鉴定工作困难。土尾行天（1973）认为，就发病率来看，6叶期重于3叶期。张凤兰（1992）试验证明，室内离体针刺接种30～40d苗龄的大白菜叶柄，接种后在28℃保湿48h，软腐病发病重，指出离体针刺接种30～40d苗龄的大白菜叶柄是苗期软腐病抗性鉴定的简易方法。张光明等（1995）选用3个软腐病菌株，采用针刺和注射两种方法分别接种5个抗性不同的大白菜品种，认为4～8片真叶期是抗性鉴定的适宜接种苗龄。臧威等（2003）则证明，接种苗龄6～8片真叶期的大白菜离体叶柄软腐病发病适度，能正确反映品种的抗病性，同时也指出培育壮苗是鉴定结果准确的必要条件。采用活体植株伤口接种，史国立等（2006）认为7～8片真叶期的植株能准确反应品种的真实抗性。综合多位学者的研究结果可见，对于大白菜苗期软腐病的抗性鉴定，离体接种可选用4～8片真叶期的幼苗，而活体接种则应以苗龄7～8片真叶为宜。

2. 接种体悬浮液制备及接种体浓度 大白菜软腐病菌主要通过伤口侵染寄主，在寄主品种和病菌菌株组合一定的情况下，接种体悬浮液的浓度高，接种压力大，发病率高，发病严重。以往研究基本都是采用以每毫升（毫克）细菌个数作为悬浮液浓度的计测方法，这个结果不能准确反映悬浮液中活细菌的数目，而细菌又是单细胞原核生物，侵染机制不同于真菌的孢子，所以这种浓度计测结果将直接影响病菌的侵染，导致侵染概率降低。如果采用cfu/ml（菌落形成单位/ml）作为细菌悬浮液浓度的计测方法，则能准确反映悬浮液中活细菌的数量，避免因细菌浓度计测不准造成的误差。采用离体接种，以接种体细菌浓度为每毫升10^7～10^8个细菌为宜，活体接种则可适当增加接种体悬浮液的浓度。

3. 接种方法

（1）离体接种　离体接种是大白菜苗期抗软腐病鉴定普遍采用的方法，离体接种方法有针刺、注射以及刀片轻划叶柄制造伤口，并在伤口处点滴菌悬液等。针刺法和注射法是使用最广泛的两种方法，鉴定大白菜对软腐病的抗性，这两种方法均可（张光明和王翠花，1995）。而部分研究者认为用刀片轻划叶柄制造伤口并在伤口处点滴菌悬液的方法更适合鉴定大白菜抗病性（臧威等，2003；史国立等，2006）。

（2）活体接种　活体接种就是在适宜苗龄大白菜的叶柄处针刺、注射或轻划伤口点滴菌悬液。张光明和王翠花（1995）比较了离体和活体两种抗病性鉴定方法，指出不论苗龄4～5片真叶还是7～8片真叶，两种接种方法接种大白菜所表现的病情均基本反映了品种本身的抗病水平。活体接种的病情指数明显低于离体叶，活体接种鉴定后植株仍可继续生长，并可进行其他病害的复合抗性接种鉴定，有利于多抗品种的选育。离体叶片接种，由于培养箱内恒温高湿，常导致病情升级，从而偏离品种本身的实际抗性水平。接种后的离体叶片常会腐烂，只可在抗源筛选或菌株分离鉴定中应用。史国立等（2006）也认为离体接种的幼苗叶片生存环境与实际环境存在差异，可能会偏离品种本身的实际抗性水平，采用活体接种鉴定的方法更能反映品种的实际抗性水平。

（3）苗期根系接种法　苗期根系接种是将一定浓度的细菌悬浮液加入育苗基质，充分拌匀后，点播催芽种子，至大白菜3～4片真叶期时取样测定组织带菌量。董汉松等（1987）采用根系侵入、潜伏侵染和伤口侵染三种抗性检测方法测定了大白菜软腐病菌对青丰、青杂中丰、小青口、81-5、福山包头、青杂5号、青杂3号和青石8个抗感病性不同品种的致病性，指出幼苗根系侵染率、成株潜伏侵染率以及成株伤口侵染能力间不存在显著相关。综合不同接种方法的资料，可以评价8个品种的抗病性的优劣。张学君等（1995）采用根系接种测定幼苗组织中的含菌量的试验也说明，大白菜幼苗期和成株期对软腐病的抗性同样复杂，对侵入侵染的抗性与对潜伏侵染的抗性之间没有相关性，但幼苗

组织含菌量与它们在自然病田中成株的发病轻重相吻合，根系接种测定幼苗组织含菌量的结果可以作为鉴定大白菜抗病性的一个指标。

4. 接种条件　大白菜离体叶片接种后，置于生物培养箱内，于28℃、90%以上的相对湿度条件下，进行光暗交替（光照/黑暗=12h/12h）培养，分别于24h、48h、72h观察记载病菌侵入感染情况，5d后调查病情。温室大白菜植株接种后，置于塑料保湿罩下，按试验要求进行培养，7d后调查病情。

5. 调查方法

（1）大白菜软腐病分级标准（全国白菜抗病育种协作攻关组制定）

0级：接种位点尚无侵入感染病斑；

1级：病斑刚刚开始形成，呈现水渍状态；

3级：病斑已产生，直径小于1cm；

5级：病斑1～2个，直径大于1cm；

7级：病斑2个以上，部分叶柄呈腐烂状；

9级：病斑成片，叶柄大部或全部腐烂。

（2）根据病情指数（DI）划分抗病类型（全国白菜抗病育种协作攻关组制定）

免疫（I）：DI=0；

高抗（HR）：0<DI≤11.11；

抗病（R）：11.12<DI≤33.33；

中抗（MR）：33.34<DI≤55.55；

感病（S）：55.56<DI≤77.77；

高感（HS）：77.78<DI≤100.00。

6. 苗期抗病性与田间抗病性的关系　近年研究发现，大白菜软腐病菌主要是从根系侵入和潜伏侵染而造成生长期和贮藏期发病。软腐病随着苗龄的增大，病情加重，即大白菜苗龄越大，对软腐病的抗性越差。关于苗期对软腐病的抗性与成株期抗性之间的关系，目前尚无详尽的研究报道。已有的研究报道认为，软腐病菌对大白菜幼苗根系侵染率、成株潜伏侵染率以及成株伤口侵染能力间不存在显著相关（董汉松等，1987）；大白菜对侵入侵染的抗性与对潜伏侵染的抗性之间没有相关性，但幼苗组织含菌量与成株的田间软腐病发病程度有一定的相关性（张学君等，1995）。

（五）抗软腐病的品种选育

1. 抗软腐病育种现状与前景　由于近几年气候的变化、品种的更新、连作等原因，大白菜软腐病呈发展趋势，对大白菜的丰产和稳产构成了很大的威胁。加之大白菜软腐病难以防治，而且收获后易造成产品继续发病，常导致损失严重。所以，抗软腐病成为大白菜抗病育种的主要目标之一。

我国大白菜抗软腐病育种起步较晚，鉴定和选择方法还在探讨和完善中，山东、黑龙江、北京等育种单位已在人工接种、抗源筛选、品种选育等方面取得了较好进展。但在抗病育种技术，特别是抗源材料创新方面尚需长期努力。

今后抗大白菜软腐病育种的研究应重点在病菌种群组成和消长动态、完善苗期人工接种鉴定方法及标准、抗病性遗传规律等方面进行研究攻关，并通过杂交、回交、基因重组、分子标记和基因工程等技术，创造出优良的抗病种质材料。

2. 抗软腐病育种技术要点

（1）明确本地区大白菜软腐病病菌种群组成及消长规律　开展大白菜抗软腐病育种工作，首先应通过调查研究，弄清本地区大白菜软腐病的主要病原菌的种群及其消长动态，分析病菌的致病类型和组成，确定育种主攻目标。

（2）广泛搜集种质资源，鉴定筛选抗病材料　为了使获得的抗病材料在经济性状上符合要求，应通过杂交、回交等方法培育抗病，而且主要经济性状优良的自交系或自交不亲和系或雄性不育系。同时，也可以通过杂交和分离选择的方法，合成抗病的二环系等。

（3）苗期人工接种鉴定抗病性　在原有工作基础上，研究苗期抗病性与成株期抗病性的关系，建立更加方便、快速、准确、适用的大白菜苗期软腐病抗病性人工鉴定操作规程。

（4）大田自然诱发鉴定　将经过苗期人工接种鉴定选出的各单株自交的种子，秋季安排田间种植鉴定，在结球初期、中期和收获前分别调查田间发病情况，选出抗病单株，再安排人工蕾期自交采种，约经3～5代系谱鉴定选择，抗性可基本稳定。综合考察苗期接种鉴定和田间自然发病鉴定结果，如果其他主要经济性状符合育种目标要求，即可作为亲本材料，进行杂交组合选配。

二、大白菜抗黑腐病育种

（一）黑腐病的特征特性

1. 分布与危害　十字花科蔬菜黑腐病俗称“半边瘫”，世界各地菜区均有发生，危害十字花科多种蔬菜，如大白菜、甘蓝、花椰菜、萝卜、芥菜和芜菁等，以甘蓝、花椰菜和萝卜受害普遍。在我国尤其是西北及北方地区，黑腐病已成为大白菜的重要病害之一。1986年，北京市因大白菜黑腐病发生，造成20%以上的减产损失，严重影响了大白菜的生产和供应。

2. 症状特点　黑腐病是一种细菌性维管束病害，以系统侵染为主。出土前染病不能出苗；苗期感病，病菌从幼苗子叶叶缘的水孔侵入，引起发病，逐渐枯死或蔓延至真叶，使真叶的叶脉上出现小黑点斑或细黑条。成株发病多从叶片叶缘和虫伤处开始，出现“V”字形的黄褐色病斑，病部叶脉坏死变黑。病菌能沿叶脉、叶柄发展，蔓延至短缩茎部和根部，致使维管束变黑，植株上部的叶片枯死。如植株半边受害严重，则呈“歪株”或“半边瘫”。有时叶子枯前可见叶脉变褐；有时病菌由叶柄的伤口侵入，引起叶柄干腐，维管束变黑；有时本病与软腐病混合发生，造成烂帮、烂心，使病情加重。

3. 发病规律　病菌在种子内和病残体上越冬。播种带菌的种子，常造成不出苗。病菌随病残体遗留田间，也是重要的初侵染来源。一般情况下，病菌只能在土壤中存活1年，病残体完全腐烂后，病菌亦随之消亡。成株叶片受侵染，病菌多从叶缘水孔或害虫伤口侵入，侵入以后病菌先侵染叶部少数的薄壁细胞，然后进入维管束组织，并随之上下扩展，可以造成系统性侵染。在染病的种株上，病菌可从果柄维管束进入种荚而使种子表面

带菌，并可从种脐入侵而使种子带菌。带菌的种子是本病远距离传播的主要途径。在田间，病菌则主要借助雨水、昆虫、肥料等途径进行传播。

4. 影响发病的因素 高湿多雨有利于发病。多年重茬连作地块发病较重。因虫害、病害（如霜霉病、黑斑病等）发生而造成的伤口，以及旱涝不匀而造成根茎处的裂口，有利于病菌的侵入。另外，播种过早、地力瘠薄、地势低洼、排水不良、浇水过多、施用了未经腐熟的有机肥，或人为造成伤口，发病也重。

（二）病原菌及其生物学特性

1. 病原菌 大白菜黑腐病病原菌为野油菜黄单胞杆菌野油菜黑腐病致病变种［*Xanthomonas campestris* pv. *campestris*（Pammel）Dowson］，属薄壁菌门、黄单孢杆菌属。革兰氏染色反应阴性。

2. 病原菌的生物学特性 病原菌菌体杆状，大小为0.4～0.5μm×0.7～3.0μm，一端生单鞭毛（图7-19）。无芽孢，有荚膜，可链生。革兰氏反应阴性，好气性。在牛肉琼脂培养基上，菌落灰黄色，圆形或稍不规则形，表面湿润有光泽，但不黏滑；在马铃薯培养基上，菌落呈浓厚的黄色黏稠状。

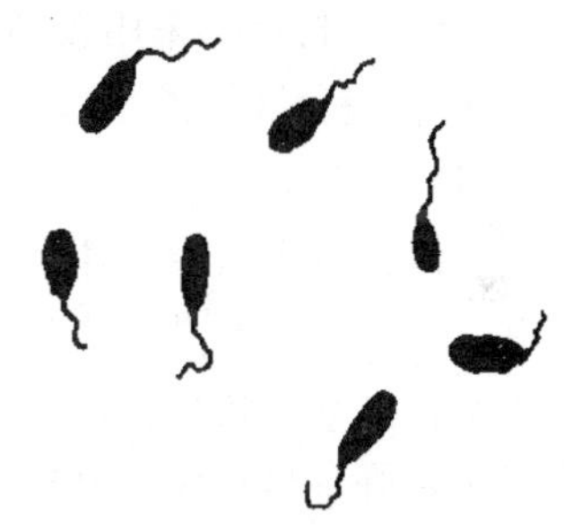

图7-19 野油菜黄单胞杆菌野油菜黑腐病致病变种

病菌生长温度范围5～39℃，最适25～30℃。能耐干燥，致死温度为51℃。

3. 病原菌致病力类型分化 李经略等（1990）用来自北京、重庆、黑龙江、陕西等地的5个甘蓝黑腐病菌分离物，分别接种15个甘蓝育种材料和5个品种，测定各菌株的致病力，证明来自不同地区甘蓝黑腐病菌菌株的致病力有明显分化的现象。

（三）抗黑腐病的室内鉴定方法

1. 接种体悬浮液的制备 生长于PSA培养基（土豆煎汁60g，$Ca(NO_3)_2 \cdot 4H_2O$ 0.1g，$Na_2HPO_4 \cdot 12H_2O$ 0.4g，蛋白胨1.0g，蔗糖3.0g，琼脂3.0～4.0g，200ml蒸馏水，pH=7.0）上的黑腐病菌株，在28℃下培养48h，用灭菌蒸馏水配成悬浮液，并调节菌体浓度至每毫升1×10^7～5×10^7个，随配随用。

2. 剪叶接种法 黑腐病苗期抗性鉴定应在封闭温室内进行，通常用剪叶法进行苗期接种。选取苗龄为4～5片真叶期的大白菜幼苗，将剪刀蘸取菌液，剪第2、3叶叶尖，剪口长约10mm。接种后保持室温25～28℃、相对湿度100%。保湿培养24～36h后，湿度可略为降低。接种后7～8d调查发病情况。

单株病情分级标准（全国白菜抗病育种协作攻关组制定）：

0级：无症状；

1级：剪口边缘病斑很少下伸，长度不超过3mm；

3级：剪口边缘病斑下伸3～10mm；

5级：剪口边缘病斑下伸10～15mm，出现明显“V”字形斑；

7级：剪口边缘病斑下伸15mm以上，但接种叶不枯死；

9级：接种叶枯死或出现系统症状。

群体抗性分类标准（根据病情指数划分抗病类型）：

免疫（I）：无侵染；

高抗（HR）：病情指数≤10；

抗病（R）：11<病情指数≤30；

耐病（T）：31<病情指数≤50；

感病（S）：病情指数>50。

3. 喷雾接种法

（1）接种方法　制备浓度为10^8cfu/ml的黑腐病菌悬浮液，喷雾接种4～5片叶苗龄的大白菜幼苗，接种后在光照培养箱中保湿48h。鉴定温度为25℃时，接种11d后即可进行病情调查；鉴定温度为30℃时，接种8d后即可调查。为了加速大白菜抗黑腐病鉴定进程，筛选抗病材料时采用较高的温度更为有利（李明远等，1995）。

（2）病情分级标准

0级：无病；

0.1级：叶上有一个小病斑；

0.5级：叶上有几个小病斑，或叶上有一个较大的病斑；

1级：叶上发病区占叶面积的1/4；

2级：叶上发病区占叶面积的1/2；

3级：叶上发病区占叶面积的3/4；

4级：病区占叶面积3/4以上至全叶。

4. 离体接种鉴定法

（1）接种方法　取健康植株的外叶，将叶柄切成60mm×20mm的长方形块，排放入20cm×15cm×60cm的塑料盒中。为创造黑腐病发病所需的高湿条件，在盒底放一张吸水性强、已浸透水的纸，其上放表面皿，每盒6个。材料放于表面皿上，以防止材料直接与纸接触。用10枚12号绢针在叶柄基部针刺接种，菌液浓度调整至每毫升5×10^7个。已接种材料放入28℃的恒温培养箱中，6d后调查病斑长度。

（2）抗性分级标准　大白菜叶柄用针刺法接种后，黑腐病菌侵入叶柄导管，接种2～3d后，叶柄上开始显症。接种6d后，抗、感品种间在病斑长度上差异明显。根据不同品种接种后的病斑长度，判定其对黑腐病的抗性。分级标准见表7-12。

表7-12　大白菜黑腐病室内离体抗性鉴定分级标准

抗性分级标准	病斑长度（mm）
I（免疫）	0
HR（高抗）	0.1～5.0
R（抗）	5.1～10.0
M（中等抗性）	10.1～15.0
S（感）	15.1～25.0
HS（高感）	25.1～60.0

（四）抗黑腐病的品种选育

1. 抗黑腐病前期研究工作　大白菜抗黑腐病育种研究主要是进行病原菌的种群和消长动态、苗期人工接种鉴定方法及标准、抗病性遗传规律等研究，通过杂交、回交、基因重组、分子标记等技术，创新优良的抗病材料。

2. 抗黑腐病育种技术要点

（1）研究大白菜黑腐病菌致病力类型分化　系统研究大白菜黑腐病菌致病力生理分化类型，了解不同地区致病力类型种群分布及消长规律，使抗病育种的抗源筛选工作有的放矢，以利于培育优质、抗病大白菜品种。

（2）广泛搜集种质资源，筛选抗病材料　如果筛选出的抗病材料，在主要经济性状上不符合要求，可以通过杂交、回交等方法培育性状符合要求的自交系、自交不亲和系或雄性不育系。同时，也可以通过杂交和分离选择的方法，合成抗病的二环系材料等。

（3）苗期人工接种进行抗病性鉴定　在原有研究基础上，研究苗期抗病反应与接种条件的关系，建立更加方便、快速、准确、适用的大白菜苗期黑腐病抗病性人工接种鉴定操作规程。

（4）大田自然诱发鉴定　将经过苗期人工接种鉴定中选的各单株自交的种子，安排在秋季田间种植鉴定，在结球初期、中期和收获前分别调查田间发病情况，选出抗病单株，再进行人工蕾期自交采种，约经3～5代系谱鉴定选择，可使抗性基本稳定。如果其他主要性状亦符合育种目标要求，即可作为抗病育种材料用于杂交组合选配。

（王翠华　崔崇士　刘学敏）

第五节　抗生理性病害鉴定

干烧心病和小黑点病是大白菜的两种主要生理性病害。近年来，大白菜干烧心病和小黑点病的发生有逐年加重的趋势。从外观看似很好的大白菜，切开后会发现球叶内部有“夹叶烂”的现象，或叶柄上有“小黑点”，严重影响了产品质量，给生产者和经营者造成巨大的经济损失。随着大白菜出口的增加，这两种生理性病害的发生影响了产品出口，故生产和经营者对大白菜干烧心病和小黑点病越来越关注。因此，选育抗性品种是适应生产、经营和消费的需要。

一、抗干烧心病鉴定

（一）干烧心病的特征

1. 分布与危害　Shafter和Sayle（1946）首次报道甘蓝干烧心病及其发病原因。20世纪50年代始，外国学者相继开展了这方面的研究工作，探讨发病原因和防治方法，取得了一些进展。干烧心病在欧美称“内部顶烧病”、“内腐病”、“内部变褐病”，日本则称之为“心腐病”、“缘腐病”。20世纪70年代初，我国大白菜的主要产区相继发生干烧心病。天津市在1970—1979年近10年内有6年干烧心病的发病率高达60％以上。据1986

年对全国14个有关省（自治区、直辖市）的调查，北起黑龙江，南到福建，东从辽宁大连，西至新疆都有不同程度的大白菜干烧心病发生。在一些地区干烧心病已发展成为与大白菜的病毒病、霜霉病、软腐病等3大病害同等重要的病害。

2. 症状特点 大白菜在结球的前、中、后期和贮藏期都可发病。尤其结球中后期和贮藏期发病较重，病症主要集中在球叶的边缘上，故名缘腐病、顶烧病。一般情况下，发病叶位多在球叶3～19片叶（从外向内），即总叶位的第24～43片叶，品种间有一定差异。干烧心病在田间始见于莲座期，病株表现为幼叶的边缘干枯或卷缩。较轻的病株，在收获时外观正常，剖开叶球可见到中部个别至部分叶片的软叶局部变干，灰黄色，呈干纸状。有时病部在大白菜的贮藏期继续扩展，使上半部叶片呈水渍状，叶脉暗褐色，表面黏滑，但没有臭味。严重时，病株没有食用价值。

（二）发病原因与机理

国外研究认为大白菜和甘蓝的"干烧心"症状、发病原因、发病机理基本相同，都是由缺钙引起的生理性病害。我国自1978年以来对干烧心病也做了许多研究，主要集中在环境因素及钙素营养状况与症状发生的关系上，从多方面探讨了发病因素，多数研究结果都认为大白菜干烧心是由缺钙引起的生理性病害（赵素娥，1982）。

分析大白菜叶中钙的含量可以看出，无论是生长后期还是贮藏期，植株不同叶位含钙量是外叶＞中位叶＞内叶，特别是外叶的含量明显大于球叶，病株中外叶和球叶钙的含量差别就更大，其他钙化物如果胶酸钙、碳酸钙、氧化钙、植酸钙等也明显低于正常株，特别是软叶中钙的含量明显低于中肋。

引起缺钙的原因可能是：土壤缺钙，或由于种种原因阻碍了植株对钙的吸收，如土壤pH较低、土壤含盐量较高、阳离子之间的相互拮抗等。钙被根系吸收以后，主要是通过木质部运输。木质部运输的钙与水分蒸腾关系密切，蒸腾速度越快，则运输得越快。由于大白菜内部嫩叶的蒸腾速率很低，随蒸腾流入内叶的钙会明显减少，因而内部叶容易缺钙，而外叶蒸腾速率较高，随蒸腾流入外叶的钙明显较多，则表现为不缺钙。既然钙的运输受蒸腾速率的影响，那么凡是影响蒸腾速率的环境因素也会影响到钙的分布。

刘宜生等（1985）研究结果也证明，在大白菜莲座期和结球初期，控制水分时间超过17d以上，0～10cm深的土壤含水量低于12%以下，氮肥施用过多（每公顷追肥量折含纯氮高于600kg以上）是引起大白菜干烧心病的重要环境条件。多氮区发病率较其他低氮区高4～7倍，病情指数高5～14倍。并对大白菜贮藏期发病也有明显影响，且随贮藏期时间的延长而加重。干烧心发病严重的部位，与健康株相比，其同叶位叶片中的含钙量比正常株显著减少，而含氮量较高，Ca/N比值小。

（三）影响干烧心病发生的因素

1. 品种 植物体内钙含量通常在很大程度上受遗传控制。不同品种的抗病性是不同的，目前还未发现高度抗病的品种。Maroto（1988）报道Hi-Mark较为抗病，Nagaok spring A-1易感病。Imai（1988）报道F182-157抗病性较强，并认为抗病性似乎与球形指数的大小有关，球形指数大者较抗病。但也不是绝对的，在天津一带栽培的直筒型大白菜也同样发病。杨晓云等（2004）调查了253份大白菜自交系的耐低钙性，筛选出了15份耐低钙的品系和8份最不耐低钙的品系以及大量的中抗材料。这说明不同品种和材

料对干烧心病的抗性存在较大的差异，即干烧心病的发生与大白菜的基因型有关，这也是干烧心病抗病育种工作的理论依据。

2. 土壤或栽培液中有效钙含量 赵素娥等（1982）研究证明，在培养液中，大白菜正常生长至少需要80mg/L以上的钙，20mg/L以下就足以引起干烧心病，并导致生长受抑制，包心差，产量低。在水培条件下所表现的症状、部位、发病过程与大田发病情况相吻合。对已发病的植株进行补钙，症状就会消失。土壤中一般不缺钙，但大都以矿物态的形式存在，真正能被植物吸收的交换态的钙较少，有机态钙和肥料中的钙可利用的也不多。

3. 土壤酸碱度 土壤pH过低不利于钙的吸收，因为大量的H^+的存在对钙的吸收有拮抗作用。对pH低于6.5的酸性土壤应补施石灰调节土壤的酸碱度。

4. 离子拮抗 在离子吸收过程中，带有相同电荷的离子相互拮抗，因此二价阳离子Ca^{2+}的吸收会受到Mg^{2+}、Sr^{2+}、K^+、Na^+、NH_4^+、H^+、Al^{3+}等阳离子的拮抗。如果土壤中这些离子的含量较高，就会影响到Ca^{2+}的吸收。此外，土壤中溶液浓度过高，使根系周围的渗透压增加，也会影响到钙吸收。刘宜生等（1986）认为土壤溶液浓度高于0.4%，其发病率和病情指数明显增高。

5. 肥料 一般情况下，多施有机肥可以改善土壤的理化特性，有利于钙的吸收；大量施无机肥则不利于钙的吸收。氮肥施用的多少与发病的关系非常密切，因施氮过多，会降低土壤中Ca/N比值，若干旱再偏施氮肥，发病率就会更高。对植株进行分析也表明，正常株含钙较多，含氮较少，而病株则相反。此外，氮的形态对干烧心病的发生也有很大的影响，一般多施硝态氮不易发病，而多施铵态氮则促使发病。因为NH_4^+对Ca^{2+}有拮抗作用，并可代换钙，使Ca^{2+}丢失。Imai（1987）的研究指出，夏季栽培的大白菜NH_4^+的毒害比缺钙更易引起干烧心病。原因是NH_4^+的毒性限制了根系发育，影响钙的吸收。

6. 湿度 许多研究表明，湿度对干烧心病影响很大，特别是土壤湿度。长期干旱无雨，生长中期供水不足均会引起发病。最近的研究结果也证明，空气相对湿度，特别是夜间空气相对湿度的大小对病害发生的影响很大。Berkel（1988）用聚乙烯膜覆盖温室，维持夜间较高的相对湿度，促进根内压流的产生，几乎完全阻止了干烧心病。他们还用夜间喷水的办法提高相对湿度，也同样减轻发病。此外，通过降低温室温度提高空气相对湿度也可以减轻发病。

7. 根系发育 Aloni（1986）研究指出，大白菜生长在10L的盆中根系发育较好，不发生干烧心病，生长在0.5～3.0L盆中的植株，根系和地上部分的生长均受到抑制，植株则发病，容器越小，发病越重。根系受到限制的植株，幼叶可溶性钙含量减少，病株叶的含钙量就更低。生长在0.5～3.0L盆中的植株，因容积太小，即使用10mmol/L $Ca(NO_3)_2$或$CaCl_2$溶液灌溉也不能有效地防止干烧心病的发生。他认为，生长在黏重土壤中的大白菜比生长在疏松土壤中的容易发病。

8. 激素 ABA可以诱导气孔关闭。Poovaiah（1988）研究认为，气孔关闭是由ABA和钙共同作用的结果。ABA可以增加Ca^{2+}进入保卫细胞的透性，Ca^{2+}作为第二信使来调节离子流动，决定保卫细胞的紧张度。促进气孔关闭，则会降低蒸腾速率，又会影响到钙的吸收。Aloni（1986）研究认为，在干旱天气，根系受到抑制的植株得了干烧心病后，

ABA 的含量往往升高，ABA 含量的升高是由于干烧心病危害的结果，而不是诱发干烧心病的原因。

(四) 抗病性鉴定方法

干烧心病的鉴定方法主要有 3 种：①田间自然鉴定，即在田间状态下使植株自然生长，等叶球收获后，切开叶球调查统计发病情况。此法耗时太长，而且受环境因素的影响很大，准确率不高；②苗期鉴定法，此法优点是不受环境条件的限制，可排除外界因子的干扰，准确率高，而且相对来说比较省时；③离体叶片溶液扦插鉴定法，此法快速、简单、方便、省时，适于大量材料的初步鉴定。

1. 苗期缺钙营养液无土培养鉴定法 以珍珠岩为栽培基质，采用 Hongland 营养液（表 7-13）不含钙的改良配方为栽培基质提供养分，播种后 1 个月左右调查病情。

表 7-13 Hongland 营养液配方

（Hoagland，1950）

药　品	含量（g/L）
KNO_3	0.607
$Ca(NO_3)_2 \cdot 4H_2O$	0.945
$MgSO_4 \cdot 7H_2O$	0.493
$NH_4H_2PO_4$	0.115
Fe-EDTA 液	1ml
微量元素混合液	1ml

注：微量元素混合液每升含 2.86g H_3BO_3、1.81g $MnCl_2 \cdot 4H_2O$、0.11g $ZnCl_2$、0.05g $CuCl_2 \cdot H_2O$、0.025g $Na_2MoO_4 \cdot 2H_2O$。

张凤兰等（1994）以无钙珍珠岩作基质，将种子播于营养钵中（直径 8cm），采用不含钙且含氮量高 1 倍的 Hongland 营养液，成分为 KNO_3 1.212g/L，$MgSO_4 \cdot 7H_2O$ 0.49g/L，$NH_4H_2PO_4$ 0.115g/L。为避免软腐病的发生，营养液不是浇灌，而是将营养钵置于浸在营养液中的吸水纸上，使营养钵内的基质保持合适的湿度（图 7-20）。另外，为避免自来水中钙的污染，营养液的配制需全部用蒸馏水。播种后 20d 调查病情。

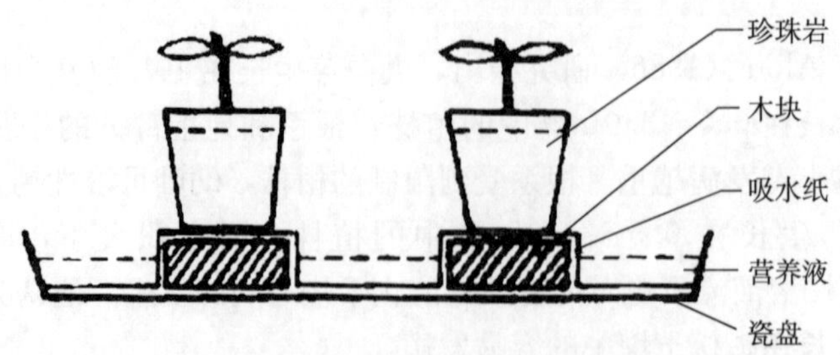

图 7-20 大白菜干烧心病室内抗性鉴定方法示意图

（张凤兰等，1994）

调查分级标准：

0 级：无症状；

1 级：叶片表面有少许黑点；

2 级：叶片上有很多黑点；

3 级：叶片上有很多黑点且干边；

4 级：叶片干边严重，甚至植株死亡。

余阳俊等（2001）改进了张凤兰等（1994）的无土栽培鉴定法。将珍珠岩在使用前先用蒸馏水冲洗 2 次，以免基质中有钙离子的干扰。采用不含钙的改良 Hongland 营养液配方，即除去原配方中的 $Ca(NO_3)_2 \cdot 4H_2O$，并使其他含氮成分较原营养液增加约 1 倍，保持总氮量和原营养液基本持平：NH_4NO_3 2mmol/L、KNO_3 10mmol/L、$NH_4H_2PO_4$ 2mmol/L，其他成分同 Hongland 营养液。

试验设置在一平台上，四周用砖围起一浅槽，用塑料薄膜垫好以防漏水。营养钵置于泡沫塑料条上，营养液浇到泡沫塑料条的 1/2 处。为避免软腐病的发生，营养液不采用浇灌，而是靠植株自身通过纱布条吸水。播种 30～40d 后调查发病情况。

调查分级标准：

0 级：无症状；

0.5 级：真叶叶缘仅有小斑点发生；

1 级：1 片真叶叶缘干烧；

3 级：2 片真叶叶缘干烧；

5 级：2 片以上真叶叶缘轻度干烧，干烧部分占叶面积的 25%以下；

7 级：2 片以上真叶叶缘中度干烧，干烧部分占叶面积的 25%～50%；

9 级：2 片以上真叶叶缘重度干烧至全株死亡，干烧部分占叶面积的 50%以上。

然后根据病情指数将大白菜干烧心病进行抗性分类：

高抗（HR）：$0.01 < DI \leqslant 11.11$；

抗病（R）：$11.12 < DI \leqslant 33.33$；

耐病（T）：$33.34 < DI \leqslant 55.55$；

感病（S）：$55.56 < DI \leqslant 77.77$；

高感（HS）：$77.78 < DI \leqslant 100$。

余阳俊的营养液配方中总氮量和原 Hongland 营养液的基本持平，保证了植株生长所需要的氮营养，分级标准采用定量描述更加便于操作。

2. 离体叶片溶液扦插鉴定法 根据 Na_2 - EDTA 能将叶肉组织中的 Ca^{2+} 固定成为难以利用的形态，叶片生长、叶肉组织的发育处在 GA_3 以及高温高湿条件下急速生长，需要的 Ca^{2+} 增多，从而导致叶片旺盛生长组织高度的 Ca^{2+} 饥饿，是干烧心病发生的机理。日本吉川等（1998）设计了大白菜耐低钙简易鉴定法，即离体叶片溶液扦插鉴定法（图 7 - 21）。

鉴定液组成为 Na_2 - EDTA 2mmol/L、GA_3 10mg/L（pH 6.0）。在 5 叶期以后取第 2、3 片展开真叶（长 5～8cm），用 10% H_2O_2（V/V）消毒 3min，蒸馏水冲洗两遍，以防止病菌感染。将消毒后的叶片扦插于预先做好小孔的 10～12cm 厚的湿花泥上，花泥事先放在装有鉴定液的育苗盘中，于室温下放置 3h，然后将盛有鉴定液的育苗盘放在人工气候箱中 25℃暗培养。扦插后每隔 8h 调查 1 次发病情况，记录发病部位。48h 后统计叶

图 7-21 离体叶片溶液扦插鉴定

片上小黑点最集中处的斑点数、叶片边缘枯边以及水渍发生程度。按表 7-14 分类标准计算斑点级数和枯边级数，计算病情指数，进行抗性分类。

表 7-14 大白菜缺钙症状的调查记载标准

（吉川等，1998）

小斑点的发生程度		枯边发生程度	
级数	小斑点数	级数	枯边程度
0	0	0	正常
1	1～10	1	叶缘部分轻微黄化或轻微萎蔫
2	11～20	2	叶缘大部分黄化或轻度萎蔫
3	21～50	3	叶缘黄化＋中度坏死
4	51～100	4	叶缘黄化＋重度坏死
5	≥101	5	叶片严重坏死

二、抗小黑点病的鉴定

（一）小黑点病症状特点

小黑点病是指大白菜球叶叶柄表面产生小黑点样病变。日本学者形象地称之为芝麻症。英语名称有 pepper spot、petiole spot、black speck 和 fleck 等。目前我国尚没有公认的名称。杨晓云等（2006）根据其表现特征及英文名称称之为“大白菜小黑点病”。大白菜小黑点病是近几年出现的一种新的生理性病害，并且有越来越严重的趋势。小黑点病在田间发生时，叶柄及叶脉上出现大量黑色或褐色的、直径为 1～2mm 的斑点，病情严重的植株叶柄背面也有黑点，且黑点随着植株生长越来越大，至生长后期有的会发生褐变。尤其是春夏季节栽培的大白菜，小黑点病发生会更加严重（图 7-22）。据观察，这种病害除了在生长过程中发生，在贮藏过程中还会继续发生或加重，甚至在收获时未见发生而在

贮运过程中发生的现象，给经营者和消费者造成巨大损失，严重制约了我国大白菜的出口。

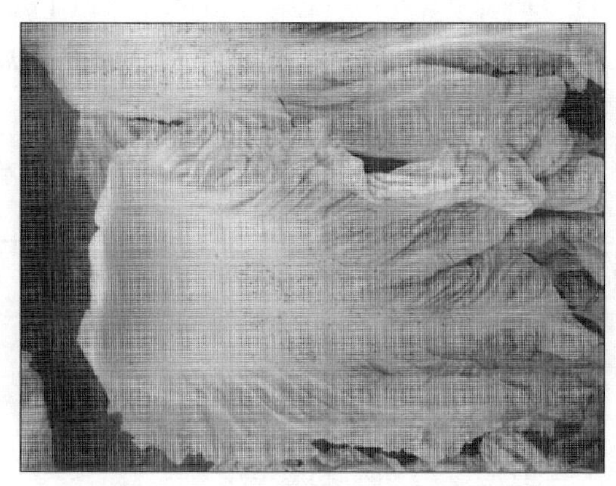

图 7-22 大白菜小黑点病症状

（二）小黑点病发病原因

有关大白菜小黑点病，虽然日本在 20 世纪 70～80 年代做过不少研究，但发病原因目前仍不十分清楚。由于 20 世纪 90 年代小黑点病对澳大利亚大白菜出口造成严重影响，澳大利亚学者也对大白菜小黑点病进行了一些研究，取得了一些进展：①小黑点病既可在田间发生，也可在贮藏期间发生，收获时轻微的症状一般会在 10～12d 后症状加重；②大量施用氮素肥料，尤其是铵态氮肥会加重小黑点病的发生；③碱性土壤（pH8）和高比率的磷肥也会加重症状；④小黑点病与大白菜体内高铜离子水平和低硼水平有关。这些结论与日本学者的认识基本一致。

杨晓云等（2006）发现，每公顷施用 400kg 氮素肥料的处理，两个大白菜品种 M36 和 87-114 的小黑点病的发生程度均明显高于每公顷施用 300kg 氮素肥料的处理；在氮肥施用总量相同的情况下，作基肥施用量大的处理，两个品种小黑点病的发生程度也明显高于作基施用量小的处理。大白菜小黑点病的发生，还存在着明显的品种间差异。于业志等（2007）发现，鲁白 15 对氮素形态比较敏感，M36 对氮素形态不太敏感。两个品种均是在铵态氮肥下的病情指数高于硝态氮肥下的病情指数，施硝态氮可减轻小黑点病的发生程度。小黑点病的发生受氮素形态、品种基因型等共同影响。

（三）小黑点病抗病性鉴定方法

1. 苗期离体叶片扦插鉴定法 日本农林水产省野菜茶叶试验场，参照干烧心病离体叶片扦插鉴定方法设计了大白菜小黑点病苗期离体叶片扦插鉴定法，鉴定溶液组成为标准浓度大塚ハウス液肥 1 号，即 NH_4^+-N 1.5%、NO_3^--N 7.5%、水溶性磷酸 8.0%、Mg 5.0%、K 24.0%、Mn 0.1%、EDTA-Fe 0.18%；10 倍浓度大塚ハウス液肥 2 号，即硝酸钙 23%、NO_3^--N 11%和 1mg/L 硫酸铜。取大田或温室中 5 叶期以后，植株生长点起第 1 或第 2 展开叶（叶片长约 8cm），每品种取 10 片叶。供试叶片插于预先做好小孔的厚约 30mm 的海绵上，放在盛有鉴定液的带盖塑料容器中，首先于室温下开放放置 3h，然后盖上盖子并密封，置于 28℃黑暗下恒温培养。这种方法使离体叶片处在氮素过剩的状态下，人为地造成叶脉上小黑点的发生。5～7d后，调查1个视野（肉眼观察小黑点最多的地方，约1cm^2）中的斑点数，然后将斑点数换算成病情指数（0=斑点数0个，1=1～5个，2=6～10个，3=11～15个，4=16～20个，5=21个以上）。

2. 田间调查方法及调查标准 在田间大白菜收获时调查小黑点病的发生程度，其分级标准如表7-15。

表7-15 大白菜单叶叶柄小黑点病发生程度调查标准

（杨晓云等，2006）

发病指数	斑点数	小黑点发生面积比（%）	发病指数	斑点数	小黑点发生面积比（%）
0	0	0	2.5	300	41～50
0.1	10	<1	3.0	400	51～60
0.5	50	1～10	3.5	500	61～70
1.0	100	11～20	4.0	600	71～80
1.5	150	21～30	4.5	700	81～90
2.0	200	31～40	5.0	800	91～100

注：同一次调查，斑点明显大的，用相应点数的发病指数×1.2～2；
单株发生程度=全部小黑点病发生叶病情指数之和。

（杨晓云　刘学敏）

第六节　多抗性鉴定

一、多抗性育种的概念

植物因种类、品种不同其抗病性有明显差异，从免疫、高度抗病到高度感病存在着连续的变化。植物的抗病性有仅对某一种病害具抗病表现的单一抗病性，也有对多种病害存在普遍抗病性的多抗性。多抗逆性（multi-adversity resistance，MAR）是指植物体对多种逆境（如病害、虫害、低温等）的抗性。这一研究领域随着遗传学、植物病理学及生态学的发展有较快的进展。植物的多抗性不同于传统的水平抗性所界定的品种对某种病原物多个生理小种的抗性，而是指一个品种能抗3种及3种以上病原物侵染危害的抗性。目前对作物多抗性的认识尚有争议，即使是开展多抗性研究较早的国家也是如此。Bird（1982）认为棉花的多抗性包括对多种病虫害的抗性，具体为对苗期立枯病、猝倒病、细菌性角斑病、得克萨斯根腐病、枯萎病、黄萎病及线虫、象鼻虫等的抗性，并结合丰产与早熟及抗寒性等农艺性状进行筛选。Sappenfield（1982）认为，抗病育种本身在概念上含有下列三种意义或其中之一，即单一抗性、多抗性和对多种灾害的抗性。而实际上，病害、虫害及自然灾害的种类繁多，多抗性的概念以及如何实现"多抗"目标还是人们正在研究的课题。

大白菜从播种栽培到运输贮藏的整个过程中，遭受由病毒、真菌、细菌等多种病原物

侵染引起的侵染性病害和非侵染性病害的危害，致使其产品产量下降、品质降低。据调查，在一般年份大白菜因病害导致的损失在10%～20%之间，某种病害大流行年份减产50%以上，局部地区甚至绝收。采用化学防治方法控制病害危害需要针对各个时期的不同病害使用多种药剂，既增加了生产成本，更重要的是大量使用化学农药将导致环境污染和产品的农药残留超标。选育和合理使用抗病品种是控制病害危害最经济有效的途径。针对大白菜从生产到运输贮藏多个环节都会遭受多种病原物侵染的事实，培育多抗性的高产、优质大白菜品种，无论对生产者、经营者还是广大消费者都是十分必要的。

二、大白菜多抗性鉴定方法

（一）对病毒病和霜霉病双抗联合抗性鉴定

1. 接种体制备

（1）TuMV接种液制备　将分离纯化的TuMV毒株在感病品种上繁殖后，取病叶按1∶5（W/V）的比例加入0.05mol/L、pH 7.0的磷酸缓冲液，用研钵将病叶研碎后双层纱布过滤，滤液即为接种液。

（2）霜霉病菌接种体悬浮液的制备　田间采集大白菜霜霉病病叶，用自来水将叶面冲洗干净，置搪瓷盘中用海绵软垫（或湿毛巾）室温保湿24h，诱发出新鲜孢子囊，制备悬浮液。悬浮液涂抹接种于感病品种幼苗上，16～24℃保湿24h，幼苗发病产生大量孢子囊后采集新发病叶，用小毛刷或海绵球蘸无菌水将病叶表面孢子囊洗入无菌水中，即为孢子囊悬浮液。将悬浮液孢子囊浓度调整为10^5个/ml，即可作为接种液备用。

2. 接种方法　常规播种大白菜种子，待幼苗长至2～3片叶时，首先采用摩擦接种法接种TuMV汁液，24h后再以孢子囊浓度为10^5个/ml霜霉病菌悬浮液喷雾接种，接种后在16～22℃、光照5 000～6 000lx、相对湿度90%以上塑料棚内生长6～7d，调查记录霜霉病发病情况。然后转置于10 000lx以上的强光照条件下，控制相对湿度70%以下，温度提高至25～30℃，炼苗2～3d，再按常规管理，20～25d后调查病毒病发生情况。大白菜抗TuMV和霜霉病鉴定操作程序如下（图7-23）：

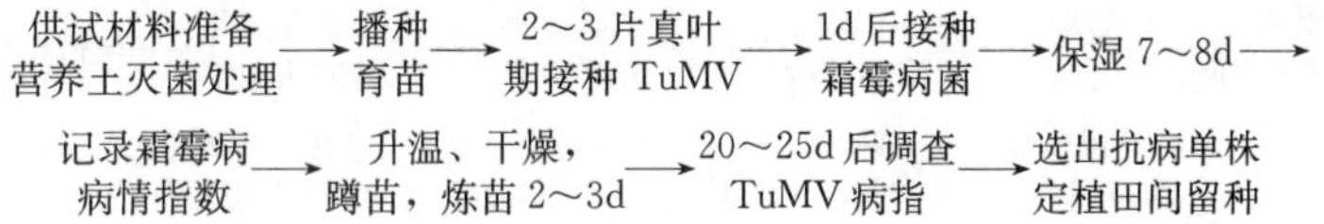

供试材料准备
营养土灭菌处理 → 播种
育苗 → 2～3片真叶
期接种TuMV → 1d后接种
霜霉病菌 → 保湿7～8d →

记录霜霉病
病情指数 → 升温、干燥，
蹲苗，炼苗2～3d → 20～25d后调查
TuMV病指 → 选出抗病单株
定植田间留种

图7-23　大白菜抗TuMV和霜霉病双抗性联合鉴定程序

病情分级标准分别参考病毒病、霜霉病病情分级标准和群体抗病性类型划分方法。

3. 需要注意的问题

（1）两种病原物应尽量能形成一个较长的共生期，即可考察两者之间的拮抗或协生作用的相互影响，同时也可反映寄主对两种病害真正的复合抗性。要做到这一点，其难点在于TuMV和霜霉病菌虽然均属专性寄生物，但发病所要求的环境条件却相反。也就是说，在复合抗性鉴定前期要满足霜霉病高湿温暖的条件，但会影响TuMV发病所需的高温干旱条件，从而使TuMV病程比单抗鉴定延长4～7d。幼苗生长愈大，发病愈迟缓。解决这个问题的措施是调查霜霉病后，及时排湿、升温、炼苗。

（2）霜霉病菌在子叶期点滴接种，常会出现点滴量稍大，菌液易下滑滚落，点滴量稍小，菌液易蒸发变干，因而造成发病不均匀、品种抗性难以判断等问题。即使加入吐温20等展布剂，上述问题仍不能较好解决。另外，因子叶和真叶功能与组织结构的差异，也使抗病性鉴定结果出现误差。

（3）TuMV和霜霉病菌接种间隔时间太短时，易造成烂苗、死苗，这可能是在制备霜霉病菌孢子囊悬浮液过程中混进的杂菌，通过汁液摩擦接种TuMV所造成的伤口入侵之故，秋季尤为严重。因此，人工接种鉴定在春季进行最佳。

（二）对病毒病、霜霉病及黑斑病三抗联合抗性鉴定

1. 接种体悬浮液的制备

（1）TuMV接种液和霜霉病菌接种体悬浮液　参照前述方法制备。

（2）黑斑病菌接种体悬浮液的制备　将鉴定纯化的黑斑病菌在大白菜寄主上进行毒力复壮后扩大繁殖，制备孢子浓度为每毫升7×10^4个的悬浮液备用。

2. 接种方法　选取2～3叶期的大白菜幼苗，首先采用摩擦接种法接种TuMV，48h后接种霜霉病菌，再经24h接种黑斑病菌。

接种黑斑病菌后，立即用小拱棚和遮阳网保湿和遮光，使空气相对湿度98%以上，光照7 000lx以下。温度白天保持在20℃左右，夜间15℃上下。3d后揭开塑料薄膜，留下遮阳网培养3d，空气相对湿度保持在86%以上。在调查霜霉病和黑斑病病情前，需再保湿培养24h。调查完霜霉病和黑斑病病情之后，逐渐控湿、提温和加长光照时间进行炼苗2d，置温室温度25～30℃、相对湿度70%以下、光照12 000lx以上环境下，促发病毒病。黑斑病、霜霉病和病毒病分别在其接种6d、7d和25d后调查发病情况。“八五”以来，各育种单位先后进行了多抗性鉴定方法的研究。到目前为止，室内人工复合接种鉴定技术已取得了较大的进展，已初步建立了一套大白菜病毒（TuMV）病、霜霉病、黑斑病三抗复合接种抗病性鉴定技术，并成功地应用于抗源筛选及杂种一代的抗性鉴定。复合接种鉴定的抗性结果同单抗鉴定的结果吻合率达80%以上。大白菜对病毒（TuMV）病、霜霉病及黑斑病三抗联合抗性鉴定操作程序如图7-24：

供试材料准备 营养土灭菌处理 → 播种 育苗 → 2～3片真叶 期接种TuMV → 1d后接种 霜霉病菌 → 2～3d后接种 黑斑病菌 → 保湿1～8d →

统计黑斑病、霜霉病病指 → 升温、干燥10～15d → 调查 TuMV病指 → 选出抗病单株 定植田间留种

图7-24　大白菜多抗性联合鉴定程序

病情分级标准分别参考病毒病、霜霉病、黑斑病的分级标准。

3. 病毒病、霜霉病及黑斑病三抗群体抗病性划分方法　计算病情指数，按大白菜病毒病、霜霉病和黑斑病病情指数将群体抗性划分为如下类型：

抗病性类型	病毒病病指	霜霉病病指或黑斑病病指
HR（高抗）：	≤5.55	≤11.11
R（抗病）：	5.56～11.11	11.12～33.33
T（耐病）：	11.12～33.33	33.34～55.55

S（感病）：　　33.34～55.55　　55.56～77.77

HS（高感）：　　>55.56　　>77.78

4. 田间自然诱发三抗性鉴定方法 田间自然诱发三抗性鉴定时，每个供试品种或育种材料的株数不应少于30株，每10行供试材料安排1行已知的感病品种作为病害诱发行，或在重病地块安排试验。供鉴试材播种期比正常提早3～5d，或在重病季节进行鉴定，以促发相应的病害。田间不防病，其余管理按一般试验田要求进行。

病害调查采用棋盘式取样方法进行，小区不少于30株或全小区调查，大田不少于90株。在大白菜5～7叶期与结球中期调查病毒病，收获前20d调查霜霉病和黑斑病。病情分级标准与群体抗病性划分标准均参照苗期人工接种鉴定的标准。

三、部分抗源材料

（一）抗芜菁花叶病毒病的抗源材料

河北省农林科学院蔬菜研究所、中国农业科学院蔬菜花卉研究所、北京市农林科学院蔬菜研究中心、西北农林科技大学园艺学院、山东省农业科学院蔬菜研究所、沈阳农业大学、黑龙江省农业科学院园艺研究所等单位在全国范围内搜集了3 000余份大白菜资源材料，分别在当地经过室内人工接种和田间诱发抗病性鉴定，筛选出对当地TuMV主流分离物表现抗病或高抗的大白菜品种材料28份。全国白菜抗病育种攻关组在黑龙江省农业科学院园艺研究所防虫控温温室，用来自全国10省（直辖市）的19个TuMV分离物——7个株系进行交叉接种，对这28份大白菜试材开展了统一的抗病性鉴定，最后选出了8个具有抗多个TuMV株系的抗源材料（表7-16）。

表7-16 抗TuMV大白菜抗源鉴定结果

（刘栩平等，1990）

TuMV抗源		大白菜品种名称及病情指数								
编号	株系	BP016	BP007	BP058	BP031	BP079	BP051	BP197	BP112	二牛心（对照）
秦1	Tu1	0*	0.37	0.74	0.93	1.11	2.04	4.07	2.22	42.6
宁1	Tu2	0*	0*	0.19	0.56	1.11	1.85	1.67	3.15	25.9
宁2	Tu2	0*	0*	0	0.93	0.93	0.19	1.11	1.30	33.3
沪1	Tu2	0	0.19	0	0.56	1.11	0.37	1.67	2.22	35.2
黑2	Tu3	0*	0.19	0	0.93	0.74	0.93	4.44	8.33	40.7
辽1	Tu3	0*	1.85	0.56	4.44	4.07	0*	3.33	5.00	38.9
冀2	Tu3	0.93	0.19	2.41	0.93	1.85	0.19	4.07	3.15	33.3
鲁1	Tu3	0.19	0.19	0.74	0.93	4.81	0*	2.04	3.33	55.6
沪2	Tu7	0*	0*	0*	0.19	0.37	0.37	1.11	1.11	42.6
京1	Tu7	0*	0.37	0.56	1.11	3.33	0.93	4.81	4.07	33.3
京2	Tu7	0	0.37	0	1.43	1.11	0	2.22	4.81	33.3

（续）

TuMV 抗源		大白菜品种名称及病情指数								
编号	株系	BP016	BP007	BP058	BP031	BP079	BP051	BP197	BP112	二牛心（对照）
京 3	Tu7	0*	0*	0	0	1.11	0*	2.04	2.04	42.6
黑 1	Tu4	0.37	0.19	0.19	0.85	3.33	0.93	8.33	4.63	51.9
粤 1	Tu4	0.19	0.22	0.56	1.11	2.59	0*	3.70	4.07	44.4
鲁 2	Tu3	0.56	0.93	0.63	3.33	2.59	0.19	2.22	1.83	55.6
川 1	Tu5	0.19	0.74	0.93	0.74	3.33	0.93	2.22	3.89	55.6
冀 1	Tu5	0*	0.37	2.59	4.26	4.81	11.30	5.19	5.74	53.7
黑 3	Tu6	0*	0.19	0*	1.85	2.59	0.37	2.78	0.74	59.3
冀 3	Tu6	0	0*	0*	0.19	1.11	0*	2.78	0.93	66.7
平均		0.41	0.45	0.95	1.46	2.21	1.47	3.15	3.29	44.5

注：0*：免疫（I）；0：带毒不显症；高抗（HR）：病情指数 0～5.55；抗病（R）：病情指数 5.56～11.11；中抗（MR）或耐病（T）：病情指数 11.12～33.33；感病（S）：病情指数 33.33 以上。

矮桩晚熟类型的有：秦 5251-7-2-1（BP051）、BP031、BP079、BP179、BP112、秦白 4 号 P2（秦 7311-7-3-1）、秦白 1 号 P2（秦 2189-7-3-1）。

矮桩早熟类型的有：秦白 2 号 P2（秦 65-841-2-1-2-1）。

矮桩中熟类型的有：秦白 2 号 P1（秦 72m-752-1-3-m-1）、秦 72m-752-4-4-m-1。

高桩晚熟类型的有：冀 8407（BP016）、BP007、BP058、秦白 3 号 P1（秦 841-2-4-1）。

抗源材料多，选择其经济性状的自由度就大，防止毒原变异的贮备也多。其余 20 份材料对抗多数 TuMV 株系的抗性不够理想，只具有抗个别或少数分离物的特性，可作为区域性育种的抗源材料加以利用。

（二）抗霜霉病的抗源材料

矮桩晚熟类型的有：秦白 4 号 P2（秦 7311-7-3-1）、秦白 1 号 P2（秦 2189-7-3-1）。

矮桩早熟类型的有：秦白 2 号 P2（秦 65-841-2-1-2-1）。

高桩晚熟类型的有：冀 8407、秦白 3 号 P1（秦 841-2-4-1）。

（三）抗黑斑病的抗源材料

矮桩晚熟类型的有：秦白 4 号 P2（秦 7311-7-3-1）。

矮桩早熟类型的有：秦白 2 号 P2（秦 65-841-2-1-2-1）。

高桩晚熟类型的有：冀 8407、秦白 4 号 P2（秦 7311-7-3-1）。

（四）复合双抗病毒病霜霉病和三抗病毒病霜霉病黑斑病的抗源材料

矮桩晚熟类型的有：秦 5251-7-2-1（BP051）、秦白 4 号 P2（秦 7311-7-3-1）、秦白 1 号 P2（秦 2189-7-3-1）。

矮桩早熟类型的有：秦白 2 号 P2（秦 65-841-2-1-2-1）、秦早黑。

矮桩中熟类型的有：秦白 2 号 P1（秦 72m-752-1-3-m-1）。

高桩晚熟类型的有：秦白3号P1（秦841-2-4-1）、冀8407。

（李省印　程永安　王翠花）

主要参考文献

北京农业大学．1982. 农业植物病理学．北京：农业出版社．

曹光亮，曹寿椿．1995. 不结球白菜抗病育种研究：V. 抗TuMV遗传研究．南京农业大学学报18（1）：106-108.

曹寿椿，侯喜林，郝秀明，等．1998. 不结球白菜抗病育种的研究：Ⅷ. 矮抗5号和矮抗6号新品种的选育．南京农业大学学报21（4）：24-30.

曹寿椿，侯喜林，张蜀宁，等．1998. 不结球白菜抗病育种的研究：Ⅶ. 矮抗4号新品种的选育．南京农业大学学报21（2）：24-29.

曹寿椿，朱月林，黄保健，等．1991. 不结球白菜抗病育种的研究：Ⅲ. 矮抗1号新品种的选育．南京农业大学学报14（3）：25-30.

曹寿椿，朱月林，黄保健，等．1993. 不结球白菜抗病育种的研究：Ⅳ. 矮抗2号和矮抗3号新品种的选育．南京农业大学学报16（3）：33-37.

陈捷．1996. 植物病理生理学．沈阳：辽宁科学技术出版社．

程永安，柯桂兰．1995. 影响大白菜霜霉病抗性鉴定的因素．西北农业学报4（4）：69-72.

崔崇士，李柱刚，张耀伟．2000. 黑龙江省大白菜黑斑病菌致病型划分研究．北方园艺（1）：43-44.

狄原渤，阿瑟·凯尔曼．1990. 钙和水分在大白菜抗软腐病中的作用．植物病理学报20（3）：235-240.

董汉松，王金生，方中达．1987. 大白菜品种对细菌性软腐病抗病性检测方法．中国农业科学20（4）：94-95.

方智远．2004. 蔬菜学．南京：江苏科学技术出版社．

方中达．1998. 植病研究方法．第3版．北京：中国农业出版社．

冯兰香，徐玲，刘佳．1990. 北京地区十字花科蔬菜芜菁花叶病毒株系分化研究．植物病理学报20（3）：185-188.

傅淑云，姚健民，鄂芳敏．1984. 白菜霜霉病菌卵孢子接种与萌发．植物病理学报14（1）：63-64.

高必达，陈捷．2006. 植物病理学．北京：科学出版社．

高晓蓉，杨官品，杨晓云，等．2006. 大白菜品种间小黑点病发生的比较研究．长江蔬菜（6）：4-42.

韩和平，孙日飞，张淑江，等．2004. 大白菜中与芜菁花叶病毒（TuMV）感病基因连锁的AFLP标记．中国农业科学37（4）：539-544.

韩英，任艳玲，廖咏梅．2007. 单克隆抗体在植物病毒学中的应用．广西农业生物科学26（增刊）：142-144.

何庆芳，米景九．1991. 芜菁花叶病毒（TuMV）核酸的合成与克隆．遗传学报18（6）：559-563.

侯喜林．2003. 不结球白菜育种研究新进展．南京农业大学学报26（4）：111-115.

吉雪花，张鲁刚，张少丽．2005. 叶片扦插法鉴定大白菜耐低钙性的研究初报．西北农林科技大学学报：自然科学版33（8）：99-102.

菊本敏雄．1978. 白菜软腐病的品种抗病性．植物检疫32（5）：21-26.

柯常取，等．1991. 芸薹链格孢菌菌系分化的研究．北京农业科学．（增刊）：1-4.

孔令洁，方荣祥，陈正华，莽克强．1992. 芜菁花叶病毒外壳蛋白基因的克隆及其植物表达载体的构建．中国科学B辑（4）：374-380.

李彬，袁希汉．2000．国家科技公关白菜抗病育种进展．长江蔬菜（1）：3－6．

李怀方，刘凤权，郭小密．2004．园艺植物病理学．北京：中国农业大学出版社．

李经略，李省印，赵稚雅，等．1985．西安地区十字花科蔬菜病毒种类变化分析．植物保护 11（5）：11－13．

李经略，李省印，赵玉霞，等．1987．芜菁花叶病毒提纯和抗血清制备及应用的研究．陕西农业科学（6）：17－18．

李经略，赵晓明，李惠兰．1990．甘蓝苗期黑腐病菌致病性分化研究．陕西农业科学（3）：26－27．

李明远，武东繁．1995．温度对白菜黑腐病侵染与发病影响的研究．华北农学报 10（4）：92－94．

李明远．2006．大白菜黑斑病的发生与防治．中国蔬菜（7）：49－50．

李省印，柯桂兰．1993．大白菜对 TuMV 和 P. P. 苗期复抗鉴定技术研究．陕西农业科学（6）：8－10．

李省印，柯桂兰，胡彩霞．1996．白菜对病毒病霜霉病黑斑病的三抗性鉴定与筛选标准．西北农业学报 5（1）：35－38．

李省印，柯桂兰，宋胭脂，等．1991．大白菜抗芜菁花叶病毒遗传规律的研究．陕西农业科学（4）：1－4．

李树德．1995．中国主要蔬菜抗病育种进展．北京：科学出版社．

李柱刚，崔崇士，张耀伟．2000．大白菜黑斑病芸薹链格孢鉴别寄主筛选的研究．东北农业大学学报 31（4）：358－362．

刘焕然，柯桂兰，宋胭脂．1991．大白菜黑斑病离体叶人工接种鉴定技术．植物病理学报 21（2）：88．

刘克钧，朱月林，侯喜林，等．1997．不结球白菜抗病育种的研究：Ⅳ．不结球白菜抗芜菁花叶病、霜霉病及黑斑病的多抗性鉴定及筛选．南京农业大学学报 20（3）：31－35．

刘栩平，刘元凯．1989．大白菜对芜菁花叶病毒 TuMV 的抗病性鉴定和筛选方法研究．北方园艺（3）：3－9．

刘栩平，路文长，林宝祥，等．1990．我国十省（直辖市）十字花科蔬菜芜菁花叶病毒（TuMV）株系分化研究：Ⅰ．用 Green 氏方法划分株系．病毒学杂志（1）：82－87．

刘学敏，陈宇飞．2005．植物保护技术与实训．北京：中国劳动社会保障出版社．

刘宜生，黄巧华，郭振华，等．1985．关于水肥因子对大白菜干烧心病影响的研究．园艺学报 12（1）：35－40．

刘宜生，雷文，周艺敏，等．1986．关于土壤化学形状和施肥措施对大白菜干烧心病影响的调查研究．中国农业科学（6）：48－54．

刘宜生，雷文．1986．大白菜干烧心病田间症状的典型调查及其发病原因的分析——关于大白菜干烧心典型症状的调查之四．蔬菜（6）：40．

刘志荣，王子欣．1990．大白菜抗 TuMV 抗源的选育．华北农学报 5（1）：85－88．

刘志昕．1998．植物基因工程与抗病育种．华南热带农业大学学报 4（2）：13－18．

陆家云．2001．植物病原真菌学．北京：中国农业出版社．

鹿英杰，康永春，李光池，等．1988．大白菜对 TuMV 抗性遗传规律研究．黑龙江农业科学（6）：27－31．

路文长，刘栩平，刘志荣，等．1989．中国大白菜抗芜菁花叶病毒的抗源．科学通报（20）：1577－1579．

吕佩珂，李明远，吴钜文，等．1992．中国蔬菜病虫原色图谱．北京：中国农业出版社．

马成云，马淑梅，张学哲．2003．白菜三大主要病害发生危害及防治对策．北方园艺（4）：64－65．

苗立强，张耀伟，崔崇士．2006．我国白菜抗病育种研究进展．东北农业大学学报 37（4）：529－533．

缪颖，蒋有条，曾广文，等．1997．大白菜干烧心病发生过程中心叶组织 Ca^{2+} 定位及超微结构变化．园艺学报 24（2）：145－149．

钮心恪．1984. 大白菜抗霜霉病．病毒病原始材料的筛选及抗性遗传的研究．中国蔬菜（4）：28－32.
欧阳本友，谢丙炎，刘官春．1991. 湖南小白菜病毒病毒原种类鉴定．微生物学通报 18（3）：129－132.
齐秀菊．1993. 白菜黑斑病抗病性鉴定方法研究．河北农业科学（1）：21－22.
秦韶梅，冷德训，孙秀丽，等．2006. 十字花科蔬菜黑腐病软腐病的综合防治．西北园艺（9）：34－35.
盛镜方，陈卫良，罗永良．1989. 十字花科蔬菜的黑腐病初探（简报）．浙江农业大学学报 15（3）：260.
石春兰，姜恩国，姜晓莹，等．1983. 大白菜干烧心病的危害和发展趋势．辽宁农业科学（3）：42－43.
史国立，崔崇士，张耀伟．2006. 大白菜对软腐病抗性的快速鉴定方法研究．植物保护 32（6）：135－138.
土尾行天．1973. 白菜软腐病抗病性的早期鉴定．日本植物的病理学会报 39（3）：233.
王翠花，王洪久，王世祥．1989. 大白菜霜霉病菌保存方法的初步研究．山东农业科学（4）：38.
王翠花，王洪久，王世祥．1993. 山东大白菜 TuMV 株系分化研究．山东农业科学（5）：13－15.
王惠敏，狄原渤，王建辉．1988. 北京地区蔬菜软腐细菌病原的研究．植物病理学报 18（1）：19－22.
王建营，侯喜林，张玉明，等．2001. 不结球白菜品种（株系）对炭疽病抗性的鉴定与筛选．南京农业大学学报 24（1）：35－39.
王金生，董汉松，方中达．1985. 大白菜软腐病潜伏侵染的组织病理学研究．植物保护学报 12（3）：189－194.
王金生．1999. 分子植物病理学．北京：中国农业出版社．
王金生．2000. 植物病原细菌学．北京：中国农业出版社．
王世祥，王翠花．1990. 大白菜霜霉病与病毒病复合接种鉴定方法的研究．山东农业科学（4）：41－42.
王淑芬，张仪，沈征言．1996. 大白菜干烧心病的形态结构及生理生化变化．园艺学报 23（1）：37－44.
王雪，刘玉梅，李汉霞，等．2005. 芸薹属作物抗芜菁花叶病毒育种研究进展．园艺学报 32（5）：939－946.
韦石泉，王洪久，王翠花，等．1989. 我国十省（直辖市）十字花科蔬菜芜菁花叶病毒（TuMV）株系分化研究：Ⅱ新鉴别寄主筛选及株系划分．科学通报（21）：1660－1664.
韦石泉，吴元华，王振东．1990. 大白菜芜菁花叶病毒的研究．沈阳农业大学学报 21（1）：1－9.
韦在滨．1983. 关于大白菜对霜霉病抗性鉴定方法的研究．蔬菜（1）：21－24.
魏毓棠，李广海，王允兰，等．1991. 大白菜对芜菁花叶病毒（辽宁 1 号分离物）的抗性遗传规律研究．植物病理学报 21（3）：199－203.
西南农业大学．1991. 蔬菜育种学．第二版．北京：农业出版社．
肖长坤，李勇，李健强．2003. 十字花科蔬菜种传黑斑病研究进展．中国农业大学学报 8（5）：61－68.
肖长坤，吴学宏，李健强，等．2004. 白菜黑斑病菌三个种菌株基本培养条件比较．菌物学报 23（4）：573－579.
谢联辉，林奇英．2004. 植物病毒学．第二版．北京：中国农业出版社．
徐玲，冯兰香，钮心恪．1990. 中国大白菜对芜菁花叶病毒基因型株系的抗性鉴定．中国蔬菜（4）：15－16.
许志刚．2002. 普通植物病理学．第 2 版．北京：中国农业出版社．
严红，李明远，柯常取．1994. 大白菜苗期接种黑斑病菌保湿时间及调查期对症状表现的影响．北京农业科学 12（4）：26－27.
严红，李明远，柯常取．1996. 芸薹链格孢菌菌系致病力分化的研究．华北农学报 11（3）：87－90.
严家芸，钮心恪．1988. 大白菜苗期黑斑病抗性鉴定方法及抗黑斑病原始材料筛选的研究初报．中国蔬菜（3）：30－32.
杨广东，李燕娥，薛建兵，等．2000. 大白菜黑斑病抗性遗传规律．中国蔬菜（1）：17－19.

杨唐斌，曲丽娜．2002. 单克隆抗体研究新进展．航天医学与医学工程 15（6）：460-464.

杨晓云，张淑霞，张清霞，等．2006. 氮肥对大白菜生理障害——小黑点病发生影响的初步研究．华北农学报 21（增刊）：151-153.

杨晓云，张淑霞，张清霞，等．2006. 基因型对大白菜小黑点病发生的影响及抗病品种筛选．北方园艺（6）：25-26.

姚健民，傅淑云．1986. 白菜霜霉病菌侵染过程与品种抗病性的关系．辽宁农业科学（5）：36-39

于业志，陈振德，李德全．2007. 氮素形态对抗大白菜小黑点病品种生理代谢的影响．山东农业科学（3）：79-82.

余阳俊，耿欣，赵岫云，等．2001. 大白菜品种苗期抗干烧心病（缺钙）鉴定．北京农业科学（2）：14-15.

臧威，崔崇士，张耀伟．2003. 大白菜软腐病苗期抗性鉴定方法的研究．北方园艺（3）：57-58.

臧威，崔崇士，孙剑秋，等．2005. 大白菜软腐病的研究现状．北方园艺（3）：59-60.

臧威，张耀伟，孙剑秋，等．2006. 大白菜软腐菌种群组成及优势菌致病型的研究．植物资源与环境学报 15（1）：26-29.

曾士迈，杨演．1986. 植物病害流行学．北京：农业出版社．

张凤兰．1994. 白菜对黑腐病抗性的室内鉴定方法及抗源筛选．北京农业科学 12（4）：28-29.

张凤兰，徐家炳，飞弹键一．1994. 大白菜对干烧心病（缺钙）抗性室内鉴定方法的研究．华北农学报 9（3）：127-128.

张凤兰，徐家炳，严红，等．1997. 大白菜苗期对黑斑病抗性遗传规律的研究．华北农学报 12（3）：115-119.

张光明，王翠花．1995. 大白菜抗软腐病接种鉴定方法的初步研究．山东农业科学（5）：39-40.

张俊华，潘春清，张耀伟，等．2006. 大白菜抗芜菁花叶病毒基因 EST-PCR-RFLP 分子标记的研究．植物病理学报 36（6）：523-527.

张淑霞，崔崇士，张跃伟，等．1998. 大白菜黑斑病苗期抗性鉴定方法研究．北方园艺（1）：8-9.

张学君，李润双，凌宏通，等．1995. 大白菜软腐病苗期抗性及其与成株期抗性的关系．华北农学报 10（3）：80-83.

张振贤，赵德婉．1992. 大白菜干烧心病研究进展．山东农业大学学报 23（1）：102-106.

章一华，徐仁发，裘维蕃．1963. 大白菜霜霉病初侵染来源及幼苗的有限系统侵染．植物病理学报 6（2）：153-162.

章一华，石银鹿，裘维蕃．1964. 京津地区大白菜及其他十字花科蔬菜作物霜霉病菌生理分化的初步研究．植物病理学报 7（1）：33-44.

赵素娥，邢金铭，李得众．1982. 大白菜“干心”病的发生与缺钙的关系．园艺学报 9（1）：33-40.

Sappenfield W P. 1982. 美国三角洲北部抗多种病害棉花的培育．任学笃译．国外农学——棉花（2）：6-11.

Aloni B. 1986. Enhancement of leaf tipburn by restricting root growth in Chinese cabbage. J. of Hort. Sci.，61（4）509-513.

Berkel N. 1988. Prevention tipburn in Chinese cabbage by high relative humidity during the night. Netherlands J. of Agri. Sci.，36（3）：301-308.

Bird L S. 1982. The MAR（multi-adversity resistance）system for genetic improvement of cotton. Plant Disease，66（2）：172-176.

Imai H，Ma C H，Wu D L. 1988. Intergrated cultural practices to reduce Chinese cabbage（*Brassica campestris* L.）tipburn and internal rot in tropic. Japanese Journal of Tropical Agriculture，32（1）：22-

34.

Jenner C E，Sanchez F，Nettleship S B，et al. 2000. The cylindrical inclusion gene of Turnip mosaic virus encodes a pathogenic determinant to the *Brassica* resistance gene TuRB01. Molecular Plant Microbe Interaction，13 (10)：1102－1108.

Maroto J V，Alagarda J，Pascual J，et al. 1986. Tipburn incidence on Chinese cabbage (*Brassica campestris* L. ssp *pekinensis* Rupr.) cultivated under greenhouse and its prevention by application of a high calcium foliage fertilizer. Dordrecht (Netherlands).

Ohshima K，Tanaka M，Sako N. 1996. The complete nucleotide sequence of turnip mosaic virus RNA Japanese strain. Archives of Virology，(141)：1991－1997.

Poovaiah B. W. 1988. Molecular and cellular aspects of calcium action in plants. Hort Science，23 (2)：267－271.

Provvidenti，R. 1980. Evaluation of Chinese cabbage cultivars from Japan and People's Republic of China for resistance to Turnip mosaic virus and cauliflower mosaic virus，J. Ameri Soci Hortic Sci，105 (4)：571－573.

（刘学敏　韦石泉　李明远　何启伟）

第八章

丰产与品质育种

第一节　丰产性状及其遗传

一、大白菜产量构成与影响因素

大白菜以肥硕的叶球为产品器官，其单位面积的产量（指经济产量）构成因素包括：单株重、单位面积株数、净菜率，以及品种结球性状的一致性，即品种的整齐度、结球率。

在大白菜育种中，不论是适合哪个季节栽培的品种，也不论是熟期早晚，品种的丰产性都是育种的重要目标性状，也是大白菜生产所追求的主要目标之一。只是随着市场和消费需求的变化，产量在众多育种目标中的权重有所变化，即不再是追求的唯一目标，需要兼顾品质、抗病性、适应性等众多目标性状。

（一）单株重

大白菜的单株重（生物学产量）主要包括外叶（即莲座叶）重和叶球重两部分。外叶与叶球之间的关系将在净菜率部分阐述，这里着重讨论叶球重。

由于大白菜品种类型多，生长期（指播种出苗到叶球形成）长短差异显著，故叶球重差异很大（表8-1）。

表8-1　不同类型大白菜品种叶球重差异

品种类型	品种名称	生长期（d）	球高（cm）	球横径（cm）	单球重（kg）
早　熟	短叶早皇白	50～60	20	11	0.25～0.50
	漳浦蕾	40～60	18	14	0.5～0.80
	北京翻心白	60	33～40	12～21	1.0
	管庄小白口	60	25～30	15	1.5～2.0
	郑州早黑叶	65～70	28	22	1.5～2.5
中　熟	太原二包头	80～85	35	20	3.0
	正定二桩	80～85	38	21	3.0
	抱头青	80～85	45	20	3.0～4.0
	城阳青	85	35	16～20	3.0～4.0

（续）

品种类型	品种名称	生长期（d）	球高（cm）	球横径（cm）	单球重（kg）
中　熟	胶州小叶	80～85	32	21	4.0
	玉田包尖	85	57	12	4.0
中晚熟	石特1号	85～90	36	30	4.0
	洛阳二包头	90	31	19	4.0～4.5
	冠县包头	90	28	26	5.0～6.0
	福山包头	90	35	28	5.0～6.0
	天津大核桃纹	100	65	12	<5.0

注：该资料引自《中国蔬菜品种志》。

早熟品种短叶早皇白，在广东栽培的生长期只有50～60d，单球重只有250～500g，而中晚熟品种福山包头，在山东栽培的生长期为90d左右，而单球重则达5～6kg。由此可见，大白菜品种类型间生长期和单球重的差异悬殊，单球重在单位面积产量构成中的贡献则不相同，从而为大白菜丰产性育种赋予了比较广阔的空间。

在大白菜单球重的构成因素中，主要是球叶数和球叶重两大因素。现以合抱卵圆型品种、叠抱平头型品种和拧抱直筒型品种为例，说明不同类型品种间的球叶重和球叶数在单球重构成中的差异（表8-2）。

表8-2　不同结球类型、不同球形品种的球叶状况

品种类型	品种名称	生长期（d）	球叶数	平均球叶重（g）	球重（kg）
合抱卵圆型	胶州白菜	85～90	67	82.0	5～6
	福山包头	90	75	73.0	5～6
	唐王小根	85～90	62	72.5	4～5
	昌邑二牛心	75	53～55	32.4	1.5～2.0
叠抱平头型	冠县包头	90	45	122.2	5～6
	卫固包头	85～90	44	125.0	5～6
	洛阳大包头	110	41	112.2	4.6
	南阳黑包头	90	39	102.6	4.0
拧抱直筒型	兴城麻叶	85	25	210.0	5.0～5.5
	辽阳小牛心	80～85	35～38	91.7	3.3
	冀菜3号	90	55	90.9	5.0

注：该资料引自《中国蔬菜品种志》。

从表8-2可以看出，合抱卵圆型品种球叶数多，单株球叶数在53～75片之间，而平均球叶单叶重为32.4～82.0g，其球叶数在叶球构成中占的比重较大，故称之为叶数型品种类型。而叠抱平头型品种与之不同，其单株球叶数明显偏少，在39～45片之间，而平均球叶单叶重则高得多，为102.6～125.0g，其球叶重在叶球构成中占的比重较大，称之为叶重型品种类型。拧抱直筒型品种的叶数、叶重则规律性较差，叶数多数偏少，但有叶数偏多的品种；叶重则多介于叶重型和叶数型品种之间。

另据观察，叶重型品种软叶率普遍偏高，而叶柄多偏厚；叶数型品种叶柄偏薄，而软叶率偏低。拧抱直筒型品种软叶率不高，而叶柄厚度多介于叶数型和叶重型品种之间。

（二）单位面积株数

在单位面积产量构成中，单位面积株数即种植密度是个重要因素。据已往的调查，大白菜早熟品种的单株莲座叶面积约 1.24m^2，中晚熟品种约为 1.63m^2，丰产的合理的叶面积指数为 5.5 左右。但是，由于不同类型之间株型的差异较大，即大白菜莲座叶有平展、半直立和偏直立的差别，不同的叶丛状态，影响叶面积指数的合理数值，进而影响植株的光合效率和光能利用率。就不同类型品种而言，莲座叶偏直立的直筒型品种，其叶丛开展度较小，单位面积种植株数较多；卵圆型品种，莲座叶多半直立，其叶丛开展度偏大，单位面积种植株数应适中；平头型品种，莲座叶多偏平展，其叶丛开展度大，单位面积种植株数较少（表 8-3）。

表 8-3　不同类型大白菜植株开展度与叶球重

品种类型	品种名称	莲座叶生长状态	植株开展度（cm）	单株球重（kg）
直筒型	玉青	偏直立	50×55	3.5
	唐山核桃纹	偏直立	55×60	4.5
	兴城麻叶	偏直立	58×60	5.5
卵圆型	昌邑牛心	半直立	65×65	4.0
	鲁白 2 号	半直立	65×65	4.0
	胶州白菜	半直立	68×68	5.5
	福山包头	半直立	68×68	5.5
	鲁白 3 号	半直立	70×70	7.0
平头型	安阳大包头	平展	80×80	4.0
	洛阳大包头	平展	89×89	4.6
	济南大根	平展	85×85	4.0
	冠县包头	平展	87×87	5.5
	山东 4 号	偏平展	85×90	6.5

注：该资料引自《中国蔬菜品种志》。

（三）品种结球性状的一致性

品种主要经济性状，尤其是结球性状的一致性，即品种的整齐度如何，对单位面积产量有重要影响。从栽培学的角度来讲，要使单位面积的大白菜获得丰产，品种内个体间生长应整齐一致。这是落实科学管理，构建田间合理群体结构，有效利用光能和地力的基础，也是获得丰产的基础。从多年的育种和生产实践中可以看出，大白菜杂种一代品种除具有抗病性增强等特点外，更突出的是整齐度高，结球性强，有利于实现丰产和稳产，故深受广大生产者欢迎。众所周知，大白菜是我国的特产蔬菜，有众多不同类型的地方品种，这些品种具有诸多优良性状，是极其宝贵的品种资源。但是，由于大白菜是异花授粉作物，在农民自繁过程中，难免不发生天然异交，故多数地方农家品种表现出整齐度较

差。而品种整齐度差，又多表现为株型大小不一和结球率不高，成为影响单位面积产量的重要限制因素。

如前所述，品种整齐度如何，一要看植株个体大小是否一致，或者说个体间生长期长短是否一致；二要看植株个体间的结球能力，即结球性是否一致。这两者都影响单株球重和商品性。这是影响大白菜单位面积产量的重要因素，也是育种工作中必须实现的重要目标之一。

（四）净菜率

净菜率是一个重要经济性状。净菜率的高低标志着生物产量中经济产量所占的比重。净菜率高，说明该品种的经济产量高，证明其植株有较强的光合能力和积累能力。大白菜以叶球为产品器官，但由于不同品种类型的抱球方式不同，计算净菜率的实际标准往往不同。例如，对叶球与莲座叶（外叶）易于区分的合抱卵圆型品种和叠抱平头型品种来说，大多以叶球重作为净菜重，即净菜率（%）＝叶球重（平均）/植株总重（平均）×100（一般取 10～20 株计算平均重）。而对于花心品种和直筒型品种来说，叶球与莲座叶（外叶）较难严格区分，则多带 1～2 层护球叶作为净菜重，有的是将叶球顶端叶梢部分削去后作为净菜重。另外，随着消费者冬季不再贮存大白菜，目前大白菜多以净菜上市。

不同抱球方式的品种，甚至同一抱球方式的不同品种，其净菜率还是有明显的差异（表 8-4）。总体而言，直筒型和卵圆型品种的净菜率较高，平头型品种较低。在同类型中，平头型的不同品种间净菜率差异较大，其净菜率变幅为 60%～79%；直筒型的不同品种间，净菜率的差异居中，其净菜率变幅为 75%～85%；卵圆型不同品种间，净菜率差异较小，其净菜率变幅为 75%～82%。

表 8-4 不同类型和品种净菜率的差异

品种类型	品种名称	生长期（d）	毛菜重（kg）	净菜重（kg）	净菜率（%）
直筒型	晋菜 3 号	80	3.5	3.0	85.0
	青庆	85	6.0	4.5	75.0
	万泉青帮	90	4.1	3.3	80.0
	太原二青	90	4.7	4.0	85.0
				平均	81.3
平头型	中白 60	65	3.5	2.2	62.9
	鲁白 8 号	75	7.0	5.3	75.0
	北京小青口	85	5.0	3.0	60.0
	冠县包头	90	7.2	5.5	76.0
	卫固包头	85～90	5.7	4.5	79.0
	安阳大包头	110	6.4	4.0	63.0
				平均	69.3
卵圆型	鲁白 2 号	70～75	5.0	4.0	80.0
	胶州白菜	85～90	7.05	5.5	78.0
	山东 5 号	80～85	7.3	6.0	82.0
	福山包头	90	7.3	5.5	75.0
	鲁白 3 号	90	9.3	7.0	75.0
				平均	78.0

注：该资料引自《中国蔬菜品种志》。

净菜率也是一个很复杂的性状，影响净菜率的因素很多。例如，净菜率既受大白菜植株外叶（莲座叶）多少、叶龄长短、光合效率高低，即“源”的影响；也受植株进入结球期早晚、叶球形成期长短、叶球大小等，即叶球对同化产物积累能力——“库”的影响。在育种和生产实践中可以看到，某品种净菜率高低，虽然受栽植密度、肥水条件，以及气候等因素的影响，但品种的这一特性还比较稳定；或者说，不同品种净菜率高低的差异是显著的，环境因素影响力相对较小。因此，净菜率不仅是大白菜经济产量构成的重要因素之一，而且通过育种手段可以稳定提高育成品种的净菜率。

二、主要产量性状的相关与遗传分析

如前所述，大白菜的单位面积经济（商品）产量是由单位面积内种植的株数、平均单株重和净菜率等因素构成的。这里着重研讨与单株产量（或称单株毛菜重）和单株净菜重（或净菜率）有关性状的相关及遗传分析。

（一）单株产量构成性状及其相关性

研究证明，大白菜的单株产量是受微效多基因控制的数量性状，构成产量的诸性状之间存在不同程度的相关性。

韩玉珠等（1996）曾研究了大白菜单株重、株高、叶球直径、叶球指数、外叶数、球叶数、单株净重等性状之间的关系。相关分析证明，产量构成的诸因素间相互影响，一个性状的变化，常伴随着另一性状的改变。而且，不同生态型大白菜的单株产量与其构成单株产量的各性状之间的相关性也各不相同。例如，直筒型品种的单株产量与株高有较大的相关，相关系数为 0.531 7；卵圆型品种的单株产量与株高和叶球直径均有较大相关，相关系数分别为 0.909 5 和 0.818 5，均达显著水平。

王学芳等（1998）采用不完全双列杂交试验设计，研究分析了大白菜的产量与相关性状的遗传相关性。单株净菜产量与各性状间的相关性研究结果列入表 8-5。

表 8-5　单株净菜产量与各性状间的相关关系

（王学芳，1998）

性　状	rp	rg	性　状	rp	rg
株　高	0.655**	0.789**	叶球横径	0.631**	0.708**
株　幅	0.701**	0.998**	净菜率	−0.297	−0.997**
叶　长	0.545*	0.776**	球叶数	0.318	0.257
叶　宽	0.594**	0.806**	球叶均重	0.303	0.506*
外叶数	0.373	0.998**	成球率	0.211	0.744**
叶球高度	0.471*	0.716**	单株毛菜产量	0.949**	0.992**

从表 8-5 可见，单株净菜产量与各相关性状间的遗传相关系数（rg），一般均大于表型相关系数（rp），且相关方向一致。除球叶数外，其余相关性状与单株净菜产量的遗传相关系数间的差异均达显著或极显著水平。而表型相关系数只有株高等 7 个性状达显著或极显著水平。这说明影响大白菜净菜产量的遗传因子同其他性状的相关，往往由于环境因

素的干扰而不能充分表达。但同时也进一步证实了研究性状间遗传相关的重要性。王学芳等认为，大白菜的株高、株幅（植株开展度）、叶长、叶宽、外叶数、叶球高度、叶球横径、净菜率、成球率、单株毛重等，对于单株净菜产量有着非常重要的影响。在韩玉珠等的研究中证实，在正常的生长条件下，单株毛菜重是影响卵圆型品种单株净菜产量的首要性状，这是因为卵圆型品种具有包球紧实、外叶数少、净菜率高等特点。因此，单株毛菜重与单株净菜重的相关性十分密切。而对于直筒型品种来说，影响单株净菜重的主要相关性状则是叶球横径。

王学芳等（1998）研究了不包括单株净菜产量在内的 12 个与产量有关性状之间的遗传相关系数（表 8－6），反映了各性状之间的相关。其中，球叶数和成球率两性状与其他性状关系不太密切，其遗传相关系数大多未达显著或极显著水平。而株高、株幅等 10 个性状之间的遗传相关系数大多达显著或极显著水平。

表 8－6　12 个性状之间遗传相关关系

（王学芳等，1998）

性　状	X2	X3	X4	X5	X6	X7	X8	X9	X10	X11	X12
株高（x1）	0.737**	0.964**	0.970**	0.856**	0.979**	0.589*	−0.992**	−0.12	0.962**	0.197	0.794**
株幅（x2）		0.643**	0.647**	0.993**	0.715**	0.694**	−0.997**	0.175	0.637**	0.587**	0.998**
叶长（x3）			0.992**	0.730**	0.954**	0.633**	−0.877**	0.001	0.921**	0.151	0.734**
叶宽（x4）				0.882**	0.805**	0.675**	−0.992**	0.085	0.685**	0.205	0.811**
外叶数（x5）					0.816**	0.404	−0.993**	−0.157	0.994**	0.500*	0.998**
叶球高度（x6）						0.589**	−0.992**	−0.124	0.939**	−0.118	0.727**
叶球横径（x7）							−0.455*	0.522*	0.299	0.565**	0.589**
净菜率（x8）								0.285	−0.998**	−0.314	−0.997**
球叶数（x9）									−0.640**	0.519*	0.106
球叶均重（x10）										−0.576**	0.665**
成球率（x11）											0.571**
单株毛菜产量(x12)											1

明确各性状之间的遗传相关关系，根据各性状之间的相关关系，配合进行其他性状的间接选择，可达到突出主要目标性状选择的目的。例如，若以提高大白菜的净菜率为主要目标性状时，可根据性状之间的相关关系，选择株高偏低、株幅偏小、叶长较短、外叶数较少的品种或株系作为育种的资源材料。

（二）主要产量性状的遗传

王学芳等（1998）研究了主要产量性状的遗传力、遗传变异系数，以及在 5%选择强度下的预期遗传进度（表 8－7）。从表 8－7 可以看出，各性状遗传力大小差异较大。在所列出的与产量有关的 13 个性状中，以成球率的遗传力最低，为 22.49%，叶球高度的遗传力最高，为 73.16%。这说明不同性状的表现型受基因型控制和受环境影响存在差异。大白菜单株毛菜产量、球叶均重、球叶数、叶球高度、外叶数的遗传变异系数较大，则说明这几个性状可供选择的潜力较大，进行定向选择会有较好的选择效果。

表 8-7 大白菜主要产量性状的遗传参数

（王学芳，1998）

性 状	遗传力 h^2（%）	遗传变异系数 G. C. V	遗传进度 G. S	相对遗传进度 C. G. S（%）
株 高	54.65	8.77	5.84	13.35
株 幅	46.84	6.50	6.19	9.17
叶 长	49.31	5.87	4.26	8.49
叶 宽	49.21	6.60	3.06	9.54
外叶数	36.60	10.92	1.75	13.61
叶球高度	73.16	10.15	6.20	17.89
叶球横径	63.60	7.27	2.42	11.94
净菜率	30.24	4.15	3.53	4.70
球叶数	41.93	12.33	7.07	16.45
球叶均重	26.48	12.61	11.12	13.37
成球率	22.49	6.68	5.19	6.53
单株菜重量	49.19	15.37	1.01	22.20
单株净菜重量	29.47	10.30	0.39	11.52

注：遗传进度为在5%选择强度下的结果，k=2.06。

表 8-8 大白菜 F_1 有关产量性状与双亲平均值的相关与回归

（孙日飞，1984）

性 状	相关系数	回归方程
叶球重	0.400 5*	$Y=20.661\,4+0.843\,6x$
球 高	0.793 8**	$Y=7.574+0.975\,0x$
球 径	0.747 3**	$Y=4.780+8\,230x$
叶球紧实度	0.678 3**	$Y=0.246\,0+0.769\,1x$
单株重	0.472 4**	$Y=4.148\,7+0.917\,3x$
净菜率	0.578 8**	$Y=0.228\,6+0.619\,0x$
球叶数	0.638 4**	$Y=10.531\,2+0.710\,5x$
平均球叶重	0.589 9**	$Y=45.289\,9+0.764\,9x$
最外球叶重	0.565 2**	$Y=84.640\,5+0.825\,9x$
软叶重	0.576 4**	$Y=39.286\,2+0.758\,7x$
帮 重	0.616 3**	$Y=36.841\,8+0.961\,9x$
叶帮比	0.682 3**	$Y=0.207\,4+0.706\,0x$
叶 长	0.663 4**	$Y=22.779\,4+0.719\,9x$
叶 宽	0.429 2**	$Y=14.691\,9+0.564\,6x$

（续）

性　状	相关系数	回归方程
帮　长	0.756 0**	$Y=16.5207+0.7012x$
帮　宽	0.653 8**	$Y=1.1649+1.0204x$
帮　厚	0.714 1**	$Y=0.3398+0.7340x$
球形指数	0.905 5**	$Y=0.2177+0.9126x$
叶形指数	0.724 8**	$Y=0.9112+0.5846x$

注：*、**分别指达到5%和1%显著水平。Y是杂种一代表现值，x是双亲平均值。

孙日飞（1984）对有关大白菜产量的19个性状进行了研究，证明杂交一代（F_1）的表现与双亲的性状相关紧密（表8-8）。而具有明显杂种优势的性状有：单株叶球重、单株重、平均球叶重、最外球叶重、帮重、软叶重、帮宽、帮厚，稍有杂种优势的性状有：球叶数、叶宽、叶长等。由此可见，与丰产性有关的主要性状杂种优势明显，这就是说，通过亲本系选育和杂交组合选配，育成产量超亲的杂种一代（F_1）并不困难。

孙日飞（1984）进行基因效应分析认为，所研究的19个性状中，球径、叶帮比、帮长、净菜率、球高、叶球紧实度及帮厚等，其加性效应大于显性效应，其他性状则是显性效应大于加性效应。但不同学者采用不同试材研究，所获得的结果则不尽相同。如崔崇士等（1994）认为，大白菜毛重、净菜率、球径、叶宽等性状的遗传主要受非加性效应影响；株幅和球形指数受加性和非加性效应共同作用；株高、球高、叶长等受加性效应控制。赵国余（1986）认为，净菜率的狭义遗传力为30%。中川春一等（1957）认为，F_1产量与高产亲本的相关系数 r=0.49+0.08，与双亲平均值的相关系数 r=0.45+0.08。此结果与孙日飞的研究结果基本一致。

三、丰产性的生理基础

同其他作物一样，大白菜丰产性的实现是在一定的环境条件下，通过其光合作用，将太阳能转化为生物有机能的过程。因此，作物对太阳能利用率的高低将直接影响其产量形成。从育种的角度来看，育成品种丰产性表现如何，实质是该品种在同等环境条件下，光合效率高低和积累能力强弱的具体体现。为了提高育种的鉴定、选择水平，从影响丰产性的生理基础入手，研究探讨某些选择方法是十分必要的。

（一）光合特性与同化产物积累特性

葛晓光等（1991）对沈阳地区普遍栽培的18种蔬菜，按光能利用率高低将其分为5个类群，大白菜分到光能利用率最高的E群，光能利用率达到2.42%。大白菜不同品种、不同叶位的光合特性已有一些研究（表8-9、表8-10）。从表中数据可知，在结球期上位叶光合能力最强，中位叶次之，下位叶较低；不同品种间光合能力有一定差异。

关于大白菜光合能力的强弱与光照强度的关系，日本学者巽等（1969）、鸭田福也（1979）试验认为，大白菜的光补偿点为1 500～2 000lx，光饱和点为40 000lx，光合强度为11.0（CO_2）mg/(dm^2·h)。何启伟（1990）用3个胶东大白菜品种试验，测定其光合强度为 17.3～23.5（CO_2）mg/(dm^2·h)，光补偿点为 2 300～4 000lx，光饱和点为 29 000～39 000lx。张振贤（1993）以 81-5、丰抗 70 等品种为试材，测得大白菜的光补偿点为 1 200～1 350lx，光饱和点为 47 000～52 000lx，光合强度为 23～28（CO_2）mg/(dm^2·h)。由于植物的光合强度受叶龄、叶片厚度与叶绿素含量、叶片受光状态，以及温度、水分、CO_2 浓度等众多因素的影响，所以，测得有关光合性能数值存在差异是很正常的。刘宜生（1998）综合众多学者的研究结果初步认为：大白菜的光补偿点为 750～1 500lx，光饱和点为 40 000～50 000lx，光合强度为 11～23（CO_2）mg/(dm^2·h)。

表 8-9　胶东大白菜部分品种的光合特性

（何启伟，1990）

品种名称	光合强度 [CO_2mg/(dm^2·h)]	光补偿点 (lx)	光饱和点 (lx)
胶白 2 叶	17.3	4 000	33 200
黄县大黄苗	21.2	2 300	29 000
掖县猪咀	23.5	4 000	36 000

表 8-10　不同品种、不同叶位的光合强度 [CO_2mg/(dm^2·h)]

（张振贤，1993）

叶　位	品　种		
	81-5	丰抗 70	城青 2 号
上位叶（20～22 片）	28.80a	27.29a	24.93a
中位叶（15～17 片）	24.38b	22.98b	21.11b
下位叶（5～7 片）	7.33c	9.80c	5.02c

大白菜的叶球是产品器官，是大白菜莲座叶片同化产物积累的“库”器官。谭其猛（1980）研究了大白菜“叶球发育习性”和“叶片的成球性”，对有关大白菜结球性等重要性状的遗传规律和叶片成球性等作了比较详细的论述。谭其猛曾经引证日本伊藤进行的涂抹生长素对成球性影响的试验结果，认为大白菜叶片向内卷曲抱合是因为叶背面（或称远轴面）比腹面（或称近轴面）细胞生长快。而这种偏下性生长是由于生长素偏多引起的。据测定，大白菜球叶内含有较多的内源生长素吲哚乙酸。在大白菜莲座叶充分生长的基础上，温度、光照、水分、矿质营养等环境因素，有利于大白菜叶片光合作用进行和同化产物的积累时，大白菜植株体内碳水化合物含量增加，使植株体内 C/N 升高，而正是这些条件，有利于大白菜植株体内吲哚乙酸等生长素的形成，从而促进了结球，并使叶球成为大白菜的“库”器官。

大白菜的丰产性，其生理基础就是建立于大白菜的“源”器官，即莲座叶及时形成，并具备旺盛的同化能力；大白菜的“库”器官，即叶球及时进入形成期，并具备较强的积累能力，而且必须实现“源”、“库”器官生长及功能的协调一致。在大白菜育种实践中，于收获期调查统计植株的毛重、球叶重和外叶（即莲座叶）重，计算净菜率，则是衡量大白菜育种材料光合和积累能力的可靠且直观的指标。表 8-4 的统计数据表明，大白菜不同类型和不同品种间，净菜重（或称叶球重）的变幅在 2.2～7.0kg 之间，而净菜率的变

幅在60%～85%之间，有比较大的选择空间。

（二）需肥水特性

大白菜的丰产性与其需肥水特性亦有密切关系。大白菜是以叶球为产品器官的蔬菜，对氮的要求甚为敏感。在大白菜生长期内，氮素供应充足，可以增加大白菜叶片中的叶绿素含量，提高叶片的光合能力，有利于莲座叶的形成和叶球充实。磷素能促进大白菜的细胞分裂和叶原基的分化，促进根系发育和叶球形成。钾素有利于增加大白菜植株中的含糖量，提高碳氮（C/N）比例，增加植株抗性，促进叶球形成。大白菜是喜钙作物，大白菜莲座叶的含钙量（指钙占干物质的百分率）高达5%～6%，但心叶中含量仅为0.4%～0.5%。当不良环境条件造成生理缺钙时，会形成干烧心病，严重影响大白菜的叶球品质。

大白菜不同生育阶段，对氮、磷、钾等主要矿质元素的吸收是不同的。例如，幼苗期对氮、磷、钾的吸收量不到吸收总量的1%，这说明此期内吸收的绝对量很小，但在幼苗干重中相对含量很高。莲座期对氮、磷、钾的吸收量迅速增加，其吸收量约占吸收总量的10%～30%。结球期对氮、磷、钾的吸收量达到最大值，约占其吸收总量的70%～90%。进入结球后期，对氮、磷、钾的吸收则又迅速减少。由此可见，大白菜对氮、磷、钾元素的吸收动态呈S形曲线。据测定，每生产1 000kg的大白菜，约需氮1.8～2.6kg，五氧化二磷0.8～1.2kg，氧化钾3.2～3.7kg，其比例为1∶0.5∶2。

水分对大白菜的生长十分重要。大白菜植株体内的含水量高达90%～96%。大白菜的不同生育阶段和植株的不同部位，水分含量是不同的。大白菜的叶柄含水量最高，为94%～96%；叶片的含水量较低，为90%～93%；根系的含水量最低，为74%～87%。据测试，一株5kg重的大白菜，约含250g干物质。从播种到收获形成这些干物质，需水80～100kg。实际上由于土壤的水分蒸发、叶面蒸腾和水分流失等原因，每生产5kg大白菜的耗水量远远大于80～100kg这一数值。大白菜根群在土壤中分布较浅，叶片蒸腾面积大，消耗水分多，需水量较大，应及时灌水才能保证丰产。

目前，对大白菜不同类型、不同品种间需肥水特性差异的研究报道尚少。随着大白菜春、夏、早秋和秋季不同类型品种育种工作的开展，应当重视不同类型（或称不同生态型）品种间需肥水特性差异的研究，或将需肥水特性作为不同类型大白菜育种材料鉴定选择的指标之一。这不仅有利于提高育成品种对肥水等环境因素的适应性，有利于达到提高品种丰产性的目标，也有利于配套栽培技术的研究和制定，达到丰产的目的。

第二节　品质性状与遗传

一、品质构成因素

蔬菜作物品质的衡量指标与大田作物和其他经济作物有很大的不同。蔬菜作物的品质一般包括产品器官的商品外观品质（或称商品品质）、风味品质（又称感官品质）和营养品质。产品器官的商品外观品质主要是指产品器官的大小、形状、色泽、表面特征、整齐度和一致性等，其具体指标因蔬菜种类不同，甚至品种不同、地区间食用习惯不同，以及因贮藏、加工的不同要求而异。发达国家在蔬菜育种上十分重视商品外观品质。风味品质是指不同蔬菜种类，甚至不同品种所具有的不同味道、口感和特有的香气所形成的特有风味。风味品质通常与各种蔬菜（或特有品种）所含的挥发性芳香物质、可溶性营养物质含量，以及产品器官的组织结构等有密切关系。风味品质在以往的蔬菜育种中多被忽视。营养品质是指蔬菜产品器官主要营养成分含量的高低，这些营养物质包括维生素、矿物质，以及糖类、蛋白质、氨基酸等。膳食纤维，甚至各种脂溶性或水溶性色素等，也被列入营养物质之中。在蔬菜品质育种中，营养品质和风味品质也应作为重要目标。

（一）商品品质

大白菜是以肥硕的叶球为产品器官。因此，叶球的形状、大小、色泽，甚至结球方式、球顶状态、叶球紧实度、个体间整齐度等，均是影响大白菜商品品质的重要因素。

1. 球叶抱合方式与叶球形状 就大白菜叶球的抱合方式而言，有叠抱、合抱、褶抱、拧抱等，还有中间型，如扣抱等。就叶球的形状来说，有炮弹形、倒圆锥形、长筒形、倒卵形、矮桩形等。叶球球顶的状态，则有闭心、花心、舒心、翻心，以及半闭心等；在闭心或半闭心的大白菜中，其球顶形状则有平头、圆头、尖头等不同形状。由于各地栽培和食用习惯不同，对不同结球方式、不同叶球形状，甚至不同叶球大小等，常有不同的需求。从目前适地、适季基地的商品生产、长距离运输，以及进入超市销售等实际情况出发，以筒形、炮弹形等便于包装运输，单株球重2～3kg的品种类型，更受市场和消费者欢迎。

2. 球叶色泽与新鲜度 大白菜的球叶色泽是重要商品性状。球叶原有白帮黄白色叶片、绿帮绿色或黄绿色叶片类型。近几年又出现白帮橘红色叶片、白帮黄色叶片，以及白帮淡绿色叶片等新类型。如前所述，绿色、橘红色、黄色等球叶叶片，其叶绿素、花青素、叶黄素等含量较高，不仅色泽诱人，其维生素C、胡萝卜素及其他营养成分含量亦会相应较高，成为目前大白菜育种新的目标性状之一。

大白菜球叶的新鲜程度，主要看其叶柄和叶片是否脆嫩、新鲜、有光泽。球叶光泽度高，质地脆嫩者表明有较高新鲜度。有些品种的叶球经过数天长途运输后，其外层球叶干缩，但剥去1～2层球叶后，又能呈现较高鲜度者，应属于易保持鲜度的品种。

3. 叶球的整齐度与紧实度 叶球的抱合方式、叶球形状和大小、球叶色泽等是否整齐一致，是最重要的商品性状。叶球是否整齐一致，首先取决于品种的整齐度。以往的大白菜地方品种，由于种种原因，在遗传上多为杂合体，故品种的整齐度较差。作为以叶球为产品的大白菜来说，叶球紧实度如何、叶球在紧实度上个体间是否整齐一致，就更是值得重视的商品性状之一。因此，在鉴评品种整齐度时，品种内个体间叶球紧实度一致性的程度如何，应作为重要指标之一。

4. 叶球的耐贮运性及晚抽薹性 大白菜品种的耐贮运性主要表现在贮运过程中叶片是否易脱落、质地品质是否易变劣。在生产实践中，常见不同大白菜品种尤其是秋大白菜不同品种在贮存中侧芽易于萌动，或短缩茎易于伸长的，多不耐贮藏。

春大白菜或春夏大白菜，在栽培中易受低温影响而通过春化阶段，在适温和较长的日照条件下，易发生先期抽薹，从而大大影响大白菜的商品品质，甚至失去食用价值。因此，在春大白菜及春夏大白菜育种中，晚抽薹习性是极为重要的育种目标。

（二）营养品质

大白菜含有多种营养物质，是人体所必需的维生素、矿物质及膳食纤维等营养物质的重要来源。大白菜含有丰富的钙、维生素 C 和胡萝卜素等，也含有蛋白质、糖、有机酸等营养成分。

1. 营养品质成分　大白菜不同品种的营养品质成分含量有较大差异（表 8-11、表8-12、表 8-13、表 8-14）。从表 8-11 和表 8-12 可以看出，不同品种在含水量、粗蛋白和可溶性蛋白含量，以及糖、维生素 C、粗纤维等成分的含量上有较大差异。城阳青、北京小青口、天津青麻叶、黄县大黄苗等地方品种，糖、维生素 C、粗蛋白或可溶性蛋白含量较高；北京小青口粗纤维含量较低；总酸度则是福山包头最低，城阳青和北京小青口含量也较低。较高的维生素 C、糖、蛋白含量，适当偏低的酸度和粗纤维含量等，是大白菜营养品质较好的重要指标。

表 8-11　大白菜不同品种主要营养成分含量

（刘绍渚，1986）

品　种	水分（%）	粗蛋白（占干物质%）	全糖（%）	还原糖（%）	总酸度	每 100g 鲜重 Vc 含量（mg）
城阳青	94.49	20.52	3.06	2.50	0.106	25.4
掖县猪嘴	95.52	23.13	2.63	2.11	0.138	18.4
胶白二叶	95.56	22.29	2.10	1.81	0.128	16.9
福山包头	95.29	20.83	2.50	2.19	0.100	15.2
黄县大黄苗	94.06	18.96	3.07	2.75	0.117	20.4
北京小青口	94.19	19.88	3.14	2.77	0.112	23.2
鹤壁白菜	94.31	20.17	2.56	2.27	0.131	17.1
天津青麻叶	93.02	23.01	3.02	2.63	0.165	22.4

表 8-12　大白菜品种间营养品质的差异

（乔旭光，1991）

品种名称	可溶性糖（占干重%）	可溶性蛋白（mg/g 鲜重）	可溶性固形物（%）	每 100g 鲜重 Vc 含量（mg）	粗纤维（占干重%）
北京小青口	16.3	1.49	4.3	21.5	9.2
碧　玉	16.0	1.79	4.4	21.3	9.8
北京 100	16.9	1.88	4.3	17.6	9.4
新绿宝	16.4	1.69	4.4	17.9	10.8
北京 88	16.0	1.77	3.7	17.9	10.8
新 1 号	15.6	1.49	3.4	13.7	10.7
锦　秋	17.4	1.46	3.9	17.6	10.2
青　庆	15.3	1.37	3.9	17.5	10.3
山东 7 号	11.9	1.01	3.4	12.3	12.4
晋菜 3 号	13.2	1.18	3.1	13.4	12.1
鲁白 3 号	12.7	1.11	3.7	11.7	11.7
山东 4 号	12.9	1.04	3.3	13.2	11.5

表 8-13 不同大白菜品种中氨基酸含量的差异

（刘绍渚，1986）

品种名称	天冬氨酸	苏氨酸	丝氨酸	谷氨酸	甘氨酸	丙氨酸	胱氨酸	缬氨酸	蛋氨酸	异亮氨酸	亮氨酸	酪氨酸	苯丙氨酸	赖氨酸	氨	粗氨酸	精氨酸	脯氨酸	总和
城阳青	0.75	0.43	0.71	4.73	0.61	0.55	0.40	0.63	0.06	0.47	1.01	0.40	0.70	0.39	0.50	0.34	0.71	1.41	14.30
掖县猪嘴	1.35	0.52	0.63	5.27	0.54	1.01	0.17	0.85	0.12	0.56	0.86	0.22	0.65	0.60	0.78	0.24	0.96	0.48	15.03
胶白二叶	1.45	0.58	0.59	5.47	0.60	1.08	0.13	0.79	0.15	0.54	0.89	0.25	0.62	0.61	0.93	0.25	1.02	0.35	15.37
福山包头	1.08	0.39	0.53	5.03	0.43	1.14	0.18	0.66	0.10	0.37	0.54	0.10	0.73	0.43	0.87	0.17	0.59	0.43	12.90
黄县大黄苗	1.37	0.50	0.69	5.75	0.54	1.37	0.13	0.65	0.08	0.44	0.65	0.19	0.51	0.49	1.22	0.23	0.66	0.36	14.61
北京小青口	1.16	0.46	0.49	4.91	0.47	1.26	0.14	0.80	0.11	0.55	0.74	0.21	0.84	0.47	0.65	0.20	0.71	0.52	14.04
鹤壁白菜	0.99	0.39	0.52	3.94	0.42	1.06	0.33	0.81	0.09	0.43	0.55	0.15	1.25	0.41	0.78	0.17	0.63	0.39	12.53
天津青麻叶	1.19	0.47	0.52	6.58	0.47	1.29	0.19	0.67	0.09	0.42	0.66	0.19	0.76	0.50	0.81	0.20	0.81	0.89	15.90

表 8-14 大白菜不同品种在不同地区营养成分含量的变化

（中国农业科学院蔬菜花卉研究所，1986）

品种名称	地区	营养成分			
		水分（%）	可溶性糖（%）	粗纤维（%）	每 100g 鲜重 Vc 含量（mg）
北京翻心黄	北京	94.6	1.58	0.88	—
	沽源	94.6	2.05	0.87	19.8
北京青核桃纹	北京	93.9	1.76	0.92	—
	沽源	94.1	2.38	0.84	25.0
邯所 3 号	北京	93.1	2.92	0.90	29.9
	沽源	95.3	1.88	0.61	17.6
北京小青口	北京	96.4	2.10	0.79	20.6
	沽源	94.5	2.45	0.72	22.1
黑龙江 272	北京	93.8	2.65	0.75	26.5
	沽源	95.6	1.53	0.76	16.8

从表 8-13 数据可见，天津青麻叶的氨基酸总含量在所测品种中最高，其谷氨酸含量也最高；次之是胶白二叶，黄县大黄苗的谷氨酸含量也明显较高。

据北京市蔬菜研究中心对 68 个大白菜早、中、晚熟品种营养品质成分测定分析后认为：大白菜球叶（干重）粗蛋白的含量变幅为 6.7%～28.6%；维生素 C 含量多数品种为 100g 鲜重含 20mg 左右，少数品种达 30mg 以上，最高的达 40mg 以上；可溶性糖一般为鲜重的 1%～2%。从上述数据可见，品种间主要营养成分含量的差异是十分显著的，从而使提高大白菜营养品质育种成为可能。

据中国农业科学院蔬菜花卉研究所对不同类型的 382 份品种的水分、可溶性糖、粗纤维及维生素 C 含量的测定表明：不同类型品种间可溶性糖含量的变幅为 0.65%～3.35%，粗纤维含量的变幅为 0.61%～2.29%，品种间差异十分显著。而同一品种在不同地区栽培，其营养成分的含量亦有差异（表 8-14），但变幅不大。

2. 矿质营养成分　于占东等（2003）用福山包头、石特1号、天津青麻叶3个不同生态型的6个高代自交系及其 F_1 为试材，测定了大白菜Fe、Mn、P、Ca、Mg、K、Zn、Na等矿质元素的含量（表8-15）。

表8-15　6个大白菜亲本及部分 F_1 8种矿质元素含量的平均值

（于占东、何启伟等，2003）

亲本（组合）	Ca（%）	Fe（%）	Mn（mg/kg）	Zn（mg/kg）	P（%）	K（%）	Mg（%）	Na（%）
新福474（P1）	1.39	0.04	28.17	52.27	0.74	1.59	0.18	0.62
新福1042（P2）	1.26	0.04	23.50	41.67	0.65	1.61	0.15	0.53
2001-95（P3）	1.57	0.07	37.93	46.53	0.46	1.62	0.18	0.75
卫214（P_4）	1.09	0.09	31.78	36.57	0.54	1.68	0.19	0.57
99-682（P5）	1.14	0.08	32.50	49.27	0.64	1.67	0.18	0.61
99-683（P6）	0.72	0.06	22.70	35.57	0.54	1.67	0.13	0.37
$P_1 \times P_j$	0.88	0.07	27.52	37.95	0.56	1.68	0.15	0.54
$P_2 \times P_j$	1.16	0.07	32.88	44.27	0.62	1.85	0.16	0.64
$P_3 \times P_j$	1.01	0.06	31.01	44.83	0.51	1.68	0.15	0.64
$P_4 \times P_j$	1.28	0.05	28.17	30.40	0.59	1.68	0.16	0.61
$P_5 \times P_j$	0.96	0.06	26.81	40.94	0.52	1.66	0.15	0.62
$P_6 \times P_j$	1.05	0.05	27.52	39.28	0.54	1.62	0.15	0.51

注：j=1，2，3，4，5，6。表中数据为3次重复测定的平均值。

从表8-15可见，不同的大白菜亲本系及其 F_1 之间，各种矿质元素的含量差异显著。例如，不同试材间钙（Ca）含量的变幅为0.72%～1.5%（指占干重的百分率，下同），铁（Fe）含量的变幅为0.04%～0.09%，锰（Mn）含量的变幅为22.70～37.93mg/kg，锌（Zn）含量的变幅为30.40～52.27mg/kg，磷（P）含量的变幅为0.46%～0.74%，钾（K）含量的变幅为1.59%～1.85%，镁（Mg）含量的变幅为0.13%～0.19%，钠（Na）含量的变幅为0.37%～0.75%。其中，各试材与人体健康有密切关系的Ca、Fe、Zn等矿质元素含量的差异尤为明显。因此，通过育种手段提高大白菜中的矿质营养含量也是可行的途径。

（三）风味品质

大白菜的风味品质，是指人们在食用大白菜时，味觉和触觉的综合反映，实际上包括质地品质和特有的风味。有关风味品质的评判，过去主要靠品尝鉴定，故风味品质又称为感官品质。目前，对大白菜风味品质的鉴定与评价，除了靠感官品尝外，还采取与风味品质有关的营养成分和风味物质的测定分析、叶部解剖结构的观察等手段，使风味品质的评价较为客观、准确。

1. 感官品质　屈淑萍、崔崇士等（2000）曾以黑龙江省大白菜生产上常用的15个品种为试材，进行风味品质的感官鉴定。样品处理：每个材料取3株，去掉外叶和外层球叶后，纵切取1/4，然后切成0.3cm×2.0cm的短细条，混合后取250g，不加任何佐料，进行生食品尝。按同样取样方法，将各品种试材放入微波炉中，叶球中肋高火5min、软叶高火3min后取出，进行熟食品尝。对品尝结果采用系统评分法，有10人作为鉴评人员评判打分。设3项指标：质地、风味和综合评价。质地主要指叶片、中肋质地的软、硬；风味指鲜味、甜味。每项分值最好为5分，最差为1分。每份试材软叶和中肋分别品尝，对生食和熟食品质综合打分，得出生食综合风味品质和熟食综合风味品质的分值。

表8-16 黑龙江大白菜主栽品种生食综合风味品质得分及多重比较

（屈淑萍等，2000）

序号	品种名称	得分平均数	多重比较	
			0.05	0.01
1	昌五二牛心	3.57	a	A
2	东兴二牛心	3.50	a	AB
3	东白1号	3.36	ab	ABC
4	鲁白7号	3.31	ab	ABCD
5	佳白2号	3.17	abc	ABCDE
6	哈白1号	3.07	abcd	ABCDE
7	9807	3.07	abcd	ABCDE
8	龙协白3号	3.00	abcd	ABCDEF
9	龙协白5号	2.86	bcd	ABCDEF
10	牡丹江3号	2.79	bcde	BCDEF
11	901	2.71	cde	CDEF
12	牡丹江2号	2.64	cde	CDEF
13	哈白2号	2.57	de	DEF
14	902	2.50	de	EF
15	牡丹江1号	2.29	e	F

表8-17 黑龙江大白菜主栽品种熟食综合风味品质得分及多重比较

（屈淑萍等，2000）

序号	品种名称	得分平均数	多重比较	
			0.05	0.01
1	东白1号	3.41	a	A
2	哈白1号	3.36	b	AB
3	昌五二牛心	3.36	b	AB
4	9807	3.21	b	AB
5	东兴二牛心	3.21	b	AB
6	牡丹江2号	3.21	b	AB
7	佳白2号	3.09	b	BC
8	鲁白7号	3.07	b	BC
9	901	3.06	b	BC
10	龙协白5号	2.93	bc	BC

（续）

序号	品种名称	得分平均数	多重比较	
			0.05	0.01
11	902	2.93	bc	BC
12	龙协白 3 号	2.93	bc	BC
13	牡丹江 3 号	2.86	bc	BC
14	哈白 2 号	2.78	bc	BC
15	牡丹江 1 号	2.43	c	C

表 8-16、表 8-17 分别列出了生食和熟食综合风味品质得分及多重比较结果。从表中数据可知，东白 1 号、昌五二牛心、东兴二牛心、哈白 1 号、9807 等品种生食和熟食的风味品质都比较好，而牡丹江 1 号、哈白 2 号、牡丹江 3 号等生、熟食风味品质较差。品尝鉴定大白菜生、熟食风味品质能够明确品种间的差异。但该方法在生食风味品质鉴定中，品种间差异较显著；而在熟食风味品质鉴定中，由于鉴评人员打分结果差异显著，则使熟食风味品质的评价结果差异缩小，其方法和评分标准等有待改进。

于占东等（2005）在大白菜感官品质评定时，以 6 个不同生态型的亲本系及其 F_1 共 36 份为试材，采用系统评分法，由 10 位鉴评员组成鉴评小组进行了大白菜风味品质的评定。样品处理方法：每份样品取 3 株，去外叶后四分法取样，切成 0.3～0.5cm×2.0cm 细丝混合，不加任何佐料，进行生食品尝；每份样品取 250g，加食盐 2g，旺火炒食 5min 后进行熟食品尝。评定指标包括鲜味、质地、甜味、水分、易煮烂程度和综合印象。评分采用 10 分制，分 5 档：最佳为 10 分，良好为 8 分，中等为 6 分，较差为 4 分，最差为 2 分。为缩小鉴评小组成员之间评分的差距，在评定前选一个品质中等的大白菜品种为对照，每位鉴评员按自己的感觉就生食和熟食品尝后打分，并将分数汇总，求出平均分值作为对对照品种的评价，可作为对其他样品评定打分时的参考。

感官评定风味品质的结果表明，大白菜不同试材间在质地、易煮烂程度、水分、甜味和综合风味等方面差异显著。大白菜综合风味品质在不同试材（品种）间存在显著差异，说明感官评定方法能够区分不同试材（品种）间风味品质的差异。但是，综合风味品质的评定在鉴评员之间也存在显著差异，即不同人之间对大白菜综合风味品质的喜、厌程度有差异。同时，也反映出蔬菜的风味品质是极其复杂的性状，应继续探讨更科学、可行的评定指标体系和措施。其中，应包括利用仪器对影响风味品质的有关成分的测定分析，以及对产品解剖结构的观察与分析，将感官鉴定与其有效结合起来，使其结果更为准确、可靠。

2. 质地品质 质地品质是大白菜风味品质的重要组成部分，它是通过感官鉴定所得到的主要品质特征之一。质地品质包括口尝所感觉到的产品脆度、硬度、含汁液多少、甜度（生食），以及绵软感或粗糙感、易嚼烂与否、味鲜或淡等（熟食）。李敏等（1997）以 5 个大白菜品种为试材，研究了质地与叶柄结构的关系，结果表明（表 8-18），大白菜不同品种间，叶柄主脉输导组织细胞的大小、维管束外薄壁细胞的大小、细胞壁的厚薄等有较大差异，细胞的形状也存在一定差异。根据对叶柄横切面的观察，天津青麻叶输导组织细胞和薄壁组织细胞密度在5个供试品种中均为最大，分别为1 600个/mm^2 和450个/mm^2，且排列紧密。山东7号则是输导组织细胞和薄壁组织细胞的密度在5个供试品种中均为最小，分别为600个/mm^2 和250个/mm^2。细胞壁的厚度以天津青麻叶为最薄，输导组织细胞壁厚为1.94μm，薄壁组织细胞壁厚1.75μm；山东7号输导组织细胞壁厚为3.18μm，薄壁组织细胞壁厚2.94μm，表现为最厚。大白菜叶柄输导组织和薄壁组织细胞密度大、细胞壁薄则质地品质好，评分高。同时，还可以看出，细胞密度越大，则细胞壁越薄，而这一变化规律与质地品质的变化相一致。若以细胞密度为自变量，以质地品质得分为因变量，可得一元回归方程。质地品质与输导组织细胞密度之间的关系为：$y=5.141\,7+2.833\,3\times10^{-3}x$（细胞密度），r=0.881 2，为直线正相关，达极显著水平；质地品质与薄壁细胞密度之间的关系为：$y=2.121\,7+3.515\,0\times10^{-3}x$（细胞密度），r=0.870 5，为直线正相关，达到显著水平，即细胞密度越大，细胞壁薄，质地品质越好。另外，还观察到大白菜不同品种之间的叶柄厚度差异较大，一般是叶柄厚的，或叶柄维管束发达者，质地品质较差；不同品种间软叶率，即软叶片重量/叶总重，存在较大差异。一般情况下，由于软叶的质地品质多优于叶柄，故软叶率高的品种，其质地品质较好。

表8-18　大白菜质地品质与叶柄细胞大小、壁厚、形状的关系

（李敏等，1997）

品种名称	质地品质评分	横切面输导组织细胞			横切面维管束外薄壁细胞			纵切面细胞长度（μm）
		密度（n/mm^2）	壁厚（μm）	形状	密度（n/mm^2）	壁厚（μm）	形状	
天津青麻叶	9.3	1 600	1.94	多边形 圆形	450	1.75	多边形 圆形	5.44
山东7号	6.4	600	3.18	多边形 矩形	250	2.94	椭圆形 长多边形	9.64
青杂3号	8.2	850	2.28	多边形 椭圆形	400	2.25	多边形 矩形	/
莱农4号	6.3	600	3.09	长多边形 矩形	350	2.92	多边形 不规则形	9.13
锦　秋	8.4	950	2.98	矩形 多边形	400	2.54	多边形 矩形	/

3. 风味物质　大白菜的风味品质与其所含的营养成分、组织结构及特殊风味物质有关。由于大白菜不像甜瓜、草莓、番茄等可以直接闻到浓郁的香气，也不像黄瓜等在切开或破碎后能明显释放出香气，因而以往对大白菜风味物质的研究较少。夏广清、何启伟等（2004）以春、秋大白菜3份材料为试材，对样品进行气相色谱—质谱分析，检出的挥发性风味物质列入表8-19。

从表8-19中可以看出，3份试材初步测定出13种挥发性风味物质，其中8种为3份试材所共有。其他5种成分在不同试材中分布不同。其中，3-甲基-3-丁烯腈和异硫氰酸-1-丁酯为冬性最强的春大白菜试材B-17所特有。对苯乙烯异硫氰酸盐为两个春大白

菜试材 B－17 和 637 所共有。从表中数据还可看出，在 3 份试材中，挥发性风味物质以异硫氰酸苯乙酯、苯丙烷腈等为主要成分；秋大白菜试材 1039 中 2－已烯基醛含量较高。在春、秋大白菜试材中，2－已烯基醛、硫氰酸苯乙酯和 2－烯丙基硫代－1－硝基丁烷等挥发性风味物质含量高，且变幅较大，可作为大白菜主要风味物质进行检测，能在一定程度上反映大白菜风味品质。

表 8－19　不同大白菜试材风味物质的相对含量比较

（夏广清、何启伟，2004）

化合物名称	保留时间 (min)	相对含量（%）		
		B－17	637	1039
3－甲基－3－丁烯腈	7.18	1.59	/	/
2－已烯基醛	8.56	3.24	8.94	29.51
戊二腈	9.65	5.91	0.50	7.17
异硫氰酸－1－丁酯	10.25	2.05	/	/
2－丁烯－4－溴－3－苯基乙酯	21.30	7.17	0.93	1.35
1－乙基苯丙三唑	17.89	2.27	2.26	1.20
苯丙烷腈	19.64	16.98	29.73	19.45
顺－3，3－硫代双环正丁烷	19.67	0.72	/	0.51
甲基麦芽酚	20.73	3.77	2.14	6.22
异硫氰酸苯乙酯	21.22	28.85	35.74	11.09
对苯乙烯异硫氰酸盐	22.14	0.99	0.71	/
1，2－苯甲酸甲乙酯	22.32	0.41	/	0.75
2－烯丙基硫代－1－硝基丁烷	22.56	7.43	4.75	0.72

众所周知，蔬菜作物中的风味物质是不同挥发性物质成分组成的混合物，主要包括醇类、醛类、酮类、萜烯类、酯类及含硫化合物等。这些挥发性物质有的气味强烈，有的气味较弱，有的甚至无味，只有将其作为一个整体时，才具有某种蔬菜的风味特征。在蔬菜风味品质研究中还注意到，其风味物质的含量除了受品种的影响外，也易受环境条件的影响。在品质育种中，为了提高选择的准确性，供试材料应当在同样的条件下栽培。就大白菜风味物质测定结果来看，其风味物质包括了芳香类化合物、醇、醛、酯和含硫化合物等，成分同样十分复杂。目前，对大白菜风味物质的研究仅刚刚开始，更深入的研究有待继续。

二、主要品质性状的相关与遗传

大白菜的品质性状比较复杂，涉及商品品质、营养品质和风味品质诸多方面。而且，各方面之间还存在不同的相关关系，影响品质的各性状也存在较复杂的遗传规律。鉴于目前对大白菜品质性状及其遗传的研究尚处起步阶段，缺乏全面和系统的研究，这里只能根据初步掌握的相关资料，进行粗浅的阐述。

(一) 与商品品质相关的性状与遗传

大白菜商品性状是否优良虽有一些共性的要求，如叶球的整齐度、叶球的紧实度、较耐贮运等，但其他商品性状多存在地区食用习惯的差异，如抱球方式、叶球形状与大小、球叶颜色等各地常有不同的需求。随着商品生产的发展，大流通格局的形成，以及种子和产品出口的需要，对大白菜商品品质也有了某些新的要求。

1. 叶部状况及抱球方式、叶球形状 前人研究认为，大白菜叶片有毛×无毛的 F_1 表现为有毛，叶片多毛×少毛的 F_1 表现中间偏多毛；叶片深绿色×绿色的 F_1 表现偏深绿色，叶柄绿色×白色的 F_1 叶柄淡绿色，并偏向母本。由此可见，叶片有毛性状为显性，叶片深绿色和叶柄绿色为不完全显性。各地对叶色、叶柄色确有不同的需求，例如不喜欢青帮（即叶柄绿色）大白菜的地区，要选育和推广白帮大白菜 F_1 品种，其双亲必须均为白帮。近几年来，从日、韩等国家引入了球叶为橘红色的品种。初步证明，球叶橘红色为隐性基因所控制，即球叶淡绿色（或白绿色）×橘红色的 F_1 表现为淡绿色。将 F_1 自交，在 F_2 代中会分离出球叶为橘红色的个体。因此，若选育球叶为橘红色的 F_1 品种，双亲必须均为橘红色。

关于叶球的抱球方式，球叶合抱×叠抱的 F_1 表现为合抱或叠抱（或扣抱），有偏母遗传现象；球叶合抱×褶抱的 F_1 表现为近褶抱；球叶叠抱×拧抱的 F_1 表现为近叠抱；球叶褶抱×拧抱的 F_1 表现近褶抱。叶球花心×结球，F_1 表现为花心；叶球球顶闭合×舒心的 F_1 表现为中间型。但是，目前对于大白菜抱球方式的研究尚欠深入，其遗传规律有待进一步验证。总的看来，叠抱、褶抱及合抱，似为显性或不完全显性；叶球花心对结球表现为显性，球顶舒心对闭合似为不完全显性。实践中看到，球叶叠抱（或扣抱）×合抱的 F_1 多表现偏母遗传，如在杂交制种时将正反交种子收在一起，F_1 多出现叠抱（或扣抱）和合抱两种抱球方式，往往会影响 F_1 的商品一致性。

关于叶球的形状，叶球长筒形×短筒形的 F_1 表现为中间型；叶球长筒形×矮桩形的 F_1 表现为高桩形；叶球短筒形×矮桩形的 F_1 表现为短筒形或矮桩形；叶球短筒形×倒圆锥形的 F_1 表现为矮倒卵形；叶球矮桩形×倒圆锥形的 F_1 表现为倒卵至矮倒卵形；叶球倒卵形×短筒形的 F_1 表现为近短筒形。目前，根据便于包装和长途运输的需要，叶球筒形或短筒形更受生产者和运销者欢迎。

2. 品种熟性、叶球大小及耐贮运性 熟性和叶球大小亦是重要的商品性状。大株型×小株型的 F_1 表现为中间型略偏大；早熟×中熟的 F_1 表现为中间偏早熟；中熟×晚熟的 F_1 表现为中晚熟。随着消费者和市场需求的变化，生长期在 90d 以上，单株球重在 7.5kg 以上的品种已很少应用；生育期 60d、70d、80d 左右，单株球重 2～3kg、3～4kg、4～5kg 的品种更受欢迎。春大白菜多为生长期 60～70d 的品种，夏大白菜多为 45～55d 的品种，早秋大白菜多为 55～65d 的品种，秋大白菜多为 70～80d 的品种。大白菜品种叶球趋向于小型化，亦是种子出口的需要。

不论是秋大白菜的冬贮，还是春夏大白菜的远运，耐贮运性是大白菜不可忽视的重要商品性状。从生理角度来看，贮运期间大白菜植株的呼吸强度小、呼吸速率低、蒸腾失水少应是耐贮运性强的重要生理指标。从形态学角度来说，在收获至贮运期间，大白菜植株短缩茎伸长迟、侧芽不萌发、叶片不易脱落的品种耐贮运性好。由于大白菜的耐贮运性在

F_1 往往表现为双亲的中间型，所以，要选育出耐贮运性好的 F_1 品种，其双亲的耐贮运性均好才可，或一个亲本耐贮运性好，另一亲本耐贮运性较好。

3. 叶球的整齐度与紧实度　大白菜叶球的整齐度是十分重要的商品性状。育种实践证明，在杂种优势育种中，整齐度主要取决亲本系的整齐度和基因型纯合状况。在利用自交不亲和系作为双亲时，其 F_1 个体间整齐度较高，且假杂种（即露亲现象）随亲本自交亲和指数降低而减少，同时与杂交制种田双亲花期是否一致也有密切关系。如果亲本系自交亲和指数较高，且双亲花期又不太一致，假杂种出现比例就会较高，则会显著降低 F_1 个体间叶球的整齐度。在利用雄性不育系为母本选配 F_1 品种时，雄性不育系本身的主要经济性状是否整齐一致，基因型是否纯合，也会影响 F_1 群体叶球的整齐度。

经验表明，大白菜 F_1 品种从植株生长状态，叶形、叶色，到球形外观等，看起来已相当整齐一致。但是，要逐一调查叶球的紧实度时，却发现个体间仍有明显差异。个体间叶球紧实度的调查结果不便于量化表达，但可以采取在收获时随机取样，去掉外叶后逐一称量单株叶球重，看单株间叶球重的差异如何。一般认为，平均单株叶球重 4～5kg 的品种，个体间单球重差异不超过 250g，即个体间差异在 5%左右，就算比较整齐一致。目前推广的大白菜 F_1 品种的叶球整齐度和叶球紧实度要达到这一指标还有差距。另外，叶球的紧实度如何，还受栽培条件，如地力、肥水管理是否一致等方面的影响，即不只是品种本身的原因，受栽培条件的影响也较大。

（二）营养品质性状及其遗传效应

1. 主要营养品质性状的遗传效应　于占东、何启伟等（2004），以 3 个不同生态型大白菜 6 个高代自交系为试材，进行完全双列杂交，对大白菜的干物质含量及维生素 C、可溶性糖、有机酸、粗纤维、氨基酸等主要营养成分含量进行了测定和遗传效应分析（表 8-20）。利用 ADM 模型或 AD 模型，采用 MINQUE（1）统计方法，估算各性状的遗传方差和遗传力；同时利用调整后的无偏预测法（AUP）预测各项遗传效应值（表 8-21）。

表 8-20　各亲本及其杂交组合主要营养成分含量测定结果

（于占东、何启伟等，2004）

亲本与组合	干物质 (g/gFW)	Vc (mg/gFW)	有机酸 (mg/gFW)	可溶性糖 (mg/mgDW)	粗纤维 (mg/mgDW)	氨基酸 (mg/mgDW)
A_1	0.065 2	0.131 5	0.334 2	0.139 2	0.136 3	0.131 4
A_2	0.052 0	0.219 7	0.231 5	0.133 2	0.121 7	0.143 6
A_3	0.058 2	0.263 5	0.329 8	0.134 5	0.113 0	0.099 0
A_4	0.061 0	0.262 3	0.337 2	0.127 6	0.115 3	0.161 5
A_5	0.073 6	0.243 3	0.403 5	0.137 3	0.098 3	0.191 0
A_6	0.073 3	0.207 5	0.272 2	0.169 7	0.104 7	0.124 5
$A_1 \times A_j$	0.062 2	0.204 0	0.297 3	0.127 2	0.125 1	0.129 1
$A_2 \times A_j$	0.055 1	0.204 5	0.276 4	0.132 8	0.122 0	0.130 6
$A_3 \times A_j$	0.061 9	0.220 8	0.253 0	0.146 4	0.126 8	0.110 4

（续）

亲本与组合	干物质 (g/gFW)	Vc (mg/gFW)	有机酸 (mg/gFW)	可溶性糖 (mg/mgDW)	粗纤维 (mg/mgDW)	氨基酸 (mg/mgDW)
$A_4 \times A_j$	0.060 3	0.231 9	0.272 4	0.140 4	0.118 9	0.125 9
$A_5 \times A_j$	0.062 9	0.250 7	0.267 5	0.134 8	0.112 7	0.138 4
$A_6 \times A_j$	0.061 5	0.223 5	0.246 1	0.139 3	0.116 9	0.116 0

注：A_1、A_2、A_3、A_4、A_5、A_6 为亲本系代号；j=1，2，3，4，5，6。表中数据为 3 次重复测定的平均值。

表 8-21　6 个营养品质性状的遗传参数估计

（于占东、何启伟等，2004）

方差比率	Vc	可溶性糖	有机酸	干物质	粗纤维	氨基酸
加性方差/表现型方差	0.271*	0.038	0.004	0.199*	0.035	0.403**
显性方差/表现型方差	0.291**	0.228	0.682**	0.426**	0.379**	0.427**
母体方差/表现型方差	0.261**	0.146	0.131**	0.184*	0.247**	/
机误方差/表现型方差	0.177	0.588*	0.183**	0.191**	0.339**	0.170**
狭义遗传力（h_N^2）	0.531*	0.184	0.135	0.383*	0.282	0.403**
广义遗传力（h_B^2）	0.823**	0.412	0.817**	0.810**	0.661**	0.830**

注：*：$P<0.05$；**：$P<0.01$。

维生素 C、干物质含量由加性、显性和母体效应共同控制，分别达到显著或极显著水平，这两个性状是由细胞核和细胞质基因共同控制的。可溶性糖、有机酸和粗纤维含量加性效应不显著，并且可溶性糖的环境（机误）方差占表现型方差的 58.8%，可见在杂种一代中遗传力较低，受环境影响较大，即栽培条件对其含量起着重要影响。氨基酸含量由加性效应、显性效应控制，均达到显著或极显著水平。

维生素 C 的狭义遗传力（h_N^2）为 53.1%，广义遗传力（h_B^2）为 82.3%。在进一步分析维生素 C 的遗传效应值时，$A_1 \times A_3$、$A_2 \times A_3$ 等组合达到 1%极显著水平，说明不同类型亲本系间配组杂种优势明显。可溶性糖的 h_N^2 为 18.4%，h_B^2 为 41.2%，说明在杂种一代中其遗传力较低，受环境影响较大。粗纤维的 h_N^2 为 28.2%，h_B^2 为 66.1%；有机酸的 h_N^2 为 13.5%，h_B^2 为 81.7%；干物质的 h_N^2 为 38.3%，h_B^2 为 81.0%。为提高杂种一代的干物质含量，叠抱类型及直筒类型的材料是较理想的亲本系。氨基酸的 h_N^2 为 40.3%，h_B^2 为 83.0%，均达极显著水平，说明其主要由遗传因素决定。而且初步证明大白菜氨基酸含量在合抱类型内杂种优势较强，而不同生态型亲本系间杂种优势不明显。

2. 主要矿质营养元素含量性状的遗传效应　于占东、何启伟等（2004），对大白菜的 Fe、Mn、Zn、P、Ca、Mg、K、Na 等主要矿质元素含量的遗传效应进行了分析，并估算其遗传力（表 8-22）。

从表 8-22 可以看出，Ca、Mn、P、K、Na 的 h_N^2 和 h_B^2 均达到显著或极显著水平。由此表明，大白菜这 5 种矿质元素含量高低，主要通过细胞核遗传给杂种后代。而且，Ca、Fe、Mn、K 含量除通过细胞核遗传外，还能通过母体细胞质遗传。若进一步比较这 8 种矿质元素含量的遗传力大小，可见 Ca、P、Na 含量的 h_N^2 较高，早代选择有效。而

Fe、Mn、K、Mg 含量的 h_N^2 中等或偏低，其选择可在较高世代进行。

表 8-22 大白菜 8 种矿质元素含量的遗传参数估计

（于占东、何启伟等，2004）

方差比率	Ca	Fe	Mn	Zn	P	K	Mg	Na
V_A/V_P	0.150 6*	0.030 2+	0.154 8*	0.166 0+	0.377 3*	0.140 5*	0.025 5	0.304 5*
V_D/V_P	0.536 0**	0.480 3**	0.306 8*	0.36**	0.295 8*	0.234 7**	0.662 9*	0.211 3+
V_M/V_P	0.101 3**	0.155 5*	0.163 8**	/	/	0.270 9**	/	/
V_e/V_P	0.219 6*	0.334 0*	0.374 5*	0.448 4**	0.326 8	0.353 6*	0.311 6**	0.484 2*
h_N^2	0.252 0**	0.030 2+	0.154 8*	0.166 0+	0.377 3*	0.140 5*	0.025 5	0.304 5*
h_B^2	0.788 0**	0.666 0*	0.625 5*	0.551 4**	0.673 2**	0.646 4**	0.688 4**	0.515 8*

注：+：P＜0.1；*：P＜0.05；**：P＜0.01。以下同。V_A：加性方差；V_D：显性方差；V_M：母体方差；V_e：机误方差；V_P：表现型方差；h_N^2：狭义遗传率；h_B^2：广义遗传率。

（三）感官品质与营养品质的相关

乔旭光等（1991）曾以北京小青口、碧玉、青庆、锦秋、新绿宝、晋菜 3 号、北京 100、新 1 号、北京 88、山东 4 号、鲁白 3 号、山东 7 号 12 品种为试材，进行生食、熟食的感官评定，并对各试材的可溶性糖、可溶性蛋白质、可溶性固形物、维生素 C、粗纤维素等营养成分进行了测定。结果表明，供试品种中感官品质以北京 100、小青口、碧玉等表现较好，晋菜 3 号、鲁白 3 号、山东 7 号等品种表现较差；而各供试品种间可溶性糖、可溶性蛋白、可溶性固形物、维生素 C 含量的排列顺序与感官品质的排序顺序一致，碧玉、小青口、北京 100 等品种可溶性糖等营养成分含量较高，山东 7 号、晋菜 3 号、鲁白 3 号等品种含量较低。而粗纤维含量正好相反，以山东 7 号含量最高，小青口含量最低。

乔旭光等（1991）对大白菜感官品质和营养品质的相关进行了统计分析。结果表明，各营养成分含量指标与感官品质具有明显的线性关系。可溶性糖、可溶性蛋白、可溶性固形物和维生素 C 含量与感官品质呈正相关关系；而粗纤维含量增加，感官品质下降。对所得数据进行回归分析的结果表明，无论生食或熟食，各营养成分含量指标，即营养品质与感官品质的相关性均达到了极显著水平。此结果也说明，感官品质好的品种，其可溶性糖、可溶性蛋白、可溶性固形物和维生素 C 含量均较高，而粗纤维含量则较低。通径分析的结果表明，对大白菜感官品质影响最大的因素是可溶性糖含量（正向效应），其次是粗纤维含量（负向效应），再次是可溶性蛋白含量（正向效应）。

屈淑萍等（2001）以黑龙江省大白菜生产上常用的 15 个品种为试材，进行综合风味评价与对营养品质各性状进行相关分析后也认为：大白菜综合风味品质与粗纤维、粗灰分含量表现为极显著的负相关，相关系数分别为−0.739 8 和−0.763 5；而大白菜综合风味品质与可溶性固形物、可溶性糖含量呈显著正相关，相关系数分别为 0.558 5 和 0.625 3；大白菜综合风味品质与蛋白质含量的相关系数为 0.665 0，也达到了极显著的正相关。

（四）部分营养品质性状之间的关系

于占东、何启伟等（2005）在利用大白菜 3 个不同生态型 6 个高代自交系进行完全双列杂交，对大白菜干物质、维生素 C、可溶性糖、有机酸、粗纤维和氨基酸等营养品质性状遗传效应研究中，对上述营养品质性状之间的关系进行了相关分析。

表 8-23 营养品质成对性状的遗传相关分析

（于占东、何启伟等，2004）

遗传相关	加性相关	显性相关	母体相关	基因型相关	表现型相关
Vc 与可溶性糖	−0.980	−0.132	−0.392	−0.360	−0.199
Vc 与有机酸	−1.00	−0.060	−0.512	−0.305*	−0.289*
Vc 与干物质	0.828*	−0.077	0.337	0.293*	0.229
Vc 与粗纤维	−0.230*	−0.230*	0.673*	−0.366*	−0.263*
Vc 与氨基酸	−0.146	0.035	0	−0.035	0.001
可溶性糖与有机酸	1.000	−0.143	0.011	−0.036	−0.010
可溶性糖与干物质	−0.984	0.845	−0.592	0.746*	0.189*
可溶性糖与粗纤维	−1.000	−0.098	−0.330	−0.379	−0.176
可溶性糖与氨基酸	−0.262	0.002	0	−0.057	−0.045
有机酸与干物质	0.271	0.050	−0.483*	−0.049	−0.090*
有机酸与粗纤维	1.000	−0.562*	0.303	−0.219	−0.124
有机酸与氨基酸	−0.336	0.788*	0	0.500*	0.436**
干物质与粗纤维	−1.000	−0.054	−0.044	−0.204	−0.147
干物质与氨基酸	−0.030	0.318*	0	0.178	0.178
粗纤维与氨基酸	0.467	−0.324	0	−0.102	−0.065

采用 MINQUE（1）法，可以无偏地估算成对性状间遗传效应协方差分量和相关系数，遗传相关分析结果列入表 8-23。表中数据表明：维生素 C 与干物质含量成显著正相关，与有机酸、粗纤维含量呈显著负相关；可溶性糖与干物质含量呈显著正相关；有机酸与干物质含量呈显著负相关，与氨基酸含量呈显著或极显著正相关。了解和掌握这些性状之间的相关关系，有利于简化选择目标和程序，提高选择效果。

第三节 丰产与品质育种

一、丰产育种目标与丰产育种

丰产是对一个品种的基本要求。由于大白菜类型和品种繁多，株型和叶球大小不一。因此，区分不同的类型，明确各类型品种适宜的单株重和叶球重和各类型品种应达到一定的单位面积产量，应是确定大白菜丰产育种目标的主要依据。在此基础上，探讨和确定丰产性育种的技术途径和实现丰产育种的技术关键，可为大白菜丰产育种提供可行的思路和可操作的技术。

（一）丰产育种目标

1. 对品种丰产性的基本要求 影响大白菜丰产性的主要生理指标是莲座叶的光合能力及叶球对同化产物的积累能力，即较强的“源”、适宜的“库”和比较协调的源、库关

系。如前所述，大白菜品种间或亲本系之间光合能力与结球能力均有一定差异，这为开展丰产育种提供了理论依据。就大白菜的单位面积产量来说，则与品种的群体结构和群体光合生产率有密切关系。实践中看到，大白菜结球期莲座叶直立或偏直立且层次分明，即品种有良好的株型，有利于改善中、下层莲座叶的光照强度，从而对提高群体光合生产率有利，可为提高单位面积产量奠定基础。在新品种选育中，品种达到一定的单位面积产量水平之后，净菜率高低，则是衡量品种的群体光合能力、叶球对同化产物的积累能力，以及源、库关系是否协调的可靠指标。

丰产育种对品种的另一个重要目标要求就是品种应具备稳产性。品种的稳产性主要受其抗病性和适应性强弱等方面的制约。关于大白菜抗病性的问题在本书抗病育种一章中已作了详尽阐述。现仅就品种的适应性与稳产性的关系再做些说明。所谓品种的适应性也就是品种对土壤、气候，以及不同管理水平的适应能力。品种的适应性可以分为以下几个层面：首先是对同一地区不同年份的气候、不同土壤、不同肥水管理水平的适应能力，其稳产性好，则表现为适应能力强。第二，对不同地区、不同年份的气候、不同肥水管理水平的适应能力，若表现稳产性好，其适应能力则上了一个层面，可称之适应性广。目前，在全国范围内大面积推广的品种多具备广适应性的特点。第三，对不同季节的气候有较强的适应能力，如秋大白菜品种可以春种或春夏栽培，说明该品种对温度变化有很强的适应性，且具备较强的冬性和晚抽薹能力；再如春大白菜可安排春夏栽培，即品种不仅具有一定的耐寒性和很强的冬性，又具备较强的耐热能力，表现为不易发生先期抽薹，也不易在天气炎热时不结球。品种的适应性强，还表现在不因气候、土壤、肥水条件的变化而影响品种的抗病性，或抗病性不表现明显下降。

耐贮、耐运性虽不是品种丰产性的直接构成性状，但大白菜生产已走向适地、适季商品化生产的时期，因此，品种的耐贮、耐运性如何，则直接关系着生产者、运销者和消费者的直接利益。作为商品生产的大白菜，品种的耐贮、耐运性应当作为丰产性的延伸。如前所述，大白菜收获后其植株的呼吸速率和失水速率低，应是品种耐贮性强的主要生理指标。从形态指标来看，大白菜收获前后，茎端处于半休眠状态，即短缩茎不伸长、未进行花芽分化、侧芽也不萌发，则是品种耐贮运性强的形态指标。大白菜收获后，不感染贮藏期病害，不发生脱帮烂菜，则是品种耐贮运的更直观的表现。在大白菜一年多季栽培，随时收获供应市场的生产、供应模式迅速发展的形势下，对品种又提出了一个新的要求，俗称“耐老化”性，是指品种到了收获期，叶球已经充实，但根据市场需求需要晚收些时日，而品种在晚收 10d、20d 或再多些日子，叶球虽进一步充实而不开裂，叶色不明显变黄，短缩茎不明显伸长，侧芽不萌动，即品种抗衰老性较强。在育种实践中看到，不同大白菜品种间的抗衰老性或耐老化性的确存在明显差异，可以作为丰产性育种目标的一个组成部分进行选择。

2. 不同类型品种的丰产育种目标

（1）春大白菜　冬性强，春播不易抽薹；生长前期对低温有良好的适应性，结球期较耐高温；抗病毒病、软腐病、霜霉病等病害。球叶合抱或叠抱，叶球炮弹形或短筒形，球叶淡绿色、白绿色、淡黄色或橘红色。生长期 60～70d，单株球重 2～3kg，每公顷产量 60 000～90 000kg。在较高纬度、较高海拔、夏季气候较凉爽的地区，可以作为春夏大白菜种植。

（2）夏大白菜　冬性较强，夏播不发生先期抽薹；较耐热，在32℃的高温条件下能正常结球；抗病毒病、软腐病等病害。球叶叠抱为主，叶球平头型或短筒型，球叶淡绿色或白绿色。生长期45～55d，单株球重1～2kg，每公顷产量45 000～60 000kg。

（3）早秋大白菜　夏季播种，初秋至仲秋收获。要求品种较耐热，抗病毒病、软腐病、霜霉病等病害。莲座叶绿色或偏深绿色，球叶叠抱、合抱、拧抱、褶抱，叶球卵圆型、平头型、直筒型，球顶尖、平或花心，球叶淡绿色、白绿色、淡黄色或橘红色；收获期稍推迟，不裂球、不抽薹，侧芽也不萌发，有良好的耐老化性。生长期55～65d，单株球重1.5～2.5kg，每公顷产量60 000～75 000kg。

（4）秋大白菜　夏末播种，初冬收获，在我国北方地区多进行冬季贮藏。要求品种具广适应性，抗病毒病、霜霉病、软腐病及其他病害，有良好的稳产性。莲座叶绿色、偏深绿色、深绿色，球叶合抱、叠抱、拧抱、褶抱，叶球卵圆型、平头型、圆筒型、长筒型、矮桩型，球顶尖、平或舒心，球叶绿色、淡绿色、白绿色、淡黄色、橘红色等。耐贮、耐运，侧芽不萌发。早中熟品种，生长期70～75d，单株球重3～4kg，每公顷产量75 000～90 000kg。此类品种可适当早种早收，及时供应市场，或晚种晚收用于冬贮。中晚熟品种，生长期80～90d，单株球重5～6kg，每公顷产量90 000～120 000kg，主要用于冬贮。

（二）丰产育种

1. 丰产育种的技术途径　大白菜为典型的异交作物，多代自交生活力退化明显。利用常规杂交育种方法，在选用优良亲本杂交，然后在自交选纯稳定优良性状的过程中，入选品系往往丧失早代所表现的优势。因此，利用常规杂交育种的方法所育成的大白菜常规品种，要想保持品种群体内有较强的生活力和较高的整齐度是十分困难的，故利用常规杂交育种方法进行大白菜品种改良，实现品种的优质、丰产是不易成功的育种技术途径。

实践证明，根据对大白菜重要经济性状遗传规律的研究，确定利用一代杂种优势育种技术是可行的途径。大白菜与甘蓝、萝卜等十字花科蔬菜作物一样，从主要经济性状的遗传基因效应的分析来看，由于基因的累积性效应都比较低，大多数经济性状的变异和遗传取决于基因的显性效应和上位效应。所以，大白菜的品种改良应该采用能利用这些特点的育种技术途径，即利用一代杂种优势育种。

大白菜产量的杂种优势是十分显著的，国内外多年来大白菜杂种优势育种的成就已经充分证明了这一点。据不完全统计，国内各地选配的大量杂交组合中，有20%～40%的组合，其F_1的产量超过了双亲，约有50%以上的组合，其F_1的产量在双亲之间，只有少数组合的F_1产量低于双亲。正反交如果有差异，则F_1的产量受母本影响较大。F_1的生育期常稍提前，叶球较充实，净菜率较高，抗逆性有所增强。经验证明，当双亲的产量较低时容易得到超亲组合，但这些杂交组合F_1的实际产量不一定超过高产对照品种。当双亲的产量较高时，则不易得到超亲组合。如果得到了超亲组合，则F_1的超亲百分率也往往不是很高，但这些杂交组合F_1的产量大多能超过产量较高的对照品种。

2. 丰产育种的技术要点

（1）亲本系的选育　首先，必须明确地认识到，杂种优势育种与常规杂交育种在育种

程序上有很大的不同，即通常所说的，常规杂交育种是“先杂后纯”，而杂种优势育种则是“先纯后杂”。因为常规杂交育种是选用若干亲本先配制若干杂交组合，而大量的工作是对众多杂交组合的后代进行多代系统选择，从中选出符合育种目标要求的系统，稳定成为固定品种。而杂种优势育种则不同，它是根据育种目标的要求，根据双亲性状互补的原则，重点是先进行亲本的自交纯化，然后通过配合力测定选出优良杂交组合，配制杂种一代种子应用于生产。从上面的阐述可以看出，杂种优势育种成功的关键在于亲本系的选育，即没有性状整齐一致，并具有较多的优良性状和较强配合力的亲本系，就不可能获得优良的 F_1 品种。

第二，丰产育种只是大白菜育种的一个重要目标性状，因此，亲本系选育既要十分重视双亲在产量构成因素上的互补，以利于获得产量优势明显的杂交组合；同时要重视所获得的产量优势组合在球叶抱合方式、球形、叶色等方面是否符合市场的消费习惯。为此，就必须重视亲本系选育时原始育种材料上述主要经济性状的状况，以及在亲本系选育过程所采取的选择标准。

第三，在亲本系选育中，不仅要注重主要经济性状或特异性状的选择，还要重视亲本系配合力的选择。配合力的测定可以在入选育种材料（地方品种，甚至杂交一代品种）时进行初步的配合力测定，而后在亲本系选育过程中，在注重主要经济性状选择的同时，最好也参考配合力测定的结果作为入选材料的依据，待亲本系选育基本完成时，再进行配合力（含一般配合力和特殊配合力）的全面测定，并入选优良杂交组合，配制 F_1 种子安排品比试验。实践证明，从高配合力亲本后代内比较容易得到高配合力的亲本系。如果所搜集到的原始育种材料是比较混杂的群体，最早的配合力测定可以在自交一代（S_1）开始，不要等到自交几代以后才开始进行。

第四，要选育出优良的亲本系，还必须重视设法提高亲本系的配合力。谭其猛（1980）对于如何提高亲本系的配合力曾提出了许多方法，轮回选择法是一种在育成亲本系之前用于提高亲本品种群体内有利基因频率的方法，在十字花科蔬菜杂种优势育种中，是改进亲本系、提高其配合力的有效和可行的方法。具体做法详见第四章。

提高育成亲本系（自交系、自交不亲和系、雄性不育系）的配合力应是亲本系选育的重要性状，而这一点往往被忽视。目前，在大白菜杂种优势育种中能够广泛应用、配合力好的自交不亲和系为数不多，可能与忽视配合力的选育有关。轮回选择法是值得提倡的一种提高育成亲本系配合力的有效方法。可以考虑在同类型品种间，甚至不同类型品种间，按照上面大体相似的工作程序进行轮回选择，然后在混合群体中选择优良单株连续自交，并强化经济性状的选择（对经济性状的要求则可以各具特色），以便育成既具优良经济性状，又具较高配合力的优良亲本系。

（2）杂交组合的选配　首先，要选择适宜的配合力测定方法。配合力测定方法有：顶交法，即用一个品种或亲本系为测验者，其他品种或亲本系为被测验者配制测交组合。不规则配组法，即将准备用做亲本系的品种或育成的亲本系，按照育种目标的要求，选用部分品种或亲本系，重点配制一些预期比较有希望的测交组合。半轮配法，是将育成的每一亲本系与其他亲本系一一配对组合，但不包括反交组合。全轮配法，是将育成的各亲本系轮换相配，得到全部可能配成的组合。一般情况下，育种者常用的是不规则配组法。如果育种者已经育成了雄性不育系，要选择好的父本系，则可以采用顶交法。第二，由于大白菜的类型多，各地消费习惯有较大差异，因而在大白菜育种工作中，只注重提高产量是不可行的，必须优先考虑叶球抱合方式、叶球形状、叶球大小及叶的色泽等商品性状，各地可根据本地喜食类型、运销情况等进行选择。第三，育种实践证明，为获得超亲、超标准品种的优良杂交组合，所选用的亲本系应具备符合育种目标要求较多的优良性状和较少的不良性状，并且力求使双亲各自的不良性状能够互补，使 F_1 表现双亲的优点。由于大白菜多数经济性状属于数量性状遗传，微效多基因起作用。所以，双亲的某些相对性状，特别是与产量有关的相对性状如差异较大，其 F_1 所表现的杂种优势就比较明显。根据市场和消费需求的变化，叶球小型化是发展趋势，但提高单位面积产量、提高净菜率依然是丰产性育种所追求的目标。杂交组合选配过程中，在充分注重球叶抱合方式、叶球形状、球叶色泽等性状的情况下，要获得叶球中等大小和净菜率高的杂交组合，可选用生长势强、叶球较大而叶球不够紧实与结球性强、叶球较小而紧实的亲本系为双亲；要获得叶球偏小而净菜率又较高的杂交组合，可选用生长势较强、叶球中等大小、结球性较强与外叶少、结球性强、叶球小的亲本系为双亲。在育种实践中还看到，选用外叶少、外叶直立或偏直立，结球性强的亲本系为双亲，是获得净菜率高、单位面积产量高的杂交组合的关键。第四，要获得稳产性好的杂交组合，该杂交组合的双亲必须具有较强的抗病性和较广的适应性。为了获得适应性广的杂交组合，利用来源于地理上相距较远的品种所育成的亲本系为双亲，可以提高 F_1 的适应性。另外，在亲本系选育过程中，采用不同季节、不同栽培方式，即人为创造低温、高温、干燥、湿润等多因素、多变的生态条件，鉴定亲本系对生态环境的适应性，以便从中入选适应性广的亲本系。

(3) 丰产性鉴定　客观、科学地进行丰产性鉴定，是丰产性育种的重要技术环节。在品比试验中，首先要选好同类型适宜的对照品种，一般多用同类型生产上的主栽品种为对照品种。第二，要根据品种特性、生育期长短及株幅大小等，确定适宜的栽培季节、栽培方式、种植密度及肥水管理水平，力求使品种的丰产性能够得到充分表现。第三，要把品种的稳产性作为丰产性鉴定的重要内容，即将经过丰产性鉴定初步入选的品种，安排在不同生态地区，或在同一地区预计可能适应的不同季节、不同栽培方式的条件下进行抗病性、适应性、丰产性鉴定，以期判断其稳产性，从中入选稳产性好的优良品种。第四，配合丰产性鉴定，将入选的品种进行耐贮运性鉴定。其方法可以采取在大白菜贮藏期间测定其植株的呼吸速率和失水速率，比较品种间差异；也可以在贮藏期间调查其脱帮率和病害发生情况，从中选出贮藏期间脱帮率低和抗病的品种；还可以对经过贮藏的各品种植株纵剖，观察短缩茎是否伸长、侧芽是否萌发，从中选出短缩茎不明显伸长、侧芽也不萌发的品种。如能将以上三种方法结合起来进行综合评判，则可以得到准确的耐贮运性鉴定结果。第五，关于品种“耐老化”或称抗衰性的鉴定，可在品种丰产性鉴定时，于适收期过后留下部分植株，令其再生长 10d、20d，或再长些时日，观察植株及叶球的变化，从中选出在延迟收获条件下，植株不裂球或迟裂球、短缩茎不明显伸长、侧芽不萌发的品种。

二、品质育种目标与品质育种

随着栽培水平和消费水平的不断提高，育成品种既好看，又好吃，又富有营养，这对

育种者提出了新的课题，但也为育种者指明了方向，应是未来大白菜育种的重点和特色。

（一）品质育种目标

1. 商品品质　在品质育种中，商品品质是需要首先关注的品质性状。在大白菜商品性状中，球叶的抱合方式、叶球形状、球叶色泽等是最直观的商品性状，这些性状必须符合当地或商品菜销售地的消费习惯。叠抱、合抱、拧抱等类型的品种在国内都有相对稳定的消费市场。同时，叶球形状和球叶色泽则常与抱球方式相适应。从适地、适季发展商品菜生产和丰富市场供应等方面的发展趋势来看，叶球筒形、炮弹形等便于包装、运输和超市销售，球叶黄色、橘红色等新类型，将呈现发展态势，可作为商品品质育种的重要目标性状。

大白菜叶球的整齐度与紧实度是重要商品性状。不论什么结球方式、叶球形状和球叶色泽，都要求叶球有很高的整齐度和紧实度，这是对一个品种商品性状最基本和最重要的要求。一般情况下，品种整齐度应达到95%以上，不仅在植株外观特征上力求高度整齐，而且各植株叶球重差异最好不超过5%。这就要求所育成的 F_1 品种，其亲本系主要经济性状高度整齐一致，而且不出现或很少出现漏亲现象。

大白菜的耐贮运性及晚抽薹性等，也关系着大白菜的商品性，将其列入商品品质的目标性状，是大白菜商品生产、长途运销的必然要求。就春大白菜和春夏大白菜来说，在晚春和夏季气候条件下，叶球在贮运期间不脱帮、不感染病害，在适宜的贮运条件下，有10～15d以上的货架期，能保持较高的新鲜度是商品性状优良的重要表现。对于冬贮大白菜来说，在贮藏期间不脱帮、不发生贮藏期病害，侧芽不萌发、短缩茎不明显伸长，经数月安全贮藏后，品质风味无明显变化，是品种耐贮的表现。

2. 营养品质　蔬菜作物是人体所需维生素、矿物质，以及膳食纤维、有关色素的重要来源。大白菜作为我国特产蔬菜和广为栽培的重要蔬菜，对其营养品质有关指标的要求，重点也应放在维生素、矿物质、膳食纤维等方面。但是，由于大白菜可溶性糖、有机酸、氨基酸及干物质等营养成分的含量及其比例常影响其风味品质，因而也有必要对其提出合理的含量指标。

综合有关研究结果，提出大白菜营养品质中有关营养成分含量的指标如下，供参考。

干物质含量：4.5%～6.5%（占鲜重的百分率）；可溶性糖含量：1.8%～2.5%（占鲜重的百分率）；维生素C含量：20～25mg（每100g鲜重含量）；粗蛋白含量：20%～25%（占干重的百分率）；谷氨酸含量：5.0～6.5g（每100g干重含量）；17种氨基酸含量：14.0～16.0g（每100g干重含量）；有机酸：0.100%～0.165%（占鲜重的百分率）；粗纤维含量：0.7%～1.0%（占鲜重的百分率）；钙含量：1%～1.5%（占干重的百分率）；铁含量：0.07%～0.09%（占干重的百分率）；锰含量：25～35mg/kg干重；锌含量：40～50mg/kg干重；磷含量：0.5%～0.7%（占干重的百分率）；钾含量：1.6%～1.8%（占干重的百分率）；镁含量：0.15%～0.18%（占干重的百分率）；钠含量：0.5%～0.7%（占干重的百分率）。其他营养物质，如花青素含量、叶黄素含量等尚未见测定分析指标，暂未列出。

3. 风味品质　风味品质是大白菜品质的重要组成部分，是消费者食用大白菜最关注的品质指标。综合有关研究结果和育种工作者的经验，风味品质的育种目标宜从以下几个方面考虑：

（1）从感官品尝鉴定方面来说，优质的大白菜品种应具备的特点是，生食质地脆嫩、味稍甜、无辣味、汁液稍多，熟食口感绵软、易嚼烂、味鲜美、无异味。

（2）从叶子形态、解剖结构与质地品质的关系来看，大白菜球叶叶柄扁平、较薄、维管束细密或软叶率较高，则质地品质优良；球叶叶片输导组织（维管束）及其周围的薄壁组织的细胞密度大、细胞较小、细胞壁薄，则质地品质优良。

（3）从大白菜球叶味感物质（如可溶性糖、有机酸、氨基酸等）与风味物质（如2-己烯基醛、2-烯丙基硫代-1-硝基丁烷、异硫氰酸苯乙酯等）含量来看，较高的可溶性糖含量，较低的有机酸含量，较高的氨基酸含量，尤其是谷氨酸含量较高，以及大白菜主要风味物质含量较高，则具有良好的风味品质。

（二）品质育种

1. 建立品质育种的技术体系 在大白菜育种工作中，以往较多地关注了丰产性、抗病性，涉及品质方面，则较多地关注了商品品质。因此，就大白菜品质育种来说，尚缺乏从品质育种目标到选择、鉴定方法的技术体系。根据有关大白菜品质性状的研究结果与育种工作经验，认为大白菜品质育种的技术体系大体可包括以下几个方面，可供参考。

首先，要制定比较明确可行的品质育种目标。该目标要落实到品种的球叶抱合方式、叶球形状、球叶色泽、叶球紧实度、叶球整齐度、耐贮运性、晚抽薹性（春、夏大白菜）、生育期、单球重等商品性状上。同时，要对营养品质和风味品质提出比较明确的性状指标，如是否适于生食，生食时球叶质地脆嫩、味甜、无辣味；熟食则应口感绵软、易嚼烂、味鲜美。对球叶干物质含量、可溶性糖含量、有机酸含量、氨基酸含量，以及主要风味物质含量等，可参照品质育种目标部分的性状指标范围加以确定。因为这些性状多属数量性状遗传，易受环境条件影响，其指标只要在适宜范围内即可，不宜做硬性规定。

第二，要建立便于运作的品质育种工作程序。在这个程序中，从亲本系选择、杂交组合选配，到 F_1 品比试验，首先要进行的是商品性状的鉴定，商品性状不符合育种目标要求就应淘汰。商品性状符合要求者，可进行品质的感官鉴定，评价其生食、熟食品质是否符合育种目标要求，淘汰感官鉴定表现不良者。对感官鉴定符合育种目标要求者，可取样进行营养成分和风味物质的测定，明确其干物质、可溶性糖、维生素C、有机酸、氨基酸、粗纤维、蛋白质等营养成分的含量，有条件的可同时进行风味物质含量的测定。根据以上程序，可将评判、测试结果进行综合分析，对入选亲本系或 F_1 品种作出品质的综合评价。

第三，要采用准确、可行的鉴定评价方法。例如，商品性状的鉴定和评价，需要掌握明确的市场需求与大白菜主要商品性状的遗传规律，并富有育种经验。感官鉴定则需要设立明确的评价内容和评分标准，10人以上的鉴评员小组，统一的样品处理方法，力求缩小评判误差。对大白菜球叶叶柄部位做切片，观察维管束和薄壁组织的细胞密度、细胞壁厚薄，可较客观地评判大白菜的质地品质。在营养品质方面，可测定干物质、可溶性糖、维生素C、粗纤维、可溶性蛋白（或氨基酸）等几个主要营养成分的含量。关于大白菜风

味物质成分的组成研究尚少，有必要选用众多有代表性品种，并在进行重复定性定量测定的基础上，进一步明确影响大白菜风味的主要风味物质成分，以便于简化测试内容，并便于进行比较和分析。

2. 品质育种的技术要点

（1）根据优质育种目标，搜集优异种质　我国是大白菜的起源地，品种资源极为丰富，各地不乏品质优良的品种。由于以往在育种上偏重于抗病性、丰产性，对大白菜品质方面重视不够，故大白菜优质资源的搜集、保存也受到了一定影响。再者，抗病、丰产 F_1 品种的迅速推广，加快了地方品种的丢失，给优质资源的搜集带来了困难。

为了搞好品质育种，搜集品质优良的种质是必须进行的基础性工作。鉴于我国大白菜品种资源丰富，包括目前推广的 F_1 品种中，多有品质好的品种选出的亲本系，加之国内各地育成的 F_1 品种类型较多，只要注重品种资源类型搜集的多样性，就可以扭转优质资源不足的现状，丰富大白菜优质资源。

在大白菜优质资源搜集中，第二步重要的工作就是对所搜集的品种资源进行客观、科学的鉴定，正确地评价，以便为利用打好基础。育种者应将所搜集的品种资源，在适宜的季节和肥水等管理一致的条件下种植观察，并按照先进行商品品质鉴定，再进行官能品尝鉴定，表现优良者安排营养成分测定，同时进行球叶切片观察其解剖结构，从中初步入选品质优良的材料，用于亲本系的选育。

（2）根据品质育种目标的要求，搞好亲本系选育　在大白菜品质育种中，商品性状是需要首先关注的性状。据崔崇士等（1995）的研究，大白菜的单株毛重和叶球重等性状遗传型间的差异，主要取决于基因的非加性效应，不能固定遗传，而利用这些效应值最可靠的方法就是优势育种。因此，在亲本系选育中，对单株毛重和叶球重不必严格要求，而应在单株毛重、叶球重方面力求亲本系间有较大的差异。其他商品性状，如球形指数、株高、叶球高、叶长、叶宽等，受基因加性效应控制，能够较稳定的遗传，在亲本系选育进程中只要进行连续选择，则可以得到遗传性稳定的系统。

大白菜品质感官鉴定可采用系统评分法，并由多名鉴评员组成感官品质鉴评组进行评判。评定指标内容包括鲜味、质地、甜味、水分、脆嫩（生食）、绵软（熟食）和综合印象。评分采用 10 分制，可分为最佳、良好、中等、较差、最差 5 档。为缩小评审组成员之间的差距，将每位评判员按自己的生食、熟食品尝感觉打分，最后将全部得分汇总并求出平均值，即可得出比较可靠的感官鉴定结果。如果将感官鉴定结果与营养成分测定结果进行对比和分析，可以看出：大白菜的综合风味品质与其可溶性固形物、可溶性糖、氨基酸（尤其是谷氨酸）、蛋白质及干物质含量等呈显著或极显著正相关，与其粗纤维含量呈显著负相关。

大白菜营养品质中各营养成分之间的相关分析表明，可溶性糖、维生素 C 含量与其干物质含量呈显著正相关，有机酸、粗纤维含量与其干物质含量呈显著负相关。因此，通过选育和选择干物质含量较高的亲本系作亲本，可以减少对各种营养成分的测定，从而可简化优质亲本系选育的程序。研究结果还表明，大白菜的干物质、维生素 C、氨基酸等 3 个品质性状的狭义遗传率较高，可在亲本系选育的早期世代进行选择；粗纤维、可溶性糖、有机酸等品质性状的狭义遗传力较低，宜在亲本系选育的较高世代进行选择。矿质元素含量亦是营养品质的育种目标之一。试验研究证实，对人体健康较为重要的Zn、Fe、Mg等矿质元素的遗传力较低，受环境影响较大，在优势育种中，对亲本系早期世代的选择并不可靠，要在后期世代进行选择，才能收到较好的效果。

从形态上说，球叶叶柄扁平、较薄，软叶率高，一般情况下其质地品质较好，即生食脆嫩，熟食绵软。据李敏等研究，认为大白菜质地品质与球叶叶柄（帮）的维管束组织和薄壁组织细胞大小（密度）、形状、壁厚有关。粗纤维主要存在于细胞壁中，因此，细胞壁越厚，口感觉得粗糙，质地品质就越差。而维管束和薄壁组织细胞小、细胞密度大、细胞壁薄，横切面细胞为多边形或圆形，则生食脆嫩、熟食口感绵软。根据这一研究结果，在亲本系选育过程中，可选用相似部位的球叶，取叶柄做徒手切片，于低倍显微镜下观察，可从中选出维管束和薄壁组织细胞小、密度大、细胞壁薄的材料，而淘汰那些维管束和薄壁组织细胞大、密度小、细胞壁厚的材料。在亲本系选育过程中，可将球叶形态观察与解剖结构观察结合起来，以提高选择水平。

综上所述，在大白菜亲本系选育中，其选择目标和选择方法须综合运用，大体可按照以下程序操作：商品品质性状选择（目测）→球叶叶柄、软叶率与叶柄解剖结构观察选择→感官品尝鉴定（生食、熟食）→营养品质（干物质、可溶性糖、维生素C、总氨基酸、粗纤维、有机酸及Ca、Zn、Fe等矿质元素含量）及主要风味物质测定→综合评价，决定取舍。其中，叶柄解剖结构观察与营养品质测定，可在亲本系选育过程中隔1～2代进行1次。

(3) 根据品质育种目标要求，搞好杂交组合选配　为了获得品质优良的杂交组合，在亲本系选育过程中，可选用部分亲本材料，进行配合力测定，并按照品质鉴定的有关方法进行商品品质、营养品质和风味品质的初步鉴定，做到亲本系选育与配合力测定相互印证，有利于提高亲本系选育的效率和成功率。

亲本系基本育成后，可选用1～2个或几个基本符合品质育种目标要求的亲本系为测验者，与其他亲本系进行不规则配组，观察各组合的表现，并按照品质鉴定的有关方法，进行商品品质、营养品质和风味品质的鉴定，可初步选出优良杂交组合，供下一步品比试验。在组合选配时，要考虑双亲应当尽量具备较多的符合品质育种目标要求的优良性状，且双亲各自的不良性状，最好能够实现互补。对于个别隐性性状，如球叶为橘红色，要获得橘红心的杂交组合，双亲均应为橘红心。对于数量性状，如叶色、叶柄色、叶柄厚薄等，双亲最好都基本符合育种目标要求；或考虑到F_1性状往往处于双亲之间，而这种中间性状是否也符合品质育种目标的要求。

对入选杂交组合要安排在不同生态条件下（如不同生态区域、不同季节和不同栽培方式等）进行正规的品比试验，并选用主栽品种中品质较好的品种为对照。收获后，按照品质性状鉴定评判方法进行商品品质、营养品质和风味品质的客观鉴定，并需掌握入选杂交组合品质性状的遗传稳定性和对环境的适应性。

三、丰产与品质育种的协调与统一

在育种和生产实践中可以看到，大白菜与其他蔬菜作物甚至与粮食作物一样，存在

着高产与优质的矛盾，即高产品种往往不优质，而优质品种则往往不高产。20世纪60～80年代，大白菜在我国北方广大地区是“一季生产、半年供应”，是冬、春季节的当家蔬菜，生产上对品种的要求是抗病、高产、耐贮。所以，此期间育成并大面积推广的优良 F_1 品种多符合这个要求，而对大白菜的品质则重视不够。进入20世纪90年代以来，蔬菜生产与供应的形势发生了巨大变化，作为我国人民喜食的大白菜，逐步向一年多季生产、周年供应的方向发展，对品质的要求也逐步提高。在新的生产和消费形势下，从育种到栽培，共同为实现大白菜优质、丰产协调与统一的目标已是势在必行。

我国拥有极为丰富的大白菜品种资源，不乏优质的名产品种，如山东胶州大白菜是一个典型的代表，胶州大白菜在胶东半岛良好的生态环境和精细的管理条件下，其产量虽不是很高，而品质确很优良。但是，胶州大白菜品种特性的重要缺陷是抗病性差、适应性差，难以推广利用。虽然天津青麻叶、北京小青口、福山包头等，其抗病性、适应性好一些，但也有其不足之处。例如福山包头存在不抗芜菁花叶病毒病的致命弱点，利用常规杂交转育抗性基因的做法，结果往往是抗性提高，品质下降，效果不够理想。这就是说，对优质品种抗性、适应性的改良，常规方法难以奏效，尚需寻求更可行的技术途径。

1. 制定丰产、优质统一的育种目标 首先，在大白菜育种目标中，商品品质、营养品质、风味品质等应列入目标性状，即优质在育种目标中的权重应逐步提高，但也不应求全责备，品质上有改善、品质性状方面有特色、适应消费者要求，就应看做是品质育种的进步。第二，对大白菜丰产性的认识应做一些适当调整。例如，单株产量适当下降，单位面积产量较高，且表现稳产，应是对品种丰产性目标主要的要求。再者，对大白菜丰产性目标的要求要与品种的生长期长短相联系。例如，生长期50～60d的品种与生长期70～80d的品种，其单株产量和单位面积产量的目标应有明显区别。第三，在大白菜丰产性中，应重视净菜率这个指标，即外叶（莲座叶）不多、叶球不小、净菜率高是品种丰产性的重要表现，在对大白菜品种生长期要求明显缩短，对单株重要求有所变小，一年多季（茬）栽培日趋发展的情况下，净菜率高是实现丰产的重要指标。

2. 利用杂种一代优势育种需要注意的问题 目前大白菜育种主要是采用杂种优势育种技术途径。而要实现丰产与优质的协调与统一，关键在于选育符合育种目标要求的亲本系（雄性不育系、自交不亲和系、自交系等），并根据育种目标要求和配合力测定的结果，选配出丰产、优质的杂交组合。为实现这一目标，建议在亲本系选育和杂交组合选配中注意做到以下几点：第一，在亲本系选育和杂交组合鉴定时，重视考察大白菜光合与积累这一基本生理特性的表现。大白菜结球初期，莲座叶光合速率测定和 ^{14}C 示踪是验证比较各试材间光合与积累特性的有效方法。而比较简便的方法是收获时调查单株毛重、单株球重，计算净菜率，并调查莲座叶生长状态、叶丛开展度，由此可判断试材的光合和积累能力。第二，对于优质的亲本材料，采取可行的技术措施，改良其抗病性、适应性，而又不使其品质明显下降。第三，对于高产、抗病的亲本材料，采取可行的技术措施（如杂交、回交、再自交等），改良其品质性状，而又保持其抗病性、丰产性。第四，在充分掌握亲本系主要经济性状表现和遗传规律的基础上，落实所利用亲本系具备较多的优良性状和较少的不良性状，而且双亲各自的不良性状能够得到互补的原则，搞好杂交组合的选配，并利用客观、可行的目标性状标准和评价技术体系，对入选杂交组合进行全面而客观、准确的鉴定，从中选出优质、丰产、抗病、适应性强的优良杂交组合，使育成并推广的 F_1 品种实现优质与丰产的协调与统一。

3. 建立科学、可行的目标性状标准和评价技术体系，促进丰产与优质育种的协调与统一

（1）目标性状标准　综合有关大白菜品质育种和丰产性育种的研究成果和育种经验，初步提出了有关品质育种和丰产性育种目标性状标准（图 8-1），仅供育种者在对所育成的 F_1 品种进行鉴评时参考。

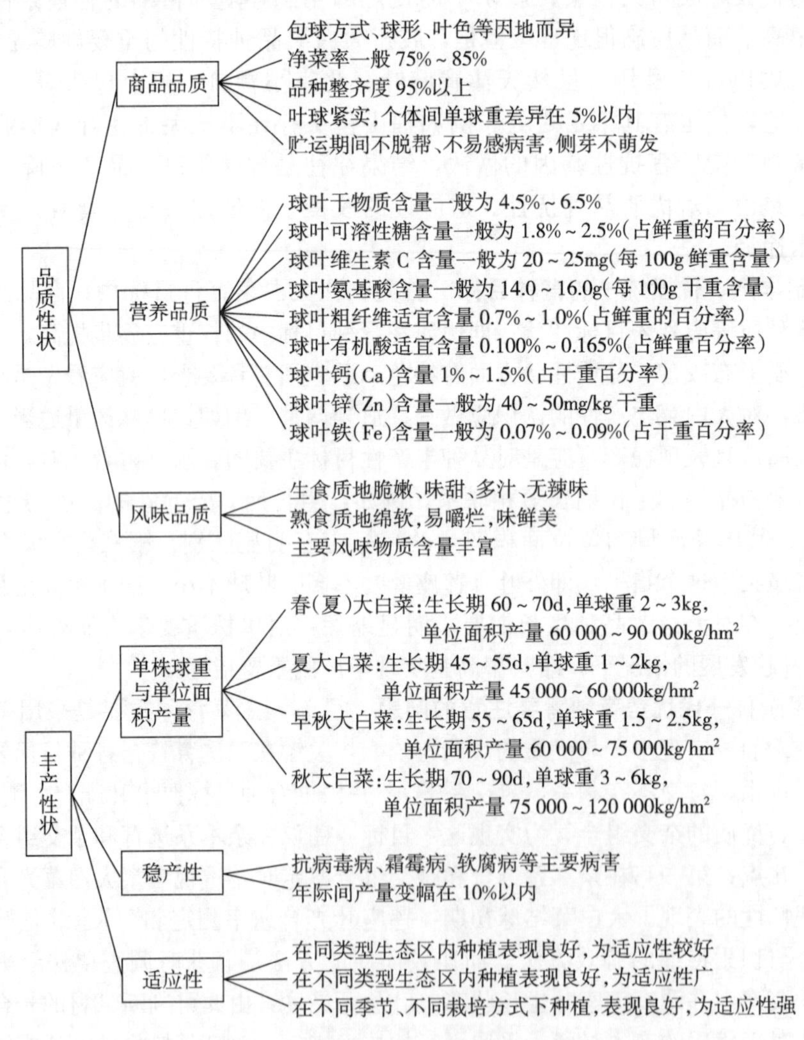

图 8-1　大白菜品质育种和丰产性育种目标性状标准体系

（2）评价技术体系　本着客观、准确、便于操作的原则，提出了有关品质和丰产性评价技术体系（图 8-2），仅供育种者在评价育成品种时参考。

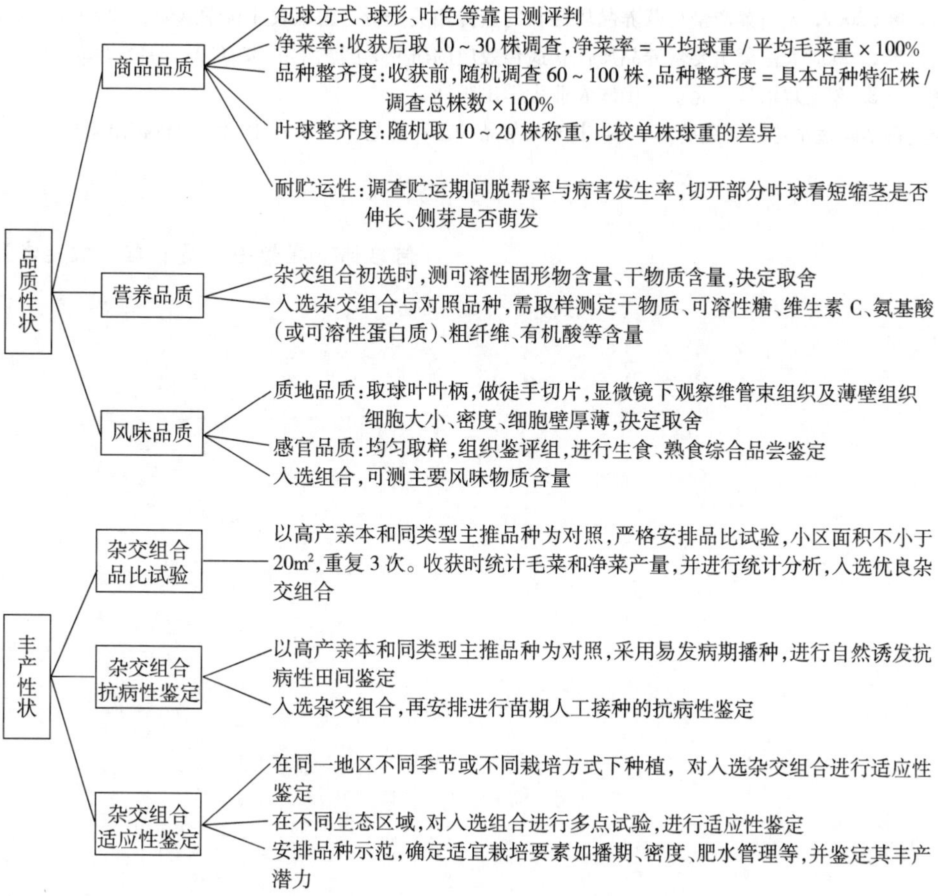

- 品质性状
  - 商品品质
    - 包球方式、球形、叶色等靠目测评判
    - 净菜率：收获后取 10 ~ 30 株调查，净菜率 = 平均球重 / 平均毛菜重 × 100%
    - 品种整齐度：收获前，随机调查 60 ~ 100 株，品种整齐度 = 具本品种特征株 / 调查总株数 × 100%
    - 叶球整齐度：随机取 10 ~ 20 株称重，比较单株球重的差异
    - 耐贮运性：调查贮运期间脱帮率与病害发生率，切开部分叶球看短缩茎是否伸长、侧芽是否萌发
  - 营养品质
    - 杂交组合初选时，测可溶性固形物含量、干物质含量，决定取舍
    - 入选杂交组合与对照品种，需取样测定干物质、可溶性糖、维生素 C、氨基酸（或可溶性蛋白质）、粗纤维、有机酸等含量
  - 风味品质
    - 质地品质：取球叶叶柄，做徒手切片，显微镜下观察维管束组织及薄壁组织细胞大小、密度、细胞壁厚薄，决定取舍
    - 感官品质：均匀取样，组织鉴评组，进行生食、熟食综合品尝鉴定
    - 入选组合，可测主要风味物质含量
- 丰产性状
  - 杂交组合品比试验
    - 以高产亲本和同类型主推品种为对照，严格安排品比试验，小区面积不小于 $20m^2$，重复 3 次。收获时统计毛菜和净菜产量，并进行统计分析，入选优良杂交组合
  - 杂交组合抗病性鉴定
    - 以高产亲本和同类型主推品种为对照，采用易发病期播种，进行自然诱发抗病性田间鉴定
    - 入选杂交组合，再安排进行苗期人工接种的抗病性鉴定
  - 杂交组合适应性鉴定
    - 在同一地区不同季节或不同栽培方式下种植，对入选杂交组合进行适应性鉴定
    - 在不同生态区域，对入选组合进行多点试验，进行适应性鉴定
    - 安排品种示范，确定适宜栽培要素如播期、密度、肥水管理等，并鉴定其丰产潜力

图 8－2 大白菜品质和丰产性评价技术体系

主要参考文献

崔崇士，等．1995. 大白菜主要农艺性状遗传相关的研究．中国蔬菜（2）：11－15

方智远．2004. 蔬菜学．南京：江苏科学技术出版社．

韩玉珠，等．1995. 不同生态型大白菜主要产量性状的相关和通径分析．吉林农业大学学报 17（3）：55－60.

何启伟，等．1990. 山东名产蔬菜．济南：山东科学技术出版社．

何启伟．1993. 十字花科蔬菜优势育种．北京：农业出版社．

何启伟．1997. 山东蔬菜．上海：上海科学技术出版社．

李敏，等．1997. 大白菜质地品质与组织结构的关系．浙江农业大学学报 23（2）：201－204.

刘宜生，等．1998. 中国大白菜．北京：中国农业出版社．

乔旭光，等．1991. 大白菜感官品质与营养品质相关性研究．园艺学报 18（2）：138－142.

谭其猛．1980. 蔬菜育种．北京：农业出版社．

王学芳，等．1998. 大白菜育种中数量性状相关与遗传分析．北方园艺 3（4）：5－7.

西南农业大学．1991. 蔬菜育种学．第二版．北京：农业出版社．

夏广清，等．2005. 不同生态型大白菜品种中挥发性化学成分分析．中国蔬菜（5）：20－21.

于占东，等．2003. 大白菜产量与营养品质性状的遗传相关分析．山东农业科学（6）：12 - 14.
于占东，等．2005. 大白菜主要营养品质性状遗传效应的研究．园艺学报 32（2）：244 - 248.
张振贤．2003. 蔬菜栽培学．北京：中国农业大学出版社．
中国农业科学院蔬菜花卉研究所．2001. 中国蔬菜品种志：上卷．北京：中国农业科技出版社．

（何启伟　崔崇士　吴春燕　宋廷宇）

第九章

晚抽薹育种与耐热育种

第一节　晚抽薹育种

一、晚抽薹种质资源与鉴定

早在20世纪60年代，我国蔬菜工作者在西藏经历了几乎所有的大白菜品种普遍存在先期抽薹的境遇后，陈广福等人经过长期不懈的努力，选育出了适合高海拔地区栽培的晚抽薹大白菜品种。说明我国复杂多样的地理和气候条件可以影响晚抽薹遗传基因存在的可能性。日喀则1号便是西藏晚抽薹大白菜品种的典型代表。尽管如此，由于非高海拔地区当时没有春大白菜栽培的需求，国内众多育种工作者并未在晚抽薹育种方面搜集资源和进行深入研究，导致晚抽薹大白菜育种工作滞后。相反，韩国、日本的大白菜资源虽然引自中国，但春大白菜育种和栽培开始较早，积累了一批晚抽薹材料，育成了一批商品性状优异的晚抽薹品种，如春夏王、强势、良庆等。近年来，随着国内春大白菜栽培的迅速兴起，韩国、日本的春大白菜品种纷纷涌入我国。目前，国内市场上的春大白菜多为来自韩国、日本的品种。

日本学者筱原（1959）将十字花科植物的抽薹习性总结为：种子发芽后，先进入基本营养生长阶段（对低温不要求或不感应的植物进行基本营养生长），然后进入低温感应阶段，植株在该阶段感受充足的低温后，遇高温长日条件进入高温长日阶段，即可抽薹开花。各阶段的有无、长短随不同作物、不同品种而异。相应的，十字花科蔬菜的晚抽薹性包括基本营养生长型（如甘蓝）、低温要求型和长日要求型三大类。大白菜和芜菁为无基本营养生长阶段的种子春化作物，是典型的低温要求型类型，种子催芽后，即可感应低温，抽薹晚的品种低温感应时间长，且要求较低温度。芜菁比大白菜对低温要求严格，表现为极晚抽薹。日本学者吉川（1983）在用芜菁为材料育成了大白菜抗根肿病品种的同时，也将芜菁的晚抽薹性导入了大白菜中。日本学者Yui（2003）还报道，通过大白菜和晚抽薹芜菁杂交选育出低温要求型的晚抽薹大白菜亲本系6号。该材料可进一步应用于大白菜晚抽薹育种。我国的白菜品种五月慢，不仅需要低温春化处理，随后还需要较长的日照条件才得以顺利抽薹开花。日本学者Yui和Yoshikawa（1988、1991、1992）从大白菜和白菜的杂交后代中分离、选育出长日要求型材料安浓3号，该材料只有在光周期16h以上才能抽薹开花，对低温不感应。由于需要严格的光周期条件，该材料在大白菜育种转育中还具有较大的局限性。

二、晚抽薹遗传及生理生化机制

(一) 晚抽薹遗传

关于抽薹性状的遗传，日本学者香川（1971）指出，芸薹属3个基本种的复二倍体种的抽薹性，偏于感应型少的亲本一方，说明感应型少的性状对感应型多的性状为显性遗传。Mero（1983、1984、1985）通过对大白菜和芜菁的杂交后代遗传分析，认为抽薹受2个主效加性基因控制。随后的研究报道也认为，抽薹这一性状偏向于多基因控制的数量性状。程斐等（1999）在大白菜抽薹性状的研究中指出，大白菜抽薹早期是受核基因控制的数量性状，与细胞质遗传无关。该性状符合加性—显性遗传模型，其中加性基因效应比显性效应更为重要，显性效应表现为部分显性；控制该性状的隐性基因比显性基因多，早抽薹对晚抽薹为显性。

余阳俊等（2005）对晚抽薹大白菜材料黄心白菜（YH）和极早抽薹大白菜白阳（BY）的杂交后代进行晚抽薹遗传特性研究发现，大白菜晚抽薹性状的遗传符合加性—显性—上位性模型，以加性效应为主，兼有显性效应和上位性效应。结果异同可能与采用的抽薹性状标准及研究方法不同有关。该研究结果同时表明，YH的晚抽薹性遗传力较高，因此，采用常规杂交育种方法可望在晚抽薹育种方面取得良好的效果。由于大白菜的早抽薹基因呈显性，晚抽薹材料与早抽薹材料杂交，F_1的抽薹性表现为中间偏早，因此利用杂种优势育种难以收到提高晚抽薹性的显著效果，双亲需同时具有晚抽薹性才能育成一个晚抽薹性强的F_1品种。此外，该研究还同时对具有不同晚抽薹特性的白菜材料五月慢（FMS）、大阪白菜晚生（WS）和欧洲芜菁（Manchester Market，MM）的晚抽薹性遗传效应进行比较，发现遗传规律和YH基本相同，只是WS的晚抽薹性显性效应不显著。4种材料在上位性效应的组成上有所差异。

(二) 抽薹的生理生化机制

抽薹现象是大白菜进入生殖生长阶段多个生理过程的一个重要环节。在整个生殖生长阶段，包括了花芽分化、抽薹、开花三个过程。大白菜的花芽分化和发育过程经历了以下几个阶段：未分化→生长锥隆起→花托→萼片→花瓣→雄蕊→雌蕊→花粉→完成分化。当花芽分化完成后，如果条件适宜，植株很快进入花茎发育期，即开始抽薹。但如果花芽分化诱导不充分和分化条件不适宜时，花芽处于不完全分化状态，随后的抽薹便不能发生。当花茎分化完成后，如果环境条件不适宜，也会发生抽薹终止现象。

1. 春化作用与光周期现象的感受部位 需要低温促使植物开花的作用叫做春化作用。许多植物在其发育的某一时期，要求每天有一定的昼夜长度，才能开花结实，称之为光周期现象。春化作用及光周期现象直到20世纪20～30年代，才被农业生物学家所认识。前者受低温的调节，而后者则主要受日照长短所控制。

植物接受光周期信号的器官是叶片，而接受春化处理信号的器官则是茎尖。叶温、土温及根部的温度并不直接影响春化作用，而是通过热传导作用改变生长点的温度来影响春化过程。茎尖接受的春化处理效应可以通过有丝分裂得以稳定保存，经过减数分裂而丧

失。但为什么有丝分裂能使之保持而减数分裂使之丧失，原因尚不清楚。

大白菜不像甘蓝等需要一定大小的营养体才能感受低温，大白菜从种子萌发期开始对低温就有感应，属于种子春化型。Elers 等（1984）在种子发育阶段的春化试验表明：种子在母体植株上不能感受外界低温，即不能春化，只有当种子成熟以后，胚根出现才具有感受低温的能力。

2. 温度对春化和先期抽薹的影响　大白菜种子春化感应温度一般为 2～5℃。对春化诱导最适温度的报道不尽一致。Lorenz（1946）报道，最适宜诱导开花温度为 5～8℃，与 Elers 的报道相近。Elers 和 Wiebe（1984）认为，最适春化温度应为 5℃和 8℃。Yamsaki（1956）认为花芽分化的关键温度为 13℃，而 Matsui 等（1978）则认为花芽分化的关键温度为 2℃。奥岩松（1996）认为 8℃的温度下晚抽薹品种发育速度更快些，较低的处理温度（3℃和 8℃）比较高温度（13℃）花芽分化始期早。

低温处理时间对花芽分化有较大影响。张志焱（1995）发现，在 2℃下，冠县和石特 2 个自交系春化处理 24d 和 30d 的植株，在 2 片真叶展平时已全部开始了花芽分化；春化处理 18d 和 12d 的植株，在 3 片真叶展平时才全部开始花芽分化。奥岩松（1995、1996）利用 3℃、8℃、13℃三种温度处理，均得到相似的结果，即低温处理时间越长，花芽分化越早。但低温春化时间过长，花芽分化过早，对营养生长有一定的抑制作用。对于冬性强弱不同的品种，花芽分化始期差异较大。晚抽薹大白菜品种花芽分化在时间上与一般品种可以相差 2～4 周。

大白菜通过春化导致花芽分化乃至抽薹开花是低温水平和低温积累量共同作用的结果。在最适诱导温度以上，当温度水平较低时，需要的低温积累时间相对缩短；当温度水平较高时，需要的低温积累时间则相对较长；当春化的低温量不足时可能会发生不完全春化。低温的积累可以是一个不连续的过程。春化阶段内低温诱导是引起大白菜发育的启动因子，品种不同对花芽分化开始的早晚影响很大，冬性极弱的品种在正常生长的温度下也可能启动花芽分化。Wurr 等（1996）将春化速率与温度的关系以函数 $dD/dt=\int[T(t)]$ 表示。春化状态以茎顶直径衡量，春化速率（D）是温度（T）的函数，温度又是时间（t）的函数。Lysenko 用 $n=A/(B-t)$ 的关系式表示大白菜完成春化所需的低温量。式中 n 表示春化所需日数，B 为低温感应的最高限温度，t 为处理期间的温度，A 为完成春化过程所需的每天有效低温（$B-t$）总和。Yamasak 也提出一个计算公式，经 Nakamura 修正后的大白菜春化时间计算式为：$n(12-t)=87$。Honma 等将标准品种置于 5℃条件下处理 14d，在以后的发育过程中即可抽薹，与此公式计算结果差异不大。如果低温处理过程中突然出现高温，导致脱春化，用此公式计算会发生很大的误差。

花薹的伸长需要有一定的温度条件。在拉萨地区 3 月 25 日温床育苗的旅大小根大白菜形成花芽时间为 71d，抽薹率达 20.4%；而秋播的同一品种，形成花芽的时间仅为 42d，抽薹率却只有 8.02%。在华北地区，立秋以后播种大白菜，到 9 月下旬开始结球时，多数品种也能明显看到花芽，却不发生先期抽薹，反而促进养分积累，形成贮藏器官。将这些大白菜于 10 月间移植到 20℃以上的温室，11 月间迅速抽薹开花。这说明秋大白菜在田间时花薹伸长缓慢的主要原因是受低温抑制。春大白菜在苗期如果通过春化，形成了花芽，当到了结球时，由于日照时数逐渐变长，日温逐渐升高，有利于花薹伸长，容易引起先期抽薹而得不到充实的叶球，导致栽培失败。要形成叶球，必须在花芽分化前分化出足够的球叶叶原基，并控制温度、光照等利于抽薹的条件，通过延长18℃以上温度条件的生长期，可以降低先期抽薹率。对于冬性强弱不同的品种，抽薹差异较大。晚抽薹品种由于阶段发育缓慢，对低温的要求严格，从而易于克服先期抽薹。

花薹发育主要受生长期间的平均温度影响，其中日温对植株生长的影响大于夜温，苗期高日温比高夜温有利于干物质的积累。在一定的温度范围内（15～21℃），营养生长随着日温的增加而增强。当夜温固定在12℃时，随着日温的增加，开花期延迟。虽然日均温同为16.5℃，但夜温12℃、日温21℃的组合比夜温15℃、日温18℃的组合抽薹、开花期晚（Guttormsen et al.，1985）。根据这一原理，采用大棚栽培春大白菜，夜温虽有可能短时降到0℃，但由于有较高的日温，先期抽薹可得到抑制。然而，低夜温、高日温只能延迟而不能防止抽薹、开花。

3. 日照长度与温度交互作用对抽薹的影响 一般认为大白菜需要低温、长日照才能抽薹开花。不同的品种材料对日照长短的要求和对温度的要求不同，有的对日长敏感，有的则只对温度敏感。长日照能够促进抽薹和开花。

从阶段发育理论考虑，低温感应与花芽分化的早晚有关，而长日感应影响花芽分化后的抽薹开花阶段。Elers（1984）认为，在春化阶段的长日照对可见花芽并没有影响。张凤兰等（1996）对极早抽薹大白菜种株苗期的遮光处理试验发现，在花芽分化以前开始遮光对开花的延迟作用更有效，而在花芽分化完成以后则作用减小。说明日长不仅对大白菜抽薹开花有影响，而且对花芽分化也有影响。

大白菜的成花主要受温度的控制，无低温春化诱导，无论长日照还是短日照都不能引起抽薹。同样，如果低温诱导植株完全通过春化，则日长的影响也就不明显了。说明低温春化是大白菜花芽分化及抽薹的决定因素，在不完全春化时，光周期只能起到量的积累作用。

4. 低温诱导春化作用的机理 20世纪80年代以前的研究认为，赤霉素（GA）可能是春化素，但是许多试验并不支持这种观点。Dean等（1996）曾证实赤霉素加快春化过程和低温不是一条途径，也就是说春化作用与赤霉素对开花的调控可能是不同的两条独立途径。但李梅兰等（2002）发现，白菜油冬儿不论萌动种子还是幼苗经春化处理后，两处理植株茎尖组织DNA甲基化水平都较对照下降，但赤霉素含量明显上升，为对照的2～3倍；低温诱导植株产生了一种分子量为58ku的特异蛋白质，同时也使一种蛋白质消失。因此，认为低温可能通过降低DNA甲基化水平或增加赤霉素含量而诱导开花。

5. 抽薹过程的生理生化变化 奥岩松等（1995）研究发现，不同抽薹期大白菜品种在不同发育阶段的起始信号基本相同，但早抽薹品种对激素水平的控制信号反应灵敏，而晚抽薹品种则相反。植物的花芽分化不是单一激素作用的结果，激素之间的平衡对春化的诱导很重要。许多试验证明了这一点。余阳俊等（2006）研究发现，就内源激素而言，高IAA/iPA比值是大白菜、白菜和芜菁花芽分化起始的有利条件，越晚抽薹的品种需要越高的IAA/iPA比值，花芽分化的完成伴随IAA/iPA值的降低。奥岩松等（1995）则认为低的IAA/iPA是大白菜花芽分化的重要标志。花茎发育过程中，大白菜需要较低的IAA/iPA、GA_s/iPA和GA_s/ABA值。IAA在花芽分化中的作用，人们倾向认为它的存

在可能同营养的输入有关。但当体内的IAA含量达到某一临界值时，植株的营养生长转向生殖生长。高水平IAA对大白菜花芽分化的起始起促进作用，抽薹性越早的大白菜品种在花芽分化始期IAA含量越高。iPA含量的降低对大多数大白菜品种花芽分化的起始是必需的，这一点与奥岩松的研究结果相反。花茎发育或花茎伸长期iPA水平的回升有利于花茎的发育和抽出，花茎发育期iPA含量水平普遍高于花芽分化期。国外许多报道表明，GA对花芽的影响是分阶段的，在花芽分化前，GA量的减少是花芽分化所必需的，而在后期花器官发育和花薹伸长，GA有促进作用，正如其他幼嫩器官发育都含丰富GA物质一样。晚抽薹性越强，未经低温春化处理的GA_s含量越低。ABA是否参与成花过程，尚众说不一，有人认为ABA可能同花器官的发育有关，尤其是同早期发育有关。曾骧（1992）则认为，ABA对成花具有双重作用：促进作用，在于它能引起营养生长，并同GA拮抗，使分化组织有一个适宜的生长速度，有利于成花；抑制作用，可能与它诱导休眠有关，生长点在休眠状态下不能成花。大白菜成花过程的ABA含量水平变化呈现S或M型曲线。高水平ABA对花茎分化起促进作用，而且抽薹越晚，花茎ABA含量上升幅度越小。

多胺水平的变化，在不同抽薹品种上的变化趋势基本一致，但是大白菜体内多胺总水平、精胺以及亚精胺水平与其抽薹早晚有关，早抽薹品种其临界水平值要求较低，因而整个发育期间，早抽薹性品种的变化曲线较平缓。高水平的多胺对花芽分化的起始和花茎发育或抽出起促进作用，而且亚精胺（spd）对成花的影响比其他多胺类物质更具有直接性，它的变化与多胺总量的变化规律相似。腐胺（put）含量的降低有利于大白菜花芽分化的起始，含量的增加有利于大白菜的花茎发育。抽薹性越晚的品种其体内多胺总量和精胺（spm）水平越高。另有一些研究表明，多胺在植物体内的生物合成受到各类植物激素调节，而且植物花芽形成中激素的平衡和营养物质间存在相互作用，在一定的营养物质积累和成花诱导下，激素之间达到有利于成花的平衡状态，促进作为“第二信使”的多胺大量合成，使成花基因表达，诱导产生成花特异蛋白质，形成花原基。多胺水平影响DNA合成、转录和翻译等方面的功能已得到证实。

植物成花是其体内遗传信息在特定时间和空间表达的结果，其中遗传基因的转录和翻译合成大量的蛋白质，实现植物从营养茎端向生殖茎端转变。低温春化诱导产生了某些可溶性蛋白质，其种类因品种不同而各异，晚抽薹大白菜品种体内可溶性蛋白质水平较低。大白菜花芽分化始期及花茎发育期有特异蛋白质产生。Lim等（1996）在分析大白菜花芽中cDNA时发现，有5个克隆编码已知的成花特异蛋白质。

三、晚抽薹育种方法与途径

（一）大白菜晚抽薹育种目标

1. 晚抽薹　为春、夏大白菜最基本育种目标性状，否则生产中易发生先期抽薹。

2. 生长期　一般要求直播生长期60～80d。

3. 抗病性　要求抗霜霉病和软腐病，低海拔地区还要求抗病毒病和干烧心病。

4. 品质　要求无辛辣味、苦味，纤维含量少。

5. 球色　南方市场及部分出口日本、韩国的品种偏向球叶黄色。球叶黄色品种色泽鲜黄，营养较丰富，也适于加工泡菜。

6. 耐运输 由于高海拔或高纬度地区春夏季生产的大白菜产品主要供应各大城市淡季蔬菜市场，因此要求品种耐运输、不易脱帮等。

7. 叶球大小 不同地区需求不同。如山东等地市场要求较大叶球，单球重 3～4kg，而南方市场则要求中小叶球，单球重 1.5～2kg。

8. 球形 用于远距离运输的品种，要求中等球高，上下等粗，便于包装。

9. "娃娃菜"专用品种 要求极早熟，个体小，上下等粗，球叶黄色，品质脆嫩。

（二）晚抽薹评价方法

Mero 等（1984）报道，采用 2～3 叶龄幼苗在 5℃低温条件下处理 6～7 周，调查显蕾期或短缩茎长短来评价晚抽薹性。余阳俊等（1996）发现，大白菜晚抽薹性与开花时的叶片数呈极显著的正相关。对于同一材料，花芽分化越早，则叶数越少；相反，花芽分化越迟，叶数越多。开花时的叶数可作为判断材料或个体抽薹性状的一项间接指标。程斐和张蜀宁等（1999）进一步研究得出，大白菜抽薹早晚与花芽分化临界期的相关系数为 0.979 4，呈显著正相关关系，可以用花芽分化临界期代替抽薹早晚，在生育期内进行晚抽薹性状选择。以上这些研究，多从大白菜的外部形态入手，从而为抽薹性的判断提供了较简便的外部形态指标。事实上，对抽薹性早晚的判断，一直沿用花芽分化早晚的鉴别方法。然而，花芽分化只是与抽薹相关的生理过程之一，花芽分化开始后，抽薹过程还受温度和光周期的影响，在对日照长度要求不同的品种进行比较时，花芽分化越早并不意味着抽薹越早。

由于大白菜系种子春化作物，在 0～13℃范围内，自种子萌动开始至成株的整个生长发育过程均可感应低温春化。针对这一特点，余阳俊等（2004）从研究种子春化处理的温度和时间、定植后的补光光强及光周期着手，进一步研究晚抽薹性评价指标及其分级标准，建立了快速、简便、准确的晚抽薹性评价方法。采用萌芽种子于 3℃条件下低温春化处理 20d 后，播种于 20～22℃的温室，夜间用日光灯补光至光周期 16h，补光光强 108～144μmol/（m^2·s）。综合考虑现蕾、抽薹、开花情况，以抽薹指数作为形态评价指标，建立了 6 级抽薹调查分级标准、5 个抽薹评价等级（表 9-1、表 9-2）。种子春化较幼苗及成株春化具有体积小、成本低廉，不需要建造低温春化室或购置光照培养箱，操作简便等优点。长日照具有促进抽薹开花的作用，在大白菜抽薹评价过程中采用人工夜间补光以延长光周期，促进抽薹开花，从而达到缩短晚抽薹评价周期的目的（图 9-1、图 9-2）。

表 9-1 大白菜抽薹调查分级标准

（余阳俊等，2002）

级 别	特 征
0	无蕾，短缩茎未见伸长
1	有蕾，短缩茎长＜1cm
3	有蕾，短缩茎明显伸长，1≤薹长＜2cm
5	抽薹，薹长 2～5cm
7	抽薹，薹长＞5cm
9	开花，薹长＞5cm

注：在对照北京小杂 50 开花之日调查。

表 9-2　大白菜抽薹性评价分类标准

（余阳俊等，2002）

抽薹性	抽薹指数
极晚抽薹（EL）	0～11.11
晚抽薹（L）	11.12～33.33
中等抽薹（M）	33.34～55.55
早抽薹（E）	55.56～77.77
极早抽薹（EE）	77.78～100

图 9-1　京春白大白菜在不同补光光强处理下的抽薹情况

（余阳俊等，2002）

A. 254～290μmol/(m^2 · s)　B. 182～218μmol/(m^2 · s)　C. 108～144μmol/(m^2 · s)　D. 36～72μmol/(m^2 · s)　E. 0

图 9-2　京春白、京春王、小杂 61 在 108～144μmol/(m^2 · s) 补光光强处理下的生长情况

（余阳俊等，2002）

研究结果还表明，现蕾期、短缩茎（薹）长、抽薹指数都可作为晚抽薹评价指标。但现蕾期作标准，试验结果可重复性差，易受环境因子干扰；短缩茎（薹）长虽然只需调查一次，比调查现蕾期简便、快速、高效，但现蕾期、短缩茎（薹）长评价法均采用具体数值划分抽薹等级，误差增大，仅能划分出早、中、晚三个等级，比较粗放，难以区分早抽薹与极早抽薹、晚抽薹与极晚抽薹之间的差别（表9-3）。而抽薹指数评价法采用抽薹等级调查计算抽薹指数，将抽薹性划分为5个等级，弥补了前两者的不足。由于避开了用某一具体性状的调查数值的平均值作为分级标准，减少了误差，故此方法更为科学合理（表9-4）。抽薹指数评价法在操作上体现为更加简便、高效、准确，避免了现蕾期、抽薹期调查时间段长或短缩茎（薹）长调查的繁琐，同时弥补了采用现蕾期或薹长等单一评价指标的不足。抽薹指数评价周期约45d。

$$抽薹指数(\%)=\frac{\sum 级数\times 各级株数}{9\times 调查总株数}\times 100$$

表9-3 大白菜不同品种苗期和田间抽薹性评价结果

（余阳俊等，2000）

品　种	苗　期		苗　期		田间成株
	平均短缩茎（薹）长（cm）	抽薹性归类	平均现蕾期（d）	抽薹性归类	短缩茎（薹）长（cm）
北京小杂50（CK）	17.00	E	16.0	E	>50（100%抽薹）
北京小杂61	18.41	E	17.2	E	25.8
北京小杂55	1.59	L	28.5	L	7.6
春珍白3号	1.81	L	22.7	M	6.9
鲁春白1号	1.90	L	27.9	L	13.3
春夏王	1.25	L	28.6	L	5.6
阳春	0.97	L	28.8	L	4.6
春黄	1.27	L	27.3	L	3.9
87春34	4.40	M	22.3	M	5.9
日喀则1号	3.00	M	27.6	L	5.4
春秋54	2.80	M	21.3	M	4.1
四季王	2.01	M	21.4	M	4.5
春冠	1.02	L	40.5	L	9.3
强势	1.46	L	25.7	L	4.6
京春王	2.16	M	23.8	M	10.0
京春早	2.68	M	22.1	M	15.0
京春白	0.86	L	49.9	L	4.7
胶春1号	2.55	M	23.5	M	5.9

注：苗期抽薹性依现蕾期划分为三种类型：晚抽薹（L）：超过25d；中等抽薹（M）：20～25d；早抽薹（E）：短于20d。

苗期抽薹性于对照北京小杂50开花之日依短缩茎（薹）的长短划分为三种类型：晚抽薹（L）：小于2cm；中等抽薹（M）：2～5cm；早抽薹（E）：大于5cm。

田间抽薹性于叶球成熟期依短缩茎（薹）的长短划分为三种类型：晚抽薹（L）：小于5cm；中等抽薹（M）：5～10cm；早抽薹（E）：大于10cm。

表 9-4　不同品种苗期和田间晚抽薹评价结果

（余阳俊等，2002）

品种名称	苗期评价			苗期评价		苗期评价		春季田间成株	
	现蕾率（%）	平均现蕾期（d）	抽薹性	平均短缩茎（薹）长（cm）	抽薹性	抽薹指数	抽薹性	短缩茎（薹）长（cm）	抽薹性
03-21	10.7	>39.8[a]	L	0.34	L	0	EL	3.70	L
$02S_6$-51	86.7	>32.8[a]	L	0.47	L	0	EL	3.60	L
03-24	86.7	>31.5[a]	L	0.56	L	1.11	EL	3.63	L
03-23	100	28.4	L	0.60	L	7.53	EL	2.63	L
强势	100	25.4	L	0.82	L	18.24	L	4.75	L
春夏王	100	22.2	M	1.69	L	45.19	M	9.37	M
北京小杂50（CK）	100	15.9	E	9.24	E	82.96	EE	>50（100%开花）	E

a：现蕾株的平均值。

（三）晚抽薹优势育种

日本、韩国的大白菜晚抽薹育种起步早，相比之下，国内起步较晚。目前市场上推出的品种均为杂种一代，且均采用自交不亲和系育成。

由于晚抽薹为多基因控制的数量性状，且大白菜的早抽薹基因呈部分显性，晚抽薹基因呈隐性，晚抽薹材料与早抽薹材料杂交，F_1 的抽薹性表现为中间偏早。因此，利用杂种优势育种难以收到提高晚薹抽性的显著效果，双亲需同时具有晚抽薹性才能育成一个晚抽薹性强的 F_1 品种。要利用杂种优势育种育成晚抽薹的 F_1 品种，必须先筛选纯化双亲的晚抽薹性。根据大白菜的晚抽薹性遗传以加性效应为主且遗传力较高的原理，采用常规杂交育种方法可以在筛选和转育晚抽薹性育种材料方面取得良好的效果。

选育晚抽薹育种材料的途径有三：从现有育种材料中筛选，或利用韩国、日本引进的 F_1 品种进行自交分离筛选，或通过种内及品种间杂交转育。由于国内缺乏大白菜晚抽薹种质，从现有育种材料中选育效果不佳。因此，以从韩国、日本引种春大白菜品种做种质资源进行自交分离筛选晚抽薹材料已成为主要途径。然而，由于韩国、日本地处海洋性潮湿气候，多数引进的春大白菜品种对病毒病抗性较差，难以通过自交分离直接利用。解决这一问题的有效途径是把外来的晚抽薹性状转育到国内的抗病材料上，或通过杂交、回交途径提高外来晚抽薹材料的抗病性，通过这一途径同时还能拓宽育种材料的遗传变异范围。

由于春大白菜材料的小孢子培养诱导出胚率极低，因此，目前加快晚抽薹育种材料的纯化速度主要采用人工加代方法。

近年来，北京市蔬菜研究中心在大白菜晚抽薹材料转育方面取得了较好成效。以低温要求型的大白菜晚抽薹材料 YH 作为转育源，分别以早或极早抽薹，但抗病、优质、极早熟的大白菜材料 8320、ZH、DY 为被转育源，经过杂交、回交及多代自交纯化，筛选出 4 份性状整齐、早熟、抗病、晚抽薹、黄心且综合性状优良的自交不亲和系 03-21、$02S_6$-51、03-23 和 03-24。经室内晚抽薹性评价，上述 4 份转育材料均达到极晚抽薹水平，晚抽薹性已超出韩国对照品种强势、春夏王（表9-4）。经过配合力测试和组合筛选，用03-21为亲本之一选育成一代杂种京春黄。该品种较韩国对照品种强势在田间表现为早熟、抗病、结球紧实、品质好，外叶较少，短缩茎较短（表9-5）。

表9-5 京春黄、强势大白菜田间品比试验结果

（余阳俊等）

品种	生长势	叶色	外叶数（片）	球形	紧实度	心色	心柱长（cm）	球重（kg）	发病率（%）			口尝品质	综合评价
									病毒病	黄萎病	干烧心病		
京春黄	中$^{+}$	深绿	6.2	叠抱	紧	黄色	3.27	1.93	0	30	0	优	优
强势	旺	深绿	7.8	合抱	中$^{+}$	浅黄	4.02	2.13	10	70	50	中	中

目前生产上应用的春大白菜品种多为来自韩国、日本的品种，如强势、春夏王、金峰、四季王、春秋54、春大将、金春、良庆、健春、菊锦等。国内近几年育成和推广了一些品种，但推广面积还不大，如京春99、改良京春白、改良京春绿、京春黄、京春旺、鲁春白1号、天正春白1号、春优1号、春优2号、春珍白3号、德高春等。

近年来，"娃娃菜"的生产和消费也日益广泛。娃娃菜实际上是适于密植栽培（150 000株左右/hm^2）的小型化大白菜品种。其个体小，生长期短，质地脆嫩，风味独特，深受生产者和消费者厚爱。近几年，市场上娃娃菜品种如雨后春笋般涌现，其中有春月黄、皇后快生、小巧、三宝、金拇指、红孩儿、玲珑、绿荷金、金铃、京秀、京春娃娃菜1号、京春娃娃菜2号、京春娃娃菜3号等品种。这些品种从播种至收获45～55d，包球速度快，晚抽薹性较强，球叶黄色或浅黄色，品质脆嫩，株型较小，上下等粗，便于包装，适于密植，每公顷种植120 000～180 000株。

（四）晚抽薹分子标记辅助育种

由于从国外引入的品种绝大多数抗病毒病能力差，而国内品种虽抗病但晚抽薹性较弱，因此晚抽薹大白菜育种同时面临晚抽薹转育与抗病性筛选的双重任务。晚抽薹性转育需要严格的低温春化条件以评价抽薹性，然而苗期评价不能兼顾其他性状选择，且春季田间评价后难于筛选留种，若不进行人工加代，春大白菜当年繁殖，次年才能评价，因此转育难度大，周期长，选择效率低。

现有大白菜晚抽薹育种材料均属于低温要求类型。为了丰富大白菜晚抽薹基因，余阳俊等（2006）近年来采用芸薹种内亚种间杂交，试图将低温要求性极强的芜菁MM、包含有长日要求性的白菜材料WS和FMS的晚抽薹性转育到早熟、抗病大白菜中。由于经济性状差异大，采用常规育种法将芜菁、白菜的晚抽薹性状导入大白菜中，转育难度更大，周期更长。

对晚抽薹性状进行分子标记研究不仅可从分子水平诠释性状遗传规律，而且可实现苗期分子水平辅助选择，提高育种选择效率，并为进一步开展基因克隆奠定基础。芸薹种蔬菜与抽薹开花相关的数量性状已标记的有：Teutonico等（1995）采用*B. rapa*获得春化要求（vernalization requirement）的3个RFLP标记位点；Ferreira（1995）获得*B. napus*春化要求的4个RFLP标记位点，分别位于LG8、LG3、LG2、LG5上。Ajisa-

ka（2001）利用分组分离分析法（BSA）在无低温要求的极晚抽薹白菜品种 Osaka Shirona Bansei 上找到了与控制抽薹性状位点连锁的一条 530bp RAPD 带 RA1255C，以此为探针，探测到单个 RFLP 位点 BN007－1，并检测到其他 3 个 RAPD 标记也与该位点连锁。

日本学者 Nozaki 等（1997）以大白菜与京水菜（*B. campestris* var. *japonica*）的 F_2 为试材，在 10 个连锁群上找到了与叶形、抽薹、叶毛、自交不亲和性等性状相关的 52 个 QTL 位点，认为抽薹期至少受 2 个独立的基因位点控制。张鲁刚等（2000）采用大白菜与芜菁杂交的 F_2 分离群体和 RAPD 标记方法也构建了大白菜的分子连锁图谱，QTL 定位结果发现控制大白菜抽薹日数和开花日数的 QTLs 分别有 10 个和 2 个。杨旭等（2006）进一步在创建大白菜与芜菁杂交后代 DH 群体的基础上，采用 AFLP、SRAP、RAPD 和同工酶标记方法构建了大白菜分子连锁图谱，QTL 定位结果发现控制大白菜抽薹指数、抽薹日数和开花日数的 QTLs 分别有 8 个、3 个和 4 个。上述研究结果为今后实现大白菜晚抽薹分子标记辅助育种奠定了基础。

第二节　耐热育种

一、耐热种质资源

大白菜喜好冷凉气候，多在温带地区栽培。然而，在我国华南地区及东南亚的热带和亚热带地区，气候炎热、多雨，大白菜经过长期自然驯化和人工选择，形成了适于当地气候条件的耐热类型。这些耐热大白菜品种通常具有耐热、耐湿、早熟、个体小、高温下结球性良好等特点。如国内利用较多的耐热大白菜品种早皇白为广东省的地方品种，"亚蔬"类型的耐热大白菜材料来源于福建省的漳浦蕾品种。亚蔬中心和泰国正大研究机构都曾培育出了一批优良的耐热大白菜杂交种。国内从 1986 年开始先后从国外引进了一些耐热品种，有的直接用于生产，有的作为耐热资源材料用于培育耐热新品种。如孙立金（1992）从引进的 25 个耐热大白菜品种中筛选出 16 个中度抗霜霉病的品种；薛旭初等（1996）引进 11 个耐热大白菜品种，经综合评价，获得 AC77M（2/3）－46 和 AC1（62）两个耐热早熟品种。

二、大白菜耐热遗传及生理生化机制

（一）耐热遗传规律

吴国胜等（1997）研究认为，大白菜耐热性的遗传是由多基因控制的，呈现数量遗传的特点。大白菜的耐热遗传符合加性—显性—上位性模型，且以加性遗传效应为主，兼有上位效应，其广义遗传力和狭义遗传力均较高。因此，采用常规的杂交育种方法，可望在耐热性的材料选育方面取得良好效果。但在总的遗传变异中，一般配合力方差占比例较大，特殊配合力方差所占比例很小，显性效应不明显。因此，单纯利用杂种优势育种难以收到显著提高耐热性的效果。

（二）耐热生理生化机制

1. 渗透调节与细胞水分状况 渗透调节是植物耐热和抵御高温逆境的重要生理机制。高温胁迫诱发细胞脱水是造成高温伤害的重要原因。耐热品种在高温逆境下的水分吸收和丧失能在较大范围内保持平衡，因而表现较强的耐热能力。耐热大白菜品种较不耐热品种在高温下失水较少，束缚水与自由水的比值大，蒸腾速率增加较少。如耐热大白菜品种亚蔬 1 号的束缚水与自由水的比值比热敏品种 106 高 66.7%，表明耐热大白菜叶细胞在高温下具有较强的持水力，这对高温下保持细胞原生质胶体结构稳定性，减少高温伤害具有积极作用。此外，耐热的大白菜品种叶面气孔密度大，耐热品种亚蔬 1 号的气孔密度比热敏品种 106 的大 32.9%。表明在高温下气孔密度大、蒸腾速率快、束缚水的含量高是大白菜耐热的特性（叶陈亮等，1996）。

2. 细胞膜热稳定性及保护酶系统 细胞膜被认为是植物受热害的主要部位。热胁迫会破坏细胞膜结构的完整性，从而导致细胞膜选择性吸收能力的丧失和细胞内电解质的渗漏，结果表现在可直接测量的相对电导率的增加上。吴国胜等（1995）发现，耐热能力不同的 2 个大白菜品种在 32℃和 36℃高温下处理 2d，2 个品种均出现了不同程度的热害症状，但细胞膜透性没有明显差异。而用电解质透出率及电解质透出率为 50%时的 50℃热致死时间来反映不同耐热性大白菜品种叶片细胞膜热稳定性差异时，其结果与田间试验耐高温性相符。因此，认为用细胞膜的热稳定性来衡量大白菜耐热能力的强弱更为合理。大量试验表明，高温下细胞膜系统的稳定性与植物的耐热性呈正相关。

高温胁迫引起的膜脂过氧化过程中氧自由基 O_2^-、H_2O_2 等有毒物质的产生速度与保护酶系统在高温下的活性共同决定着植物的耐热性。植物酶促防御系统，包括超氧化物歧化酶（SOD）、过氧化物酶（POD）、过氧化氢酶（CAT）、抗坏血酸过氧化物酶（APX）等是消除自由基的重要酶，它们可以减轻膜脂过氧化程度，保持膜系统的稳定性。

大白菜的 POD 活性在高温下降低，耐热的品种 POD 活性变化较大，且在常温和高温下 POD 活性均高于不耐热品种；CAT 活性在高温下增大，但耐热品种与热敏品种之间没有明显的差异。POD 通过自身的消耗清除了因代谢失调引起的过多氧自由基，从而保护了细胞膜的结构，提高植株的耐热性。

高温胁迫使大白菜耐热品种的 SOD、CAT、APX 活性提高，热敏品种除 CAT 活性提高外，SOD、APX 活性均下降。在正常条件下，SOD 等活性氧清除剂能有效地清除体内破坏力极强的活性氧，热敏品种在高温胁迫下叶片中 SOD 活性下降，造成膜脂过氧化作用加剧，使膜系统进一步受到伤害。

3. 光合作用和呼吸作用 在高温胁迫下，净光合速率有较大幅度的降低。定位于类囊体膜上的光系统复合体在光合作用中对温度极为敏感，高温胁迫可诱导光合系统（PS）的有活性中心向无活性中心的转化，从而降低净光合速率。高温可引起叶绿素的降解，造成 CO_2 溶解度、1，5-二磷酸核酮糖羧化酶对 CO_2 的亲和力以及光合系统中关键组分热稳定性的降低，这些都会影响到植物的光合速率。但陈广等（1993）研究认为，大白菜耐热性与叶绿素含量、叶色深浅无关。一般来说，耐热性强的植物在高温条件下可以保持相对正常的生理状态，维持较高的光合速率以保证植株生长或生存需要。因此，高温条件下的净光合速率可以作为检测植物耐热性的一个生理指标。

温度影响呼吸速率主要是影响呼吸酶的活性。司家钢等（1995）发现，高温胁迫在不同程度上降低了大白菜品种的呼吸强度，且耐热性越弱，降低幅度越大。耐热能力较强的亚蔬1号的呼吸强度在高温下能保持不变，而其他品种的呼吸强度则明显降低。因此，呼吸强度在高温处理与未处理之间的差异可作为衡量大白菜品种耐热性的一个生理指标。

4. 氮素代谢　高温逆境下氮素代谢失调是影响植物正常生长的重要原因。耐热大白菜品种在高温下能保持较高的蛋白质合成速率和较低的蛋白质降解速率，而不耐热的品种蛋白质降解较快。高温胁迫后，强耐热品种可溶性蛋白含量增加，而中耐热和弱耐热品种可溶性蛋白含量下降，且弱耐热品种减少幅度较大。有报道指出，胶体束缚水可减慢高温下植物蛋白质的降解速率，高温下植物可溶性蛋白质的含量与植物的耐热性有关。

热激蛋白（HSP）是高温胁迫下植物体内产生的应激蛋白质，其相当一部分属于监护蛋白，主要参与生物体内新生肽的运输、折叠、组装、定位以及变性蛋白的复性和降解。HSP可与逆境下解折叠蛋白质结合，防止其自发折叠成不溶状态，同时也可利用ATP释放的能量，维持变性蛋白的可溶状态，并进一步使之复性，从而使植物具有耐热性。HSP的出现与细胞的耐热潜力发挥有关。植物上最丰富的热激蛋白分子量一般为15～50ku，该组热激蛋白与植物耐热性关系较大。

高温胁迫使大白菜脯氨酸含量迅速增加，增幅与品种的耐热性成正相关。耐热品种脯氨酸含量增幅远远大于不耐热品种。游离脯氨酸在正常情况下主要参与蛋白质合成，也可作为一个氮库，是一种起渗透调节作用的物质。高温下耐热品种叶细胞持水力的增大可能与脯氨酸参与渗透调节有关，脯氨酸可能增强了细胞的抗脱水力。有研究指出，在高温环境中，植物游离脯氨酸含量的增加，是其体内水分亏缺所引起的。因为脯氨酸的水合能力较强，水分亏缺时积累的游离脯氨酸可作为一种溶质来调节细胞水分环境的变化。

三、耐热育种方法与途径

（一）耐热育种目标

1. 耐热　要求品种在平均温度25℃以上时能正常结球，能耐32℃以上高温天气。

2. 生育期　一般直播生长期不超过60d。

3. 抗病性　由于夏季高温、多雨，要求耐热品种抗软腐病兼抗霜霉病，在大陆性气候区还特别要求抗病毒病。

4. 优质　南方市场特别要求品质脆嫩，无辛辣味、苦味，纤维含量少。

5. 叶球大小　目前，多数耐热材料个体偏小，增加单球重难度较大。理想的耐热大白菜品种的单球重为0.5～1.0kg。

6. 球形　一般以中等球高，上下等粗为最理想，偏向株型较直立的中高桩叠抱类型。但也有部分地区有特殊要求，如福建喜欢球形等。

7. 球叶色　一般以白色、浅黄色居多。

（二）耐热杂种优势育种

在国内较早推广的耐热大白菜杂种一代品种为从日本引进的夏阳。但是，在我国南方地区，地方品种早皇白由于种子价格低廉，且耐热、极早熟、品质脆嫩，符合地方消费习惯，至今还占有相当面积。

20世纪80年代以来，我国直接或间接地利用"亚蔬"类型的耐热材料进行了大白菜耐热品种研究、选育和推广工作，培育出一大批不同类型的耐热大白菜一代杂种。目前，国内外依然采用自交不亲和系进行耐热大白菜的杂种优势育种。由于大白菜耐热性为数量性状，显性效应不显著，因此要求双亲都具有耐热性，否则杂种一代耐热性减弱。然而绝大多数耐热材料集中在南方地区，且通常个体较小，基因范围狭窄，杂交后产量优势小，因此如何提高耐热大白菜叶球大小已成为耐热育种的一大难题。

耐热大白菜的选留种一般采用二分种子法，一份种子用于夏播鉴定，另一份种子用于春季小株繁殖。有的采用母株扦插、分株或移植等选留种方法，但播种越早，气温越高，成活率越低。

目前生产上推广应用的杂种一代耐热大白菜品种主要有：夏阳、亚蔬1号、正暑1号、京夏王、京夏1号、京夏2号、京夏3号、京夏4号、京研快菜、夏优1号、夏优3号、优夏王、夏珍白1号、夏翠、潍白1号、胶白6号、鲁白13、津白45、津白56、连星60、夏白59、金夏、夏丰等。

（三）耐热大白菜加代繁殖

由于多数耐热大白菜材料冬性较弱，因而，较短时间的种子低温处理（3～5℃，7～15d）便可满足其对春化的低温要求，抽薹、开花较容易。理论上，一年可人工加代繁殖3～4代，从而可加快亲本材料的纯化速度。

（四）耐热大白菜DH育种

通过游离小孢子培养获得自然加倍双单倍体，从而达到快速纯化亲本材料的目的。实践证明，极早熟耐热大白菜材料经游离小孢子培养诱导出胚率较高，DH育种已成为耐热大白菜育种中亲本系纯化的重要途径之一。

（五）大白菜耐热性鉴定筛选

由于形成正常的叶球是大白菜生产的目的，因此田间自然高温条件下的结球性被认为是鉴定耐热性的最为可靠、也是被广泛采用的指标。通常把在平均气温持续超过25℃的环境条件下的结球率作为大白菜耐热性鉴定指标（表9-6）。以高温结球率鉴定大白菜耐热性一般在夏季田间进行，而完全通过人工气候模拟难以实现。由于品种的生态型差异，大多数南方生态型品种在北方露地种植时易生长不良甚至死亡。因此，在南方或海洋性气候区可以于露地种植鉴定，而北方或大陆性气候区应在塑料大棚或网棚内进行，以避免高温以外其他因素的不利影响。结球标准以手压叶球达中等以上紧实度为准。

表9-6　大白菜田间耐热性鉴定分类标准

耐热性	高温下结球率（%）
耐热（T）	>80%
中等耐热（M）	60%～80%
不耐热（S）	<60%

室内人工苗期热害指数鉴定法克服了季节限制及气候变化的影响。该方法提出苗期经

32℃、10d的高温胁迫，叶片皱缩反卷是大白菜发生热害的代表症状，能够稳定准确地鉴别品种的耐热性，并把代表症状划分为0、1、3、5、7级（表9-7、图9-3），用热害指数衡量品种或材料的耐热性（表9-8）。

$$热害指数(\%)=\frac{\sum(级数\times各级株数)}{最高级数\times总株数}\times 100$$

表9-7　大白菜热害调查分级标准

级　别	症　　状
0	幼苗生长正常，无明显热害症状
1	幼苗生长正常，新叶叶缘轻度反卷
3	新叶轻度皱缩，叶缘中度反卷
5	叶片中度皱缩，叶缘严重反卷
7	叶片严重皱缩反卷，呈细条状

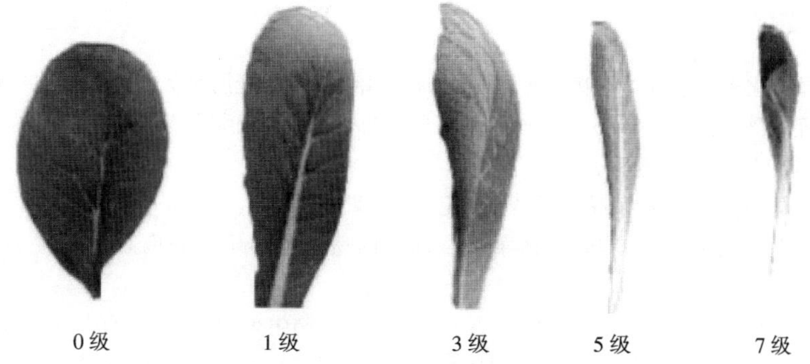

图9-3　大白菜热害分级标准
（吴国胜，1995）

表9-8　大白菜热害指数法耐热性鉴定分类标准

耐热性	热害指数（%）
耐热（T）	0～14.29
中等耐热（M）	14.30～42.86
不耐热（S）	42.87～71.43
极不耐热（SS）	71.44～100

电导法虽然在耐热性鉴定中被普遍采用，但关于电导百分率与品种耐热性的相关性，各研究结论不尽一致。罗少波等（1996）研究认为，电导法测定的电解质渗透率在品种间有显著差异，与高温结球率之间有极显著的负相关性，可以鉴定大白菜的耐热性。而司家钢等（1995）研究认为，直接用电导百分率来评定大白菜品种的耐热性不够准确，应利用高温处理后与未处理间的电导百分率的相对差异来反映大白菜品种的耐热性。司家钢等还

认为，半致死温度、半致死时间以及高温胁迫后的变化可较好地反映品种间的耐热性差异，呼吸强度、脯氨酸含量等均与品种耐热性成正相关，可以作为鉴定品种耐热性的生理生化指标。

（六）耐热性分子标记辅助育种

郑晓鹰等（1998）研究了磷酸变位酶遗传表现与大白菜耐热性的关系，发现种苗中磷酸变位酶同工酶（PGM-2）位点与耐热性相关，可以作为大白菜的1个耐热标记位点。于拴仓等（2004）以重组自交系（RIL）群体为作图群体，利用AFLP和RAPD两种分子标记构建了包含17个连锁群，由352个遗传标记组成的大白菜连锁图谱，用苗期热害指数进行耐热性表型鉴定，对大白菜的耐热性进行了QTL定位研究。共检测到5个耐热性QTL位点，分布于3个连锁群，*ht*-1、*ht*-3和*ht*-5表现为增效加性效应，*ht*-2和*ht*-4表现为减性加性效应，5个QTL的遗传贡献率在7.00%～18.53%之间，*ht*-2对大白菜耐热性的遗传贡献率最大，为18.53%，可能为主效基因位点。发现了与5个QTLs紧密连锁的侧连分子标记，其与QTL间的连锁距离为0.1～2.4cM。

上述耐热性分子标记的获得为进一步开展分子标记辅助育种奠定了基础。

◆ 主要参考文献

奥岩松，李式军，程斐，等.1994.晚抽薹大白菜的种子春化特性与光周期反应//园艺学进展：501-563.

奥岩松，李式军，陈广福，等.1996.种子春化与光周期处理对大白菜花芽分化和抽薹的影响.东北农业大学学报27（3）：250-254.

陈广，段建雄.1993.部分大白菜品种耐热性鉴定.中国蔬菜（1）：33-35.

程斐，李式军，奥岩松，等.1999.大白菜抽薹性状的遗传规律研究.南京农业大学学报22（1）：26-28.

程斐，张蜀宁，孙朝晖，等.1999.春大白菜品种选育的形态与生理指标.园艺学报26（2）：120-122.

方淑桂，陈文辉，陈巧明.1999.耐热大白菜留种和加代技术的研究.福建农业学报，14（4）：38-41.

费广震.1990.耐热夏大白菜新品种——“伏宝”和“夏丰”.蔬菜（2）：24.

李梅兰，汪俏梅，朱祝军，等.2002.春化对白菜DNA甲基化、GA含量及蛋白质的影响.园艺学报（4）：67-69.

陆世钧，乔炳根.1990.早熟大白菜耐热性与EC值关系初探.上海蔬菜（2）：25.

罗少波，等.1996.大白菜品种耐热性的鉴定方法.中国蔬菜（2）：16-18.

司家钢.1995.高温胁迫对大白菜耐热性相关生理指标的影响.中国蔬菜（4）：4-6.

孙立金.1992.耐热大白菜品种对霜霉病的抗病性研究.天津农业科学（2）：9-10.

吴国胜，曹婉虹.1995.细胞膜热稳定性及保护酶和大白菜耐热性的关系.园艺学报22（4）：353-358.

吴国胜，等.1995.大白菜热害发生规律及耐热性筛选方法的研究.华北农学报10（1）：111-115.

吴国胜，等.1997.大白菜耐热性遗传效应研究.园艺学报24（2）：141-144.

杨向辉，吕娟，徐跃进.1999.大白菜耐热研究进展.长江蔬菜（8）：1-4.

叶陈亮，柯玉琴.1996.大白菜耐热性生理研究：Ⅱ叶片水分和蛋白质代谢与耐热性.福建农业大学学报25（4）：490-493.

叶陈亮，柯玉琴，陈伟.1997.大白菜耐热性的生理研究：Ⅳ酶性和非酶性活性氧清除能力与耐热性.福建农业大学学报26（4）：498-501.

于拴仓，王永健，郑晓鹰.2004.大白菜耐热性QTL定位与分析.园艺学报30（4）：417-420.

余阳俊，陈广．1994．早熟大白菜母株留种方法．中国蔬菜（5）：15－18．

余阳俊，陈广．1994．ABT生根粉在早熟大白菜母株留种中的应用．北京农业科学（5）：28－30．

余阳俊，陈广，刘琪．1996．大白菜晚抽薹性状及其与开花叶片数的关系．北京农业科学 14（3）：32－34．

余阳俊，陈广，飞弹健一．1998．PEG（聚乙二醇）对白菜种子春化的影响．华北农学报（1）：136－141．

余阳俊，赵岫云，徐家炳，等．2000．大白菜室内苗期冬性鉴定方法研究//奥岩松，秦智伟，园艺学进展：第四辑．黑龙江：哈尔滨工程大学出版社．

余阳俊，赵岫云，徐家炳，等．2002．大白菜室内苗期耐抽薹鉴定方法．中国蔬菜（1）：29－30．

余阳俊，张凤兰，赵岫云，等．2004．大白菜晚抽薹快速评价方法．中国蔬菜（6）：16－18．

余阳俊，张凤兰，赵岫云，等．2005．大白菜及种内杂种小白菜×大白菜、芜菁×大白菜的晚抽薹遗传效应研究．华北农学报 20（3）：17－21．

袁凤翥．1979．关于防止结球白菜早期抽薹问题的初步认识．西藏农业科技（2）：26－31．

张凤兰．1993．大白菜抗抽薹育种研究进展．北京农业科学（4）：23－26．

张凤兰，徐家炳，赵岫云，等．1996．苗期遮光对易抽薹型大白菜抽薹开花的影响．中国蔬菜（3）：22－25．

张连宗等．1985．结球白菜耐热性育种//夏季蔬菜生产改进研讨会专辑．台湾：台湾省桃园区农业改良场．

张志焱，刘长庆，孙发仁．1995．春化条件对大白菜花芽分化与种株发育的影响．中国蔬菜（5）：35－36．

Aspinall D，Paleg LG. 1981. Proline accumulation：physiological aspects，the physiology and biochemistry of drought resistance in plant［M］. New York：Academic Press，205－211.

Ajisaka H，Kuginuki Y，Yui S，et al. 2001. Identification and mapping of a quantitative trait locus controlling extreme late bolting in Chinese cabbage（*Brassica rapa* L. ssp. *pekinensis* syn. *campestris* L.）using bulked segregant analysis：A QTL controlling extreme late bolting in Chinese cabbage. Euphytica，118：75－81.

Elers B，Wiebe HJ. 1984. Flower formation of Chinese cabbage：Ⅰ. Response to vernalization and photoperiods. Scientia Horticulturae，22：3，219－231.

Elers，B. Wiebe，HJ. 1984. Flower formation of Chinese cabbage：Ⅱ. Anti-Vernalization and short-day treatment. Scientia Horticulturae，22：4，327－332.

Elizabeth RW. 1996. Elizabeth Vierling：Evolution and function of the small heat shock proteins in plants. Exp Bot，47：325－332.

Guttormsen G，Moe R. 1985. Effect of day and night temperature at different stages of growth on bolting Chinese cabbage. Scientia Horticulture，25：225－233.

Guttormsen G，Moe R. 1985. Effect of plant age and temperature on bolting in Chinese cabbage. Scientia Horticulture，25：217－224.

Lorenz OA. 1946. Response of Chinese cabbage to temperature and photoperid. Hortic Sci，47：309－319.

Matsui T，Eguchi H，Mori K. 1978. Msthematical model of flower stalk development in Chinese cabbage addect by low temperature and photoperiod. Environ Control Biol，17：17－26.

Mero CE，Honma S. 1983. The inheritance of bolt resistance in an interspecific cross Siberian kale（Brassica napus）X Chinese cabbage（*B. campestris* L. ssp. *pekinensis*）and an intraspecific cross Chinese cabbage×turnip（*B. campestris* L. ssp. *rapifera*）. Cruciferae-Newsletter，8：17.

Mero CE，Honma S. 1984. A method for evaluating bolting-resistance in Brassica species. Scientia Horticulturae，24：13－19.

Mero CE，Honma S. 1984. Inheritance of bolt resistance in an interspecific cross of Brassica species：*Brassica napus* L. × *Brassica campestris* L. ssp. *pekinensis* [Chinese cabbage，vernalization respo nse]．J. Heredity，75（5）：407－410.

Mero CE，Honma S. 1984. Inheritance of bolt resistance in an interspecific cross of Brassica species. Ⅱ. Chikale（*Brassica campestris* L. ssp. *pekinensis* × *Brassica napus* L.）× Chinese cabbage. J. Heredity，75：485－487.

Mero CE，Honma S. 1985. Inheritance of bolt resistance in an intraspecific Chinese cabbage X turnip cross. Hortscience，20（5）：881－882；

Moe R，Guttormsen G. 1985. Effect of Photoperiod and Temperature on Bolting in Chinese Cabbage. Scientia Horticulture，27：49－54.

Opena RT，Lo SH. 1979. Genetics of heat tolerance in heading Chinese cabbage. Hort Sci，14（1）：33－34.

Opena RT，Lo SH. 1981. Breeding for heat tolerance in heading Chinese cabbage//Proc. Ist International Symposium on Chinese cabbage（ed. N. S Talekar and T. D. G riggs）AVRDC Shanhua，Taiwan，489.

Rietae，E.，Wiebe，H. J. 1988. Bolting and flowering of Chinese cabbage as affected by the intensity and source of supplementary light. Scientia Horticulturae，34：171－176.

Rietze E，Wiebe H J. 1988. The Influence of Soil Temperature on Vernalization of Chiness Cabbage. Journal of Horticultural Science，63（1）：83－86.

Teutonico RA. 1995. Mapping loci controlling vernalization requirement in Brassica rapa. TAG，91：1279－1283.

Wurr DC，Jane R，Fellows，et al. 1996. Growth and development of heads and flowering stalk extension in field-grown Chinese cabbage in the U K. Journal of Horticultural Science，7（2）：273－286.

Yamaski K. 1956. Thermostage for the green plant Chinese cabbage grown in spring. Buii Hortic Div Tokar kinki Agric Esp Stn，1：31－47.

Yui S，Yoshikawa H，Kuginuki Y. 1991. Breeding of slow bolting Brassica campestris variety with no low temperature sensitivity. Cruciferae-Newsletter，（14）：56－57.

Yui S，Yoshikawa H. 1988. Bolting characters of slow bolting Brassica campestris varieties under non-vernalized condition. Cruciferae-Newsletter，13，128－129.

Yui S，Yoshikawa H. 1991. Bolting resistant breeding of Chinese cabbage. I. Flower induction of late bolting variety without chilling treatment. Euphytica，52：171－176.

Yui S，Yoshikawa H. 1992. Breeding of bolting resistance in Chinese cabbage-critical day length for flower induction of late bolting material with no chilling requirement. Journal of the Japanese Society for Horticultural Science，61：565－568.

Yu YJ，Zhao XY，Xu JB，et al. 2002. Screening method of bolting resistance in Chinese cabbage. XXVI th International Horticultural Congress & Exhibition；Horticulture：Art & science for Life，held at Toronto，Canada on 11～17 Aug，P. 441.

Yui S，Kuginuki Y，Hida K. 2003. Breeding Chinese cabbage parental line no. 6 with bolting resistance. Horticultural Research Japan，2：5－8.

（余阳俊　张凤兰）

第十章

多倍体育种

第一节　大白菜多倍体育种概述

一、蔬菜多倍体育种现状

蔬菜作物上开展多倍体育种已长达半个多世纪。20 世纪 30 年代，前苏联有关专家通过切伤的再生芽获得了四倍体甘蓝，其叶球重超过了原二倍体品种，而结籽率与二倍体品种相当。20 世纪 40 年代，日本的遗传育种学家木原均，采用秋水仙碱诱导出了同源四倍体西瓜，然后再与二倍体品种杂交，获得了三倍体西瓜种子，从而培育出了无籽西瓜。20 世纪 60 年代，日本蔬菜育种家育成了大白菜与甘蓝的远缘杂交人工合成的新种白蓝，它是将杂种胚经染色体加倍形成的异源四倍体（2n=4x=38）。白蓝表现多汁、味甜，适于生食、腌渍和榨汁，而且表现抗软腐病等病害。其缺点是中肋较粗大，叶球易开裂，且个体间整齐度不高。20 世纪 70 年代，前苏联有关专家用秋水仙碱诱导中国的密刺型黄瓜品种获得同源四倍体，并与二倍体短黄瓜品种杂交，获得了三倍体无籽黄瓜，其产量、品质、耐贮性等均超过了二倍体亲本品种。20 世纪 70 年代以来，前苏联、日本、瑞典、德国的育种家们，先后育成了四倍体莴苣、菠菜、萝卜、芜菁等。20 世纪 80 年代初以来，我国的刘惠吉先后育成了矮脚黄、短白梗、苏州青、扬州青、亮白叶、连云港黑菜、黑心乌等 8 个白菜品种的四倍体，多数已应用于生产。为了提高四倍体白菜品种的群体优势，刘惠吉将四倍体短白梗品种中的两个优良突变系混合采种，培育出抗热、优质、生长速度快的夏淡季耐热白菜品种，并定名为热优 2 号。该品种已在我国南方 10 余个省、自治区、直辖市推广。

目前，蔬菜多倍体的利用主要以四倍体为主，其中包括同源四倍体或异源四倍体，以及同源三倍体等。四倍体或三倍体品种普遍具有营养成分含量高、品质好，以及抗病、丰产等优点，具推广利用的价值。

二、大白菜多倍体育种进展、存在问题与前景

20 世纪 80 年代末，河北省农林科学院经济作物研究所率先开展了大白菜多倍体育种的研究工作。在四倍体大白菜的选育过程中，首先在二倍体大白菜品种中发现了 2n

配子的存在，随即对大白菜2n配子发生的细胞学机理进行了比较深入的研究，明确了2n配子的发生频率及雌雄配子遗传传递率，通过对二、四倍体杂交种子发育过程中胚胎学的观察研究，证明了因胚乳败育引起的胚败育，导致不能形成三倍体种子，最终只能获得稔性高的四倍体材料。从而为二、四倍体杂交创造新四倍体大白菜种质资源提供了理论依据。到目前为止，该研究所已创新了150多份不同类型的四倍体大白菜种质资源，选育出了遗传稳定性较高的大白菜四倍体自交系、自交不亲和系20多个；育成了多育2号、多维462、多5、多505、多526等多个四倍体大白菜新品种，并已经在生产上大面积推广和应用。近几年，山东省农业科学院蔬菜研究所等单位，借鉴河北省农林科学院经济作物研究所的方法和经验，也开展了四倍体大白菜育种工作，并取得了显著进展。

在四倍体大白菜育种过程中，有几个必须注意解决的问题。首先，四倍体品种稔性低，繁种时采种量依然偏低。研究中发现，化学诱变使染色体加倍，后代非整倍体合子出现的频率高，造成遗传失衡，后代材料稔性底。二、四倍体杂交获得新四倍体，其亲本材料的2n配子是在自然条件下产生的，20条染色体间结合力强，遗传性稳定。所以，人工诱变的四倍体大白菜一般不如自然突变的四倍体和二、四倍体杂交获得的四倍体材料稔性高。同时，通过对育种材料的不断选择，可以获得较高稔性的四倍体大白菜材料，从而可以提高四倍体大白菜推广品种的采种量。第二，四倍体大白菜材料在自交选择纯合的过程中表现纯合速度慢。存在这一问题的原因是四倍体材料遗传基础丰富，性状的杂合程度较高，故自交纯合慢，应适当增加自交选择的代数。第三，四倍体大白菜亲本系间杂交，其F_1所表现的杂种优势较小，不如二倍体间杂交的杂种优势明显，需加强研究导致杂种优势不太显著的机理，以便选配出强优势的四倍体杂交组合。

随着我国蔬菜周年均衡供应水平的提高，以及蔬菜品种专用化、多样化和生产区域化的发展，大白菜作为人们生活中主要蔬菜产品的地位并没有改变。因此，选育优质、抗病、丰产、专用的大白菜品种依然是摆在广大育种工作者面前的重要课题。四倍体大白菜抗逆性较强，其球叶叶片较厚、粗纤维含量少、质地脆嫩、品质优良，因此开展四倍体大白菜新品种的选育工作具有良好的发展前景。

第二节　多倍体育种的细胞学基础

普通大白菜为二倍体植物，染色体为：n=x=10，2n=2x=20（图10-1A、B）；四倍体大白菜的染色体数为：n=2x=20，2n=4x=40（图10-1C、D）。

通常我们把来自同一物种的染色体加倍所形成的多倍体称为同源多倍体，如目前国内的四倍体大白菜品种多维462，翠白1号等；而把来自不同物种的染色体加倍所形成的多倍体称为异源多倍体，如日本的白蓝。得到多倍体的途径通常有两种：一种是通过性细胞染色体加倍的途径得到多倍体；一种是通过体细胞染色体加倍的途径得到多倍体。

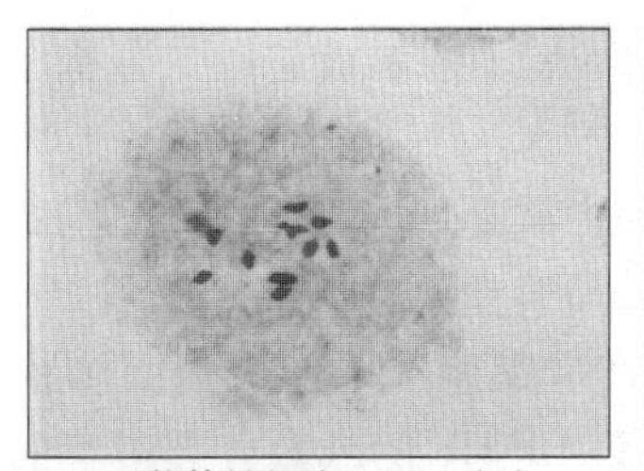

二倍体性细胞 n=x=10(A)

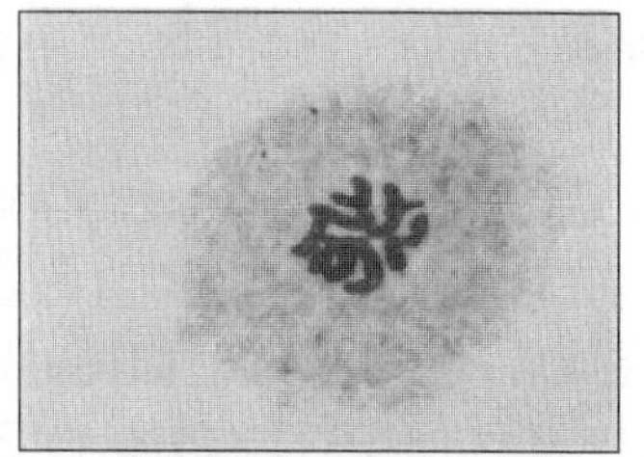

二倍体体细胞 2n=2x=20（B）

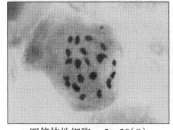

四倍体性细胞 n=2x=20(C)

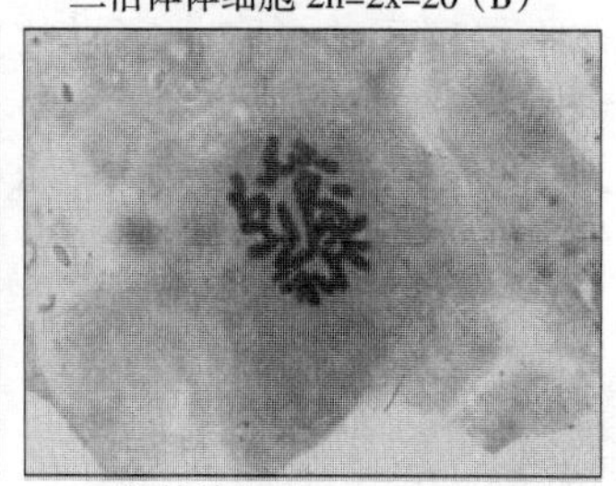

四倍体体细胞 2n=4x=40(D)

图 10-1 大白菜二、四倍体性细胞与体细胞染色体

一、性细胞的染色体加倍

受特殊外界条件的影响，会使高等植物的大、小孢子母细胞减数分裂不能正常进行，从而产生了与体细胞染色体数目相同的性细胞，即 2n 配子。这种 2n 的雄配子与 2n 的雌配子结合就能产生四倍体后代。

（一）大白菜 2n 配子形成的细胞学机理

不减数 2n 配子的发生在植物界是普遍存在的，据 Veilleux（1985）统计，在 13 个科 85 个种中发现过 2n 配子，其中以马铃薯 2n 配子的研究最为突出，不但对其 2n 配子产生的机理进行了深入的研究和分析，同时对 2n 配子在马铃薯生产中的应用也做了大量的工作。现在越来越多的科学家希望借助 2n 配子的研究为马铃薯育种及实生种子的利用开创新局面。

河北省农林科学院经济作物研究所与河北农业大学园艺学院合作，对能产生 2n 配子的二倍体大白菜 BP058 进行了深入的研究，详细观察了大孢子母细胞和小孢子母细胞的

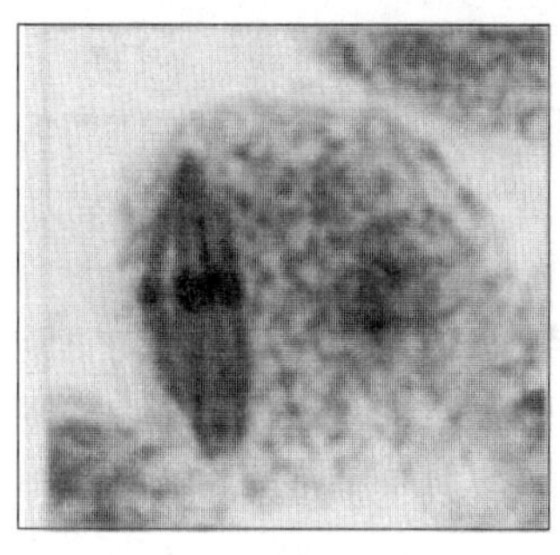

中期Ⅱ呈直角形纺锤体

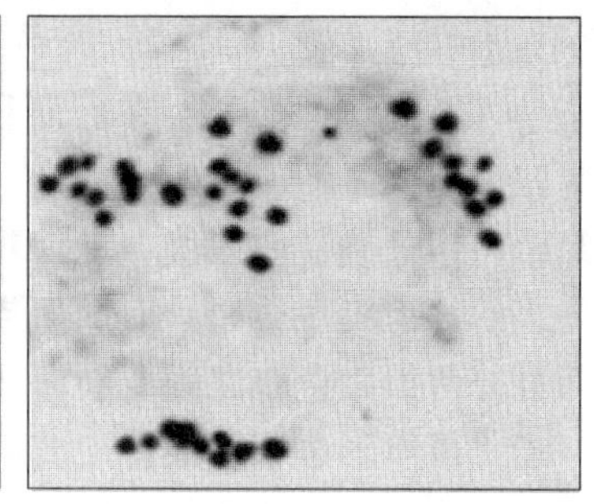

后期Ⅱ呈十字形纺锤体

图 10-2 大白菜花粉母细胞减数分裂

减数分裂过程，结果发现，大白菜 BP058 中 2n 配子的形成是以二分孢子和三分孢子的形式产生的。

普通二倍体大白菜花粉母细胞的减数分裂方式是同时型，即减数分裂中期Ⅱ或后期Ⅱ的两个纺锤体之间正常的位置是相互垂直的，呈直角形或十字形（图 10－2）。

当减数分裂完成后，在 4 个核之间同时产生细胞板，形成四面体状的四分子体（图 10－3）。而在对能产生 2n 配子的二倍体大白菜 BP058 的减数分裂过程的观察发现，其中期Ⅱ的两个纺锤体不仅有直角形和十字形的正常类型，还有八字形和平行形等异常类型（图 10－4）。其中平行型纺锤体又分为两种：一种是两个相互平行的纺锤体彼此相距较远（图 10－5）；另一种是两个相互平行的纺锤体彼此相距较近，有时甚至会合并到一起（图 10－6）。

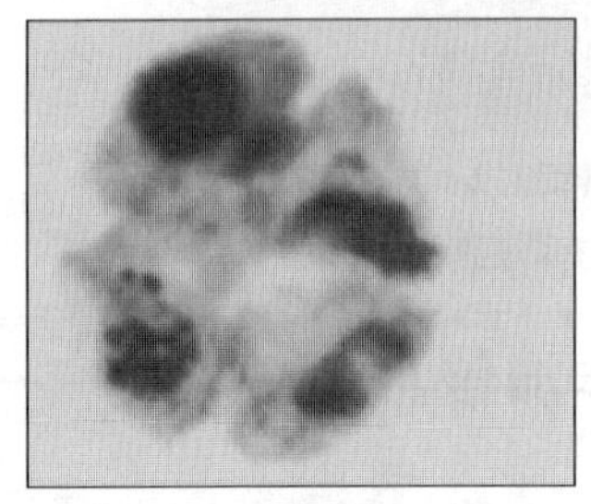

图 10－3　大白菜花粉母细胞分裂正常的四分子体

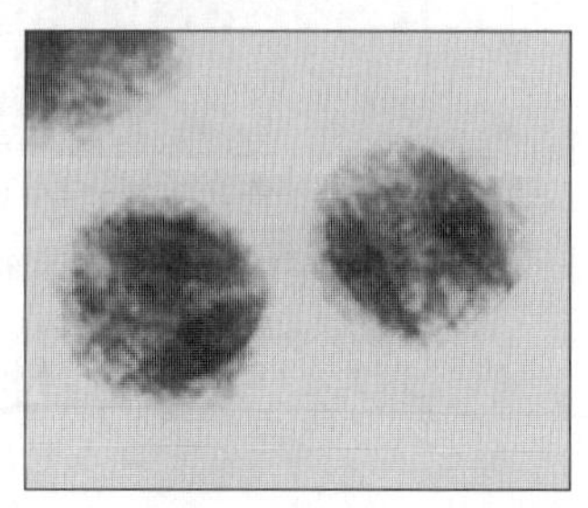

图 10－4　大白菜花粉母细胞分裂异常的八字形纺锤体

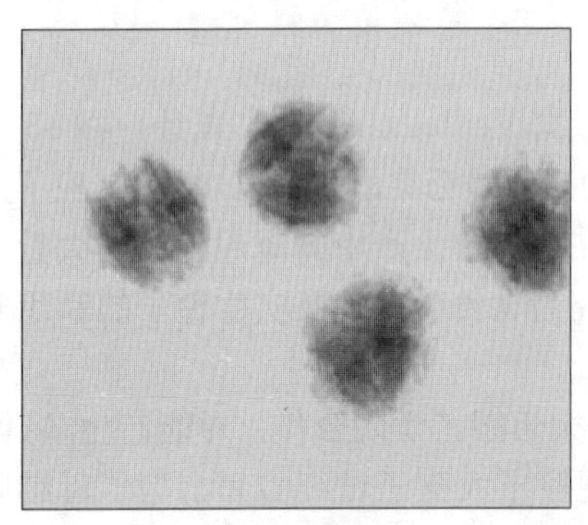

图 10－5　大白菜花粉母细胞相互平行的纺锤体

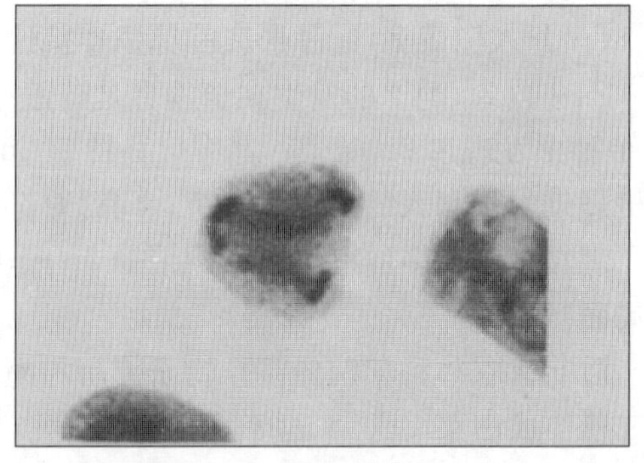

图 10－6　大白菜花粉母细胞合并到一起的纺锤体

在中期Ⅱ呈正常方位的纺锤体，会在后期Ⅱ将分离的 4 组染色体均匀拉向四极，并最终形成四面体状的四分子体（图 10－7A、B）。在中期Ⅱ呈八字形异常方位的纺锤体，在后期Ⅱ则会将 4 组染色体分别拉向三极，从而形成一个三极体（图 10－7C、D）。其形成原因是在中期Ⅱ形成的 4 组染色体中，有两组染色体之间纺锤丝走向正常，将两组染色体分别拉向两极，而另外两组染色体之间的纺锤丝的走向发生了偏移，它没有将两组染色体分开而是合并在一起，最终形成了三极体。其中一极因为包含有两组染色体，所以其染色体数为 n＝2x＝20；而另外两极则只分别包含一组染色体，所以其染色体数为 n＝x＝10。由三极体进一步形成三分体，呈三角形分布在一个平面上，每个三分体将产生 2 个 n 配子和 1 个 2n 配子。

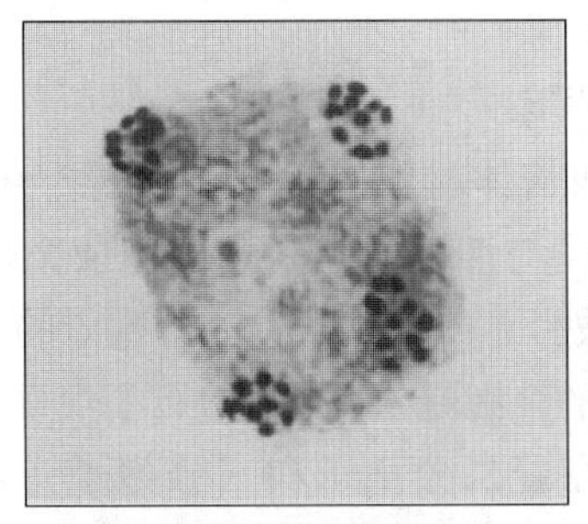

均匀拉向四极的染色体(A)

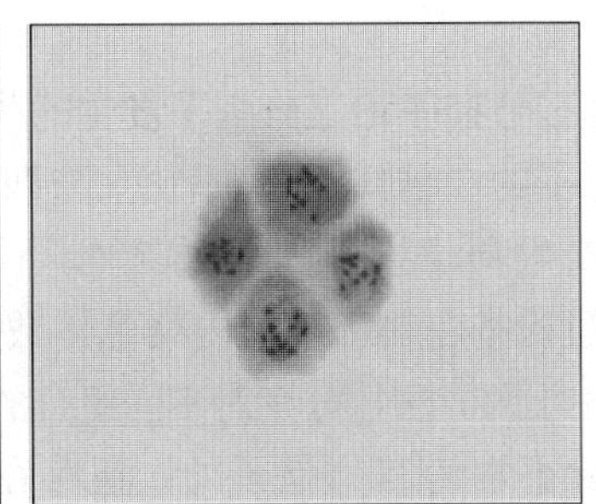

四分体(B)

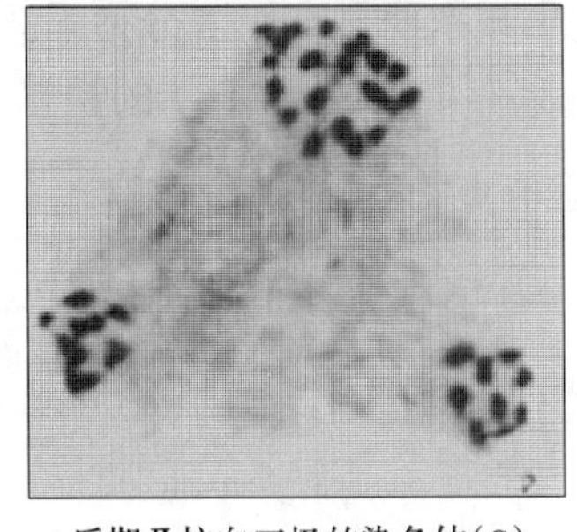

后期Ⅱ拉向三极的染色体(C)

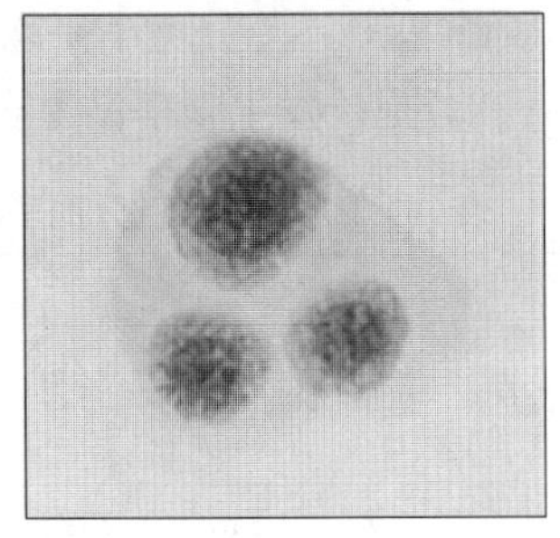

三极体(D)

图 10-7　大白菜花粉母细胞中期Ⅱ四分体、三极体的形成

在中期Ⅱ呈平行方位排列的纺锤体，若两个相互平行的纺锤体彼此相距较近也会发生纺锤丝并合现象，使本应分开的 4 组染色体并成 2 组排列在赤道板上（图 10-8A），然后分别拉向两极，形成了每极都含有两组染色体（n=2x=20）的二分子体（图 10-8B、C），并最终形成 2 个 2n 配子（图 10-8D）。但若两个平行排列的纺锤体相距较远，其后期Ⅱ形成的 4 组染色体就会被分别拉向 4 极，从而形成正常的四分孢子，并最终形成 4 个

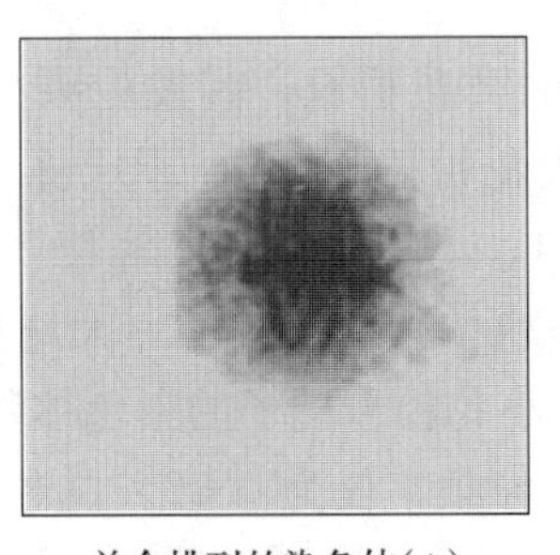

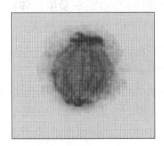

并合排列的染色体(A)

分向两极的染色体(B)

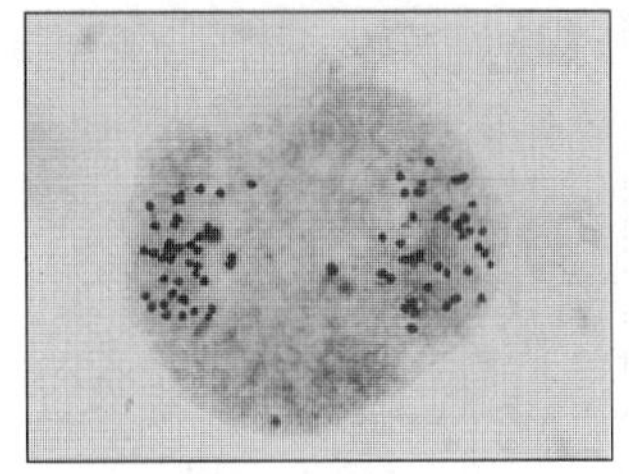

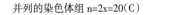

并列的染色体组 n=2x=20(C)

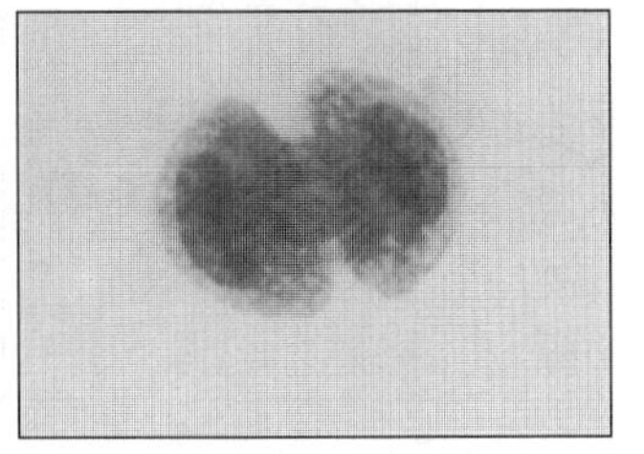

正在形成的二分体(D)

图 10-8　大白菜花粉母细胞染色体不同排列及二分体形成

正常的 n 配子。

（二）大白菜三分孢子和二分孢子发生的频率

利用含 2n 配子的二倍体材料 BP058 与四倍体材料水仙花杂交能产生新的四倍体组合。用几乎不能产生 2n 配子的二倍体亲本 252 与四倍体材料水仙花杂交则不能产生新的四倍体组合。通过检查花粉母细胞内染色体数目、二分孢子、三分孢子的发生频率，以及测量成熟花粉粒大小的方法，分别对不同组合的性细胞分裂过程进行了观察，结果表明：二倍体材料 BP058 除正常的四分孢子外，还存在着二分孢子和三分孢子（表 10-1），5 个 BP058 单株的二分孢子平均发生频率为 3.51%，三分孢子平均发生频率为 44.84%，2n 配子发生总的平均频率为 14.92%，三分孢子平均发生频率明显高于二分孢子频率。二倍体 252 没有二分孢子发生，三分孢子发生频率仅为 0.48%，能形成 2n 配子的频率为 0.12%。

表 10-1　大白菜三分孢子和二分孢子发生的频率（%）

材料	株号	二分孢子	三分孢子	四分孢子	总数	二分孢子频率（%）	三分孢子频率（%）	由二分子体形成 2n 配子率（%）	由三分子体形成 2n 配子率（%）	2n 配子总频率（%）
BP058	1	45	498	348	891	5.05	55.89	3.02	16.38	19.40
	2	15	137	165	317	4.73	43.22	2.72	12.44	15.16
	3	12	125	129	266	4.51	46.99	2.62	13.66	16.28
	4	13	217	482	712	1.83	30.48	0.99	8.34	9.32
	5	3	101	108	212	1.42	47.64	0.81	13.63	14.44
平均						3.51	44.84	2.03	12.89	14.92
252	CK	0	4	827	831	0	0.48	0	0.12	0.12

（三）大小花粉粒的发生频率及染色体数目

大白菜 BP058 的花粉中明显见到大、小两类花粉粒，其发生频率变动在 9.78%～21.55%之间，平均为 15.64%（表 10-2）。大花粉粒的极轴（P）长 40.8μm±0.65μm，赤道轴（E）长 20.6μm±0.31μm，P/E=1.54；小花粉粒的极轴长 33.71μm±0.46μm，赤道轴长 17.42μm±0.25μm，P/E=1.97。染色体数鉴定表明，大花粉粒配子的染色体数粒为 n=2x=20（图 10-9A），即 2n 配子；小花粉粒配子的染色体数为 n=x=10（图 10-9B），即正常 n 配子。二倍体 252 的大花粉粒频率仅为 0.33%。对 BP058 花粉用 1%

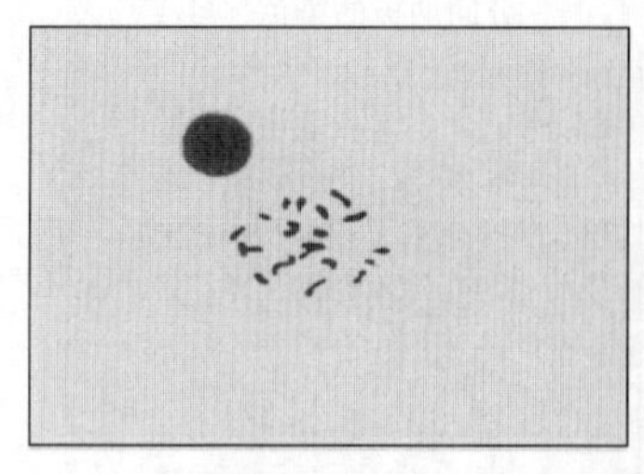

大花粉粒 n=2x=20(A)

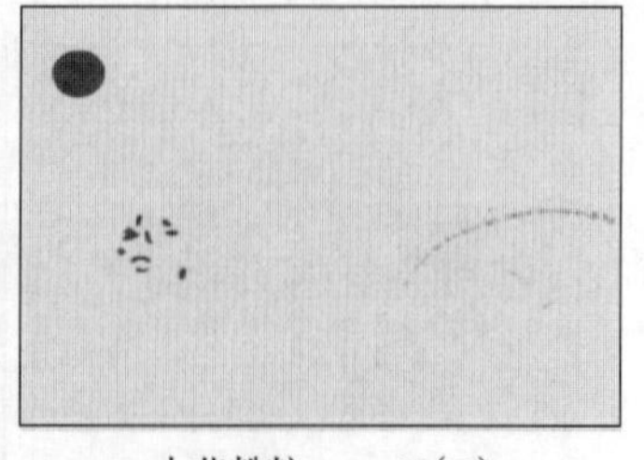

小花粉粒 n=x=10(B)

图 10-9　大小花粉粒配子的染色体数

红四氮唑染色检测表明：其大个花粉粒和小花粉粒一样，均被染成红色，具有良好的生活力。由此可见，二倍体 BP058，与四倍体水仙花杂交产生四倍体杂种的机理是二倍体 BP058 能产生 2n 配子，此 2n 配子与四倍体水仙花产生的 n 配子（n=2x=20）受精，形成四倍体合子，进而发育成四倍体种子。

表 10-2　大、小花粉粒的频率及染色体数目

材料	株号	大花粉粒		小花粉粒		大花粉粒数	小花粉粒数	大花粉粒频率（%）
		L×W（μm）	染色体数	L×W（μm）	染色体数			
BP058	1	39.12×29.71	20	29.65×24.63	10	135	495	21.55
	2	39.12×29.71	20	29.65×24.63	10	52	312	14.29
	3	39.12×29.71	20	29.65×24.63	10	57	220	20.58
	4	39.12×29.71	20	29.65×24.63	10	47	314	12.11
	5	39.12×29.71	20	29.65×24.63	10	50	262	16.03
	6	39.12×29.71	20	29.65×24.63	10	43	172	20.00
	7	39.12×29.71	20	29.65×24.63	10	84	697	10.76
	8	39.12×29.71	20	29.65×24.63	10	36	332	9.78
平均								15.64
252	CK	39.12×29.71	/	29.65×24.63	10	4	827	0.33

由表 10-1 和表 10-2 还可看出，通过二分孢子和三分孢子的发生频率推算出的 2n 雄配子（花粉）的发生频率（14.92%）与用花粉粒大小统计出的 2n 雄配子（花粉）的发生频率（15.64%）互相吻合，这证明 2n 配子是由二分孢子和三分孢子发育而成，且以三分孢子为主。

（四）二极体、三极体发生频率与 2n 配子可能发生频率

根据大量细胞学观察和统计可知，大白菜 BP058 的 2n 雄配子发生是以三极体和二极体的途径实现的，其中以三极体为主（表 10-3）。5 株的平均三极体发生频率为 45.32%，二极体发生频率为3.49%，株间存在着一定差异。若按每个四极体产生4个n配子，三

表 10-3　大白菜二极体、三极体发生频率与 2n 配子可能发生频率

材料	株号	二极体数	三极体数	四级体数	总数	二极体频率（%）	三极体频率（%）	Ⅰ*	Ⅱ*	2n 配子总频率（%）	Ⅲ*
BP058	1	18	198	138	354	5.08	55.93	3.05	16.75	19.80	84.60
	2	5	47	56	108	4.63	43.52	2.67	12.53	15.20	82.43
	3	13	136	137	286	4.55	47.55	2.65	13.85	16.50	83.94
	4	3	48	103	154	1.90	31.17	1.07	8.54	9.61	88.87
	5	3	76	78	157	1.27	48.41	1.10	13.92	15.02	92.68
平均						3.49	45.32	2.11	13.12	15.23	86.50
252	CK	0	3	228	237	0	1.32	0	0.32	0.32	100

* Ⅰ由二极体可能产生 2n 配子频率（%）；Ⅱ由三极体可能产生 2n 配子频率（%）；Ⅲ由三极体可能产生 2n 配子占总 2n 配子百分数（%）。

极体产生 2 个 n 配子和 1 个 2n 配子，二极体产生 2 个 2n 配子计算，则由三极体产生的 2n 配子频率平均为 13.12%，由二极体产生的 2n 配子频率平均为 2.11%，2n 配子平均总频率为 15.23%。将表 10-1、表 10-2、表 10-3 结合分析还可看出，三极体发生频率和二极体发生频率分别与三分孢子发生频率和二分孢子的发生频率互相吻合。由此可见，三极体可正常发育成三分孢子，二极体发育成二分孢子，最后产生 2n 配子（花粉）。其中三极体的形成是大白菜 BP058 的 2n 雄配子产生的主要途径。由三极体形成的 2n 雄配子占总 2n 雄配子数的 86.50%。

（五）不同品种 2n 配子的发生几率

普通二倍体大白菜品种中产生 2n 配子的现象是比较普遍的。科研人员在连续两年的时间里，分别对来自山东、山西、河北等地的 46 个地方品种和 90 个自交系，进行了 2n 雌、雄配子发生情况的检测。检测方法有 3 种：第 1 种是通过显微镜直接观察花药内花粉粒的大小。第 2 种是通过显微镜检测花粉母细胞染色体的数目和所形成的二分孢子及三分孢子的比例。第 3 种是通过人工杂交的方法，用已知四倍体作父本与二倍体杂交，并调查其结籽情况。检测结果表明：在 46 个地方品种中，有 6 个能产生 2n 雌、雄配子，占所检测品种的 13.04%；在 90 个自交系中，有 12 个能产生 2n 雌、雄配子，占所检测自交系的 13.33%。2n 配子的发生具有基因型的特征，即产生的几率因基因型的不同而存在着差异。并且同一品种在不同年份，以及同一品种的不同植株间也存在着差异。由此可见，大白菜 2n 配子的产生是由基因型决定的，并同时受到环境条件及植株自身生理状态的影响。

二、体细胞的染色体加倍

植物体细胞的分裂首先是核内的染色体进行复制，并均等地拉分向两极，然后细胞质开始分裂，从而形成两个子细胞。如果在细胞分裂过程中，核内染色体已分裂而细胞质尚未分裂，此时受外界条件的影响，分裂不能继续进行；或染色体经分裂已排列在赤道板上的，但因纺锤丝遭到破坏使染色体不能被拉向两极，使本应分属两个细胞的染色体则集中在一个细胞内，成为具有双倍染色体的细胞，并由这些细胞最终发育成多倍体植株。有时在植株的变异过程中也会出现嵌合现象，即在一棵植株上既有四倍体侧枝又有二倍体侧枝。嵌合体的出现是因为不同组织内细胞染色体加倍的时间早晚不同，导致发育后的不同组织就可能全部或部分是四倍体。如果在雌、雄配子结合后的第一次有丝分裂时发生了染色体加倍，则这个个体的所有细胞都是四倍体的细胞，成为四倍体的完全株；如果在稍晚的时候发生，则只在发生染色体加倍后的部分细胞及其组织中才形成四倍体细胞。这时的个体就是一个二倍体细胞和四倍体细胞的嵌合体。如果这个嵌合体的四倍体部分包括了形成生殖细胞的组织（即生长点上的第三层细胞），就有可能形成 2n 配子；如果这种具有二倍体染色体数目的雌、雄配子有机会结合形成胚，则在其后代中就有可能得到四倍体的个体。如果只是生长点上最外层细胞的染色体加倍，则只有表皮细胞是四倍体，而不能获得完整的四倍体植株。

能使体细胞的染色体数加倍的方法是多种多样的，归纳起来有 3 种：一是生物学方法；二是物理学方法；三是化学方法。其中以化学方法最为有效，而在各种化学方法中又以秋水

仙碱处理的效果最好。秋水仙碱的作用原理是使分生组织内的分生细胞的染色体数加倍。当秋水仙碱水溶液渗入分生组织的正在分裂的分生细胞时，开始破坏该细胞纺锤丝的形成，使细胞的有丝分裂过程停滞在中期状态，每个染色体所复制的两个姊妹染色单体虽然彼此分开了，却不能往两极拉伸，不能形成两个子核，于是该分生细胞内的染色体数加倍。当染色体数加倍了的分生细胞不再有秋水仙碱渗入，即不再接受秋水仙碱的影响时，它们就在比原来的染色体数多一倍的基础上恢复正常的有丝分裂，最后成长为多倍体的枝条或植株。

处理时要特别注意秋水仙碱溶液的浓度、处理时间和接受处理的组织之间的适当配合。在掌握处理时间的问题上，要注意分生组织在经过秋水仙碱处理后，并不是全部分生细胞的染色体数都是同样加倍的，可能某些分生细胞的染色体数加了倍，某些加倍了再加倍，某些分生组织细胞可能根本就没有加倍。加倍了的分生细胞分裂缓慢，未加倍的分生细胞分裂迅速，如果未加倍的分生细胞多了，它们就会很快地分生，抢先占领整个分生组织，而加倍了的分生细胞由于落后而逐渐从分生组织内消失。处理时间短了就会出现这种情况，然而处理时间过长，又会造成分生组织的染色体数加倍，再加倍，以致多次加倍，最后使得分生组织停止生长而死亡。

三、不易获得三倍体的胚胎学观察

一般植物的二、四倍体杂交，其后代多为三倍体，如无籽西瓜、香蕉等。而大白菜二、四倍体杂交，多数组合不能结籽，成为没有子叶和胚的空种壳；少数组合可以得到种子，经鉴定这些种子为四倍体材料而非三倍体。目前为止还未见有得到大白菜三倍体种子的报道。

利用二倍体大白菜不能产生 2n 配子的自交系 252 与四倍体水仙花进行人工去雄杂交、自交，并利用石蜡切片法，以铁矾一苏木精和 PAS 法染色，进行胚胎学观察。结果发现，大白菜二、四倍体杂交后，二倍体的 n 配子（x＝10）是可以完成与四倍体的 n 配子

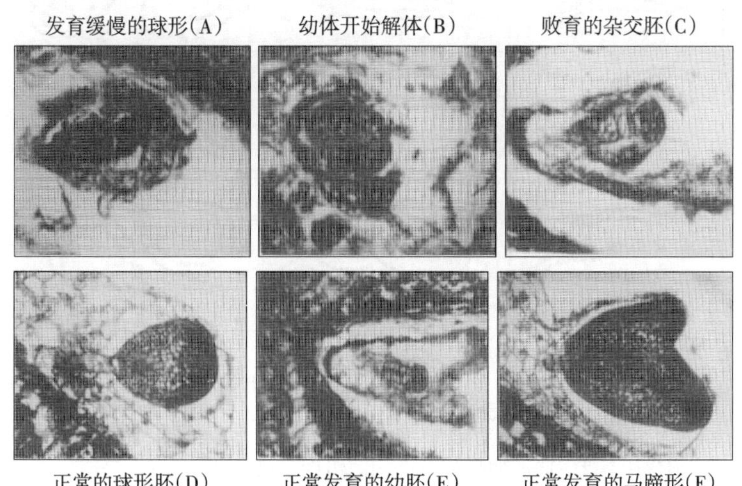

图 10-10 大白菜杂交胚与正常胚的发育过程

(2x=20) 受精的，形成三倍体杂种合子，并能进一步发育。但 10d 后胚乳首先开始表现异常，染色质变深，细胞缺少液泡化，并开始解体退化，此时的球形胚还基本正常（图 10-10A）；授粉 15d 后，杂交胚的胚乳已完全解体，幼胚也开始解体（图 10-10B）；20d 后杂种幼胚在分化前完全解体败育（图 10-10C）。但 BP058 的 2n 卵子（n=2x=20）与四倍体水仙花的 n 配子（n=2x=20）受精形成的四倍体杂种合子，其杂交胚乳和杂种胚可正常发育，并最终形成成熟种子（图 10-10D、E、F）。

研究表明，大白菜二、四倍体杂交不能产生三倍体的原因是胚乳和幼胚败育所致，胚乳首先解体退化是幼胚败育的主要原因。

四、同源四倍体结实率低的原因及克服方法

在减数分裂时，同源四倍体四条同源染色体的配对很不规则，可能表现出一个四价体（Ⅳ），或一个三价体和一个单价体（Ⅲ+Ⅰ），或两个二价体（Ⅱ+Ⅱ），或一个二价体和两个单价体（Ⅱ+Ⅰ+Ⅰ）等不同情况（图 10-11）。最后形成配子时，很多配子含有的染色体数很不正常，因而造成同源四倍体的部分不育和后代的多样性。其中只有含 2x 的雌、雄配子能够受精结实，成为同源四倍体，但结实率低，而且其所结种子多不饱满。其他的同源多倍体，同样具有类似的不育性。因此，同源多倍体育种对于无性繁殖作物并以收获营养体为主的作物比较有利。在用秋水仙碱处理二倍体大白菜以期获得四倍体大白菜新种质的实践过程中，也证明了同源四倍体的结实率很低，某些材料甚至颗粒无收。

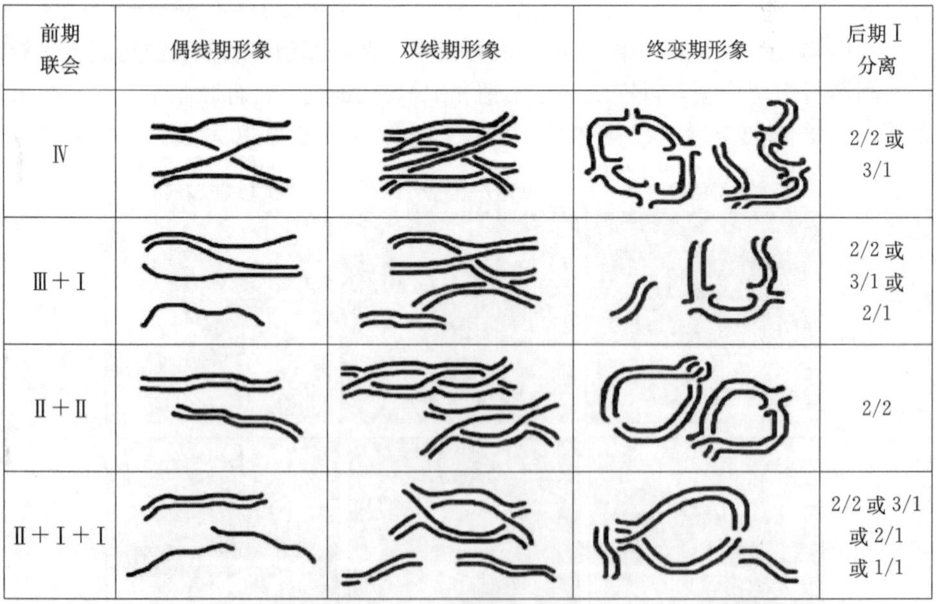

前期联会	偶线期形象	双线期形象	终变期形象	后期Ⅰ分离
Ⅳ				2/2 或 3/1
Ⅲ+Ⅰ				2/2 或 3/1 或 2/1
Ⅱ+Ⅱ				2/2
Ⅱ+Ⅰ+Ⅰ				2/2 或 3/1 或 2/1 或 1/1

图 10-11 同源四倍体每个同源组四个染色体的配对与分离

大白菜虽然是食用营养体的蔬菜，但需用种子繁殖。所以，任何优良品种没有一定的采种量也是难以推广应用的。如日本在 20 世纪 50 年代初就已经利用秋水仙碱处理获得

了四倍体大白菜，但因采种量太低而无法直接应用于生产。国内的不少单位在花药培养时也发现有四倍体大白菜，但至今尚未见利用小孢子培养成功培育出新四倍体品种的报道。

含 2n 配子的大白菜其 2n 配子是在自然条件下产生的，受基因型控制，是可稳定遗传的性状，通过适当的选育可获得较高的结实率。用含能自然产生 2n 配子的二倍体材料与用秋水仙碱处理获得的四倍体材料杂交，是提高同源四倍体结实率的有效途径。作者用此方法已培育出一批具有一般四倍体的优良性状，而且每公顷平均采种量达到 750kg 以上的优良四倍体新品种。

第三节　多倍体育种的方法

一、四倍体材料获得的方法

（一）利用 2n 配子获得新四倍体

选择符合育种目标要求的含有 2n 配子的二倍体大白菜材料作母本，已知的四倍体大白菜作父本进行人工蕾期杂交，所得种子于苗期进行初步的倍性鉴定，留下四倍体幼苗，到结球期对符合育种目标要求的四倍体植株留种、储藏，来年春季待种株抽薹、开花时，再对花粉进行鉴定，对确定是四倍体的植株进行蕾期自交留种。以后按二倍体大白菜系谱选育方法进行选育即可。如翠绿（BP058×水仙花）、翠宝（BP016×水仙花）等，均是用含有 2n 配子的二倍体大白菜 BP058 等作母本与四倍体大白菜水仙花杂交选育而成。

对于那些符合育种目标要求但又不含 2n 配子的二倍体大白菜，则需要通过物理或化学的方法，使其变为多倍体大白菜后，再与优良的四倍体大白菜进行杂交，进而选育成既符合育种目标要求且结实率较高的新四倍体大白菜。

（二）利用物理或化学方法获得多倍体

据前人介绍，通过物理方法诱导多倍体曾经是植物多倍体育种的常用方法之一。常用的物理方法有机械损伤、高温或低温处理、电离或非电离辐射、X 或 γ 射线及中子照射等，都可以得到多倍体。这些物理方法大多简便易行，但诱导成功率很低。

后来，通过化学试剂处理获得多倍体成为多倍体育种中普遍采用的方法。常用的化学试剂有：秋水仙碱、二甲基亚砜、吲哚乙酸、苯及其衍生物、有机汞制剂、有机砷制剂，以及其他植物碱、植物生长素等 200 多种。但使用最多、效果最好的还是秋水仙碱。秋水仙碱是一种淡黄色粉末状物体，纯品为针状无色结晶，易溶于酒精、氯仿和冷水，性剧毒，可配制成水溶液或酒精溶液使用。秋水仙碱的作用是破坏细胞分裂过程中纺锤丝的形成，使已经分离并复制后的染色体停留在赤道板上，从而达到使细胞染色体加倍的效果。通常使用的秋水仙碱是其 2%水溶液。处理的部位常常是植物的种子或幼苗的生长点。

目前为了获得四倍体大白菜，除常用秋水仙碱水溶液处理外，也有用 4%二甲基亚砜（dimethyl sulphoxide，DMSO）和 1%秋水仙碱混合溶液处理的报道，但还是以 2%秋水仙碱水溶液处理的效果较好。具体的处理方法有以下 3 种：

1. 处理种子　可分为处理未发芽的干种子和已发芽种子的种芽两种方法。

处理干种子：通常先用清水浸泡种子30min后，用2%秋水仙碱浸泡30～60min，再用清水浸泡1h，然后催芽、播种。

处理种芽：将刚刚萌芽后的种子浸入2%秋水仙碱水溶液中1～2h，取出用清水冲洗30min后，播种育苗。因处理后的幼苗受药物的影响，大多生长缓慢，所以要特别注意加强对幼苗的管理。

2. 处理幼根 大白菜植株长至5～7片真叶时，取出幼苗用清水浸泡或冲洗根部30min，然后用2%秋水仙碱水溶液浸泡根部2h，再经流水冲洗30～60min后移栽于田间，移栽后的幼苗生长势很弱，要特别注意加强田间管理，以保证幼苗的存活率。

3. 处理幼苗的生长点 大白菜播种后，待幼苗出土，子叶刚刚展开时，用2%秋水仙碱水溶液滴两片子叶之间的生长点。每次滴1滴，每天早、晚各1次，连续滴2～3d。如环境干燥，可取少量棉花制成小棉球放在两片子叶中间，再将药滴在棉球上，可减少药液的挥发，提高处理的效果。

（三）利用四倍体与四倍体材料杂交获得新四倍体材料

四倍体与四倍体材料的杂交后代分离复杂，选择机会多，选出种子产量高的新四倍体植株的几率高。

1. 利用高稳性四倍体材料和人工诱变材料进行杂交 高稳性四倍体大白菜材料与人工诱变四倍体大白菜材料杂交，可获得高稳性四倍体新资源。再通过对材料的连续选育，可获得高稳性四倍体材料。此法可极大丰富四倍体大白菜育种资源。

2. 利用稳性高的四倍体材料间进行杂交 高稳性四倍体大白菜材料间杂交，可获得高稳性一般的四倍体新资源，继续选育可获得高稳性四倍体品系。此法只限于在现有资源库中的材料间进行。

四倍体与四倍体大白菜杂交，所获得的杂交后代稳性比人工诱变四倍体材料的稳性高。作者利用此法已获得了不同抱球类型、不同生育期、不同株型的四倍体大白菜种质资源和品种。

二、四倍体大白菜品系、品种的选育

由于是染色体加倍引发的变异，因此四倍体材料经常是有利性状和不利性状兼而有之，而且还常有不良性状连锁的存在，因而诱导后产生的四倍体材料直接用于生产具有一定的难度。

（一）四倍体材料的分离

同源四倍体的等位基因有4个，存在着按染色体随机分离、按染色单体随机分离和基因位点与着丝点间交换为50%时的染色体单体分离等三种不同分离方式。在独立分配下，自交后代以及双式杂合体与任一纯合亲本回交，其纯合速率都较二倍体慢得多，所需要的分离群体也要较二倍体大得多，且在实践中还常常是同一世代、甚至同一位点几种分离方式并存，这就构成了同源四倍体遗传的复杂性和选择的困难性。

同源四倍体的选育需要更大的群体和更多的世代。从严格意义上讲，再大的群体、再多的世代、再严格的人工选择，都将难以避免还会有大量被“遗漏”的基因处于自然选择

状态之下。从人们对品种的要求、品种的适应性以及育种的可能性等因素考虑，在同源四倍体育种中，将选育主要目标性状基本稳定的综合品种作为育种目标是必要的。

（二）四倍体材料的选择方法

由于变异的广泛性和复杂性，同源四倍体材料的选择较二倍体要困难得多。单株选择是四倍体材料最基本的选择方法；品种间杂交及回交是四倍体材料品种改良经常采用的方法；轮回选择则是同源四倍体行之有效而又经常采用的选择方法。

（三）利用四倍体材料培育新品种

利用四倍体材料可以直接育成稳定的新品种，也可以在四倍体水平上进行杂种优势育种。四倍体水平上的杂优育种可参考以下方面：

（1）植物的杂种优势与其授粉习性、倍性水平有密切的关系，物种自身基因杂合性（内源优势）越大，双亲杂交杂合性（外源优势）就越小；杂种优势为异花授粉作物大于自花授分作物，二倍体大于四倍体。

（2）四倍体杂种优势的利用，亲本的选纯及配合力测验仍然是最基本的方法。可通过亲本选配获得较强的优势组合。

（3）四倍体杂交种的杂种优势在 F_2、F_3 和 F_4 都能保持较高的水平，甚至可能有所增强，这被认为是四倍体水平育种的独有特性。所以四倍体杂交种有可能连续使用几代，这对降低种子成本有积极作用。

（四）四倍体大白菜多维 462 的选育过程

1. 双亲材料的选育

（1）父本新 413 的选育　1991 年从东北引进了耐寒性较强的花心型大白菜材料，田间种植序号 413（能产生 2n 配子），与人工加倍处理得到的水仙花（四倍体）作杂交，获得了新四倍体植株。后经连续自交选育 9 代，直到 1999 年一些株系已经稳定后将其中一个株系取名为新 413。该自交系表现为外叶深绿色，花心，株高 35cm 左右，抗病性和耐寒性很强。

（2）母本翠绿 5-3-2-2-1 的选育　1990 年用普通二倍体大白菜自 10（能产生 2n 配子）与人工加倍处理得到的水仙花杂交获得了四倍体杂种，通过连续多代自交选育，直到 1996 年，株系表现基本稳定，取名为翠绿-5。而后又对其进行自交，单株留种，到 2000 年，系选翠绿 5-3-2-2-1 已稳定。该自交系表现为外叶深绿，束心，株高 40cm 左右，抗性强。2001 年春用翠绿 5-3-2-2-1 作母本，与新 413 进行了组合选配试验。

2. 组合试验与测定

（1）品比与区域试验　2001 年在试配的 8 个组合中，以翠绿 5-3-2-2-1×新 413 表现最佳。该组合在抗病性、丰产性和品质方面均居首位，后取名为多维 462。经 2 年 4 地 8 点次的试验结果表明：多维 462 毛菜平均产量与对照品种石绿 70 无明显差异（只增产 3.3%），净菜平均产量多维 462 达 86 602.5kg/hm^2，比对照品种石绿 70 增产 8.3%，差异达显著水平。

（2）生产试验　在 2003 年和 2004 年连续两年的生产试验中，多维 462 在抗病毒病、霜霉病和软腐病方面，比对照石绿 70 表现出了较高的抗性。其净菜产量显著高于对照品种。

2004 年进行了多维 462 大区生产试验，并进行了田间病毒病、霜霉病、软腐病的感病情况调查及收获测产调查，结果与区域试验的结果相吻合。参试品种均未发现病毒病、软腐病感染，但均感染霜霉病，多维 462 霜霉病病指为 0.11，石绿 70 霜霉病病指为 0.76；多维 462 平均每公顷产毛菜 115 332.0kg；产净菜 98 038.5kg；石绿 70 平均每公顷产毛菜 110 686.5kg，产净菜 89 545.5kg。多维 462 的毛菜平均比石绿 70 增产 4.2%，净菜平均增产 9.5%，产量差异达显著水平。

（3）多维 462 各项品质指标和抗性的测定　测定结果表明，植株叶片内叶绿素含量随着取样时间的推移有所变化，对照品种石绿 70 呈明显的下降趋势，而多维 462 则变化不大（图 10－12A）。在脯氨酸含量的测定中，两品种变化趋势相近，从第 1 次取样到第 3 次取样，含量均呈下降趋势，之后回升。多维 462 在全生长期的大部分时间内其脯氨酸含量一直高于对照品种石绿 70（图 10－12B）。

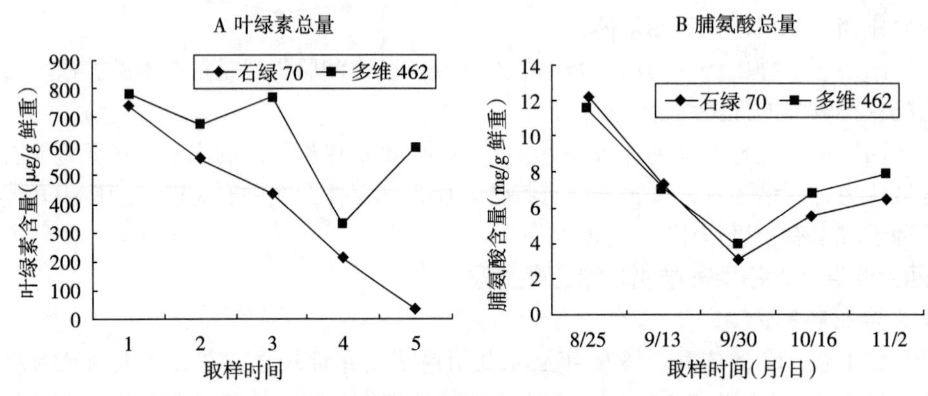

图 10－12　不同生长时期叶绿素总量和脯氨酸含量对比

在对可溶性蛋白含量的检测中，前两次取样无明显差异，从第 3 次取样开始两品种含量均呈下降趋势，但多维 462 的蛋白含量仍高于对照品种石绿 70（图 10－13A）。在对可溶性糖含量的检测中，第 1 次取样石绿 70 可溶性糖含量明显高于多维 462；第 3 次取样之后，多维 462 高于石绿 70，尤其是后期，多维 462 明显高于石绿 70（图 10－13B）。

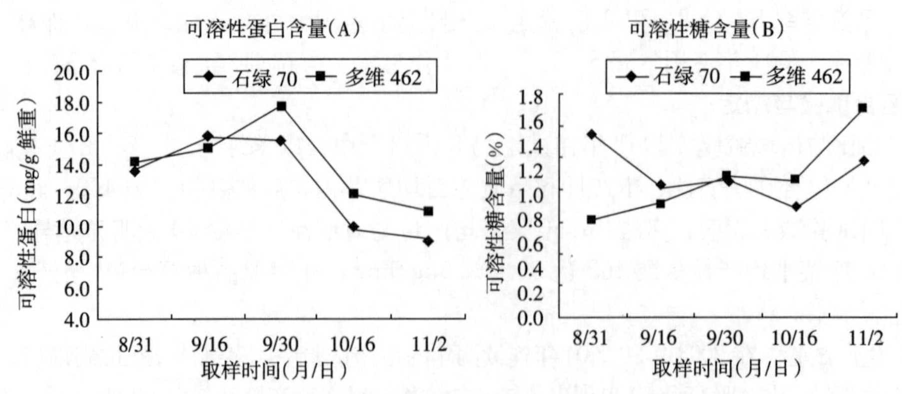

图 10－13　不同生长时期可溶性蛋白含量和可溶性糖含量对比

随着大白菜植株的生长，多维 462 电导率一直呈下降趋势，石绿 70 从第 3 次取样之后，电导率变化不大，并一直高于多维 462（图 10－14A）。POD 活性变化的测定：第 1 次取样两个品种的 POD 活性相当，之后随着植株生长，多维 462 POD 活性一直明显高于石绿 70（图 10－14B）。

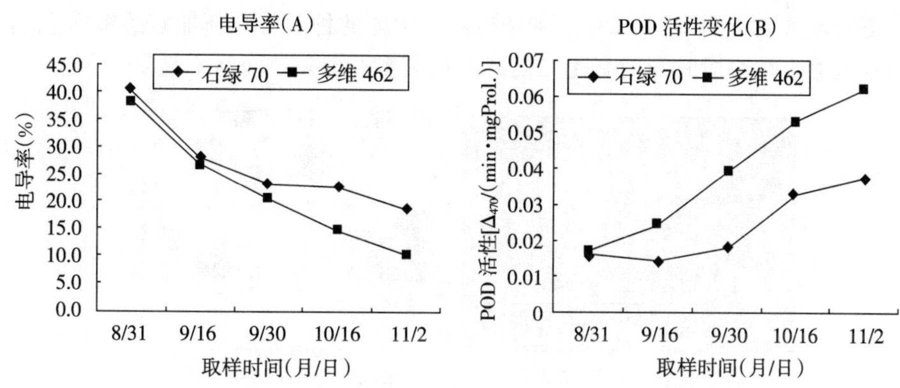

图 10－14　不同生长时期电导率和 POD 活性对比图

两品种 SOD 活性变化趋势相近，呈低、高、低的变化规律，但多维 462 活性始终高于石绿 70（图 10－15A）。粗纤维含量的测定：粗纤维含量两品种随着植株生长一直呈上升趋势，但多维 462 始终低于石绿 70（图 10－15B）。多维 462 的氨基酸总量高于石绿 70，而两品种的含水量差别不大（表 10－4）。

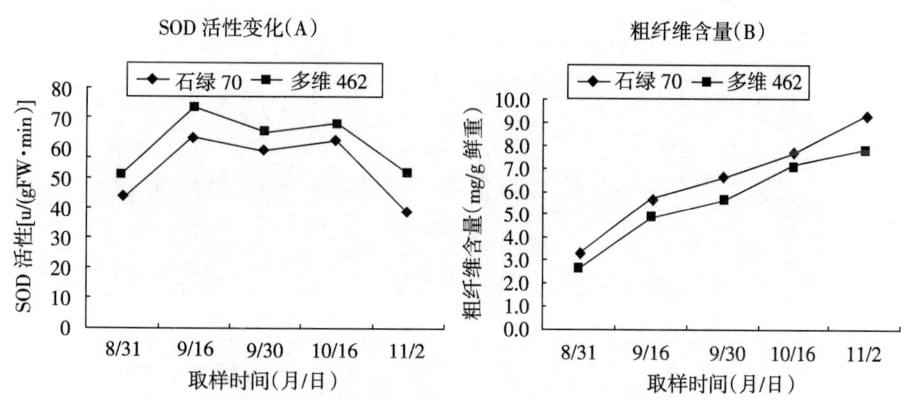

图 10－15　不同生长时期 SOD 活性和粗纤维含量对比

表 10－4　多维 462 与石绿 70 氨基酸总量、含水量对比

	氨基酸总量（%）	含水量（%）
多维 462	0.905	94.48
石绿 70	0.782	94.31

三、植株倍性鉴定的方法

（一）外观鉴定法

通常大白菜二倍体植株和四倍体植株的外观差别较大：四倍体植株的叶面都有较大的褶皱，且花大、蕾大（图 10-16A），种子也比二倍体的种子大。新加倍的植株主茎变粗，新叶变厚且皱缩，在一段时间内有比二倍体生长缓慢的现象，而且不易得到种子。

二、四倍体花蕾和花比较

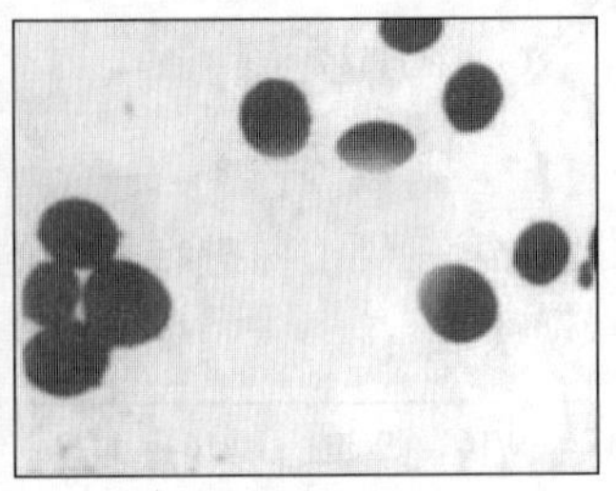
n 花粉粒与 2n 花粉粒比较

图 10-16　大白菜二、四倍体花蕾和花粉粒大小的比较

（二）花粉粒与气孔田间鉴定法

四倍体的 2n 花粉粒比二倍体的 n 花粉粒的体积大得多（图 10-16B），在显微镜下很容易区分。观察花粉粒不需要固定，并可以在田间随时取样随时观察，十分简便。具体方法是：取一些花粉放在载玻片上，滴一滴清水或染色液（碘、碘化钾染色液），盖上盖玻片，再用显微镜观察花粉粒的大小即可。当视野内大花粉粒的个数占到 40%以上，就可

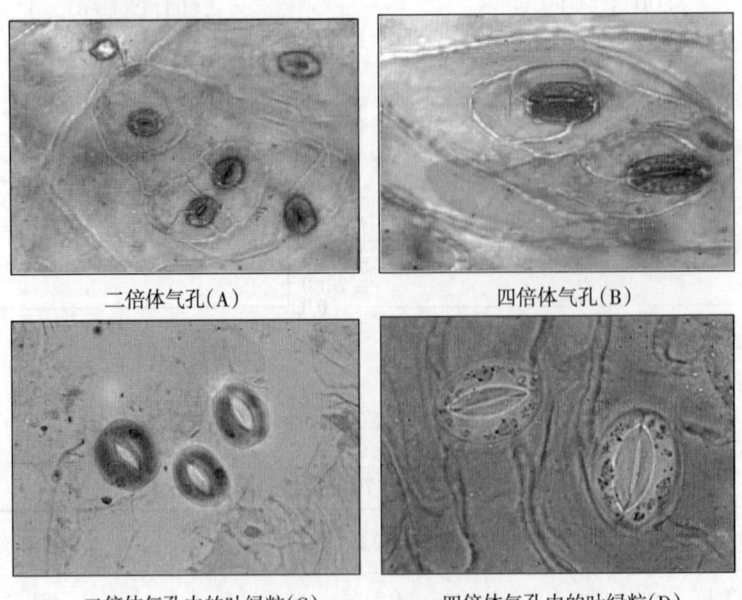
二倍体气孔(A)　四倍体气孔(B)
二倍体气孔内的叶绿粒(C)　四倍体气孔内的叶绿粒(D)

图 10-17　大白菜二、四倍体气孔及叶绿粒比较

认为该植株已加倍成功，可以授粉留种。但第一年加倍的植株由于细胞分裂极不正常，所以很难得到种子，而且所得种子也并非都是四倍体，还需对其后代做连续 2～3 代的细胞学鉴定，以确保所得植株均为四倍体。

二倍体的气孔比四倍体的气孔小很多（图 10-17A、B)，且保卫细胞内的叶绿粒也比四倍体的少（图 10-17C、D)。具体方法是：取叶片背面的表皮细胞放在载玻片上，滴一滴碘化钾染色液，盖上盖玻片，放在显微镜下观察气孔大小和叶绿粒的多少，可初步确定植株的倍性。

对气孔的观察虽然简便易行，但并不太适合对新加倍处理所得植株的倍性鉴定，特别是通过处理子叶间生长点的方法得到的四倍体植株，因为这种处理方法并不能保证全株倍性的一致性，有可能会出现嵌合现象。所以通过观察气孔来确定植株倍性的方法更适合对加倍成功后第二代、第三代植株进行简易的倍性鉴定。

（三）细胞学观察法

通过观察植株外观的变化及花粉粒的大小来判断是否加倍成功并不十分准确，最准确的方法还是通过显微镜观察细胞染色体的数目。

观察细胞染色体数目的方法有多种，大致可分为两类：一类是通过观察性细胞的染色体数目来鉴定；一类是通过观察体细胞的染色体数目来鉴定。这两种方法各有优、缺点。性细胞染色体数目少，易观察，但在相同花药内存在分裂时期不统一的问题，增加了工作量；体细胞数量巨大，很容易找到分裂相，但其细胞内染色体数目是性细胞的 2 倍，要想得到理想的观察结果必须确保制片的质量，对制片技术要求较高。

1. 性细胞鉴定法　可分为花粉母细胞染色体鉴定法和花粉粒染色体鉴定法两种。

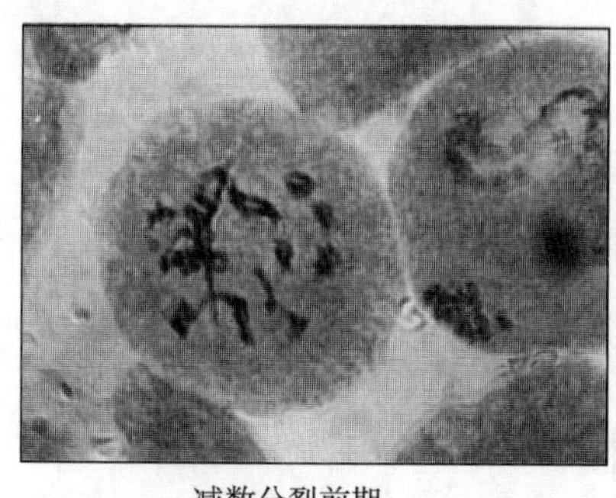

减数分裂前期

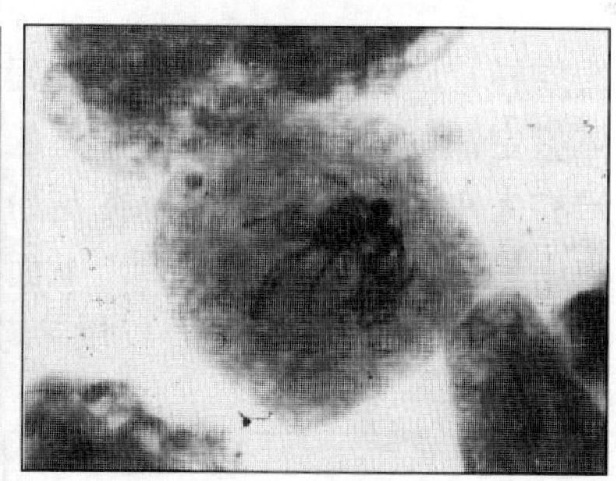

减数分裂终变期

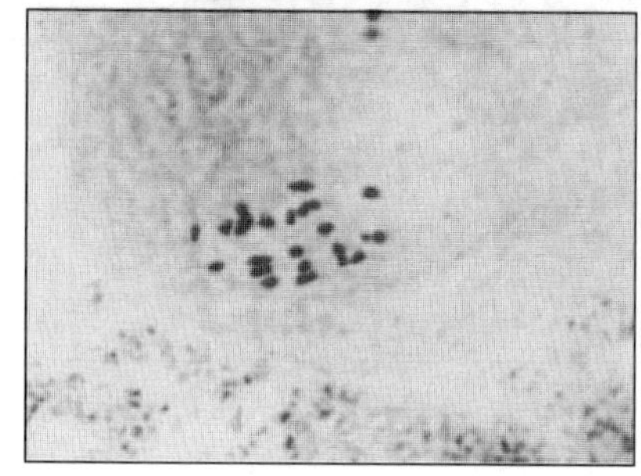

减数分裂中期Ⅰ

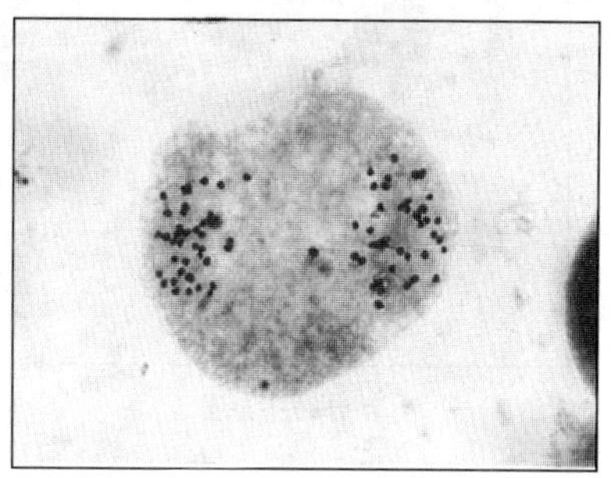

减数分裂中期Ⅱ

图 10-18　花粉母细胞减数分裂的 4 个时期

（1）花粉母细胞染色体鉴定法　在植株开花盛期，选一晴天的上午于9：00～10：00，取一花枝的新鲜花蕾放入改良卡诺氏固定液中（常见的固定液配方），室温条件下（17～28℃）固定24～48h。后经梯度酒精（90%、85%、80%、75%、70%）处理，每个梯度处理10min，然后制片、观察。材料在70%浓度的酒精中可长期保存，随时观察。

制片时，首先选取大小合适（大约小米粒大小）的花蕾，用拨针将花药剥离出来，放在载玻片上。每个花蕾中有6个花药，可选取其中的2～4个分别涂抹在载玻片上，再滴上用丙酸－铁－苏木精－水合三氯乙醛配制的（PIHCH）染色液染色，浸染3min后盖上盖玻片，用拇指用力按压或用带橡皮头的铅笔匀力地敲打盖玻片，使聚集在一起的分裂相充分散开，以利于观察，最后将制好的片子放在显微镜下，观察并记录结果。

由于花粉母细胞在减数分裂时期对外部环境和温度都十分敏感，所以在同一个花蕾中各个花药的分裂过程也并非都是同步的，制片时最好将每个花药分别制片，不要混在一起。有时甚至在同一个花药内，也会有不同步的现象，这时就会同时观察到分裂前期、中期甚至是后期等不同的分裂时期。下面分别选取了前期、终变期、中期Ⅰ、中期Ⅱ的图片以供参考（图10-18）。

（2）花粉粒染色体鉴定法　通过多年的观察，作者发现大白菜的花粉粒是三核花粉粒，即在成熟的花粉粒内有一个营养核和两个精核（图10-19），所以能在花粉粒中观察到性细胞染色体的有丝分裂过程。这为大白菜的倍性鉴定提供了准确的依据。因此花粉粒染色体鉴定也是鉴定大白菜植株倍性的方法之一。

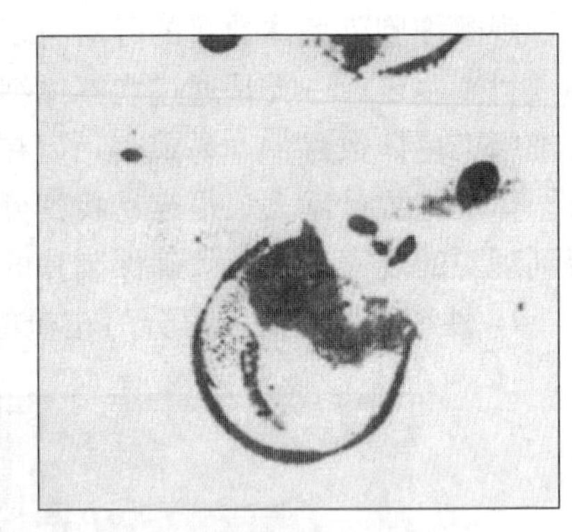

图10-19　大白菜三核花粉粒

该方法的取样、固定、处理及制片过程与花粉母细胞染色体鉴定法的过程基本相同，只是在制片时需选取大米粒大小的花蕾制片，而在花粉母细胞染色体鉴定法中选取的花蕾则小得多。下面是花粉粒染色体的中期Ⅱ和后期Ⅱ的图片，仅供参考（图10-20）。

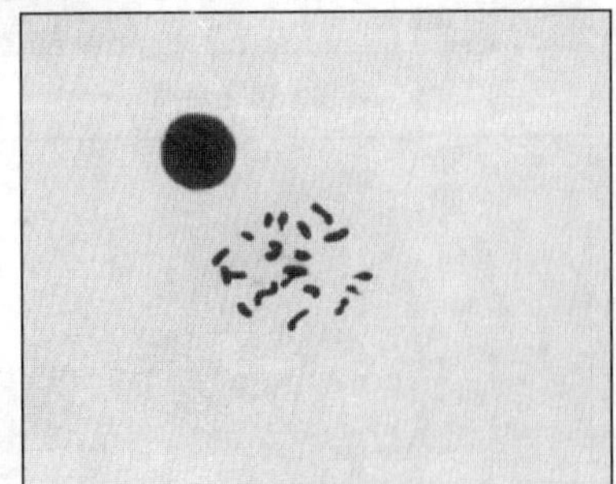

有丝分裂中期Ⅱ

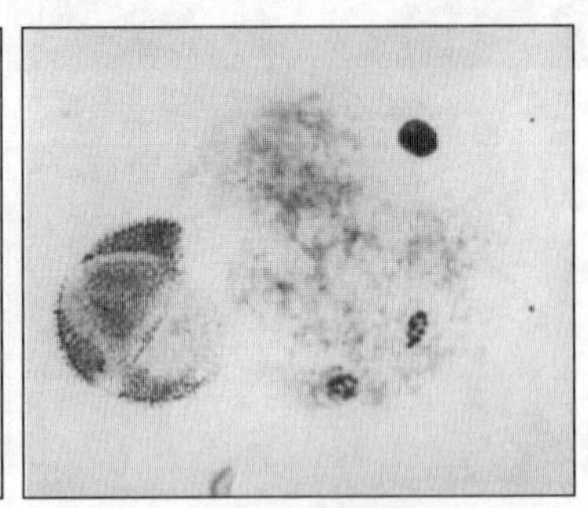

有丝分裂后期Ⅱ

图10-20　大白菜花粉粒有丝分裂中期示意图

以上两种方法鉴定结果准确，但至少也需要3d左右的时间才能得到鉴定结果。而春

天正是大白菜的授粉期，这时如果需要鉴定的材料较多就会影响到授粉工作的进行。所以，为了节省时间，可采取另一种方法：在田间直接选取大小适合的新鲜的花蕾，不经过任何处理直接制片观察。这种方法不需要固定，节省了大量的时间，但对染色液的要求较高，否则就无法观察到染色体图像，或观察到的图像很模糊，无法数清具体的数目。在目前的研究报道中只有用 PIHCH 染色液的观察效果较好。

2. 体细胞鉴定法　大白菜的体细胞分裂在整个生长过程中都是存在的，只是在植株的幼苗期分裂较旺盛，容易观察到清晰的染色体图像。所以，体细胞的鉴定材料大多选用的是植物的种子或苗期的幼嫩叶片、茎尖等部位。下面是通过对大白菜体细胞染色体进行观察来确定植株倍性的几种方法。

（1）叶片体细胞染色体鉴定法　大白菜的体细胞在一天的分裂周期中存在两个分裂高峰期，第 1 次出现在凌晨的 0：00～2：00，第 2 次则出现在上午的 9：00～11：00。当然高峰出现的时间并不是一成不变的，它会随环境和温度的变化而提前或滞后。如在冬天温室内的环境下，分裂高峰期会提前，而在春天的露地环境下会略微推迟，但没有明显的差别。秋季的晴天分裂正常，而阴天则会使分裂周期滞后。所以，利用叶片体细胞鉴定植株倍性的取样时间最好是晴天的上午。

当大白菜的植株长到 7～9 片真叶时，选择长势良好的植株，用镊子取 1cm 大小的心叶（注意取样时不要碰伤植株的生长点）放入改良卡诺氏固定液中，室温条件下固定48～72h，再经梯度酒精过滤后（方法同花粉母细胞染色体鉴定法），制片观察染色体的数目。如当时无法观察，可以先放入 70%酒精中保存，条件允许再进行观察。

制片时要先将叶片放入清水中浸泡 30min，或流水冲洗 15min，然后将叶片放在滤纸上吸干水分，再放入 5%果胶酶水溶液中进行软化、解离。解离时间要根据当时的温度来定，室温在 25℃左右需要软化、解离 6～8h，如温度达到 60℃时只需 30～40min 即可，温度低于 25℃则需延长解离时间。叶片解离后要先放在滤纸上吸去多余的水分，然后取靠近叶柄基部的少许叶肉组织放在载玻片上（注意，取材不宜过多，否则会影响组织的分散程度，进而影响观察效果），滴上一滴 PIHCH 染色液，浸染 3min 后盖上盖玻片，用拇指按压以使细胞充分散开便于观察。同时还要注意按压的力度，力度太小细胞集中在一起，很难数清染色体的数目，而力度过大则会将细胞压散，看不清细胞的轮廓，无法确定观察结果的准确性。用醋酸洋红染色液染色时，需将按压好的制片放在酒精灯上烘烤几次，使组织充分染色后再进行观察。

这种鉴定方法最大的优点是不影响植株的生长，且可以对同一棵植株重复取样，当然两次取样中间需间隔 2～3d。在大白菜多倍体育种初期，新加倍材料的后代每一株都有可能是四倍体，所以该法是鉴定新加倍植株倍性的最佳方法。

（2）根尖体细胞染色体鉴定法　先将大白菜的种子在 30℃的温水中浸泡 2h，取出后放入 27℃的温箱中催芽。一般情况下，当年的新种子 24h 左右就可以萌发。取长出胚根 1～2mm 的种子，放入改良卡诺氏固定液中固定 48～72h，以后的步骤与叶片染色体鉴定法基本相同，只是在制片时要根据胚根根尖的长短来确定取材的多少。小于 1mm 的根尖可全部放在载玻片上制片，长度在 2mm 左右的根尖则需用刀片切下靠近尖端的部分来制片，因为尖端的染色体分裂相对较多，便于观察。

利用根尖细胞来鉴定植株的倍性是较常用的鉴定方法之一。其优点是能较早的确定被鉴定材料的倍性，有利于下一步工作的开展，且不受植株生长周期、气温、环境和季节等条件的限制；其缺点是用来做鉴定的种子将不能再成长为健壮的植株。所以在以获得加倍了的四倍体植株为目的的早期四倍体选育过程中，不宜用此种方法来鉴定植株倍性。

（3）叶片毛刺细胞染色体鉴定法　这种方法的取样、固定、制片和染色的过程和所用药剂与叶片体细胞染色体鉴定法完全相同，只是在显微镜下所观察的对象不同。叶片细胞染色体鉴定法所要观察的是普通的细胞，个体小，染色体小，但数量多。而毛刺细胞染色体鉴定法要观察的是毛刺细胞，这种细胞形态特殊，个体巨大，染色体十分清晰。但数量很少，有时会因取样时期不合适而无法鉴定出所取植株的倍性。

这种方法的优点是极易观察到染色体的个数，大大缩减了对每个制片的观察时间；缺点是并非每个植株都长有毛刺。所以这种方法对叶面光滑的材料是无法应用的，这就大大限制了该方法的使用范围。

3. 几种常见的固定液配方

（1）改良卡诺氏固定液　100％酒精 6 份＋冰醋酸 2 份＋氯仿 2 份。

这种固定液穿透力强而且快。纯酒精的作用是固定细胞质，冰醋酸则可以固定染色质，并能防止组织因酒精所引起的高度收缩与硬化。

（2）佛累明氏强液　甲液：1％铬酸水溶液 15ml＋冰醋酸 1ml；乙液：2％锇酸水溶液 4ml。

甲液和乙液须在用时才混合，混合液只能在深色瓶中保存 24h 左右。材料固定时间为 12～24h，然后需用流水冲洗 24h。

（3）改良澎达氏液　10％铬酸水溶液 3ml＋冰醋酸 0.5ml＋2％锇酸溶于 2％铬酸水溶液 12ml＋蒸馏水 42ml。

这种固定液用于观察花粉母细胞减数分裂的前期效果较好。

4. 几种常见的染色液的配方

（1）丙酸—铁—洋红—水和三氯乙醛（PICCH）染色液　0.5％丙酸洋红 5ml＋水和三氯乙醛 2g＋丙酸含铁饱和液数滴。

配制方法：取 0.5g 洋红加入到小火煮沸的 100ml 丙酸（45％）溶液中，经 3～4h 后取下，使之冷却，然后过滤装瓶待用。取配制好的丙酸洋红液 5ml，加入 2g 水和三氯乙醛，并用玻璃棒搅拌使之充分溶解，最后再滴入丙酸含铁饱和液数滴，以滴后不发生沉淀为准。

（2）贝林氏铁醋酸洋红染色液　洋红 1g＋冰醋酸 90ml＋蒸馏水 110ml。

配制方法：将冰醋酸加入到蒸馏水中煮沸，移去火焰后立刻加入洋红，迅速冷却过滤后加入醋酸铁或氢氧化铁水溶液数滴，直到颜色变为葡萄酒色即可。必须注意不能将铁液加得过多，否则洋红会立即沉淀。

（3）埃利希氏苏木精染色液　苏木精 1g＋100％酒精（或 95％）50ml＋冰醋酸 5ml＋甘油 50ml＋钾矾（硫酸铝钾）约 5g（饱和量）＋蒸馏水 50ml。

配制方法：将苏木精倒入约 15ml 的酒精中，再加入冰醋酸搅拌以加速其溶解过程。当苏木精溶解后倒入甘油，同时加入剩余的酒精溶液。钾矾放入研钵中研碎并加热后倒入

蒸馏水中使其溶解，将溶解后的钾矾溶液一滴一滴地加入上述染色剂中，并随时搅动。

将混合好的溶液置入一细口瓶中，瓶口用一层纱布包着的小块棉花塞起来，放在暗处通风的地方，并经常摇动以促进它的成熟，直到颜色变为深红色为止。大致需要 2～4 周的时间。

◆ 主要参考文献

瞿素萍，王继华，张颢 . 2003. 多倍体育种在园艺作物中的应用 . 北方园艺（6）：58 - 60.

黎中明，林文君，等 . 1988. 细胞遗传学 . 成都：四川大学出版社 .

李树贤 . 2003. 植物同源多倍体育种的几个问题 . 西北植物学报 23（10）：1892 - 1894.

刘惠吉 . 1995. 蔬菜作物多倍体及应用 . 长江蔬菜（3）：3 - 5.

刘学岷，申书兴，等 . 1996. 大白菜二倍体与四倍体杂交后代倍性及胚胎学观察 . 园艺学报 23（3）：309 -311.

刘学岷，王子欣，孙日飞，等 . 1998. 2n 配子在大白菜育种上的应用 . 华北农学报 13（2）：102 -105.

刘学岷，曹彩霞，王玉海，等 . 2004. 大白菜四倍体诱导方法的研究 . 河北农业科学 8（3）：45 -48.

清水茂监修 . 1977. 野菜园艺大事典 221～223；1209 - 1211.

王子欣 . 1992. 四倍体大白菜的选育 . 华北农学报 7（3）：32 - 35.

王玉海，曹彩霞，牟金岩，等 . 2005. 大白菜 2n 配子发生的细胞学机制研究 . 河北农业科学 9（3）：1 - 5.

许耀奎，刘宗昭，邬信康 . 1982. 作物遗传育种 . 长春：吉林人民出版社 .

张成合，申书兴，刘学岷 . 1999. 三分体形成是大白菜 2n 雄配子发生的主要途径 . 遗传学报 26（1）：76 -80.

郑国锠 . 1978. 生物显微技术 . 北京：人民教育出版社 .

Brandham PE. 1997. The meiotic behaviour in polyloid A loinae I. Paracentric Inversions Chranosama，（62）：69 - 84.

Veilleux R E. 1985. Diploid and polyploidy gametes in crop plants. Plant Breeding Reviews，（7）：253 -258.

（王玉海　刘学岷　王子欣）

第十一章

单倍体育种

第一节 研究现状与应用前景

十字花科蔬菜杂种优势明显。在大白菜杂优利用中，人们多利用雄性不育系与自交系、两个自交不亲和系或两个纯合自交系所产生的 F_1 代的杂种优势来提高其品质、产量和抗病性，遗传性稳定的纯合自交系或自交不亲和系是必不可少的亲本系材料。常规选育方法获得一个遗传稳定、纯合的自交系，或自交不亲和系，一般需要 5～8 代，近年来发展起来的单倍体育种技术为缩短育种年限、提高育种效率提供了可能。所谓单倍体指具有配子体染色体数的个体，其染色体数目只为体细胞的一半。它的这一特点在育种上极为珍贵。单倍体一经加倍，便可获得纯合的二倍体，称为双单倍体（DH），这样可省去多代自交，从而可以快速地获得自交系或自交不亲和系。单倍体植株的单套染色体不存在显性基因掩盖隐性基因的现象，因此单倍体植株的表现型和基因型是一致的，这在育种中可避免“误选”，从而可以大大提高选择效率；另外，单倍体也为基因工程研究提供了很好的受体材料。获得单倍体或双单倍体的途径很多，目前花药培养和游离小孢子培养是芸薹属植物获得单倍体的两个主要途径。

一、花药培养

花药培养是指对花粉发育到一定阶段的花药进行离体培养，以改变花药内花粉粒的发育途径，形成花粉胚或花粉愈伤组织，随后由胚状体直接发育为植株，或使愈伤组织分化成植株。

1964 年，印度学者 Guha 和 Maheshwari 首次报道从毛蔓陀罗花药培养中获得了单倍体植株。Keller 等（1975）、Thomas 和 Wenzel（1975）分别从白菜型油菜（*B. campestris* var. *oleifrea*）和甘蓝型油菜（*B. napus* var. *oleifera*）花药培养中诱导出胚状体。我国大白菜花药培养始于 20 世纪 70 年代后期。洛阳市农业科学研究所（1977）用石特 1 号等 4 个大白菜品种进行花药培养，获得了 5 株再生植株。邓立平等（1982）对白菜离体花药进行培养，通过诱导愈伤组织形成了再生植株。自 20 世纪 70 年代以来，采用花药培养技术在 50 多种植物上得到了单倍体植株。表 11 - 1 列出了芸薹属作物经由花药培养获得再生植株的报道。大部分研究均集中在如何提高花药培养的成胚率上，因为这

是影响花药培养能否应用于育种实践的重要因素。目前尚没有通过花药培养育成大白菜商业品种的报道。

二、游离小孢子培养

游离小孢子培养又叫花粉培养，是指直接从花蕾或花药中获得游离的、新鲜的、发育时期合适的小孢子群体（未成熟的花粉），通过培养使其脱分化，经由胚状体或愈伤组织的诱导，再生获得单倍体植株，而后经过自发或诱发的染色体加倍成为正常可育的、高度纯合的二倍体植株的过程。

花药培养与游离小孢子培养均可获得单倍体或双单倍体材料，在作物遗传育种上具有多种用途，是当前国内外植物生物技术领域中最活跃的研究课题之一。

表 11-1　芸薹属（*Brassica*）作物花药培养获得再生植株一览表

序号	作　物	拉丁名	作　者	发表时间
1	白菜型油菜	*B. campestris* ssp. *oleifera*	Keller et al.	1975
2	大白菜	*B. campestis* ssp. *pekinensis*	洛阳市农业科学研究所 邓立平等	1977 1982
3	白　菜	*B. campestris* ssp. *chinensis*	蒋武生等	2006
4	青花菜	*B. oleracea* var. *italica*	Kameya & Hinata Farnham & Canihlia	1970 1988
5	结球甘蓝	*B. oleracea* var. *capitata*	Gorecka et al.	1998
6	羽衣甘蓝	*B. oleracea* var. *acephala*	王超楠等	2006
7	花椰菜	*B. oleracea* var. *botrytis*	张绪璋和周元昌	2006
8	芥菜型油菜	*B. juncea* var. *oleifera*	寸守铣等	1994
9	甘蓝型油菜	*B. napus* var. *oleifera*	Thomas & Wenzel Keller & Armstrong	1975 1977

游离小孢子培养与花药培养相比，产生单倍体频率高，可以不受花药壁、花药隔等母体组织上体细胞的干扰，有可能从较少的花药获得大量的花粉植株，因此有着花药培养不可替代的优点。同时小孢子植株隐性性状得以表现，因而植株类型多样；还可以得到纯合的多倍体、双单倍体、异源附加系和代换系，从而提供多种遗传分析材料。但要求的培养技术及培养条件严格。因此，游离小孢子培养在遗传育种研究方面具有十分诱人的应用前景。

1973 年，Nitsch 等首先成功应用游离小孢子培养技术获得毛曼陀罗的小孢子胚与再生植株。芸薹属植物的游离小孢子培养工作始于 1982 年，德国的 Lichter 等人成功诱导出甘蓝型油菜小孢子胚及再生植株，并发现小孢子胚胎及其再生植株的生长量远高于花药培养。自此，芸薹属植物游离小孢子培养技术进入快速发展阶段。在芸薹属植物中，小孢子培养已先后在埃塞俄比亚芥、黑芥、大白菜、白菜、芜菁、紫菜薹、菜心、羽衣甘蓝、结球甘蓝、青花菜和芥蓝等蔬菜作物上获得成功（表 11-2）。大白菜游离小孢子培养始于

1989年，日本学者Sato等首次报道用一个早熟大白菜品种成功地诱导出小孢子胚和再生植株。之后的十几年里，研究人员对大白菜小孢子胚发生机理、影响因素等进行了大量的研究和探索，并取得了许多重要进展。

我国大白菜小孢子培养研究工作虽然起步晚于日本，然而应用于育种实践最早。研究工作开始于1989年前后。曹鸣庆等及栗根义等都于1993年对大白菜游离小孢子培养获得成功进行了报道。此后，众多学者从多个不同的侧面进行了研究。我国科研人员先后利用小孢子培养单倍体技术育成了一大批大白菜DH株系和大白菜品种，如豫白菜7号、北京橘红心、豫新5号、豫白菜12号、京秋1号、京翠70号等。

表11-2 芸薹属作物游离小孢子培养获得再生植株一览表

序号	名 称	拉丁名	作 者	发表时间
1	大白菜	*B. campestris* ssp. *pekinensis*	Sato et al. 曹鸣庆等 栗根义等	1989 1993 1993
2	白 菜	*B. campestris* ssp. *chinensis*	曹鸣庆等	1992
3	紫菜薹	*B. campestris* var. *purpurea*	李光涛和李昌功	1996
4	菜 心	*B. campestris* ssp. *parachinensis*	李岩等 Wong et al.	1993 1996
5	白菜型油菜	*B. campestris* ssp. *oleifera*	Bumett et al.	1992
6	甘蓝型油菜	*B. napus* var. *oleifera*	Lichter	1982
7		*B. napus* var. *napifera*	Hansen & Svinnset	1993
8	埃塞俄比亚芥	*B. carinata*	Chuong & Beversdorf	1985
9	黑 芥	*B. nigra*	Hetz & Schieder	1989
10	结球甘蓝	*B. oleracea* var. *capitata*	Cao et al.	1995
11	羽衣甘蓝	*B. oleracea* var. *acephala*	Lither	1989
12	青花菜	*B. oleracea* var. *italica*	Takahata & Keller 张德双等	1991 1996
13	芥 蓝	*B. oleracea* var. *alboglabra*	Takahata & Keller	1991
14	花椰菜	*B. oleracea* var. *botrytis*	Duijis et al.	1992
15	球茎甘蓝	*B. oleracea* var. *caulorapa*	严准等	1999
16	抱子甘蓝	*B. oleracea* var. *gemmifera*	Duijis et al.	1992
17	根 芥	*B. juncea* var. *napiformis*	刘冬等	1997
18	结球芥	*B. juncea* var. *capitata*	陈玉萍等	1998

三、花药培养和游离小孢子培养体系的应用

随着科学技术的不断发展，大白菜花药和小孢子培养技术也在不断地改进和完善，并在与其他育种技术相结合中发挥出了其特有的优势。例如，小孢子培养与分子生物学相结合进行基因定位，与基因工程相结合加速外源基因纯合，与辐射等诱变技术相结合，缩短

了育种周期，提高了育种效率。大白菜花药和小孢子培养可以说是高效育种及进行基础研究不可缺少的方法。大白菜花药培养和游离小孢子培养的应用主要在亲本材料纯化、种质资源创新、DH 遗传作图群体创建、遗传转化受体构建和染色体工程五个方面。

（一）亲本材料的纯化

大白菜游离小孢子培养和花药培养技术的第一个应用，是在育种中加速亲本系材料目标性状稳定，缩短材料纯化时间。杂优利用的自交不亲和系和自交系的选育一般需经连续5～8代自交才能育成，费工费时。采用游离小孢子培养技术，只需1～2代时间便能得到遗传上高度纯合的双单倍体系。与连续多代自交的常规自交系选育方法相比，时间上大大缩短，成本也大大降低。

目前国内多家科研及教学单位先后开始利用该项技术，进行亲本材料的纯化。

（二）种质资源的创新

花药培养或游离小孢子培养在种质资源的创新方面具有非常重要的作用，由于隐性性状能在双单倍体植株上直接表达，给人工选择带来了极大的便利，可以非常方便地从中选优汰劣。另外，由于小孢子植株是花药内小孢子再生植株，可以充分表现出药源杂合体减数分裂所产生的各种配子的基因型。因此，只要群体规模合理，加倍单倍体形成的纯合二倍体能使各种性状得到充分表达，部分性状还会出现超亲遗传现象。花药或小孢子培养不仅可以加速纯合体的稳定，还可能促进了优异重组体的体外筛选。这是由于单倍体自然加倍过程中，没有受精过程中配子的竞争，加之培养过程中可能出现诱导基因突变，使花药或小孢子胚后代的遗传类型较之常规杂交后代有可能更丰富一些，也许由于这种原因使大白菜花药培养或小孢子培养育种中会出现优异重组体，表现为新品系主要经济性状（如产量性状）甚至均超双亲。小孢子植株的多样性及其突变型的出现已经得到肯定，一些重要经济性状常常出现超过亲本，同时会产生特殊的类型。例如，两个抽薹性并不极端的亲本杂交，在 F_1 的 DH 后代中，得到了极端易抽薹和极端晚抽薹的 DH 株系。

另外，花药或小孢子培养技术还可以实现多亲本、多个优良性状的聚合和固定，可以逐步累加、聚合多种优良性状，从而获得新种质。

由于单倍体各种隐性基因都可以表现出来，加倍后形成的双单倍体各基因均处于纯合状态，若有突变体很容易表现出来，从而大大提高了抗性或其他突变体的变异检出率。游离小孢子受到某些外因刺激，如渗透压调节剂、病原菌、冷热刺激等都会增加基因突变的频率。在小孢子离体培养时，按育种目标要求添加一定的选择压力，是在细胞水平上突变体发生和进行筛选的最简易方法。在甘蓝型油菜上，用 X 射线、γ 射线或叠氮化钠等物理、化学方法处理离体小孢子后，在一定的培养基上选择培养，已得到抗除草剂突变体（Ahmad et al.，1991）。刘勇等（1997）认为，以毒素及类似物代替病原物作为抗性诱变剂，结合小孢子培养技术，可直接在单细胞单倍体水平上进行抗源筛选。由于小孢子生活力较脆弱，过度的刺激易导致其丧失生活力，因此研究适宜的诱变条件是十分重要的。张凤兰等（1999）报道，用紫外线照射，结合软腐病筛选方法获得了3个抗软腐病的植株，并找到了大白菜小孢子感受紫外线的最敏感时期为游离小孢子培养后8h，最适照射时间为12s。

（三）DH 遗传作图群体的创建

遗传作图群体或称分离群体，据其遗传稳定性可分为两大类：一类为暂时性分离群体，包括 F_2、F_3、F_4、BC（回交群体）、三交群体等，这类群体中分离单位是个体，一经自交或近交其遗传组成就会发生变化，无法永久使用，只能通过扦插、组织培养等方法来繁殖和保存；另一类称为永久性作图群体，包括 RI（重组自交系）、DH（双单倍体）群体等，此类群体中分离单位是株系，株系内个体间的基因型相同且是纯合的，为自交不分离的，不同株系之间存在基因型的差异。这类群体可通过自交或近交繁殖后代，而群体的遗传组成不易改变，可以长久使用，也便于遗传图谱的继续饱和和实验室间的交流。

DH 群体是对孤雄诱导或孤雌诱导获得的单倍体进行染色体加倍产生的双单倍体，可长期稳定使用，属永久性作图群体。游离小孢子培养或花药培养可通过孤雄诱导产生遗传上纯合的 DH 植株，由于每一植株来自一个小孢子，是植物减数分裂后一种重组配子的随机样本。因此，DH 群体的遗传结构直接反应了 F_1 配子体中基因的分离和重组，而且 DH 群体可通过自交繁殖后代，而不改变其遗传组成，故更有利于图谱构建的后续工作如 QTL 分析和图位克隆基因等工作的进行。

DH 群体的获得一般是通过花药培养或游离小孢子培养产生，其技术体系建立所需时间较短。个别蔬菜作物单倍体的获得较困难，大白菜 DH 群体的建立相对较容易。如果拥有一定数量的此类单株的后代 DH 系的群体，则可简化构建分子遗传图谱的方法，又快又好地获得遗传图谱，而且由于该类作图群体为永久性的，既可在国内外不同的实验室间共享，又可在多年多点对同一群体进行重复试验，从而排除环境影响，获得全面、准确、可靠的数据结果。利用其构建的遗传图谱有利于将来的图谱整合。

目前河南省农业科学院及北京市蔬菜研究中心均创建了大白菜遗传作图群体。张凤兰和赵岫云（2003）对用高抗 TuMV 的高代自交系 91-112 和高感 TuMV 的小孢子双单倍体系 T12-19 杂交的 F_1 植株进行小孢子培养，得到一个具有 146 个大白菜双单倍体系的作图群体，并利用该群体构建了分子遗传图谱（王美等，2004；张立阳等，2005）。

张晓伟等（2006）对日本晚熟晚抽薹品种健春经游离小孢子培养产生的纯系 Y177-12（黑籽、叶片多毛、合抱、黄花、耐 TuMV、晚抽薹、不抗热）和早熟耐热品种夏阳经游离小孢子培养产生的纯系 Y195-93（黄籽、叶片无毛、叠抱、白花、抗 TuMV、易抽薹、耐热）杂交的 F_1 进行游离小孢子培养，得到含 752 个 DH 株系的分离群体，并随机选取 183 个株系构建了分子遗传图谱。

（四）遗传转化受体的构建

游离小孢子培养在转基因方面的用途是：小孢子和小孢子胚都是植物基因工程的理想受体。转化单倍性的小孢子获得小孢子胚，经染色体加倍可以直接得到遗传上纯合的转基因植株，进一步用于遗传改良。直接转化或通过农杆菌介导转化小孢子是国内外研究的热点之一。虽然尚有不少机理与实验方法问题需要解决，但已有成功的例子。Pechan（1989）用油菜小孢子培养获得的成熟胚状体作为受体，进行农杆菌共转化工作，已转化成功。刘凡等（1998）以具高频率游离小孢子培养胚胎发生能力的大白菜品系 CC11 为材料，通过小孢子培养，以获得的子叶期胚状体为遗传转化的受体，经粉碎的玻璃碴摩擦后，与农杆菌共培养，在加筛选剂 Basta 的培养基上，再生出数株绿苗，成功地获得抗除

草剂 Basta 的转基因大白菜植株。随后对转化株的小孢子进行再培养，获得了纯合的抗 Basta 和芜菁花叶病毒的转基因大白菜植株。

（五）染色体工程方面的应用

应用花药或小孢子培养技术可诱导出非整倍体、染色体代换系和染色体附加系。在亚种间杂交、地理或生态远缘材料间杂交时，加速纯合和及早选择十分重要。由于在小孢子形成之前染色体发生了重排，因此培养单倍体植株的小孢子可以获得非整倍体。利用花药或小孢子培养技术除了可以获得大量非整倍体外，还可以获得染色体代换系和染色体附加系等染色体变异株，为染色体研究创造宝贵材料。申书兴等（1999、2000）以同源四倍体大白菜为试材，进行游离小孢子培养获得了初级三体株系。四倍体小孢子培养获得植株为大白菜三体系的创建找到了一条有效的途径。

四、应用前景

由于花药和游离小孢子培养的优越性，半个世纪以来，国内外研究者付出了极大的努力去提高培养单倍体的诱导频率，将这一技术逐步应用于植物的遗传改良，并且通过该技术体系培育出一些新品种在生产上推广应用，使花药和小孢子培养在一些农作物上已经成为常规育种的一个重要组成部分。花培得到的单倍体是研究基因功能的好材料，也可用来研究染色体组的来源与进化。近年来，游离小孢子培养受到了更多的关注，因为小孢子培养可以与原生质体培养结合，使该育种途径具有更实际的意义。此外，小孢子作为外源基因的受体，可以通过离体培养直接获得纯合的转基因材料，既不会有嵌合体的干扰，又使目的基因易于表达。但是，由于花药和游离小孢子培养技术受供试材料的基因型等许多不确定因素的影响，使所选育的 DH 材料的利用受到一些局限，所以有必要对其进行更深入的研究，并建立相关的花药和游离小孢子培养的程序化操作规程，为作物品种的遗传改良提供快捷有效的手段，更好地发掘单倍体育种技术的应用潜力。

第二节　花药与游离小孢子培养技术

花药和游离小孢子培养是快速获得纯合稳定双单倍体纯系的一种有效方法。与常规多代自交获得的纯系相比，具有周期短、效率高、遗传性稳定等特点。我国科技工作者已将该技术成功地应用于大白菜、白菜、甘蓝、青花菜等十字花科蔬菜作物育种中，并取得了较好的成效。该技术体系主要包括小孢子胚状体的获得、胚状体的再生成苗和获得大量 DH 系三个环节。

一、技术原理

植物花药培养和游离小孢子培养是依据细胞全能性的原理来实现的。细胞全能性是指每一细胞中包含着产生完整有机体的全部基因，在合适的离体条件下，细胞具有形成新的有机体的能力。不论是植物性细胞还是体细胞，均含有形成新个体的全套遗传信息，而且在特定的环境条件下能进行表达，产生独立完整的新个体。

植物进行细胞分裂和分化形成新个体的能力与植物的种类、组织、部位和细胞状态有关，同时受培养介质的营养成分、光温培养条件、植物生长调节物质和外界刺激反应等方面的影响。一般裸子植物和单子叶植物比双子叶植物分化难；成年细胞和组织比幼年细胞和组织难；已分化的茎叶部位较幼嫩的茎尖部位难；单倍体细胞比二倍体细胞难。

花药培养属于器官培养的范畴，游离小孢子培养属于细胞培养的范畴。在花药和游离小孢子培养中，花粉染色体数目为母体细胞染色体数目的一半，具有单倍性，所以，花药培养和游离小孢子培养均属于单倍体育种的范畴。

游离小孢子培养是在花药培养基础上发展起来快速获得单倍体纯系的一种有效方法，与花药培养相比，具有单细胞单倍性、群体数量多、自然分散性好、不受体细胞干扰、便于遗传操作等优点。

在大白菜花药和游离小孢子培养中，小孢子能偏离正常的配子体发育途径转为孢子体发育途径，经反复细胞分裂形成愈伤组织或者诱导分化形成小孢子类胚结构的胚状体。小孢子胚的发生在形态学、细胞学和分子生物学等方面与合子胚的发生相类似，但胚胎发生的过程和胚的性质完全不同。

现在普遍认为胁迫是诱导小孢子胚胎发生的外在关键因子。胁迫信号中断了花粉的正常发育，产生无功能的败育花粉，败育的花粉在合适的离体条件下能发育成胚。胁迫处理包括对供体植株进行的饥饿、短日照或低温处理；对花序、花蕾或花药进行的冷激、热激或化学处理等，所有这些方法都大大促进了小孢子胚胎的形成。如十字花科植物中的高温热激处理和茄科类烟草的饥饿处理等，在花药和小孢子培养中均起到了较好的诱导效果。

对于胁迫诱导小孢子胚胎发生曾有两种不同的看法：一种看法认为，花粉在形成过程中产生两种不同的花粉，其中一种是胚性花粉（E 性或者 P 性花粉粒），胚性花粉的营养核和生殖核经有丝分裂导致胚胎形成。胚性花粉在形态上具有下列细胞学特征：细胞内形成大液泡，无淀粉粒，质体数量减少，体积变小；线粒体正常，处于晚期浓缩阶段；生殖核位于小孢子中央，被细胞器成簇的围绕；核糖围绕，核糖体少；营养核处于细胞周期的 G2 阶段。这种胚性花粉在饥饿条件下数量增加，在适当的培养条件下能够恢复细胞分裂，形成小孢子胚。另一种看法认为，小孢子胚胎发生与花粉第一次有丝分裂所产生的细胞均等分裂有关，能促进产生细胞均等分裂的各种内、外因素的作用可刺激诱导小孢子胚胎的发生。这种假设的证据是，在油菜花粉第一次有丝分裂前，用抗微管药物——秋水仙碱诱导，促进细胞产生均等分裂，从而使小孢子胚数大大增加。另外，在大白菜小孢子培养开始 12h 内，用 33℃的热激处理，也可以促进小孢子均等分裂，向孢子体方向发育。

在小孢子培养中，胚性小孢子第一次有丝分裂产生的细胞具有以下 3 种不同的发育途径：①不对称分裂，如同正常的花粉发育形成 1 个营养细胞和 1 个生殖细胞，生殖细胞有丝分裂形成两个精细胞，但通常夭折。这是培养未成熟双细胞花粉时见到的唯一途径。②对称分裂，形成两个大小相同的类营养细胞。它们进一步分裂，形成具有 8～16 个核的多细胞结构的合胞体，接着细胞分化形成胚。③在对称分裂之后，产生两个姊妹核自发融合，通常认为这一途径是自发产生 DH 植株的原因，但其机理尚不清楚。这 3 种途径都能引起胚胎发生。前两种途径在几乎所有研究过的植物中都有发生，何者为主因植物种类而

异。研究表明，胁迫处理能引发第二种途径的发生，即小孢子对称分裂后，进一步分裂形成多细胞团，进而分化形成胚状体。

四分体在花药内释放以后，每个小孢子具有一层薄薄的外壁，核居中。以后外薄壁发育形成，液泡出现，充满小孢子腔。直到小孢子分裂前，核位于靠近细胞周边的特定位置。第一次花粉有丝分裂后，生殖核附着在花粉壁上，营养核则悬浮于细胞质中，液泡被吸收。在成熟花粉中，营养细胞积累 RNA、蛋白质、碳水化合物和脂类等储藏物质，以备授粉作用所需。

二、影响花药与游离小孢子培养的因素

花药和游离小孢子培养包括小孢子胚状体的获得、胚状体的再生成苗和大量获得 DH 系的过程。为成功地将该技术体系应用于育种中，必须首先了解影响胚状体发生、再生成苗和植株加倍的影响因素。

（一）影响胚状体发生的因素

小孢子胚状体的获得亦即小孢子的胚胎发生是单倍体育种技术体系中的第一步，也是非常重要的步骤，以后的所有步骤都建立在此基础之上。因此，对胚状体发生影响因素的研究颇多。这些研究主要集中在内因（如基因型、供体植株的生理状况、小孢子发育时期）和外因（如培养基、培养方法、培养条件）等方面。

1. 基因型　在芸薹属植物游离小孢子培养和花药培养中，大白菜基因型对其小孢子胚胎发生具有决定性作用。这体现在基因型反应范围和胚状体的发生频率（产胚率）的差异两个方面。不同基因型的小孢子胚发生能力差别很大。曹鸣庆等（1993）报道，将 17 个基因型大白菜的游离小孢子进行培养，有 16 个基因型获得了胚状体，反应范围为 94%。栗根义等（1993）用 13 份大白菜材料进行游离小孢子培养，其中的 12 份得到了小孢子胚，反应范围为 93%。尽管反应范围差别不大，产胚率却差别很大，如最高的胚产量在 300 个/蕾以上，而相当一部分基因型胚产量在 3 个/蕾以下，相差百倍还多。在对四倍体大白菜植株的游离小孢子培养中，同样证明了基因型对小孢子胚胎发生能力有显著影响（申书兴等，1999）。Zhang 和 Takahata（2001）研究还发现，对较难诱导的基因型，可通过与易诱导基因型杂交后，对杂种进行培养的方法，可提高胚诱导率，并使一些农艺性状好但诱导率低的资源在育种中得以利用。在实际工作中，要对育种材料进行筛选，选择性状优良或者有一定特色的杂种 F_1 代进行培养，将获得的优良双单倍体纯系材料用于育种。

2. 供体植株的生理状况　供体植株的生理状况对小孢子胚胎发生有直接影响。一般供体植株的生长环境条件以温度在 15～20℃、日照 14～16h 较为合适。Sato 等（1989）利用人工气候室，将材料控制在温度 20℃、光照 16h/d、光照强度 10 000lx 的条件下，进行游离小孢子培养获得了小孢子胚性植株。张凤兰等（1994）比较了材料的光照时间和温度对小孢子培养的影响，结果表明，日照时数 14h、温度 15～20℃有利于小孢子胚胎发生，认为高温短日照不利于小孢子胚胎发生。申书兴等（1999）对自然条件下生长的材料进行的小孢子培养也得到了类似的结果。但是，在同一地点的自然条件下，取样进行游离小孢子培养的合适时间很短。如河南省郑州地区，仅 3 月上、中旬能满足这一条件，合适

的培养时间仅 20d 左右。这与育种上要求操作大群体及供体植株在不同时间开花相矛盾。为解决这一矛盾，在实际操作中可通过调整播期和利用设施种植等措施以延长接种培养时间。另外，对在温度较高条件下生长的供体植株培养结果表明，易诱导的基因型，在较高温度条件下生长的植株，亦可诱导产生数量较多的小孢子胚。据此，在河南省郑州市接种培养时间可从以前 20d 左右延长到现在的 9 个月（第 1 年 9 月至第 2 年 5 月），这给育种上利用花药和游离小孢子培养技术提供了方便。

一般从发育健壮的植株上取花蕾进行培养效果较好。生长在光、温条件均可控的人工气候室里的供体植株，产胚率较高，同步性较好。而在大田自然条件下选取材料，合适的取材季节很短，产胚率低而不稳，同步性也差。

3. 小孢子发育时期 小孢子所处的发育时期是否合适，是影响游离小孢子培养成功的关键因素之一。二倍体大白菜游离小孢子培养的花粉发育合适时期为单核晚期至双核早期（栗根义等，1993），四倍体大白菜进行小孢子培养的合适发育时期为单核靠边期小孢子占多数时胚胎产量最高（申书兴等，1999）。小孢子发育进程与花蕾性状密切相关。许多研究者在实验过程中发现，花蕾形态指标如花蕾长度及瓣药比（花瓣长/花药长度比）与小孢子发育密切相关，并以花蕾形态指标作为选择适宜游离小孢子培养群体的标准。栗根义等（1993）经过细胞学观察，提出了依据小孢子细胞形态特征确定合适花蕾大小的方法：小孢子外部形态近圆形时正处于单核晚期和双核早期，对应花蕾的外部特征为蕾长 2～3mm，花瓣与花药长度之比在 1/2～4/5 之间，此时为花药和小孢子培养的最佳时期。但是，不同基因型材料，以及种株在不同条件下栽培，适宜的花蕾形态指标有所不同。曹鸣庆（1993）发现，CC11 基因型大白菜花蕾长 2.0～2.5mm 时，小孢子正处于单核中期至单核靠边期，小孢子胚产量最高；蕾长 2.6～3.0mm 时，70%的小孢子处于单核靠边期，小孢子胚产量次之；蕾长小于 2.0mm 或大于 3.6mm 时，均不能诱导出小孢子胚。在芸薹属植物游离小孢子培养中，有的学者还提出了一种诱导小孢子发育同步化的方法，即为避免不适宜取材的大花蕾消耗营养，使幼小花蕾和适于取材的花蕾发育良好，每天摘除即将开放的花朵，使营养物质集中在花蕾的生长上，可使供体植株花蕾较大，小孢子发育同步化程度提高，从而明显提高小孢子产胚率。

4. 小孢子密度 小孢子培养时，密度过大或过小均不利于小孢子胚产生，合适的小孢子密度应在 1×10^5～5×10^5 个/ml 之间，如 4×10^5 个/ml（Joao Carlos da Silva dias，1999）、2×10^5 个/ml（栗根义等，1993）、1×10^5 个/ml（李岩等，1993）均为适宜。

5. 培养前花蕾预处理 在小孢子分离之前，对花蕾进行预处理，可提高小孢子成胚效率。芸薹属植物主要采用低温预培养方法，即将选取的花序浸在 MS 液体培养基或水中，4～7℃处理若干天，然后再分离小孢子进行培养。王亦菲等（2002）报道，油菜以 4℃低温预处理 1～2d 对脱分化启动最为有利。低温预培养的方法在油菜中被普遍采用，在其他芸薹属植物如大白菜中仅作为保存材料的一种方法。

6. 接种后热激处理 通常对洗涤后的游离小孢子进行热激处理，改变细胞生理状态、分裂方式和发育途径，可提高小孢子培养的效率。小孢子分离纯化后，在进行正常温度下的培养之前，先放在高于正常培养温度条件下培养一段时间，这种方法称之为热激处理。自从 Keller 和 Armstrong（1977）在甘蓝型油菜花药培养中，首次用高温处理提高花粉胚

的诱导频率获得成功以后，该方法被广泛应用于芸薹属植物的花药培养和游离小孢子培养。热激处理在大白菜游离小孢子培养中效果良好。栗根义等（1993）对大白菜游离小孢子进行了热激处理研究，并对热激处理和非高温处理条件下小孢子的细胞学特征进行了观察，探讨了高温处理对提高小孢子胚诱导率的作用机理。研究表明，经35℃高温处理的大白菜小孢子活细胞频率变化很大。培养的前3d内，非高温预处理组的大白菜小孢子活细胞频率高于高温处理组，但从培养的第4d开始，高温处理组大白菜的小孢子活细胞频率开始高于非高温处理组。从而认为热激处理对大白菜游离小孢子胚状体的诱导很重要，其作用机理可能是高温处理改变了小孢子发育途径，阻止小孢子向成熟花粉粒方向发展而促进其由配子体发育转变为孢子体发育而诱导了胚的形成。刘公社等（1995）观察高温处理对大白菜小孢子培养的影响后认为，若以33℃热激处理的小孢子分裂频率为评价指标，小孢子接受高温处理的敏感期位于开始培养的12h内，但以胚胎发生为评价指标，敏感期位于开始培养的24h内。

7. 培养方式　芸薹属植物游离小孢子培养的经典方法是，小孢子游离后，经30～35℃热激处理暗培养1～2d，再转入25℃常温暗培养，采用的培养方式为液体静置培养和振荡培养，普遍采用液体浅层静止培养法。振荡培养有利于气体交换，对胚状体的正常发育有利。有报道认为，液体静置培养至胚状体出现后，改用摇床振荡培养，利于胚状体的快速一致发育（Bevesdorf，1988）。河南省农业科学院生物技术研究所蔬菜育种室对大白菜游离小孢子培养不同的培养方法（振荡培养和静止培养）进行研究发现，振荡培养对小孢子胚的诱导率无明显的影响，而促进小孢子胚的形成速度，小孢子出胚时间较静置培养下快2～4d。在培养中子叶形胚的比例较高，在诱导分化培养中容易成苗。

申书兴等（1999）也发现，摇床振荡培养对大白菜小孢子胚的发生及子叶胚率的提高均有良好的促进作用。有学者认为，加液培养或定期更换培养基能提高胚状体诱导频率。其原因之一是加液培养能够稀释细胞毒素，同时还能补充营养物质。Kott等（1998）认为，在小孢子培养过程中，处于不适培养时期的小孢子向培养基中释放有毒物质，这些有毒物质大大降低了小孢子启动分裂的能力，还会干扰心形胚的发育，故认为在培养过程中，应每3d更换一次培养基。

8. 培养基成分及添加物　芸薹属植物游离小孢子培养中，最常用的基本培养基是NLN培养基。与MS、B5等植物组织培养中常用培养基相比较，NLN的主要特点是大量元素含量较低。Keller和Armstrong（1977）报道，甘蓝型油菜在NLN培养基大量元素降至1/2时，提高了胚状体的产量，而在MS、B5培养基上未获得小孢子胚。

培养基添加物：包括一些氨基酸、激素和活性炭等。L-脯氨酸200mg/L和谷氨酰胺800mg/L对胚状体的诱导有促进作用。L-脯氨酸能加速小孢子分裂，促进胚状体发生，而谷氨酰胺对胚状体正常发育有利。两者配合，能降低畸形胚的发生，从而提高再生植株频率。

植物激素对芸薹属植物小孢子胚发生、发育的影响，试验结果不尽一致。Sato等（1989）认为，不含激素的培养基与加有NAA0.5mg/L+6-BA0.05mg/L的培养基对胚状体诱导效果相同。许多研究者也使用了不加外源激素的培养基。对四倍体大白菜的小孢子培养发现，在6-BA0.2mg/L水平下，NAA为0～1.0mg/L时，小孢子胚有较高的发生频率；NAA 高于 2.0mg/L 时出现抑制作用。在 NAA0.5mg/L 水平下，6－BA 为 0.05～0.2mg/L 时小孢子产胚率高；6－BA 超过 0.4mg/L 时出现抑制作用（申书兴等，1999）。

普遍认为，活性炭对游离小孢子培养胚状体发生有很好的促进作用，它能提高小孢子胚产量，并且还能提高胚状体发育的同步性。其原理被认为是活性炭吸附了培养基中由培养细胞释放的有毒物质。活性炭能吸附培养基中的 5－羟甲基糠醛，这是高压灭菌时由蔗糖还原而产生的一种物质。在大白菜小孢子培养过程中，无胚胎发生能力的小孢子能释放出一些有毒物质，可能会抑制具有胚胎发生能力小孢子的胚胎发生及胚状体的正常发育，而活性炭可以吸附这些有毒物质。有报道证明，活性炭并非对所有材料的游离小孢子培养都有作用，个别材料无论如何都得不到胚，或每次只得一至数个不能正常发育的胚（刘凡等，2001）。Lichter（1989）指出，活性炭不仅可以吸附培养基中的有毒物质，而且可以吸附一些必要元素和植物激素，如 NAA、KT、Fe 盐螯合物等。因此，活性炭浓度不宜太高，否则会起负作用。在配制活性炭时，最好加少量（0.5%左右）的琼脂糖，因为无琼脂糖的游离活性炭吸附到小孢子上，反而会阻止胚状体的发生。关于培养基中其他成分对大白菜小孢子培养的影响，研究报道尚少。

（二）影响小孢子胚状体再生成苗的因素

小孢子胚的生长发育受内外两种因素的制约。这里所指的内因是小孢子胚的质量，即不同发育阶段的胚状体，一般而言，子叶形胚再生成苗能力强。

在大白菜花药或小孢子培养中，由小孢子来源的胚状体的发育并不同步，原胚、球形胚、心形胚、鱼雷形胚及子叶形胚并存，同时还有许多畸形胚，这些不同类型胚状体再生成苗率不同。通常子叶形胚、心形胚、鱼雷形胚属于正常胚，因两极性发育好，即一端具有类似下胚轴结构，另一端则类似芽端，有不完全的二片子叶结构，故再生成苗频率高。球形胚由于两极性发育较差，难以再生成苗。

外因包括萌发培养基（或叫成苗培养基）的成分、水分状况、通气状况、光温培养条件等。培养基通常采用不加或只加少量激素的 MS、B5 固体培养基，培养基中添加 20～30g/L 蔗糖或白糖。培养基水分状况与小孢子胚成苗率有关（刘凡等，1997；申书兴等，1999），这可能是因为小孢子胚成熟后需要较干燥的生长环境，及时将成熟的子叶期胚转入相对干燥的培养环境，对于再生成苗有利。成苗培养基中琼脂浓度从 0.8%增加到 1.2%，其成苗率可从 37.5%提高到 85.8%，而且还可明显减少玻璃化苗和二次分化再生现象。适宜大白菜胚状体成苗的培养基是 B5＋3%蔗糖＋1.2%琼脂（刘凡等，1997）。适当尽早地将子叶形小孢子胚转接到成苗培养基上，可提高胚成苗率（申书兴等，1999）。

对胚状体的低温诱导是一种有效的提高再生成苗能力的措施。周伟军等（2002）报道，甘蓝型油菜胚状体转入固体培养基后，先进行 2℃10d 的低温诱导，再在室温（24℃）光下培养就能较好地萌发，并直接快速地再生成苗。在大白菜小孢子胚的成苗方面，也进行过类似的研究，但未见正式报道。

（三）影响小孢子再生苗倍性的因素

二倍体植物小孢子培养获得的单倍体植株只有通过染色体加倍成为二倍体即 DH 植株，才能用于育种实践。大规模地获得 DH 纯系，须包括小孢子植株的倍性鉴定、染色体

加倍技术及DH后代的获得和性状鉴定等工作内容。

1. 基因型对小孢子再生苗倍性的影响 对大白菜小孢子植株的染色体倍性观察发现，由游离小孢子培养所获得的植株并非完全是单倍体，通常是由单倍体、二倍体及多倍体构成的混合群体（曹鸣庆等，1994）。大白菜小孢子培养获得的再生植株有自然加倍成为二倍体的特点，但自然加倍的频率在不同作物和同一作物的不同品种间有较大的差异。张凤兰等（1993）以10个品种及杂交组合为试材，对大白菜小孢子再生植株的倍性进行了鉴定，发现其自然加倍率很高，大约在50%～70%之间，认为大白菜由小孢子培养得到的植株无需人工加倍，有自然加倍成为二倍体的特点。Zhang等（2001）对68个大白菜品种的小孢子再生植株的倍性鉴定获得了类似的结果。而人工加倍通常用秋水仙碱处理，不仅费时费工，还常常产生不同倍性的嵌合体。由于大白菜小孢子胚自发加倍成为双单倍体的比率较高，无疑对应用于育种实践具有非常的重要意义。然而对小孢子胚何时加倍及如何加倍的机理目前尚不清楚。

2. 小孢子再生苗的人工加倍 关于小孢子来源的单倍体植株的秋水仙碱加倍方法，在甘蓝型油菜的小孢子培养中报道较多，主要有利用合适浓度的秋水仙碱对游离的小孢子、小孢子来源的单倍体植株、试管苗移栽前和移栽定植成活后处理等几种方法，但在大白菜上的报道并不多见。

3. DH株后代的性状鉴定 张凤兰（1994）对68份小孢子再生植株后代进行扩繁后，对其种株性状和亲和指数进行了鉴定，得出如下结论：第一，同一小孢子来源的两个单株，其植物学性状、花期等表现高度一致，说明小孢子植株经自交后不再产生分离，其在遗传上是纯合的；第二，同一材料的不同小孢子的再生植株后代，其植物学性状、花期、种株高、分枝数及亲和指数等均有差异，说明同一材料经小孢子培养所得的众多后代间，亲和指数分离很大，后代出现亲和与不亲和两种类型，而同一小孢子来源的单株间亲和性高度一致，因此，证明其S基因型是纯合的；第三，小孢子培养的再生植株后代，连续自交结实正常，单株种子量多在2g以上，说明其倍性稳定。

三、大白菜花药与游离小孢子培养技术

（一）花药培养技术

1. 供试植株栽培 生长健壮的供试植株是花药培养技术获得成功的关键之一。在郑州以及周边地区，大白菜供试材料的种子一般应在当年秋季10～11月播种，在自然条件下生长越冬，于第2年春季3～5月取花蕾材料进行花药培养。在植株生长过程中，应加强田间管理，注意施肥、浇水、除草、防病防虫，使植株生长健壮。

有条件的地方可将用于培养材料的种子进行人工春化处理后，8～9月份播种于日光温室，第2年春季1～5月份都可取花蕾进行培养。

2. 培养基配制 花药培养所用的培养基主要有MS和B5培养基，蔗糖浓度为13%左右，pH 5.8。在MS和B5培养基中可添加少量的生长素和细胞分裂素用于花药培养胚状体的生长和继代；只添加少量生长素的MS和B5培养基可用于小孢子胚性植株的生根。培养基的配方见表11-3。其中大量元素可扩大10倍配制，微量元素、有机物、铁盐扩大

200倍配制，激素分别配制保存。培养基母液最好用重蒸馏水配制，在4℃冰箱中保存备用。将上述各成分按培养基配方量取后，放入容量为1～2L的大烧杯或搪瓷缸中，再按照琼脂0.9%和蔗糖13%的浓度加入，用蒸馏水定容混匀后，再用0.1～1.0mol/L的HCl和NaOH调pH为5.8，分装至100ml的三角瓶或直径9cm的培养皿中，每瓶或每皿30～40ml。将三角瓶或培养皿用封口膜包紧瓶口后，放入高压灭菌锅中，在121℃下高压灭菌20min，自然冷却后取出培养基，放入培养间黑暗处备用。或将高压灭菌后的培养基在无菌条件下分装于已高温干燥灭菌过的三角瓶或培养皿中备用。

表11-3 大白菜花药和游离小孢子培养的培养基种类及成分（mg/L）

培养基种类	NLN培养液	B5冲洗液	BT长苗培养基	BR生根培养基
大量元素：				
KNO_3	125	2 500	2 500	2 500
$MgSO_4 \cdot 7H_2O$	125	250	250	250
$Ca(NO_3)_2 \cdot 4H_2O$	500			
KH_2PO_4	125			
$(NH_4)_2SO_4$		134	134	134
$CaCl_2 \cdot 2H_2O$		150	150	150
$NaH_2PO_4 \cdot H_2O$		150	150	150
微量元素：				
$MnSO_4 \cdot H_2O$	19	7.6	7.6	7.6
H_3BO_3	10	3.0	3.0	3.0
$ZnSO_4 \cdot 7H_2O$	12.3	2.0	2.0	2.0
KI	0.83	0.25	0.25	0.25
$Na_2MoO_4 \cdot 2H_2O$	0.25	0.025	0.025	0.025
$CuSO_4 \cdot 5H_2O$	0.025	0.025	0.025	0.025
$CoCl_2 \cdot 6H_2O$	0.025	0.025	0.025	0.025
铁盐：				
Na_2-EDTA	37.3	37.3	37.3	37.3
$FeSO_4 \cdot 7H_2O$	27.8	27.8	27.8	27.8
有机物：				
肌醇	100	100	100	100
烟酸	5	1.0	1.0	1.0
甘氨酸	2			
维生素B_6	0.5	1.0	1.0	1.0
维生素B_1	0.5	10	10	10
叶酸	0.5			
生物素	0.05			
谷氨酰胺	800			

（续）

培养基种类	NLN 培养液	B5 冲洗液	BT 长苗培养基	BR 生根培养基
丝氨酸	100			
谷胱甘肽	30			
激素：				
6-BA			0.2	
NAA			0.02	0.1
蔗糖	130 000	130 000	30 000	30 000
pH	5.8	5.8	5.8	5.8

3. 花药培养方法

（1）花蕾大小的选择　在大白菜开花期，于上午 9：00～10：00 或下午 4：00～5：00，从供体植株主花序或上部分枝花序上取长度在 2.0～4.0mm 生长正常的花蕾，记录编号后分别放入塑料袋中。将取样材料带回实验室，登记材料并在材料表面喷洒少量水，放入 4℃冰箱中保存备用。在花药培养之前，应在显微镜下镜检小孢子发育时期。取一个载玻片，用镊子将花蕾剥开使花药中的花粉散落到载玻片上，加一滴蒸馏水，盖上盖玻片，在物镜为 20 倍的显微镜下观察花粉细胞的形态，大多数花粉为圆球状时，为花药培养合适的花蕾大小，此时小孢子多处于单核中期至双核初期。

（2）花蕾的消毒　在无菌条件下，取已灭菌备用的 100ml 的小烧杯，将花蕾放入小烧杯中，先加入 75%酒精进行花蕾表面消毒约 30 s，弃去酒精，再用 0.1%$HgCl_2$ 浸泡花蕾消毒 5min，倒出升汞，加入无菌水重复冲洗 3 次以上，每次冲洗 3～5min。在冲洗时，要不停的振动溶液，充分洗净残留在材料上的消毒液。

（3）花药培养　用镊子和解剖刀从消毒后的花蕾中小心剥出花药，接种于装有 30ml 培养基（B5 基本培养基＋13%蔗糖＋0.9%琼脂，pH 5.8）的培养皿（90mm×20mm）中，将花药均匀的摆放到培养基表面，挑出花柱、花萼和花瓣等，每皿接种 80～100 枚花药，用封口膜封口。将接种花药先放入 33℃恒温培养箱中高温培养 24h，然后转入 25℃下黑暗培养，培养 30d 后即可诱导出胚状体（图 11-1）。

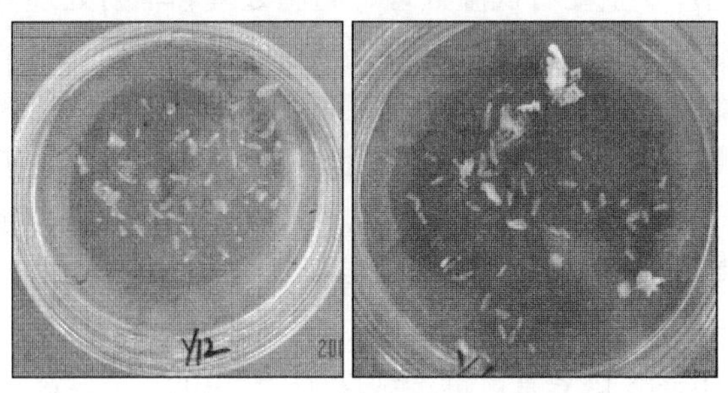

图 11-1　大白菜花药培养诱导产生的胚状体

4. 由胚状体再生成苗　将诱导形成的胚状体从黑暗条件下取出，放在 2 000lx 光照下培养 3～5d，当幼胚变绿后，转入 B5＋6-BA 0.2mg/L＋NAA 0.02mg/L 分化培养基上培养，子叶形胚可以再生长成绿芽。在该培养基上每月继代培养一次，可以分化出较多幼苗。较小的心形和球形胚，转入1%琼脂固化的继代培养基上，也有部分胚能形成绿芽。

5. 再生植株生根 将花药培养诱导形成的高度在3～5cm的再生植株，在无菌条件下，切取幼芽转入B5＋NAA 0.1mg/L生根培养基上，在3 000lx的光照条件下培养，10～15d可以生根形成完整植株。在B5＋6-BA 0.2mg/L＋NAA 0.02mg/L继代培养基上培养，每月继代一次，可以分化出较多幼苗。

6. 花药培养再生植株的移栽 将生根并生长健壮的植株，移入盛有田园土的营养钵中，每钵2～3株。移栽时小心地将试管苗从三角瓶中取出，于水中洗净根上的培养基，栽到装田园土的营养钵中。栽后喷水，并用塑料膜和遮阳网覆盖，保持栽培材料合适的温、湿度，并注意适当的通风透气。一般7d后可生新根，10～15d可成活。在温度稍低的秋季9月中下旬移栽，成活率可达95%。

（二）游离小孢子培养技术

1. 供试材料的选择和处理

（1）选择优良的基因型　供试材料应选择性状优良或具一定特色的基因型，应具有明确的目的性状和一定的代表性。培养材料要有实用价值以提高后来的育种成功率。

（2）从健壮植株上取材　从生长健壮无病害的植株上选取花蕾发育正常的花序。该花序材料花药内小孢子代谢旺盛，生活力强，离体培养易成功。

（3）选择大小合适的花蕾　大白菜适于游离小孢子培养的花蕾长度通常在2.0～3.0mm之间，选用此类大小的材料培养成功率高。同一株材料不同花枝开花有早有晚，同一花枝上下部位花蕾大小亦有较大差别。在选择花蕾时，应将上部和下部过大或过小的花蕾去掉，选择中部合适大小的花蕾。

（4）选择合适的发育时期　离体培养适宜的小孢子的发育程度与材料的基因型、生长季节和发育时期有关。在进行小孢子离体培养中，应在合适的生长季节取材培养和选择合适发育时期的培养材料。大白菜游离小孢子培养小孢子适宜的发育时期是单核中期至双核早期，相对应的花蕾长度是2.0～3.0mm。在进行小孢子培养之前，可用显微镜观察镜检花蕾内小孢子的形状、大小，或用DAPI染色法观察小孢子的发育时期，确定合适的花蕾大小。

（5）培养材料的处理　主要有低温处理、高温处理和辐射处理等。在大白菜游离小孢子培养中，供试培养材料的低温保存可以便于材料的操作和延长材料的使用时间。

2. 培养基及其配制 游离小孢子培养所用的培养基主要有NLN培养基、B5培养基、BT培养基和BR培养基4种。NLN和B5培养基为添加高浓度蔗糖（13%）的液体培养基，B5液体培养基用于小孢子的游离和洗涤，NLN用于小孢子的游离和培养。BT和BR培养基为添加低浓度蔗糖（3%）的固体培养基，BT培养基用于小孢子胚的植株再生和继代，BR培养基用于小孢子再生植株的生根。上述四种培养基的配方见表11-3。

小孢子游离采用B5-13培养基，蔗糖浓度13%，pH 5.8，高压灭菌；小孢子培养用NLN-13培养基，蔗糖浓度13%，pH 5.8。植株再生培养基为B5＋6-BA 0.2mg/L＋NAA 0.02mg/L，蔗糖3%，琼脂1.2%～1.6%，pH 5.8；植株生根培养基为B5＋NAA 0.1mg/L，蔗糖3%，琼脂0.8%，pH 5.8。

NLN 培养基在无菌条件下采用细菌过滤器过滤灭菌，使滤液分别通过 0.45μm 和 0.22μm 的微孔滤膜过滤除菌。细菌过滤器在使用前，分别将 0.45μm 和 0.22μm 的微孔滤膜装入塑料过滤器中，用纸包好高压灭菌，或用一次性无菌细菌过滤器灭菌。然后在超净工作台上，用大注射器推滤除菌。B5、BT 和 BR 培养基的配制和灭菌同花药培养方法。

3. 游离小孢子培养操作方法

(1) 花蕾大小的选择　在大白菜开花期，从供体植株主花序或顶部分枝花序上选取花蕾，镜检选择小孢子处于单核中期至双核初期的花蕾（蕾长 2.0～3.0mm），进行消毒和小孢子游离培养。

(2) 花蕾的消毒　打开超净工作台吹滤 30min，将花蕾放入 100ml 的小烧杯中，先用 75%酒精浸花蕾表面消毒，再用 0.1% $HgCl_2$ 消毒花蕾 5min 或用 3%的次氯酸钠消毒 15min，无菌水冲洗 3～4 次，每次冲洗 3～5min。

(3) 小孢子游离用具准备　小孢子游离培养用具主要有试管、刻度离心管、漏斗、400 目滤网、玻璃棒、滴管、培养皿、三角瓶和小烧杯等，在使用前洗净、晾干，用纸包好高压灭菌或用铝箔纸包好高温灭菌干燥后备用。

(4) 小孢子的游离和洗涤　分离小孢子的方法可归纳为挤压法、散落法和器械法 3 种。

①挤压法。将无菌花蕾或花药放入研钵或烧杯中，加入少量培养基，然后用玻璃棒或注射器的内管轻轻挤压材料，使小孢子从花药中游离到溶液中。通过不锈钢网或尼龙网筛滤除比小孢子大的组织碎片，收集小孢子悬浮物。再通过低速离心使小孢子沉淀。弃上清液后，加分离溶液反复清洗 2～3 次，最后用培养液清洗 1 次，即可制备成小孢子悬浮液，进行培养。

②散落法。在进行花药的液体漂浮培养时，花药会自行开裂，小孢子从花药裂口处散落到培养基中。利用这种方法收集小孢子叫散落法。

③器械法。为了提高分离效果，一些研究者探索用器械分离小孢子。常用的器械有两种：一种是小型搅拌器，一种是超速旋切机。器械法的操作简便，花蕾或花药在容器内高速旋转刀具的转动下破碎并高速运动，小孢子便被游离到溶液中。

目前绝大多数研究者采用挤压法，即在无菌条件下，将消毒后的花蕾置入 10ml 试管或研钵中，加入 B5 - 13 冲洗液 2～3ml，用玻棒挤破花蕾散出小孢子，再向试管中加入少量 B5 - 13 冲洗液，将小孢子悬浮液用 400 目滤网过滤到刻度离心管中，收集滤液定容至 6～8ml，在 600r/min 下离心 3min，沉降小孢子，弃去上清液。再加入 B5 - 13 冲洗液 6ml，重新悬浮小孢子，离心，重复 3 次，收集小孢子进行计数和培养。

(5) 小孢子密度测定和调整　密度的测定可用上海医药光学仪器厂生产的血球计数板进行。将 NLN - 13 培养液加入小孢子提取液的离心管中，混匀后吸取一滴放到血球计数板上，在显微镜下观察计数。具体的操作是：把小孢子悬浮液滴在血球计数板上，盖好盖玻片后，在倒置显微镜下观察记录计数板上的四个角（约为视野圆圈的一个内界正方形）和中央位置的 5 个方格的小孢子总数，重复统计 5 次，求其平均数。可用公式［小孢子密度=平均数×50 000（小孢子数/ml）］计算小孢子密度。最后用 NLN - 13 培养液调整小孢子浓度为 1×10^5 个/ml 左右。

（6）小孢子培养　将小孢子悬浮液用刻度滴管或移液枪分装至60mm×15mm培养皿中，每皿2ml，用封口膜封口。将分装后的培养皿先放入33℃恒温培养箱中高温培养24h，然后转入25℃黑暗下进行静置培养或在摇床上进行65r/min的振荡培养。在开始培养的前几天，可每天取出少量材料，于无菌条件下打开培养皿盖，用无菌吸管取出少量小孢子，滴在载玻片上，于显微镜下观察小孢子分裂情况和形成小细胞团数目。若有倒置显微镜，也可在培养初期，取出个别培养皿，直接放在倒置显微镜下观察和统计小孢子分裂情况，并拍照记录。在倒置显微镜下观察时，培养材料不宜取出过多和光照时间过长，这样会对培养的小孢子造成伤害，不利于细胞分裂和小孢子胚的形成。小孢子培养比花药培养形成小孢子胚快，通常15～20d即可诱导形成子叶形小孢子胚（图11-2），一般培养20～25d后可统计小孢子胚数目。

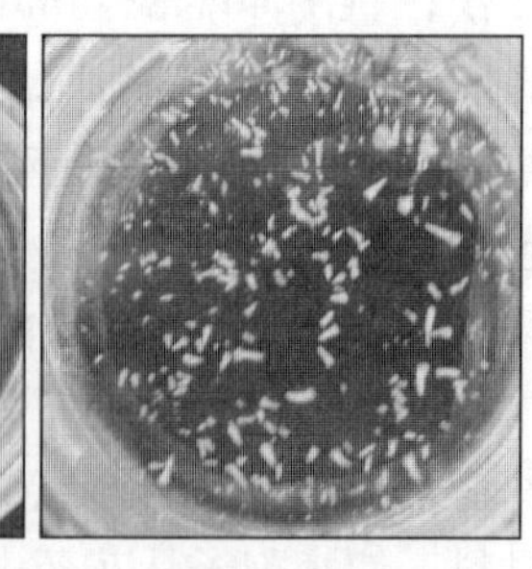

图11-2　大白菜游离小孢子培养获得大量胚状体

（7）小孢子活力测定　小孢子活力测定有助于评价培养材料的质量，同时对培养结果有一个正确的估计。小孢子活力在通常情况下只有60%左右。具体测定方法是：先用培养液配制0.1%的酚藏花红染色液，用丙酮配制5mg/ml的二醋酸酯荧光素细胞活力测定液，储于冰箱备用。测定时把二醋酸酯荧光素稀释至0.01%，在载玻片上滴一滴小孢子培养液，再加一滴0.01%的二醋酸酯荧光素与之混合，在显微镜下观察测定。活细胞在荧光素作用下会发出荧光而光亮，而死细胞则暗淡。还可在载玻片上滴一滴小孢子培养液，加一滴0.01%的二醋酸酯荧光素，再加一滴0.1%的酚藏花红混合后，在显微镜下观察测定，可计算出活细胞的百分率。经15～30min后，还可在荧光显微镜下观察计数，统计算出小孢子的活力。

4. 胚状体再生成苗　经过游离小孢子培养，得到大量的小孢子胚。为获得二倍体植株及纯系的种子，还要解决小孢子胚植株再生、试管苗移栽和染色体加倍中存在的问题。小孢子胚的植株再生、生根和移栽基本上与花药培养相同，但应注意以下几个方面：

（1）及时转胚　在通常情况下，小孢子培养比花药培养诱导形成小孢子胚时间短、数量多，同时小孢子胚的发育具有不同步性，即在一培养皿中同时存在从圆球形至子叶形不同类型的胚。因而，对诱导形成的大的子叶形胚应及时转到固体培养基中，在光下培养使其进一步分化形成完整植株。

（2）补充营养　对于较小的圆球形和鱼雷形胚，可适当地补充一些NLN培养液，给产生数量多的小孢子胚补充营养，降低培养小孢子的密度和不利生长物质的含量，使圆球形和鱼雷形胚尽快长成较大的子叶形胚。

(3) 适当光照　在黑暗条件下静置或振荡培养诱导形成的小孢子胚，应及时取出，放在散射光下培养，使子叶形胚见光变绿。也可将较小的胚直接转入分化固体培养基的培养皿中，在光照下培养。这样的培养环境湿度小，透气性好，与合子胚的生长环境相近，也有利于小孢子胚的进一步生长和成苗。

(4) 低温保存　大白菜游离小孢子培养，某些基因型一次培养可以形成非常多的小孢子胚，最多一皿可以形成200～300个胚。对于培养形成的较多的子叶形胚，在来不及转接的情况下，可直接放在4℃普通冰箱下保存，在1个月内对幼胚再生能力影响不大。另外，保存的材料也可用于倍性鉴定、遗传转化和分子标记等其他研究。

小孢子一般培养4周后，将诱导形成的小孢子胚转接于固体培养基。转接时间不宜过晚，否则小孢子胚成活率明显降低。可将转接后的胚置于5～8℃低温下保存2周，以提高胚成活率；也可直接置于25℃下培养，以缩短培养时间。小孢子胚先接种于只含有低浓度6-BA的MS或B5培养基上（图11-3A），经过有限的愈伤组织分化，产生多个芽，转接芽于含有生长素类的MS生根培养基上得到多个试管苗（图11-3B、C），有利于提高胚再生植株及获得纯系种子的频率。

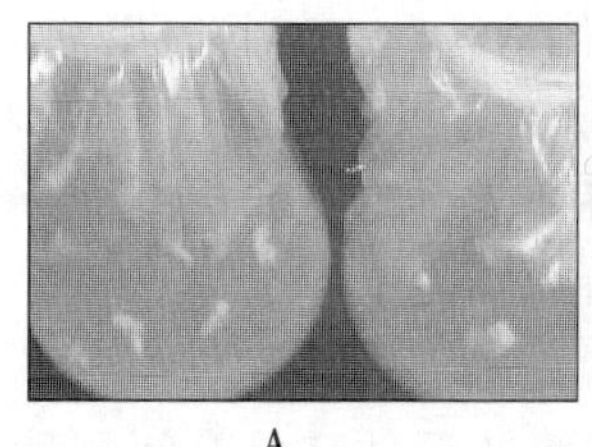
A

B

C

图11-3　大白菜游离小孢子培养获得的再生植株

A. 小孢子胚状体的再生　B. 长成试管苗　C. 获得大批试管苗

（三）小孢子再生植株倍性分析和染色体加倍

经游离小孢子培养获得的大白菜再生植株，染色体倍性有单倍体、双单倍体、三倍体、四倍体和非整倍体等，其中由单倍体自然加倍形成双单倍体的比率较高，一般为50%～70%，不同基因型之间有差异。对于易诱导的基因型所产生的大量试管苗，可直接移栽，开花后选散粉正常植株自交，便可得到育种上所需要的纯系群体材料。对于难诱导的基因型，由于所诱导试管苗较少，需要对单倍体试管苗进行加倍处理，然后将加倍植株培养生根后移栽到大田。

1. 再生植株的倍性鉴定　大白菜小孢子再生植株的倍性鉴定通常有根尖染色体压片法、叶片保卫细胞大小观测法和流式细胞仪DNA倍性分析法三种。根尖染色体压片法是通常采用的一种染色体倍性鉴定方法。该方法需要对鉴定材料进行预处理、固定、水解、染色、漂洗、压片和镜检等。倍性鉴定准确率高，但操作繁琐，难于对大群体材料进行快速鉴定。叶片保卫细胞大小观测法是一种辅助性植株的倍性鉴定方法。该方法是通过观察叶片背面表皮保卫细胞的大小来判断植株的倍性。据研究，植株的倍性与叶片表皮保卫细胞的大小有关，保卫细胞较大的植株为二倍体，保卫细胞较小的植株为单倍体。该方法操作快速方便，可对大群体材料进行快速鉴定，但准确性稍差。流式细胞仪DNA倍性分析法是近年来发展起来的一种植株倍性鉴定方法。该方法是通过测定植株中 DNA 分子的含量来确定植株的倍性。该方法快速、准确、可靠，但仪器昂贵，测定费用较高，有条件的单位可使用这种方法进行倍性鉴定。

2. 单倍体植株的染色体加倍

（1）自然加倍　自然加倍是在游离小孢子培养过程中，小孢子诱导形成的胚性植株不经人工加倍处理而自发形成二倍体植株。自然加倍可能来源于未减数的配子，或原胚的最初几次的核内有丝分裂。花粉植株群体中自然加倍的频率与品种基因型有关，一般为50%～70%，个别材料达 90%以上。

（2）人工加倍　人工加倍是将鉴定出的单倍体再生植株在培养或移栽过程中用药剂处理使单倍体植株加倍成二倍体植株的一种方法。人工加倍最常用的药剂是秋水仙碱。秋水仙碱处理的加倍效果与溶液浓度、处理时间、植株生长状况等密切相关。在加倍处理中，一般以较高的浓度和较短的处理时间为宜。常用的处理浓度为 0.2%左右，处理时间为24～96h。秋水仙碱加倍处理的方法通常有两种：一是移栽前加倍处理，即将小孢子诱导形成的植株在培养过程中加倍。在继代和生根培养基中添加 10～100mg/L 的秋水仙碱，将具有 1～3 条根和 3～4 片叶的植株继代于该培养基中，处理 2～4d，生根后移栽到田间。二是移栽时或移栽后加倍处理。将鉴定出的单倍体植株，在移栽时用 0.2%～0.4%的秋水仙碱浸泡根系 2～12h，然后移栽。另外，在移栽后还可以用含有 0.4%秋水仙碱的羊毛脂涂抹单倍体植株的顶芽和腋芽加倍。在开花时根据花的形态和花粉的发育情况判断倍性。

（四）双单倍体纯系的获得

试管苗移栽也是获得纯系的关键一步。大白菜试管苗最佳移栽时间是秋季（9～10月），此时气温较低，试管苗移栽后成活率高。移栽时应洗净根部上的培养基，移栽到阳畦中的营养钵内，注意移栽后试管苗生长的湿、温度及光照条件。移栽后应及时覆盖塑料薄膜和遮阳网防止太阳直射使薄膜内温度升高。经适当的湿、温度控制和管理，大白菜试管苗移栽成活率可达 95%以上。

试管苗移栽成活并长到一定大小（一般 4～6 片叶）时，需及时定植到大田或温室内进行越冬，定植时应大小苗分开定植便于管理。大田定植的苗子需地膜覆盖，以促进营养体生长，减少冬季冻害损失。定植后按照大白菜种株进行常规管理。冬季对于长势较弱的苗子或温度较低的地区应定植到日光温室中，或加盖小拱棚防止冻害发生。

第二年春季大白菜植株抽薹开花前，搭建防虫隔离网棚或网室，防止昆虫传粉。于初花期开始检查植株花粉情况，将花粉正常可育的植株的花序以硫酸纸袋套袋，人工剥蕾授粉自交。如发现植株瘦弱、花药瘦小、花粉败育的植株，一般为单倍体植株，需要取其花托或侧芽再进行组织培养，长成试管苗后以秋水仙碱处理进行染色体加倍。

由于定植批次早晚不同和植株发育快慢的差异，授粉早晚相差较大，从而导致种子成熟期相差较远。如在郑州大田条件下，大白菜种子采收最早期在 4 月底，最晚持续到 5 月中旬。因此应当根据每一植株的种子成熟早晚及时采收。采收时写明植株编号，并将同一植株自交的种荚放入一个网袋种，扎紧袋口，晾晒干燥后脱粒、考种，装入纸袋，并标明材料编号、数量、日期等内容，按来源整理，造册登记。

第三节　单倍体育种技术

一、大白菜单倍体育种程序

采用花药或游离小孢子培养技术进行大白菜单位体育种的一般程序，包括，对广泛搜集的国内外优良种质资源进行培养，获得大批小孢子胚再生植株，经染色体加倍后可快速获得大批DH纯系，对纯系农艺性状进行鉴定筛选后，再经配合力测定，选出优良的自交不亲和系配制大量杂交组合，经品比试验，筛选出不同类型的杂交种，在不同生态区进行区试、试种及示范等中间试验，最终获得优良的新品种（系）（图11-4）。

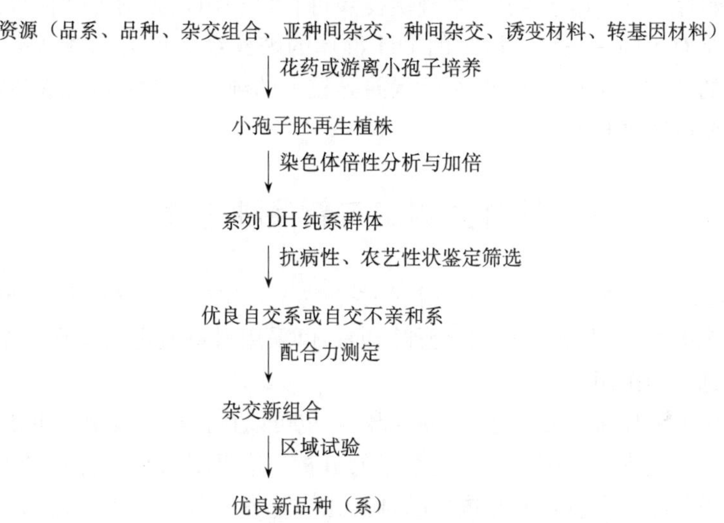

图11-4　大白菜单倍体高效育种技术体系示意图

这里需强调说明的是，获得DH纯系时大白菜花药培养和游离小孢子培养技术可结合进行。花药培养与游离小孢子培养相比，操作相对简单，污染率低，出胚材料多，但诱导率低；而游离小孢子培养操作技术难度大，污染率高，出胚材料少但出胚效率高。同一材料花药培养与小孢子培养的效果相一致，即花药培养出胚率高，小孢子培养亦出胚率高。但有时也存在不一致的情况：即花药培养能诱导出胚而小孢子培养不能诱导出胚，或小孢子培养能诱导出胚而花药培养不能诱导出胚。另外，花药培养尽管效率低，但胚一般质量好，成苗率高，而小孢子培养尽管效率高，但相当一部分胚质量较差，成苗率低。因此，在实际应用中可将二者结合起来，以取长补短。

二、优良DH材料的获得与鉴定

大白菜花药和游离小孢子培养获得的DH纯系需要进行农艺性状的鉴定和配合力测定。其鉴定与筛选方法可参照大白菜杂种优势育种方法进行。

对DH纯系材料的鉴定可按大白菜主要农艺性状标准及要求进行，并突出以下几个性状的评判：

（1）自交不亲和性　要求花期自交亲和指数小于2，蕾期自交亲和指数大于5。

（2）抗病性　一般要求抗病毒病、霜霉病、软腐病、黑斑病、黑腐病等多种病害，抗病能力要达中抗以上标准。

（3）抗逆性、适应性　入选纯系要求抗或耐干烧心病；春播类型材料首先要晚抽薹；夏播类型材料要抗热，能在32℃高温下正常结球；秋冬类型要求抗病、优质、耐贮运。

（4）一般农艺性状要求　抱球良好，外叶数少，净菜率高，粗纤维少，口感好，无其他不良性状。

大白菜自交不亲和系亲本的入选遵循基因纯合、一般配合力较高、综合农艺性状优良的原则。采用DH技术，获得的双单倍体材料是遗传纯合的，在材料的筛选过程中又有其特殊性：一是材料经1～2年的鉴定，表现优良者可直接利用，无须再多代自交纯化及连年大株选种；二是对于同一来源（F_1）的DH群体的姊妹系应加大选择强度。据以往的研究，同一来源的群体，选择20～30个性状差异较大的纯系基本上可代表该原始材料的变异类型及所需要的育种材料。

三、配合力测定与新品种选育

DH材料经鉴定及筛选后，选择在一个或多个性状上有差异的材料进行杂交配组，并尽量避免同一来源的材料配组。为缩短育种周期，可采用材料鉴定与杂交配组同时进行，即边鉴定、边筛选、边配组。

配合力测定主要采用多系测交法、半轮配法，也可以在育种实践中采用随机选配来减少工作量，提高育种效率。对配合力测定结果的分析，应针对育种目标对产量、抗病性、品质及特异性状进行综合评价，并与推广品种对比，选择一般配合力和特殊配合力都高，在一个或多个目标性状上明显优于对照品种的优良杂交组合作为优良新组合进入下一步的试验。

对于选出的优良新组合再按照品种比较试验、区域试验和生产试验程序进行比较和选择。

主要参考文献

曹鸣庆，李岩，蒋涛，等．1992. 大白菜和小白菜游离小孢子培养试验简报．华北农学报 7（20）：119-120.

曹鸣庆，李岩，刘凡．1993. 基因型和供体植株生长环境对大白菜游离小孢子胚胎发生的影响．华北农学报 8（4）：1-6.

曹鸣庆．2005. 植株游离小孢子培养机理及应用．中国园艺文摘 21（5）：26-32.

邓立平，曹烨，郭亚华，等．1982. 白菜花粉植株的诱导．园艺学报 9（2）：37-42.

方淑桂，陈文辉，曾小玲，等．2004. 大白菜游离小孢子培养若干因素探讨．福建农业学报 19（4）：243-246.

高睦枪，张晓伟，耿建峰，等．2001. 通过游离小孢子培养育成的优质大白菜新品种豫白菜 12 号．园艺学报 28（1）：88.

耿建峰，原玉香，张晓伟，等．2003. 利用游离小孢子培养育成早熟大白菜新品种豫新 5 号．园艺学报 30 (2)：249.

蒋武生，原玉香，张晓伟，等．2005. 提高大白菜游离小孢子胚诱导率的研究．华北农学报 20 (6)：34 -37.

蒋武生，原玉香，张晓伟，等．2005. 小白菜游离小孢子培养及其再生植株．河南农业大学学报 39 (4)：398 - 401.

蒋武生，张晓伟，耿建峰，等．2005. 耐热极早熟大白菜新品种豫新 50 的选育．中国瓜菜 (4)：27 - 29.

蒋武生，原玉香，张晓伟，等．2006. 基因型和有机附加物对小白菜花药培养胚状体诱导的研究．中国瓜菜 (2)：1 - 4.

李岩，刘凡，姚磊，等．1997. 培养基水分状况对大白菜小孢子胚成苗的影响．农业生物技术学报 5 (2)：131 - 136.

栗根义，高睦枪，李岱田，等．1991. 大白菜花药培养中培养基对胚诱导的影响．华北农学报 6 (增刊)：69 - 74.

栗根义，高睦枪，赵秀山．1993. 大白菜游离小孢子培养．园艺学报 20 (2)：167 - 170.

栗根义，高睦枪．赵秀山．1993. 高温预处理对大白菜游离小孢子培养的效果 (简报)．实验生物学报 26 (2)：165 - 169.

栗根义，高睦枪，杨建平，等．2000. 利用游离小孢子培养技术育成豫白菜 7 号 (豫园 1 号)．中国蔬菜 (6)：30 - 34.

刘公社，李岩，刘凡，等．1995. 高温对大白菜小孢子培养的影响．植物学报 (37)：140 - 146.

刘凡，姚磊，李岩，等．1998. 利用大白菜小孢子胚状体获得抗除草剂转基因植株．华北农学报 13 (4)：93 - 98.

卢钢，曹家树．2001. 白菜和芜菁杂种小孢子培养研究．浙江大学学报 27 (2)：161 - 164.

申书兴，梁会芬，张合成，等．1999. 对大白菜小孢子胚胎发生及植株获得率的几个因素的研究．河北农业大学学报 22 (4)：65 - 68.

申书兴，赵前程，刘世雄，等．1999. 四倍体大白菜小孢子植株的获得和倍性鉴定．园艺学报 26 (4)：232 - 237.

许艳辉，冯辉，张凯．2001. 大白菜游离小孢子培养中若干因素对胚状体诱导和植株再生的影响．北方园艺 (3)：6 - 8.

原玉香，张晓伟，耿建峰，等．2004. 利用游离小孢子培养技术育成早熟大白菜新品种豫新 60. 园艺学报 31 (5)：704.

张凤兰，钉贯靖九，吉川宏昭．1994. 环境条件对大白菜小孢子培养的影响．华北农学报 9 (1)：95 -100.

张德双．2004. 白菜类蔬菜小孢子培养胚胎发生及再生植株基因型分离比率．长江蔬菜 (2)：38 -39.

张晓伟，原玉香，耿建峰，等．2004. 大白菜新品种豫新 1 号．园艺学报 31 (2)：280.

Burnett L，Yarrow S，huang B. 1992. Embryogenesis and plant regeneration from isolated microspores of *Brassica rapa* L. ssp. *oleifera*. Plant Cell Reports，11：215 - 218.

Chuong PV，Beversdorf WD. 1985. High frequency embryogenesis through isolated microspore culture in *Brassica napus* L. and *B. carinata* Braun. Plant science，39：219 - 226.

Cao MQ，Li Y，Liu F，et al. 1995. Application of anther culture and isolated microspore culture to vegetable crop improvement. Acta Horticulture，392：27 - 28.

Duijs JG，Voorrips RW，Visser DL，Custers BM. 1992. Microspore culture is successful in most crop types of *Brassica oleracea* L.. Euphytica，60：45 - 55.

Gland A，Lichter R，Schweiger HG. 1988. Genetic and exogenous factors affecting embryogenesis in isolated microspore culture of *Brassica napus* L. J Plant Physiology，132：613 - 617.

Gao M，Li G，Geng J，Zhang X，1998. Isolation of living pollen mother cells in *Brassica* species and extraction of mRNA from PMCs. J. Japan. Soc. Hort Sci，67 (6)：1153 - 1156.

Hetz E，Schieder O. 1989. Plant regeneration from isolated microspores of black mustard (*Brassica nigra*). Eucarpia Ⅻ. Congress：25 - 10.

Hanses M，Svinnset. 1993. Microspore culture of swede (*Brassica napus* ssp. *rapifera*) and the effects of fresh and conditioned media. Plant Cell Rep，12：496 - 500.

Keller WA，Rajhathy T，Lacapra J. 1975. In vitro production of plant from pollen in *Brassica campestris*. Can J Genet Cytol，(17)：655 - 666.

Lichter R. 1982. Induction of haploid plants from isolated pollen of *Brassica napus*. Z Pflanzenphysiol，105：427 - 431.

Lichter R. 1989. Efficient yield of embryoids by culture of isolated microspores of different *Brassica* species. Plant Breeding，103：119 - 123.

Nitsch C，Norreel B. 1973. Effect d'un choc thermique sur le poúvoire embryogene du pouen de *Dature innoxia* culture dans lanthere ou isole de lathere. C R Acad Sci Ser D，276：303 - 306.

Soto T，Nishio T，hirai M. Plant regeneration from isolated microspore culture of Chinese cabbage (*Brassica campestris* ssp. *pekinensis*) . Plant Cell Rep，1989. 8：486 - 488.

Takahata Y，Keller WA. 1991. High frequence embryogenesis and plant regeneration in isolated microspore culture of *Brassica oleracea* L. Plant Sci. 74：235 - 242.

Wong RSC，Zee SY，Swanson EB. 1996. Isolated microspore culture of Chinese flowering cabbage (*Brassica campestris* ssp. *parachinensis*) . Plant Cell Reports，15：396 - 400.

（蒋武生　原玉香　张凤兰　张晓伟）

第十二章

分子标记辅助育种技术

在不甚明了基因作用背景的传统育种中，育种家是通过有目的的杂交和对表现型的多代选择而实现对基因型的遗传改良。常规育种是一个程序繁杂、工作量大、耗费时间长的艰辛过程，在这一遗传改良的许多情况下，环境效应会掩盖基因型效应，从而增加了选择的难度。因此，育种技术进一步发展的关键是在遵循和应用育种基本原理和程序的前提下，提高育种选择的效率和准确性。

20世纪80年代以来，RFLP（restriction fragment length polymorphism）、RAPD（random amplified polymorphic DNA）、SSR（simple sequence repeats）、AFLP（amplified fragment length polymorphis）、SCAR（sequence characterized amplified region）和SNP（single nucleotide polymorphism）等分子标记辅助育种技术取得突飞猛进的发展。分子标记能够直接在DNA水平上检测遗传差异，广泛用于种质资源的鉴定与分类、遗传作图、基因快速定位、特殊染色体区段的鉴定和分离等许多方面。现代分子标记辅助育种技术，借助与目标基因紧密连锁的分子标记，可在实验室直接对基因型进行选择，不仅可以判断目标基因是否存在，而且不受环境条件和生育周期限制进行早代选择；能够克服传统育种方法对表现型选择存在的缺陷，具有节时、省费、简单和不受外界环境影响等优点。目前，它正在成为蔬菜育种的一种有效手段，可以大大缩短育种周期，提高育种效率，促进作物产量、品质、抗性等综合性状的遗传改良。

第一节　DNA分子标记的种类及其应用

DNA分子标记是20世纪80年代随着分子生物学的发展而开发的一类以DNA多态性为基础的遗传标记。它与传统的形态学标记、细胞学标记和同工酶标记相比，具有独特的优点，即在植物的不同发育阶段、不同环境条件下，对不同组织都可以进行检测，使得对基因型的早期选择成为可能。由于所建立的遗传标记不仅数量大，变异丰富，而且在后代中表现显性、共显性遗传。因此，不仅有利于对隐性基因控制的农艺性状进行选择，而且可以利用与目标基因紧密连锁的分子标记对育种后代材料进行相关选择，提高选择的准确性，缩短育种年限，减少工作量，提高育种效率。通过对分子标记的深入研究，将还可达到分离、克隆目的基因，并在DNA水平上直接操纵有益基因的目的。

一、DNA 分子标记的种类及特点

不同物种的遗传多样性，在本质上是由核酸水平上的差异造成的。应当说，DNA 分子标记系统的建立与发展是近年来分子生物学技术发展的产物，它涉及分子生物学研究的多项技术，如限制性内切酶酶切、Southern 转移、分子杂交、PCR 技术等。目前遗传标记已发展到 60 多种。从发展进程上，可把它们分成三个世代：第一代以传统的 Southern 杂交为基础的分子标记，如 RFLP 标记；第二代以 PCR 为基础的分子标记，如 RAPD、AFLP、SCAR、CAPS 等标记；第三代以基因组序列为基础的分子标记，如 SNP、SSR、EST-SSR 等标记。选择哪种标记方法作为辅助育种的工具，一方面取决于研究目的，另一方面取决于该标记的多态性程度和将来的应用潜力。近年来，以 PCR 标记为基础的第二代分子标记成为研究和应用的主流，新近发展的 RGA、SRAP、SSAP 标记也受到了关注。在这些标记中，由于 SSR 标记和 PCR 标记衍生的 SCAR、CAPS 标记稳定性好、测定方法简单、呈共显性遗传，从而在标记辅助选择中备受推崇。研究 DNA 多态性的方法很多，其中最彻底、最精确的方法就是直接检测核苷酸的差异，即以 SNP 为代表的第三代标记。它直接检测基因组单个核苷酸的变异。SNP 在同一位点上存在二等位特性，并且在基因组中广泛分布。这使得 SNP 可通过芯片实现自动化、高通量的检测分析，使之成为继 SSR 之后最理想的作图分子标记，将对分子标记辅助育种的发展产生深远的影响。现将大白菜分子标记育种常用的 DNA 标记简介如下：

1. RFLP 标记 RFLP 标记是 1980 年首次提出的，也是最早的 DNA 分子标记。RFLP 是指用限制性内切酶切割不同基因组 DNA 后，反映出含同源酶切序列的 DNA 片段在长度上的差异。这种差异主要是由于酶切位点的点突变或两相邻酶切位点之间 DNA 片段的缺失、插入等原因所致。

与传统的标记相比，RFLP 标记具有以下优点：首先，RFLP 标记在等位基因之间是共显性的（co-dominant），没有上位或多效现象，因此在配制杂交组合时不受显隐性关系的影响，在任何分离群体中都能区分所有基因型；其次，RFLP 标记不受发育阶段和环境条件的影响，具有稳定遗传和特异性的特点，这些都是同工酶技术所无法比拟的；第三，RFLP 标记比同工酶数量多，可产生和获得更多反映属、种、变种甚至品种及基因型间遗传差异的多态性信息。

但是，由于 RFLP 分析是一项综合技术，涉及 DNA 片段的克隆、基因组 DNA 的提取、限制酶的消化、琼脂糖凝胶电泳、Southern 印迹转移、DNA 探针制备和分子杂交等一系列分子生物学技术，技术复杂，所需费用高，分析效率依赖于合适探针，所以其应用受到了一定局限。

2. RAPD 标记 RAPD 技术是 1990 年 Williams 和 Welsh 发明的一种较为简便的检测 DNA 多态性的技术。它以一个随机的寡核苷酸序列（通常为 10 个碱基）作引物，通过 PCR 对基因组 DNA 进行随机扩增，产生大小不同的 DNA 片段，再经凝胶电泳分开，进行多态性观察。RAPD 图谱间的差异可因 4 种方式产生：①核苷酸置换造成引物与结合位点无法匹配；②某个引物结合位点缺失；③两引物结合位点间的大片段插入导致间距过大

而扩增中断；④插入或删除改变了扩增产物的大小。

与 RFLP 相比，RAPD 方法简便、快速、灵敏度高、DNA 用量少，且不需要同位素标记，安全性好。但是 RAPD 技术因使用的引物比较短，对反应条件极为敏感，稍有改变便影响扩增产物的重现，因此具有重复性较差、稳定性不好等缺点。另外，RAPD 是显性标记，不能区分杂合型和纯合型，无法直接用于基因型分析。这些不足在一定程度上也限制了它的应用。

3. SCAR 标记　SCAR 标记首次由 Paran 和 Michelmore 提出并应用。它是通过对多态性 RAPD 产物测序的基础上，设计一对新的引物特异地扩增一个在特定位点的 DNA 片段，一般在原 RAPD 引物的 3' 端延长 10～14 个碱基，利用两端各 20～24 个碱基的引物进行特异扩增。因此，该方法与 RAPD 相比具有如下优点：①由于使用较长的引物和高退火温度，因此具有高稳定性；②有可以将显性 RAPD 标记转化为共显性的可能性；③如果是显性标记，则在检测中可以直接染色，而不需要进行电泳检测。

基于上述优点，SCAR 标记成为目前分子标记在育种实践中能直接应用的首选标记。在近几年开展的抗病基因标记研究中，许多研究者均将 RAPD 标记转化为 SCAR 标记，并在转育后代中得到了较好的验证。

4. AFLP 标记　AFLP 分析技术由 Zabean 等人在 1993 年发明，并由 Vos 等（1995）发展起来的。AFLP 分析是 PCR 与 RFLP 相结合的一种技术。AFLP 的基本原理是选择性扩增基因组 DNA 的酶切片段而产生多态性，选择性扩增是通过在引物末端加上选择性核苷酸实现。基因组 DNA 经两种限制性内切酶切割形成大小不同的限制性片段，然后针对限制性内切酶设计的双链接头（adapters）连接到限制性片段的末端，作为 PCR 扩增的模板。接头一般为 14～18 个核苷酸，由核心序列和限制酶切特异序列两部分组成，常用 EcoRI 和 MseI 接头。已知的接头序列和相邻的限制性位点序列成为专用引物的结合位点。AFLP 技术主要包括三个步骤：①经限制性内切酶酶切的 DNA 限制性片段与双链寡聚核苷酸接头连接；②利用 PCR 方法，通过变性、退火、延伸、选择性扩增限制性片段；③利用聚丙烯酰胺凝胶电泳分离扩增的 DNA 片段。

AFLP 结合了 RFLP 和 RAPD 的优点，稳定可靠，重复性好，方便快速，只需极少量的 DNA 样品，不需要 Southern 杂交，不需要预先知道 DNA 的序列信息，而且绝大部分为显性标记，显示的多态性丰富，非常适合于品种指纹图谱的绘制、遗传连锁图的构建及遗传多样性的研究。

5. SSR 标记　SSR 标记是由 Zietkiewicz 等（1994）建立的一种新型分子标记技术。已经证明，真核生物的基因组中散布着大量的串联重复序列，它们具有丰富的多态性，并能按孟德尔规律稳定地遗传与分离。按重复单位的大小，串联重复可分为卫星 DNA、小卫星 DNA 和微卫星 DNA。卫星 DNA 重复单位大，分布在异染色质区，难以采用分子杂交或 PCR 方法揭示其多态性；小卫星 DNA 主要分布在染色体近端粒，在不同个体间存在串联数目的差异，一般长度为十几个到几十个碱基，可进行多态性分析；微卫星 DNA 仅由几个核苷酸（1～6）组成重复单位，一般重复 5 次以上。同一类微卫星 DNA 可分布在整个基因组不同位置上，由于重复次数不同，或重复程度不完全，而形成每个座位的多态性。每类微卫星两端的序列多是相对保守的单拷贝序列，可根据两端序列设计一对特异引物，扩增每个位点的微卫星序列，经聚丙烯酰胺凝胶电泳，检测其多态性。SSR 所揭示的多态性十分丰富，它相对于 RAPD 重复率和可信度高，因而成为目前遗传标记中的研究热点。

6. STS 标记 STS（sequence tagged sites）技术是一种将 RFLP 标记转化为 PCR 标记的方法。它通过 RFLP 标记或探针进行 DNA 序列分析，然后设计出长度为 20 个碱基左右的引物，对基因组 DNA 进行 PCR 扩增寻找多态性。它的扩增产物是一段长几百碱基对的特异序列，此序列在基因组中往往只出现一次，因此能够界定基因组的特异位点。STS 标记的多态性丰富，呈共显性，能够鉴定不同的基因型。开发 STS 标记需要测序，所需费用较高，但是一旦开发了适宜的引物，应用价值大。

7. SRAP 标记 相关序列扩增多态性（sequence-related amplified polymorphism，SRAP）是一种新型的基于 PCR 的标记。该标记通过独特的引物设计对 ORFs（open reading frames）进行扩增。上游引物长 17bp，5' 端的前 10bp 是一段填充序列，紧接着是 CCGG，组成核心序列及 3' 端 3 个选择碱基，对外显子进行特异结合。下游引物长 18bp，5' 端的前 11bp 是一段填充序列，紧接着是 AATT，组成核心序列及 3' 端 3 个选择碱基，对内含子区域、启动子区域进行特异结合。因不同个体、物种的内含子、启动子及间隔区长度不同而产生多态性。该标记具有简便、稳定、中等产率、可产生共显性标记、便于克隆测序目标片段的特点。SRAP 已被应用于图谱构建、比较基因组学、遗传多样性分析和基因定位等研究。

8. SNP 标记 1997 年，第三代 DNA 遗传标记单核苷酸多态性（sing-lenucleotide-polymorphism，SNP）标记的提出及应用，在整个生物学界引起了一个 DNA 多态性研究的新热潮。SNP 是单个核苷酸变异形成的 DNA 序列多态性，理论上一个核苷酸位置可以有 4 种碱基变异形式，但实际上 SNP 多表现为双等位基因，即二态性遗传变异。在 SNP 检测时能通过简单的“+/−”方式进行表型分析，即表现为二等位基因，无须测定基因片段的长度，检测结果易于自动化。SNP 的多态性程度虽远不如小卫星或微卫星，但数量巨大，在基因组中分布频率密集。从整体而言，SNP 的多态性实际上要大得多。目前发展的 SNP 检测方法包括寡聚核苷酸特异性连接测序、微测序、DNA 芯片、微列阵、TaqMAN、多重反向杂交等，大规模的 SNP 检测要借助于 DNA 芯片技术。随着拟南芥、水稻等重要植物的全基因组测序完成，SNP 标记必将成为植物遗传与育种研究中的理想的遗传标记。

9. EST 标记 EST（expressed sequence tag）指的是一组 cDNA 的部分序列，（一般长度为 150～500bp），是由大规模随机挑取的 cDNA 克隆测序得到的组织或细胞基因组的表达序列标签。EST 技术是将 mRNA 反转录成 cDNA，并克隆到载体构建成 cDNA 文库后，大规模随机挑选 cDNA 克隆，对其 5' 端或 3' 端进行一步法测序，所获序列与基因数据库已知序列比较，从而获得对生物体生长发育、繁殖分化、遗传变异等一系列生命过程认识的技术。EST 是基因的“窗口”，可代表生物体某种组织某一时间的一个表达基因，故被称之为“表达序列标记”。如今由于 EST 片段多态性高，也可以作为分子标记，用来建立遗传连锁图谱。近年来大量快速增长的 EST 数据已成为 SSR 的重要来源。各种植物中有 1%～5%的 EST 可用于建立 SSR 标记。从 EST 数据库中开发 SSR，成本较低，通用性较高，在遗传作图、功能基因的发现与定位及比较基因组学研究等方面都有重要的利用价值。

综上所述，分子标记技术是一个迅速发展的领域，随着研究工作的深入开展和实践的需要，将会日益实用和完善。最终，该技术将变成程式化而非常易于操作，从而真正用于育种实践，并大大提高育种效率。

二、DNA 分子标记在育种中的应用

DNA 分子标记技术的迅猛发展，促进了大白菜基因组学和分子标记育种研究的快速发展，不仅在短时间内构建了接近饱和的连锁遗传图谱，而且在遗传多样性分析、目标基因的标记与定位、QTL 分析、杂种优势预测、杂种真实性鉴定、分子标记辅助选择等育种实践中开始应用。

（一）遗传多样性分析

分子标记是分析种质亲缘关系和检测种质资源多样性的有效工具。利用分子标记可以确定亲本之间的遗传差异和亲缘关系，从而确定亲本间遗传距离，进而划分类群。孙德岭等（2001）利用 AFLP 分子标记技术对白菜类蔬菜间的亲缘关系进行了研究，结果表明芜菁与大白菜、普通白菜亲缘关系远，而大白菜与鸡冠菜和毛白菜亲缘关系较近，与其他白菜亲缘关系较远。郭晶心等（2002）对白菜类蔬菜的遗传多样性和分类进行了 AFLP 分子标记研究和聚类分析，结果表明芜菁和白菜类蔬菜各自单独聚为一类，它们的亲缘关系较远。在白菜类蔬菜中，所有大白菜和薹菜聚为一类，其亲缘关系密切。白菜各类型间的相似性程度较低，说明白菜的起源较大白菜要早。大白菜现有栽培品种的遗传多样性较为狭窄。宋顺华等（2006）利用 RAPD 技术对 64 份大白菜种质资源的遗传多样性进行了研究，初步得到了芜菁、白菜和大白菜的特征谱带。这些特征谱带可分别作为这 3 个亚种的 RAPD 标记，据此可鉴定这 3 个亚种。聚类分析结果将大白菜种质资源分为 6 个类群，而白菜和芜菁各成一类，共 8 个类群。

（二）分子连锁图谱的构建

遗传图谱的构建是基因组研究中的重要环节，可为基因定位、基因克隆及基因组结构和功能的研究打下基础。近代分子标记技术的发展，极大地促进了芸薹属植物分子标记连锁图谱的构建。Slocum 等（1990）用 RFLP 标记建立了第一张 *B. oleracea* 的连锁图。在此之后，芸薹属植物分子连锁图的绘制得到迅速发展。在芸薹属 6 个种中，已有甘蓝（*B. oleracea*）、甘蓝型油菜（*B. napus*）、黑芥（*B. nigra.*）、白菜（*B. campestris*）、芥菜（*B. juncea*）5 个种的 40 多幅分子连锁图谱发表。详细内容将在第二节中叙述。

（三）目标基因的标记与定位

建立起完整的高密度的分子标记图谱，就可以定位感兴趣的基因，特别是控制数量性状的基因。利用分子标记图谱定位基因的原理本质上与经典遗传学一样，即通过分子标记与目标性状的重组值来估计标记与性状的连锁关系及其遗传距离，应用多个标记与性状的连锁分析，就可以把控制某性状的基因准确定位在某两个确定的标记间的精确座位上。

目前，大白菜目标基因的分子标记与定位主要进行了两方面的研究：①重要的质量性状（少数几个基因控制的性状）基因的标记与定位，如与育性有关的基因标记、与抗性有关的基因标记和与球叶色有关的基因标记研究；②数量性状位点（QTL）的分子标记。

大白菜的产量性状、成熟期、品质、抗病性均表现为数量性状的遗传特点。完整的高密度分子标记图谱的出现给 QTL 的定位提供了有用的工具。它完全可以将控制数量性状的基因总体分解成许多个 QTL，逐个进行分析。不但可以确定每个 QTL 的位置和控制某一数量性状的 QTL 数目，还可以估算每个 QTL 对数量性状影响的程度和性质。大白菜上已经有一些数量性状如抽薹性（Nozaki et al.，1995；Teutonico et al.，1995；Kole et al.，1997；Miki et al.，2005；Yang et al.，2007）、耐热性（于拴仓等，2003）、根肿病抗性（Hirai et al.，1998；Mastsumoto et al.，1998；Saito et al.，2006）、TuMV 抗性（Zhang et al.，2007）、品质性状（赵建军等，2007；徐东辉等，2007）等进行了 QTL 分析。

（四）DNA 指纹图谱的建立与品种真实性鉴定

分子标记可以用来建立 DNA 指纹库。利用 DNA 指纹图谱可以进行大白菜亲本系及杂交种的分类与鉴定。其应用主要集中在以下两方面：一方面是根据种质资源 DNA 指纹的多态性，可以对育种材料的变异丰富度做出评价。在杂种优势育种中，可以选择到各个目标性状互补程度最大的亲本，以便选择到综合性状最优的杂交组合。另一方面，通过建立大白菜主要亲本系和主要推广杂交种的指纹图谱，可以有效地鉴定 F_1 品种纯度，实现种子质量监测，同时也有利于品种知识产权的保护。宋顺华等（2005）从国内不同地区搜集了 90 个大白菜品种，利用 E-ACA/M-CTG AFLP 引物组合产生的 32 条清晰可辨的多态性条带，可将 90 个品种全部区分开来，表明 AFLP 技术可用于研究品种指纹图谱、高效鉴别品种的真实性。李丽和郑晓鹰（2006）也报道了将 AFLP 技术成功应用到大白菜品种真实性的鉴定中。

（五）杂交优势预测

准确有效地预测杂种优势一直是大白菜育种工作者关心的重要课题。尽管通过配制杂交组合进行田间评价更为直接，但费时、费力，并易受环境影响。分子标记遗传距离与杂种优势表现之间存在的相关性为预测杂种优势提供了可能和有效方法。目前，利用该方法进行杂种优势的预测尚处于探索阶段，理论和方法均未成熟，还需对多态性标记进行筛选，以找到与杂种优势 QTL 连锁的标记，从而建立用分子标记预测杂种优势的技术体系。

（六）分子标记辅助选择

分子标记辅助选择（marker assisted selection，MAS）是指在品种遗传改良中利用分子标记来提高选择效率的方法。到目前为止，利用分子标记辅助选择育种在水稻、玉米上的研究应用较多，在大白菜上目前还没有育种应用的报道。分子标记辅助选择可大致分为利用根据分子标记获得的信息（如遗传多样性评价和杂种优势预测）来帮助进行亲本选择和应用于具体的性状选择过程两个方面。

1. 简单目标性状的回交转育和基因渗入　在某些性状的回交改良中，常常会在转育外源有利基因的同时，一些与之连锁的不利基因也被导入。这些所谓的连锁累赘难以通过简单的目测选择在回交过程中消除。为此可以利用与目标基因紧密连锁的分子标记直接选择在目标基因附近发生重组的个体，从而有效地减少或避免连锁累赘。另外，通过连续回交和标记选择可将供体材料如遗传种质或育种中间材料中的有用基因渗入到目标材料中。

标记选择方法因不受其他基因效应和环境因素的影响，结果较为可靠。同时，因为可以在早期世代及苗期进行选择，可大大加快回交导入有利基因、改良现有品种的过程，从而缩短育种年限。

2. 同效基因累加和多基因聚合的辅助选择　有些农艺性状的基因呈基因累加作用，如果能够给每个基因位点找到各自的分子标记，当需要把这些基因累积到同一育种材料中时，就可以通过常规的杂交或回交将不同的基因转移到同一品种中，并通过分子标记辅助选择来选择含有全部目标基因的个体。同样，分子标记辅助选择还可以用于多基因聚合育种，即将分散在不同种质资源中的有用基因聚合到同一个基因组中，通过杂交育种和分子标记辅助选择获得同时聚合多种基因的植株。这些植株可以作为能够同时提供多个目标基因的供体在育种中加以应用。

3. 数量性状的分子标记辅助选择　数量性状常常涉及多个QTL，各个QTL对目标性状的贡献大小也不尽相同，目测选择很难达到理想的效果。随着一整套QTL选择标记的发掘，而且对标记之间的互补和互作关系已经比较清楚后，分子标记将会有更大的用途，特别是在群体改良中应用，将比目测选择效果提高很多。

三、分子标记育种技术的应用前景

目前，世界上正在形成一条“以资源为基础，以基因为核心，以品种为载体”的生物技术产业，传统育种技术与现代生物技术交融，正在从深度与广度上推进育种科学与技术的发展，以分子育种技术为方法和手段的高新技术育种正在成为国际植物育种的发展趋势和方向。在大白菜分子育种中，基于迅速增长的生物信息学，开发新型分子标记，构建高饱和分子遗传图谱，进行重要性状的QTL精细定位和重要基因的共分离分子标记的开发，发展大规模分子标记辅助育种已成为研究的热点。

DNA分子标记辅助育种技术，是通过利用与目标性状紧密连锁的DNA分子标记对目标性状进行间接选择的现代育种技术。该技术对目标基因的转移，不仅可在不受环境条件和生育期限制的情况下进行早代准确、稳定的选择，而且可以克服再度利用隐性基因的识别难题，从而加速育种进程，提高育种效率。与常规育种相比，该技术可提高育种效率2～3倍。分子标记辅助育种以其简单实用、技术成熟等优点在许多发达国家商业育种行为中已被普遍采用，并且已通过基因芯片技术实现多个基因的高通量检测，成为育种的有效工具，进而促进了作物抗性、产量、品质等综合性状的遗传改良。例如，荷兰Enza Seeds的分子标记辅助育种实验室共有7名工作人员，每年进行的PCR反应超过100万次，大约相当于进行30hm^{2}田间种植植株的选择。国际上各大型育种公司蔬菜作物品种的选育都已开始使用分子标记技术，在其新推出的许多品种中包含了分子育种的成果。

在我国，以杂种优势育种为代表的常规育种技术依然是大白菜育种的主体，利用分子标记进行基因定位和辅助育种的研究才刚刚起步，通过分子标记辅助选择来提高育种效率，培育优良品系或品种的目标尚未实现。其原因主要有：①鉴定技术的成本过高，许多育种单位还不具备开展大规模分子标记辅助选择的条件；②获得的标记实用性较差，已经定位的重要农艺性状的主效基因不是很多，许多已定位的基因与其连锁的分子标记的图距太大；③没有将标记鉴定与辅助育种这两个重要环节融为一体。针对这些现实问题，应加强以下工作：①对重要农艺性状基因定位，构建更为饱和的分子标记连锁图谱，寻找与目标基因紧密连锁的两侧的分子标记；②对于控制数量性状的QTL进行精细定位，研究QTL的数目、位置、效应以及QTL之间、QTL与环境的互作和QTL的一因多效等，充分发掘QTL的信息，选择最佳组合进行分子标记辅助选择；③寻找新型分子标记，简化分子标记技术，降低成本，实现检测过程的自动化、规模化；④与传统育种技术实行紧密结合，加速品种遗传改良进程。

近年来，分子生物学研究的新理论、新技术为大规模开展分子标记辅助育种提供了可能。通过EST数据库和反向遗传学分析，可以对大量基因的功能及互作关系进行分析，利用迅速增长的序列信息大规模开发新型分子标记；通过DNA芯片技术及相应的计算机分析软件的应用则可实现标记筛选鉴定和标记辅助选择的自动化、规模化。可以预见，随着研究的深入和新的分子生物学技术的发展，更完善、效率更高的新的分子标记辅助选择育种技术体系将很快建立起来。

第二节　分子遗传图谱的构建和重要性状的基因定位

遗传图谱是植物遗传育种及基因克隆等研究的理论依据和基础，传统的遗传标记技术标记性状数目少，难以形成一个较完整的连锁图。而随着DNA分子标记的出现和技术的飞速发展，遗传作图在许多作物中取得了进展。

一、分子连锁图谱的构建

（一）连锁图谱构建的标记

纵观整个遗传标记的发展过程，从最初的形态标记到现代的DNA标记，遗传标记在基因的连锁分析、定位和作图等方面起到了极其重要的作用。

有效的遗传标记应当具备丰富的多态性、良好的稳定性和高度的遗传性等特点。生物变异标记大体可分形态标记、细胞学标记、蛋白质标记和DNA标记4类。前3类标记都是基因表达的结果，其可利用的多态位点较少，易受环境条件影响。与其他遗传标记相比，DNA分子标记具有如下优点：

（1）直接以DNA的形式表现，在生物各个组织、各个发育时期都可检测到，不受季节、环境限制；

（2）数量极多，遍及整个基因组；

（3）多态性高且存在许多等位变异，不需专门创造特殊的变异材料；

（4）表现“中性”，不影响目标性状的表达，与不良性状也没有必然的连锁；

（5）许多分子标记表现为共显性（codomainance），能够鉴别纯合基因型与杂合基因型，提供完整遗传信息等。目前，基于DNA分子杂交的RFLP和基于PCR的RAPD、AFLP、SSR等分子标记技术已被广泛应用于大白菜的连锁图谱构建中。

这些标记在遗传图谱构建及其他方面研究具有很多的优势，但也具有各自不可回避的

缺点。这在本章第一节中已叙述。目前来看，AFLP 和 SNP 标记由于多态性丰富、操作较简便和成本较低，比较适合用于图谱构建；SSR、EST-SSR 标记由于多态稳定、信息丰富、便于实验室之间的结果比较，近年来的应用也越来越广泛。自从 Kresovich 等（1995）和 Bathia 等（1995）首次在芸薹属植物中开发设计 SSR 引物，由于其独特优点很快被应用于种质鉴定和遗传图谱构建等工作中。目前芸薹属植物的一些现成的、商品化的 SSR 引物已经公布（http：//ukcrop. net/perl/ace/search/BrassicaDB）。葛佳等（2005）开发了大白菜 EST-SSR 标记，从 13 007 个 EST 中开发出 EST-SSR 标记 846 个。SSR 标记的大量开发和应用对图谱整合、连锁群和染色体对应以及比较基因组学研究都有重要意义。

（二）作图群体的建立

1. 亲本选配　亲本的选择直接影响到构建连锁图谱的难易程度及所建图谱的适用范围和利用价值。一般需要考虑 4 个方面：

（1）选择 DNA 多态性丰富的材料作为亲本。一个图谱上与标记连锁的性状越多，这个图谱的利用价值就越大。因此，作图亲本间应当具有大量的有明显差异的可遗传形态性状标记。一般来说，亲本亲缘关系越远，多态性越丰富；

（2）尽量选用纯度高的材料作为亲本，并进一步通过自交进行纯化；

（3）要考虑杂交后代的可育性。亲本间的差异过大，杂种染色体之间的配对和重组会受到抑制，导致连锁座位间的重组率下降，造成严重的偏分离现象，从而影响分离群体的构建，降低所建图谱的可信度和使用范围；

（4）应对亲本及其 F_1 杂种进行细胞学鉴定。若双亲间存在相互易位，或多倍体材料存在单价体或部分染色体缺失等问题，那么后代就不宜用来构建连锁图谱。

2. 用于构建遗传图谱的群体类型　用于遗传图谱构建的群体按稳定性可分为暂时性分离群体和永久性分离群体两大类。暂时性分离群体分离单位是个体，一经自交或近交其遗传组成就会发生变化，无法永久使用，如 F_2、F_3、回交群体、三交群体等。永久性分离群体分离单位是株系，株系内个体间的基因型相同，它们通过自交或近交繁殖后代，群体遗传组成不会发生改变，可以永久使用，如重组自交系（recombinant inbred line，RIL）、双单倍体（DH）等。另外，近几年还发展了一种永久 F_2 群体，兼备两类群体的优点，因而受到了许多育种家的重视。下面分别简要介绍主要用于连锁图谱构建的群体。

（1）F_2 群体　单交组合所产生的 F_2 代群体或由其产生的 F_3、F_4 家系。迄今为止，大多数连锁图谱是利用基于单交产生的 F_2 群体构建的。这种群体易于配制，且不需很长时间。但它无法区别显性纯合基因型和杂合基因型，并不易长期保存。

（2）BC_1 群体　BC_1 群体中每一分离的基因座只有两种基因型，直接反映了 F_1 代配子的分离比例，因而 BC_1 群体的作图效率最高，而且它还可区分雌、雄配子在基因间的重组率上是否存在差异。但和 F_2 群体一样，BC_1 群体也不能长期保存。

（3）RIL　重组自交系（RIL）是杂种后代经过多代自交而获得的群体。通常从 F_2 代开始，采用单粒传的方法建立。因为连续自交可使基因型不断纯合，所以理论上 RIL 中每一个株系都是纯合的，也就是说 RIL 群体是一种可以长期使用的永久性分离群体。除了用于构建分子标记连锁图外，RIL 还特别适合于 QTL 的定位研究。但是，构建 RIL 需要花费相当长的时间。另外，异花授粉植物由于存在自交衰退和不结实现象，为RIL的建立带来一定的困难。

理论上，建立一个无限大的RIL，必须自交无穷多代才能达到完全纯合。据吴为人等的推算，对一个拥有10条染色体的植物种，要建立完全纯合的RIL，至少需要自交15代。在实际研究中，人们往往无法花费这么长时间来建立一个真正的RIL，所以常常使用自交6～7代的准RIL。从理论上推算，自交6代后，单个基因座的杂合率只有大约3%，基本接近纯合。实践证明利用准RIL构建分子标记连锁图谱是可行的。

在RIL中，每一分离座位上只存在两种基因型，且比例为1∶1。因此，RIL的遗传结构与BC_1相似，也反映了F_1配子的分离比例。但是，RIL中两个标记座位之间的重组率并不等于F_1配子中的重组率，这是因为在群体形成过程中，两标记座位间每一代都会发生重组，所以RIL中得到的重组率是多代重组频率的积累。理论上可以推算，RIL中的重组比例（R）与F_1配子中的重组率（r）之间的关系为：$R=2r/(1+2r)$。可见，RIL仍然可以估计重组率，用于遗传图谱的构建。

（4）DH群体　高等植物的单倍体（haploid）经过染色体加倍形成的二倍体称为加倍单倍体或双单倍体。DH群体产生的最常用方法是通过花药或花粉培养。DH植株是纯合的，自交后即产生纯系，因此DH群体也属于一种永久性群体，其遗传结构直接反映了F_1配子中基因的分离和重组，因而具有与BC_1群体一样高的作图效率。另外，与RIL一样，DH群体可以反复使用，因此特别适合于QTL定位的研究。

花药和小孢子培养技术是制约DH群体建立的一个关键因素。另外，花药和小孢子培养再生能力与基因型关系较大，因而培养过程会对不同基因型的花粉产生选择效应，从而破坏DH群体的遗传结构，造成较严重的偏分离现象，影响遗传作图的准确性。

（5）永久F_2群体　永久F_2群体（imortalized F_2 population）是将F_2的每个植株在F_3代及以后世代中进行自由随机授粉，因而F_2基因型在每个F_2家系中得到维持。利用混合F_3个体的方法，在拟南芥（Nam et al.，1989）、大麦（Graner，1991）、玉米（Beavis，1991）中已经构建了RFLP连锁图谱。利用混合F_3植株的特点是可以搜集大量的组织来提取DNA，这对于具有相当小的营养体的植物来说更为重要，即便是玉米的F_2植株的叶组织也会最终被用完，也就是说，还需要重新构建新的F_2群体。F_3个体植株叶片混合，同时系统地在F_3群体内杂交，可以产生出具有代表性的种子，可以分发给其他实验室。一个实验室要做的就是种植10～20粒种子，混合构成一个同F_2群体组成的群体，从F_3混合群体中提取DNA和IF_2数据库的RFLP模式相比较就可以容易地定位任何分子标记。应用IF_2植株花粉产生混合种子保持了F_2群体的基因型组成，不会有大的遗传漂移，这样就克服了单纯F_2群体作图的缺陷，IF_2群体作图允许多点（相对于两点）方法进行，这样共显性数据可以得到充分的利用。表12-1比较了不同类型群体的优缺点。

3. 群体大小　遗传图谱的分辨率和精度，很大程度上取决于群体的大小。从理论上讲，群体越大，等位基因分离越彻底，检测QTL的能力越强。但群体太大，不仅增加实验工作量，而且增加费用，应当权衡确定合适的群体大小。如果是构建分子标记骨架连锁图，可采用大群体中的一个随机小群体（如150个单株或家系）；当需要精细地研究某个连锁区域时，可针对性地在骨架连锁图的基础上扩大群体。这种大小群体相结合的方法，

既可达到研究的目的，又可减少工作量。

表 12-1 几种作图群体的特点

特 点	F_2	BC_1	DH	RIL	IF_2
群体的形成	F_1 自交	F_1 回交后代	F_1 花培	F_2 自交后代	F_3 及其后代随机授粉
准确度	低	低	高	高	低
需群体的大小	大	大	小	小	大
永久性群体	否	否	是	是	是
分离比率	1∶2∶1	1∶1	1∶1	1∶1	1∶2∶1
构建费用	低	低	较高	高	中
构建时间	短	短	短	长	中

作图群体大小还取决于所用群体的类型。总的说来，在遗传连锁图的构建方面，为了达到彼此相当的作图精度，所需的群体大小的顺序为 F_2 和 IF_2>BC_1>RIL 和 DH。

（三）分子连锁图谱的构建

1. 分子连锁图谱构建的统计学原理 连锁图谱构建的理论基础是染色体的交换与重组。在减数分裂时，非同源染色体上的基因相互独立、自由组合，同源染色体上的基因产生交换与重组，交换的频率随基因间距离的增加而增大。位于同一染色体上的基因在遗传过程中一般倾向于共同分离，表现出基因连锁。它们之间的重组是通过一对同源染色体的两个非姊妹染色单体之间的交换来实现的。常用的构建连锁图的方法主要是通过两点测验、三点和多点测验。

（1）两点测验 如果两个基因座位于同一染色体上且相距较近，则在分离后代中通常表现为连锁遗传。对两个基因座之间的连锁关系进行检测，称为两点测验。在进行连锁测验之前必须了解各基因座位的等位基因分离是否符合孟德尔分离比例，这是连锁检验的前提，只有当检验的两个基因座各自的基因分离比例正常时，才可进行这两个座位的连锁分析。两个连锁座位不同基因型出现的频率是估算重组值的基础，常采用最大似然法进行重组率的估计，并用似然比检验的方法来推断连锁是否存在，即比较假设两座位间存在连锁（$r<0.5$）的概率与假设没有连锁（$r=0.5$）的概率。这两种概率之比即似然比统计量，以 $L(r)/L(0.5)$ 表示，通常将以 $L(r)/L(0.5)$ 取常用对数，称为 LOD 值。为了判定两对基因之间是否存在连锁关系，一般要求似然比大于 1 000∶1，即 LOD>3。两点测验在连锁图构建过程中主要是用于划分连锁群，确定标记间是否存在连锁关系。

（2）多点测验 两点测验是最简单，也是最常用的连锁分析方法。然而在构建分子标记连锁图时，每条染色体上有许多标记座位，遗传作图的目的就是要确定这些标记座位在染色体上的正确排列顺序及彼此间的遗传图距。用两点测验进行排序将使误差成倍增加。为解决这个问题，就必须同时对多个座位进行联合分析。利用两个座位间的共分离信息来确定它们的排列顺序，也就是进行多点测验。多点测验也采用似然比检验法，先对各种可能的基因排列顺序进行最大似然估计，然后通过似然比检验确定出可能性最大的顺序。在同一条染色体上经过多次多点测验，就能确定出最佳的基因排列顺序，并估计出相邻基因间的遗传图距，从而构建出相应的连锁图。

2. 分子标记分离数据的搜集和处理 从分离群体中搜集分子标记的分离数据，获得不同个体的DNA多态性信息，是进行遗传连锁分析的第一步。通常各种DNA标记基因型的表现形式是电泳带型，需将电泳带型数字化，遵循的基本原则是必须区分所有可能的类型和情况，并赋予相应的数字或符号。如在F_2群体中对于共显性标记来说有3种带型，与P_1、P_2相同的带型可分别标记为1、2，与F_1相同的带型可标记为3，缺失数据可标记为0；BC群体、DH群体、RIL的每个分离的基因座都只有两种基因型，不论是共显性还是显性标记，只有两种带型，加上缺失数据类型，共有3种情况。在分析质量性状基因与遗传标记之间的连锁关系时，也必须将有关的表型数字化，其方法与标记带型的数字化相似。

在DNA标记数据收集的过程中应注意：①避免使用没有把握的数据，应去掉有问题的数据，或将其作为缺失数据；②对亲本基因型的赋值在所有标记座位上必须统一，不能混淆；③当两亲本出现多条带的差异时，应区分出这些带属于同一基因座位还是分属不同座位，如属同一座位应逐带记录分离数据。

3. 分子连锁图谱构建的软件 遗传图谱的构建需要对大量标记之间的连锁关系进行统计分析。随着标记数目的增加，计算工作量呈指数形式增加，因而手工无法完成，必须借助计算机进行分析和处理。许多学者为构建遗传图谱设计了专用程序包，较为常用的软件为Mapmaker/EXP和Joinmap。

（1）Mapmaker/EXP Mapmaker/EXP可通过Http://ftp-genome.wi.mit.edu/distribution/software/mapmaker3获得，该软件可以应用于各种类型的实验群体进行遗传作图，但只能在Macintosh计算机或PC计算机的DOS环境下使用，很不方便。另外，Mapmaker软件主要有以下不足之处：第一，对原始数据的格式要求太苛刻，且与常规数据的输入格式有较大的差距，增加了遗传图谱构建研究者在原始数据文件（特别是大量的数据）制备中的难度和工作量；第二，图形输出的格式不通用且不能绘制整张遗传图谱，造成图形处理上的复杂和难度大，以致一般计算机使用者（特别是没有很好的图形处理基础者）很难绘制连锁图谱；第三，缺乏对原始数据的检查与分析（如标记的偏分离情况），这将影响作图的精确性甚至产生错误的结果；第四，没有一个通用的数据接口，无法将构建遗传连锁图谱的数据进一步与数据库挂接，缺乏数据的可移植性和信息的交流；第五，命令性形式操作，界面不友善，没有经验的人很难使用。

（2）Joinmap Joinmap可通过Http://www.kyazma.nl/获得试用版。近几年使用Joinmap构建的遗传图谱愈来愈多，特别是2001年推出Windows操作界面的新版本3.0，强大的功能使构建图谱更直观、更方便，可同时在多个LOD值下进行多个连锁群构建。软件中同时整合了Map Chart图形软件，可直接输出构建的图谱图形，使其应用更加普及。

（四）大白菜遗传图谱构建

芸薹属包含3个基本种和3个复合种，包括许多有重要经济价值的作物，其中大白菜是我国栽培面积最大的蔬菜作物。芸薹属植物遗传图谱的研究中，形态标记的研究也有一些报道，如种皮颜色（Hawk，1982；Stringam，1980；Schwetta，1982）、早花特性（Hawk，1982）、叶绿体缺失（Stringam，1971）、油酸含量（Dorell，1964）等。但由于

形态标记的开拓与应用匮乏，在芸薹属中一直未进行系统化的遗传学分析，经典的遗传图谱尚未建立起来。20 世纪 80 年代以后，芸薹属同工酶标记的研究也有报道。Nozaki 等（1995）对 *B. campestris* 的 19 个同工酶位点的研究，发现了 3 个连锁群。1988 年，Song 等和 Figdore 等开辟了芸薹属植物分子标记研究的新领域。近代分子标记技术的发展，极大地促进了芸薹属植物分子标记连锁图谱的构建。自 1990 年 Slocum 等利用变种间杂交（青花菜×结球甘蓝）的 F_2 群体构建了第一张甘蓝的 RFLP 连锁图以来，芸薹属植物分子连锁图的绘制得到快速发展，在芸薹属 6 个种中，已有甘蓝、甘蓝型油菜、黑芥、白菜型油菜、芥菜）5 个种的 40 多张分子图谱发表，其中甘蓝、甘蓝型油菜等作物图谱已趋于饱和（表 12 - 1）。Pradhan 等（2003）构建的芥菜遗传图谱，含有 1 029 个标记，覆盖基因组长度 1 639cM，是芸薹属已构建的连锁图中所含标记数最多、密度最大的一个。1991 年，Song 等以大白菜 Michili 和 Spring broccoli 杂交的 F_2 群体为材料构建了第一张 RFLP 图谱。Ajisaka 等（1995）用大白菜品种间的组合，开展了大白菜 RAPD 分子图谱的研究，该图谱包括 115 个 RAPD 标记和 2 个同工酶标记，覆盖基因组长度 860cM。Matsumoto 等（1998）构建了大白菜的遗传图谱，该图谱包括 63 个 RFLP 标记，覆盖基因组长度 735cM。

我国研究人员先后利用不同的群体、不同的标记构建了 7 张较为完整的大白菜分子遗传图谱。于拴仓等（2003）利用不同生态型大白菜 F_6 重组自交系群体，构建了国内第一张较为饱和的大白菜永久分子遗传图谱。王美等（2004）以大白菜高抗 TuMV 白心株系和高感 TuMV 橘红心株系为亲本建立的小孢子 DH 系为图谱构建群体，以 AFLP 标记构建了一张含 255 个标记位点、10 个连锁群、覆盖长度 883. 7cM 的连锁图。之后，张立阳等（2005）在此基础之上增加新的标记，使该图谱达到 426 个标记，覆盖基因组长度 826. 3cM。该图谱是目前为止国内密度最大的一张大白菜遗传图谱。与此同时，张晓芬等（2005）也发表了一张由 DH 群体构建的 AFLP 图谱。分析这些图谱，不难发现，所用标记大多为作图效率较高的显性标记 AFLP 和 RAPD，在标记辅助选择中稳定性与操作性较差，对育种家不友好；图谱的饱和度还不足以进行 QTL 的精细定位。另外，这些图谱分别利用不同的作图群体和不同的分子标记，图谱间无法实现信息交流，更无法和国际接轨。

21 世纪初，以英国为核心组建了多国芸薹属基因组计划（Multinational Brassica Genome Project，MBGP），包括英国在内的 7 个国家加入了该基因组计划，并建立了公共信息交流平台 http://www. brassica. info/。芸薹属基因组计划协作组通过大量的研究及信息整合，将甘蓝型油菜的遗传图谱、物理图谱及细胞学经典图谱进行了整合归并，建立了甘蓝型油菜参考图谱，同时将 19 条染色体区分为白菜来源的 10 条染色体和甘蓝来源的 9 条染色体，因此该图谱也成为大白菜的参考遗传图谱。韩国（Kim et al.，2006）以 21 个 SSR 标记为锚定标记，以甘蓝型油菜参考图谱为依据，构建了一张包含了 545 个标记的高密度大白菜分子遗传图谱，这些标记中 60%以上来自 EST，30%来自 BAC 序列，其他的来自已发表的一些 SSR 标记。2003 年韩国启动了“大白菜的测序计划”，开始进行 BAC 测序，大量的序列信息发表在互联网上 http://www. brassica-rapa. org/。这些计划和项目的实施将不断为人们提供大量的 DNA 数据信息和遗传标记信息，预示着相关人员可以利用迅速增长的大白菜 EST 或 BAC 序列，大规模开发 EST-SSR 或 BAC-SSR 标记，使得大白菜分子遗传图谱的进一步饱和成为可能。

1996 年拟南芥基因组国际合作项目启动，至 2000 年 12 月，第一个植物基因组——拟南芥基因组被全部测序，遗传图谱、物理图谱建立。拟南芥基因组测序的完成和拟南芥基因组计划的进一步实施，将使人们对植物基因组结构和功能的认识达到空前的程度。大量的比较基因组研究表明，拟南芥与芸薹属基因组间存在共线性的关系，拟南芥的测序完成最先受益的是芸薹属植物（Paterson et al.，2001）。这种基因组中保守区段的普遍存在为大白菜分子遗传图谱的进一步饱和提供了大量探针或标记来源，利用这些探针或标记有可能使大白菜分子遗传图谱趋于饱和。芸薹属植物中已报道的分子遗传图谱见表 12－2。

表 12－2　芸薹属植物中已报道的分子遗传图谱

种　名	作图群体	作图标记类型	作图标记数目	图距（cM）	作　者
B. rapa	F_2	RFLP	280	1 850	Song et al.，1991
	F_2	RFLP	360	1 876	Chyi et al.，1992
	F_3	RFLP	139	1 785	Teutonico et al.，1994
	F_2	RFLP	220	1 593	Song. et al.，1995
	F_2	RAPD　Isozyme	117	860	Ajisaka et al.，1995
	F_2	RAPD　RFLP	166	519	Tanhuanpaa et al.，1996
	RIL	RFLP	126	821	Kole et al.，1996
	RIL	RFLP	144	890	Kole et al.，1997
	F_2	RAPD　Isozyme	71		Nozaki et al.，1997
	RIL	RFLP	83	1 138.1	Novakova et al.，1996
	DH	RFLP	63	735	Matsumoto et al.，1998
	F_2	RAPD　RFLP　Isozyme		851	Ajisaka et al.，1999
	F_2	RAPD	99	1 632.4	张鲁刚等，2000
	F_2	AFLP　RAPD	129	1 775.5	卢刚等，2001
	RIL	AFLP　RAPD	352	2 665.7	于拴仓等，2003
	DH	AFL P	255	883.7	王美等，2004
	DH	AFLP　RAPD　SSR　SCAR	405	826.3	张立阳等，2005
	DH	AFLP	346	708	张晓芬等，2005
	$F_{2:3}$	STS　SSR	545	1 287	Kim et al.，2006
	F_2	SSR　RFLP　RAPD	262	1 005.5	Suwabe et al.，2006
B. oleracea	F_2	RFLP	258	820	Slocum et al.，1990
	F_2	RFLP	201	1 112	Landry et al.，1992
	F_2	RFLP　Isozyme	108	747	Kianian et al.，1992

（续）

种　名	作图群体	作图标记类型	作图标记数目	图距（cM）	作　　者
B. oleracea	F_2	RFLP	150	1 023	Chyi et al.，1994
	F_2	RFLP　RAPD	310	1 606	Cheung et al.，1996
	F_2	RFLP　RAPD	159	921	Camargo et al.，1996
	DH	RFLP	303	875	Bohuon et al.，1996
	F_2	RFLP　RAPD　STS　SCAR　Isozyme	310	1 606	Cheung et al.，1997
	DH	RFLP　AFLP	92	615	Voorrip et al.，1997
	F_2	RFLP	150	1 023	刘忠松等，1997
	F_2	RAPD　RFLP　Isozymes	124	823.6	Morguchi，1999
	2DH	AFLP　RFLP	547	893	Sebastion et al.，2000
	F_2	RAPD	296	555.7	陈书霞等，2002
B. nigra	F_2	RFLP　RAPD　Isozyme	136	667	Truco et al.，1994
	BC_1	RFLP	288	855	Lagercrantz et al.，1995
B. napus	F_2	RFLP	137	1 413	Landry et al.，1991
	DH	RFLP	132	1 016	Ferreira t al.，1994
	BC_1	RFLP	323	2 602	Chyi et al.，1994
	DH	RFLP　RAPD	207	1 441	Uzunova et al.，1995
	DH	RFLP　RAPD	250	1 500	Weissleder et al.，1996
	DH	RFLP　RAPD	254	1 809	Foisset et al.，1996
	DH	RFLP　RAPD	354	2 264	Cheung et al.，1996
	DH	RFLP	277	1 741	Sharpe et al.，1995
	DH	RFLP	393		Parkin et al.，1997
	DH	RFLP　RAPD　STS	342	2 125	Cheung et al.，1997
	DH	RFLP　RAPD	288	1 982	Pilet，1998
	F_2	RAPD	193	1 324	刘春林等，2000
	BC_1	RFLP	77	376	Sharpe and Lydiate，2003
	$F_{2:3}$	RFLP　AFLP　SSR　RAPD	107	1 625.7	Zhao and Meng，2003
B. juncea	DH	RFLP	324	2 126	Cheung et al.，1996
	DH	RFLP	343	2 073	Cheung et al.，1997
	BC	RFLP	296	1 041	Axelsson et al.，1999
	RIL	RAPD	114	790.4	Sharm et al.，2002
	DH	AFLP　RAPD	273	1 641	Lionneton，2002
	DH	AFLP　RFLP	1 029	1 629	Pradhan et al.，2003

二、重要农艺性状的 QTL 定位

由于分子标记的发展，目前人们已有可能将复杂的数量性状进行分解，像研究质量性状一样对控制数量性状的多个基因分别进行研究，从而使数量遗传研究取得了突破性的进展。目前，对大白菜数量性状的 QTL 定位研究也已经广泛开展。

（一）开花及抽薹性的 QTL 定位

在我国北方春季和高海拔地区春夏季的大白菜栽培中，先期抽薹是生产上的主要限制因素。因此，选育优良的晚抽薹品种，是其稳定、安全生产的重要保障。由于控制大白菜的晚抽薹性状为数量性状，常规育种进展缓慢。为建立晚抽薹分子标记辅助育种技术体系，国内外不少学者对春化、抽薹型、开花期等性状进行了 QTL 定位研究。Nozaki 等（1995）对 *B. campestris* 的抽薹时间进行了 QTL 分析，表明抽薹时间与 2 个同工酶标记紧密连锁，还有 6 个 RAPD 标记与该性状连锁，主效基因位点分布在第 8 和第 9 连锁群上。Teutonico 等（1995）在一张大白菜 RFLP 图谱上定位了 3 个控制春化的 QTL，其总贡献率达 75.8%。Osborn 等（1997）将 *B. campestris* 控制春化开花时间定位为 2 个 QTL，与 *B. napus* 控制春化的位点相符合，指出甘蓝型油菜的春化基因来源于 A 基因组。Kole 等（1997）利用重组近交系的 RFLP 连锁图谱，将 *B. campestris* 的春化基因定位在 LG 2 和 LG 8 上。Hirai 等（1998）将大白菜一个早开花的基因定位在一个连锁群上，但控制晚抽薹的基因没有发现。Miki 等（2005）利用大白菜 AFLP 图谱，在不同的环境条件下定位了 10 个影响抽薹的 QTL。杨旭等（2007）利用大白菜和芜菁杂交获得的 DH 群体构建的分子遗传图谱，在 3 个连锁群上定位了 8 个控制晚抽薹的 QTL。

（二）耐热性 QTL 定位

大白菜性喜冷凉，春夏季生产非常困难，因而耐热育种成为大白菜育种的热点之一。郑晓鹰等（2002）基于单一标记，采用方差分析的方法获得与耐热性连锁的 9 个分子标记，包括 5 个 AFLP 标记、3 个 RAPD 标记和 1 个 PGM 同工酶标记。于拴仓等（2003）利用重组自交系群体采用复合区间作图的方法对大白菜的耐热性进行了 QTL 定位研究，共检测到 5 个耐热性 QTL，分布于 3 个连锁群上。5 个 QTL 中，3 个表现为增效加性效应，2 个表现为减效加性效应，这些位点对耐热性遗传的贡献率达 53%。

（三）抗病基因的 QTL 定位

1. 根肿病抗性基因 QTL 定位 Hirai 等（1998）利用 RAPD 标记将抗大白菜根肿病抗性基因定位在一个芸薹连锁图的 LG 2 和 LG 3 上。Mastsumoto 等（1998）将大白菜抗根肿病的主效基因定位于 DH 群体的 LG 3 上，两个 RFLP 标记与其距离分别为 3cM 和 12cM。Saito 等（2006）利用拟南芥—大白菜的微观共线性方法精细定位了根肿病抗性基因 *Crr*3，将其定位于 STS 标记 BrSTS - 33 和 BrSTS - 7 之间的 0.35cM 区间。

2. TuMV 抗性的 QTL 定位 张凤兰等（2007）以 DH 系为材料，对大白菜 TuMV 抗性进行 QTL 定位分析，发现有 2 个 QTL（*Tu*1、*Tu*2）控制大白菜苗期对 TuMV-C4 的抗性，分别解释总效应的 58.2%和 14.7%；另有 2 个 QTL（*Tu*3、*Tu*4）与田间（成株）抗性有关，分别解释总效应的 48.5%和 32.0%。

3. 白粉病抗性的 QTL 定位 Kole 等（2002）将抗白粉病的基因定位在白菜型油菜由 RILs 构建的连锁图谱上，找到了控制对生理小种 2 和小种 7 的单主效位点以及抗小种 2 的微效位点。

（四）品质性状的 QTL 定位

白菜类作物品质性状的 QTL 定位研究近几年进展较快。赵建军等（2007）利用 5 个分离群体对大白菜种子和叶中的植酸和有效磷含量进行了 QTL 定位分析，共发现 27 个 QTL 分布于 4 个连锁群上，其中 2 个控制种子植酸、2 个控制种子有效磷、1 个控制叶子有效磷和 1 个主效控制叶子植酸含量的 QTL，至少在两个群体中检测到。徐东辉等（2007）利用 BIL 群体对白菜类作物的硫甙含量进行了 QTL 分析，在 6 个连锁群上检测到 14 个 QTL，贡献率范围为 16.0%～82.7%。在使用 GC-MS 进行代谢组分测定的基础上，对所得的代谢组分进行了 QTL 定位分析，发现控制 20 个代谢组分的 33 个 QTL，分布于 9 个连锁群，贡献率范围为 6.7%～92.1%。

（五）其他重要农艺性状的 QTL 定位

Song（1995）以大白菜品种 Michihi 与芸薹变种 Spring broccoli 杂交的 F_2 为材料，分析了开花性状、叶部性状和茎部性状等 28 个性状，在 10 个 RFLP 连锁群的 48 个区间找到了可能的 QTL，有些性状的 QTL 多达 5 个。同时发现功能相关的性状，其 QTL 往往定位于相同的连锁群，甚至在相同的位点。这对于研究一因多效或同缘性状的发生都有重要参考价值。张鲁刚（1999）利用芜菁×大白菜杂交的 F_2 群体构建遗传图谱，在 13 个连锁群上定位了 12 个性状的 QTL51 个。于拴仓等（2003）利用不同生态型的大白菜获得的 F_6 重组自交系，在 3 个连锁群上定位了 5 个耐热性 QTL，在 17 个连锁群上定位了控制 17 个农艺性状的 94 个 QTL，并估算了单个 QTL 的遗传贡献率和加性效应。张凤兰等通过 2003、2004 两年的调查结果，利用复合区间作图法将控制大白菜 24 个重要农艺性状的 QTL 定位到遗传连锁群上，两年分别检测到 255 和 233 个 QTL，并进行了遗传效应分析，比较了年度间的差异。

另外，对其他较多数量性状的 QTL 定位研究也取得了一定进展（Ajisaka et al.，1999；Chyi et al.，1994）。由于这些研究利用不同群体和不同标记构建的遗传图谱进行 QTL 定位，相互之间无可比性，而且，这些 QTL 还不足以进行数量性状的标记辅助选择和进行分子克隆的研究。因此，在建立高密度大白菜参考图谱的基础上，建立一套“代换系重叠群”，利用迅速增长的生物信息进行 QTL 精细定位研究将是下一步的研究方向和重点。

三、重要农艺性状的分子标记

基因定位一直是遗传学研究的重要范畴之一。质量性状的基因定位相对简单，可在已知目标基因位于某一染色体或连锁群上的前提下，选择该连锁群上下不同位置的标记与目标基因进行连锁分析。但该方法效率偏低，由此定位的目标基因与标记间的距离取决于所用连锁图上的标记密度，也不适合尚无连锁图或连锁图饱和程度较低的植物。近等基因系（NIL）和分离群体分组分析法（bulked segregate analysis，BSA）可以克服上述局限性，是进行快速基因定位的有效方法。利用这些方法已定位了许多质量性状基因。

（一）橘红心基因的分子标记

球叶颜色育种是大白菜品质育种的研究内容之一。Matsumoto 等（1998）将一个控制橘黄色球叶色和花色遗传的隐性单基因定位于以 RFLP 构建的大白菜 DH 群体的图谱上。在该图谱上找到 3 个 RFLP 标记与橘黄心基因连锁，其中 HC173 标记与橘黄色基因的遗传距离为 18cM。张凤兰等（2007）运用 RAPD 和 AFLP 标记，在大白菜的 DH 系群体中采用 BSA 法进行了分子标记研究，找到了 3 个与橘红心球叶色基因连锁的分子标记 OPB01-845、$S1338_{656}$ 和 $P67M54_{172}$，其遗传距离分别为 6cM、8cM、13cM，并将其转化为引物长 20 个碱基的 SCAR 标记 SCB01-845、$SCOR_{204}$ 和 $SCOR_{127}$，用于球叶色分子标记辅助育种中，与田间球叶色鉴定吻合率为 90%。

（二）雄性不育基因的分子标记

孙日飞等采用 BSA 方法和 RAPD 技术，筛选到与核显性雄性不育基因紧密连锁的标记 S264300，并将其成功转化成 SCAR 标记 SS264300，用该 SCAR 标记对群体中所有单株进行扩增，作图研究表明该标记与雄性不育基因的遗传距离为 2.6cM。

（三）抗病基因的分子标记

1. 根肿病 Yasuhisa 等（1997）首先开展了 *B. campestris* 根肿病抗性基因的分子标记研究，获得了与抗性基因连锁的 3 个 RAPD 标记。Kikuchi 等（1999）利用共分离的 RAPD 标记设计了 RA-12-75A 引物，该标记可用于抗根肿病标记辅助育种中。Piao 等（2002）将 BSA 和 AFLP 标记相结合，对 DH 群体分析，找到了与大白菜根肿病抗性连锁的 AFLP 标记，并对其进行了精细作图。Piao 等（2004）筛选获得了 6 个与大白菜显性根肿病抗性基因（CRb）连锁的 AFLP 标记，5 个成功转化为 CAPS 和 SCAR 标记。

2. TuMV 韩和平等（2004）以抗病自交系和感病自交系杂交后代的 F_2 分离群体为试材，采用 BAS 法筛选到 2 个与 TuMV 感病基因紧密连锁的 AFLP 标记。

另外，大白菜抗黑腐病（Ignatov et al.，2000）、白锈病（Kole et al.，2002）等分子标记的研究也有报道。

以上这些研究，获得的分子标记与目标性状连锁的距离大部分还不够紧密，还不能完全满足标记辅助育种的需要。

第三节 分子标记辅助育种技术

分子标记辅助选择的应用主要包括重要园艺性状的基因聚合、重要园艺性状的基因渗入、QTL 的分子标记辅助选择。许多研究都证明，分子标记辅助育种要在作物育种中取得成效，主要取决于以下 3 个因素：①分子标记应与目标性状同步分离或紧密连锁（遗传距离应小于 1cM）；②分子标记的测定方法应简单高效，具有对大群体进行鉴别和选择的能力；③分子标记应具有通用性，且经济有效、对环境友好。由于分子标记技术多样，多态性高，并且许多分子标记呈共显性，能够提供完整的遗传信息，从而将给植物品种改良带来一场革命，把育种技术从宏观水平提高到微观水平，目前已成为作物品种改良的前导技术。

一、基因聚合

基因聚合是将多个有利基因通过选育途径聚合到一个品种之中，这些基因可以控制相

同的性状，也可以控制不同的性状。基因聚合突破了回交育种改良个别性状的局限，使品种在多个性状上同时得到改良，产生更有实用价值的育种材料。基因聚合常在抗性育种中得到应用，育种家借助MAS，可以有效地对多个抗性基因同时进行选择，将来自不同抗源的抗性基因聚合到一个品种之中，以获得多抗性，拓宽抗性谱，达到提高多抗性的目的。在传统的抗病性检测中，通过接种鉴定不仅程序复杂，还常常影响植株的生长发育，而且一些抗性基因很难找到相应的鉴定小种。采用与抗病基因紧密连锁的分子标记或相应基因的特异引物进行分子标记辅助选择，可加速抗源筛选和抗性基因的鉴定，提高育种选择效率，缩短育种周期。特别是在多个抗性基因的聚合选育和转移数量抗性基因方面具有很好的应用前景。

将分子标记辅助选择进行基因聚合应用于品种改良的实践中，已取得一些实质性进展。在水稻、小麦中用一些与目标基因共分离或紧密连锁的分子标记进行了基因聚合研究，将数个抗性基因聚合到一个品种中，产生了一批很有价值的育种材料。但在大白菜育种中尚无成功应用的报道。

二、基因渗入

分子标记辅助基因渗入，即利用标记提高基因渗入的速度或效率。例如，当希望将基因从野生近缘种引入栽培品种中时，基因渗入可能会引起兴趣，分子标记为检测异源染色体片段的转移情况提供了独特的方法。

在利用分子标记进行外源基因的转移时，必须解决一个问题，即如何保证目标基因位于足够大的染色体片断之内而同时这个片断不至于太大。因为片断太大会使与目标基因连锁的非期望基因也转移到另一材料中，即带来连锁累赘。传统的外源基因转移手段是回交方法，它的最大缺陷是多代回交后还存在着来自大量的供体的非期望基因。利用分子标记可直接选择在目的基因附近发生重组的个体，从而可望在很大程度上解决连锁累赘问题，同时在理论上可以把回交代数从传统回交育种的6代以上减至2～3代（Melchinger，1990；Tanksley，1983；Tanksley et al.，1989）。鉴定检测供体基因是否转移到后代中，又称为前景选择（foreground selection）。单拷贝或低拷贝的分子标记如RFLP和SSR比较合适用于解决这个问题。另一方面，可通过分子标记选择整个基因组，使目标等位基因在回交过程中处于杂合状态而其他位点的基因型与轮回亲本相同（Hillel et al.，1990；Hospital et al.，1992；Tanksley & Nelson，1996；Young & Tanksley，1989），这又称为背景选择（background selection）。可以通过利用各染色体上分布较好的4～5个分子标记，在每个世代准确选择轮回亲本的等位基因。可能在BC_1就有一些个体的一些染色体是纯合的而目标基因是杂合的，选择它们进行再次回交（还可重复）。对于在以前世代中已发现是纯合的染色体可少用或不用标记进行检测。最后，对轮回亲本的绝大多数等位基因已纯合的回交个体进行自交。图示基因型方法可以用于监测基因组的变化。研究表明，在一个个体数目为100的群体中，以100个RFLP标记辅助选择，只要3代就可使后代的基因型回复到轮回亲本的99.2%，而随机选择则需要7代才能达到这个效果。要去除目的基因两侧的供体染色体片段，用分子标记方法可能两代就可达到目的（即使含目的基因的片段在2cM之内，但需检测至少300个个体），而用常规方法至少需100代（Tanksley et al.，1989）。

野生资源是现代育种中新基因的一个重要来源，但是严重的种间生殖障碍限制了有利基因从野生资源向栽培种的转移和利用。随着生物技术和信息技术的突破，分子生物学研究的深入，利用新的手段、新的方法，如分子标记辅助选择技术、荧光原位杂交技术（FISH）、基因组原位杂交技术（GISH）等对栽培种远缘杂交后代中外源染色体（片段）的准确鉴定，为外源有利基因的转移和利用提供遗传信息，展示出外源基因的有效利用具有广阔的应用前景。

三、数量性状的标记辅助育种

长期以来，选择都是基于植株的表型性状进行的。当性状的遗传基础较为简单或即使较为复杂，但表现加性基因效应遗传时，表型选择是非常有效的。但植物的许多性状为数量性状，其表型受许多微效基因的控制，且易受环境的影响，此时根据表型提供的对性状遗传潜力的度量多是不确切的，因而选择往往是低效的。作为作物育种目标的大多数重要性状都是数量性状，对数量性状的遗传操纵能力决定了作物育种的效率。无论从重要性上看，还是从必要性上看，数量性状都应成为标记辅助选择的主要对象，人们期望它能给育种带来一场革命，这也是近十年来吸引全世界众多作物遗传育种家致力于该研究领域的主要原因。

利用日趋饱和的遗传图谱和日益完善的QTL定位方法，已在许多作物上定位了不少QTL，并分析了各个QTL的效应。从Paterson等（1988）第一篇在番茄中用完整的RFLP图谱进行QTL定位分析的研究论文发表开始，短短的时间内，对QTL进行遗传定位的研究已在动植物中广泛展开。Stuber（1995）在玉米上通过标记辅助选择，把定位的与产量有关的QTL分别从TX303和OH43转移到B73和Mo17两个自交系中，结果表明由这两个新改良自交系组配的杂交种，产量比对照杂交种增产15%以上。Khan等（2000）利用AFLP等分子标记辅助选择，将两粒小麦6BS的高谷蛋白QTL成功地转入普通小麦品种Glupro。利用分子标记进行数量性状选择，尚存在很大难度。这是因为对QTL的位置、效应尚不十分明确，对已作过定位的QTL也因不同群体不同的父母本具有不可比性，利用上尚存在不可靠性。Tanksley等（1996）提出了一种新的分子育种策略。把QTL分析过程与品种选育过程结合起来，即回交高世代QTL分析（advanced backcross QTL，AB-QTL），利用此法可以把综合性状差的种质资源中（野生种或地方种）的有价值的基因座位揭示出来。同时，把它们转移到优良的栽培品种材料中，达到改良品种的目的。Tanksley（1997）利用这一方法将番茄野生种 *L. hirsutum* 的特异QTL导入到加工番茄品种E6203中，使其产量增加了48%，可溶性固形物含量增加22%，番茄红素含量增加33%，并且这些结果经过了各种生产环境的考验。而传统育种只能使这些性状指标每年以1%的速度增长。

原则上，质量性状的标记辅助选择方法也适用于数量性状，有效的选择就是对每个目标QTL利用其两侧相邻标记或单个紧密连锁的标记进行选择。从标记辅助选择的效率或

可靠性考虑，两侧相邻标记彼此越靠近越好，亦即由两相邻标记所确定的目标染色体区段越短越好。但是，由于目前QTL定位存在很多误差，目标区段太短可能造成实际的QTL并不在目标区段内。这样在对目标区段进行选择时，就可能丢失所要选择的目标QTL。Hospital和Charcosset（1997）建议，对每个目标QTL，最好用3个相邻的连锁标记进行跟踪选择。这3个标记的最佳位置应根据目标QTL的位置和置信区间来决定。一般而言，中间一个标记应处在非常靠近或正好位于估得的目标QTL位置上，而另外两个标记则近乎对称地位于两侧。由两端标记所确定的目标区段的最佳宽度与QTL位置置信区间的宽度成正比，保证目标QTL真实地位于目标区段内。他们的研究表明，在回交育种中，若用最佳位置的标记来跟踪目标QTL，则一个包含几百个个体的群体就足以将4个相互独立的QTL的有利等位基因从供体亲本转入轮回亲本。若QTL间存在连锁，QTL定位准确，或使用更大的群体，则可同时转移更多的QTL。

数量性状的标记辅助选择还有其他许多因素必须考虑。目前，QTL定位的基础研究还不能完全满足育种的需要，还没有哪个数量性状的全部QTL被全部定位出来，因此还无法对数量性状进行全面的标记辅助选择。而要在育种过程中同时对许多目标基因进行选择也是一个比较复杂的问题。另外，上位性效应也可能会影响选择的效果，使选育结果不符合预期目标。再者，不同数量性状间可能存在遗传相关。因此，在对一个性状进行选择的同时，还必须考虑对其他性状的影响。可见影响数量性状标记辅助选择的因素很多，其难度要比质量性状大得多。

四、杂种优势群的划分与杂种优势预测

杂种优势利用是作物育种研究的重要内容，其理论基础是杂种优势群和杂种优势模式。杂种优势群和杂种优势模式的构建是近年来国内外育种家研究的热点。合理准确地划分杂种优势群，建立相应的杂种优势模式，才能更有效地选配杂交组合。同时，作物种质的丰富、改良与创新也必须遵循杂种优势群和杂种优势模式的原理，才能避免资源浪费，提高育种效率。

划分杂种优势群一直是杂种优势应用基础性研究的重要领域之一。国内外许多科研工作者曾试图利用形态学的差异、地理来源不同、系谱关系及生理生化指标等多种方法探索划分杂种优势群的可能性，取得了有益的结果，但也有明显的局限性。分子生物学技术的迅速发展，为在分子水平上研究作物种质的杂种优势群提供了强有力的工具，RFLP、RAPD、SSR、AFLP等分子标记已被成功地应用于杂种优势群的划分。刘平武等（2005）利用SSR标记进行了油菜杂种优势的相关研究；陈卫江（1997）等对细胞核雄性不育材料进行了遗传距离与杂种优势的研究。这些研究表明，利用分子标记对种质进行杂种优势群的划分是可行的，也是有效的。

在杂种优势育种过程中，早期有效预测强优势杂交组合将会加快育种进程。传统的遗传学认为亲本间存在的遗传差异是作物杂种优势产生的基础，因而能够检测作物基因组状况的分子标记辅助选择技术，为杂种优势的预测研究提供了一个有力的工具。张启发等（Zhang et al.，1994、1995）提出了一般异质性和特殊异质性评价亲本异质性的方法。一

般异质性是指利用研究中所有分子标记而计算出的亲本异质性；特殊异质性是指仅仅依据对性状有显著效应的分子标记（用单向方差分析法研究确定）而分析的亲本异质性。他们发现，亲本间一般异质性和 F_1 杂种的表现相关性通常较低，亲本间特殊异质性和 F_1 杂种优势（以中亲值作为评价标准）呈极显著正相关。Melchinger 等（1990）和 Boppenmaier 等（1993）指出，亲本间 RFLP 的遗传距离和 F_1 表现的关系取决于研究中所用的亲本来源，亲本来源于相同的杂种优势群时，相关性高；亲本来源于不同的杂种优势组时，相关性低。在来源于不同的杂种优势群中，造成遗传距离与杂种优势相关性较低的原因是：①DNA分子标记是以整个基因组为基础的，所以根据分子标记无法反映与杂种优势表达有关的基因座位的杂合性；②平均显性水平在不同的杂交组合中具有差异，所以即使 DNA 分子标记能够覆盖整个基因组也难以用来预测杂种优势。探索杂种优势预测的途径应该是首先检测与杂种优势表达有关的座位，然后利用这些基因的杂合性来预测杂种优势。所以，利用 DNA 分子标记杂合性和杂种优势的相关性来预测作物杂种优势，首先需要明确杂种优势的贡献因子及其遗传机理。因而借助分子标记研究与杂种优势有关的 QTL 的效应及其相互作用就成了另一重要的研究领域。大白菜在这一领域的研究还是空白。

从目前的研究来看，杂种优势遗传机理的复杂性远远超出了当初的想象。运用分子标记预测作物杂种优势在一定范围内是可行的，但是有它的局限性。我们在利用已有的结论来指导育种的同时，要继续加强杂种优势机理的研究。关于作物杂种优势遗传机理的研究已经取得了一些进展，显性效应、超显性效应和上位性效应在不同的作物中都有可能成为影响杂种优势的遗传基础。从基因表达水平阐述杂种优势的形成机理也正在研究之中。我们应该看到，仅根据几个标记基因的差异性来预测杂种优势是不现实的，只有检测了大量有关的阳性标记，并根据不同的作物制定不同的预测手段，才能使这种预测成为可能。

主要参考文献

陈卫江，李莓．1997. 杂交油菜亲本遗传距离分析与杂种优势．作物研究 3：21 - 24.

韩和平，孙日飞，张淑江，等．2004. 大白菜中与芜青花叶病毒（TuMV）感病基因连锁的 AFLP 标记．中国农业科学 37（4）：539 - 544.

刘平武，周国岭．2005. 双低甘蓝型油菜杂交种亲本指纹图谱构建和杂交种纯度鉴定．作物学报 31（5）：640 - 646.

刘秀村，张凤兰，王美，等．2003. 与大白菜橘红心基因连锁的 RAPD 标记．华北农学报 18（4）：70 - 73.

卢刚，曹家树，陈杭，等．2002. 白菜几个重要园艺性状的 QTLs 分析．中国农业科学 35（8）：969 -974.

王美，张凤兰，孟祥栋，等．2004. 中国白菜 AFLP 分子遗传图谱的构建．华北农学报 19（1）：28 -33.

于拴仓，王永健，郑晓鹰．2003. 大白菜部分形态性状的 QTL 定位与分析．遗传学报 30（12）：1 153 - 1 160.

于拴仓，王永健，郑晓鹰．2003. 大白菜分子遗传图谱的构建与分析．中国农业科学 36（2）：190 - 195.

于拴仓，王永健，郑晓鹰．2004. 大白菜耐热性 QTL 定位与分析．园艺学报 30（4）：417 - 420.

于拴仓，王永健，郑晓鹰．2004. 大白菜叶球相关性状的 QTL 定位与分析．中国农业科学 37

(1)：106－111.

张立阳，张凤兰，王美，等.2005. 大白菜永久高密度分子遗传图谱的构建. 园艺学报 32 (2)：249－255.

张鲁刚，王鸣，陈杭，刘玲.2000. 中国白菜 RAPD 分子遗传图谱的构建，植物学报 42 (5)：484－489.

郑晓鹰，王永健，等.2002. 大白菜耐热性分子标记的研究. 中国农业科学 35 (3)：309～313.

Ajisaka H，Kuginuki Y，Yui S，Enomoto S，Hirai M. 2001. Identification and mapping of a quantitative trait locus controlling extreme late bolting in Chinese cabbage (*Brassica rapa* ssp. *pekinensis* syn. *campestris* L.) using bulked segregant analysis. Euphytica，118：75－81.

Bernardo R. 1992. Relationship between single-cross performance and molecular marker heterozygosity. Theor. Appl Genet，83：628－634.

Cheung WY，Champagne G，Hubert N，Landry BS. 1997. Comparison of the genetic maps of *Brassica napus* and *Brassica oleracea*. Theor Appl Genet. 94：569－582.

Chyi YS，Hoenecke ME，Semyk JL. 1992. A genetic map of restriction fragment length polymorphism loci for *Brassica rapa* (syn. campestris). Genome，35：746－757.

de Vicente MC，Tanksley SD. 1993. QTL analysis of transgressive segregation in an intrespecific tomto cross. Genetics，134：585－596.

Eshed Y，Zamir D. 1995. An introgression line population of *Lycepersion penellii* in the cultivated tomato enables the identification and fine mapping of yield-associated. Genetics，141：1 147－1 162.

Ferreira ME，Williams PH，Osborn TC. 1994. RFLP mapping of *Brassica napus* using F_1 derived doubled haploid lines. Theor Appl Genet，89：615－621.

Haley CS，Knott SA，Haley S J，et al. 1992. A simple regression method for mapping quantitative trait loci in line crosses using flanking markers. Heredity，69：315－324.

Hawk JA. 1982. Tight linkage of two seeding mutants in early-flowering turnip rape (*Brassica campestris*). Can J. Genet Cotol，24：475－478.

Hospital F，Charcosset A. 1997. Marker-assisted introgression of quantitative trait loci. Genetics，(147)：1 469－1 485.

Hyne V，Kearsey MJ. 1995. QTL analysis：Futher uses of marker regression. Theor Appl Genet，(91)：471－476.

Ignatov AN，Kuginuki Y，Suprunova TP，et al. 2000. RAPD markers linked to locus controlling resistance for race 4 of the black rot causative agent. Genetika Moskva，(36)：357－360.

Kianian SF，Quiros CF. 1992. Generation of a *Brassica oleracea* composite RFLP map：Linkage arrangements among various populations and evolutionary implication. Theor Appl Genet，84 (5/6)：544－554.

Kikuchi M，Ajisada H，Kuginuki Y，Hirai M. 1999. Conversion of RAPD markers for a clubroot resistance gene of *Brassica rapa* into Sequence-tagged Sites (STSs). Breed Sci，49：83－89.

Kim JS，Chung TY，King GJ，et al，2006. A sequence-tagged linkage map of *Brassica rapa*. Genetics，174 (1)：29－39.

Kole C，Kole P，Vogelzang R，Osborn TC. 1997. Genetic linkage map of a *Brassica rapa* recombinant inbred population. J. Hered.，88：553－557.

Kole C，Williams PH，Rimmer SR，Osborn TC. 2002. Linkage mapping of genes controlling resistance to white rust (*Albugo candida*) in *Brassica rapa* (syn. *campestris*) and comparartive mapping to *Brassica napus* and *Arabidopsis thaliana*. Genome，(45)：22－27.

Kuginuki Y，Ajisaka H，Yui M，et al. 1997. RAPD markers linked to a clubroot-resistance locus in *Bras-*

sica rapa L.. Euphytica, (98) : 149 - 154.

Lagercrantz U, Joanna P, Coupland G, et al. 1996. Comparative mapping in *Arabidopsis* and *Brassica*, fine scale genome collinerity and congruence of genes controlling flowering time. The Plant. Journal, 9 (1): 13 - 20.

Lander ES , Green P, Abrahamson J, et al. 1987. Mapmaker: an interactive computer package for constructing primary genetic linkage maps with experimental and natural populations. Genomics, (1): 174 - 181.

Landry BS, Hubert N, Etoh T, et al. 1991. A genetic map for *Brassica napus* based on restriction fragment length polymorphisms detected with expressed DNA sequences. Genome, 34: 543 - 552.

Matsumoto E , Yasui C , Ohi M, Taukada M. 1998. Linkage analysis of RFL P markers for clubroot resistance and pigmentation in Chinese cabbage (*Brassica rapa* ssp. *pekinensis*) . Euphytica, 104 (2): 79 - 86.

Miki N, Koji T, Masaki H. et al. 2005. Mapping of QTLs for bolting time in *Brassica rapa* (syn. *campestris*) under different environmental conditions. Breeding science, 55 (2): 127 -133.

Nozaki T, Kumazaki A, Koba T, Ishikawa K, Ikehashi H. 1997. Linkage analysis among loci for RAPDs, isozymes and some agronomic traits in *Brassica campestris* L.. Euphytica, (95): 115 - 123.

Osborn TC, Kole C, Parkin IA, et al. 1997. Comparison of flowering time genes in *Brassica rapa*, *B. napus* and *Arabidopsis thaliana*. Genetics, 156: 1 123 - 1 129.

Paterson AH, Lander SE, Hewitt JD, et al. 1988. Resolution of quantitative traits into Mendelian factors by using a complete linkage map of restriction fragment length polymorphism. Nature, (335): 721 - 726.

Paterson AH, Lan TH, Amasino R, Osborn TC, Quiros C. 2001. Brassica genomics: a complement to, and early beneficiary of the *Arabidopsis* sequence. Genome Biology, 2 (3) : Rev. 1011. 1 - 1 011.

Saito M, Kubo N, Matsumoto S, Suwabe K, Tsukada M, Hirai M. 2006. Fine mapping of the clubroot resistance gene *Crr3* in *Brassica rapa*. Theor Appl Genet. 114 (1) : 81 - 91.

Song KM, Suzuki JY, Slocum MK, Williams PH, Osborn TC. 1991. A linkage map of *Brassica rapa* base on restriction fragment length polymorphism loci. Theor Appl Genet, 82: 296 - 304.

Suwabe K, Tsukazaki H, Iketani H, et al. 2006. Simple sequence repeat - based comparative genomics between *Brassica rapa* and *Arabidopsis thaliana*: the genetic origin of clubroot resistance. Genetics, 173 (1): 309 - 319.

Suwabe K, Tsukazaki H, Iketani H, et al. 2004. An SSR - based linkage map of *Brassica rapa* L. : synteny analysis with *Arabidopsis* and QTL analysis for clubroot resistance, Plant & Animal Genomes Ⅻ Conference, January 10～14, P522.

Tanhuanpaa PK, Vilkki JP, Vilkki HJ. 1996. A linkage map of spring turnip rape based on RFLP and PAPD markers. Agric Food Sci Finl, 5: 209 - 217.

Tanksley SD, Mccouch SR. 1997. Seed bank and molecular maps: unlocking genetic potential from the wild. Science, 277: 1 063 - 1 066.

Tanksley SD, Nelson JC. 1996. Advanced backcross QTL analysis: a method for unadapted germplasm into elite breeding lines. Theor Appl Genet, 92: 191 - 203.

Teutonico RA, Osborn TC. 1994. Mapping of RFLP and quantitative trait loci in *Brassica rapa* and comparison to the linkage maps of *B. napus*, *B. oleracea* and *Arabidopsis thaliana*. Theor Appl Genet, 89: 885 - 894.

Teutonico RA, Osbornl TC, et al. 1995. Mapping loci controlling vernalization requirement in *Brassica ra-*

pa. Theor Appl Genet，91：1 279 - 1 283.

Young ND，Tanksley SD. 1989. Restriction fragment length polymorphism maps and concept of graphical genotypes. Thero Appl Genet，77：95 - 101.

Young ND，Tanksley SD. 1989. RFLP analysis of the size of chromosomal segments retained around the *TM* - 2 locus of tomato during backcross breeding. Thero Appl Genet，77：353 - 359.

Zhang Q，Gao YL.，Maroof MAS，Yang SH，Li JX. 1995. Molecular divergence and hybrid performance in Rice. Molecular Breeding，1：133 - 142.

Zhao J，Meng J. 2003. Genetic analysis of loci associated with partial resistance to sclerotinia sclerotiorum in rapeseed（*Brassica napus* L.）. Theor Appl Genet，106：759 - 764.

（张凤兰　于拴仓　曹家树）

第十三章

基因工程育种技术

基因工程一般是指在体外用人工方法将不同生物的遗传物质（基因）分离出来，人工重组拼接后，再将重组体置入到欲改良作物细胞内，使新的遗传物质在宿主细胞或个体中表达的技术。其主要技术环节包括：目的基因的克隆；目的基因的功能验证及表达载体构建；目的基因导入目标材料——遗传转化；转基因材料的筛选、鉴定、选择与利用。植物细胞的"全能性"，使其在离体培养条件下，可以经过分裂、分化过程形成一个完整的转基因植株。与常规育种相比，基因工程育种在以下几个方面具有明显优势：①在基因水平上来改造植物的遗传物质，更具有科学性和精确性；②定向改造植物遗传性状，提高了育种的目的性和可操作性；③能打破物种间生殖隔离，实现基因在生物界的共享，丰富了可利用基因资源。由于基因工程技术中，基因的克隆和载体构建性质上属于比较通用的技术，基本不存在物种特异性，因此本章将主要就转化技术环节和转基因大白菜的利用现状进行阐述。

第一节 研究现状

尽管芸薹属很多种，如甘蓝、芥菜和甘蓝型油菜等的遗传转化获得了较大的成功(Block et al.，1989；Mathews et al.，1990；Pudephat et al.，1996)，但以大白菜为代表的AA基因组作物的遗传转化仍然相对比较困难。主要表现在两个方面：第一，组织培养不定芽再生率较低，且受基因型的影响大；第二，转化率低，基因型制强。目前，在世界范围内白菜类作物转基因研究的广度和深度不及甘蓝类作物，但由于它在地区经济中的重要地位及科学研究价值，在亚洲地区，特别是我国也开展了许多研究，其转基因技术也在逐步地建立和完善。

一、组织培养技术的建立

在绝大多数的转化系统中，都需要利用植物细胞的"全能性"，使转化细胞在离体条件下发育形成一个完整的转化植株。因此，一个高效组织培养再生技术的建立，是实现作物基因转化遗传改良的基础。芸薹属不同种的离体培养难易差异较大。在芸薹（AA染色体组）、黑芥（BB染色体组）、甘蓝（CC染色体组）3个基本种，及其双二倍体种芥菜

（AABB染色体组）、甘蓝型油菜（AACC染色体组）和埃塞俄比亚芥（BBCC染色体组）6类作物上的研究表明，芸薹种的再生能力最低（Murata，1987；Narasimhulu et al.，1988）。针对大白菜高效组织培养再生体系的建立，在包括基因型、培养基及其添加物、外植体的种类、状态，以及培养条件等多方面影响因素上，国内外学者开展了大量研究工作，取得了明显的进展。

Zhang等（1998）对123份大白菜品种进行了子叶培养研究，这些品种包括早、中、晚熟不同熟性，在球形上涵盖了叠抱、合抱、拧抱、花心等类型。结果表明，基因型间再生率差异极大，115个品种有不定芽再生，但再生率最高达95%，最低则只有2.5%。材料的熟性与再生能力没有明显关系，拧抱直筒型品种有相对较高的芽再生率。

在大白菜的不定芽诱导体系中，通常使用的激素组合是BA和NAA，BA的使用浓度一般为2～5mg/L，NAA一般为0.3～1mg/L。近年也有采用TDZ（thidiazuron）诱导不定芽分化的实验报道。不同材料对激素的需求不一样。大白菜在无BA或NAA的培养基上没有不定芽形成（Zhang et al.，1998），说明对于大白菜的不定芽发生，BA及NAA二者缺一不可。但在白菜的研究中，外植体在只含BA或NAA的培养基上仍然有一定的芽再生频率（曹家树等，2000），反映了大白菜与白菜不同亚种对于最适培养基激素浓度的不同需求。

Chi（1989）首先报道了培养基中添加乙烯抑制剂AVG可以明显提高大白菜不定芽再生率，之后报道了$AgNO_3$在白菜不定芽再生中的促进作用（Chi et al.，1990）。随后部分学者也作了相关类似报道，都证明了培养过程中材料释放的乙烯对于白菜不定芽形成的抑制作用，以及培养基中添加AVG、$AgNO_3$等对芽再生的促进作用。其中AVG是一种乙烯释放抑制剂，而$AgNO_3$的作用普遍认为是由于其竞争乙烯的作用部位，使乙烯与受体无法正常结合，从而抑制了乙烯的作用，促进了不定芽的发生（Chi et al.，1990；Zhang et al.，1998）

对于大白菜不定芽诱导中使用的外植体种类，常用的有无菌苗的子叶、带柄子叶、下胚轴、真叶等。同一基因型的不同外植体在相同的分化培养基上，芽分化率也不尽一致。其中带柄子叶的表现一般最好，不定芽再生频率及数目都较高，而下胚轴培养常形成较多不定根，不定芽形成数较少。

二、遗传转化技术的建立

高效组织培养体系的建立为作物基因工程改良打下了良好的基础，但能否获得转基因植株，还取决于外植体细胞能否被转化，转化后的细胞能否继续进行细胞的分裂分化，最终形成完整的基因工程植株。

通常使用的外源基因遗传转化载体是根癌农杆菌（*Agrobacterium tumefaciens*），其Ti质粒上的一段T-DNA可以插入植物基因组，实现外源基因的融合。由于在载体构建中，已经在外源目的基因前加入了真核细胞表达启动子，因此外源基因能在转化株中表达，引起植物遗传性状的变化。1985年，Horsh等人首次在烟草上建立了农杆菌叶盘转化法，获得转基因烟草，此后该项技术迅速得到发展、应用，成为植物遗传转化的主要方法。近年来，除了农杆菌介导的组织转化方法外，电激法、基因枪法、显微注射法、激光微束穿刺法、脂质体法、PEG 法等遗传转化方法也分别有研究报道。这些方法都需要组织培养离体再生系统，不同的是它们分属于农杆菌介导转化和 DNA 直接转化两类方法，在甘蓝型油菜、白菜型油菜、芥菜、黑芥、花椰菜、甘蓝和大白菜等十字花科作物改良中也都得到了利用。

DNA 直接转化是把目的基因及其启动子直接导入植物细胞的一种转基因方法。这种方法不受宿主类型的限制，也无须使用特定的载体。PEG 法实验成本低廉，结果比较稳定，很少产生嵌合体，但它需要有一个良好的原生质体培养再生系统。应用这种方法已从芜菁的原生质体得到转化的愈伤组织（Paszkawski et al.，1986）。显微注射法是将外源 DNA 直接注入受体细胞质或细胞核。Paszkowski 等（1986）用该法将烟草花叶病毒的基因转入白菜型油菜原生质体，获得转基因植株。电激法是把植物原生质体置于含外源 DNA 的缓冲液中，在电场中瞬间通过高电压，击穿原生质膜，外源 DNA 经穿孔进入细胞，整合到染色体上。用电击法处理大白菜原生质体，得到了转基因植株（何玉科，1989）。另外，Hussain 等（1985）用脂质体法成功地把花椰菜花叶病毒基因导入芜菁原生质体。随着白菜类作物原生质体培养技术进一步完善，其他直接转化法也将会不断地用于白菜类作物的遗传转化。多数 DNA 直接转化要求有特殊的技术设备，如基因枪、电激仪等，在实际应用中受到了一定限制。农杆菌介导转化是迄今植物基因工程中应用最多、最理想，也是最简便的方法。常用于植物转化的有根癌农杆菌（*Agrobacterium tumefaciens*）和发根农杆菌（*A. rhizogenes*）。它们能分别把 Ti 和 Ri 质粒中的 T-DNA 转移并插入植物细胞的染色体基因组中。采用农杆菌介导转化技术，已经在大白菜上实现了不少成功转化的例子，获得了众多转化植株。

事实上，农杆菌介导的转化除了应用于依赖组织培养技术的转化系统外，还可以应用于不依赖于植物细胞或组织培养的转化系统。针对难于进行组织培养的材料，Feldmann（1987）等首次采用农杆菌介导的种子渗入转化方法得到拟南芥转基因植株。他们用携带目的基因载体的农杆菌液浸泡拟南芥种子，从后代中选出了转化植株。虽然后来对这一方法做了不少改进，但产生转化株的效率仍然很低。研究结果显示，转化可能发生在植株发育的后期，转化效率低可能与在种子萌动时期侵染的农杆菌能否存活到花期有关。Bechtold（1993）等采用真空渗入技术直接转化花期拟南芥植株，得到了大量转基因后代种子。Cao 等在白菜上也成功建立了真空渗入转化法，获得了四九菜心的抗除草剂转基因植株（Liu et al.，1998；Cao et al.，2000）。为了简化真空渗入转化技术，Clough 等（1998）在拟南芥上成功建立了浸花法（flora dip）转化技术，大大减轻了工作量，提高了转化效率。

通过 10 多年的研究工作，在白菜类蔬菜作物上已经建立了再生及遗传转化技术，并获得了转基因材料。从材料上看，包括大白菜及白菜不同的品种类型；在转化方法上，包括农杆菌介导转化及 DNA 直接转化；导入的目的基因有抗病毒、抗虫基因；选择标记基因有除草剂抗性基因、卡那霉素抗性基因、潮霉素抗性基因以及无标记基因等（表 13-1）。

表 13-1 白菜类作物的基因转化

亚种名及品种名	转化受体	转化方法	结果	目的基因	转化性状	参考文献
芜菁（ssp. *rapifera*）	原生质体	脂质体法	愈伤组织	CMV		Hussain et al.，1985
白菜型油菜（ssp. *oleifera*）	原生质体	显微注射 At 介导法	植株 植株	工程烟草花叶病毒 nptⅡ、gus	抗病毒 抗卡那霉素	Paszkawski et al.，1986 Radke et al.，1992
Pusa Kalyani	下胚轴	At 介导法	植株	nptⅡ、gus	抗卡那霉素	Mukhopadhyay，et al.，1992
Pusa Kalyani	子叶—子叶柄	At 介导法	植株	nptⅡ、gus	抗卡那霉素	Mukhopadhyay，et al.，1992
Osome	下胚轴	At 介导法	植株	未知		Takasaki，et al.，1997
	花梗	At 介导法	植株	未知		Kuvshinov et al.，1999
白菜（ssp. *chinensis*）						
矮脚黄 苏州青	子叶	At 介导法	植株	nptⅡ、CpT1	抗虫	蔡小宁等，1997
浦东矮箕菜	子叶—子叶柄	At 介导法	植株	nptⅡ	抗卡那霉素	王凌健等，1999
	下胚轴	At 介导法	植株	nptⅡ	抗卡那霉素	王凌健等，1999
浦东矮箕菜	带柄子叶	At 介导法	植株	慈姑蛋白酶抑制剂基因	抗虫	张智奇等，1999
白雪	带柄子叶	At 介导法	植株	Bt	抗虫	秦新民等，1999
中脚黑叶、矮脚黑叶	子叶	At 介导法	植株	CpT1、nptⅡ	抗虫 抗卡那霉素	佘建明等，2000
BP-40、BP-50、BP-60、BP-70、BP-80	下胚轴	At 介导法	植株	Bt	抗虫	Xiang et al.，2000
四九菜心	花期植株	农杆菌真空渗入	植株	bar、TuMV-NIa	抗除草剂、抗病毒	Cao et al.，2000
四九菜心、二早子	花期植株	农杆菌真空渗入	植株	Hyg	抗潮霉素	Gong et al.，2000
矮抗青	下胚轴和子叶	At 介导法	植株	Bt、CpT1	抗虫、抗卡那霉素	徐淑平等，2002
菜薹	子叶	At 介导法	植株	gna	抗虫	张扬勇等，2003
四九菜心	花期植株	农杆菌真空渗入	植株	bar-pinⅡ	抗除草剂、抗虫	张军杰等，2006
大白菜（ssp. *pekinensis*）	原生质体	电激	植株			何玉科，1989
Hi-Light，Green light	根	Ar 转化法	植株	nptⅡ、cry1A	抗虫	Christey et al.，1997
Spring flavor	子叶—子叶柄	At 介导法	植株	nptⅡ、TMV-CP	抗病毒	Jun et al.，1995
Seoul	下胚轴子叶柄	At 介导法	植株	nptⅡ、hptⅡ、bar	抗除草剂	Lim et al.，1998

（续）

亚种名及品种名	转化受体	转化方法	结果	目的基因	转化性状	参考文献
丰抗 70	花期植株	农杆菌真空渗入	植株	hpt	抗潮霉素	张广辉等，1998
北京 80 号、CR shinki、Chihiri No. 70	子叶—子叶柄	At 介导法	植株	NPTⅡ	抗卡那霉素	Zhang et al.，2000
Seoul、Olympic、Samjin、Junsung	下胚轴	At 介导法	植株	Bt	抗虫	Cho et al.，2001
福山包头	子叶—子叶柄	Ar 介导法	植株	TuMV-NIb	抗病毒	朱常香等，2001
自交系 AB-81	子叶真叶	At 介导法	植株	gusA		王火旭等，2001
GP-11、中白4号	子叶—子叶柄	At 介导法	植株	CpT1	抗虫	杨广东等，2002
自交系 282	子叶—子叶柄	At 介导法	植株	gna	抗蚜虫	杨广东等，2003
北京 80 号	子叶—子叶柄	At 介导法	植株	Bar-PinII	抗虫	张军杰等，2004
福山包头	子叶—子叶柄	Ar 介导法	植株	TuMV-CP	抗病毒	于占东等，2005

注：At：*Agrobacterium tumefaciens*（根癌农杆菌）；Ar：*Agrobacterium rhizogenes*（发根农杆菌）。

三、大白菜重要性状的基因工程改良

病毒病及虫害是影响大白菜安全生产的主要生物逆境之一。大白菜种质资源中虽然存在一些病毒病抗原，但由于病毒病原的多样性和多变性，因此进一步丰富抗源基因的多样性，将大大有利于大白菜的可持续抗病毒育种。大白菜是一种长期人工栽培驯化的叶菜类作物，在其种质资源中几乎不存在抗虫资源。通过基因工程手段，导入外源抗虫基因，将有利于大白菜的抗虫育种，有利于大白菜安全绿色生产。基因工程抗虫玉米、抗虫棉的成功选育，为其他作物抗虫性遗传改良展现了美好前景。

目前大白菜的基因工程遗传改良工作主要体现在对 TuMV 的抗性及对鳞翅目害虫的抗性改良上。由表 13-1 可见，在病毒抗性上采用的基因有 TuMV 的外壳蛋白（CP）基因，或核内蛋白酶（NIa）基因；在抗虫性上采用的基因有马铃薯蛋白酶抑制剂基因（*Pin*Ⅱ）、或者豇豆蛋白酶抑制剂基因（*CpT*1）、慈姑蛋白酶抑制剂基因、苏云金杆菌毒蛋白基因（*Bt*）。刘凡等（2004）报道了转 *bar-pin*Ⅱ基因的菜心，其外源基因 *bar* 介导的除草剂抗性在转基因材料自交二代及自交三代中的遗传分离情况（图 13-1），表明绝大部分分离情况是符合孟德尔规律的。同时也报道了转基因材料对小菜蛾幼虫的离体饲虫试验结果，显示转基因材料对取食幼虫具有较明显的致死及延缓发育的作用（图 13-2）。于占东等（2005）选取转入单拷贝 *TuMV-CP* 的大白菜石特 79-3 和福山包头，进行 TuMV-C4 病毒人工接种试验，25d 后的调查结果显示，转基因大白菜 T_0、T_1 代对 TuMV 表现出很强的抗性（图 13-3）。此外，他们还对转基因株系与对照的维生素 C、可溶性糖含量

进行了比较测定，结果显示二者差异不明显。

图 13-1　转基因菜心后代的除草剂 Basta 抗性分离情况

（刘凡等，2004）

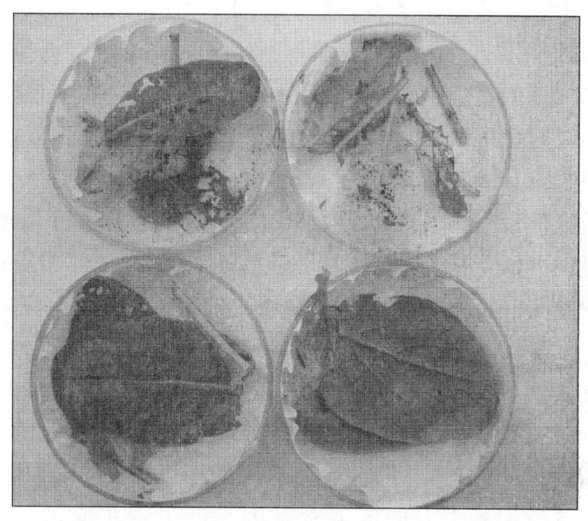

图 13-2　菜心叶片小菜蛾离体饲虫 7d 的状况

（上：对照非转基因菜心叶片；下：转 *pin* Ⅱ基因菜心）

（刘凡等，2004）

图 13-3　转基因大白菜对 TuMV-C4 病毒的抗性

（于占东等，2005）

基因工程改良作物的研发至产业化是一个比较长的过程，这一过程有外源基因的效果、遗传稳定性、环境及食用的安全性等诸多需要研究明确的环节。我国于 2001 年公布了“农业转基因生物安全管理条例”，将转基因生物的研发划分为 4 个阶段：实验室研究、中间试验、环境释放、生产性试验。在完成生产性试验，获得安全许可证书后，方能进入商业化生产流通。大白菜转抗病毒或抗虫基因的材料目前已经有进入中间试验的例子，但尚没有进入环境释放的例子。

四、大白菜基因工程改良存在的问题及展望

大白菜基因工程遗传改良发展至今，已经取得了明显的进步，但与其他作物比较，还

有工作上的差距，尚存在许多需要研究和解决的问题。

植株再生率低是大白菜遗传转化的首要难题。芸薹属植物中组培效果较好的报道主要集中在甘蓝型油菜和甘蓝上，对于大白菜、菜心等作物，由于基因型的影响，再生不定芽的频率很低。因此，需要不断研究适合不定芽再生的各种因素，尤其要加强对那些农艺性状优良的基因型材料组培条件的探索，以建立重复性好的高效再生体系。

转化率低是大白菜遗传转化的又一难题。目前，甘蓝型油菜的转化率可高达50%，但大白菜的转化率仅有2.3%左右。利用真空渗入法可以避免对组织培养的需求，但不同研究体系下，转化率差异较大，收获种子的转化率虽可高达3%（Gong et al.，2000），但也可低至0.01%～0.03%（Cao et al.，2000）。因此，如何提高转化率，建立高效、重复性高的转化系统仍是今后研究的重要课题。

在转基因作物的应用上，考虑到白菜类作物具可以生食蔬菜植物的特性，还是要注意其使用的外源基因的食用安全性，避免采用具有致敏或有毒作用的外源基因。此外，白菜类作物属于异花授粉虫媒植物，其栽培中的环境安全性，特别是由于传粉引起的基因流的情况，在转抗除草剂的个案中也需要特别予以关注。在获得转基因材料后，筛选标记基因（如抗生素基因）就失去了它的价值，针对非目标基因的消除，国际上研发出了共转化法、转座子介导法，以及位点专一性重组系统法等方法。其中融合了来自噬菌体的lox系统以及来自酵母菌的FRT系统的序列识别位点，在转基因烟草的花粉及种子中已实现了高效率的外源基因剪切（Luo et al.，2007）。这种表达载体的建立，将极大地有利于对外源基因的时空控制，有利于非目的基因的去除，有利于提高转基因材料的安全性。

第二节　再生与遗传转化技术

在基因工程操作中，再生及遗传转化是关键的技术环节。它又包括外源基因的导入、转化株的形成、转化株的筛选鉴定等。直接转化法是采用物理、化学方法直接导入目的基因及其启动子；间接转化是采用农杆菌等介导转化的生物学方法。由于目前获得的转化材料中80%以上都是采用的农杆菌介导法，因此本节将主要介绍农杆菌介导的大白菜转基因技术。

一、农杆菌介导的离体培养转化技术

（一）再生体系的建立及其影响因素

具备芽再生频率高、易为农杆菌侵染等特点的外植体才能成为良好的转化受体，建立高频再生体系是植物离体转化的前提。建立再生体系包括下列步骤：外植体基因型筛选、外植体部位选择、激素种类及浓度合理配比、其他调节剂添加、组织培养条件及驯化条件确定等。组织培养包括原生质体培养再生体系已在芸薹属的很多种中建立，相比之下，白菜类作物转化难度较大。近年来，通过调整激素种类及浓度、添加$AgNO_3$、提高琼脂浓度等，已在白菜类作物上初步建立了高频再生体系。

1. 基因型的影响　研究普遍表明，不定芽再生能力受材料基因型的影响。但对于基因型是如何以及在多大程度上影响不定芽的再生能力，深入的研究报道并不多。Hansen 等（1999）对甘蓝的研究结果表明，再生能力至少受 3 个独立的基因位点控制。Ono 和 Takahata（2000）在甘蓝型油菜以及 Sparrow 等（2004）在甘蓝上的研究结果表明，再生能力受加性及显性基因控制，并且加性基因效应解释了 71%～77%的变异。在大白菜上还没有类似的研究工作报道，多数工作是对受试的几份或十几份材料进行再生能力筛选。Zhang 等（1998）对 123 份大白菜品种进行了离体子叶培养研究，结果表明基因型间再生率差异极大，115 个品种有不定芽再生，但再生率最高达 95%，最低只有 2.5%。

2. 培养基及其添加物　寻求适当的激素配比是提高芽再生频率的重要途径。不同作物类型、品种、外植体对激素组成的要求有较大差异。在白菜类蔬菜的离体再生培养中，激素以 BA、NAA 组合为多。BA 的使用浓度一般为 2～5mg/L，NAA 一般为0.3～1mg/L。近年也有采用 TDZ（thidiazuron）诱导不定芽分化的实验报道（朱月林等，2001）。TDZ 是人工合成的苯基脲衍生物之一，在很多植物材料中表现出很强的细胞分裂素活性，在植物不定芽的发生、分化及愈伤组织的诱导和体细胞胚胎发生等过程中的作用相继被发现。有研究表明 TDZ 在低浓度下具有较高的细胞分裂素活性，对大白菜子叶分化不定芽的作用显著高于 6-BA（樊明琴等，2005）。脱落酸（ABA）是组织培养中很少使用的一种激素。张鹏等（1995）的研究表明，低浓度的脱落酸或与 $AgNO_3$ 配合有促进菜心芽分化的作用，在大白菜和白菜上也有类似报道（张智奇等，1999；于占东等，2005）。ABA 的作用机理需进一步深入研究。

近年来，人们越来越多地认识到乙烯在离体组织和细胞培养中对细胞再分化的重要性。高浓度的乙烯导致 *B. campestris* 离体组织培养芽的畸形生长及抑制芽的再生（Chi et al.，1991）。抑制乙烯生物合成的 AVG，可促进某些作物的不定芽再生（Chi et al.，1990；Pua et al.，1993）。Pua 等（1995）将 ACC 的反义 RNA 转移到芥菜中，降低了转基因芥菜的乙烯释放量，其不定芽的再生率得到提高。以上这些结果都表明乙烯释放量和不定芽再生的负相关关系。Zhang 等（1998）测定了大白菜子叶外植体离体培养过程中的乙烯释放情况。结果显示，具较高芽再生频率的品种其乙烯释放量明显低于不能再生的品种；提高培养基的琼脂浓度，乙烯释放量减少，而子叶不定芽的再生率得到提高。

$AgNO_3$ 对芸薹属植物离体不定芽再生的作用已有较多报道（张鹏等，1995；张松等，1997）。大多数研究者认为 Ag^+ 通过竞争乙烯的作用部位，使乙烯与受体无法正常结合，从而抑制了乙烯的作用，促进了不定芽和体细胞胚胎的发生（Chi et al.，1990；Zhang et al.，1998）。在大白菜的组织培养中，$AgNO_3$ 的使用浓度一般为 2～8mg/L，过高的 $AgNO_3$ 浓度会使子叶黄化，不定芽再生率下降。虽然培养基中添加一定浓度的 $AgNO_3$ 可以明显提高多数大白菜品种的不定芽形成能力，但仍有少数品种对此没有反应，说明 $AgNO_3$ 及乙烯只是影响不定芽再生的重要因素之一。

3. 外植体的种类和状态　不定芽再生体系受到外植体种类、苗龄、培养基组成等多种因素的影响。目前应用最多的外植体有：无菌苗的子叶、子叶柄、下胚轴、根段，以及大田植株的花薹切段（花梗）等。同一基因型的不同外植体在相同的分化培养基上，芽分化率也不尽一致。以北京 80 大白菜的不定芽诱导为例，子叶—子叶柄、真叶作为外植体的不定芽分化率分别达 96.3%和 71.8%，而子叶切片很难有芽的分化，下胚轴切段虽然愈伤组织率达到了 80%，但芽分化率仅 10%。这种现象在福山包头、石特品种中也存在（于占东等，2005）。

以无菌苗的子叶和下胚轴等为外植体时，苗龄显著影响芽再生频率。菜心等发芽迅速，大约在播后第 3d 子叶已平展，多用 4～5 日龄苗。樊明琴等（2005）认为大白菜以5～8 日龄苗的子叶外植体比较适宜，供试的两个品种芽再生率分别达到 96.7%和 80.0%。外植体极性也影响芽的再生。一般认为，近根端容易产生根，远根端容易产生芽。

有研究表明，插植较平放芽再生率要高得多。菜心子叶柄插入培养基 2mm，芽再生率可达 89%，而平放仅为 46%（张鹏，1995）。在切去部分子叶的情况下，子叶—子叶柄作为外植体的芽分化频率大幅度下降，无子叶柄的子叶不能产生不定芽，这表明不定芽易在子叶柄的切面处产生，子叶对不定芽的分化尤为重要（张松等，1997）。

4. 玻璃苗的形成原因及克服办法 玻璃苗是指叶片呈半透明玻璃状，表面缺少角质层和蜡质或蜡质发育不全的试管苗。试管苗玻璃化是植物组织培养中常见的一种现象。实验发现，激素浓度、琼脂浓度均对大白菜玻璃苗发生有一定的影响，而降低培养基中$AgNO_3$浓度、提高蔗糖浓度或添加活性炭，对大白菜玻璃苗形成无影响或影响不显著。

BA 在 2mg/L，NAA 在 0.5～1mg/L 之间，芽发生频率都在 90%以上。在这个浓度范围内，随着外源激素浓度的降低，每个有芽发生的外植体产生的芽数减少，但玻璃化程度减轻，从 88.6%降至 54.6%。当外源激素进一步降低时，虽然玻璃化程度进一步降低，但同时芽分化率也明显降低，因此外源激素不能降得太低。说明在大白菜再生体系中，BA、NAA 浓度高时更容易刺激芽的发生，但浓度过高会引起分化芽内源激素水平失调而使芽玻璃化。

培养基中的琼脂浓度，在离体培养中起着调节可利用水分，从而控制水势的作用。在一定范围内提高琼脂浓度，可减少大白菜再生过程中玻璃苗的形成。提高培养基中琼脂的含量是目前较为适用的方法。当琼脂浓度为 0.8%时，在分化培养基上得不到分化正常的苗。即使将有根芽分化的外植体转入 MS 基本培养基上，也只能形成叶片透明化、无正常生长点的玻璃苗。当提高琼脂浓度到 1.4%时，芽发生率在 90%以上，玻璃化程度却明显减轻，且每个有芽分化的外植体最终得到的正常苗增多，达到 1.88 个。但当琼脂浓度进一步提高到 1.6%时，不利于芽的分化。

（二）农杆菌介导的离体转化及植株再生

农杆菌是一种革兰氏阴性土壤杆菌，常用于植物转化的有根癌农杆菌和发根农杆菌。它们能分别把 Ti 和 Ri 质粒中的 T-DNA 转移并插入植物细胞的染色体基因组中。一般认为 T-DNA 的插入部位是随机的，但也发现了整合位点与 T-DNA 的微同源性（Matsumoto et al.，1990；Laufs et al.，1999）。

1985 年，Horsh 等人首次在烟草上建立了农杆菌叶盘转化法，获得转基因烟草，此后该项技术得到迅速发展、应用，成为植物转基因遗传转化的主要方法。该方法模拟自然状态下，农杆菌侵染植物的过程：首先把叶片切成圆盘状小块（叶盘），造成植物损伤，

以便分泌大量诱导性化学物质，这些诱导物质，诱发周围农杆菌的趋化作用，使之吸附于植物细胞表面；然后，农杆菌的 *vir* 被诱导表达，完成 T-DNA 的切割、转移、整合等全部的转化步骤，这一阶段也被称为共培养。共培养结束后，将叶盘转移到选择及分化培养基中，这些培养基通常含有选择性物质，可以杀死和抑制农杆菌和未转化的植物细胞的生长，并刺激转化细胞的分裂分化，最终成长为完整的转基因植株。随着叶盘转化法技术不断发展，植物组织除最初的叶盘外，已应用的还有根、胚轴、子叶、茎尖分生组织、幼嫩茎段、愈伤组织、幼胚等材料，成为农杆菌转基因的主流技术。在众多的转基因植物中，约有 80%是由该方法获得的。目前来看，农杆菌介导离体转化方法有如下优点：①转化频率比较高；②再生植株的可育率高；③可转移较大片段的外源 DNA，不需原生质体培养技术；④导入的外源基因拷贝数低，遗传相对稳定；⑤转化可以周年进行，无季节限制。

该技术的 3 个阶段构成成功转化的关键，其中植物组织的高效离体再生为实现该技术的前提与基础。

农杆菌离体转化的主要影响因素：

1. 不同属性农杆菌对转化的影响 农杆菌依其产生的冠瘿碱不同，可分为章鱼碱型(octopine)、胭脂碱型（nopaline)、农杆碱型（agropine）和琥珀碱型（succinamopine)。章鱼碱型如 LBA4404、GV2260、GV3111SE、K61 等，胭脂碱型如 C58、A208SE、pGV3850 等，琥珀碱型如 A281、EHA105、EHA101 等（Pudephat et al.，1996)。农杆菌属性对转化的成败起重要作用，在转化实验中选择适宜的农杆菌菌株是十分重要的。Takasaki 等（1997）用 5 个农杆菌株系 LBA4404、C58C1/pMP90、C58C1/pGV2260、A136/pCIB542 和 EHA101 感染大白菜下胚轴 10min，共培养 2d。GUS 检测，A136/pCIB542 和 EHA101 有较高的感染率，分别为 45%和 48.5%；LBA4404 为 33%，C58C1/pMP90 为 21%，C58C1/pGV2260 为 34%。而 Kuvshinov 等（1999）认为，LBA4404 比 EHA105 对芜菁的感染效率好。一般来看，在芸薹属植物中，胭脂碱型农杆菌的转化效果要好于章鱼碱型农杆菌（de Block et al.，1989；Flavell et al.，1992；Pudephat et al.，1996)。

2. 农杆菌接种及共培养条件 农杆菌 T-DNA 加工、转移及整合进植物基因组，主要由 Ti 质粒上 vir 基因编码的功能蛋白完成。农杆菌 *vir* 基因的表达及表达水平的高低直接影响转化。

在自然状态下，植物受伤后会分泌一些酚类物质，例如乙酰丁香酮（acetosyringone，As)、羟基乙酰丁香酮（OH-As)、α-羟基苯甲酸、儿茶酚、没食子酸等。这些物质不仅是农杆菌趋化性的目标物质，而且能够诱导 *vir* 的活化。研究表明，损伤细胞中含有 0.5～1.0μmol/L 的 As 即可诱导农杆菌 *vir* 的活化。目前转基因研究中广泛使用的是乙酰丁香酮（As)，使用浓度一般为 20～200μmol/L（Stachel et al.，1985)。As 可以在农杆菌液体培养时加入，也可以在与外植体共培养时加入，或者在农杆菌培养或共培养时均加入，以诱导活化 *vir*。As 在白菜类作物转化中极为重要，很多成功的转化中都加入了 As 或马铃薯悬浮细胞培养液（分泌物中含有酚类物质）（Takasaki et al.，1997；Radke et al.，1992)。芜菁上的实验证明，添加 As 可使转化率从 23%提高到 36%（Takasaki，

1997)。在大白菜上的研究表现出同样的趋势（Zhang et al.，2000)。该研究还比较了在农杆菌培养时期、外植体感染时期以及共培养时期 3 个阶段中分别加入10mg/L As 对大白菜子叶柄转化率的影响。结果显示前两个时期加入 As 对转化率影响很小，只有共培养阶段的培养基加入 As，才能显著提高转化率。对于 As 的添加时间，在青花菜的叶片转化中，认为用 LB 培养农杆菌时加入 200μmol/L 的 As 是最佳的（Henzi et al.，2000)。As 的诱导作用还受到 pH 的影响，pH 一般以偏酸性较好（Mantis et al.，1992)。Vernade（1988）认为，pH 低于 5.2 有利于 vir 的活化。对大白菜子叶柄的转化研究显示，培养基的 pH 为 5.2 时，外植体 GUS 瞬时表达率高于 pH 5.8 时（Takasaki，1997；Zhang，2000)。

一般说来，外植体接种农杆菌以及与农杆菌的共培养阶段需注意以下几点：①避免在接种时培养基中含酵母提取物（通常把农杆菌培养液离心，农杆菌沉淀重悬于 MS 液体培养基中)；②接种农杆菌浓度不要太高，一般 OD_{600} 在 0.3～0.8 之间，过高易造成共培养阶段农杆菌过度生长，引起切口细胞褐化死亡，侵染时间以 15min 左右为宜；③培养基 pH 介于 5.0～5.6 之间；④共培养时间不要超过 3d，培养温度以 25℃为宜。

3. 植物基因型及外植体种类 基因型对白菜类作物遗传转化存在影响。杨广东等（2002）报道，不同基因型之间产生卡那霉素（Km）抗性芽的频率差别较大。大白菜材料 GP - 11 获得 Km 抗性芽的频率较高（4.23%），而中白 4 号和 TF14 却没有得到一株 Km 抗性芽，基因型 TM12 也很难获得转化芽，转化频率为 1.46%。这种影响主要来自于不定芽再生能力、细胞结构、生理条件、农杆菌侵染后植物细胞的防御反应、转化细胞的分化再生能力等。因此，在进行转化之前必须对材料的基因型进行选择。

在芸薹属植物中，子叶常被用作农杆菌感染的外植体。尽管子叶的再生频率高，转化成功率却较低。Mukhopadhyay（1992)、Takasaki（1997）及 Lim（1998）只能从白菜类作物的下胚轴得到转化体。Mukhopadhyay 从解剖学进行了解析，起源于维管束薄壁细胞的芽的再生方式有两种：一种是位于切面的维管束薄壁细胞先产生愈伤组织，然后分化芽；另一种是离切面 450～625μm 的维管束细胞不经愈伤组织直接形成芽。以下胚轴为外植体，两种方式都存在，而只能以第一种方式产生转基因植株；以子叶为外植体，只能以第二种方式再生植株（Mukhopadhyay et al.，1992)。但是杨广东等却没有能够从下胚轴获得转化株（杨广东等，2002)。从现有报道来看，大白菜转化中重复性最好、采用最多、成功率最高的还是使用子叶—子叶柄为外植体（Jun et al.，1995；Zhang et al.，2000；杨广东等，2002；张军杰等，2004)。此外，在张军杰等（2004）的工作中，取抗性再生株的真叶，在选择培养基上进行再次的细胞分化培养，获得了转基因再生植株，这种方法可以最大程度地降低嵌合体现象。杨广东等（2002）的试验表明，大白菜 3 日龄苗的外植体转化频率远远高于 5 日龄苗和 7 日龄苗的外植体。

4. 抗生素和转化细胞的选择 在与农杆菌共培养后，为抑制材料内部及其周围农杆菌的生长，以及非转化植物细胞的生长，需要将外植体转接入含抗生素的培养基中。与其他芸薹属植物相比，白菜类作物对抗生素很敏感，所以在选择抗生素及所用浓度时要特别慎重。常用抑制农杆菌生长的抗生素有氨苄青霉素（Ampicillin)、羧卡青霉素（Carbencillin)、头孢霉素（Cefotaxime)、淡紫青霉素（Lilacillin）等，使用的浓度一般为 300～

500mg/L。王凌健等（1999）在研究白菜的转化时发现，在培养基中氨苄青霉素或羧卡青霉素在0～300mg/L的浓度范围内对白菜不定芽的影响较小，而头孢霉素易引起外植体褐化而死。Kuvshinov（1999）研究表明，500mg/L的头孢霉素严重抑制白菜型油菜芽的分化。Zhang等（2000）采用淡紫青霉素，浓度在1 000mg/L以内对芽分化无影响。

常用的抑制非转化植物细胞生长的抗生素有卡那霉素和潮霉素等。杨广东等（2002）的试验表明，适当浓度的Km筛选是获得抗性芽很关键的一步。Km浓度过高，对转化细胞造成强烈的毒害作用，致使大量外植体在选择培养基上很快死亡；浓度过低，对抗性芽不能进行严格筛选，会产生假抗性芽和大量嵌合体。大白菜中Km的使用浓度在5～25mg/L之间（Zhang等，2000；杨广东等，2002）。卡那霉素的加入时间也很重要。杨广东等（2002）的试验表明，经过侵染的大白菜子叶若直接放在含有卡那霉素的诱导培养基上，几乎很难再生出芽，大多数叶片逐渐变黄、死亡，少数产生绿色致密抗性愈伤团，但不能分化出芽。而将其培养后的外植体先放在不含卡那霉素的诱导培养基上恢复生长一段时间，再转到含卡那霉素的筛选培养基上进行选择，可以有效地促进转化芽的形成。这段时间以7～10d为宜。超过10d以上，诱导出的芽丛率提高了，但无法得到抗性芽。芽丛在经过80d的卡那霉素筛选后全部白化死亡。作者认为可能是大白菜外植体对卡那霉素非常敏感，极低的卡那霉素就能抑制植株再生，在推迟选择后，刚好有利于转化细胞恢复生长，但若这个过程太长，则会导致非转化细胞进入分化阶段，而且大量非转化细胞的生长抑制了转化细胞的分化再生。此外，Takasaki（1997）用Km选择大白菜转化株，得到了大量的逃逸体，用低浓度的潮霉素没有逃逸体，用Km选择的转化频率比用潮霉素要高，可能是因为潮霉素选择压力大，对一些外源基因表达水平低的芽也产生了抑制生长作用。Radke（1992）和Kuvshinov（1999）在白菜型油菜中得到了同样的结果。除抗生素外，在大白菜转化中，也有使用除草剂Basta作为选择剂的，其使用浓度为3.5～7mg/L（张军杰等，2004）。

总的来说，农杆菌介导转化一般都要经过以下步骤：外植体接种农杆菌、与农杆菌共培养、外植体在含抗生素及选择剂的分化再生培养基上培养。因此，在大白菜转化过程中通常可以考虑以下几方面：①选择合适的基因型及外植体类型；②采用预培养的方法以减轻伤害胁迫，调整细胞状态，增加去分化感受态细胞的数量；③合理掌握接种的浓度、时间和共培养时间；④共培养之后，转到选择培养基前，外植体可以经过一定的恢复生长期；⑤合理使用适宜的抗生素种类及浓度；⑥采用培养基中添加及提高琼脂浓度的方法，减轻外植体释放的乙烯对不定芽再生的抑制作用。

（三）农杆菌介导的离体转化技术示例

农杆菌介导的大白菜离体转化，通常包括无菌苗的获得、农杆菌的活化、外植体侵染、恢复培养、筛选培养、成苗生根、转化株的分子鉴定等过程。

1. 无菌苗的培养　选取不同基因型大白菜种子，用纱布包好，在流动的自来水下冲洗10～15min，然后在超净工作台上将种子转移到培养瓶内，用70%酒精漂洗0.5～1min，无菌水洗涤1次；0.1%升汞（$HgCl_2$）表面消毒8～10min，或者用含有效氯（Cl^-）1%的次氯酸钠（NaClO）溶液消毒10～15min，消毒期间不时摇动，无菌水清洗3次，然后接种于MS培养基上进行发芽。接种密度为15～20粒/瓶。光照培养，光照强度为 2 000～2 250lx，光周期 16h/8h，培养温度为 25℃±1℃。

2. 农杆菌的培养和活化 取 50μl，－80℃保存的农杆菌液（含有待转化的目的基因）接种于 5ml 含有利福平（Rif）50mg/L、Km 50mg/L（如果所用质粒含 *NPT*Ⅱ基因）的 LB 液体培养基中，28℃振荡培养过夜。从新鲜的菌液中再取 500μl 于 50ml 含 Km 50mg/L,乙酰丁香酮（Acetosyringone，As）10mg/L LB 培养液中，28℃振荡摇菌至菌液 OD_{600}＝0.8～1.0。在 4 000r/min 离心 10min，弃上清液后，用 50ml 的 MS 接种液（MS 基本培养基附加 6－BA 2mg/L、NAA 1mg/L、As 10mg/L，pH5.2）重新悬浮沉淀，备用。

3. 外植体侵染和转化株的获得 无菌苗培养 4～5d 后，子叶展开，切取带 1～3mm 叶柄的子叶，插入装有 30～40ml 预培养基（MS 基本培养基附加 6－BA 2mg/L、NAA 1mg/L、$AgNO_3$ 3mg/L、琼脂 1.0%）的培养皿中，每培养皿 10～15 片进行预培养。2～3d 后，将切片取出浸泡在含农杆菌的上述 MS 接种液中，侵染 5～10min 后，用无菌滤纸吸干切片所带多余菌液，转入共培养基（MS 基本培养基附加 6－BA 2mg/L、NAA 1mg/L、As 10mg/L、琼脂 0.8%、pH 5.2）中，共培养 2d。共培养后的子叶柄外植体用附加

图 13－4 利用子叶柄外植体通过卡那霉素筛选获得大白菜转基因转化植株

A. 大白菜不定芽发生及抗性芽诱导（左：非选择培养基；右：选择培养基）

B. 筛选培养基上真叶再生的完整抗性株及其对照

C. 大白菜北京 80 号转 *pin*Ⅱ基因植株当代 D. 开花期的转基因福山包头 T_1 代植株

羧苄青霉素（Cb）500mg/L的无菌水漂洗3～4次后，再用无菌滤纸吸干水分，转入芽诱导选择培养基（MS基本培养基附加6-BA 2mg/L、NAA 1mg/L、$AgNO_3$ 3mg/L、Km 25mg/L、Cb 500mg/L、琼脂1.6%，pH 5.8）上诱导抗性芽形成。每15d更换一次培养基。35～40d后，切取绿色再生不定芽，转入芽生长培养基（MS基本培养基附加6-BA 0.2mg/L、NAA 0.1mg/L、Km 25mg/L、Cb 300mg/L、1.0%琼脂，pH 5.8），待植株形成后，转入生根培养基（MS基本培养基附加NAA 0.1mg/L、Km 25mg/L、Cb 300mg/L、1.0%琼脂，pH 5.8），15d左右可发育成有根的完整小植株。打开培养瓶口，在光照培养箱中锻炼1～2d，然后取出再生苗，洗净根上的培养基，栽入无菌的蛭石中，保湿5～7d，并间歇通风炼苗，待小苗恢复正常生长后，移栽到温室正常管理。

4. 转化株的鉴定　得到的再生植株需要通过分子鉴定证实其为转基因植株。通常的鉴定方法有外源基因的PCR扩增、植物基因组DNA的Southern杂交鉴定、RNA的Northern杂交鉴定、RT-PCR鉴定、Western杂交鉴定等。PCR鉴定只能获得再生株中是否有外源基因的信息；Southern杂交鉴定通过对限制性内切酶的选择，可以获得外源基因在植物基因组中插入的拷贝数以及整合位置数等信息；Northern杂交鉴定及RT-PCR鉴定可以获得外源基因的表达信息；Western杂交鉴定可以获得外源基因的蛋白合成信息。关于各检测技术的方法程序，由于其物种特异性不大，可以参考一般分子生物学及基因工程文献。

图13-4为利用子叶柄外植体通过卡那霉素筛选获得的大白菜基因转化株。

二、农杆菌介导的原位转化技术

（一）原位转化技术及其影响因素

上述农杆菌介导离体转化方法的一个共同特点是，必须经过一个外植体组织培养阶段，才能获得转化的再生植株。因此，一个高效的离体组织培养植株再生系统成为该途径的第一限制因素。组织培养技术要求高，基因型依赖性强，而且在植株再生过程中还容易发生体细胞变异，造成形态畸形、染色体数目改变和育性丧失等问题（Karp，1995；van den Bulk et al.，1990），使得再生株遗传背景复杂化。此外，再生形成的转基因植株有时还会出现嵌合体现象，给进一步的鉴定和利用造成困难（Potrykus，1991）。建立不需要组织培养的转基因方法，将十分有利于难于组织培养离体操作作物的遗传改良，是基因工程研究者们的共同愿望。因此，植物原位转化技术得以逐步发展起来。

植物原位转化（in planta transformation）通常是指一类不依赖于组织培养和植株再生技术，而是利用植物在原来位置上的活体组织为转化目标，以各自独特的基因转移方案为技术手段，以转化处理株收获种子为筛选目标，最终得到转基因植株。这类方法的具体方案有很大差别，许多工作是以拟南芥作为材料进行试验的。原位转化方法通常有以下几种：

1. 种子共培养法　Feldmann（1987）首次利用萌动的拟南芥种子与农杆菌共培养，在其后代中筛选到卡那霉素抗性转化植株。这种方法简单易操作，且具有较高的转化率

(0.32%)。多次试验结果表明，共培养时间小于9h，则不能得到转化株。分子检验和后代遗传分析表明，外源基因能获得稳定的遗传表达。转化株后代的卡那霉素抗性分离比显示，转化株当代几乎都是杂合体，有55.6%的转化株，其后代为3∶1的分离比例，其他的呈现15∶1、63∶1、255∶1等分离比例，也有敏感株比例较高的情况。作者认为可能是因为外源基因不稳定插入、抗性基因丧失表达、配子或者胚致死的隐性突变等所致(Feldmann，1987)。Southern杂交证明，一些转化株中插入片段数与表型分离比并不相符合，可能是因为外源基因发生了沉默或者插入了不表达位置。

2. 浸花接种法 Clough等(1998)报道了浸花法(flora dip)转化技术。他们利用刚开花的拟南芥植株，在含有农杆菌的转化介质中浸蘸，就能够发生有效的转化。重复浸花1次，后代种子中的转化率可提高2～3倍。重复的间隔期，以5～6d为宜，少于这个天数，则对植株有害。一般转化率可达0.5%～3%。该方法要求使用正在开花的拟南芥植株，转化介质包括活化后的农杆菌、5%的蔗糖、500μl/L的表面活性剂Silwet L-77。该方法在多种拟南芥生态型中获得成功，但发现不同生态型的转化效率不同，如Columbia(Col)型拟南芥比Landsburg erect(Ler)型拟南芥的转化率高47倍。

3. 伤口接种法 Chang等(1994)在拟南芥抽薹后，切割花薹，然后在伤口处接种农杆菌，在后代种子中也成功地得到了转化株。进一步研究表明，平均5.5%的新生薹产生转化后代。Southern杂交发现，拟南芥基因组中，T-DNA的拷贝数有单个(33%)和多个。T_3、T_4代遗传分析证明，大多数株系中的外源基因符合孟德尔遗传规律。

Katav等(1994)对这种方法又做了进一步研究。结果表明，这种方法具有很好的重复性，虽然转化频率是变化的，但在7～8周内能够稳定地获得转化种子。同样，外源基因插入拷贝数有单拷贝、二拷贝以及多拷贝。Southern杂交表明，一些转化株的分子鉴定拷贝数与外源基因的遗传分离比不吻合。遗传分离比显示转化株均为杂合子。

4. 真空渗入法 该方法由Bechtold等(1993)提出，并首次报道了其研究成果，此后又有一些相关研究报道(Chang et al.，1994；Cao et al.，2000；Trieu et al.，2000)，确立了该方法的可行性。一般步骤为：将处于始花期的植株洗净根部泥土后，全株浸没在农杆菌悬浮液中，给以一定时间及真空度的真空处理后，取出处理株，移栽于田间，以薄膜作棚保湿数天，待植株恢复生长后，去薄膜，进行人工辅助授粉。种子收获后，在后代中筛选转化株。该方法在不同材料、不同实验室中的转化频率差异较大。如拟南芥中的转化频率为0.4%～3%(Bechtold et al.，1993；Ye et al.，1999)；大白菜中的转化频率在0.01%～0.03%之间(张军杰等，2006)。也有转化率在1%以上的报道，甚至高达11.2%(张广辉等，1998)。对拟南芥和大白菜转基因株的分析表明，各转化株为独立转化株，且外源基因呈杂合状态。外源基因的遗传在多数转化株中符合孟德尔遗传定律，呈单基因的3∶1分离或两个不连锁基因的15∶1分离，也有其他分离形式(刘凡等，2004)。如同前几种原位转化方法，也出现了转基因株后代中敏感株远远多于抗性株的分离情况。

试验还表明，某些对叶盘转化法不敏感的拟南芥生态型，利用真空渗入法也能得到较好的结果（Mysore et al.，2000）。

影响真空渗入法转化率的主要因素有：

（1）植物发育时期　拟南芥中，多数转化试验都是采用初花期的植株（Betchtold et al.，1993；Rakousky et al.，1997，1998；Mysore et al.，2000）。Clough（1998）用不同发育状态的拟南芥为试材，采用真空渗入处理，对转化频率进行了考察。其试材包括：①主枝切除，二级侧枝1～5cm高，无开放花；②主枝切除，二级侧枝2～10cm高，少数花开放；③主枝不切除，许多花开放，并开始有荚形成；④发育中后期，已有许多荚发育。结果表明，处于主枝切除、二级侧枝2～10cm高、少数花开放状态下的植株转化率最高。

张军杰等（2006）将受试大白菜分为开花及未开花（仅具花序）来分别进行真空渗入转化，其转化种子频率无显著差异。其中未开花材料在真空处理后，植株恢复生长较好，后代获得的种子数更多。

大白菜的真空渗入转化研究结果表明，如果在真空渗入处理前用塑料薄膜包裹花序，而仅使叶片与农杆菌液接触，其转化效果显著高于同时处理叶片和花序的处理，前者转化率（潮霉素抗性株比率）达11.2%（张广辉等，1998）。

Trieu（2000）在苜蓿的转化报道中提出，利用幼苗或利用开花期成株都能获得较高频率的转化率，但是这些材料必须事先经过低温春化处理，否则不能得到转化株。

（2）农杆菌浓度　许多研究中使用的农杆菌液的浓度为OD_{600}＝0.8（Bechtold et al.，1993；Richardson et al.，1998）。巩振辉等（1996）认为，OD_{600}值在0.8～1.2之间，转化率没有差别。Clough（1998）在拟南芥上的试验结果表明，处于稳定生长期（OD_{600}约为2.0）与处于对数生长期（OD_{600}约为0.8）的农杆菌的转化效率相似或更高。

（3）转化介质构成　Clough（1998）对转化介质进行了单因子试验，结果为糖及低浓度的BA、一定量的表面活性剂有利于转化，而MS培养基及pH的影响较小。对于表面活性剂Silwet L-77，Clough的研究表明，它在真空辅助转化中，不是关键性的影响因素，但在浸渍转化中，表现出稳定的提高转化频率的作用，其使用浓度为0.005%～0.1%（V/V）。

（4）真空处理方式　巩振辉等（1996）在拟南芥的转化中，用吸力1.7m^3/h的真空泵，真空渗入处理2min后，迅速升压变常态，再关闭阀门抽真空30s（记为2min＋30s）最好，种子转化率达0.71%。张广辉等（1998）采用吸力14.4m^3/h的真空泵处理油菜，以断续处理1min＋30s为最好，种子转化率达2.11%。曹传增等（2003）在大白菜中的比较试验结果显示，5min的真空处理较20min下的转化率更高。Chung（2000）在拟南芥中进行了比较试验，真空处理时间缩短至2min后，转化效率较Clough（1998）的10min处理以及Bechtold的20min处理提高。

由于处理对植株的损伤较大，反复处理的相关研究很少。Trieu（2000）在苜蓿的转化中，采用了间隔6d，两次给予植株真空渗入处理，发现转化频率更高。

关于真空渗入转化机理的研究，在拟南芥上开展的工作比较多（Ye et al.，1999；Bechtold et al.，2000；Desfeux et al.，2000），在大白菜上也有一些报道（徐恒戬等，

2005)。相关研究资料显示了一些共同的结果：①转化体为杂合子，表明转化事件发生在花发育的后期，即在雌、雄配子体分化以后；②各转化体为独立转化事件；③可遗传转化发生在雌配子体上，转化材料的GUS染色显示了染色的胚珠；④农杆菌的接种时期和花发育时期与转化事件的发生密切相关；⑤农杆菌处理后在植株体内能够存活一定时期；⑥多数转化体中的外源基因遗传符合孟德尔定律。

原位转化方法取得成功的植物种类并不多，其机理还很不清楚。在不同植物中也可能有不同的机理，如苜蓿转化体中出现了纯合个体以及姐妹转化体，转化频率可高达76%(Trieu et al.，2000)。随着原位转化技术的完善，机理的进一步探明，将会有越来越多植物通过这个方法获得转基因植株。对于难于建立高效组织培养再生体系的植物种类，这个技术无疑给出了希望。

（二）农杆菌介导的真空渗入转化技术示例

菜心（*B. campestris* ssp. *chinensis* var. *parachinensis*）品种四九菜心的生育期短、株型矮小，适宜作为研究试材。将四九菜心盆栽于温室，大约1个月至45d左右，植株长到50～60cm高，花序形成、花薹抽出时，选择初花期植株备用。

试验所用的农杆菌质粒载体具有筛选标记基因*bar*，赋予转基因植株对除草剂Basta的抗性。取200μl、－70℃保存的农杆菌液于5ml LB培养液中（含适当的抗生素，如卡那霉素、利福霉素等），28℃振荡过夜培养；将新鲜的菌液分别加入总计3L的LB培养基（含适当的抗生素）中，28℃培养至菌液OD_{600}为1.0～1.5，3 500～4 000r/min离心10min收集菌体。将离心后的农杆菌重新悬浮于等体积的IM培养基（MS大量元素和微量元素，附加BA 40pg/L、蔗糖5%、Silwet-77 0.02%、As 100μmol/L，pH 5.5）中，并倾倒入容积为20L的真空转化器内。

将初花期植株从盆中连根小心取出，用自来水洗去根部土壤，浸泡于转化器内的IM培养基中，每批20～30株，在10^4Pa负压条件下处理一定时间。将植株取出后，可见处理植株叶片已呈墨绿色水渍状。小心将植株移栽入隔离温室，并立即覆盖塑料薄膜小棚以防止植株脱水，有利于植株缓苗成活。1周内间歇揭开薄膜，以利通气及植株的恢复。2周后，完全揭去薄膜，进行正常的栽培管理。

使用后菌液经121℃热压消毒后弃去。所用容器等经过环氧乙酸浸泡，杀灭残存农杆菌后再进行清洗。

待植株恢复正常生长后，进行人工辅助授粉。约1个半月后，分别收获各处理植株的种子（同一处理可以混合收获），称重并估算种子数量。

图13-5为利用真空渗入法转化菜心技术图示。

收获的种子以1 000粒/盘的密度全部播种于平底苗盘中。出苗后，从子叶期开始喷施0.2%（V/V）浓度的商品除草剂Basta（原液含PPT 150g/L；Hoechst AG，FRG）水溶液，筛选抗性幼苗。1～2周后进行第2次喷施筛选，以去除第一次筛选时因喷药不匀或尚未出苗而漏喷的绿苗。存活的幼苗移栽到15cm直径花盆中继续生长。待成株后用0.3%Basta水溶液局部涂抹叶片。涂抹后叶片仍保持绿色的植株采用人工辅助授粉方法自交留种，获得后代群体。在后代群体中采用同样的Basta喷施方法进行外源基因的表达和分离鉴定。

图 13-5　利用真空渗入法转化菜心图示

A. 菜心的真空渗入转化装置和处理过程　B. 真空渗入处理后的菜心植株
C. 真空渗入处理后菜心的结荚情况　D. 除草剂 Basta 筛选获得抗性转化株

对于转基因材料，同样需要采取 PCR 扩增、Southern、Northern、Western 杂交等手段进行分子水平的外源基因插入及表达的鉴定分析。

主要参考文献

蔡小宁，佘建明，朱祯，等.1997. 建立青菜（*Brassica chinensis*）农杆菌介导法基因转化体系.江苏农业学报 13（2）：110-114.

蔡小宁，佘建明，朱卫民，等.1999. 影响大白菜离体再生及基因转化的因素研究.江苏农业科学 23（3）：67-71.

曹传增，刘凡，赵泓，等.2003. 影响不结球白菜真空渗入转基因频率的几个因素.华北农学报 18（4）：35-38.

曹家树，余小林，黄爱军，等.2000. 提高白菜离体培养植株再生频率的研究.园艺学报 27（6）：452-454.

成细华，戴大鹏，刘凡，等.2001. 大白菜真叶的组织培养及植株再生.植物生理学通讯 37（4）：310-311.

樊明琴，朱月林，朱丽华.2005. 结球白菜高效离体子叶不定芽再生的研究.南京农业大学学报 28（1）：20-23.

刘凡，李岩，曹鸣庆.1997. 培养基水分状况对大白菜小孢子胚成苗的影响.农业生物技术学报 5（2）：131-136.

刘凡，赵泓，秦帆.2006. 结球白菜下胚轴原生质体培养及其体细胞胚植株再生.植物学通报 23（3）：275-280.

佘建明，蔡小宁，朱祯，等.普通不结球白菜抗虫转基因植株的获得.江苏农业学报 16（2）：79-82.

孙保娟，曹家树，等.2006. 激素对白菜 GMS 系不同育性外植体再生植株的影响.园艺学报 33（2）：

306 - 310.

孙敏红，张蜀宁 . 2006. 二、四倍体不结球白菜子叶再生能力及其与内源激素的关系 . 南京农业大学学报 29（2）：25 - 28.

王火旭，王关林，王晓岩，等 . 2001. 大白菜 AB281 高频再生系统的建立及 gus 基因瞬时表达的研究 . 园艺学报 28（1）：74 - 76.

邢德峰，李新玲，王全伟，等 . 2003. 影响大白菜高效离体培养再生的因素 . 植物生理学通讯 39（5）：420 - 424.

徐淑平，卫志明，黄健秋 . 2002. 青菜的高效再生和农杆菌介导 Bt 及 CpTI 基因的转化 . 植物生理与分子生物学学报 28（4）：253 - 260.

杨广东，朱祯，李燕娥，等 . 2002. 大白菜转修饰豇豆胰蛋白酶抑制剂基因获得抗虫植株 . 园艺学报 29（3）：224 - 228.

杨广东，朱祯，李燕娥，等 . 2003. 雪花莲外源凝集素基因在大白菜中的表达和抗蚜性遗传分析 . 园艺学报 30（3）：341 - 342.

张广辉，巩振辉，薛万新，等 . 1998. 大白菜和油菜真空渗入遗传转化法初报 . 西北农业大学学报 26（4）：1 - 4.

张军杰，刘凡，罗晨，等 . 2004. 大白菜的马铃薯蛋白酶抑制剂基因转化及抗菜青虫性的鉴定 . 园艺学报 31（2）：193 - 198.

张军杰，刘凡，赵泓，等 . 2006. 蛋白酶抑制剂基因真空渗入法转化不结球白菜获得抗虫性材料 . 植物保护学报 33（1）：17 - 21.

张智奇，周音，钟维瑾，等 . 1999. 慈姑蛋白酶抑制基因转化小白菜获抗虫转基因植株 . 上海农业学报 15（4）：4 - 9.

赵泓，姚磊，刘凡 . 2002. 大白菜再生体系影响因子的方差分析 . 华北农学报 17（3）：59 - 63.

朱常香，宋云枝，张松 . 2001. 抗芜菁花叶病毒转基因大白菜的培育 . 植物病理学报 31（3）：258～264

Bechtold N，Ellis J，Pelletier G. 1993. In planta agrobacterium mediated gene transfer by infiltration of adult Arabidopsis thaliana plants. C R Acad Sci Paris Life Sci，（316）：1194 - 1199.

Bent AF and Clough SJ. 1998. Agrobacterium germ-line transformation：transformation of Arabidopsis without tissue culture//Gelvin SB（ed.）. Plant Molecular Biology Manual Kluwer. Academic Publishers，Netherlands.

Cao MQ，Liu F，Yao L，et al. 2000. Transformation of pakchoi（*Brassica rapa* L. ssp. *chinensis*）by *Agrobacterium* infiltration. Molecular Breeding，（6）：67 - 72.

Chang SS，Park SK，Kim BC，et al. 1994. Stable genetic transformation of *Arabidopsis thaliana* by *Agrobacterium* inoculation in planta. Plant J，（5）：551 - 558.

Chi GL and EC Pua. 1989. Ethylene inhibitors enhanced de novo shoot regeneration from cotyledons of *Brassica campestris* ssp. *chinensis*（Chinese cabbage）*in vitro*. Plant Sci，（64）：243 - 250.

Chi GL，Barfield DG，Sim GE，et al. 1990. Effect of $AgNO_3$ and amino ethoxyvinylglycine on in vitro shoot and root organogenesis from seeding explans of recalcitrant *Brassica* genotypes. Plant Cell Rep，（9）：195 - 198.

Chi GL，Pua EC，Goh CJ. 1991. Role of ethylene on de nove shoot regeneration from cotyledonary explants of *Brassica campestris* ssp. *pekinensis*（Lour）Olesson *in vitro*. Plant Physiol，（96）：178 -183.

Cho HS，Cao J，Ren JP，et al. 2001. Control of Lepidopteran insect pests in transgenic Chinese cabbage transformed with a synthetic Bacillus thuringiensis cry1C gene. Plant Cell Rep，（20）：1 - 7.

Christey MC，Sinclair BK，Braun RH，et al. 1997. Regeneraton of transgenic vegetable *Brassicas*（*Brassi-*

ca oleracea and *B. campestris*) *via* Ri mediated transformation. Plant Cell Rep，(16)：587 -593.

Chung MH，Chen MK，Pan SM. 2000. Floral spray transformation can efficiently generate *Arabidopsis* transgenic plants. Transgenic Res，(9)：471 - 476.

Clough SJ，Bent AF. 1998. Floral dip：a simplified method for *Agrobacterium*-mediated transformation of *Arabidopsis thaliana*. Plant J，(16)：735 - 743.

De Block M，Debrouwer D，Paul T. 1989. Transformation of *Brassica napus* and *Brassica oleracea* using *Agrobacterium tumefaciens* and the expression of the *bar* and *neo* genes in the transgenic plants. Plant Physiol，(91)：694 - 701.

Desfeux C，Clough SJ，Bent AF. 2000. Female reproductive tissues are the primary target of *Agrobacterium*-mediated transformation by the *Arabidopsis* floral-dip method. Plant Physiol，(123)：895 -904.

Dunwell JM. 1981. *In vitro* regeneration from excised leaf discs of three *Brassica* species. J Exp Bot ，1981 (32)：789 - 799.

Feldmann KA，Marks MD. 1987. *Agrobectrium* - mediated transformaion of germinating seeds of *Arabidopsis thaliana*：a non-tissue culture approach. Mol Gen Genet，(208)：1 - 9.

Flevell RB. 1992. Inactivation of gene expression in plants as a consequence of specific sequence duplication. Biotechnology，(10)：141 - 144

Gong ZH，Zhang GH，Zhang GH. 2000. Studies on vacuum infiltration transformation method in *Brassica campestris* var. *purpurea* and *B. campestris* var. *utilis*. International symposium on biotechnology application in horticultural crops. China Agricultural Scientech Press.

Hachey JE，Sharma KK，Mlolney MM. 1991. Efficient shoot regeneration of *Brassica campestris* using cotyledon explants cultured *in vitro*. Plant Cell Rep，(9)：549 - 554.

Hansen LN，Ortiz R，Andersen SB. 1999. Genetic analysis of protoplast regeneration ability in *Braasica oleracea*. Plant Cell Tissue Organ Cult，(58)：127 - 132.

Henzi MX，Mcneil DL，Christey MC. 2000. Factors that influence agrobacterium rhizogenes-mediated transformation of broccoli (*Brassica oleracea* L. var. *italica*) . Plant Cell Rep，19 (10)：994 - 999.

Hussain MM，Melcher V，Essenberg RC et al. 1985. Infection of evacuolated turnip protoplasts with liposome packed cauliflower mosaic virus. Plant Cell Rep，(4)：58 - 62.

Jun SI，Kwon SY，Paek KY，et al. 1995. *Agrobacterium* - mediated transformation and regeneration of fertile transgenic plants of Chinese cabbage (*Brassica campestris* ssp. *pekinensis* cv. spring flavor) . Plant Cell Reports，(14)：620 - 625.

Karp A. 1995. Somaclonal variation as a tool for crop improvement. Euphytica ，(85)：295 - 302.

Katavic V，Haughn GW，Reed D，et al. 1994. In planta transformation of *Arabidopsis thaliana*. Mol Gen Genet，(245)：363 - 370.

Kuvshinov V，Koivu K，Kanerva A，et al. 1999. *Agrobacterium tumefaciens* - mediated transformation of greenhouse - grown *Brassica rapa* ssp. *oleifera*. Plant Cell Rep，(18)：773 - 777.

Lim HT，You YS，Park EG，et al. 1998. High plant regeneration，genetic stability of regenerants，and genetic transformation of herbicide resistance gene (bar) in Chinese cabbage (*Brassica campestris* ssp. *pekinensis*) . Acta Hort，(459)：199 - 208.

Liu F，Cao MQ，Yao L，et al. 1998. *In Planta* transformation of pakchoi (*Brassica campestris* L. ssp. *chinensis*) by infiltration of adult plants with *Agrobacterium*. Acta Hort，(467)：187 - 192.

Mantis NJ，Winans SC. 1992. The *Agrobacterium tumefaciens* vir gene transcriptional activator virG is transcriptional induced by acid pH and other stress stimulant. J Bacterial，(174)：1 189 -1 196.

Mathews H, Bharathan N, Litz RE, et al. 1990. Transgenic plants of mustard *Brassica juncea* (L.) Czern and Coss. Plant Sci, (72): 245 - 252.

Mukhopadhyay A, Arumugam N, Nandakumarp BA, et al. 1992. *Agrobacterium* - mediated genetic Transformation of oilseed *Brassica campestris*: Transformation frequency is strongly influenced by the mode of shoot regeneration. Plant Cell Rep, (11): 506 - 513.

Murata M, Orton TJ. 1987. Callus initiation and regeneration capacities in *Brassica* species. Plant Cell Tissue Organ Cult., (11): 111 - 123.

Narasimhulu SB, Chopra VL. 1988. Species specific shoot regeneration response of cotyledonary explants of *Brassicas*. Plant Cell Rep, (7): 104 - 106.

Ono Y, Takahata Y. 2000. Genetic analysis of shoot regeneration from cotyledonary explants in *Brassica napus*. Theor Appl Genet, 100 (6): 895 - 898.

Palmer C. 1992. Enhanced shoot regeneration from *Brassica campestris* by silver nitrate. Plant Cell Rep, 11 (11): 541 - 545.

Potrykus I. 1991. Gene transfer to plants - assessment of published approaches and results. Ann. Rev. Plant Physiol. Plant Mol Boil, (42): 205 - 225.

Pua EC, Lee JE. 1995. Enhanced *de nove* shoot morphogenesis in vitro by expression of antisense 1 - aminocyclopropane - 1 - carboxylate oxidase gene in tansgenic mustard plants. Planta, (96): 69 - 76.

Puddephat IJ, Riggs TJ, Fenning TM, et al. 1996. Transformation of *Brassica oleracea* L.: a critical review. Molecular Breeding, (2): 185 - 210.

Radke SE, Turner JC, Facciotti D, et al. 1992. Transformation and regeneration of *Brassica rapa* using *Agrobacterium tumefaciens*. Plant Cell Rep, (11): 499 - 505.

Richardson K, Fowler S, Pullen C, et al. 1998. T - DNA tagging of a flowering - time gene and improved gene transfer by *In Planta* transformation of *Arabidopsis*, (25): 125 - 130.

Sparrow PAC, Townsend TM, Morgan CL, Dale PJ, Arthur AE, Irwin JA. 2004. Genetic analysis of in vitro shoot regeneration from cotyledonary petioles of *Brassica oleracea*. Theor Appl Genet, (108): 1249 - 1255.

Sparrow PAC, Dale PJ and Irwin JA. 2004. The use of phenotypic markers to identify *Brassica oleracea* genotypes for routine high - throughput Agrobacterium - mediated transformation. Plant Cell Report, (23): 64 - 70.

Sparrow PAC, Townsend TM, Arthur AE, Dale PJ and Irwin JA. 2004. Genetic analysis of Agrobacterium tumefaciens susceptibility in *Brassica oleracea*. Theor Appl Genet, (108): 644 - 650.

Takasaki T, Katsunori H, Kunihiko O, et al. 1997. Factors influencing *Agrobacterium* - mediated transformation of *Brassica rapa* L. Breeding Science, (47): 127 - 134.

Trieu A T, Stephen H, Burleigh L, et al. 2000. Transformation of *Medicago truncatula via* infiltration of seedlings or flowering plants with *Agrotacterium*. Plant J, 22 (6): 531 - 541.

Xiang Y, Wong KR, Ma MC, et al. 2000. Agrobacterium mediated transformation of *Brassica campestris* ssp. *parachinensis* with synthetic *Bacillus thuringiensis* cry1Ab and cry1Ac genes. Plant Cell Rep, (19): 251 - 256.

Ye GN, Stone D, Pang SZ, et al. 1999. *Arabidopsis* ovule is the target for *Agrobacterium in planta* vacuum infiltration transformation. Plant J, (19): 249 - 257.

Zhang FL, Takahata Y, Xu JB. 1998. Medium and genotype factors influencing shoot regeration from cotyledonary explants of Chinese cabbage (*Brassica campestris* L. ssp. *pekinensis*). Plant Cell Rep, (17):

780 - 786.

Zhang FL，Takahata Y，Watanabe M，et al. 2000. *Agrobacterium* - mediated transformation of cotylydonary explants of Chinese cabbage（*Brassica campestris* L. ssp. *pekinensis*）. Plant Cell Rep，(19)：569 - 575.

（刘凡　于占东　何启伟）

第十四章

良种繁育技术

第一节　地方品种提纯复壮与繁育

一、地方品种的利用

地方品种又称为农家品种，是各地原产或从外地引入而在当地经多年栽培驯化的品种。它是在当地条件下长期自然选择和人工选择的产物，对当地自然条件和栽培条件的适应性强，主要经济性状符合当地的消费习惯。我国地域辽阔，生态条件各异，大白菜栽培历史悠久，品种资源极为丰富，各地都有自己的优良地方品种，如北京的北京小青口、天津的青麻叶、山东的福山包头和冠县包头、河南的洛阳大包头和郑州早黑叶、河北的玉田包尖和石特白菜、江苏连云港的小狮子头、浙江慈溪的黄芽菜、江西赣州的黄芽白菜、广东的早皇白、福建的漳蒲蕾、新疆伊宁的连心壮、青海的黄芽白、宁夏的吴忠包头、内蒙古的长炮弹、黑龙江的二牛心、辽宁的辽阳包头、贵州的黄点心等。2005 年 1 月，胶州大白菜协会向国家工商总局正式提出了申请注册"胶州大白菜"原产地保护，获得了地域品牌商标，这是全国第一个获得大白菜地域品牌商标的农产品。

另外，许多大白菜地方品种具有特色。如有的品种纤维少、口感好，生吃多汁脆嫩、清爽可口；有的品种熟食绵软味甘。所以，应重视对地方品种的提纯复壮工作，以提高其丰产及抗病水平。如经过提纯复壮后的福山包头在烟台福山区至今仍有一定的种植面积。

目前，选育耐抽薹、耐热，多熟性，商品品质、风味品质、营养品质俱佳的多类型大白菜品种，已成为育种者共同追求的重点目标。但应重视挖掘我国大白菜地方品种资源潜力，加大对优良地方品种的研究和开发利用。

二、地方品种混杂退化原因及防止措施

（一）混杂退化原因

大白菜品种在繁殖的过程中，由于多种原因常引起遗传性发生劣变，表现为品种混杂、产量降低、品质变劣、抗性减弱，甚至完全丧失原品种的特性，这种现象即为品种退化。造成品种退化的原因主要有下述几个方面。

1. 机械混杂　在种子收获、脱粒、清选、晾晒、贮藏、包装、运输及播种、育苗、

移栽和定植等过程中，由于工作上的粗心，都可能使繁殖的品种种子内混进其他品种种子（苗），造成机械混杂，使品种不纯。如果当植株开花时仍未拔除异株，还会和原品种植株发生自然杂交，从而造成品种的生物学混杂，进一步引起种性退化。如果原种出现这类问题，其后果更为严重。因此，必须严格执行技术操作规程，防止机械混杂。

2. 生物学混杂　在大白菜品种繁殖过程中，由于与本品种外的大白菜其他品种，或十字花科芸薹属内，特别是种内近缘植物，如白菜、薹菜、芜菁、芥菜、白菜型和甘蓝型油菜等发生了天然杂交而造成的混杂和劣变。生物学混杂是导致大白菜品种退化的主要原因。

3. 种株选择不当　种株留种方式不当和选择不严格，也易引起品种的退化。连续多年采用半成株或小株留种，由于品种性状尚未充分显现，因此不能准确地针对种株主要经济性状进行鉴定和选择，也不利于淘汰不良植株等，都会引起品种种性衰退变劣。

种株选择时不严格，或选择不准确，也易导致品种退化，特别是对于自然选择与人工选择方向不一致的那些性状，如大白菜晚抽薹性与结球性及品质等性状，如不注意进行人工选择，就会导致早抽薹、结球松和品质不良等性状的出现。

大白菜属于异花授粉植物，选种、留种时，在保证主要经济性状和植物学性状一致的情况下，其他性状应保持适当的"多型性"。这样，可确保种株群体具有丰富的遗传基础，品种才具有较高的生活力和较强的适应性。另外，繁殖原种的群体不应过小，且要注意原种的更新，以防止品种的退化。

4. 自然条件或栽培技术措施不当　如繁种时播期延后或过于提前、定植株行距不当，导致种株生长不正常，不能准确鉴定和汰选种株，以及防病等管理措施不当，都会引起品种退化。

（二）防止品种退化的措施

1. 防止机械混杂　种子收获时，不同品种的种株要分别堆放。如果用同一容器或运输工具，在更换品种时，必须彻底清除前一品种残留的种子。

在种株堆放、脱粒、清选、晾晒、贮藏以及种子处理和播种等操作中，事先都应对场所和用具进行清洁，并认真检查，清除残留的种子。晾晒种子时不同品种间要保持较大的距离，以防风吹或人、畜践踏带走种子而引起的品种混杂。

在包装、贮藏和种子处理时，容器内外均应附上标签，除注明品种的名称外，还应说明种子等级、数量、采种时间和纯度。

2. 搞好隔离　隔离是防止天然杂交的有效手段，隔离方式有空间隔离、时间隔离（花期隔离）、机械隔离（套袋、纱网）等。

（1）空间隔离　空间隔离是大白菜繁种时最常用的方法，即把不同品种及十字花科芸薹属近缘植物间相互隔开适当的距离进行繁种。隔离距离的远近决定于留种地区的环境条件（如山区还是平原、风向及风速、有无建筑物及果园等）、留种田群体的大小及蜂源等。一般要求在有障碍物（山丘、树林）的条件下至少间隔 1 000m，在开阔地带隔离 2 000m 以上。

（2）时间隔离　时间隔离主要是在不同年度繁殖不同品种，或加代繁殖时可采取在同年度春化处理、错开季节播种等措施以错开花期，可避免天然杂交。

（3）机械隔离　主要应用于少量原种种子的繁殖或原始材料的保存。其方法是在开花期采取套袋或纱网隔离等办法。

3. 采用合理的选择和留种方法　必须严格原种繁殖要求，要坚持定向选择，并在不同生长发育阶段对留种植株进行多次选择和淘汰，但要保持非主要经济性状的多型性和较大的留种群体。在生产用种繁殖时，用于小株繁种的种子必须选用成株繁殖的原种，小株繁殖的种子不能再用来繁殖。生产用种繁殖田应在不同生育期进行田间严格去杂、去劣，淘汰不良变异株和病株。

4. 利用和创造最适宜的繁育条件　应充分利用我国不同地区的自然条件，选择气候最适宜的地区进行种子生产。所谓适宜地区，应具备隔离条件好、光照充足、昼夜温差大、无霜期长（180d 以上）、土壤肥沃疏松、花期降水少、灌溉方便等条件。在这样的地方生产的种子籽粒饱满，千粒重高。

三、地方品种的提纯复壮方法

对于已经发生种性退化的大白菜地方品种，应根据其不同的混杂退化原因，分别采取不同的提纯复壮方法。

（一）混合选择法

从品种的原始群体中选出符合要求的优良单株，混合留种并繁种，下一代播种于一个区内，并在其两侧播种该品种原始群体和标准品种（同类型当地优良品种）作为对照，通过比较、鉴定后，如产量及其他经济性状均已达到要求，即可繁殖并在生产中应用（图 14－1）。如果品种纯度仍达不到要求，可连续进行 2～3 次混合选择。

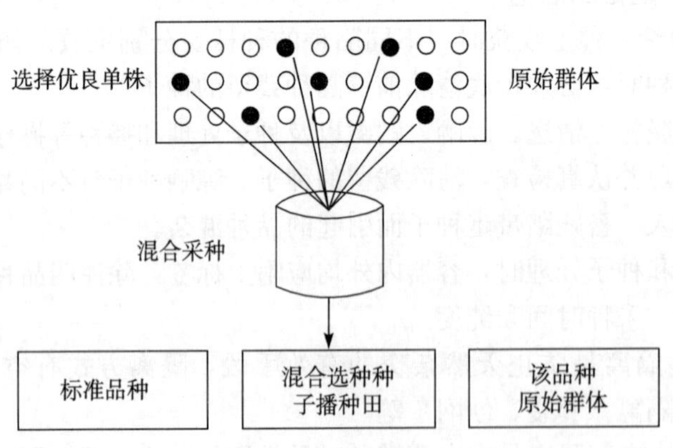

图 14－1　混合选择

（二）集团选择法

从品种的原始群体内选出若干优良单株，把性状相似的单株归并到一起叫一个集团。这样可选出几个集团，每一个集团内的优良植株在隔离条件下自由授粉，混合采种，集团间要防止杂交。各集团收获的种子，分别播一个小区，进行集团间以及与标准品种间的比较鉴定，从而选出优良集团，淘汰不良集团。该方法适用于品种混杂较重的品种，或一个

品种出现两个以上类型时，采用此法可避免优良类型被盲目淘汰（图 14－2）。

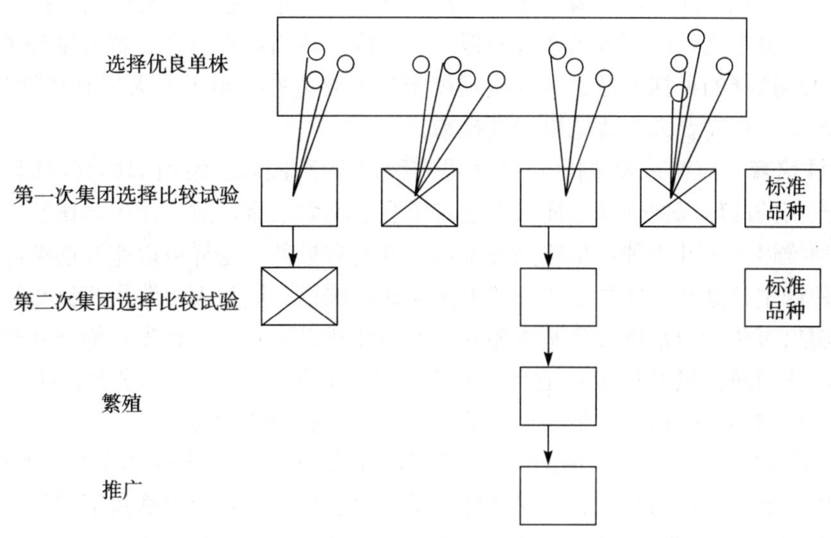

图 14－2　集团选择

（三）品种内杂交

在同一品种内选择优良植株，用人工方法进行株间杂交授粉。进行品种内杂交时应当注意：既要不损害品种的纯度，又要利用同一品种株间差异，通过人工杂交恢复品种后代的生活力和整齐度。因此，可以利用同一品种不同地区来源的种子种植后选株进行品种内杂交，或用同一地区不同年份采收的种子种植后选株进行品种内杂交，或用同一年份不同栽培条件下采收的种子种植后选株进行品种内杂交。上述 3 种方法，以第 1 种方法对提高品种生活力的效果最好。

（四）人工辅助授粉

在良种繁育过程中，如遇到高温、低温、阴雨、多风、昆虫量少时，将会降低种株的授粉率、结实率和种子产量。采用人工辅助授粉的方法，则能够避免遭受损失。人工辅助授粉时，可用同一品种混合花粉授粉。可以进行多次重复人工辅助授粉，使雌蕊接受足量的花粉以满足受精的选择要求，有利于提高结实率、种子千粒重和其后代的生活力。

四、种株繁育方式

（一）成株采种

成株采种又叫母株采种、大株采种，是大白菜最基本的采种方式。在我国北方地区，通常为第一年秋末冬初大白菜成球后，选择符合本品种特征特性、抗病性强、结球良好、外叶少的大白菜植株，单独入窖贮藏越冬；第 2 年春季将种株重新栽植于露地隔离区使之抽薹、开花、结籽。成株采种一般每公顷采种量可达 750kg 以上。由于成株采种种株能充分表现原品种的特征特性，能够严格进行汰选，从而能保证品种的优良种性和纯度。成株采种适用于品种的提纯复壮、原原种及原种繁殖。此外，在冬季贮藏过程中，还可以检验冬性强弱、腋芽萌动快慢、抗病性及耐贮性强弱等。而且一般情况下种子质量好，籽粒饱满。缺点是占地时间长，又需经冬季贮藏，种株第 2 年定植后长势弱易染病和腐烂，死棵多，种子产量不高，因而繁殖系数较低，生产成本较高，不适合繁殖大量种子。如有日光温室，可将选择的种株不经贮藏直接定植于日光温室中，则可大大提高成株的成活率，提高种子产量，但需要人工或昆虫辅助授粉。

1. 种株培育　前茬一般选择 3～4 年没有种过十字花科蔬菜的田块。为使种株采收贮藏时能有充实的叶球以便选择，而又不至过于衰老不耐贮藏，故应比生产田适当晚播。一般晚熟品种推迟 3～5d 播种，早熟品种推迟 15d 左右播种。这样可以避开前期高温，减少病害，使种株生长健壮。播种方法一般采用点播，株行距应与大白菜生产田相同。秋季田间管理和病虫害防治与常规生产基本相同，但应注意以下几点：首先，为增强种株的耐藏性，秋季应适当减少氮肥用量，适当增施磷、钾肥；第二，应在结球中后期减少浇水数量；第三，种株的收获期应比生产田提前 2～3d，以免影响贮藏。

2. 选留种株　苗期和莲座期淘汰杂苗和病株，结球期严格选择具有本品种特征特性、外叶少、生长健壮、抗病性强、成球性好、结球紧实的植株，中选株留下记号（插上竹竿或外叶涂上红漆），收获前再复选 1 次，淘汰不符合标准的植株。

3. 种株采收　收获期应适当提前，不应过迟，严防植株露地受冻。收获时选晴天露水干后进行，将选好的种株连根挖起，除去黄叶、烂叶，稍许晾晒后入窖贮藏。

4. 种株假植贮藏安全越冬　种株一般采用沟窖进行假植贮藏。假植沟或假植窖应根据种株数量的多少，于收获前 7～10d 挖好，沟或窖上的覆盖物草帘、篷杆等也应事先准备好。一般假植沟宽 50～80cm，深 60～80cm；假植窖宽 1.5～2.0m，深 60～80cm（种株高度再加深 30cm 左右）。假植时按顺序刨沟，摆种株，将种株主根系放入沟内，一株紧靠一株假植于沟底部，根部用湿土盖严。假植期间温度宜控制在 1～2℃，温度过高容易引起腐烂，过低则易遭受冻害。湿度以保持在 70%～80%为适宜，过低容易干缩，过高容易引起腐烂。假植初期气温较高，白天应及时揭盖透风见光，以保持适宜的温度和湿度。假植期间，应经常检查，防止种株因受热、受冻而腐烂，并及时去除病叶、腐叶。

到第二年立春前后，对假植的种株进行一次倒窖，再次进行选择，重点选脱帮少、无病、侧芽萌发晚的优良单株，将叶球上部菜头切除。菜头切除过早不但易使菜心受冻，还会使种株失水过多，定植后种株生长衰弱，种子产量低；菜头切除过晚则容易损伤花薹，也会影响采种量。切菜头方式有一刀切、三刀切及环切等多种（图 14－3）。一刀切即在距叶球基部部 7～10cm 处一刀切下菜头，种株上呈平面。采用此法易伤顶芽。三刀切即在叶球基部以上 7cm 处，以 120°角转圈向上斜切三刀，切口与大白菜纵轴的夹角为 30°～45°，切后种株呈锥形，采用此法不易伤损顶芽。环切即在叶球基部以上 5～7cm 处沿叶球周身用刀环切，保留菜心。为有利于花薹抽出，切菜头时注意不要损伤花薹，并应适当减少留帮数量，留帮过多不但会造成抽薹困难，还容易引起种株腐烂。为防腐烂，切口可涂生石灰。三刀锥形切优点多，实践中最常用。总之，要求切口伤面要小，保护好顶芽不受伤，有利于花薹抽出。

切菜头时，要求有 3d 晴天，这样有利于伤口愈合。切完菜头之后，应将要脱落的老帮清理干净。为了防病，可将种株短缩茎和根部用 600 倍多菌灵药液浸泡一下，然后将种

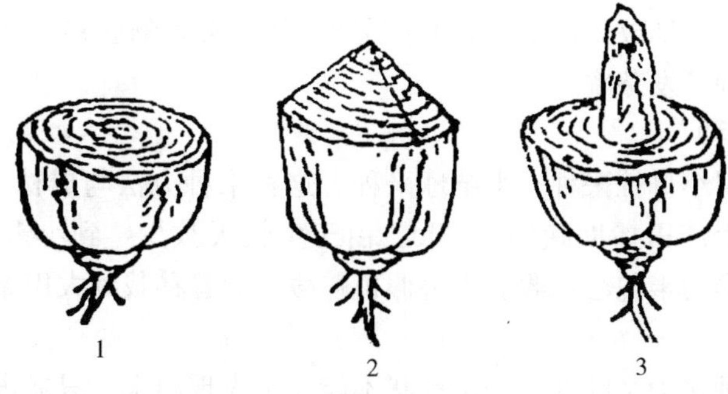

图 14-3　大白菜种株切头方法
1. 一刀切　2. 三刀切　3. 环切

株及时晾晒，以利伤口尽快愈合，但又不能晾晒时间过长，使根部过于干燥失水，影响发根。短时晾晒后，把切好菜头的种株仍按次序整齐地假植于假植沟或假植窖内。假植时根部用湿土埋严，夜间及寒冷的雨雪天盖上草帘防冻，白天揭去草帘充分接受阳光照射，使植株由休眠状态转化为生长状态，球叶由白转绿，有助于定植后种株扎根，提高种株耐寒、耐旱能力，以适应定植后的露地气候条件。

5. 种株的定植和田间管理　早春土地解冻之后，当 10cm 地温达到 6～7℃时即可定植。在不受冻的前提下，种株适当早栽有利于根系发育。垄作或畦作均可，行距 50～60cm，株距 35～40cm。定植深度应根据土壤性质而定，壤土地应适当深栽，可埋至叶球基部；黏土地应适当浅栽，将短缩茎露出地面即可。在定植早、地温低、湿度大、土壤黏重的情况下，为了提高地温有利于发根，定植前在沟内轻溜一水，定植后一般不浇水，应将种株周围的土壤踩实。若墒情不好，可趁晴天浇一小水。

春季天气渐暖，随着植株的生长抽薹，菜帮会相继脱落腐烂，应分次及时清除烂帮烂叶，以免因烂帮而造成短缩茎腐烂。清除后，用土将种株根部周围填实。若有腐烂病的植株，应在除去后用石灰粉或石灰硫黄合剂进行消毒，以免传染他株。春季每次浇水后要及时中耕，并行培土。进入开花盛期，不便中耕，应及时拔除杂草。

抽薹前，追施适量速效肥，也可在盛花期叶面喷施磷酸二氢钾。由于成株采种花期较早，定植密度相对较稀，因此进入终花期浇水次数就要控制，防止继续抽出不能正常结实的无效分枝。这样既浪费养分，又不利于种荚中已结实种子的正常发育，导致种子千粒重降低，即农谚中所谓"浇花不浇荚"。浇水应掌握"前控、中促、后控"的原则。"前控"指前期控制浇水，当种株开始抽薹时，可根据土壤水分情况灌 1 次小水，保证墒情，促根壮株。种株进入抽薹开花期，再浇 1 次水。"中促"指进入花期不可缺水，应保持地面湿润，花期如遇干旱，则会影响受精和结实，从而降低种子产量。"后控"是指种株谢花后，进入种子生长成熟阶段，需水较少，应适当控水。收获前 10～15d 停止浇水，以防种株贪青晚熟。

应注意基肥和盛花期以前的追肥，每公顷追施速效氮肥 150～225kg。种株抽薹初期于植株近旁每公顷沟施硫酸铵和过磷酸钙各 225kg，或炕土 45 000～52 500kg。开花盛期，结合浇水，每公顷随水施人粪尿 30 000～37 500kg。

当种株的种荚大部分进入黄熟期即可收获。应趁早晨露水未干时用镰刀收割，种株不能带根和土，收割后先堆放 2～3d，使种子后熟，然后再晾晒脱粒。种粒禁止在水泥场地上曝晒，以免影响种子发芽率。

（二）半成株采种

半成株采种又叫小母株采种、半结球采种。这种采种方法与成株采种技术环节相似，只是较正常大白菜生产田播期晚 20～30d。由于生长天数少，到小雪前后收获时虽能结球，但不够紧实，多为半包心，收后入窖假植贮藏，翌春移栽到大田繁殖种子。南方地区可露地越冬。

半成株采种，种株为半结球，经济性状不能完全表现出来，只能进行粗略的选择。但较成株采种的种株播种晚，病害少，抗寒、耐贮藏；收获时，发育仍未到老熟阶段，翌春定植后，种株生活力旺盛，产量稳定，种子产量可比成株采种增产 30%～50%；可以密植，降低生产成本。缺点是不能像成株采种那样对经济性状进行严格选择。

（三）小株采种

小株采种又叫小根采种、小秧采种，是采用育苗、栽植，种株不经过结球期，直接进入开花结籽期的一种采种方法。优点是可经济利用土地，种株病害少，生活力强，进入生殖生长阶段，花枝生长旺盛，结荚多，种子饱满，种子产量高，采种量稳定。一般每公顷产种量在 750～1 500kg 之间，高的可达 2 250kg 以上，采种成本低。缺点是由于种株不经过结球阶段，品种特征特性不能充分表现，不能按品种的经济性状进行选择，种性较差，如连续采用这种方式繁种，将引起品种退化，影响产量和品质。因此，此法仅适合繁殖生产用种。根据栽培方法的不同，小株采种又可分为冬季育苗早春定植与小株露地越冬法两种。

1. 冬季育苗早春定植 一般在冬季采用阳畦育苗。翌春，土地解冻后，幼苗长到 6～8 片叶时，采用地膜覆盖定植采种。如华北、西北地区 1 月上、中旬至 2 月上旬育苗，2 月底至 4 月初定植。该方法要在土地封冻前选择背风向阳的地块建好阳畦。为了保证苗粗苗壮，根系发达，播种后的苗床管理是关键。苗床温度管理原则是高温出苗，平温养苗，低温炼苗。播种后，薄膜上的草帘（或麦秸）晴天太阳出来后要及时揭开，下午太阳将要落前盖好；阴天或下雪天也要揭开草帘，可适当晚揭早盖。苗出齐后应及时放风炼苗。当苗长出第 1 片真叶后，中午 11：00 时将阳畦北面的塑料薄膜每隔 5m 开 1 个小口（用砖支起）进行放风炼苗，使中午最高温度保持在 22℃左右，14：00 时再把放风口盖好压实。随苗情变化、温度的升高而增加放风口，根据情况晚上可不再覆盖草帘。定植前 15～20d，白天逐渐揭去薄膜，夜间由晚盖、少盖到完全不盖，以逐渐适应露地气候环境，增强秧苗的耐寒能力。定植前 5～7d 可昼夜不盖薄膜，注意遇到下雨，一定要用塑料薄膜把苗床盖好，以免根系遇水迅速生长，造成定植后大缓苗。定植前苗畦可喷 1 000 倍 40%乐果与百菌清混合液，防治苗床中的蚜虫和霜霉病等病虫害，以防定植后在大田中蔓延。

2. 小株露地越冬 小株在露地越冬，翌年春季返青采种。用这种方法采种，由于根系未受损害，因此，种株翌春发枝较旺，种子产量也较高。为使种株顺利越冬，应在冬前 10 月上中旬左右播种，使种株在越冬前长到 8～12 片叶；同时，为了保证种株安全越冬，越冬前应适时浇冻水。但这种方法受气候条件的限制，在冬季过长、过冷的地区与年份，

易因冻死苗而造成缺苗断垄。所以，在黄河中下游以南冬季不甚寒冷，不会冻死苗的地区应用比较合适。

（四）腋芽扦插采种

1. 插芽切取 于大白菜收获期，选取具有本品种典型性状、健壮无病虫害的优良母株，连根挖起，在室内放置7～10d，促进腋芽生长。于12月下旬或元月上旬，剥去未长出腋芽的外层叶片，将叶球上半部2/3切去，留下半部1/3，然后一切四份，将太小的心叶挖掉，用利刀由外向内切取一个个腋芽，注意切时以腋芽为中心，两边各留1cm宽的中肋，并带0.2～0.3cm长的短缩茎，整个插芽长4～6cm，宽2～3cm，一般1株大白菜可切取20～40个腋芽。伤口部分用70%～75%酒精棉球擦净，再用0.1%的高锰酸钾溶液浸蘸消毒。

2. 扦插基质选择 大白菜腋芽生根发芽所需营养，一开始主要来自大白菜叶片中肋中的贮藏物质，之后需要有一个清洁、通透性、保湿性良好，质地疏松的扦插基质，则可提高扦插芽成活率。通过试验，选用粉煤灰+细沙按1∶1的比例混合作为基质，成本低，扦插成活率高。也可采用蛭石或翻炒后基本炭化的稻壳为基质。

3. 扦插时间 一般以元月上、中旬为好，扦插密度为每芽营养面积6～7cm见方。为促进插芽尽快生根，提高成活率，扦插前将插芽底部用萘乙酸（NAA）2mg/L，或吲哚丁酸（BA）5mg/L+细胞分裂素（KT）15mg/L等生根素处理，处理时注意药液不要沾到腋芽上，以免抑制幼芽生长。

4. 扦插苗管理 扦插后温度保持20～25℃，湿度保持80%～90%。插芽后1周用1 000倍的磷酸二氢钾和1 000倍尿素水溶液喷洒叶帮，叶帮会慢慢转绿。待扦插苗长至3～4片叶子时，大约在2月初，将生根良好的扦插苗分栽到事先准备好的阳畦或温室中，加盖塑料薄膜，分苗密度为每株苗15～18cm见方，分苗后温度保持18～20℃。此期间要密切注意因切口感染而造成的腐烂，可视情况喷一些硫酸铜之类杀菌剂。扦插苗长至7～8片叶子时，一般在2月下旬，逐渐进行10～15d的低温锻炼，到3月上、中旬定植于大田，定植密度以及定植后的管理同成株采种。

大白菜腋芽扦插采种，克服了成株采种的缺点，保留了其优点，在一般条件下，可扩大繁殖系数2～3倍，产种量与小株采种相当。这项技术无论在大白菜良种繁育、品种的提纯复壮和保存以及亲本材料的扩繁等方面均有重要作用。实践证明，腋芽扦插的成活率不同材料之间差异很大，杂种一代比亲本成活率高，有些亲本材料很难成苗，因此，使该项技术应用受到限制。

（五）母株残蔸留种法

早熟大白菜选种季节通常在气温较高的9月中、下旬，留种株成活率较低。为了解决这个难题，余阳俊等（1992）采用母株残蔸留种获得成功，种株成活率达60%～70%。具体做法如下：

1. 切球促腋芽萌发 9月中、下旬于田间选留经济性状好、抗病、结球紧实的植株留种，然后横切叶球（切位以切除顶端生长点为度），促进腋芽萌发。横切叶球时一定要在晴天上午进行，切口先用1 000～2 000倍农用链霉素消毒，稍干后用棉球蘸紫药水涂抹，促进伤口愈合，随即假植于田间。田间灌溉时，水切忌浇到切口上。

2. 适时移栽 当残茬长至5～7cm高时，便可带土移栽于花盆。移栽前清除残茬上的黄叶、病叶，保留2～3个叶帮和2～3个健壮的腋芽，营养土为过筛的田园土和草炭1：1混合。移栽后应保持在20℃左右，缓苗后适量追施复合肥。15～20d，腋芽可长成健壮的幼苗。此时，可清除残存的叶帮，留1～2个芽苗即可，并在花盆中再施些腐熟的有机肥。

3. 自然低温并结合赤霉素处理，促进现蕾抽薹 可将花盆移至温室过道或其他场所，借助10～11月份自然低温（0～10℃）处理约1个月。为促进种株开花，可同时用500mg/L的赤霉素处理生长点，每隔2～3d喷1次，直至现蕾抽薹为止。以后搬回20℃的温室中，促使抽薹开花。

4. 保温防寒，人工授粉 当种株抽薹开花后，应尽量将温室中气温提高至15～20℃，并加强肥水管理，可结合浇水施氮、磷、钾复合肥3～4次。当植株刚进入初花时摘除生长点，促进侧枝萌发，待侧枝伸长后，进行人工剥蕾授粉留种。

此方法主要适合早熟大白菜材料的提纯复壮或亲本选育。

五、良种繁育制度

为了获得高质量的大白菜种子，防止品种退化，同时又降低种子的生产成本，建立合理的良种繁育制度是十分必要的。在目前的生产条件下，大白菜良繁制度如下：

（一）成株一级繁育制

每年秋季从大面积生产田里选择欲繁殖品种主要经济性状表现较好的地块，从中选优或去杂去劣，将中选的种株用于下一年春季的繁种，进行隔离采种，采种圃内收获的种子即供秋季生产田播种之用（图14-4）。这种繁育制度种子成本和纯度较高。

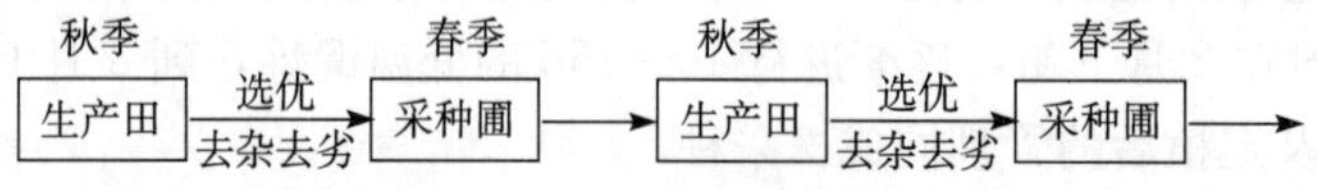

图14-4 成株一级繁育制模式图

（二）成株和小株结合二级繁育制

每年专设一个成株采种培育圃，圃地面积和种植株数较多，以便进行严格的去杂去劣。去杂去劣后的种株用以栽植第二年的成株采种圃，从成株采种圃收获的种子即为原

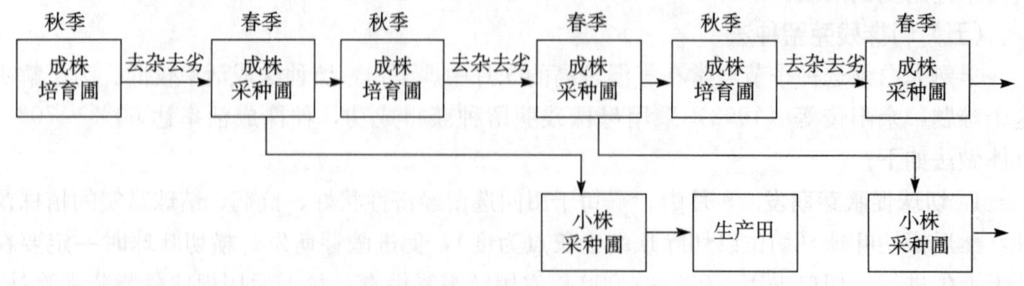

图14-5 成株和小株二级繁育制模式图

种。原种可供成株采种圃播种用，而大部分可作为小株采种的原种，从小株采种圃收获的种子供作生产用种。此繁育制中原种种子用成株法精选留种，经过严格的经济性状选择，确保种性纯正，防止品种退化。生产用种采用小株采种法，因而种子生产成本较低，产量高（图 14－5）。

不论采用哪种良种繁育制度，都应注意结合提纯复壮和秋季品种种性的鉴定工作，每隔几年对原种要进行一次更新，防止因连续多年近亲繁殖而引起种子生活力的衰退。

第二节　杂种一代的制种

大白菜杂种一代优势极为明显，国内外大白菜生产已基本实现杂优化。杂种优势利用的制种技术途径主要有两条：第一条是利用自交不亲和系或高代自交系进行一代杂种的种子生产；第二条是利用雄性不育系生产一代杂种种子。

一、亲本系种子的繁殖

（一）自交不亲和系的繁殖

用自交不亲和系配制的 F_1 品种育成之后，其开发推广，需要进行杂交制种。为此需解决的问题是其自交不亲和系亲本的繁殖。由于自交不亲和系花期系内株间授粉的结实率很低，如何克服自交不亲和性、提高结实率是多年来众多学者关注和研究的课题，并已摸索出多种克服自交不亲和性提高结实率的方法。目前常采用的方法包括蕾期授粉法、盐水喷雾法、提高 CO_2 浓度法等。

1. 蕾期授粉法　有试验证明，柱头的识别物质是在柱头接近成熟时才完全形成。如果在开花前 2d 或更早的时候授粉，柱头允许自体花粉正常萌发，因为此时它还不能识别自体和异体花粉。根据这一特点，育种工作者提出了利用蕾期授粉进行大量繁种的方法。一般可选择在自然隔离条件下或在人工隔离条件下（隔离网棚或塑料大棚加网纱）进行采种。在开花授粉期雨水较少的地区可选择前者，这样可减少设施投入及管理的成本。但在授粉期雨水较多的地区或要同时繁殖多个不同亲本系时，只能选择后者，最好是大棚加网纱，以减少雨水对授粉造成的不利影响。进入开花期后，于开花前 2～3d 将花蕾用镊子小心剥开，露出柱头，授以本系内混合花粉，即可得到大量的种子。这种方法是目前较常用的方法，其优点是容易掌握，对授粉人员稍作培训即可熟练操作，大多数亲本系材料用这种方法都可以获得一定量的种子。缺点是费工，而且个别亲本系用这种方法采种量较低。

蕾期授粉需要注意的技术关键：用镊子剥蕾和授粉，动作要熟练而轻巧，不要损伤柱头；花蕾选择大小要适当，以开花前 2～4d 的花蕾最为适宜，过大或过小都会结籽不良；要有足量的新鲜花粉涂抹到柱头上；若同时繁殖两个以上的自交不亲和系时，需采用网室严格隔离，应由专人负责授粉。授完一个自交不亲和系后，若要继续进行另一个自交不亲和系的授粉时，必须用 70%酒精对手、镊子及其他授粉工具进行花粉灭活，必要时须更换工作服。

2. 盐水喷雾法　试验表明，用盐水（NaCl）处理花粉和柱头都具有抑制胼胝质合成的作用，也就是为花粉管进入柱头消除了障碍。试验证明，用3%～5%的盐水喷雾后可使亲和指数达到6以上。因此，盐水喷雾法也是目前克服自交不亲和性较常用的方法。盐水喷雾法一般要与蜜蜂授粉结合使用。因此，应该在人工隔离条件下进行。一方面可减少雨水对授粉的不良影响，另一方面有利于蜜蜂授粉。进入开花期后，将蜜蜂放入隔离网棚中，一个大棚（300m^2）放入1箱蜂即可，每天上午用3%～5%（不同材料的最适浓度有所不同）的盐水喷雾。喷雾时要求使用雾化较好的喷雾器，以便喷雾均匀，而且重点是花序部分，因为只有雾滴附着在柱头上才能起作用。如果没有蜜蜂、也可进行人工花期辅助授粉，在喷雾30～60min后，雾滴逐渐消失，用沾有花粉的海绵块或毛笔轻轻摩擦已开的花达到辅助授粉的目的。这种方法的优点是简便易行，省工，效益明显。1986年，北京市蔬菜研究中心率先在网棚内用喷盐水结合蜜蜂授粉的方法大量繁殖大白菜自交不亲和系亲本种子，取得了良好效果。但是，须注意以下两点：一是不同的自交不亲和系要先经试验确定适宜的盐水浓度；二是只用于自交不亲和系原种繁殖，自交不亲和系原原种则用人工蕾期授粉获得。

3. 提高CO_2浓度法 据中村和日向（1975）报道，将空气中的CO_2浓度提高到3.6%～5.9%，自交不亲和甘蓝的亲和指数从0.2提高到10，效果显著。但需要在18～26℃和空气湿度50%～70%的密封室内保持5h。这就要求在具有密封条件的大棚或温室中进行，处理后可人工花期辅助授粉或放蜂授粉。目前这种方法在日本等国家应用很广泛，在国内也有应用。其操作程序是：CO_2处理前数小时，先将门窗或风口全部关闭，将CO_2发生器或CO_2气罐打开，释放CO_2至浓度适宜即关闭，对于大白菜来说CO_2浓度达到5%～6%闭棚2h即可，然后打开门窗或风口。这种方法的优点是省工，但有局限性，要求较高的设施和设备条件，且费用较高。

4. 钢刷授粉与电助授粉法 Roggen等（1972）用“钢刷授粉法”和“电助授粉法”来克服抱子甘蓝的自交不亲和性。钢刷授粉法效果与蕾期授粉法相似，但其比较省工，也不像蕾期授粉那样只能利用尚未开花的花蕾，开放的花也可利用。钢刷由直径0.1mm、长4mm的细钢丝制成。授粉时拿此钢刷先在成熟的花药上擦取花粉，然后往柱头上摩擦，轻微擦伤柱头可克服自交不亲和性，促进自交结实。Roggen和Vandijk（1972）报道，抱子甘蓝和皱叶甘蓝的自交不亲和性，可在授粉时于花粉粒和柱头之间应用100V电流的电势差予以克服。其效果取决于作物种类和自交不亲和程度。何启伟和宋元林（1979）将铜丝刷与电助授粉相结合，在结球甘蓝、大白菜、萝卜的自交不亲和系上进行花期授粉，取得了打破自交不亲和性的良好效果。

5. 其他化学药剂处理法 松原（1986）用100mg/L浓度的激动素、胡繁荣（1988）用100mg/L浓度的IBA，于大白菜、萝卜花期喷洒，克服了大白菜、萝卜的自交不亲和性，提高了自交亲和指数。孙万仓等（2004）以100mg/L赤霉素、15%尿素、20%硫酸铵于芸芥花期喷洒，取得了克服自交不亲和的效果。

在大白菜自交不亲和系繁育中，要定期进行亲和指数的测定，注意从自交亲和指数低的亲本材料中选择单株留种作为原原种。原原种繁育过程中，还要注意克服多代自交引起的生活力退化问题。可在田间经济性状鉴定时，选择生活力退化轻的材料。并要做到一次多繁原原种，可供数年繁原种使用，这样可减少繁殖代数，从而防止退化。

原原种一定要做好保存工作。一般经清选、晾晒干燥后的原原种须放在干燥器内，低温干燥保存。每年从中取出部分来繁殖原种。原种繁育要保证足够的数量，最好一次能繁育1～2年所需的种子量，因为有些年份气候等原因会造成原种产量过低而影响制种计划的实现。如果有条件，最好做到繁育一次原种，使用几年。

（二）核基因互作雄性不育系的繁殖

大白菜核基因互作雄性不育系繁殖、制种程序如下：

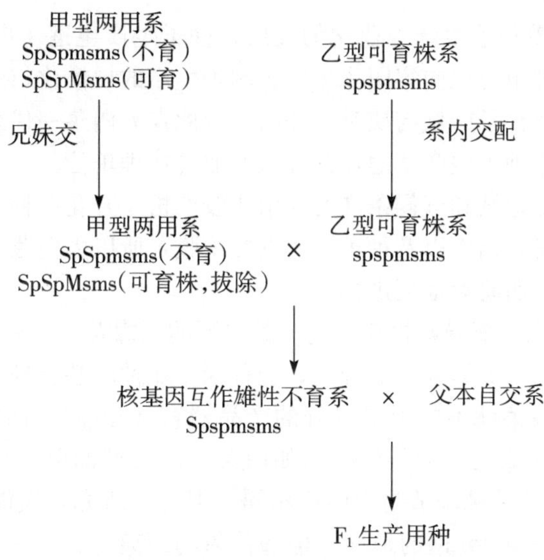

（1）甲型两用系的繁殖　甲型两用系内不育株与可育株各占50%，用可育株给不育株授粉，其子代仍为两用系。两用系的繁殖必须用成株，秋季进行种株的种植与选择，田间管理及贮藏等各个方面均与常规品种相同。春季将种株栽植于隔离区或网罩内，花期进行育性检查，给不育株挂牌标记。甲型两用系不是直接用于配制杂交种，通常所需种子量不大，用人工辅助授粉即可满足需要。当两用系需要种子量大时，则需在隔离区或隔离网罩内用蜜蜂等昆虫授粉，但可育株必须在授粉后期及时拔除，否则将影响两用系的纯度。

（2）乙型可育株系的繁殖　必须用成株繁殖。一般与自交不亲和系的繁殖程序相同，但它通常是自交系，不需要剥蕾授粉。一般所需种子量不大，人工套袋自交授粉即可。

（3）核基因互作雄性不育系的繁殖　一般采用小株纱网隔离采种，或天然隔离采种。在隔离区内按2～4∶1的行比栽植甲型两用系和乙型可育株系。定植时，甲型两用系株距应缩小50%，即密度加倍。于初花期逐株检查甲型两用系行，及时将50%的可育株拔除干净，同时拔除两用系及乙型可育系内弱株、变异株。用纱网隔离法繁殖原种时，必须实行人工授粉或放蜂授粉。终花后应及时将乙型可育株系植株拔除干净，最后从甲型两用系的不育株上收获的种子，就是核基因互作雄性不育系原种。需要注意的是甲型两用系中的可育株的拔除必须及时而且彻底，甲型两用系内可育株在整个繁殖期内不能见到有开放的花朵，否则将影响核基因互作雄性不育系的不育株率及纯度。

（4）父本系的繁殖　父本系的繁殖相对简单，原原种生产用成株，原种生产用小株，选隔离区或隔离网罩人工授粉或昆虫辅助授粉。

细胞质雄性不育系的繁殖见第六章第三、四节相关内容。

环境敏感型雄性不育系的繁殖见第六章第五节相关内容。

二、一代杂种杂交制种技术

(一) 制种田选择

1. 环境条件 随着种子生产专业化的发展，种子生产也逐步向优势地区集中，制种田规模不断扩大，制种单位也向集团化迈进。制种生产的规模化、专业化，便于规范化管理和新技术推广，以及种子产量与质量的提高。因此，大白菜一代杂种的种子生产最好选择技术比较成熟的专业种子生产基地，并寻求专业的代理单位。

大白菜种子生产对地域和气候条件的要求比较严格，开花和种子成熟时期要求晴天少雨，这有利于保证授粉、结实以及种子的成熟和采收，所以大白菜一代杂种的制种一般选择在黄河流域及华北、西北等地区进行。

2. 隔离条件 大白菜属异花授粉作物，是典型的虫媒花，一般花期长达 1 个月左右，在繁种时如果隔离不当，极易发生品种间、变种间、亚种间甚至种间的自然杂交。尤其是发生种间杂交后，大白菜就不能形成良好的产品器官（叶球），而完全丧失其经济价值。十字花科芸薹属的多种蔬菜或油料作物（如白菜、白菜型油菜、薹菜、塌菜、芜菁、芥菜、甘蓝型油菜等），其采种季节与大白菜相同。据有关研究，风能把油菜花粉吹到 40m 以上的高空，并散落到 500m 远的地面；蜜蜂传粉的距离可达 4～5km，特别是在蜜源不足的情况下，可以飞越山岭，穿过江河前去采蜜。一般蜜蜂频繁采蜜的活动范围为 1～1.5km。根据风对花粉吹落的距离、蜜蜂采蜜的频繁活动范围，并考虑到隔离距离过大，给实施制种带来的困难，因而提出了大白菜制种田的安全隔离距离不低于 2 000m 的要求。

3. 水利和土质条件 水分因素对大白菜制种产量和质量的影响都较大。尤其在北方地区，降雨量不多，容易发生干旱，水利条件尤为重要。选择的制种田要避风向阳，排灌便利。制种田对土壤的要求是地势平坦，较肥沃疏松的中性（pH6.5～7.0）土壤。

(二) 播种育苗

在我国北方大白菜杂种一代制种区，大多采用塑料薄膜覆盖的阳畦（又称冷床）育苗，夜间加盖草苫等。此方法所培育的幼苗茁壮，适应性较强，制种产量较高而且稳定，设备及管理简单，被广泛采用。

1. 苗床准备 育苗的阳畦应选在背风向阳处，入冬前做好，并设风障。阳畦北墙高 30～50cm，畦宽 1.5～1.8m，东西向延伸，一般每公顷制种田需 180～270m^2 的育苗阳畦。播前 15～20d 覆盖薄膜烤畦，提高床温，傍晚加盖苫子。临近播种前配好营养土，等待播种。营养土一般是田园土中加腐熟厩肥，再加适量的氮、磷、钾复合肥，充分拌匀而成。一般每 15m^2 阳畦需优质过筛腐熟厩肥 250～300kg，过磷酸钙 1～2kg，尿素 0.5kg，草木灰 2～3kg。做成横径 6～7cm 的营养钵码放在阳畦中，或按 6～7cm 见方划营养块。苗床内切忌使用过量化肥和未腐熟的有机肥，以免熏苗或烧苗。

2. 播期 大白菜杂交制种育苗的苗龄为60～70d，以幼苗长有6～8片叶定植为宜。各地定植适期以10cm地温稳定在5℃以上为宜，由此向前推算60～70d即是播种适期。如山东大部分地区在12月中旬至1月上旬播种，陕西关中、河南西部地区在12月中、下旬播种。有些品种为了保证父、母本花期的一致，需要适当错开父本、母本的播种期。此时，要特别注意选择天气条件，保证父、母本都能顺利按计划播种。播种前首先将苗床浇足底水，待水渗下后，上面撒一层"稳土"，然后划成6～7cm营养块方，之后在每个营养方块中央点播1～3粒饱满种子，播后覆0.5cm左右过筛细土。盖严薄膜，傍晚加盖草苫，白天上午揭开。点播法虽然费工，但出苗后不必间苗，同时，用种量少，出苗整齐，营养面积大，不易徒长，带土坨定植缓苗快，成苗率高。

3. 苗床管理 播种后要尽可能提高苗床温度，促进出苗。白天温度保持20～25℃。傍晚覆盖草帘，白天揭开，并保持薄膜干净，以接受更多阳光。一般经8～10d苗可出齐。当幼苗两子叶展平，心叶露出，通过放风降温持续5～6d进行低温炼苗，防止高脚苗，增加幼苗抗寒能力。低温炼苗后白天晴天床内温度保持在15～20℃，夜间保持8～10℃。阴天比晴天降低3～5℃。三叶期后，放风炼苗，风口由小到大，逐渐增加，夜间温度的掌握以早晨揭草苫时床温2～5℃为宜。在保证幼苗不发生冻害的前提下，草苫要早揭晚盖，以延长光照时间。当幼苗长到4～5片叶时，要根据定植期判断还有多少天可定植，以便通过苗床温度管理和灌水等综合措施来控制幼苗的生长速度。定植前15～20d，夜间不盖草帘，定植前7～10d，撤除薄膜，令秧苗适应露地环境。

定植前对苗床进行严格检查，拔除杂株。定植前3～5d苗床要喷药防治蚜虫和霜霉病等。

（三）定植

1. 定植前的准备 制种地块应尽量避免与十字花科蔬菜连作，一般选择玉米地块安排制种。制种地块确定后，结合整地，除施足农家肥外，特别要注意增施磷肥和钾肥。一般每公顷施厩肥45 000kg，过磷酸钙450～600kg，硫酸钾或磷酸二氢钾150kg，或增施氮磷钾复合肥225～300kg，化肥与农家肥混合施入土壤中做基肥，施肥后深翻耙平。定植时间与制种产量关系密切。一般来说，华北、中原、西北东部地区于2月底至3月上、中旬定植，东北、西北的中西部地区一般于4月上、中旬定植。适期定植很重要，定植过早，幼苗太小，早春温度低，不易成活；定植过晚，花期延后，进入高温季节，则授粉不良，降低产种量。在定植适期内，早定植比晚定植有利。各地在定植适期要注意收听天气预报，抓住寒流刚过的时机定植。这样，当下一个寒流来临时，幼苗已长出新根，抗寒力已较强，不易遭受冻害。

2. 定植 定植时秧苗应尽量多带土坨，少损伤根系。先挖穴、摆苗，最后覆土，再浇水。定植时必须考虑花期相遇问题来决定定植父母本的顺序。定植时覆土深度要与营养土块相平，忌营养土块破碎或定植过深。定植后要立即浇足缓苗水，防止秧苗过度萎蔫，以利缓苗。最好覆盖地膜，可保温保湿，促进根系和植株的生长发育。

合理的定植密度能充分利用地力和光能，协调个体与群体生长发育的关系，有利于提高制种产量。定植密度因品种、土壤、气候等因素而异。不同类型大白菜制种田的适宜密度，应根据品种的分枝习性和生育状况而定，一般可按照种株开展度（株幅）的2/3来确定密度较为合理。即早熟组合以每公顷栽 54 000～60 000 株为宜，中熟组合以每公顷栽 49 500～55 500 株为宜，晚熟组合以每公顷栽 45 000～51 000 株为宜。黏性强、肥沃的土壤应稀植，沙性、瘠薄的土质应适当密植。在气候适宜、生长季节较长的地区，应适当稀植；生长季节较短的地区，应适当密植。

试验结果表明，种株主花序有效荚果数和单荚结籽粒数受定植密度的影响较小，株高、茎粗基本上随密度减小而增大，一级分枝有效荚果数、二级分枝有效荚果数均随定植密度减小而增大，二级分枝有效结荚数受定植密度影响比主枝和一级分枝影响大，随定植密度降低，单荚结籽数、空秕率、千粒重呈上升趋势（表 14 - 1）。稀植主要是增加了通风透光，减少病害的发生，有利于粒大、饱满。所以，制种田密度不宜过大，过度密植不但影响产量，而且影响种子质量。

表 14 - 1 大白菜定植密度与主要经济性状的关系

（赵利民、柯桂兰，1993）

密度（株/hm²）	株高（cm）	茎粗（cm）	主序有效荚果数（个）	一级分枝有效荚果数（个）	二级分枝有效荚果数（个）	单株有效荚果数（个）	折每公顷有效荚果数（万个）	平均单荚结籽数（粒）
90 000	116.4	0.76	38.4	246.1	159.5	444.0	3 996.0	18.2
82 500	117.8	0.81	38.8	266.4	225.7	530.9	4 380.0	18.8
75 000	118.3	0.90	38.2	317.4	366.8	746.9	5 601.8	19.5
67 500	118.9	1.12	39.6	338.8	410.0	821.2	5 543.1	19.6
60 000	119.6	1.25	39.2	343.1	420.6	834.8	5 008.8	19.2
52 500	120.1	1.48	39.8	359.5	454.4	873.9	4 588.0	19.5
45 000	120.6	2.02	40.1	399.7	485.0	950.7	4 278.2	19.7
37 500	121.3	2.05	40.4	407.2	523.1	1 025.7	3 846.4	20.0
30 000	121.8	2.11	39.9	418.1	567.7	1 098.9	3 296.7	20.2
22 500	122.7	2.12	40.5	425.7	616.5	1 164.7	2 620.6	20.2

3. 父母本定植比例

（1）自交不亲和系制种　如果双亲均为自交不亲和系，双亲种株生长势和种子产量基本一致时，父母本可按 1∶1 隔行定植。如果双亲植株大小和花粉量不一致时，花粉量较少的自交不亲和系与花粉量较多的自交不亲和系的定植比例通常为 2∶1。如果父本为自交系，母本为自交不亲和系，父母本的比例可按 1∶2～3 定植，待花期过后拔除父本系。若两亲本花期不一致，可错开播种期或对早抽薹现蕾亲本实行摘心以推迟开花。种子成熟后趁清晨露水未干时进行收获，可以减少种荚的开裂。正反交性状一致的品种可混收，反之则应分开采收。

（2）雄性不育系制种　包括质核互作雄性不育系、显性核基因雄性不育系及细胞质雄性不育系的杂交制种。一般父本与母本（不育系）的行比为 1∶3～5。初花期注意观察不育系中是否混有有花粉株，若有应及早拔除。不育系花期结束后，及时拔除父本，最后从不育株上收获的种子就是杂交种。

（四）田间管理

采用小株采种，田间管理水平要高。管理措施是否合理和及时，对种子产量影响较大。

1. 灌水　浇足缓苗水后，在现蕾前一般不旱不浇水。当种株75%以上抽薹10cm左右时，可开始浇水。此后直到盛花期过后，要及时浇水，使土壤保持湿润状态，切忌干旱。当谢花后，要控制浇水，且雨后要注意排涝。种荚开始变黄后，高温、干燥是促进成熟的理想条件，不要浇水。

2. 施肥　施肥的原则是重施基肥，适当施薹花肥，注意增施磷、钾肥。增施磷肥及钾肥能促进幼苗根系的发育和幼苗的生长，并能提高种子产量。现蕾抽薹时，结合灌水每公顷追尿素150～225kg，肥力较好的地块也可不追肥。开花初期和盛花期可追施1～2次氮、磷、钾复合肥，一般每公顷一次追施225～300kg。还可进行叶面追肥。据赵利民等（1993）试验，苗期、抽薹期、初花期分别喷施0.1%～0.15%的硼酸，可以增加17.53%～19.47%的种子产量，如果将硼肥和1%～1.5%磷酸二氢钾结合喷施效果更好。

3. 中耕、培土、搭架　早春气温较低，为使种株快速生长，应设法提高土壤温度。田间地膜覆盖是提高土壤温度的有效方法。若不进行地膜覆盖，则应及时中耕。在不伤害根系的前提下，中耕应尽量做到“勤、深、细”。

大白菜枝条细弱，种株到生长后期，头重脚轻，如灌水和下雨过后，又遇上刮风，很易倒伏。种株倒伏后，根茎部受到损伤，影响水分、养分的输导，且倒伏的枝荚紧贴地面，种粒会发生霉变或发芽，从而造成大幅度减产。因此，在初花期，种株未封垄时，特别是多风地区，应进行培土或利用竹竿搭架，或立杆拉线圈绑。

（五）病虫害防治

大白菜制种田的病害主要是菌核病、霜霉病等。发病初期，宜及早摘除病叶、黄叶，拔除病株，并及时用农药进行防治。霜霉病等可选用40%乙磷铝300倍液，或25%瑞毒霉800倍液，或72.2%普力克600～1 000倍液，或40%甲霜灵500倍液防治。

虫害主要是蛴螬、蚜虫、小菜蛾、菜青虫、斑潜蝇等。对蛴螬的防治主要是对床土提前过筛，增施的有机肥也要过筛。对未过筛的苗床可在播种前结合灌水施入辛硫磷1 200倍液。蚜虫可选用具触杀、内吸、熏蒸三重作用的农药，如10%吡虫啉2000倍液，或5%抗蚜威2 000～3 000倍液，或50%避蚜雾可湿性粉剂2 000～3 000倍液喷洒，或其他高效低毒的新农药，如一遍净等进行防治。小菜蛾、菜青虫可选用1%阿维菌素类药剂2 000～3 000倍液，或Bt杀虫剂2 000～2 500倍液，或1.8%惠新净乳油1 000～1 500倍液，或0.36%绿植苦参碱水剂500～800倍液，或2.5%菜喜悬浮剂1 500～2 000倍液，或15%杜邦安打悬浮剂3 500～4 500倍液，或5%锐劲特悬浮剂2 500～3 000倍液，或5%抑太保2 000倍液或0.6%灭虫灵1 500倍等进行喷雾防治。斑潜蝇可选用48%乐斯本乳油800～1 000倍液，或25%斑潜净乳油1 500倍液，或1.8%爱福丁乳油1 000倍液，或10%烟碱乳油1 000倍液，或40%绿菜宝乳油1 000倍液进行喷雾防治。虫害要尽量在开花前及早进行严格防治，或花后进行防治，但切不可在盛花期用药，以免伤害蜜蜂等传粉昆虫。

为了避免花期用药，最好的方法是在种株开花前针对上述多种害虫连续喷药3～4次，这个时期对各种害虫防治得越彻底，花期害虫数量就增长得越慢，直到末花期以前，把各种害虫控制在一个不致明显为害的程度上。如果花期必须喷药治虫，可采用避蚜雾等不伤害蜜蜂的农药。也可在17：00～18：00时后，当蜜蜂已回巢再喷施农药。当进入终花期（始花后30d左右），开花授粉结束时，撤走蜂箱，紧接着连续喷药2～3次，及时控制病害、虫害的发生。

（六）采收、脱粒与加工

种子成熟以后，要经过采收、加工等程序，才能成为商品种子进入市场销售。在生产基地进行的采收和加工主要包括收割、脱粒、晾晒和清选以及简易包装等环节。调运到种子销售单位，须根据具体要求进行精加工处理。应在种子采收、加工以及贮运过程中，严格防止机械混杂。

1. 收割 种荚黄熟期应及时收割，不可过早或过晚。收割过早，种子成熟度差，秕粒多，不仅产量低，而且质量差；收割过晚，种荚易开裂散落种子，影响产量。我国北方地区一般在收麦前，即5月下旬至6月上旬进行采收。即使同一地块大白菜种株的成熟度往往也不尽一致，为防止种荚开裂散落种子，最好采取分期收获的办法。对成熟早的个别地块，可提前收割。大白菜种荚容易震裂，采收最好在9：00时前带露水进行，可用快镰或剪子从第一侧枝处把主茎割下码放在铺有塑料布的田间，搬运时连同塑料布包裹上车。切忌连根拔起，以免带起土壤，影响脱粒和种子质量。

2. 脱粒、干燥 可以就地收割、就地作场摊晒脱粒，也可收割后在场内先堆积，再翻晒脱粒。堆积的堆形可因地制宜，但堆积的植株应先稍晾干，堆底要防水防潮。堆积种株最好一层茎梢朝内，一层茎梢朝外，交叉进行堆积。一般堆积时间2～3d。如果堆温过高，堆内出现水滴，就要及时翻晒脱粒，以免霉烂。脱粒不可直接在泥地上进行，以免泥沙混杂。脱粒时避免将种子碾碎。脱粒后的种子在晾晒的过程中要同时进行清选工作。清选过的种子容易晒干，并且干燥得均匀。未晒干的种子不可装袋或大堆存放，以免种子发热影响发芽力。如逢阴雨天气，也必须放置室内风干，并勤加翻动，防止种子发热。天晴后，立即晾晒。有条件的地方最好铺在帆布或编织布上晾晒，如在水泥地上晾晒时不可摊得过薄或堆得过厚，以达到干燥得快，又不伤种胚。

3. 清选 清选是种子加工过程中的关键环节。清除混入种子中的茎叶碎片、泥沙、石砾以及小籽、瘪籽等杂物，以提高种子的净度。清选过的种子应基本达到质量标准要求，从而为简易包装、调运以及精加工等环节做好准备。生产基地一般用带有风机和筛子的简易清选机械进行清选工作。如果种子中混有与种子形状相似的沙粒时，可用螺旋分离机进行清除，效果较好。

4. 简易包装 经过清选干燥的种子在生产基地应加以简易合理的包装，以保证安全贮藏运输。进行包装种子的含水量一般要求在7%以下，基本无杂质，以确保种子在贮藏和运输过程中不会发霉等而降低种子质量。包装容器需具备防潮、清洁、无毒、不易破裂和重量轻等特性。种子发往低温干燥气候地区的，包装条件相对较低，选用一般的编织袋包装即可；而发往南方潮湿温暖地区的，则要求严格，要在编织袋内加一层塑料薄膜，以防止种子吸湿回潮。包装内、外应做好标记或粘贴标签纸，标明品种名称、繁种户代码、

父母本、种子数量等事项。

三、杂交制种增产技术措施

（一）地膜覆盖

早春气温回升慢。在大白菜制种过程中，存在早定植则地温不足，而使得前期生长发育不良，而推迟定植则往往造成幼苗老化、开花授粉期与当地蜜源植物花期相遇，导致蜂源不足，影响授粉，以及结荚期易遇到高温，并常伴有干热风发生，影响籽粒灌浆等问题。

赵利民（1992）和姜善涛（1993）等的研究表明，地膜覆盖与露地相比，其效应主要表现在以下几个方面：①可显著改善土壤温湿度条件。通过地膜覆盖，0～5cm 地温，晴天中午一般比露地地温高 3～8℃，由于地膜的增温作用，特别有利于种株的发根和缓苗，从而提早了种株生育进程，延长了大白菜种株的有效生长期。同时由于地膜的不透气性，能减少土壤水分蒸发，而保持土层湿润，起到保墒作用。一般地膜覆盖栽培定植期可提早 10～15d，种株抽薹期提前 7～10d，始花期和盛花期提前 8d 左右，整个花期可延长 4～6d，可使大白菜种株营养生长与生殖生长协调，前期抽生一、二级分枝增多，使单株有效分枝和总有效角果数增加。由于适当提早定植、提前开花，便于错开与蜜源植物花期相遇，也避免了后期因干热风、高温等不利气候造成的对籽粒灌浆的影响，以及植株早衰和病虫为害。因此，地膜覆盖有利于提高结实率，增加千粒重，提高了产量，保证了质量。②地膜覆盖减少了土壤养分流失和下渗。由于膜内温度相对升高，有利于土壤微生物活动，加速土壤中有机物质分解和转化，速效态氮、磷、钾等养分增加，为开花、结实提供更多的养分。③抑制杂草的生长和大大减少病虫为害。地膜覆盖栽培的主要技术环节包括：

1. 施足基肥　由于覆膜后追肥较困难，所以在整地时一定要施足有机肥，一般每公顷施有机肥 60 000～75 000kg。如果有机肥质量较差或数量不足时，应每公顷增施含有氮、磷、钾的复合肥料 300～450kg。

2. 精细整地　整地和起垄要求平整，垄面细碎，应清除前作的根茬、破碎地膜及其他杂物。垄面不平整会造成覆盖不严，影响覆膜效果。同时，还要注意防治地下害虫为害。如果底墒不足，需先行灌水造墒，使土壤中含有足够的水分，以利大白菜种株幼苗的生长。一般垄高 10～15cm，宽 50～65cm，垄面中间略高，使垄面呈“龟背形”。

3. 提高覆膜质量　盖膜时一定要拉紧、盖平，使地膜与垄面覆贴紧密，膜的四周要用土压严，不易被风吹动。一般应做到整地、施肥、做畦、镇压、喷除草剂、盖地膜等项作业连续进行。如果大面积种植，最好采用覆膜机，使起垄、耕耘、覆膜规范化一次完成。

地膜覆盖的方式有先覆膜后打孔定植或先定植后覆膜等，各制种基地根据当地实际情况灵活选择。先覆膜后打孔定植，即覆膜后按株距要求用刀片划成 8～10cm 的十字口，然后栽苗，并及时用湿土将膜孔口封严；先定植后覆膜有利于快速缓苗，但在缓苗后，应及时划口放苗，使幼苗露出膜外，以免在中午地膜下局部高温使幼苗灼伤。放苗后要注意及时封严膜孔，以保证地膜的保温效果。

（二）打顶

为提高单位面积产量，可在抽薹期对种株主薹打顶（摘心）。具体做法是：当主花茎长至5～6cm高时（从地面算起），把主茎的顶芽摘掉。这样可促进侧枝萌发，增加种株的一、二级分枝数量，提高单株结荚数和结籽数。摘心不仅可以调节花期，而且可以避免主枝因早结荚而早成熟荚易裂的缺点，一般可提高产量10%～15%。

（三）调节花期

制种田双亲花期相遇是制种成功的关键。理想的花期相遇是父、母本的初花期、终花期都一致。在生产中往往需要采取调整播期和摘心等措施来促使父、母本花期的相遇。一般大白菜杂种优势明显的组合其父母本种株生长状况差异较大，双亲的开花期常常不一致。再者，若双亲中有一个亲本系是来自南方的资源或早熟的亲本，这些亲本系往往表现冬性弱，开花早，宜晚播。北方的或晚熟的亲本冬性强，开花迟，宜早播。调整播种期是解决双亲花期相遇的最有效措施之一。在安排大面积制种前，需通过试验掌握父母本最适宜的播种期。而且，双亲播期的调整一定要与制种基地的气候条件相适应。经过播种期的调整，双亲花期一般能相遇。但是，由于年度间气候的差异，双亲花期仍可能出现偏差。可通过下列措施进行调整：

（1）打顶　可以有效促使侧枝萌发，延迟花期，但在具体操作过程中也应灵活掌握，如果双亲花期相差较远，一定要等另一亲本进入抽薹期时再进行，否则达不到应有效果。

（2）控制蹲苗时间　在苗床中发现花期不一致时，可将晚抽薹的亲本先起苗，并延长蹲苗时间，而早抽薹的亲本少蹲苗或不蹲苗。晚抽薹亲本还可通过打老叶加快抽薹。

（3）水肥调控　如果在苗期，对晚抽薹的亲本宜进行中耕后干旱处理，以促进生殖生长，而对另一亲本则可适量灌水并施少量氮肥，以促进营养生长，从而定植后达到调节花期的目的。

（4）苗期遮光　张凤兰等（1996）通过研究表明，大白菜苗期遮光对延迟高温春化型材料有一定作用，2叶1心开始处理（9:30～15:30），每天遮光6h，处理25d，效果最佳。该处理比对照延迟花芽分化7d，延迟现蕾11d，延迟抽薹开花8.4d。在阳畦育苗，如果采用草苫覆盖，也可获得类似效果。

（5）赤霉素（GA_3）处理　赤霉素是开花的一种信号分子，外施赤霉素可以促进中日及日长性植物开花。王薇等（2008）以冬性不同的春大白菜和秋大白菜为试材，经过不同时间（0d、15d、21d）的春化处理和不同浓度的赤霉素（0mg/L、100mg/L、200mg/L、300mg/L、400mg/L）处理，研究了二者对大白菜开花的诱导效应。结果表明，在相同条件下，大白菜的冬性不同，对GA_3处理浓度反应也不同。冬性较弱的大白菜开花明显先于冬性较强的大白菜试材。李梅兰等（2002）和孙日飞等（1999）通过研究，认为赤霉素处理的最佳浓度为300mg/L，无论大苗、小苗经GA_3处理后开花均得到促进，且先促进抽薹，在抽薹的基础上促进开花。

（四）放蜂辅助授粉

大白菜杂交制种种子的质量和产量，除与良好的隔离条件有关外，关键的问题是父母本能否充分授粉杂交，利用蜜蜂授粉可以提高制种种子的纯度和产量。一般保证1 000～

1 200m²制种田配置1箱蜂。

进入制种田的蜂群，须采取关箱“净身”（5d以上）或提前（双亲开花5d以前）介入的方法，以避免蜂群身上携带其他可杂交的十字花科作物的花粉对制种田造成污染。为了使蜜蜂对制种田的大白菜花香建立条件反射，能集中在制种田范围内传粉，可采取诱导的方法，即在初花期采摘少量父母本开放的鲜花，浸泡在1∶1的糖浆中约12h，于早晨工作蜂出巢采蜜前给每群蜂饲喂200～250g。这种浸制的花香糖浆，连续喂2～3次，就能诱导蜜蜂积极地去采集制种田的花粉和蜜源，提高授粉效果。制种田终花时，应及时撤出蜂群。

（五）施用微量元素、生长调节剂

赵利民等（1991、1993）研究了大白菜杂交制种田施用硼肥和喷施叶面肥对大白菜制种的增产效果。试验结果表明，增施硼肥可提高大白菜采种量15.5%～20.03%，施用硼肥的方法和时期的不同，其效果也有一定的差异。叶面喷硼时期在苗期、抽薹期、初花期，3次喷施的增产幅度较高，喷施2次或多次的效果好于喷施1次的效果，喷施浓度以0.5%～1%（硼酸）最好。施用不同的叶面肥，对大白菜种株的生长发育及种株的抗逆性都有明显改善，从而提高大白菜的产种量。李峰等（1996）研究大白菜制种田在苗期、抽薹期、初花期分别喷施0.01%～0.05%的稀土溶液后，可以使种株生长健壮，有利于分枝抽生，提高了大白菜种子产量；满昌伟（1996）在大白菜制种田喷施浓度75～85mg/kg的多效唑，可使植株矮化，叶色变深，叶片变厚，分枝增加，籽粒饱满，秕粒少，千粒重增加0.5～1.5g，产种量增加17%～18.2%；赵大芹等（1996）在大白菜新组合杂1号杂交制种田喷施生长调节剂CT（一种多功能多效用的螯合型植物生长调节剂）等进行试验，试验结果表明，以喷施5%CT＋0.1%硼＋1.0%磷酸二氢钾为好，可比对照增产42.7%。

第三节　种子质量检验

一、种子质量和检验概述

大白菜种子同其他农作物种子一样，种子质量包括品种质量和播种质量两个方面。品种质量是指与遗传特性有关的质量，包括种子真实可靠的程度和品种性状典型一致的程度，可分别用真实性和品种纯度表示。播种质量包括种子的净度、发芽力、水分含量、生活力和千粒重等。

种子检验是指应用科学、先进和可行的方法对种子样品质量进行正确的分析测定，判断其质量优劣，评定其种用价值，是监测和控制种子质量的重要手段。国家颁布的《农作物种子检验规程》由GB/T3543.1～GB/T3543.7七个系列标准构成，其内容可分为扦样、检测和结果报告三部分（图14－6）。种子检验主要对品种的真实性和纯度、种子净度、发芽力、水分以及生活力等进行分析检验，其中真实性和品种纯度鉴定、净度分析、发芽试验、水分测定为必检项目。种子质量检测中真实性和品种纯度鉴定主要在大田进行，也可在室内进行，净度分析、发芽试验和水分测定主要在室内进行。种子检验规程中对品种纯度、净度、发芽率的检测分析中的容许误差有相应的规定，重复试验的差异不能

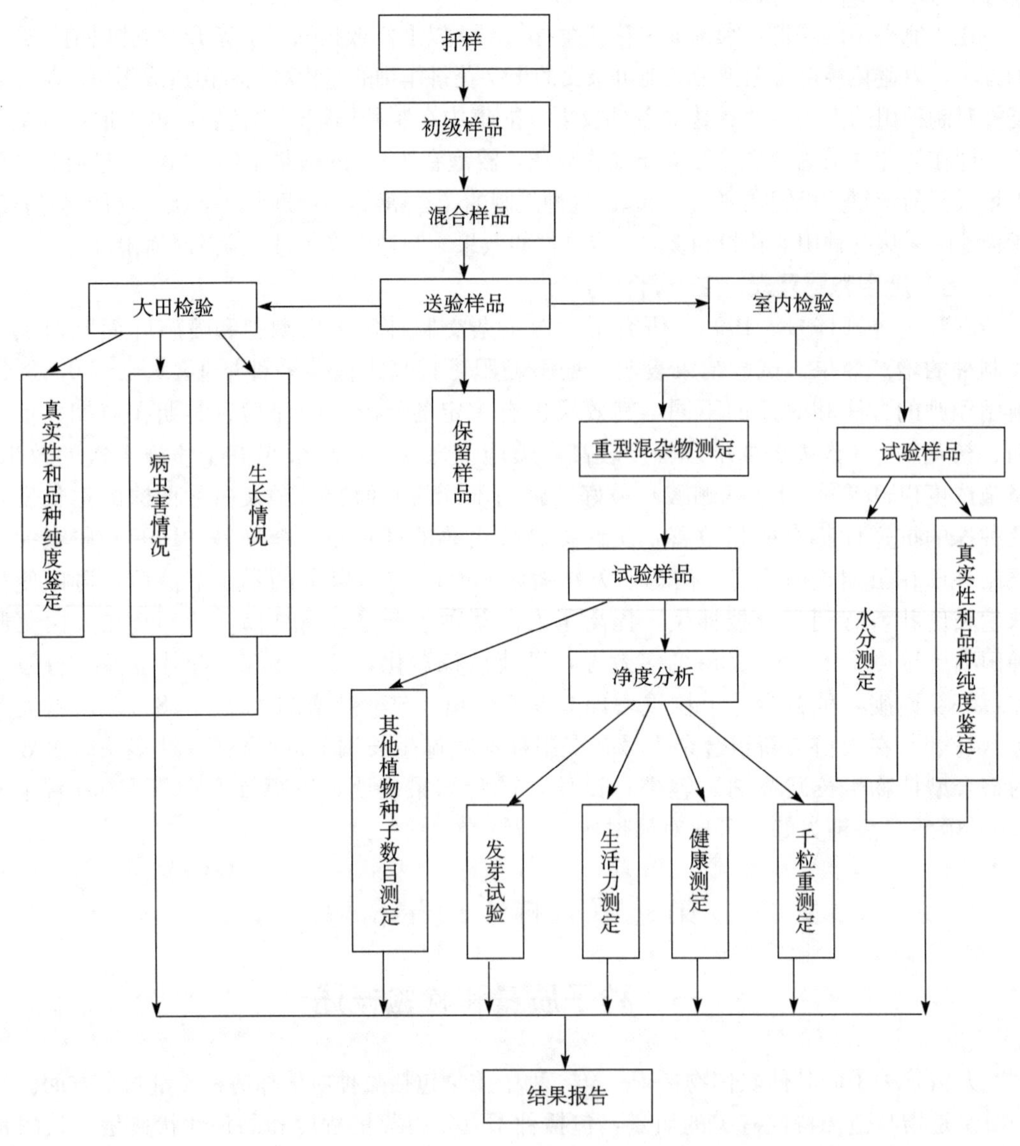

图 14-6　种子检验程序图

超过一定的范围，具体范围随具体标准而定。如果数据结果的差异在允许误差的范围内，则检测数据合格；若超出允许范围，则需要重新检测。允许范围的具体数据可参照《农作物种子检验规程》。

二、种子质量的等级和分级标准

大白菜种子质量分级标准以纯度、净度、发芽率和水分四项指标为依据，其中以品种

纯度为主要定级标准（表 14－2）。种子级别原则上分为亲本、原种和良种，常规种、亲本不分级，杂交种分一级、二级良种。纯度达不到原种指标的降为一级良种，达不到一级良种的，降为二级良种，达不到二级良种的则为不合格种子。净度、发芽率和水分其中一项达不到指标的，则为不合格种子。

表 14－2 大白菜种子质量分级标准（GB 16715.2—1999）

名 称	级别	纯度不低于（%）	净度不低于（%）	发芽率不低于（%）	水分不高于（%）
亲 本	原种	99.9	98.0	75	7.0
	良种	99.0			
杂交种	一级	98.0	98.0	85	7.0
	二级	96.0			
常规种	原种	99.0	98.0	85	7.0
	良种	95.0			

三、扦 样

扦样是指从种子批不同部位随机扦取若干份初级样品，合并而成混合样品，然后分取规定数量的送验样品。扦样是种子检验工作的第一步，是做好种子检验工作的基础和首要环节。种子批，是指同一来源、同一品种、同一年度、同一时期收获及质量基本一致，并在规定数量之内的种子。初级样品是指从种子批的一个扦样点上所扦取的一小部分种子。混合样品是指由种子批内扦取的全部初级样品混合而成的样品。送验样品是指送到种子检验机构检验、达到规定数量的样品。试验样品简称试样，是指在实验室中从送验样品中分出的部分样品，供测定某一检验项目之用的样品。

扦样检验员应向种子经营、生产、使用单位了解该批种子来源、产地、运输、堆装混合、贮藏过程中有关种子质量的情况。一批种子不得超过规定的数量，大白菜种子批的最大数量为 10 000kg，其允许误差为 5%。若超过规定数量时，需分成几批。

首先用扦样器或徒手从种子批取出若干个初级样品。扦样的方法分为袋装扦样法和散装扦样法。根据种子批的数量确定扦样点数。每个点扦取的数量应大体相等，将全部初次样品混合组成为混合样品，再将混合样品用分样器进行分取，当减少到规定数量时，即可作为送验样品。大白菜送验样品的规定数量是 100g。

送验样品必须包装好，收到样品后及时进行检验，避免种子品质发生变化。如果不得不延后时，须将样品保存在干燥凉爽通风良好的室内。在检验室，再从送验样品中分取试验样品，进行各个项目的测定。为了便于复检，送验样品应在适宜条件下保存 1 年。

四、种子质量田间检验

种子能否应用于生产，主要是由种子的遗传特性所决定的。这种遗传特性只有在田间生长时观察识别。种子质量的田间检验指种子在田间小区的种植鉴定，主要对品种真实性和品种纯度进行鉴定，并检验品种与文件记录（如标签等）是否相符，以及品种在特征特性方面典型一致的程度。田间小区种植鉴定法是鉴定品种种性最基本和最有效的方法。

（一）田间检验应注意的问题

1. 事先了解所检验品种的特征特性 品种的特征、特性是鉴别品种纯度的标准，因此负责检验的工作人员要了解品种，尤其要掌握品种的主要特征、特性，才能识别品种。大白菜鉴定的主要特征特性包括：

植株性状：叶丛状态、生长势、植株开展度、植株高度等。

叶片性状：叶片形态、叶色深浅、叶面茸毛多少、褶皱有无及多少、叶缘有无波状及缺刻、中肋（叶柄）颜色、宽度、叶片数。

叶球性状：叶球形状、结球状况、叶球高度、球叶颜色、球叶抱合类型。

2. 栽培条件应满足检验品种特征性状表现 根据品种特性，安排适宜的季节，于地力均匀的田块将检验品种种好，令其充分表现品种特征特性，以保证检验工作正常而准确的进行。

3. 在检验品种特征特性表现期进行检验 检验时期一般分为苗期、商品菜成熟期。实际工作中，应该在两个时期都进行检验。如果不能做到，则可重点抓住大白菜特征特性充分表现的商品菜成熟期进行检验。

（二）田间检验的具体方法和步骤

田间品种纯度鉴定要求单粒播种育苗移栽，或按一定的株行距单粒播种。纯度的鉴定一般要在苗期、莲座期、结球期分别进行。在鉴定中应当注意病虫害造成的弱势株对检验结果的影响。

1. 苗期鉴定 一般在播种后13～17d、两叶一心期，鉴定第1真叶性状。根据第1真叶形状、大小、颜色、蜡粉、光泽、茸毛、叶脉、叶缘等特征逐株进行调查鉴定，与对照样品群体进行比较，初步鉴别出杂株并做好标记、记录，以待后期进一步验证观察。

2. 莲座期鉴定 根据莲座叶叶片的颜色、形状、皱缩程度、植株的生长状态、开展度等特征，与对照样品群体进行比较鉴定，不符合者作详细记录并于田间做好标记，以待结球期作进一步的检验。

3. 结球期鉴定 根据叶色、叶球抱合方式、叶球的形状、高度、大小与对照标准样品进行比较鉴定，特别是对苗期、莲座期作标记的可疑杂株要逐株进行综合鉴定，凡不符合本品种特征特性的植株即为杂株。

4. 分析、评定 将田间各时期检验结果分别记录，进行综合分析、评定，确定品种田间纯度。

品种纯度（%）＝［（供检总株数－杂株数）/供检总株数］×100

五、种子质量室内检验

种子质量室内检验是按照统一规定的检验程序，借助一定的检验设备和仪器，运用科

学方法对种子的外观及内在品质进行鉴定、分析，从而对种子质量给予科学、正确的评价。

(一) 种子净度分析

种子净度是指本品种净种子的质量占样品总质量的百分率。净度分析是测定供检样品不同成分的质量百分率和样品混合物的特性，并据此推测种子批的组成。分析时将试验样品分成净种子、其他植物种子和杂质三种成分。即使是未成熟的、瘦小的、皱缩的种子都应作为净种子。其他植物种子为除净种子以外的任何植物种子，包括杂草种子和异作物种子。杂质是除净种子和其他植物种子外的所有其他物质。

1. 方法　首先将送验样品称量。若在送验样品中有与供检种子在大小或质量上明显不同且严重影响结果的混杂物，如土块、小石块或大粒种子等，应先挑出这些重型混杂物，再将重型混杂物分离为其他植物种子和杂质，分别称量、记录，以便最后换算时应用。然后，从送验样品中用分样器分取规定数量的试样两份或规定数量一半的试样（称半试样）两份。试样需称量，保留三位小数。大白菜净度分析试样最低样品数量为4g。

将试验样品分离成净种子、其他植物种子和杂质3部分。分离试样时可借助镊子、放大镜、分级筛等设备，在不损伤发芽力的基础上进行检查。

2. 结果计算　试样分析结束后分别将每份试样的各分离成分称量，将各成分质量的总和与原试样质量进行比较，核对质量有无增减。精确度为0.01%。种子净度计算方法如下：

种子净度（%）＝（试验样品重量－其他种子重量－杂质）/试验样品重量×100

若两份试样的检验结果差异在误差允许范围内，其平均值则为结果，净度平均值要求保留两位小数。如果两份试样的检验结果差异超出允许误差，表明可能有差错，必须重新分析，直到获得两份结果在允许误差范围内为止。种子净度检验中两份试样分析结果允许误差详见表14-3所示。

表14-3　种子净度分析结果允许误差

种子净度分析结果平均（%）	允许误差（%）
99.50～99.54	0.54
99.00～99.09	0.75
98.75～98.99	0.81
98.50～98.74	0.89
98.00～98.24	1.04
97.75～97.99	1.09
97.50～97.74	1.15
97.00～97.24	1.26
96.50～96.99	1.33
96.00～96.94	1.41
95.50～95.99	1.50
95.00～95.49	1.57

（二）种子发芽力测定

发芽力是指在一定的时间、条件下，能够正常发芽的种子数与被检种子总数的比例，通常用发芽势和发芽率表示。发芽势是指规定日期内（大白菜一般为 3d）正常发芽种子数占供试种子数的百分率。种子发芽势高，表示种子生活力强，发芽整齐。发芽率是指在发芽试验期内（大白菜一般为 5d）正常发芽的种子数占供试种子数的百分率。

发芽试验通常是在实验室条件下进行的。实验室可控制适宜的标准化条件，使种子正常发芽，结果准确可靠。

1. 方法 发芽试验需利用发芽箱、发芽床以及发芽容器等设备，以满足种子发芽的各种条件，保证测得准确的发芽力。发芽箱可控制光照和温度。大白菜种子的发芽床一般采用纸床，主要有专用发芽纸、滤纸等。发芽容器包括培养皿或发芽盒等。

从充分混合的净种子中随机数取 400 粒，以 100 粒为一次重复。在培养皿或发芽盒内放上一层或多层发芽纸，将其湿润，再将种子放入。要求将种子试样均匀分布在发芽床上，每粒种子都良好接触水分，每粒种子之间留有一定的空间，使发芽一致。在发芽容器的侧面贴上标签或内侧放上标签，注明发芽起始日期、样品编号、品种名称以及重复次数等，然后盖好容器盖子。发芽期间发芽床始终保持湿润，并应使种子有足够的氧气。发芽试验的温度采用 15～25℃变温或 20℃恒温。一般在 8h 光照条件下发芽，光照有利于抑制发芽过程中霉菌的生长繁殖，并有利于正常幼苗鉴定，区分黄化或白化的不正常幼苗。如在变温条件下发芽，光照应在高温时段进行。

发芽势计数天数为 3d，发芽率计数天数 5d。若在规定时间结束前，样品已达到最高发芽率，试验可提前结束。试验中绝大部分种子发芽后子叶从种皮中伸出时，按规定标准对发芽的种子进行鉴定。初次计数时，把发育良好的正常幼苗从发芽床中取出，对可疑、损伤、畸形的幼苗，通常留到末次计数。严重腐烂的幼苗或发霉的种子应从发芽床中除去，并随时增加计数。末次计数时，按正常幼苗、不正常幼苗、不发芽种子分类计数和记录。

2. 结果计算 种子发芽势和发芽率的计算方法：

种子发芽势（％）＝［发芽初期（3d）正常发芽粒数/供检种子粒数］×100

种子发芽率（％）＝［发芽期（5d）正常发芽粒数/供检种子粒数］×100

发芽势和发芽率以 4 次重复的平均值为试验结果，以百分率表示。各次检测值与平均值之间允许有一定误差（表 14－4）。填报发芽试验结果时，须填报正常幼苗、不正常幼苗以及硬实、新鲜不发芽种子和死种子的百分率，同时填报采用的发芽床及温度、试验持续时间等。

表 14－4 发芽率测定结果允许误差

平均发芽率（％）	允许误差（％）
95 以上	±2
91～95	±3
81～90	±4
71～80	±5
61～70	±6
51～60	±7

（三）种子真实性和品种纯度的室内鉴定

种子真实性是指供检品种与文件记录（如标签等）是否相符，即是否名符其实。如果品种真实性有问题，品种纯度检验就毫无意义。品种纯度是指品种内个体与个体之间在特征特性方面典型一致的程度，用本品种的种子数（或株数）占供检样品种子数（或株数）的百分率表示。应先进行种子真实性鉴定，肯定品种真实无误后，再进行品种纯度鉴定。现介绍室内品种真实性和品种纯度的检验方法。

1. 幼苗鉴定法　品种真实性和品种纯度的室内鉴定方法有种子鉴定法（包括种子形态鉴定法、种子染色法、电泳法及分子标记法）、幼苗鉴定法等。目前常用的是后者。田间小区种植鉴定法前面已介绍过，这里简单介绍一下幼苗鉴定法。

幼苗鉴定是指在幼苗达到适宜评价的发育阶段时，对全部或部分幼苗进行鉴定。一般根据子叶与第1片真叶的形态特征进行鉴定。该法常用于从幼苗特征易于鉴别出该品种纯度的鉴定。

随机取400粒种子，4次重复，每个重复100粒。将种子播于水分适宜的沙盘内，粒距1cm，于20～25℃培养，出苗后置于有充足阳光的室内培养。发芽7d后鉴定子叶性状，10～12d鉴定真叶未展开时性状，15～20d鉴定第一真叶性状。在子叶期根据子叶的大小、形状、颜色、厚度、光泽等性状鉴别，第一真叶期根据第一真叶的形状、大小、颜色、光泽、茸毛多少、长短、叶脉宽窄及色泽、叶缘特征等进行鉴别。

若4次重复的结果差异在允许误差范围内，平均值即为该品种种子的纯度，用百分率表示。

2. 蛋白质电泳鉴定法

（1）原理　蛋白质电泳鉴定法是利用电泳技术，对受检种子或幼苗的蛋白质进行分离、染色，形成蛋白质电泳谱带，并通过电泳谱带的观察分析鉴定大白菜品种（品系）的纯度。

大白菜不同品种（品系）的DNA组成不同，基因也不同，基因的直接表达产物——蛋白质在种类、数量、大小以及结构方面亦不同。该方法的基本原理是利用聚丙烯酰胺凝胶电泳（PAGE）技术把不同大白菜品种（品系）子粒内的蛋白质组分的差异区别开，通过对电泳谱带的观察分析比较，从而对品种真实性和纯度进行鉴定。

（2）鉴定程序

大白菜种子（幼苗）蛋白质的提取→电泳体系优化→试样多态性分析→试样纯度分析→得出结论。

（3）方法

①配制贮备液。电泳鉴定前要按PAGE电泳技术要求配制样品提取液，电泳贮备及染色液。

②制胶。取出分离胶和浓缩贮备液在电泳槽中制成凝胶。

③样品制备及点样。将500粒大白菜种子样品粉碎，用样品蛋白质提取一定的上清液，在凝胶样品槽中点样。

④电泳。连接电泳仪和电泳槽，打开电源，电泳40～50min，指示剂到达胶底停止电泳，卸下凝胶板。

⑤染色。将凝胶板放入染色液中，染色 0.5～1.0h。

⑥观察。取出凝胶板，放置在白瓷板上，同已知标准的样品比较，鉴定分析样品的品种真实性和纯度。

3. RAPD 技术鉴定法

(1) 原理　由于被鉴定的形态特征数目有限，且易受环境条件影响，对大白菜真实性的鉴定，仅靠形态学鉴定仍不太可靠，而且鉴定的周期较长。而应用同工酶电泳技术鉴定种子的纯度虽然能获得可靠的效果，但由于同工酶是基因表达的产物，在一定的程度上亦受到环境的影响，且因所能提供的标记数目有限，难以区分亲缘关系很近的大白菜品系间差异，尤其在遗传基础日趋狭窄的状况下，该方法也有其局限性。

由于 RAPD 所用的各种引物 DNA 序列各不相同，且任何一特定引物与被测基因组 DNA 序列都各有其特定的结合点。同时由于不同引物在 DNA 模板上互补位置及数目不同，扩增 DNA 片段长短及数量就会不同。而同一引物对不同的大白菜品系，也会由于引物的结合点位数和数目的不同，产生不同的 DNA 片段，显示出 DNA 的多态性。这种多态性提供的分子生物信息，可作为基因鉴定的客观标记。

(2) 鉴定程序

种子或萌芽种子→DNA 提取→特异引物筛选→RAPD 检测→得出结论。

(3) 方法　孟祥栋等（1998）应用 RAPD 分子标记分析了 6 个大白菜亲本及 4 个杂交种。宋顺华等（2000）应用 RAPD 分子标记鉴定大白菜杂交种的纯度，发现 50 个随机引物中有 3 个引物能清楚地区分杂交种及其双亲。他们的试验结果显示了 RAPD 标记在大白菜杂交种及亲本纯度检测上的实际用途。其方法简介如下：

①鉴定种子准备。准备待检测纯度的大白菜种子和严格隔离采收（套袋自交）的纯合亲本系种子若干份。以上种子均播种在发芽盒中，放在 25℃恒温下培养 5d，取种苗提取 DNA。

②DNA 提取。采用 CTAB 法提取 DNA。

③RAPD 反应体系。扩增反应总体积为 20μL，其中 $MgCl_2$ 的终浓度为 2.5mmol/L、dNTP 为 0.2mmol/L，引物为 0.4μmol/L，模板 DNA 为 20ng。

④RAPD 扩增程序。扩增反应在 PCR 扩增仪上进行，DNA 扩增程序为 94℃变性 1min，36℃退火 10s，72℃延伸 20s，2 个循环；94℃变性 10s，36℃退火 15s，72℃延伸 70s，38 个循环，再在 72℃下保持 4min。

⑤电泳分析。RAPD 扩增产物用 1.2%的琼脂糖凝胶电泳分析，以 λDNA-EcoRI/HindⅢ分子量标准片段作对照，计算各扩增片段的大小。凝胶用溴化乙啶染色，用凝胶成像仪分析电泳结果，并照相。

（四）种子水分测定

种子水分即种子含水量，是指按规定程序将种子样品烘干所失去的质量占供检验样品原始质量的百分率。水分对种子生活力的影响较大，种子水分的测定可为种子安全贮藏、运输等提供依据。

1. 方法　目前最常用的种子水分测定法是烘干减重法（包括烘箱法、红外线烘干法等）和电子水分速测法（包括电阻式、电容式和微波式水分速测仪）。一般正式报告需采

用烘箱标准法进行种子水分测定。在生产基地的种子采收等过程中，则可采用电子水分仪速测法测定。

大白菜种子水分测定一般采用烘干减重法中的低恒温烘箱法。先将样品盒预先烘干、冷却、称量，并记下盒号。取2个重复的独立试验样品，每份4.5～5.0g，将试样放入预先烘干和称量过的样品盒内，试验样品在样品盒的分布为不超过0.3g/cm²，再称量（精确至0.001g）。烘箱通电预热至110～115℃，将样品摊平放入烘箱内上层，样品盒距温度计的水银球约2.5cm，迅速关闭烘箱门，使箱温在5～10min内回落至（103±2）℃时开始计算时间，烘8h。盖好盒盖（在箱内加盖），取出后放入干燥器内冷却至室温，30～45min后再称量。

2. 结果计算　两次测定结果的误差若不超过0.2%，用其平均数表示结果。否则，需重做测定。根据烘后失去的重量计算种子水分百分率，结果精确至0.1%。

$$种子含水量（\%）=[(M_2-M_3)/(M_2-M_1)]\times 100$$

式中：M_1：样品盒及盖的重量（g）；

M_2：样品盒及盖和样品烘前重量（g）；

M_3：样品盒及盖和样品烘后重量（g）。

主要参考文献

曹家树，申书兴．2001. 园艺植物育种学．北京：中国农业大学出版社．

陈述恩．1989. 不同栽植密度及整枝方式对青杂大白菜产种量的影响［J］．中国蔬菜（1）：7-9.

陈玉卿．1983. 芸薹属六个种自交、品种内互交和种间杂交亲和力初步观察［J］．中国油料（3）：1-6.

冯午．1955. 芸薹属植物的种间杂交．植物学报 4（1）：63-70.

何启伟．1993. 十字花科蔬菜优势育种．北京：农业出版社．

姜善涛．1993. 地膜覆盖对大白菜制种产量的影响．中国蔬菜（5）：33-36.

柯桂兰，赵稚雅，宋胭脂，等．1992. 大白菜异源胞质雄性不育系 CMS3411-7 的选育及应用．园艺学报 19（4）：333-340.

李峰，丁法学，窦玲．1996. 稀土在大白菜制种生产上的应用．中国蔬菜（4）：25-26.

李峰，丁法学，高鹏，等．1996. 稀土在大白菜制种生产上的应用研究．山东农业大学学报 27（1）：102-104.

李家文．1984. 中国的白菜．北京：农业出版社．

李梅兰，曾广文，朱祝军．2002. 5-氮胞苷和赤霉素（GA_3）对白菜开花的影响．上海交通大学学报：农业科学版 20（2）：125-138.

刘世雄，娄青，崔文荣．1989. 大白菜与7种芸薹属植物种间杂交亲和力的研究．河北农业大学学报 12（1）：34-38.

刘忠松．1994. 油菜远缘杂交的遗传育种研究——Ⅱ．甘蓝型油菜与芸薹属植物远缘杂交亲和性．作物研究 8（3）：27-30.

钮心恪，吴飞燕，钟惠宏，等．1980. 大白菜雄性不育两用系的选育与利用．园艺学报 7（1）：25-27.

宋顺华，郑晓鹰．2000. 利用 RAPD 标记鉴定大白菜杂交种纯度的研究．华北农学报 15（4）：35-39.

苏学军，杨衔美，张焕家．1998. 大白菜小拱棚育苗杂交制种技术．中国蔬菜（5）：44.

孙日飞，张淑江，施家钢，等．1999. 春化和赤霉素对大白菜开花的影响．中国蔬菜（3）：14-17.

孙守如，李建吾，王卫东，等．1996. 打顶对大白菜种株产量及产量构成因素的影响．河南职技师院学报 24 (3)：8 - 11.

谭其猛 . 1982. 蔬菜杂种优势的利用 . 上海：上海科学技术出版社 .

陶国华，徐家炳 . 1993. 蔬菜现代采种技术 . 上海：上海科学技术出版社 .

王国槐，官春云，陈社员 . 2000. 油菜雄性不育系与十字花科蔬菜远缘杂交亲和性研究 . 湖南农业大学学报 26 (5)：337 - 339.

王薇，夏广清，姚方杰 . 2008. 春化和赤霉素处理对大白菜开花的诱导效应 . 吉林农业大学学报 30 (1)：24 - 27.

徐家炳 . 1995. “金帮一号植物健生素”对大白菜采种的增产和早熟作用 . 蔬菜 (2)：25.

颜启传 . 2001. 种子学 . 北京：中国农业出版社 .

杨华崇，曾礼，孙相鹏，等 . 1989. 大白菜地膜高产制种技术 . 山东农业科学 (6)：34 - 35.

余阳俊，陈广 . 1994. 早熟大白菜母株留种法 . 中国蔬菜 (5)：15 - 18.

张焕家，洪榴丹 . 1990. 山东大白菜杂交育种及栽培 . 北京：科学技术文献出版社 .

张书芳，宋北华，赵雪云 . 1990. 大白菜细胞核基因互作雄性不育系选育及应用模式 . 园艺学报 17 (2)：117～125.

赵利民，柯桂兰 . 1992. 大白菜采种地膜覆盖栽培试验简报 . 陕西农业科学 (3)：24 - 26.

赵利民，柯桂兰 . 1998. 定植密度对大白菜产种量的影响 . 陕西农业科学 (1)：20 - 21.

周长久 . 1996. 现代蔬菜育种学 . 北京：科学技术文献出版社 .

朱彦辉 . 1997. 早春大白菜小株采种地膜覆盖效应试验 . 河北农业科学 (4)：37 - 38.

Meng XD，Ma H，Zhang WH，Wang DS. 1998. A fast procedure for genetic purity determination of head Chinese cabbage hybrid seed based on RAPD markers，Seed Sci & Technol (26)：829 -833.

（赵利民　柯桂兰　徐家炳　胡启赞）

附录1：我国大白菜历年获省部级二等以上科技成果奖

一、国家级科技成果奖

成果名称	完成单位	主要完成人	授奖年月	授奖种类及级别	授奖部门
大白菜自交不亲和系选育及一代杂种优势利用	青岛市农业科学院	刘绍渚 李吉奎	1978年	全国科学大会奖	国家科委
大白菜核基因互作雄性不育系选育及利用	沈阳市农业科学院	张书芳 宋兆华 赵雪云	1993年	发明二等奖	中华人民共和国科学技术委员会
大白菜异源胞质雄性不育系选育及应用	陕西省农业科学院蔬菜研究所	柯桂兰 赵稚雅 宋胭脂 张鲁刚 赵利民 刘焕然 李省印 程永安	1996年12月	发明三等奖	中华人民共和国科学技术委员会
中国芜菁花叶病毒株系划分及大白菜抗源筛选与利用	黑龙江省农业科学院园艺研究所 北京市农林科学院蔬菜研究中心 河北省蔬菜研究所等	刘元凯 刘栩平 路文长 徐家炳 刘志荣 等	1992年11月	科技进步二等奖	中华人民共和国科学技术委员会
大白菜北京小杂56号等系列配套品种的选育与推广	北京市农林科学院蔬菜研究中心	徐家炳 陈 广 孙继志 张凤兰 余阳俊 等	1997年12月	科技进步二等奖	中华人民共和国科学技术委员会
优质、多抗、丰产秦白系列大白菜品种的选育及推广	西北农林科技大学	柯桂兰 宋胭脂 赵利民 张鲁刚 赵稚雅 刘焕然 李省印 惠麦侠 程永安 张明科	2004年1月	科学技术进步二等奖	中华人民共和国国务院
大白菜不同类型亲本系及杂种一代的选育与推广	莱州市农业科学院蔬菜种苗研究所 山东省农业科学院蔬菜研究所	何启伟 王均邦 邓永林 王翠花 文广轩 王焕亭 尹爱民 等	2004年12月	科学技术进步二等奖	中华人民共和国国务院
大白菜游离小孢子培养技术体系的创建及其应用	河南省农业科学院生物技术研究所 河南省农业科学院园艺研究所	张晓伟 蒋武生 耿建峰 原玉香 栗根义 韩永平 荆艳彩 申泓彦 高睦枪 杨志辉	2007年1月	科学技术进步二等奖	中华人民共和国国务院

（续）

成果名称	完成单位	主要完成人	授奖年月	授奖种类及级别	授奖部门
山东、北京、青岛大白菜早、中、晚熟配套的一代杂种选育与推广	山东省农业科学院蔬菜研究所 北京市农林科学院蔬菜研究中心 青岛市农业科学院	张焕家 洪榴丹 陶国华 徐家炳 陈 广 刘绍渚 李吉奎	1985 年	科技进步三等奖	中华人民共和国科学技术委员会
早熟大白菜“早熟 5 号”的选育和推广应用	浙江省农业科学院	韦顺恋	1995 年 12 月	科技进步三等奖	中华人民共和国科学技术委员会
大白菜系列品种的繁育与推广	山东省农业科学院蔬菜研究所	张焕家 洪榴丹 扬衔美 王翠花 李有志 等	1995 年 12 月	科学技术进步三等奖	中华人民共和国科学技术委员会
大白菜品种资源研究与中白系列大白菜新品种的选育	中国农业科学院蔬菜花卉研究所	王景义 杨丽薇 刘 坤 吕丽萍 王文龙	1997 年	科技进步奖三等	中华人民共和国科学技术委员会

二、省、部级科技成果奖

成果名称	完成单位	主要完成人	授奖年月	授奖种类及级别	授奖部门
育成晋菜 2 号大白菜一代杂交种	山西省农业科学院蔬菜研究所	周祥麟 刘翠凤 逯保德	1986 年	科技进步一等奖	山西省科学技术厅
大白菜新品种选育——津青 9 号	天津市蔬菜研究所	丘玉秀 宋连久 张宝珍 张光源 覃圣雷	1989 年	科技进步一等奖	天津市人民政府
大白菜配套品种的选育北京小杂 56 号、北京小杂 65 号、北京新 1 号	北京市农林科学院蔬菜研究中心	徐家炳 陈 广 陶国华 张凤兰等	1990 年 3 月	科技进步一等奖	北京市人民政府
芸薹属蔬菜作物游离小孢子培养技术及其育种应用研究	北京市农林科学院蔬菜研究中心	曹鸣庆 刘 凡 李 岩 徐家炳 张凤兰等	1996 年 3 月	科技进步一等奖	北京市人民政府
组培繁育大白菜亲本制种技术	北京市海淀区植物组织培养技术实验室 中国农业科学院蔬菜花卉研究所	钮心恪 李春玲 宋宝琳 孙日飞 李晓欧 叶保君 蒋钟仁 张晓伟 刘卫红 吴飞燕	1996 年 3 月	科技进步一等奖	北京市人民政府
大白菜游离小孢子培养及应用	河南省农业科学院园艺研究所	栗根义 高睦枪 杨建平 徐小利 赵秀山 张小鸣 史宣杰	1996 年 11 月	科技进步奖一等	河南省科技进步奖评审委员会
豫白菜六号大白菜新品种的选育及应用研究	郑州市蔬菜研究所	刘卫红 宋宝琳 刘宗立 张晓伟	1997 年 11 月	科技进步一等奖	河南省科学技术厅

（续）

成果名称	完成单位	主要完成人	授奖年月	授奖种类及级别	授奖部门
津白津绿系列大白菜新品种选育	天津市蔬菜研究所	丘玉秀 张　斌 宋连久 王玉龙 闻凤英	1998 年	科技进步一等奖	天津市人民政府
大白菜自交不亲和系石特 79-3 和京 90-1 的选育与利用	莱州市农业科学院蔬菜种苗研究所 山东省农业科学院蔬菜研究所	何启伟 王均邦 邓永林 王翠花 文广轩 王焕亭 尹爱民等	2003 年 12 月	科技进步一等奖	山东省科技进步奖励委员会
晋白菜 3 号、4 号新品种及配套栽培技术推广	山西省农业科学院蔬菜研究所	闫永康 赵　俊 逯保德 吴聚红 侯　岗 侯志钢 葛兆新 许孝堂 董晓飞 亢　立	2004 年 1 月	科技进步一等奖	山西省科学技术厅
早熟叠抱白菜品种"豫白菜 8 号"的选育及应用	郑州市蔬菜研究所	刘卫红 文广轩 曾维银 路翠玲	2005 年 9 月	科技成果一等奖	河南省科学技术厅
大白菜早、中、晚熟配套品种的推广	北京市种子公司 北京市农林科学院蔬菜研究中心	郑宝玲 李　季 徐家炳 陈　广	1992 年 1 月	技术推广一等奖	北京市人民政府
秋绿津白系列大白菜新品种推广	天津市蔬菜研究所	闻凤英 王玉龙 刘晓晖 宋连久 赵　冰 丘玉秀 徐晨英	1998 年	科技进步（推广）一等奖	天津市人民政府
秦白系列大白菜品种推广	陕西省蔬菜花卉研究所	柯桂兰 赵利民 赵稚雅 刘焕然 张鲁刚 宋胭脂 惠麦霞 程永安 李省印 张明科 肖永贤	1998 年	农业技术推广一等奖	陕西省人民政府
大白菜杂种一代新组合北京 4 号、97 号、211 号	北京市农科院蔬菜研究所	陶国华 徐家炳	1980 年 1 月	科技成果二等奖	北京市科学技术委员会
津青 34 号大白菜	天津市蔬菜研究所	王远欧 丘玉秀 宋连久	1980 年	优秀科技进步二等奖	天津市人民政府
津青 12 号大白菜	天津市蔬菜研究所	王远欧 丘玉秀 宋连久	1980 年	优秀科技进步二等奖	天津市人民政府
大白菜新品种——城青 2 号	浙江省农业科学院	韦顺恋	1980 年 5 月	科学技术成果二等奖	浙江省人民政府
大白菜自交不亲和系冠 291	山东省农业科学院蔬菜研究所	张焕家 洪榴丹	1983 年 12 月	科学技术进步二等奖	山东省人民政府
大白菜新品种北京 100 号	北京市农科院蔬菜研究所	陶国华 徐家炳 陈　广 李银安	1984 年 3 月	科技成果二等奖	北京市科学技术委员会

（续）

成果名称	完成单位	主要完成人	授奖年月	授奖种类及级别	授奖部门
大白菜杂种优势利用	北京市农科院蔬菜研究所	陶国华 徐家炳	1983年	技术改进二等奖	农牧渔业部
育成晋菜三号大白菜	山西省农业科学院蔬菜研究所	周祥麟 刘翠凤 逯保德	1985年	科技进步二等奖	山西省科学技术厅
育成太原55天大白菜早熟品种	山西省农业科学院蔬菜研究所	周祥麟 刘翠凤 逯保德	1986年	科技进步二等奖	山西省科学技术厅
中国芜菁花叶病毒株系划分及大白菜抗源	黑龙江省农业科学院园艺所 山东省农业科学院蔬菜研究所 陕西省农业科学院蔬菜研究所 河北省农业科学院蔬菜研究所 沈阳农业大学 西南农业大学 中国农业科学院蔬菜花卉研究所 广东省农业科学院植保所 北京市农林科学院蔬菜研究中心 南京农业大学 东北农学院	刘元凯 刘志荣 柯桂兰 徐家炳等	1990年8月	科技进步二等奖	中华人民共和国农业部
育成太原二青大白菜一代杂交种并在全国大面积推广	山西省农业科学院蔬菜研究所	周祥麟 刘翠凤 逯保德	1991年	科技进步二等奖	山西省科学技术厅
早熟结球白菜新品种——鲁白6号及推广应用	山东省农业科学院蔬菜研究所	张焕家 洪榴丹 扬衔美 李有志 王翠花 王洪久	1991年12月	科学技术进步二等奖	山东省人民政府
大白菜黑斑病种群组成及人工接种鉴定技术研究	陕西省蔬菜花卉研究所	柯桂兰 刘焕然 宋胭脂 张鲁刚 赵利民 李经略	1993年	科学技术进步二等奖	陕西省人民政府
大白菜品种资源研究与中白系列新品种的育成	中国农业科学院蔬菜花卉研究所	王景义 杨丽薇 刘坤 吕丽萍 王文龙 张致平 李树江 张君明 刘照 李君海 柳淑惠 胡建平 吕文启 尹宝乐	1996年8月	科技进步奖二等奖	中华人民共和国农业部
大白菜新品种中熟四号选育	福州市蔬菜科学研究所	陈文辉 方淑桂 王志雄	1996年	科学技术进步二等奖	福建省人民政府

（续）

成果名称	完成单位	主要完成人	授奖年月	授奖种类及级别	授奖部门
夏秋早熟品种豫白菜五号的选育与推广	河南省新乡市农业科学研究所	原连庄 卞高中 李景生等	1999年	科学技术进步二等奖	河南省人民政府
细胞工程育成大白菜新品种豫白菜7号、11号	河南省农业科学院园艺研究所	高睦枪 张晓伟 栗根义 蒋武生 耿建峰 康世云 王文献 周书生 陈建芳 陈晓	1999年10月	科技进步奖二等	河南省科技进步奖评审委员会
大白菜新品种选育及周年供应技术研究	莱州市农业科学院蔬菜种苗研究所	王均邦 邓永林 王焕亭 尹爱民 吴明慧	2001年8月	科技进步二等奖	山东省人民政府
白菜抗芜菁花叶病毒基因工程	北京市农林科学院蔬菜研究中心	曹鸣庆 刘凡 姚磊 李岩 徐家炳等	2001年12月	科技进步二等奖	北京市人民政府
反季节夏播大白菜新品种豫早1号、豫园50的选育及应用	河南省农业科学院生物技术研究所	张晓伟 原玉香 耿建峰 蒋武生 高睦枪 韩永平	2002年12月	科技进步奖二等	河南省人民政府
大白菜新品种中熟五号选育	福州市蔬菜科学研究所	方淑桂 陈文辉 林岳旺	2002年	科学技术进步二等奖	福建省人民政府
抗干烧心优质大白菜新乡小包23的选育与推广	河南省新乡市农业科学研究所	原连庄 卞高中 原让花等	2003年	科学技术进步二等奖	河南省人民政府
潍白系列大白菜新品种选育与推广	山东省潍坊市农业科学院	韩太利 冯乐荣 郭雪梅 曹其聪 谭金霞	2005年	科技进步二等奖	山东省人民政府
大白菜高效育种技术研究和系列杂交新品种选育推广	东北农业大学	崔崇士 张耀伟 孙 毅 李 峰 李忠声 黄咸林 张俊华 屈淑平 李柱刚 马 伟 史庆馨	2006年	科技进步奖二等	黑龙江省人民政府

（赵利民）

附录2：我国选育的主要大白菜杂种一代品种

一、春大白菜

品种名称	选育与审（认、鉴）定单位	主要特征特性	适应地区
天正春白1号	山东省农业科学院蔬菜研究所选育 山东省农作物品种审定委员会2001年审定	生长期60d。叶球叠抱，矮桩倒锥形，叶色淡绿，单球重2.0～2.5kg。冬性强，高抗病毒病、霜霉病	适宜在山东、河北、河南、湖南、湖北等地种植
青研3号	山东省青岛市农业科学研究所选育 山东省农作物品种审定委员会2000年审定	生长期60d左右。植株较直立，叶球炮弹形，球顶稍尖，舒心，单球重1.8kg。冬性强，春季直播不易发生抽薹现象	适宜在山东及长江、黄河中下游诸省以及沿海地区种植
潍春白1号	山东省潍坊市农业科学院选育 山东省农作物品种审定委员会2006年审定	叶色深绿，球叶合抱，呈炮弹形，平均单株重3.5kg。抗病毒病、霜霉病和软腐病，抗抽薹能力强	适宜山东省保护地和早春地膜覆盖栽培
潍春白2号	山东省潍坊市农业科学院选育 山东省农作物品种审定委员会2000年审定	生长期60～65d。球叶合抱，呈炮弹形，单球重2.0kg。冬性较强，高抗霜霉病、病毒病、软腐病	适宜山东省作春大白菜品种推广
德高春	山东德州市德高蔬菜种苗研究所选育 山东省农作物品种审定委员会2004年审定	生长期65d左右。叶球合抱，短炮弹形，球心淡黄色，单球净菜重2.5kg，净菜率61.7%。冬性强，不易先期抽薹	适宜山东省作春白菜品种推广
冠春	西北农林科技大学园艺学院选育 陕西省农作物品种审定委员会2004年鉴定	生长期60d左右。叶球浅叠抱，中桩，粗筒型，结球紧实，单球重1.8～2.5kg	适宜在陕西省作春大白菜品种推广
陕春白1号	西北农林科技大学园艺学院选育 陕西省农作物品种审定委员会2001年审定	生长期55d左右。矮桩叠抱，叶球倒卵圆形，单球重2.0～3.0kg。抗病毒病和黑斑病，生长迅速，包心快	适宜陕西、河南等地种植
京春王	北京市农林科学院蔬菜研究中心选育 北京市农作物品种审定委员会2000年审定	生长期50～55d。植株较直立，叶球中桩叠抱，单球重1.6kg。抗病毒病、霜霉病和软腐病，耐抽薹，品质好	适宜北京、河北、河南、山东、内蒙古、广东、海南等地种植
京春早	北京市农林科学院蔬菜研究中心选育 北京市农作物品种审定委员会2000年审定	极早熟，定植后45～50d收获。植株半直立，叶球叠抱，单球重1.3kg。抗病毒病、霜霉病和软腐病，冬性中等，品质极佳	适宜北京、河北、河南、山东、内蒙古、广东、海南等地种植

（续）

品种名称	选育与审（认、鉴）定单位	主要特征特性	适应地区
京春白	北京市农林科学院蔬菜研究中心选育 北京市农作物品种审定委员会2002年审定	生长期55～60d收获。叶球合抱，单球重2.5kg。晚抽薹性强，抗病毒病、霜霉病和软腐病，品质好	适宜北京、河北、山东、内蒙古、黑龙江、吉林、云南、贵州、广东等地种植
京春99	北京市农林科学院蔬菜研究中心选育 北京市农作物品种审定委员会2004年审定	生长期45～50d。叶球中桩合抱，单球重2.1kg。晚抽薹性强，抗病毒病、霜霉病和软腐病，品质好	适宜北京、河北、山东、内蒙古、黑龙江、吉林、云南、贵州、广东等地种植
豫白菜11号	河南省农业科学院园艺研究所选育 河南省农作物品种审定委员会1998年审定	生长期55～60d。叶球矮桩叠抱，单球重2.0～3.0kg。高抗病毒病、霜霉病和软腐病，晚热，晚抽薹	适宜河南、河北、山东、山西、陕西、安徽、湖北等省推广
豫新5号	河南省农业科学院生物技术研究所选育 全国农作物品种审定委员会2002年鉴定	生长期60d。叶球半高桩叠抱，单球重2.0～4.0kg。抗13℃下先期抽薹，商品性好，风味佳。高抗病毒病、霜霉病和软腐病	适宜河南、河北、山东、山西、陕西、安徽、湖北等省种植

二、夏大白菜

品种名称	选育与审（认、鉴）定单位	主要特征特性	适应地区
天正夏白2号	山东省农业科学院蔬菜研究所选育 山东省农作物品种审定委员会2002年审定	生长期50d。叶球叠抱、圆头形，单球重1.0～1.2kg。抗病性强，更耐干热（32℃下正常结球），风味品质较好	适宜山东、河北、河南、广东、四川等省种植
天正夏白3号	山东省农业科学院蔬菜研究所选育 山东省农作物品种审定委员会2003年审定	生长期50d。叶球半高桩、小花心，单球重1.0～1.5kg。风味品质较好，综合抗病能力强，耐热性强	适宜山东、河北、河南、四川、广东等省种植
青研1号	山东省青岛市农业科学研究所选育 山东省农作物品种审定委员会1998年审定	生长期45～50d。植株较披张，叶色较深，球顶平圆、叠抱，单球重1.2kg左右。耐热，抗病，早熟，风味品质良好	适宜长江及黄河中下游地区的江苏、浙江、安徽、河南、湖北、福建及山东等省种植
鲁白13号	山东省莱州市农业科学院蔬菜种苗研究所选育 山东省农作物品种审定委员会1997年审定	生长期45～50d。球叶叠抱，叶球卵圆形，单株重1.0～1.2kg。耐高温、高湿，生长结球速度快，成菜率高，叶球较紧实，抗三大病害	除高寒地区外，在我国可作为夏大白菜品种种植
潍白45	山东省潍坊市农业科学院选育 山东省农作物品种审定委员会2003年审定	生长期50～52d。叶球中桩叠抱，单球重1.4kg。高抗大白菜病毒病、霜霉病，兼抗黑斑病，综合抗病能力强，耐热性较强，可耐37℃高温	适宜山东省种植

（续）

品种名称	选育与审（认、鉴）定单位	主要特征特性	适应地区
津夏3号	天津科润蔬菜研究所选育 天津市科委2004年鉴定	生长期45～50d。植株半直立，矮桩头球类型，叠抱，单球重1.0～1.5kg。耐热、耐湿，35℃高温下正常结球。抗霜霉病、软腐病和病毒病	全国各地均可种植
早熟5号	浙江省农业科学院选育 浙江省农作物品种审定委员会1989年审定	生长期55d。植株半直立，矮桩叠抱，单球重1.0～1.5kg。耐热，耐湿，抗病毒病，特抗炭疽病，适应性强	适宜全国各地栽培
早熟6号	浙江省农业科学院选育 浙江省农作物品种审定委员会1998年认定	生长期62d左右。矮桩叠抱，单球重1.5～2.0kg。抗病毒病、霜霉病和软腐病	适宜全国各地栽培
早熟7号	浙江省农业科学院选育 浙江省农作物品种审定委员会2000年认定	生长期45～50d。株型较小，叶球矮桩叠抱，单球重0.8kg。抗病性强，抗病毒病和霜霉病	适宜全国各地栽培
热抗3号	上海市农业科学院园艺研究所选育 上海市农作物品种审定委员会2003年认定	生长期60d左右。矮桩叠抱类型，单球重1.0kg左右。耐热性好，抗病性强。	适宜华东、华中、华南地区夏秋季种植
夏抗50天	重庆市农业科学研究所选育 重庆市品种审定委员会2000年审定	生长期50d。株型较直立，叠抱，单球重0.8kg以上。长势强。抗热、耐湿，抗病毒病、软腐病、霜霉病	适宜西南地区、长江流域种植
夏抗55天	重庆市农业科学研究所选育 重庆市品种审定委员会2000年审定	生长期55d。长势旺，叠抱，单球重1.0kg以上。抗热、耐湿性强，高抗病毒病、软腐病、霜霉病	适宜西南地区、长江流域种植
新早56	河南省新乡市农业科学院选育 河南省农作物品种审定委员会2001年审定	生长期56d。球叶黄白，叶球合抱，单球重1.5kg以上。高抗病毒病，抗软腐病、霜霉病，耐热、耐湿、稳产	适宜河南、海南、贵州、四川、湖南、湖北、江苏、安徽、浙江等省种植
京夏王	北京市农林科学院蔬菜研究中心选育 北京市农作物品种审定委员会2000年审定	生长期50～55d。株型半直立，叶球叠抱，单球重1.2kg。耐热、耐湿、抗病、质优	适宜北京、河北、河南、山东、湖南、广东、海南等地种植
京夏1号	北京市农林科学院蔬菜研究中心选育 北京市农作物品种审定委员会2001年审定	生长期55～60d。株型半直立，叶球叠抱，单球重1.2kg。耐热、耐湿、抗病、质优	适宜北京、河北、河南、山东、湖南、广东、海南等地种植
中白48	中国农业科学院蔬菜花卉研究所选育 全国农作物品种审定委员会2006年审定	生长期55d。株型半直立，叶球叠抱，叶球重0.5～1.0kg	适宜全国各地种植

（续）

品种名称	选育与审（认、鉴）定单位	主要特征特性	适应地区
中白 50	中国农业科学院蔬菜花卉研究所选育 全国农作物品种审定委全国员会 2001 年审定	生长期 45～50d。植株直立，外叶绿色，叶球中桩叠抱。高抗病毒病、霜霉病，兼抗黑斑病。成熟后叶球不开裂，供应期长	适宜全国各地种植
豫园 50	河南省农业科学院生物技术研究所选育 河南省农作物品种审定委员会 2001 年审定	生长期 45～50d。拧抱类型，单球重 1.0～2.0kg。抗病毒病、霜霉病和软腐病	适宜河南、河北、山东、山西、陕西、安徽、湖北等省种植
豫新 50	河南省农业科学院生物技术研究所选育 全国蔬菜品种鉴定委员会 2004 年鉴定	生长期为 60d。株型半直立，呈倒卵形，叶球矮桩叠抱，单球重 1.0～1.4kg。高抗病毒病、霜霉病和软腐病三大病害	适宜河南、山东、河北、福建等省种植
豫新 55	河南省农业科学院生物技术研究所选育 全国蔬菜品种鉴定委员会 2006 年鉴定	生长期 55d。叶球合抱，炮弹形，单球重 2.0～3.0kg。抗热，抗病，耐湿	适宜河南、山东、河北、福建等省种植
豫新 58	河南省农业科学院生物技术研究所选育 全国蔬菜品种鉴定委员会 2006 年鉴定	生长期 58d。叶球矮桩叠抱，单球重 2.0～4.0kg。抗热，抗病，耐湿	适宜河南、山东、河北、福建等省种植

三、早秋大白菜

品种名称	选育与审（认、鉴）定单位	主要特征特性	适应地区
鲁白 6 号	山东省农业科学院蔬菜研究所选育 山东省农作物品种审定委员会 1988 年审定	生长期 60d。球叶叠抱，倒锥形，单球重 2.0～3.0kg。抗霜霉病和软腐病，耐病毒病	适宜山东、河南、湖北等省种植
天正秋白 19 号	山东省农业科学院蔬菜研究所选育 全国农作物品种审定委员会 2004 年鉴定	生长期 60～65d。球叶矮桩叠抱，倒锥形，单球重 2.5～3.0kg。综合抗病性好	适宜山东、黑龙江、陕西、河北、河南、湖南、江苏、四川、湖北等省种植
丰抗 58	山东省莱州市农业科学院蔬菜种苗研究所选育 北京市农作物品种审定委员会 2004 年审定	生长期 60d。球叶叠抱，单株重 2.5kg。抗霜霉病、黑斑病、软腐病，生长结球速度快，成菜率高	适宜全国喜欢叠抱品种地区种植
丰抗 60	山东省莱州市农业科学院蔬菜种苗研究所选育 湖北省农作物品种审定委员会 1999 年审定	生长期在 55～60d。叶球叠抱，呈倒卵圆形，单球重 3.4kg，抗病毒病、霜霉病，较抗软腐病	适宜山东、河南、四川、湖北、江西、浙江、河北、甘肃、内蒙古等地种植

（续）

品种名称	选育与审（认、鉴）定单位	主要特征特性	适应地区
西白3号	山东省莱州市农业科学院蔬菜种苗研究所选育 河北省农作物品种审定委员会1998年审定 山东省农作物品种审定委员会1999年审定	生长期55～60d。叶球合抱，单球重3.0～4.0kg。耐热、耐湿，抗病毒病、霜霉病，较抗软腐病	适宜华北、西北、东北和华东地区种植
西白4号	山东省莱州市农科院蔬菜种苗研究所选育 山东省农作物品种审定委员会1999年审定	生长期65d。球叶合抱，呈炮弹形，单球重3.0～4.0kg。高抗软腐病、病毒病，抗霜霉病，品质极佳	适宜东北、西北、华北及华东地区种植
西白5号	山东省莱州市农科院蔬菜种苗研究所选育 山东省农作物品种审定委员会2003年审定	生长期65d。叶球扣抱，呈筒形，单球重3.0kg左右。高抗霜霉病、软腐病、病毒病。结球紧实，商品性好，耐贮。	适宜东北、西北、华北及华东地区种植
西白6号	山东省莱州市农业科学院蔬菜种苗研究所选育 北京市农作物品种审定委员会2004年审定	生长期60d。球叶叠抱，呈倒锥形，单球重4.0kg。较抗霜霉病、软腐病，抗病毒病	适宜东北、西北、华北及华东地区种植
潍白6号	山东省潍坊市农业科学院选育 黑龙江省农作物品种审定委员会2002年审定 山东省农作物品种审定委员会2003年审定	生长期65～67d。球叶合抱，炮弹形，单球重3.5kg。高抗病毒病、软腐病，中抗霜霉病，抗热耐湿。	适宜山东、黑龙江等省种植
潍白8号	潍坊市农业科学院选育 山东省农作物品种审定委员会2006年审定	生长期65d。高桩直筒形，单球重6.0～7.0kg。高抗病毒病和霜霉病，较抗大白菜软腐病	适宜山东省种植
德高喜抗65	山东省德州市德高蔬菜种苗研究所选育 山东省农作物品种审定委员会2003年审定	生长期65d左右。株型较直立，叶球合抱，炮弹形，单球净菜重3.5kg。抗软腐病、霜霉病和病毒病	适宜山东省种植
秋珍白6号	山东省济南市历丰春夏大白菜研究所选育 全国农作物品种审定委员会2002年审定	生长期70d。直筒花心类型，单球重3.6kg。高抗病毒病、软腐病，兼抗霜霉病及干烧心、黑斑病	适宜黑龙江、吉林、辽宁、贵州、云南、新疆、宁夏等地种植
秋珍白1号	山东省济南市历丰春夏大白菜研究所选育 全国农作物品种审定委员会2001年审定	生长期65d。叶色深绿色，叠抱类型，单球重3.6kg。高抗病毒病、霜霉病，兼抗软腐病	适宜山东、河北、内蒙古、山西、河南、陕西、新疆、宁夏、甘肃、四川、贵州、广西等地种植
夏优3号	济南市历丰春夏大白菜研究所选育 全国农作物品种审定委员会2002年审定	生长期58d。矮桩合抱，单球重2.1kg。抗病毒病，兼抗霜霉病、软腐病。	适宜东北、华北、西北地区种植

（续）

品种名称	选育与审（认、鉴）定单位	主要特征特性	适应地区
鲁白 14 号	山东省济南市历丰春夏大白菜研究所选育 山东省农作物品种审定委员会 1997 年审定	生长期 62d。直筒花心类型，单球重 3.6kg。高抗三大病害，耐热性好	适宜山东省种植
秋绿 60	天津市蔬菜研究所选育 天津市农作物品种审定委员会 1997 年审定	生长期 60～65d。株型直立，外叶少，深绿色，直筒类型，球顶花心，单球重 2.0～2.5kg。抗病毒病和霜霉病。品质极佳，商品性状好	适宜全国直筒型种植地区种植
秋绿 55	天津市蔬菜研究所选育 天津市农作物品种审定委员会 1996 年审定	生长期 55～60d。株型直立，外叶少，深绿色。直筒类型，球顶花心，单球重 1.5～2.0kg。抗霜霉病、软腐病和病毒病	适宜全国直筒型种植地区种植
津白 56	天津市蔬菜研究所选育 天津市农作物品种审定委员会 1996 年审定	生长期 50～60d。植株为中高桩类型，球形近似直筒形。单球重 2.0～2.5kg。抗病毒病和霜霉病。品质好，商品性状好	适宜全国直筒型种植地区种植
津白 45	天津市蔬菜研究所选育 天津市农作物品种审定委员会 1997 年审定	生长期 45d 左右。植株为中桩类型，叶球近筒形，中部稍粗。单球重 1.0～1.5kg。抗病毒病和霜霉病，耐热性强	适宜全国直筒型种植地区种植
秦白 6 号	陕西省蔬菜花卉研究所选育 陕西省农作物品种审定委员会 1998 年审定	生长期 60～65d。叶球矮桩叠抱，倒卵圆形，单球重 2.5～3.0kg。抗病毒病、霜霉病和软腐病，成球性好，品质优良	适宜陕西、河南、贵州、广西、四川、山西、新疆、宁夏、甘肃、湖南、湖北等地种植
秋早 55	西北农林科技大学园艺学院选育 全国农作物品种审定委员会 2005 年鉴定	生长期 55～60d。叶球叠抱，倒卵圆形，单球重 2.1kg 左右。抗病毒病、霜霉病	适宜陕西、河南、河北、山东、浙江种植
新早 89 - 8	河南省新乡市农业科学院选育 河南省农作物品种审定委员会 1995 年审定	生长期 55～60d。叶球顶圆、叠抱、短柱形，单球重 2kg。高抗病毒病，抗霜霉病及软腐病	适宜河南、安徽、浙江、江苏、广西等地种植
郑白 5 号	河南省郑州市蔬菜研究所选育 河南省农作物品种审定委员会 1998 年审定	生长期 55～60d。叶球矮桩叠抱，倒锥形，单球重 2.4kg。高抗病毒病，抗霜霉病，黑斑病	适宜河南、河北、山东、陕西等省种植
郑早 60	河南省郑州市蔬菜研究所选育 北京市农作物品种审定委员会 2006 年审定	生长期 55～60d。株型半直立，叶球叠抱，短圆柱形，单球重 2.5～3.0kg。高抗病毒病、霜霉病、软腐病	适宜河南、河北、山东、湖南、湖北、安徽、陕西、山西、北京、江苏、广东等地种植
北京小杂 50 号	北京市农林科学院蔬菜研究中心选育 北京市农作物品种审定委员会 1995 年审定 河北省农作物品种审定委员会 1994 年审定	生长期 45～50d。株型半直立，叶球叠抱，单球重 1.1kg。抗病毒病、霜霉病和软腐病，品质优良	适宜北京、河北、天津、山西、山东、陕西、江苏、安徽、江西、湖北等地种植

（续）

品种名称	选育与审（认、鉴）定单位	主要特征特性	适应地区
北京小杂 51 号	北京市农林科学院蔬菜研究中心选育 北京市农作物品种审定委员会 1994 年审定	生长期 50～55d。株型较直立，叶球拧抱，单球重 1.2～1.4kg。抗病，较耐热，适应性广，品质好，适收期长，收获期不易裂球	适宜北京、天津、西安、河北、山东、江苏、湖北、新疆、四川等地种植
北京小杂 55 号	北京市农林科学院蔬菜研究中心选育 内蒙古自治区农作物品种审定委员会 1989 年认定	生长期 55d 左右。叶球舒心，心叶乳黄色，单球重 1.5～2.0kg。抗病、耐热、品质较好	适宜福建、云南、江苏、安徽等省种植
北京小杂 56 号	北京市农林科学院蔬菜研究中心选育 全国农作物品种审定委员会 1990 年审定 北京市农作物品种审定委员会 1988 年审定 山东省农作物品种审定委员会 1988 年审定 天津市农作物品种审定委员会 1989 年审定 河北省农作物品种审定委员会 1990 年审定	生长期 55～60d。外叶绿色，叶柄白色，心叶黄，叶球中桩，舒心，单球重 1.5～2.0kg。抗病、耐热、品质较好	适宜全国各地种植
北京小杂 60 号	北京市农林科学院蔬菜研究中心选育 北京市农作物品种审定委员会 1991 年审定	生长期 60～65d。叶球矮桩头球形，叠抱，单球重 2.0kg。耐病、耐热、品质好	适宜北京、河北、河南、山东、四川、云南、新疆、陕西、甘肃、宁夏、安徽等地种植
北京小杂 61 号	北京市农林科学院蔬菜研究中心选育 北京市农作物品种审定委员会 1998 年审定 全国品种审定委员会 2001 年审定	生长期 60～65d。株型半直立，叶球叠抱，单球重 2.3kg。耐热，抗病毒病、霜霉病和软腐病，品质优良	适宜北京、河北、河南、山东、新疆、贵州、四川等地种植
京秋 60 号	北京市农林科学院蔬菜研究中心选育 北京市农作物品种审定委员会 2001 年审定	生长期 60～65d。株型较开展，叶球叠抱，单球重 1.9kg。耐热、抗病、质优	适宜北京、河北、河南、山东、陕西等地种植
北京小杂 65 号	北京市农林科学院蔬菜研究中心选育 北京市农作物品种审定委员会 1988 年审定	生长期 65d。叶球叠抱，单球重 2.5kg。抗病、耐热、品质中上	适宜北京、河北、河南、新疆、云南等地种植
六十早	四川省成都市第一农业科学研究所选育 云南省农作物品种审定委员会 1988 年审定	生长期 50～60d。外叶半直立，叶球短筒形，顶部稍大，叠抱，淡黄色，单株重 1.0kg 左右。耐湿性较强，抗病性中等	适宜四川、云南等地种植
中白 65	中国农业科学院蔬菜花卉研究所选育 全国农作物品种审定委员会 2001 年审定	生长期 65～70d。叶球矮桩叠抱，单球重 3.0kg。抗病毒病、霜霉病等病害	适宜全国各地作秋季中早熟栽培

（续）

品种名称	选育与审（认、鉴）定单位	主要特征特性	适应地区
中白 66	中国农业科学院蔬菜花卉研究所选育 全国农作物品种审定委员会 2001 年审定	生长期 60d。叶球合抱，炮弹形，球顶叶略向外翻，单球重 2.5kg。表现早中熟，结球快	适宜全国各地作为早秋大白菜栽培
中白 60	中国农业科学院蔬菜花卉研究所选育 全国农作物品种审定委全国员会 2001 年审定	生长期 60～65d。叶球矮桩叠抱，近圆形，单球重 2.2kg。抗病毒病、霜霉病等病害。叶球紧实，球形美观，软叶率高，品质优良	适宜全国各地作为秋季中早熟栽培
东农 905	东北农业大学园艺学院选育 黑龙江省农作物品种审定委员会 2002 年审定	生长期 65～68d。顶部尖开，单球重 2.6kg，高抗病毒病、软腐病，兼抗霜霉病，耐贮运	适宜东北地区种植
豫早 1 号	河南省农业科学院生物技术研究所选育 河南省农作物品种审定委员会 2001 年审定	生长期 55d。矮桩叠抱，单球重 2～3.0kg。抗病毒病、霜霉病和软腐病。	适宜河南、河北、山东、山西、陕西、安徽、湖北等省种植
豫新 3 号	河南省农业科学院生物技术研究所选育 河南省农作物品种审定委员会 2001 年审定	生长期 65d。浅叠抱，近柱形，单球重 3.0～5.0kg。高抗病毒病、霜霉病和软腐病	适宜河南、河北、山东、山西、陕西、安徽、湖北等省种植
豫新 60	河南省农业科学院生物技术研究所选育 全国农作物品种审定委员会 2004 年鉴定	生长期 65d。叶球矮桩叠抱，高抗病毒病、霜霉病和软腐病	适宜河南、山东、河北、北京、山西、陕西、内蒙古、安徽、江苏、福建等地种植
沈农超级 3 号	沈阳农业大学选育 辽宁省农作物品种审定委员会 2004 年登记	生长期 65d。直筒类型，心叶嫩黄，单球重 2.5kg。抗病毒病和软腐病，耐霜霉病，风味佳	适宜全国直筒型大白菜生态区栽培

四、秋大白菜

品种名称	选育与审（认、鉴）定单位	主要特征特性	适应地区
鲁白 1 号	山东省农业科学院蔬菜研究所选育 山东省农作物品种审定委员会 1983 年审定 全国农作物品种审定委员会 1984 年审定	生长期 72～73d。球叶叠抱，倒锥形，单球重 5.0～6.0kg。抗霜霉和软腐病	适宜全国各地种植
鲁白 2 号	山东省农业科学院蔬菜研究所选育 山东省农作物品种审定委员会 1983 年审定 全国农作物品种审定委员会 1984 年审定	生长期 70d。外叶少而直立，球叶合抱，呈矮桩炮弹形，单球重 4.0～5.0kg。抗霜霉和软腐病，耐病毒病，耐藏性好，适应性广	适宜全国各地种植

（续）

品种名称	选育与审（认、鉴）定单位	主要特征特性	适应地区
鲁白 3 号	山东省农业科学院蔬菜研究所选育 山东省农作物品种审定委员会 1984 年审定	生长期 85～90d。球叶合抱，高桩炮弹形，单球重 6.0～8.0kg。抗霜霉病和软腐病，耐病毒病，适应性广，耐藏性好	适宜全国各地种植
山东 4 号	山东省农业科学院蔬菜研究所选育 山东省农作物品种审定委员会 1982 年审定 全国农作物品种审定委员会 1984 年审定	生长期 90d。球叶叠抱，叶球呈倒锥形，单球重 6.0～7.0kg。抗霜霉病和软腐病，耐病毒病，耐藏性好，适应性广	适宜全国各地种植
山东 5 号	山东省农业科学院蔬菜研究所选育 山东省农作物品种审定委员会 1982 年审定 全国农作物品种审定委员会 1984 年审定	生长期 85d。球叶合抱，中桩炮弹形，单球重 6.0kg 左右。耐阴、耐湿，抗霜霉病，耐病毒病	适宜全国各地种植
鲁白 10 号	山东省农业科学院蔬菜研究所选育 山东省农作物品种审定委员会 1994 年审定	生长期 85～90d。叶球叠抱，矮桩倒锥形，单球重 5.8kg。抗霜霉病、软腐病、病毒病，耐寒性较强，风味品质优良，耐藏性中等	适宜山东省种植
鲁白 11 号	山东省农业科学院蔬菜研究所选育 山东省农作物品种审定委员会 1994 年审定	生长期 90d。叶球叠抱，矮桩倒锥形，单球重 6.0kg。抗霜霉病、软腐病、病毒病，耐寒性较强，风味品质优良，耐藏性中等	适宜山东省种植
天正秋白 1 号	山东省农业科学院蔬菜研究所选育 山东省农作物品种审定委员会 2001 年审定	生长期 80d。叶球叠抱，矮桩倒锥形，单球重 5.0kg 左右。高抗病毒病、霜霉病，耐软腐病	适宜山东、河南、陕西、四川、湖北、江西、浙江、河北等习惯种植叠抱型品种的地区种植
天正超白 2 号	山东省农业科学院蔬菜研究所选育 山东省蔬菜品种鉴定委员会 2006 年审定 北京市农作物品种审定委员会 2006 年审定 全国蔬菜品种鉴定委员会 2006 年鉴定	生长期 75～80d。叶球合抱，矮桩炮弹形，单球重 4.0kg 左右。高抗病毒病、霜霉病、软腐病和黑斑病	适宜山东、北京、黑龙江、陕西、河北、河南、贵州等喜种植合抱类型品种的地区种植
天正品优 1 号	山东省农业科学院蔬菜研究所选育 2005 年 9 月 1 日新品种保护	生长期 75～80d。叶球高桩花心，单球重 4.0～4.2kg，高抗病毒病、霜霉病、软腐病。	适宜山东、吉林、辽宁、山西、河南、河北等省种植
青研 2 号	山东省青岛市农业科学研究所选育 山东省农作物品种审定委员会 1999 年审定	生长期 85d。植株较披张，叶球圆筒形，下部稍细，浅黄绿色，球顶平圆，叠抱，单球重 4.8kg 左右。高抗病毒病，抗霜霉病，兼抗软腐病，耐贮藏	适宜长江、黄河中下游地区以及沿海地区种植

（续）

品种名称	选育与审（认、鉴）定单位	主要特征特性	适应地区
青研4号	山东省青岛市农业科学研究院选育 山东省农作物品种审定委员会2004年审定	生长期85d。植株较披张，叶球长卵圆形，球顶平圆，叠抱，单球重4.5kg左右。抗霜霉病、病毒病和黑斑病	适宜长江、黄河中下游诸省以及沿海地区种植
鲁白15号	山东省青岛市农业科学研究所选育 山东省农作物品种审定委员会1997年审定 全国农作物品种审定委员会2001年审定	生长期85d左右。植株披张，叶球近圆筒形，下部稍细，球顶平圆，叠抱，单球重4.5～5.0kg	适宜山东、江苏、浙江、湖南、湖北、河南等省种植
87-114	山东省青岛市农业科学研究所选育 山东省农作物品种审定委员会1995年审定	生长期85d左右。植株披张，叶球短圆筒形，球顶圆，叠抱。抗霜霉病、软腐病，耐贮藏	适宜山东、江苏、浙江、湖南、湖北、河南等省种植
鲁白8号	山东省莱州市农业科学院蔬菜种苗研究所选育 山东省农作物品种审定委员会1989年审定 全国农作物品种审定委员会1991年审定	生长期70d左右。叶球平头叠抱，单球重3.5kg左右。抗病毒病、霜霉病、软腐病，适应性广	适宜全国习惯种植叠抱类型大白菜地区种植
鲁白16号	山东省莱州市农业科学院蔬菜种苗研究所选育 山东省农作物品种审定委员会1997年审定	生长期75～80d。球叶合抱，呈炮弹形，单球重5.0kg左右。高抗霜霉病，抗软腐病、病毒病，耐贮藏	适宜全国习惯种植合抱类型大白菜地区种植
丰抗80	山东省莱州市农业科学院蔬菜种苗研究所选育 山东省农作物品种审定委员会1995年认定	生长期80d左右。球叶叠抱，呈头球形，单球重4.0kg。抗霜霉病，较抗病毒病、软腐病	适宜华北、西北、东北大部分地区种植
西白2号	山东省莱州市农业科学院蔬菜种苗研究所选育 国家农作物品种审定委员会2002年审定	生长期75～80d。球叶叠抱，叶球呈倒锥形，单球重4.0～5.0kg。抗霜霉病、软腐病、病毒病	适宜华北、西北、东北大部分地区种植
西白7号	山东省莱州市农业科学院蔬菜种苗研究所选育 山东省农作物品种审定委员会2001年审定	生长期86d。叶球叠抱，呈倒锥型，单球重7.5kg。生长势强，高产稳产，抗霜霉病、软腐病、病毒病，耐贮藏	适宜全国习惯种植合抱类型大白菜地区种植
德丰1号	山东省德州市德高蔬菜种苗研究所选育 北京市农作物品种审定委员会2001年审定	生长期80～85d。球叶叠抱，近短圆筒形，下部稍细，球顶圆，单球重4.5kg左右	适宜山东省和北京市种植
德高百合	山东省德州市德高蔬菜种苗研究所选育 黑龙江省农作物品种审定委员会2005年鉴定	生长期70d左右。球叶合抱，叶球炮弹形，单球重4.0kg左右。抗病毒病和霜霉病	适宜山东、黑龙江、吉林、辽宁种植

（续）

品种名称	选育与审（认、鉴）定单位	主要特征特性	适应地区
德高 8 号	山东省德州市德高蔬菜种苗研究所选育 北京市农作物品种审定委员会 2005 年审定	生长期 80d。叶球叠抱，近圆筒形，球顶圆，单球重 4.0kg 左右。抗病毒病、霜霉病和黑腐病	适宜山东、北京等地种植
秋珍白 20 号	山东省济南市历丰春夏大白菜研究所选育 全国农作物品种审定委员会 2002 年审定	生长期 80d。高桩直筒类型，花心，单球重 5.0kg 左右。抗病毒病、霜霉病和软腐病	适宜黑龙江、吉林、辽宁、山西、四川、河北、天津、山东、贵州、广西等地种植
秋珍白 16 号	山东省济南市历丰春夏大白菜研究所选育 全国农作物品种审定委员会 2002 年审定	生长期 85d。高桩直筒类型，内叶合抱，单球重 6.0kg。抗病毒病、霜霉病和软腐病	适宜河北、山东、山西、内蒙古、陕西、新疆等地种植
鲁白 17 号	山东省济南市历丰春夏大白菜研究所选育 全国农作物品种审定委员会 2002 年审定	生长期 75d。叶球合抱，单球重 4.0kg。抗病毒病、霜霉病、黑斑病，耐软腐病	适宜黑龙江、吉林、辽宁、内蒙古、山东、河北、新疆等地种植
九白 4 号	吉林市农业科学院选育 吉林省农作物品种审定委员会 1993 年审定	生长期 80d 左右。高桩半结球类型，单球重 2.5～4.5kg	适宜吉林省西部地区种植
秋绿 75	天津市蔬菜研究所选育 天津市农作物品种审定委员会 1997 年审定	生长期 75d。高桩直筒青麻叶类型，单球重 3.0～3.5kg。球顶花心。抗霜霉病、软腐病和病毒病	适宜全国习惯种植直筒类型大白菜地区种植
秋绿 80	天津市蔬菜研究所选育 天津市农作物品种审定委员会 1997 年审定	生长期 80～85d。高桩直筒青麻叶类型，球顶花心，单球重 3.5～4.0kg。抗霜霉病、软腐病和病毒病	适宜全国习惯种植直筒类型大白菜地区种植
津秋 1 号	天津科润蔬菜研究所选育 天津市科学技术委员会 2004 年鉴定	生长期 78d 左右。高桩直筒青麻叶类型，球顶花心，单球重 3.5kg 左右。抗霜霉病、软腐病和病毒病	适宜全国习惯种植直筒类型大白菜地区种植
城青 2 号	浙江省农业科学院选育 浙江省农作物品种审定委员会 1977 年审定	生长期 95～100d。叶球叠抱，球紧实，单球重 3.0kg 左右。抗病毒病和软腐病，品质中上	适宜全国各地栽培
黔白 1 号	贵州省农业科学院园艺研究所选育 贵州省农作物品种审定委员会 2000 年审定	生长期 82d 左右。株型紧凑直立，叶球合抱直筒类型，单球重 1.5kg。抗性强，长势旺，品质佳	适宜贵州省的贵阳、遵义、毕节、铜仁、凯里等地种植
黔白 2 号	贵州省农业科学院园艺研究所选育 贵州省农作物品种审定委员会 2000 年审定	生长期 78d 左右。株型半直立，叶球叠抱，单球重 1.4kg 左右。抗性及适应性较强	适宜贵州省的贵阳、遵义、毕节、铜仁、凯里等地种植

（续）

品种名称	选育与审（认、鉴）定单位	主要特征特性	适应地区
黔白3号	贵州省农业科学院园艺研究所选育 贵州省农作物品种审定委员会2006年鉴定	生长期80d。球叶合抱，炮弹形，单球重1.5kg左右。结球紧实，抗性较强，经济性状优良	适宜贵州省的贵阳、遵义、毕节、铜仁、凯里等地种植
中熟4号	福建省福州市蔬菜科学研究所选育 福建省品种审定委员会1995年审定	生长期80d。叶球叠抱平头类型，单球重2.5kg。抗霜霉病、病毒病、软腐病	适宜长江以南地区种植
中熟5号	福建省福州市蔬菜科学研究所选育 福州市品种审定委员会2000年审定 福建省非主要农作物品种认定委员会2004年认定	生长期70～75d。叶球叠抱平头，单球重2.0～2.5kg。抗霜霉病、病毒病、软腐病、菌核病、黑斑病，优质高产	适宜长江以南地区种植
秦杂1号	西北农林科技大学园艺学院选育 陕西省农作物品种审定委员会2003年鉴定	生长期75d。叶色淡绿，叶球合抱，炮弹形，单球重2.5～3.0kg。株型紧凑。综合抗病性较强，耐热，抗病毒病、霜霉病和黑斑病，适应性广，稳产性好	适宜全国习惯种植合抱类型大白菜地区种植
秦杂2号	西北农林科技大学园艺学院选育 陕西省农作物品种审定委员会2003年鉴定 山西省农作物品种审定委员会2007年认定	生长期65d左右。叶球矮桩叠抱，头球形，球顶较平，单球重3.0～3.5kg。抗病毒病、霜霉病和黑斑病。成球性好，适应性广，适播期长，既能鲜销，又可冬贮	适宜全国习惯种植叠抱类型大白菜地区种植
秦白1号	陕西省蔬菜研究所选育 陕西省农作物品种审定委员会1987年审定	生长期90d。叶球叠抱，单球重4.0～4.5kg。高抗病毒病，抗霜霉病，耐贮	适宜全国习惯种植叠抱类型大白菜地区种植
秦白2号	陕西省蔬菜研究所选育 陕西省农作物品种审定委员会1990年审定 全国农作物品种审定委员会1994年审定	生长期65～70d。叶球矮桩叠抱，单球重2.5～3.5kg。抗病毒病、霜霉病，耐黑斑病	适宜全国习惯种植叠抱类型大白菜地区种植
秦白3号	陕西省蔬菜花卉研究所选育 陕西省农作物品种审定委员会1995年审定 全国农作物品种审定委员会1998年审定	生长期90d。直筒拧抱类型，单球重4.0～5.0kg。高抗病毒病、霜霉病和软腐病，适性好，耐贮藏	适宜全国习惯种植高桩类型大白菜地区种植
秦白4号	陕西省蔬菜花卉研究所选育 陕西省农作物品种审定委员会1996年审定	生长期90d。叶球叠抱，单球重4.5～5.0kg。抗病毒病，兼抗霜霉病，耐贮藏	适宜全国习惯种植叠抱类型大白菜地区种植
秦白5号	陕西省蔬菜花卉研究所选育 陕西省农作物品种审定委员会1998年审定 全国农作物品种审定委员会2001年审定	生长期80d。叶球矮桩叠抱，单球重4.0～5.0kg。抗病毒病、霜霉病	适宜全国习惯种植叠抱类型大白菜地区种植

（续）

品种名称	选育与审（认、鉴）定单位	主要特征特性	适应地区
金秋 70	西北农林科技大学园艺学院和杨凌上科农业科技有限公司选育 山西省农作物品种审定委员会2007年认定	生长期70d。叶球高桩直筒类型，合抱，外叶深绿色，球叶浅绿色，单球重3.5～4.0kg。抗病毒病、霜霉病和软腐病，纤维少，品质好，耐贮运	适宜全国习惯种植高桩类型大白菜地区种植
金秋 90	西北农林科技大学园艺学院和杨凌上科农业科技有限公司选育 山西省农作物品种审定委员会2007年认定	生长期90d。叶球高桩直筒类型，单球重4.0～5.0kg。抗病毒病、霜霉病和软腐病，耐贮运	适宜全国习惯种植高桩类型大白菜地区种植
石绿 85	河北省石家庄市蔬菜花卉研究所选育 河北省农作物品种审定委员会1998年审定 全国农作物品种审定委员会2002年审定	生长期85d左右。叶球高桩直筒类型，花心开顶，单球重4.0kg。抗病毒病、霜霉病和软腐病，品质好	适宜北京、山东、河北、河南等地种植
凯丰 2 号	北京市农林科学院蔬菜研究中心和哈尔滨刘元凯种业有限公司选育 黑龙江农作物品种审定委员会2004年登记	生长期65d。植株较直立，叶球合抱，二牛心型，单球重4.0～6.0kg左右。抗病毒病和霜霉病	适宜黑龙江省种植
东农 906	东北农业大学园艺学院选育 黑龙江农作物品种审定委员会2004年登记	生长期65d。叶球顶部小、尖、开，单球重4.0kg，不长侧芽。抗病毒病和霜霉病	适宜黑龙江省各地种植
吉研 1 号	吉林省蔬菜花卉科学研究所选育 吉林省农作物品种审定委员会1980年审定	生长期80～85d。株型较直立，叶球长筒类型，舒心，绿黄色，单球重4.5kg。对软腐病抗性较强，对病毒病、霜霉病和白斑病的抗性中等	适宜吉林省中西部地区种植
吉研 2 号	吉林省蔬菜花卉科学研究所选育 吉林省农作物品种审定委员会1980年审定	生长期85d。叶球半舒心，长筒类型，单株重2.8kg。较抗病毒病，较耐霜霉病、软腐病	适宜吉林省中西部地区种植
吉研 3 号	吉林省蔬菜花卉科学研究所选育 吉林省农作物品种审定委员会1988年审定	生长期82d。株型较直立，叶球长筒类型，舒心，绿黄色。对霜霉病、白斑病和软腐病的抗性较强，对病毒病的抗性中等	适宜吉林省中西部地区种植
吉研 4 号	吉林省蔬菜花卉科学研究所选育 吉林省农作物品种审定委员会1989年审定	生长期85d。株型较直立，叶球长筒类型，舒心，绿黄色。较抗病毒病、霜霉病、软腐病，耐贮藏	适宜吉林省长春、四平等地种植

（续）

品种名称	选育与审（认、鉴）定单位	主要特征特性	适应地区
吉研 5 号	吉林省蔬菜花卉科学研究所选育 吉林省农作物品种审定委员会 1993 年审定	生长期 82d。株型较直立，叶球长筒型，舒心，绿黄色。对霜霉病、白斑病和病毒病的抗性较强，对软腐病的抗性中等	适宜吉林省中西部地区种植
吉研 6 号	吉林省蔬菜花卉科学研究所选育 吉林省农作物品种审定委员会 1995 年审定	生长期 82d。叶球长筒类型，舒心，绿黄色。对病毒病、霜霉病和白斑病的抗性较强，对软腐病的抗性中等	适宜吉林省中西部地区种植
通园 7 号	吉林省通化市园艺研究所选育 吉林省农作物品种审定委员会 1995 年审定	生长期 80d。平顶花心结球类型，单球重 3.0kg。较抗白斑病、软腐病	适宜吉林省通化、延边等地，黑龙江南部、辽宁、内蒙古等部分地区种植
金玲 2 号	吉林省龙井市龙发农业蔬菜研究所和延边龙发农业科技开发有限公司选育 吉林省农作物品种审定委员会 2004 年鉴定	生长期 80～85d。叶球中桩叠抱，单球重 4.5kg。对病毒病、霜霉病、软腐病、黑腐病、干烧心病抗性强	适宜吉林省延边、通化、白山、吉林、长春地区种植
新乡小包 23	河南省新乡市农业科学院选育 2002 年河南省科技厅鉴定	生长期 70d。叶球矮桩叠抱，单球重 3.0kg。抗病毒病、霜霉病和软腐病	适宜河南、河北、湖北、山西、陕西、广西等地种植
晋菜 3 号	山西省农业科学院蔬菜研究所选育 山西省农作物品种审定委员会 1984 年认定	生长期 80～85d。叶球直筒舒心类型，单球重 3.0kg。抗病毒病、霜霉病和软腐病	适宜河北、贵州、内蒙古、辽宁、山西等地种植
新青	山西省农业科学院蔬菜研究所选育 山西省农作物品种审定委员会 2004 年鉴定	生长期 80～85d。叶球直筒拧心类型，单球重 3.5～4.0kg。抗病毒病、霜霉病、软腐病	适宜河北、贵州、内蒙古、辽宁、山西等地种植
太原 2 青	山西省农业科学院蔬菜研究所选育 山西省农作物品种审定委员会 1984 年认定	生长期 90d。叶球直筒拧心类型，单球重 4.0～5.0kg。抗大白菜病毒病、霜霉病、软腐病	适宜河北、贵州、广西、内蒙古、辽宁、山西等地种植
新绿 20	山西省农业科学院蔬菜研究所选育 山西省农作物审定委员会 2004 年鉴定	生长期 85d 左右。叶球直筒拧心类型，单球重 3.2kg。综合抗病性强，耐贮性好	适宜河北、贵州、内蒙古、辽宁、山西等地种植
晋白菜 3 号	山西省农业科学院蔬菜研究所选育 山西省农作物审定委员会 1994 年审定	生长期 55d 左右。叶球直筒合抱类型，单球重 2.0～3.0kg。抗病毒病、霜霉病和软腐病，耐热性和适应性强	适宜河北、贵州、内蒙古、辽宁、新疆、河南、甘肃、山西等地种植
晋白菜 4 号	山西省农业科学院蔬菜研究所选育 山西省农作物审定委员会 1994 年审定	生长期 65d 左右。叶球矮桩叠抱，单球重 2.5kg。抗病毒病、霜霉病，耐热，商品性好	适宜河南、河北、贵州、甘肃、山西等省种植

（续）

品种名称	选育与审（认、鉴）定单位	主要特征特性	适应地区
郑白4号	河南省郑州市蔬菜研究所选育 河南省农作物品种审定委员会1995年审定	生长期75d。叶球矮桩叠抱，单球重5.0kg。抗病毒病、霜霉病、软腐病及黑斑病	适宜河南、河北、山东、陕西、安徽、湖北、湖南、四川、云南等省种植
郑杂2号	河南省郑州市蔬菜研究所选育 河南省农作物品种审定委员会1993年审定	生长期85d。叶球矮桩叠抱，单球重6.0kg。抗病毒病、霜霉病、软腐病及黑斑病，耐轻度霜冻，耐贮存，品质佳	适宜河南、河北、湖北、甘肃、陕西等省种植
京翠70号	北京市农林科学院蔬菜研究中心选育 北京市农作物品种审定委员会2005年审定	生长期70d。叶球拧抱，单球重3.0kg左右。抗病毒病、霜霉病和软腐病	适宜北京、河北、内蒙古、辽宁、吉林、云南、贵州等地种植
京秋65号	北京市农林科学院蔬菜研究中心选育 北京市农作物品种审定委员会2006年审定	生长期65～70d。植株半直立，叶球矮桩叠抱，头球型。单球重3.6kg。高抗病毒病，抗霜霉病和软腐病，品质优	适宜北京、陕西、宁夏、山东、山西、新疆等地种植
北京小杂67号	北京市农林科学院蔬菜研究中心选育 北京市农作物品种审定委员会1995年审定	生长期65～70d。株型较直立，叶球合抱，单球重2.0kg。耐热，耐病毒病，抗霜霉病和软腐病，品质优良	适宜北京、辽宁、江苏、河北、云南、四川、江西等地种植
北京改良67号	北京市农林科学院蔬菜研究中心选育 北京市农作物品种审定委员会2003年审定 国家蔬菜品种鉴定委员会2004年鉴定	生长期65～70d。株型半直立，叶球合抱，单球重1.9kg。抗病毒病、霜霉病和软腐病，耐热，品质优良	适宜北京、辽宁、山东、云南、黑龙江和内蒙古等地种植
北京68号	北京市农林科学院蔬菜研究中心选育 黑龙江省农作物品种审定委员会2002年审定	生长期70～75d。株型半直立，叶球合抱，中桩，二牛心型，单球重2.0kg。抗病毒病，较抗霜霉病、软腐病，品质优良	适宜辽宁、黑龙江、吉林和内蒙古等地种植
北京大牛心	北京市农林科学院蔬菜研究中心选育 北京市农作物品种审定委员会2003年审定 国家蔬菜品种鉴定委员会2004年鉴定	生长期70～75d。叶球合抱，中桩，二牛心型，单球重2.8kg。抗病毒病、霜霉病、软腐病，品质优良，商品性好	适宜北京、辽宁、山东、云南、黑龙江和内蒙古等地种植
小杂8号	北京市农林科学院蔬菜研究中心选育 北京市农作物品种审定委员会1984年审定	生长期65～70d。叶球矮桩叠抱。抗病、丰产，品质好	适宜北京及周边地区种植

（续）

品种名称	选育与审（认、鉴）定单位	主要特征特性	适应地区
北京 75 号	北京市农林科学院蔬菜研究中心选育 北京市农作物品种审定委员会 1991 年审定 全国农作物品种审定委员会 1995 年审定	生长期 70～75d。植株半直立，叶球中桩叠抱，单球重 3.1kg。抗病毒病、霜霉病和软腐病	适宜北京、河北、新疆、甘肃、云南等地种植
京秋 80 号	北京市农林科学院蔬菜研究中心选育 北京市农作物品种审定委员会 2002 年审定	生长期 80d。株型半直立，叶球叠抱，单球重 2.8kg。抗病毒病、霜霉病和软腐病，品质优良	适宜北京、河南、西北地区、新疆等地种植
北京新 3 号	北京市农林科学院蔬菜研究中心选育 北京市农作物品种审定委员会 1997 年审定 全国农作物品种审定委员会 2001 年审定 2001 年获植物新品种保护授权	生长期 80d。株型半直立，叶球中桩叠抱，单球重 4.2kg。抗病毒病，耐霜霉病和软腐病，品质好，耐贮存	适宜北京、天津、河北、山东、辽宁、吉林、黑龙江、内蒙古等地种植
北京 80 号	北京市农林科学院蔬菜研究中心选育 北京市农作物品种审定委员会 1991 年审定 全国农作物品种审定委员会 1995 年审定	生长期 80～85d。株型直立，叶球拧抱，单球重 3.0～3.5kg。抗病毒病、霜霉病，适应性强，品质较好	适宜北京、河北、天津、内蒙古、贵州、广西等地种植
北京新 1 号	北京市农林科学院蔬菜研究中心选育 北京市农作物品种审定委员会 1988 年审定 全国农作物品种审定委员会 1990 年审定	生长期 85～90d。株型较直立，叶球中高桩，抱头型，单球重 4.6kg。抗病毒病和霜霉病，品质较好	适宜北京、山东、吉林等地种植
北京新 2 号	北京市农林科学院蔬菜研究中心选育 北京市农作物品种审定委员会 1995 年审定	生长期 85～90d。叶球叠抱，单球重 5.0～5.5kg。耐病毒病，抗霜霉病和黑斑病，高产，品质好，耐贮藏	适宜北京地区远郊和河北部分地区种植
北京新 4 号	北京市农林科学院蔬菜研究中心选育 北京市农作物品种审定委员会 2001 年审定	生长期 85～90d。株型半直立，叶球高桩、叠抱，单球重 3.2kg。抗病毒病、霜霉病和软腐病，品质优良，耐贮藏	适宜北京、河北、山东等地种植
京秋 1 号	北京市农林科学院蔬菜研究中心选育 北京市农作物品种审定委员会 2003 年审定	生长期 80～85d。株型半直立，叶球高桩、叠抱，单球重 4.0kg。抗病毒病、耐霜霉病和软腐病，品质好，耐贮运	适宜北京、河北、山东、辽宁等地种植

（续）

品种名称	选育与审（认、鉴）定单位	主要特征特性	适应地区
北京106号	北京市农林科学院蔬菜研究中心选育 北京市农作物品种审定委员会1984年审定 山西省农作物品种审定委员会1987年认定	生长期85～90d。单株净菜重5.0kg。耐病，品质好，耐贮藏	适宜北京、河北、山西等地种植
北京100号	北京市农林科学院蔬菜研究中心选育 北京市农作物品种审定委员会1986年审定	生长期90～95d。植株筒状，叶球合抱，单球重5.0kg	适宜北京、河北种植
蓉白4号	四川省成都市第一农业科学研究所选育 四川省农作物品种审定委员会1993年审定	生长期65～70d。叶球倒卵圆形，顶部平圆，叠抱，单球重1.2kg。抗病毒病、霜霉病、黑斑病	适宜四川省沿长江流域种植
中白85	中国农科院蔬菜花卉研究所选育 全国农作物品种审定委员会2001年审定	生长期85～90d。植株生长势强，叶球高桩叠抱。球高43cm，球径21cm，单球重7.0kg。抗病毒病，霜霉病，耐软腐病	适宜北京、河北、西北等地种植
中白83	中国农科院蔬菜花卉研究所选育 全国农作物品种审定委员会2001年审定	生长期约83d。叶球平头矮桩叠抱，单球重6.3kg。抗病毒病、软腐病及黑腐病	适宜山东、河南、西北等地种植
中白80	中国农业科学院蔬菜花卉研究所选育 全国农作物品种审定委员会2001年审定	生长期85～90d。叶球高桩叠抱，单球重5.5kg。抗病毒病、霜霉病，耐软腐病	适宜北京、河北、西北等地种植
中白78	中国农业科学院蔬菜花卉研究所选育 北京市农作物品种审定委员会2006年审定	生长期75～80d。中桩合抱，炮弹形，单球重3.9kg	适宜东北、华北、西北及西南地区种植
中白81	中国农业科学院蔬菜花卉研究所选育 北京市农作物品种审定委员会1999年审定	生长期85d。叶球高桩叠抱，抱球性好，单球重3.5kg。抗病毒病、软腐病及黑腐病，品质好，耐贮藏	适宜北京、河北、西北地区等地种植
中白76	中国农业科学院蔬菜花卉研究所选育 全国农作物品种审定委全国员会2002年审定	生长期75～80d。株型直立，叶高桩拧抱、直筒形，单球重3.2kg。高抗病毒病、霜霉病，兼抗黑斑病	适宜华北、西南、西北地区等地种植
东白1号	东北农业大学园艺学院选育 黑龙江省农作物品种审定委员会2001年审定	生长期80～85d。叶球合抱，单球重3.5～4.0kg，叶球短粗、紧实。高抗霜霉病，兼抗软腐病、病毒病	适宜东北地区种植

（续）

品种名称	选育与审（认、鉴）定单位	主要特征特性	适应地区
东白2号	东北农业大学园艺学院选育 黑龙江省农作物品种审定委员会2003年审定	生长期85d。叶浅绿色，顶部闭合，单球重4.3kg。高抗病毒病、软腐病，兼抗霜霉病	适宜东北地区种植
东白3号	东北农业大学园艺学院选育 黑龙江省农作物品种审定委员会2006年审定	生长期70～75d。叶球合抱，牛心型，单球重3.0kg。结球快，无侧芽，不裂球，风味品质佳。高抗芜青花叶病毒，兼抗霜霉病	适宜东北地区种植
东农904	东北农业大学园艺学院选育 黑龙江省农作物品种审定委员会2001年审定	生长期80～90d。叶球直筒类型，顶部尖开，单球重3.4kg。高抗病毒病，兼抗霜霉病及软腐病	适宜东北地区种植
东农906	东北农业大学园艺学院选育 黑龙江省农作物品种审定委员会2004年审定	生长期80～90d。叶浅绿色，顶部小尖开，单球重1.8kg。抗病毒病、软腐病、霜霉病	适宜东北地区种植
东农907	东北农业大学园艺学院选育 黑龙江省农作物品种审定委员会2006年审定	生长期75d。叶球合抱，牛心型，单球重3.5kg。风味品质佳，高抗芜青花叶病毒，兼抗霜霉病	适宜东北地区种植
东农901	东北农业大学园艺学院选育 黑龙江省农作物品种审定委员会1993年审定	生长期75d。叶球牛心型，单球重2.3kg。抗病毒病，结球性好，适于加工朝鲜酸辣白菜	适宜黑龙江、吉林种植
东农902	东北农业大学园艺学院选育 黑龙江省农作物品种审定委员会1996年审定	生长期80d。叶球牛心型，单球重3.2kg。抗病毒病，兼抗霜霉病	适宜黑龙江省种植
豫白菜7号	河南省农业科学院园艺研究所选育 河南省农作物品种审定委员会1997年审定	生长期85d。叶球矮桩叠抱，单球重6.0～7.0kg。抗病毒病、霜霉病和软腐病	适宜河南、河北、山东、山西、陕西、安徽、湖北等省种植
豫白菜12号	河南省农业科学院园艺研究所选育 河南省农作物品种审定委员会2000年审定	生长期80d。叶球叠抱、单球重5.0～7.0kg。抗病毒病、霜霉病和软腐病，耐储运	适宜河南、河北、山东、山西、陕西、安徽、湖北等省种植
豫新1号	河南省农业科学院生物技术研究所选育 全国农作物品种审定委员会2002年审定	生长期70d。叶球矮桩叠抱，单球重4.0～5.0kg。高抗病毒病、霜霉病和软腐病	适宜河南、河北、山东、山西、陕西、安徽、湖北等省种植
豫新6号	河南省农业科学院生物技术研究所选育 全国农业技术推广服务中心2004年鉴定	生长期80～85d。叶球矮桩叠抱，单球重5.5kg。抗病毒病、霜霉病和软腐病三大病害，耐储藏	适宜华北地区种植
沈农超级白菜	沈阳农业大学育成 辽宁省农作物品种审定委员会2001年审定	生长期75d。青白帮，直筒类型，叶球短粗，单球重4.0～5.0kg。抗病毒病和霜霉病，耐白斑病、黑斑病和软腐病	适宜全国习惯种植高桩类型大白菜地区种植

（续）

品种名称	选育与审（认、鉴）定单位	主要特征特性	适应地区
沈农超级2号	沈阳农业大学育成 辽宁省农作物品种审定委员会2001年审定	生长期80d。青白帮，直筒类型，单球重5.0～6.0kg。抗病毒病和白斑病，耐软腐病	适宜全国习惯种植高桩类型大白菜地区种植
沈农超级4号	沈阳农业大学选育 辽宁省农作物品种审定委员会2004年登记	生长期75d。叶球直筒类型，单球重2.4kg。抗病毒病、软腐病，耐霜霉病，品质好	适宜辽宁各地种植
沈农超级5号	沈阳农业大学选育 辽宁省农作物品种审定委员会2004年登记	生长期85d。直筒类型，单球重3.5kg。抗病毒病、软腐病，耐霜霉病，商品性好	适宜辽宁各地种植
沈农超级6号	沈阳农业大学选育 辽宁省农作物品种审定委员会2004年登记	生长期85d。叶球直筒类型，心叶黄绿，单球重2.5kg。抗病毒病、软腐病及霜霉病，商品品质好，风味佳	适宜辽宁各地种植
多抗3号	河北省农林科学院经济作物研究所选育 河北省农作物评审委员会1999年审定	生长期80d。叶球为高桩直筒合抱型，单球重5.0kg。高抗病毒病、霜霉病和软腐病，耐贮藏	适宜全国种植
多维462	河北省农林科学院经济作物研究所选育 河北省科技厅2005年鉴定	生长期70d。株型中等，舒心，单球重3.0kg。高抗病毒病、霜霉病、软腐病，耐寒、耐热。适合周年错季种植	适宜河北省种植

五、特色类型大白菜

品种名称	选育与审（认、鉴）定单位	主要特征特性	适应地区
黄芽14	浙江省农业科学院选育 浙江省农作物品种审定委员会1994年审定	叶球炮弹形，舒心，成熟时心叶外翻，鲜黄色。耐病毒病和霜霉病，耐寒性强	适宜全国各地栽培
北京橘红心	北京市农林科学院蔬菜研究中心选育 北京市农作物品种审定委员会1999年审定	生长期80d。株型半直立，叶球叠抱，中桩，球叶橘红色，单球重2.2kg。抗病毒病、霜霉病和软腐病	适宜北京、河北、山东、江苏、辽宁、吉林、黑龙江等地种植
北京橘红2号	北京市农林科学院蔬菜研究中心选育 北京市农作物品种审定委员会2002年审定	生长期65～70d。植株半直立，叶球叠抱，球内橘红色，单球重2.0kg。抗病毒病、霜霉病、软腐病	适宜北京、河北、山东、江苏、辽宁、吉林、黑龙江等地种植
金冠1号	西北农林科技大学园艺学院选育 陕西省农作物品种审定委员会2004年鉴定	生长期85～90d。叶球叠抱，头球形，内层叶色为金黄色，单球净重2.5～3.5kg	适宜全国栽培叠抱类型秋大白菜地区种植
金冠2号	西北农林科技大学园艺学院选育 陕西省农作物品种审定委员会2004年鉴定	生长期75～80d。叶球叠抱，头球形，内层叶色为橙黄色，单球净重2.5～3.0kg	适宜全国栽培叠抱类型秋大白菜地区种植

（赵利民　王均邦）

附录3：大白菜胞质雄性不育系选育统一记载标准

一、雄性不育性

以当日所开之花为调查对象，分单花不育度、单株不育度、群体不育性三个层次，田间以单株调查记载，最后计算群体不育性。

1. 单花不育度

分为5级：

0级　正常可育花，雄蕊数目、花药大小同测交父本相同或相近；

1级　低不育花，有4个以上雄蕊的花药大小基本正常或局部膨大，其膨大部分占正常花药的2/3以上，可正常散粉；

2级　半不育花，变化范围较大，雄蕊花药明显瘦小，有1～2个花药接近正常；或2～4个花药部分膨大，其膨大部分占正常花药的1/2～2/3；或6个花药均膨大，膨大部分仅占正常花药的1/3～1/2，可以散粉或败花有粉；

3级　高不育花，2个以下的花药膨大，膨大部分占正常花药的1/3～1/2；或2～4个花药有轻微膨大点，败花有微粉；

4级　全不育花，6个雄蕊花药均瘦小，呈白色透明状，无花粉。

2. 单株不育度

分为6级：

0级　全可育株，0级花占80%以上，有少量1级花；

1级　低不育株，1级花占80%以上，有少量0级或2级花；

2级　半不育株，2级花占60%以上，有少量1级或3级花；

3级　高不育株，3级花占60%以上，有少量2级或4级花；或2级、3级、4级花数量相当；

3.9级　近似全不育株，以4级花为主，3级花少于10%；

4级　全不育株，所有花均为4级花。

3. 群体不育性

不育株率＝3级以上株数/总株数；

不育度＝3.9级以上株数/总株数。

4. 雄性不育的稳定性

（1）不同生育期调查：初花期、盛花期、末花期分别调查；

（2）不同生态条件下调查比较。

注：以上标准以形态为主，兼顾实际应用确定的。至于花粉量及花粉生活力的标准，只要将上述不同级别的花分别测定便可得知。

二、雌蕊育性

在不育株盛花期用正常亲和可育株测交，用所得平均单荚结籽数表示。调查 10 个果荚。

4 级　雌蕊不育，受粉不孕，平均单荚结籽数为零；

3 级　雌蕊高度不育，平均单荚结籽数 1～4 粒；

2 级　雌蕊部分不育，平均单荚结籽数 5～9 粒；

1 级　雌蕊基本正常，平均单荚结籽数 10～14 粒；

0 级　雌蕊正常，平均单荚结籽数多于 15 粒。

注：为了避免 S 基因对交配亲和性的干扰，测交父本应选用 3 个以上不同来源的正常可育株。

三、花蕾发育

每系随机调查 10 株，在盛花期调查花蕾黄化、枯败情况，分为 5 级。

0 级　正常，无败育花蕾，开花正常；

1 级　轻度败育，主轴花枝上有少量败蕾，大约占 1/5；

2 级　中度败育，主、侧花枝上败蕾，大约占 30%～50%；

3 级　严重败育，主、侧花枝上败蕾，大约占 60%～80%；

4 级　全败育，花蕾几乎全部枯败。

四、蜜腺发育

每系随机取 10 株，每株采当日开放花 5 朵，除去花冠，放大 20 倍后，分级统计，计算蜜腺发育指数。

4 级　无蜜腺，看不到蜜腺；

3 级　严重退化，仅有 1～2 个蜜腺，膨大不明显；

2 级　中度退化，有 2 个蜜腺，其中一个明显膨大；

1 级　轻微退化，有 2 个以上明显膨大的蜜腺；

0 级　基本正常，有 3～4 个蜜腺。

注：明显膨大指以正常花（轮回亲本）为对照。

蜜腺发育指数=（Σ各级数×相应花数）/（4×50）

五、叶色发育

分级统计，计算黄化指数，调查株数应在 20 株以上。在拉大十字期和团棵期调查两次。

0 级　叶色正常，心叶颜色同轮回亲本；

1 级　轻度黄化，心叶淡绿，外轮叶色接近或同于轮回亲本；

2 级　中度黄化，心叶发黄，外轮叶色淡绿，恢复变绿较慢；

3 级　严重黄化，心叶黄亮，叶缘白化，外轮叶色发黄，难于恢复变绿，生长缓慢；

4 级　完全黄化，黄化致死或白化株。

黄化指数=（∑各级数×相应花数）/（4×调查总株数）

六、不育系育成标准

不育株率接近100%，不育度大于95%，不育性稳定；雌蕊功能正常；无黄化，主要性状与保持系一致；群体组成在1 000株以上。

七、不育系的编号命名

采用“胞质—染色体组—轮回亲本”合成表示。

1. 开首大写拉丁字母表示不育胞质来源，右下角i为所属品种添标（1、2、3……）

Bi——表示 *B. nigra* 某一不育胞质；

Ci——表示 *B. oleracea* 某一不育胞质；

Ai——表示 *B. campestris* 某一不育胞质；

Aci——表示 *B. napus* 某一不育胞质；

ABi——表示 *B. juncea* 某一不育胞质；

ACi——表示 *B. carinata* 某一不育胞质；

Ri——表示 *R. sativus* 某一不育胞质；

2. 中间小写拉丁字母aa表示白菜染色体，圆点后为亚种添标

aa. P 大白菜（*B. camp*. L. ssp. *pekinensis*）

aa. C 白菜（*B. camp*. L. ssp. *chinensis*）

aa. Pa 菜心（*B. camp*. L. ssp. *pekinensis*）

3. 末段横线后为轮回亲本添标（或名称）

如：aa. p-小青口

全名示例：

R_1aa. p-小青口：携带ogura萝卜不育胞质（R_1）的大白菜（aa. p）小青口雄性不育系。

R_4Aaa. c-四月慢：携带金花薹萝卜不育胞质（R_4A）的白菜（aa. c）四月慢雄性不育系。

（陕西省蔬菜研究所1982年制定，1992年修订）

附录 4：植物新品种特异性、一致性和稳定性测试指南 大白菜 GB/T 19557.5—2004

1 范围

本标准规定了大白菜（结球白菜）新品种特异性、一致性和稳定性测试的技术要求、测试结果的判定原则及技术报告的内容和格式。

本标准适用于大白菜［*Brassica campestris* L. ssp. *pekinensis*（Lour）Olsson］新品种特异性、一致性和稳定性的测试和评价。

2 规范性引用文件

下列文件中的条款通过本标准的引用而成为本标准的条款。凡是注日期的引用文件，其随后所有的修改单（不包括勘误的内容）或修订版均不适用于本标准，然而，鼓励根据本标准达成协议的各方研究是否可使用这些文件的最新版本。凡是不注日期的引用文件，其最新版本适用于本标准。

GB 16715.2 瓜菜作物种子 白菜类

GB/T 19557.1—2004 植物新品种特异性、一致性和稳定性测试指南 总则

3 术语和定义

GB/T 19557.1—2004 确立的术语和定义适用于本标准。

4 供试品种种子的要求

4.1 供试品种种子质量和数量

递交测试的大白菜种子质量应达到 GB 16715.2 中对大白菜原种（纯度不低于 99.9%，净度不低于 98%，发芽率不低于 75%，水分不高于 7%）或杂交种一级种子（纯度不低于 98%，净度不低于 98%，发芽率不低于 85%，水分不高于 7%）的要求；数量不少于 20g（种质材料不少于 10g）。

对选择性测试项目，递交种子的数量和质量应符合表 1 的规定。

表 1 选择性测试项目递交种子的数量与质量要求

项　　目	种子数量/g	种子质量
育性鉴定	10	严格套袋自交或隔离繁殖的高纯种子，发芽率＞80%
抗病鉴定	5	发芽率＞85%
抗逆境鉴定	5	发芽率＞85%

4.2 供试品种种子的处理要求

递交的种子未经审批机关同意，不应进行任何处理。如果经处理，应提供处理的详细说明。

4.3 供试品种的保存

测试单位接到测试品种后，应立即分出留存种子，并妥善保存，以备复查。

4.4 供试品种的文字材料

申请测试者，除递交种子外还应按附录C填写“技术问卷”。

5 测试

5.1 测试时间

测试的持续时间不少于连续两个相同季节的生长周期。

5.2 测试条件

测试的条件应能满足测试品种植株的正常生长及对其性状的正常测试。一般每个测试品种安排在一个测试点进行测试，如有特殊要求的可进行多点测试。

5.3 田间设置

每个小区株数不少于 40 株。密度：早熟品种 60cm×45cm；中晚熟品种 70cm×50cm。每个测试品种设三次重复，并设标准品种和保护行。栽培方法：同一般露地大白菜栽培。

5.4 附加测试

审批机关可以承认申请者在申请之前自己所做的测试结果，但为特定目的而设立的附加试验，例如抗病性、抗逆性（冬性、耐热性）等，应在审批机关指定的鉴定单位或特定的生态区进行测试。

5.5 田间管理

测试点与大田管理措施相同。对测试品种和近似品种的田间管理严格一致。

5.6 取样和观察

样品的取样、观察、测试按附录B相应性状的要求进行，重复观测的数据区分别取自三个区组。

5.7 其他

第二次相同生长季节测试所使用的种子，常规种、保持系、恢复系为第一次生长季节收获的种子；不育系和杂交种由申请者提供前一年所配制的种子。

6 性状的观测与判别

6.1 观测的基本要求

审批机关根据申请者提供的新品种资料，确定该品种的测试性状。

品种测试的观测分别按附录 A 和附录 B 的要求执行。与测试品种一起观测的标准品种，应当表现正常，否则本次观测无效。

观测的记录按 GB/T 19557.1—2004 的要求执行。

特异性、一致性和稳定性的判别参照 GB/T 19557.1—2004 的要求进行。

6.2 特异性的观测与判别

如测试品种与近似品种的同一性状在同一代码内，则表示测试品种在该性状上与近似品种无差异，否则有差异。测试品种与近似品种有一必测性状在不同代码内或不少于两个补充性状在不同代码内，可判定为新品种。

6.3 一致性的观测与判别

对测试品种一致性的观测，以代码为分析单元，计算变异度。常规种、保持系、恢复系的允许变异度不超过 2%，不育系的允许变异度不超过 0.1%，杂交种的允许变异度不超过 4%。测试品种的变异度不超过近似品种在该性状上的变异度，也可判定测试品种在该性状表现一致。

如果所观测的性状有差异，以表现最多的性状值为准，并报出该值。

不能进行个体测试的性状，不进行一致性鉴定。

6.4 稳定性的观测与判别

对测试品种稳定性的观测，在两个相同生长季节的测试结果中，测试品种同一性状的表现在同一代码内，或第二次测试的变异度与第一次测试的变异度无显著变化，则表示该品种在此性状上是稳定的，否则，为不稳定。

7 性状

7.1 概述

大白菜测试性状包含植物形态特征、农艺性状、品质性状及抗病虫性状等四方面，共 55 个（性状的描述见附录 A），分成必测性状和补充性状。必测性状为每个测试品种必须进行观测、描述的基本性状；补充性状是在必测性状不能区别测试品种和近似品种时，进一步选测的性状。

7.2 必测性状（16 个）

株型、叶形、叶色、茸毛、中肋（叶柄）色、外叶数、叶球形状、叶球高度、叶球宽度（直径）、球顶部包合状况、叶球颜色、叶球内叶颜色、球叶数、叶球重量、净菜率、熟性。

7.3 补充性状（39 个）

子叶的大小、子叶的颜色、株高、开展度、叶片长、叶片宽、叶的光泽、叶缘波状、叶缘锯齿、叶面皱缩、叶脉鲜明度、中肋（叶柄）厚、中肋（叶柄）长度、中肋（叶柄）宽度、中肋（叶柄）形状、球顶部形状、软叶率、中心柱形状、中心柱长度、花蕾、侧芽、收获延长期、贮藏性、田间耐热性、春播心柱长度、冬性、花瓣的形状、花瓣的大小、花的颜色、种子的大小、种子的颜色、雄性不育、不育度、不育株率、自交不亲和性、病毒病抗性、霜霉病抗性、黑斑病抗性、黑腐病抗性。

8 测试品种分组

测试品种的种植可分成几个组，以利于特异性的评价。适于分组的性状是，根据经验

在同一个品种里面不会变化或变化轻微的性状，在收集的品种中，性状不同级别的表达应是较均匀分布的。建议分组性状如下：

——白菜品种播种季节类型：春播、夏播、秋播；

——熟性：极早熟、早熟、中晚熟；

——叶球形状：表 A.1 性状 22。

附 录 A

（规范性附录）

大白菜品种测试性状

表 A.1 性 状 表

性　　状	观测时期	性状描述	标准品种	代码
1. 子叶的大小	21	小	北京小杂 50 号	3
		中	北京小杂 61 号	5
		大	秦白 2 号	7
2. 子叶的颜色	21	黄绿		1
		浅绿		3
		绿		5
		深绿		7
3. 株型*	41	直立		3
		半直立		5
		平展		7
4. 株高	43	极矮	北京小杂 50 号	1
		矮	北京小杂 61 号	3
		中	中白 4 号	5
		高	秋绿 75 号	7
		极高	长丰 1 号	9
5. 开展度	43	小	北京小杂 50 号	3
		中	北京小杂 61 号	5
		大	华白 1 号	7
6. 叶片长	43	短	北京小杂 50 号	3
		中	北京小杂 61 号	5
		长	长丰 1 号	7
7. 叶片宽	43	窄	北京小杂 50 号	3
		中	北京小杂 61 号	5
		宽	郑白 4 号	7

表 A.1（续）

性　　状	观测时期	性状描述	标准品种	代码
8. 叶形*	43	近圆		1
		宽倒卵		2
		倒卵		3
		长倒卵		4
		长圆		5
9. 叶色*	3	黄绿		1
		浅绿		3
		绿		5
		灰绿		7
		深绿		9
10. 叶的光泽	3	弱	北京小杂 50 号	3
		强	秋绿 75 号	7
11. 茸毛*	3	无	秋绿 75 号	1
		少	北京小杂 61 号	3
		多	长丰 1 号	5
12. 叶缘波状	3	无		1
		小		3
		中		5
		大		7
13. 叶缘锯齿	3	全缘		1
		钝锯		2
		单锯		3
		复锯		4
14. 叶面皱缩	3	平		1
		稍皱		3
		多皱		5
		泡皱		7
15. 叶脉鲜明度	3	不明显		1
		明显		2
16. 中肋（叶柄）色*	43	白		1
		绿白		3
		浅绿		5
		绿		7

表 A.1（续）

性　　状	观测时期	性状描述	标准品种	代码
17. 中肋（叶柄）厚	43	薄	北京小杂 50 号	3
		中	北京小杂 61 号	5
		厚	长丰 1 号	7
18. 中肋（叶柄）长度	43	短	北京小杂 50 号	3
		中	北京小杂 61 号	5
		长	长丰 1 号	7
19. 中肋（叶柄）宽度	43	窄	北京小杂 50 号	3
		中	秦白 2 号	5
		宽	长丰 1 号	7
20. 中肋（叶柄）形状	43	平		3
		中		5
		鼓		7
21. 外叶数*	43	少	北京小杂 50 号	3
		中	北京小杂 61 号	5
		多	长丰 1 号	7
22. 叶球形状*	43	球形		1
		头球形		2
		筒形		3
		长筒形		4
		炮弹形		5
23. 叶球高度*	5	极矮	北京小杂 50 号	1
		矮	北京小杂 61 号	3
		中	中白 4 号	5
		高	秋绿 55 号	7
		极高	长丰 1 号	9
24. 叶球宽度（直径）*	5	小	北京小杂 50 号	3
		中	北京小杂 61 号	5
		大	郑白 4 号	7
25. 球顶部抱合状况*	5	舒心	翻心黄	1
		拧抱	北京小杂 56 号	2
		合抱	长丰 1 号	3
		叠抱	中白 4 号	4

表 A.1（续）

性　　状	观测时期	性状描述	标准品种	代码
26. 球顶部形状	5	平		3
		圆		5
		尖		7
27. 叶球颜色*	5	白		1
		浅黄		2
		浅绿		3
		绿		4
28. 叶球内叶颜色*	5	白		1
		浅黄		2
		黄		3
		橘黄		4
29. 球叶数*	5	少	北京小杂 50 号	3
		中	北京小杂 61 号	5
		多	高抗 1 号	7
30. 软叶率	5	低	长丰 1 号	3
		中	高抗 1 号	5
		高	郑白 4 号	7
31. 叶球质量*	5	小	北京小杂 50 号	3
		中	秦白 2 号	5
		大	华白 1 号	7
32. 净菜率*	5	低	北京小杂 50 号	3
		中	中白 4 号	5
		高		7
33. 中心柱形状	5	扁圆		1
		圆		2
		长圆		3
		锥形		4
34. 中心柱长度	5	短	秋绿 75 号	3
		中	郑白 4 号	5
		长	高抗 1 号	7
35. 花蕾	5	无		1
		有		9

表 A.1（续）

性　状	观测时期	性状描述		标准品种	代码
36. 侧芽	5	无			1
		有			9
37. 收获延长期	5	早熟	短	北京小杂 50 号	3
			中	京夏王	5
			长	北京小杂 61 号	7
		中晚熟	短	北京 75 号	3
			中	郑白 4 号	5
			长	秋绿 75 号	7
38. 熟性*	5	极早		北京小杂 50 号	1
		早		北京小杂 61 号	3
		中		秦白 2 号	5
		中晚		中白 4 号	7
		晚		长丰 1 号	9
39. 贮藏性	6	差		北京新 1 号	3
		中		北京新 4 号	5
		好		北京新 3 号	7
40. 田间耐热性	42、43	弱			3
		中			5
		强			7
41. 春播心柱长度	5	低			3
		中			5
		高			7
42. 冬性	7	弱		北京小杂 61 号	3
		中		京春王	5
		强		春冠	7
43. 花瓣的形状	82	近圆形			1
		倒卵形			2
		长倒卵形			3
44. 花瓣的大小	82	小			3
		中			5
		大			7

表 A.1（续）

性　　状	观测时期	性状描述	标准品种	代码
45. 花的颜色	82	白		1
		浅黄		2
		黄		3
		深黄		4
		橘黄		5
46. 种子的大小	9	小	秋绿 55 号	3
		中	北京小杂 61 号	5
		大	秦白 2 号	7
47. 种子的颜色	9	黄		1
		浅褐		2
		红褐		3
		褐绿		4
		深褐		5
48. 雄性不育	82	细胞质		1
		质核互作		2
		核基因互作		3
		显性核不育		4
		隐性核不育		5
49. 不育度	82	低		3
		中		5
		高		7
50. 不育株率	82	低		3
		中		5
		高		7
51. 自交亲和性	8 和 9	弱		3
		中		5
		强		7
52. 病毒病（TuMV）抗性	24	高抗		1
		抗		3
		中抗		5
		感		7
		高感		9

表 A.1（续）

性　　状	观测时期	性状描述	标准品种	代码
53. 霜霉病抗性	23	高抗		1
		抗		3
		中抗		5
		感		7
		高感		9
54. 黑斑病抗性	24	高抗		1
		抗		3
		中抗		5
		感		7
		高感		9
55. 黑腐病抗性	24	高抗		1
		抗		3
		中抗		5
		感		7
		高感		9
注：“*”为必测性状。				

表 A.2　大白菜生长发育阶段十进制代码表

代码	一般描述
00	干种子
1	发芽期
2	幼苗期
21	一叶一心
22	二叶一心（拉十字）
23	三叶一心
24	八叶一心
3	莲座期
4	结球期
41	结球初期
42	结球中期
43	结球末期
5	收获期

表 A.2（续）

代码	一般描述
6	贮藏期
7	现蕾期（50%植株现蕾）
8	开花期
81	开花始期（30%植株主顶开花）
82	盛花期（50%植株主顶开花）
83	末花期（大部分植株已谢花）
9	种子收获期

附 录 B
（规范性附录）
性 状 的 解 释

B.1 子叶的大小

B.1.1 栽培方法：按照第5章的要求，并在当地最佳播期露地催芽单粒播种。

B.1.2 观测时期：一叶一心期。

B.1.3 观测部位：子叶。

B.1.4 观测方法：测量子叶最大宽度，以厘米表示，按表B.1进行分级。

B.1.5 观测量：每小区随机选10株，计算平均值。

表B.1 子叶大小的分级标准

宽度/cm	<1.3	1.3～1.8	>1.8
级 别	小	中	大
代 码	3	5	7

B.2 子叶的颜色

B.2.1 栽培方法：按照第5章的要求，并在当地最佳播期露地催芽单粒播种。

B.2.2 观测时期：植株一叶一心期。

B.2.3 观测部位：子叶。

B.2.4 观测方法：目测。对照标准比色板，按表B.2进行分级。

B.2.5 观测量：每小区随机选5株。

表B.2 子叶颜色的分级标准

颜色分类	黄绿	浅绿	绿	深绿
比色卡号	150	142	141	135
代 码	1	3	5	7

B.3 株型

B.3.1 栽培方法：按照第5章的要求。

B.3.2 定义：

a） 直立：结球初期外叶与地面所成的角度在60°以上。

b)　半直立：结球初期外叶与地面所成的角度在30°～60°。

c)　平展：结球初期外叶与地面所成的角度在30°以下。

B.3.3　观测时期：结球初期。

B.3.4　观测部位：外叶与地面所成的角度。

B.3.5　观测方法：目测。参照图B.1，按表B.3进行分级。

B.3.6　观测量：每小区随机选5株。

3　直立

5　半直立

7　平展

图B.1　株型（照片）

表B.3　株型的分级标准

株型分类	直立	半直立	平展
代　码	3	5	7

B.4　株高

B.4.1　栽培方法：按照第5章的要求。

B.4.2　观测时期：结球后期。

B.4.3　观测部位：植株基部与地面接触处至植株最高处。

B.4.4　观测方法：测量植株基部与地面接触处至植株最高处的自然高度，以厘米表示，按表B.4进行分级。

B.4.5　观测量：每小区随机选10株，计算平均值。

表B.4　株高的分级标准

高度/cm	＜30	30～40	41～50	51～60	＞60
级　别	极矮	矮	中	高	极高
代　码	1	3	5	7	9

B.5　开展度

B.5.1　栽培方法：按照第5章的要求。

B.5.2　观测时期：结球后期。

B.5.3　观测部位：植株外叶。

B.5.4 观测方法：测量植株外叶开展最大距离，以厘米表示，按表 B.5 进行分级。

B.5.5 观测量：每小区随机选 10 株，计算平均值。

表 B.5 开展度的分级标准

开展度/cm	<55	55～75	>75
级 别	小	中	大
代 码	3	5	7

B.6 叶片长

B.6.1 栽培方法：按照第 5 章的要求。

B.6.2 观测时期：结球后期。

B.6.3 观测部位：最大外叶。

B.6.4 观测方法：测量叶片最长部分的长度，以厘米表示，按表 B.6 进行分级。

B.6.5 观测量：每小区随机选 10 株，计算平均值。

表 B.6 叶片长的分级标准

长度/cm	<40	40～60	>60
级 别	短	中	长
代 码	3	5	7

B.7 叶片宽

B.7.1 栽培方法：按照第 5 章的要求。

B.7.2 观测时期：结球后期。

B.7.3 观测部位：最大外叶。

B.7.4 观测方法：测量叶片最宽部分的宽度，以厘米表示，按表 B.7 进行分级。

B.7.5 观测量：每小区随机选 10 株，计算平均值。

表 B.7 叶片宽的分级标准

宽度/cm	<25	25～35	>35
级 别	窄	中	宽
代 码	3	5	7

B.8 叶形

B.8.1 栽培方法：按照第 5 章的要求。

B.8.2 观测时期：结球后期。

B.8.3 观测部位：最大外叶。

B.8.4 观测方法：目测，并根据最大叶长、叶宽数值计算叶形指数（最大叶长/最大叶宽），结合图 B.2，按表 B.8 进行分级。

B.8.5 观测量：每小区随机选 5 株。

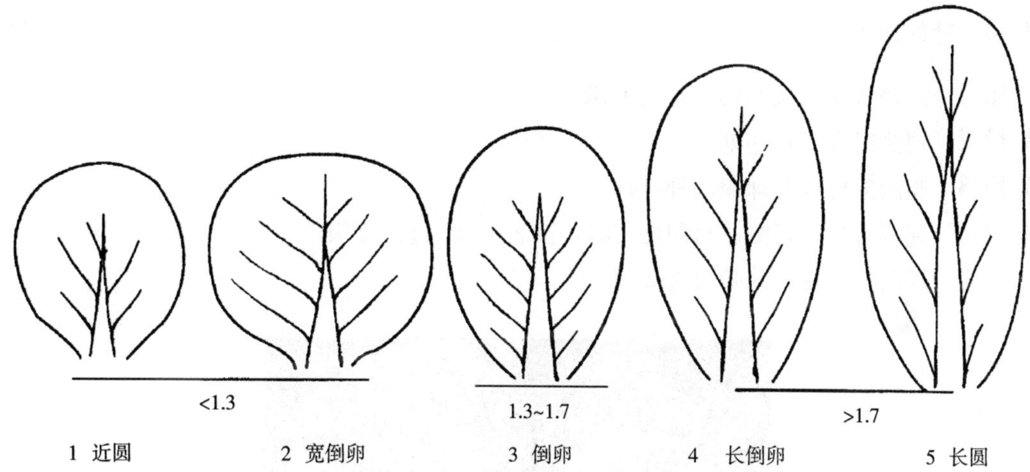

图 **B.**2 叶 形

表 **B.**8 叶形的分级标准

叶形指数	＜1.3	＜1.3	1.3～1.7	＞1.7	＞1.7
级 别	近圆	宽倒卵	倒卵	长倒卵	长圆
代 码	1	2	3	4	5

B.9 叶色

B.9.1 栽培方法：按照第 5 章的要求。

B.9.2 观测时期：莲座期。

B.9.3 观测部位：外叶。

B.9.4 观测方法：目测。对照标准比色板和图 B.3，按表 B.9 进行分级。

B.9.5 观测量：每小区随机选 5 株。

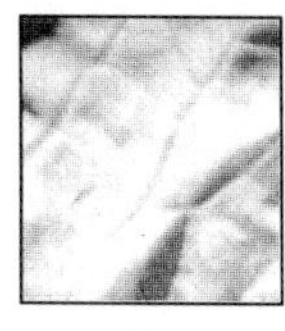
1 黄绿

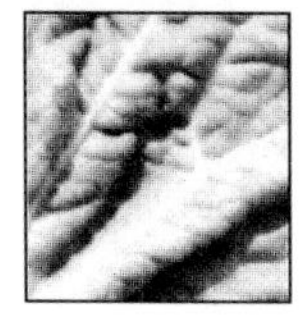
3 浅绿

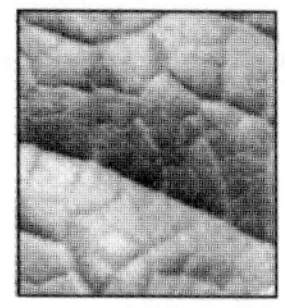
5 绿

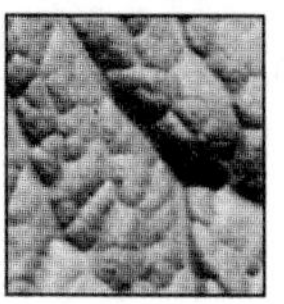
7 灰绿

9 深绿

图 **B.**3 叶色（照片）

表 B.9 叶色的分级标准

颜色分类	黄绿	浅绿	绿	灰绿	深绿
比色卡号	150	142	141	137	135
代　码	1	3	5	7	9

B.10 叶的光泽

B.10.1 栽培方法：按照第 5 章的要求。

B.10.2 观测时间：莲座期。

B.10.3 观测部位：叶球周围外叶。

B.10.4 观测方法：目测。对照图 B.4，按表 B.10 进行分级。

B.10.5 观测量：每小区随机选 5 株。

3 弱　　7 强

图 B.4 叶的光泽（照片）

表 B.10 叶的光泽的分级标准

级别	弱	强
代码	3	7

B.11 茸毛

B.11.1 栽培方法：按照第 5 章的要求。

B.11.2 观测时期：莲座期。

B.11.3 观测部位：中部叶片。

B.11.4 观测方法：目测。对照图 B.5，按表 B.11 进行分级。

B.11.5 观测量：每小区随机选 5 株。

1　无

3　少

5　多

图 B.5　叶的茸毛（照片）

表 B.11　叶的茸毛的分级标准

级别	无	少	多
代码	1	3	5

B.12　叶缘波状

B.12.1　栽培方法：按照第 5 章的要求。

B.12.2　观测时期：莲座期。

B.12.3　观测部位：外叶叶缘。

B.12.4　观测方法：目测（横向观察）。参照图 B.6，按表 B.12 进行分级。

B.12.5　观测量：每小区随机选 5 株。

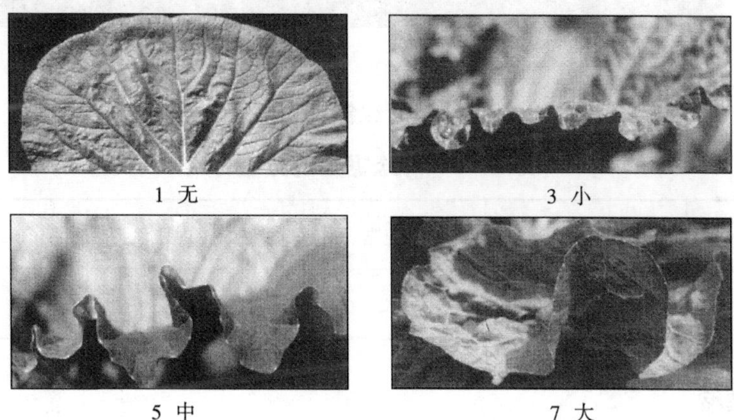

1 无　3 小　5 中　7 大

图 B.6　叶缘（照片）

表 B.12　叶缘波状的分级标准

级别	无	小	中	大
代码	1	3	5	7

B. 13 叶缘锯齿

B. 13. 1 栽培方法：按照第 5 章的要求。

B. 13. 2 观测时期：莲座期。

B. 13. 3 观测部位：外叶叶缘。

B. 13. 4 观测方法：目测。参照图 B. 7，按表 B. 13 进行分级。

B. 13. 5 观测量：每小区随机选 5 株。

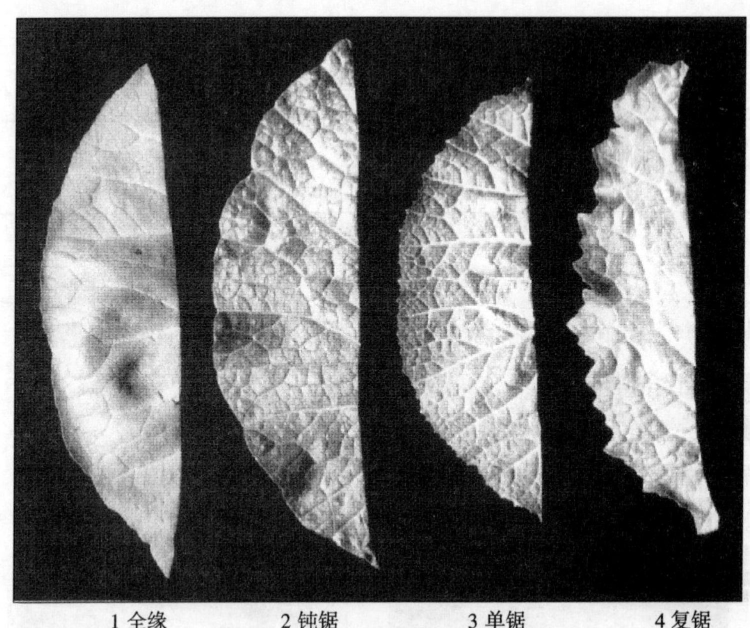

1 全缘　　2 钝锯　　3 单锯　　4 复锯

图 B. 7 叶缘锯齿（照片）

表 B. 13 叶缘锯齿的分级标准

级别	全缘	钝锯	单锯	复锯
代码	1	2	3	4

B. 14 叶面皱缩

B. 14. 1 栽培方法：按照第 5 章的要求。

B. 14. 2 观测时期：莲座期。

B. 14. 3 观测部位：外叶叶面。

B. 14. 4 观测方法：目测。参照图 B. 8，按表 B. 14 进行分级。

B. 14. 5 观测量：每小区随机选 5 株。

1 平

3 稍皱

5 多皱

7 泡皱

图 B.8　叶面皱缩（照片）

表 B.14　叶面皱缩的分级标准

级别	平	稍皱	多皱	泡皱
代码	1	3	5	7

B.15　叶脉鲜明度

B.15.1　栽培方法：按照第 5 章的要求。

B.15.2　观测时期：莲座期。

B.15.3　观测部位：外叶叶面。

B.15.4　观测方法：目测。参照图 B.9，按表 B.15 进行分级。

B.15.5　观测量：每小区随机选 5 株。

1 不明显

2　明显

图 B.9　叶脉鲜明度（照片）

表 B.15　叶脉鲜明度的分级标准

级别	不明显	明显
代码	1	2

B. 16 中肋（叶柄）色

B. 16. 1 栽培方法：按照第 5 章的要求。

B. 16. 2 观测时期：结球后期。

B. 16. 3 观测部位：叶球周围外叶中肋背面（向阳面）。

B. 16. 4 观测方法：目测。参照图 B. 10，按表 B. 16 进行分级。

B. 16. 5 观测量：每小区随机选 5 株。

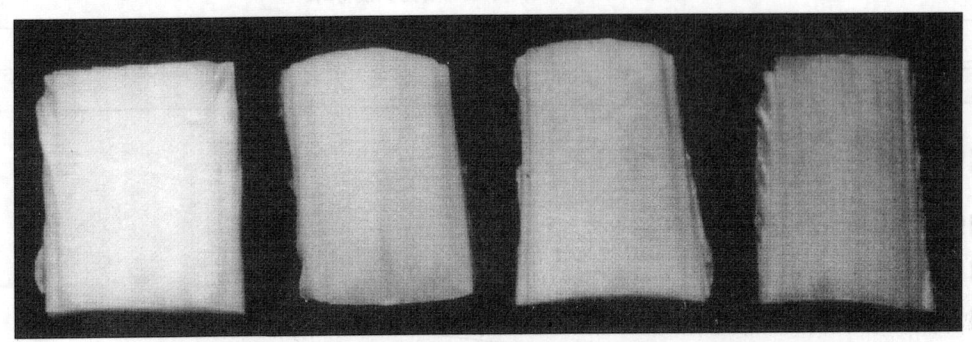

1 白　　3 绿白　　5 浅绿　　7 绿

图 B. 10 中肋（叶柄）色（照片）

表 B. 16 中肋色的分级标准

颜色分类	白	绿白	浅绿	绿
比色卡号	145D	145C	145B	143
代　码	1	3	5	7

B. 17 中肋（叶柄）厚

B. 17. 1 栽培方法：按照第 5 章的要求。

B. 17. 2 观测时期：结球后期。

B. 17. 3 观测部位：叶球周围最大外叶中肋。

B. 17. 4 观测方法：测量最大外叶中肋最厚部分的厚度，以厘米表示，按表 B. 17 进行分级。

B. 17. 5 观测量：每小区随机选 10 株，计算平均值。

表 B. 17 中肋厚度的分级标准

厚度/cm	<0. 85	0. 85～1. 2	>1. 2
级　别	薄	中	厚
代　码	3	5	7

B.18　中肋（叶柄）长度

B.18.1　栽培方法：按照第5章的要求。

B.18.2　观测时期：结球后期。

B.18.3　观测部位：最大外叶中肋。

B.18.4　观测方法：测量最大外叶中肋长度，从基部量至中肋明显变细处，以厘米表示，按表B.18进行分级。

B.18.5　观测量：每小区随机选10株，计算平均值。

表B.18　中肋长度的分级标准

长度/cm	＜20	20～35	＞35
级　别	短	中	长
代　码	3	5	7

B.19　中肋（叶柄）宽度

B.19.1　栽培方法：按照第5章的要求。

B.19.2　观测时期：结球后期。

B.19.3　观测部位：最大外叶中肋。

B.19.4　观测方法：测量最大外叶中肋最宽部分的宽度，以厘米表示，按表B.19进行分级。

B.19.5　观测量：每小区随机选10株，计算平均值。

表B.19　中肋宽度的分级标准

宽度/cm	＜5	5～8	＞8
级　别	窄	中	宽
代　码	3	5	7

B.20　中肋（叶柄）形状

B.20.1　栽培方法：按照第5章的要求。

B.20.2　观测时期：结球后期。

B.20.3　观测部位：最大外叶中肋基部3 cm处横切面。

B.20.4　观测方法：目测。参照图B.11，按表B.20进行分级。

B.20.5　观测量：每小区随机选5株。

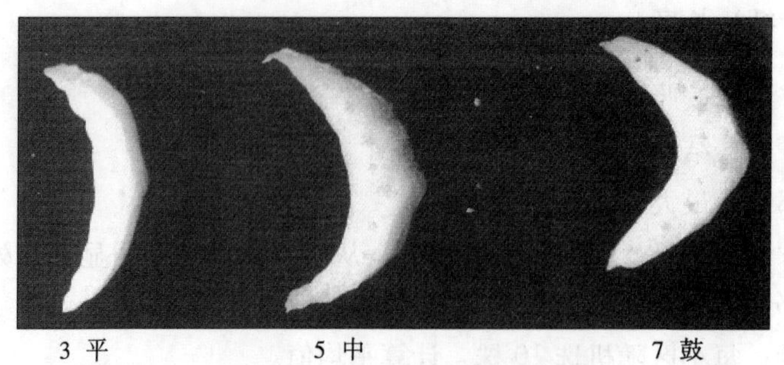

图 B.11　中肋形状（照片）

表 B.20　中肋形状的分级标准

形状分类	平	中	鼓
代　码	3	5	7

B.21　外叶数

B.21.1　栽培方法：按照第 5 章的要求。

B.21.2　观测时期：结球后期。

B.21.3　观测部位：外叶。

B.21.4　观测方法：测量叶球外部现存叶片数，按表 B.21 进行分级。

B.21.5　观测量：每小区随机选 10 株，计算平均值。

表 B.21　外叶数的分级标准

叶片数	<12	12～16	>16
级　别	少	中	多
代　码	3	5	7

B.22　叶球形状

B.22.1　栽培方法：按照第 5 章的要求。

B.22.2　观测时期：收获期。

B.22.3　观测部位：叶球。

B.22.4　观测方法：目测。参照图 B.12，按表 B.22 进行分级。

B.22.5　观测量：每小区随机选 5 株。

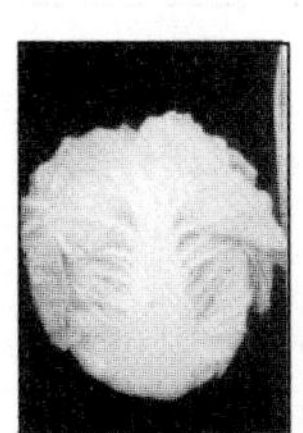
1 球形

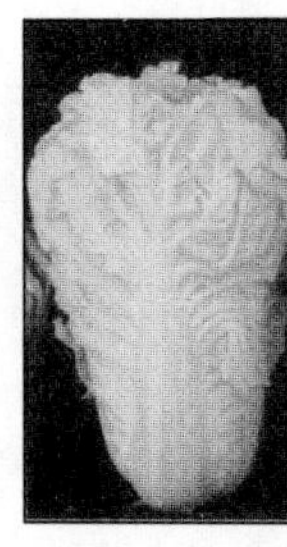
2 头球形

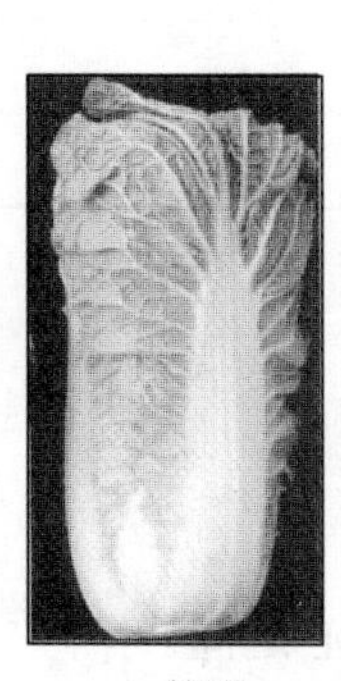
3 筒形

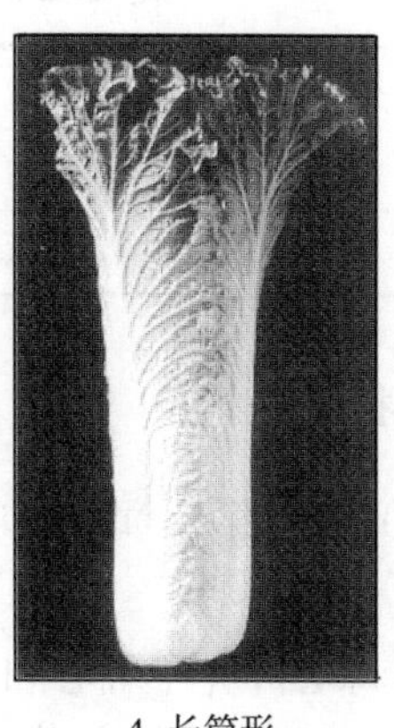
4 长筒形

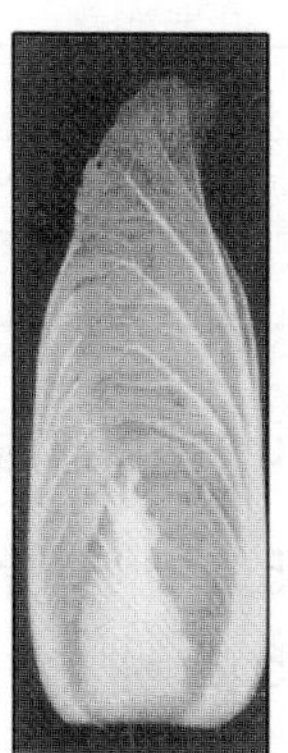
5 炮弹形

图 B. 12　叶球形状（照片）

表 B. 22　叶球形状分级标准

形状分类	球形	头球形	筒形	长筒形	炮弹形
代　码	1	2	3	4	5

B. 23　叶球高度

B. 23. 1　栽培方法：按照第 5 章的要求。

B. 23. 2　观测时期：收获期。

B. 23. 3　观测部位：叶球。

B. 23. 4　观测方法：测量最大高度，以厘米表示，按表 B. 23 进行分级。

B. 23. 5　观测量：每小区随机选 10 株，计算平均值。

表 B. 23　叶球高度分级标准

高度/cm	<20	20～30	31～40	41～50	>50
级　别	极矮	矮	中	高	极高
代　码	1	3	5	7	9

B. 24　叶球宽度（直径）

B. 24. 1　栽培方法：按照第 5 章的要求。

B. 24. 2　观测时期：收获期。

B. 24. 3　观测部位：叶球。

B. 24. 4　观测方法：测量叶球最大直径，以厘米表示，按表 B. 24 进行分级。

B. 24. 5　观测量：每小区随机选 10 株，计算平均值。

表 B.24 叶球宽度的分级标准

宽度/cm	＜15	15～20	＞20
级 别	小	中	大
代 码	3	5	7

B.25 球顶部抱合状况

B.25.1 栽培方法：按照第 5 章的要求。

B.25.2 定义：

a) 舒心：叶球心叶介于翻心和包心之间。

b) 拧抱：球叶叶片中肋向一侧旋拧。

c) 合抱：球叶叶片两侧和上部稍向内弯曲，叶尖端接近或稍超过中轴线。

d) 叠抱：外球叶向内扣抱，远超过中轴线，把内球叶完全掩盖。

B.25.3 观测时期：收获期。

B.25.4 观测部位：叶球顶部。

B.25.5 观测方法：目测。参照图 B.13，按表 B.25 进行分级。

B.25.6 观测量：每小区随机选 5 株。

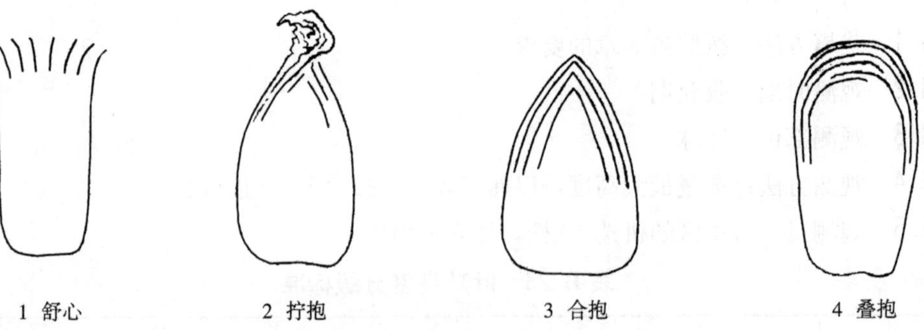

图 B.13 叶球顶部抱合状况

表 B.25 叶球顶部抱合状况的分级标准

抱合状况	舒心	拧抱	合抱	叠抱
代 码	1	2	3	4

B.26 球顶部形状

B.26.1 栽培方法：按照第 5 章的要求。

B.26.2 观测时期：收获期。

B.26.3 观测部位：叶球顶部。

B.26.4 观测方法：目测。参照图 B.14，按表 B.26 进行分级。

B. 26.5　观测量：每小区随机选 5 株。

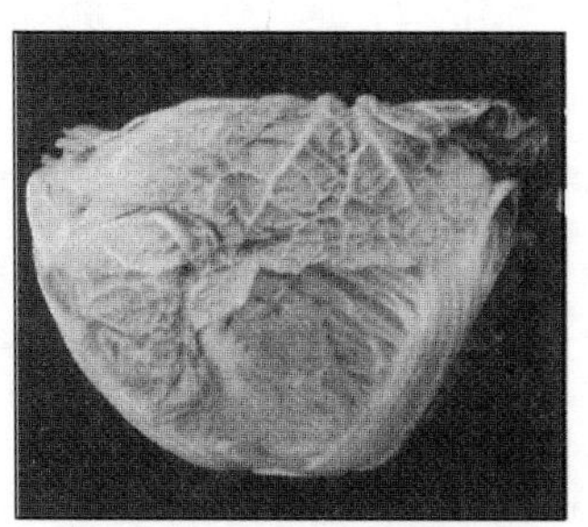

3　平

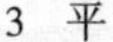

5　圆

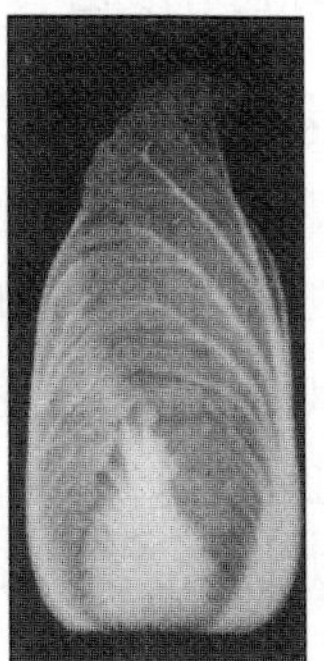

7　尖

图 B. 14　叶球顶部形状（照片）

表 B. 26　叶球顶部形状的分级标准

形状分类	平	圆	尖
代　码	3	5	7

B. 27　叶球颜色

B. 27.1　栽培方法：按照第 5 章的要求。

B. 27.2　观测时期：收获期。

B. 27.3　观测部位：叶球中上部。

B. 27.4　观测方法：目测。对照标准比色板，参照图 B. 15，按表 B. 27 进行分级。

B. 27.5　观测量：每小区随机选 5 株。

1　白

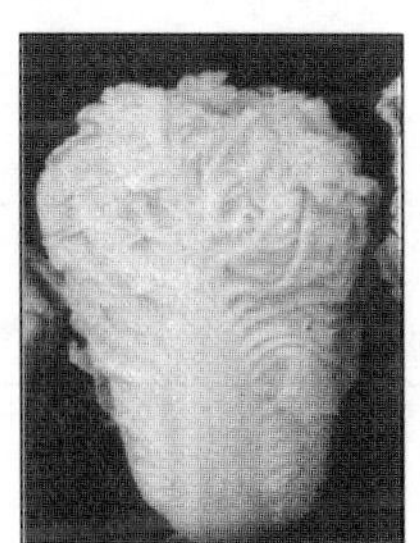

2　浅黄

3　浅绿

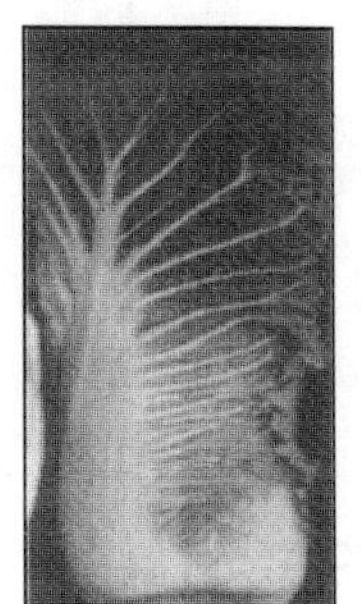

4　绿

图 B. 15　叶球颜色（照片）

表 B. 27　叶球颜色的分级标准

颜色分类	白	浅黄	浅绿	绿
比色卡号	150D	5D	145A、B	141
代　码	1	2	3	4

B. 28 叶球内叶颜色

B. 28. 1 栽培方法：按照第 5 章的要求。

B. 28. 2 观测时期：收获期。

B. 28. 3 观测部位：叶球内叶。

B. 28. 4 观测方法：目测叶球纵剖面中上部主体色，对照标准比色板，参照图 B. 16，按表 B. 28 进行分级。

B. 28. 5 观测量：每小区随机选 5 株。

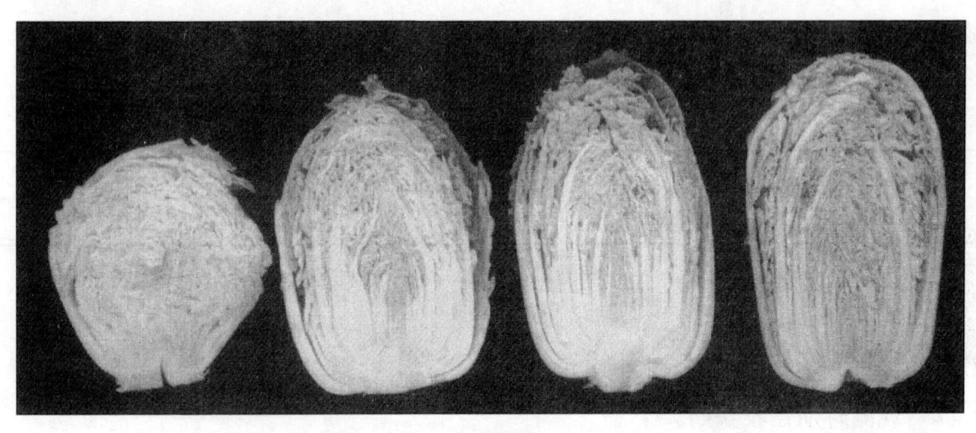

1 白　　2 浅黄　　3 黄　　4 橘黄

图 B. 16 叶球内叶颜色（照片）

表 B. 28 叶球内叶颜色的分级标准

颜色分类	白	浅黄	黄	橘黄
比色卡号	13D	13C	13B	14A
代　码	1	2	3	4

B. 29 球叶数

B. 29. 1 栽培方法：按照第 5 章的要求。

B. 29. 2 观测时期：收获期。

B. 29. 3 观测部位：叶球。

B. 29. 4 观测方法：测定大于 1 cm 球叶叶片数，按表 B. 29 进行分级。

B. 29. 5 观测量：每小区随机选 10 株，计算平均值。

表 B.29　球叶数的分级标准

叶片数	<25	25～45	>45
级　别	少	中	多
代　码	3	5	7

B.30　软叶率

B.30.1　栽培方法：按照第 5 章的要求。

B.30.2　定义：收获期叶球的软叶质量占叶球质量的百分数为软叶率。

B.30.3　观测时期：收获期。

B.30.4　观测部位：叶球。

B.30.5　观测方法：测量叶球质量、短缩茎质量和中肋质量，按式（B.1）计算软叶率，以百分数表示。按表 B.30 进行分级。

$$X=\frac{m-m_1-m_2}{m-m_1}\times 100\% \qquad (B.1)$$

式中：

X——软叶率，%；

m——叶球质量，单位为千克（kg）；

m_1——短缩茎质量，单位为千克（kg）；

m_2——中肋质量，单位为千克（kg）。

B.30.6　观测量：每小区随机选 10 株，计算平均值。

表 B.30　软叶率的分级标准

软叶率/（%）	<40	40～50	>50
级　别	低	中	高
代　码	3	5	7

B.31　叶球质量

B.31.1　栽培方法：按照第 5 章的要求。

B.31.2　观测时期：收获期。

B.31.3　观测部位：叶球。

B.31.4　观测方法；测量，以千克表示，按表 B.31 进行分级。

B.31.5　观测量：每小区随机选 10 株，计算平均值。

表 B.31　叶球质量的分级标准

叶球质量/kg	＜1.2	1.2～3.0	＞3.0
级　别	小	中	大
代　码	3	5	7

B.32　净菜率

B.32.1　栽培方法：按照第 5 章的要求。

B.32.2　观测时期：收获期。

B.32.3　观测部位：植株地上部。

B.32.4　观测方法：测定荒菜质量（毛质量）和净菜质量（球质量），根据式（B.2）计算净菜率，以百分率表示。按表 B.32 进行分级。

$$X=\frac{m_1}{m_2}\times 100\% \quad\cdots\cdots\cdots\cdots\cdots\cdots\cdots\cdots\cdots\cdots \text{(B.2)}$$

式中：

X——净菜率，%；

m_1——净菜质量，单位为千克（kg）；

m_2——荒菜质量，单位为千克（kg）。

B.32.5　观测量：每小区随机选 10 株。计算平均值。

表 B.32　净菜率的分级标准

净菜率/（%）	＜65	65～75	＞75
级　别	低	中	高
代　码	3	5	7

B.33　中心柱形状

B.33.1　栽培方法：按照第 5 章的要求。

B.33.2　观测时期：收获期。

B.33.3　观测部位：中心柱。

B.33.4　观测方法：目测（纵剖面）。参照图 B.17，按表 B.33 进行分级。

B.33.5　观测量：每小区随机选 5 株。

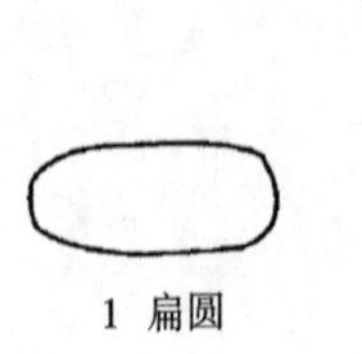

1 扁圆

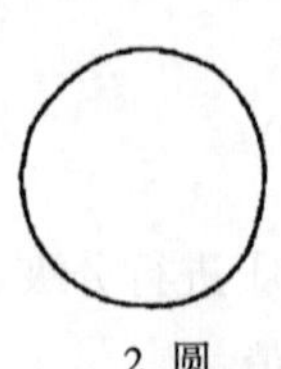

2 圆

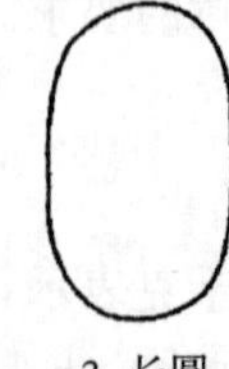

3 长圆

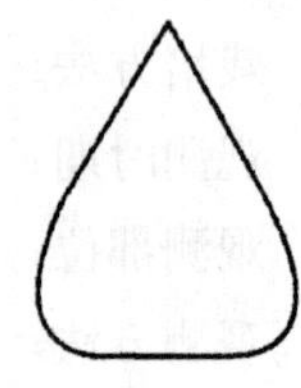

4 锥形

图 B.17　中心柱形状

表 B. 33　中心柱形状的分级标准

形状分类	扁圆	圆	长圆	锥形
代　码	1	2	3	4

B. 34　中心柱长度

B. 34. 1　栽培方法：按照第 5 章的要求。

B. 34. 2　观测时期：收获期。

B. 34. 3　观测部位：中心柱。

B. 34. 4　观测方法：叶球纵剖后测量从髓底部到伸长最高处距离，以厘米表示，按表 B. 34 进行分级。

B. 34. 5　观测量：每小区随机选 10 株，计算平均值。

表 B. 34　中心柱长度的分级标准

长度/cm	<2.5	2.5～5.0	>5.0
级　别	短	中	长
代　码	3	5	7

B. 35　花蕾

B. 35. 1　栽培方法：按照第 5 章的要求。

B. 35. 2　观测时期：收获期。

B. 35. 3　观测部位：叶球纵剖面中心部位。

B. 35. 4　观测方法：目测。按表 B. 35 进行分级。

B. 35. 5　观测量：每小区随机选 5 株。

表 B. 35　花蕾性状的分级标准

花蕾	无	有
代码	1	9

B. 36　侧芽

B. 36. 1　栽培方法：按照第 5 章的要求。

B. 36. 2　观测时期：收获期。

B. 36. 3　观测部位：外叶叶腋萌动伸长的叶芽。

B. 36. 4　观测方法：目测。按表 B. 36 进行分级。

B. 36. 5　观测量：每小区随机选 5 株。

表 B. 36 侧芽性状的分级标准

侧芽	无	有
代码	1	9

B. 37 收获延长期

B. 37. 1 栽培方法：按照第 5 章的要求。

B. 37. 2 观测时期：收获期。

B. 37. 3 观测部位：叶球。

B. 37. 4 观测方法：目测。计算从植株成熟至 10%的叶球丧失商品价值的天数，按表 B. 37 进行分级。

B. 37. 5 观测量：全区。

表 B. 37 收获延长期的分级标准

熟性分类	早熟			中晚熟		
收获延长的天数	<7	7～14	>14	<15	15～25	>25
级 别	短	中	长	短	中	长
代 码	3	5	7	3	5	7

B. 38 熟性

B. 38. 1 栽培方法：按照第 5 章的要求。

B. 38. 2 观测时期：收获期。

B. 38. 3 观测部位：叶球。

B. 38. 4 观测方法：目测。计算从播种到 90%的植株达到适宜收获的天数。按表 B. 38 进行分级。

B. 38. 5 观测量：全区。

表 B. 38 熟性的分级标准

收获天数	<55	56～65	66～75	76～85	>85
级 别	极早	早熟	中熟	中晚熟	晚熟
代 码	1	3	5	7	9

B. 39 贮藏性

B. 39. 1 栽培方法：按照第 5 章的要求。

B. 39. 2 观测时期：贮藏期。

B. 39. 3 观测部位：叶球。

B.39.4　观测方法：贮藏温度。0℃～1℃，空气相对湿度保持在85%～90%条件下贮藏150天结束时，调查脱帮、心柱、裂球、腐烂、病害等，并按式（B.3）测定损耗率。按表B.39进行分级。

$$X=\frac{m_1-m_2}{m_1}\times 100\% \quad \cdots\cdots (B.3)$$

式中：

X——为损耗率，%；

m_1——为入窖质量，单位为千克（kg）；

m_2——为出窖质量，单位为千克（kg）。

B.39.5　观测量：30株，计算平均值。

表B.39　贮藏性的分级标准

损耗率/（%）	>35	35～20	<20
级　别	差	中	好
代　码	3	5	7

B.40　田间耐热性

B.40.1　栽培方法：在日均气温25℃以上条件下栽培。

B.40.2　观测时期：结球中、后期。

B.40.3　观测部位：叶球。

B.40.4　观测方法：调查结球紧实度达半成心以上的植株数，根据式（B.4）计算结球率。按表B.40进行分级。

B.40.5　观测量：全区。

$$X=\frac{n}{N}\times 100\% \quad \cdots\cdots (B.4)$$

式中：

X——为结球率，%；

n——为结球株数；

N——为总株数。

表B.40　田间耐热性的分级标准

结球率/（%）	<60	60～90	>90
级　别	弱	中	强
代　码	3	5	7

B.41　春播心柱长度

B.41.1　栽培方法：按照第5章的要求，春季栽培，整个生长期最低气温在13℃以上。

B.41.2 观测时期：收获期。

B.41.3 观测部位：中心柱。

B.41.4 观测方法：纵剖叶球，测量中心柱即从髓底部到伸长最高处距离，占叶球纵剖面长度。按表 B.41 进行分级。

B.41.5 观测量：每小区随机选 30 株，计算平均值。

表 B.41 春播心柱长度的分级标准

中心柱占叶球长度	<1/5	1/5～2/3	>2/3
级 别	低	中	高
代 码	3	5	7

B.42 冬性

B.42.1 栽培方法：种子萌动期，于 3℃下处理 20 天后，在 20℃～21℃，白天日光，夜间 6 000 lx～8 000 lx 补光至 16h 条件下栽培。调查从播种到 50%植株现蕾天数。

B.42.2 观测时期：50%植株现蕾。

B.42.3 观测部位：植株生长点。

B.42.4 观测方法：目测。按表 B.42 进行分级。

B.42.5 观测量：30 株。

表 B.42 冬性的分级标准

50%植株现蕾天数/d	<20	20～30	>30
级 别	弱	中	强
代 码	3	5	7

B.43 花瓣的形状

B.43.1 栽培方法：按照第 5 章的要求。

B.43.2 观测时期：盛花期。

B.43.3 观测部位：花瓣。

B.43.4 观测方法：目测。对照图 B.18，按表 B.43 进行分级。

B.43.5 观测量：随机观察 10 朵花。

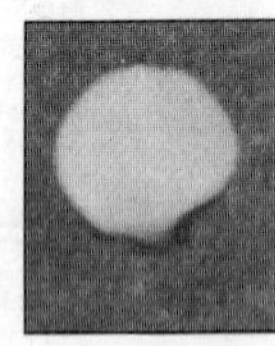
1 近圆形

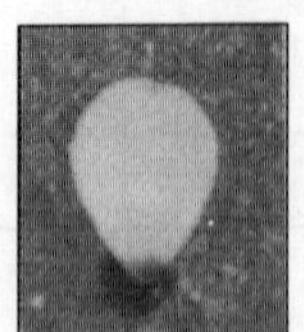
2 倒卵形

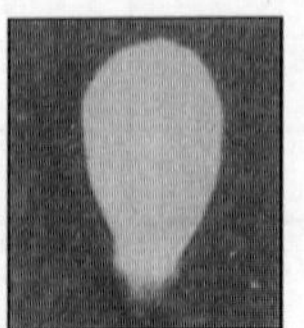
3 长倒卵

图 B.18 花瓣的形状（照片）

表 B.43　花瓣形状的分级标准

形状分类	近圆形	倒卵形	长倒卵
代　码	1	2	3

B.44　花瓣的大小

B.44.1　栽培方法：按照第5章的要求。

B.44.2　观测时期：盛花期。

B.44.3　观测部位：花瓣。

B.44.4　观测方法：测量花瓣的最大长度，以厘米表示，按表 B.44 进行分级。

B.44.5　观测量：随机测量10朵花，计算平均值。

表 B.44　花瓣大小的分级标准

长度/cm	<0.5	0.5～0.7	>0.7
级　别	小	中	大
代　码	3	5	7

B.45　花的颜色

B.45.1　栽培方法：按照第5章的要求。

B.45.2　观测时期：盛花期。

B.45.3　观测部位：花瓣。

B.45.4　观测方法：目测。对照标准比色板和图 B.19，按表 B.45 进行分级。

B.45.5　观测量：随机观察10朵花。

1　白

2　浅黄

3　黄

4　深黄

5　橘黄

图 B.19　花的颜色（照片）

表 B.45　花的颜色的分级标准

颜色分类	白	浅黄	黄	深黄	橘黄
比色卡号	11D	12C	13B	13A	19B
代　码	1	2	3	4	5

B.46　种子的大小

B.46.1　栽培方法：按照第5章的要求。

B. 46. 2　观测时期：采收当年干燥后（种子含水量 7%～8%）。

B. 46. 3　观测部位：种子。

B. 46. 4　观测方法：随机取 1 000 粒饱满种子，准确称重，按表 B. 46 进行分级。

B. 46. 5　观测量：重复两次，计算平均值。

表 B. 46　种子大小的分级标准

千粒重/g	<2.0	2.0～3.5	>3.5
级　别	小	中	大
代　码	3	5	7

B. 47　种子的颜色

B. 47. 1　栽培方法：按照第 5 章的要求。

B. 47. 2　观测时期：采收当年干燥后（种子含水量 7%～8%）。

B. 47. 3　观测部位：种子。

B. 47. 4　观测方法：目测。按表 B. 47 进行分级。

B. 47. 5　观测量：随机观察 100 粒种子。

表 B. 47　种子颜色的分级标准

颜色分类	黄	浅褐	红褐	褐绿	深褐
代　码	1	2	3	4	5

B. 48　雄性不育

B. 48. 1　定义

B. 48. 1. 1　细胞质雄性不育（CMS）cytoplastic male sterility

不育性完全由细胞质控制，其遗传特征是所有大白菜品系给不育系授粉，均能保持不育株的不育性，在白菜类蔬菜中找不到不育系相应的恢复系。

B. 48. 1. 2　质核互作雄性不育 interactive cytoplasmic male sterility

不育性由细胞质不育基因和细胞核的不育基因互作控制，只有细胞质不育基因与核不育基因共同存在时，才能产生雄性不育，这种类型的不育性既能筛选到保持系，又能找到恢复系。

B. 48. 1. 3　核基因互作雄性不育 interactive genic male sterility

由显性核不育基因与显性上位可育基因互作控制的雄性不育。

B. 48. 1. 4　显性核基因雄性不育 dominant genic male sterility

由显性核不育基因控制，其特性为系内不育株与可育株杂交后代可分离出不育株与可育株各半，其可育株自交后代全部可育。

B. 48. 1. 5　隐性核基因雄性不育 recessive genic male sterility

由隐性核不育基因控制，其特性为系内不育株与可育株交配的后代可分离出不育株与可育株各半，其可育株自交后代分离，可育株和不育株比例 3∶1。

B.48.2 观测时间：花期，按表 B.48 进行分级。

B.48.3 观测部位：花。

表 B.48　雄性不育性状的分级标准

雄性不育分类	细胞质	质核互作	核基因互作	显性核不育	隐性核不育
代　码	1	2	3	4	5

B.49　不育度

B.49.1 栽培方法：按照第 5 章的要求。

B.49.2 观测时间：盛花期。

B.49.3 观测部位：花。

B.49.4 观测方法：以当日所开的花为调查对象，分别调查单花不育度、单株不育度和群体不育度，按表 B.49 进行分级。

a) 单花不育度，分为 5 级：

0 级：正常可育花，雄蕊数目、花药大小同测交父本相同或相近。

1 级：低不育花，有 4 个以上雄蕊的花药大小基本正常或局部膨大，其膨大部分占正常花药的 2/3 以上，可正常散粉。

2 级：半不育花，变化范围较大，雄蕊花药明显瘦小。有 1 个～2 个花药接近正常；或 2 个～4 个花药部分膨大，其膨大部分仅占正常花药的 1/2～1/3，可以散粉或败花有粉。

3 级：高不育花，2 个以下的花药膨大，膨大部分占正常花药的 1/2～1/3；或 2～4 个花药有轻微的膨大点，败花有微粉。

4 级：全不育花，6 个雄蕊花药均瘦小，呈白色透明状，无花粉。

b) 单株不育度，分为 6 级：

0 级：全可育株，0 级花占 80%以上，有少量 1 级花。

1 级：低不育株，1 级花占 80%以上，有少量 0 级或 2 级花。

2 级：半不育株，2 级花占 60%以上，有少量 1 级或 3 级花。

3 级：高不育株，3 级花占 60%以上，有少量 2 级或 4 级花，或 2 级、3 级、4 级花数量相当。

3.9 级：近似全不育株，以 4 级花为主，3 级花少于 10%。

4 级：全不育株，所有花均为 4 级。

c) 群体不育度：根据上述单花不育度和单株不育度的调查结果，按式（B.5）计算群体不育度。

$$X=\frac{n}{N} \quad \text{(B.5)}$$

式中：

X——为群体不育度；

n——单株不育度 3.9 级以上株数；

N——总株数。

B.49.5 观测量：不少于 30 株。

表 B.49 不育度的分级标准

不育度分类/%	<85	85～95	>95
级 别	低	中	高
代 码	3	5	7

B.50 不育株率

B.50.1 栽培方法：按照第 5 章的要求。

B.50.2 观测时期：盛花期。

B.50.3 观测部位：花。

B.50.4 观测方法：以当日所开的花为调查对象，根据第 49 条的标准调查的单株不育度，按式（B.6）计算群体不育株率。按表 B.50 进行分级。

$$X=\frac{n}{N}\times 100\% \qquad \text{(B. 6)}$$

式中：

X——为群体不育株率，%；

n——为单株不育度 3 级以上的株数；

N——为总株数。

B.50.5 观测量：不少于 30 株。

表 B.50 不育株率的分级标准

不育株率/%	<80	80～95	>95
级 别	低	中	高
代 码	3	5	7

B.51 自交亲和性

B.51.1 栽培方法：按照第 5 章的要求。

B.51.2 观测时期：开花期与种子收获期。

B.51.3 观测部位：花与种子。

B.51.4 观测方法：开花当日采用系内混合花粉进行花期授粉，记录授粉花朵数，待种子收获后调查种粒数，根据式（B.7）计算亲和指数。按表 B.51 进行分级。

$$SI=\frac{n}{N} \quad \cdots\cdots \text{(B.7)}$$

式中：

SI ——为亲和指数；

n ——为结籽粒数；

N ——为授粉花朵数。

B.51.5 观测量：每个材料做5株，每株2个枝条，每枝条20朵～30朵花，分别计算亲和指数，最后算出平均值。

表B.51　自交亲和性的分级标准

亲和指数	<2	2.1～5	5.1～10	>10
级　别	不亲和	弱亲和	中亲和	亲和
代　码	1	3	5	7

B.52　病毒病（TuMV）抗性

B.52.1 栽培方法：测试材料播于室内8 cm营养钵或育苗盘中。育苗土按草炭∶田园土1+2的比例配制，田园土需经过高温消毒（120℃，1h），每钵播2粒～3粒种子，2叶期定苗，保证苗齐、苗壮，整齐一致。

B.52.2 观测时期：接种后20天。

B.52.3 观测部位：叶。

B.52.4 观测方法：按表B.52进行分级。

a）　苗期人工接种鉴定

病汁液的准备：取症状明显的病叶加叶质量2倍～5倍的pH=7的0.05 mol/L的磷酸缓冲液，研碎后再加上病叶的两倍上述缓冲液供使用或用含0.1%巯基乙醇的上述缓冲液，缓冲液与病叶比为20+1。

当幼苗的第3片真叶充分展开后，在叶上接种，接种时，先在被鉴定材料上喷300目～400目的金刚砂，取病汁液摩擦接种两个叶片，单株接种后立即用净水冲洗叶面，接后遮阴24 h，隔日再接一回，在25℃～28℃下培养20天后调查病情，按式（B.8）计算病情指数。

b）　病情分级标准

0级：无侵染症状；

0.1级：接种叶出现个别褪绿斑；

0.5级：接种叶出现少数褪绿斑；

1级：多数叶片有多数褪绿斑，或少数叶片轻微花叶；

3级：多数叶片至全株轻花叶；

5级：全株重花叶，部分叶片皱缩，或叶柄局部坏死，少数叶片畸形；

7级：全株重花叶，伴有枯斑，部分叶片枯死；或全部叶片皱缩畸形，植株严重矮化；

9 级：大部分叶片枯死以致整株坏死。

$$DI=\frac{\sum nX}{N\times 9}\times 100\% \quad \text{(B. 8)}$$

式中：

DI ——为病情指数，%；

X ——为病级数；

n ——为发病株数；

N ——为鉴定总株数。

B. 52. 5 观测量：每测试材料设 3 次重复，每一重复 10 株。

表 B. 52 病毒病抗性的分级标准

级　别	病情指数	代　码
高抗（HR）	0. 01～11. 11	1
抗病（R）	11. 12～33. 33	3
中抗（M）	33. 34～55. 55	5
感病（S）	55. 56～77. 77	7
高感（HS）	77. 78～100	9

B. 53 霜霉病（Downy mildew）抗性

B. 53. 1 栽培方法：测试材料播于室内 8 cm 营养钵或育苗盘中。育苗土按草炭：田园土为1：2的比例配制，每钵播 2 粒～3 粒种子，1 叶期定苗，保证苗齐、苗壮，整齐一致。

B. 53. 2 观测时期：接种后第 8 天。

B. 53. 3 观测部位：叶。

B. 53. 4 观测方法：按表 B. 53 进行分级。

a) 苗期人工接种鉴定：当幼苗长至 2 片真叶时，用清水配成 1×10^4 个/mL 孢子囊悬液，用滴接法在每个叶片上滴一滴（约 20 μL）霜霉菌悬液。接种后在 20℃左右黑暗中保湿 24 h，然后揭掉保湿物，保持在 25℃左右、夜间相对湿度在 90%以上，到第 7 天，再在 16℃～20℃下保湿 16 h～24 h，至第 8 天调查病情。计算病情指数。

b) 病情分级标准

0 级：无侵染症状；

1 级：接种叶上有稀疏的褐色斑点，不扩展；

3 级：叶片上有较多的病斑，多数凹陷，叶背无霉；

5 级：叶片病斑向四处扩展，叶背生少量的霉层；

7 级：病斑扩展面积达叶片的 1/2 以上、2/3 以下，有较多的霉层；

9 级：病斑扩展面积达 2/3 以上，有大量的霉层。

B. 53. 5 观测量：每测试材料设 3 次重复，每一重复 10 株。

表 B.53 霜霉病抗性的分级标准

级　　别	病情指数	代　　码
高抗（HR）	0.01～11.11	1
抗病（R）	11.12～33.33	3
中抗（M）	33.34～55.55	5
感病（S）	55.56～77.77	7
高感（HS）	77.78～100	9

B.54 黑斑病（*Alternaria brassica*）抗性

B.54.1 栽培方法：测试材料播于室内 8 cm 营养钵或育苗盘中。育苗土按草炭：田园土为1：2的比例配制，每钵播 2 粒～3 粒种子，1 叶期定苗，保证苗齐、苗壮，整齐一致。

B.54.2 观测时期：接种后第 8 天。

B.54.3 观测部位：叶。

B.54.4 观测方法：按表 B.54 进行分级。

a） 苗期人工接种鉴定：当第 2 片真叶充分展开后接种黑斑病菌，接种后可用滴接法进行，使用每滴含 50 个孢子（或 1 200 个孢子/mL）左右的孢子悬液，滴在第 2 片真叶上，在 20℃左右黑暗条件下保湿 24 h，正常管理 3 天后自第 4 天开始每天夜间保湿，白天揭开给以光照。第 7 天保湿 24 h 后调查病情。计算病情指数。

b） 病情分级标准

0 级：无侵染症状；

1 级：接种叶生褐色小点，褪绿斑；

3 级：接种叶生褐绿斑，无霉层；

5 级：接种叶生褐色轮纹斑，有较少霉层，病斑外无明显的坏死区；

7 级：接种叶生褐色轮纹斑，斑上有较多的霉层，周围有明显的坏死区；

9 级：接种叶病斑连成片，且大面积枯死，霉层明显。

B.54.5 观测量：每测试材料设 3 次重复，每一重复 10 株。

表 B.54 黑斑病抗性的分级标准

级　　别	病情指数	代　　码
高抗（HR）	0.01～11.11	1
抗病（R）	11.12～33.33	3
中抗（M）	33.34～55.55	5
感病（S）	55.56～77.77	7
高感（HS）	77.78～100	9

B.55 黑腐病（Black rot）抗性

B.55.1 栽培方法：测试材料播于室内 8 cm 营养钵或育苗盘中。育苗土按草炭：田园土为1：2的比例配制，每钵播 2 粒～3 粒种子，2 叶期定苗，保证苗齐、苗壮，整齐一致。

B.55.2 观测时期：接种后 20 天。

B.55.3 观测部位：叶。

B.55.4 观测方法：按表 B.55 进行分级。

a） 苗期人工接种鉴定：供接种用的黑腐病菌，在肉汁胨或 PDA 上培养。培养温度为 27℃，培养时间 2 天。使用时加入无菌水稀释，用比浊法或血球计数法调整细菌浓度，使其为 10^8～10^9 个菌体/mL。当幼苗长至 4 片～5 片真叶时进行接种，接种前将试材在保湿箱中保湿一夜，使其叶缘出现水珠，第二天早晨将上述浓度的菌液喷到叶面上。接种后保湿 24 h，然后打开覆盖，在 20℃～30℃的环境下正常管理。在接种后 3 周左右时进行调查。按如下分级标准调查每片叶的发病情况，一般每株苗自下往上查 5 片叶，计算病情指数。

b） 病情分级标准

0 级：无侵染症状；

1 级：水孔处有黑色枯死点，无扩展；

3 级：病斑从水孔处向外扩展，病斑占叶面积的 5%以下；

5 级：病斑占叶面积的 5%～25%；

7 级：病斑占叶面积的 26%～50%；

9 级：病斑占叶面积的 50%以上。

B.55.5 观测量：每测试材料设 3 次重复，每一重复 10 株。

表 B.55 黑腐病抗性的分级标准

级 别	病情指数	代 码
高抗（HR）	0.01～11.11	1
抗病（R）	11.12～33.33	3
中抗（M）	33.34～55.55	5
感病（S）	55.56～77.77	7
高感（HS）	77.78～100	9

附录C（摘要）
（规范性附录）
品种性状描述表

性　状	性状描述代码									特性值		观察时期
	1	2	3	4	5	6	7	8	9	申请品种	近似品种	
1. 子叶的大小			小		中		大					21（一叶一心期）
			北京小杂50		北京小杂61		秦白2号					
2. 子叶的颜色	黄绿		浅绿		绿		深绿					21（一叶一心期）
3. 株型*			直立		半直立		平展					41（结球初期）
4. 株高	极矮		矮		中		高		极高			43（结球后期）
	北京小杂50		北京小杂61		中白4号		秋绿75		长丰1号			
5. 开展度			小		中		大					43（结球后期）
			北京小杂50		北京小杂61		华白1号					
6. 叶片长			短		中		长					43（结球后期）
			北京小杂50		北京小杂61		长丰1号					
7. 叶片宽			窄		中		宽					43（结球后期）
			北京小杂50		北京小杂61		郑白4号					
8. 叶形*	近圆	宽倒卵	倒卵	长倒卵	长圆							43（结球后期）
9. 叶色*	黄绿		浅绿		绿		灰绿		深绿			3（莲座期）
10. 叶的光泽			弱				强					3（莲座期）
			北京小杂50				秋绿75					

表（续）

性　　状	性状描述代码									特性值		观察时期
	1	2	3	4	5	6	7	8	9	申请品种	近似品种	
11. 茸毛*	无		少		多							3（莲座期）
	秋绿75		北京小杂61		长丰1号							
12. 叶缘波状	无		小		中		大					3（莲座期）
13. 叶缘锯齿	全缘	钝锯	单锯	复锯								3（莲座期）
14. 叶面皱缩	平		稍皱		多皱		泡皱					3（莲座期）
15. 叶脉鲜明度	不明显	明显										3（莲座期）
16. 中肋（叶柄）色*	白		绿白		浅绿		绿					43（结球后期）
17. 中肋（叶柄）厚			薄		中		厚					43（结球后期）
			北京小杂50		北京小杂61		长丰1号					43（结球后期）
18. 中肋（叶柄）长度			短		中		长					43（结球后期）
			北京小杂50		北京小杂61		长丰1号					
19. 中肋（叶柄）宽度			窄		中		宽					43（结球后期）
			北京小杂50		秦白2号		长丰1号					
20. 中肋（叶柄）形状			平		中		鼓					43（结球后期）
21. 外叶数*			少		中		多					43（结球后期）
			北京小杂50		北京小杂61		长丰1号					
22. 叶球形状*	球形	头球形	筒形	长筒形	炮弹形							5（收获期）
23. 叶球高度*	极矮		矮		中		高		极高			5（收获期）
	北京小杂50		北京小杂61		中白4号		秋绿55		长丰1号			
24. 叶球宽度（直径）*			小		中		大					5（收获期）
			北京小杂50		北京小杂61		郑白4号					

表（续）

性　状	性状描述代码									特性值		观察时期
	1	2	3	4	5	6	7	8	9	申请品种	近似品种	
25. 球顶部抱合状况*	舒心	拧抱	合抱	叠抱								5（收获期）
	翻心黄	北京小杂56号	长丰1号	中白4号								
26. 球顶部形状			平		圆		尖					5（收获期）
27. 叶球颜色*	白	浅黄	浅绿	绿								5（收获期）
28. 叶球内叶颜色*	白	浅黄	黄	橘黄								5（收获期）
29. 球叶数*			少		中		多					5（收获期）
			北京小杂50		北京小杂61		高抗1号					
30. 软叶率			低		中		高					5（收获期）
			长丰1号		高抗1号		郑白4号					
31. 叶球质量*			小		中		大					5（收获期）
			北京小杂50		秦白2号		华白1号					
32. 净菜率*			低		中		高					5（收获期）
			北京小杂50		中白4号							
33. 中心柱形状	扁圆	圆	长圆	锥形								5（收获期）
34. 中心柱长度			短		中		长					5（收获期）
			秋绿75		郑白4号		高抗1号					
35. 花蕾	无								有			5（收获期）
36. 侧芽	无								有			5（收获期）
37. 收获延长期			短		中		长					5（收获期）
早熟			北京小杂50		京夏王		北京小杂61					
中晚熟			北京75号		郑白4号		秋绿75					

表（续）

性　　状	性状描述代码									特性值		观察时期
	1	2	3	4	5	6	7	8	9	申请品种	近似品种	
38. 熟性*	极早		早		中		中晚		晚			5（收获期）
	北京小杂50		北京小杂61		秦白2号		中白4号		长丰1号			
39. 贮藏性			差		中		好					6（贮藏期）
			北京新1号		北京新4号		北京新3号					
40. 田间耐热性			弱		中		强					42、43（结球中后期）
41. 春播心柱长度			低		中		高					5（收获期）
42. 冬性			弱		中		强					7(50%现蕾)
			北京小杂61		京春王		春冠					
43. 花瓣的形状	近圆形	倒卵形	长倒卵形									82（盛花期）
44. 花瓣的大小			小		中		大					82（盛花期）
45. 花的颜色	白	浅黄	黄	深黄	橘黄							82（盛花期）
46. 种子的大小			小		中		大					9（当年采收干燥的种子）
			秋绿55		北京小杂61		秦白2号					
47. 种子的颜色	黄	浅褐	红褐	褐绿	深褐							9（当年采收干燥的种子）
48. 雄性不育	细胞质	质核互作	核基因互作	显性核不育	隐性核不育							82（盛花期）
49. 不育度			低		中		高					82（盛花期）
50. 不育株率			低		中		高					82（盛花期）
51. 自交亲和性			弱		中		强					8、9（开花期和种子收获期）
52. 病毒病抗性	高抗		抗		中抗		感		高感			24（苗期）
53. 霜霉病抗性	高抗		抗		中抗		感		高感			23（苗期）
54. 黑斑病抗性	高抗		抗		中抗		感		高感			24（苗期）
55. 黑腐病抗性	高抗		抗		中抗		感		高感			24（苗期）

注：指出品种的性状（申请、近似品种特性值请填代码，性状一栏中的下栏为标准品种名称，* 为必测性状）。

表（续）

性　状	性状描述代码 1	2	3	4	5	6	7	8	9	特性值 申请品种	特性值 近似品种	观察时期
25. 球顶部抱合状况*	舒心	拧抱	合抱	叠抱								5（收获期）
	翻心黄	北京小杂56号	长丰1号	中白4号								
26. 球顶部形状			平		圆		尖					5（收获期）
27. 叶球颜色*	白	浅黄	浅绿	绿								5（收获期）
28. 叶球内叶颜色*	白	浅黄	黄	橘黄								5（收获期）
29. 球叶数*			少		中		多					5（收获期）
			北京小杂50		北京小杂61		高抗1号					
30. 软叶率			低		中		高					5（收获期）
			长丰1号		高抗1号		郑白4号					
31. 叶球质量*			小		中		大					5（收获期）
			北京小杂50		秦白2号		华白1号					
32. 净菜率*			低		中		高					5（收获期）
			北京小杂50		中白4号							
33. 中心柱形状	扁圆	圆	长圆	锥形								5（收获期）
34. 中心柱长度			短		中		长					5（收获期）
			秋绿75		郑白4号		高抗1号					
35. 花蕾	无								有			5（收获期）
36. 侧芽	无								有			5（收获期）
37. 收获延长期			短		中		长					5（收获期）
早熟			北京小杂50		京夏王		北京小杂61					
中晚熟			北京75号		郑白4号		秋绿75					

表（续）

性　　状	性状描述代码									特性值		观察时期
	1	2	3	4	5	6	7	8	9	申请品种	近似品种	
38. 熟性*	极早		早		中		中晚		晚			5（收获期）
	北京小杂50		北京小杂61		秦白2号		中白4号		长丰1号			
39. 贮藏性			差		中		好					6（贮藏期）
			北京新1号		北京新4号		北京新3号					
40. 田间耐热性			弱		中		强					42、43（结球中后期）
41. 春播心柱长度			低		中		高					5（收获期）
42. 冬性			弱		中		强					7(50%现蕾)
			北京小杂61		京春王		春冠					
43. 花瓣的形状	近圆形	倒卵形	长倒卵形									82（盛花期）
44. 花瓣的大小			小		中		大					82（盛花期）
45. 花的颜色	白	浅黄	黄	深黄	橘黄							82（盛花期）
46. 种子的大小			小		中		大					9（当年采收干燥的种子）
			秋绿55		北京小杂61		秦白2号					
47. 种子的颜色	黄	浅褐	红褐	褐绿	深褐							9（当年采收干燥的种子）
48. 雄性不育	细胞质	质核互作	核基因互作	显性核不育	隐性核不育							82（盛花期）
49. 不育度			低		中		高					82（盛花期）
50. 不育株率			低		中		高					82（盛花期）
51. 自交亲和性			弱		中		强					8、9（开花期和种子收获期）
52. 病毒病抗性	高抗		抗		中抗		感		高感			24（苗期）
53. 霜霉病抗性	高抗		抗		中抗		感		高感			23（苗期）
54. 黑斑病抗性	高抗		抗		中抗		感		高感			24（苗期）
55. 黑腐病抗性	高抗		抗		中抗		感		高感			24（苗期）

注：指出品种的性状（申请、近似品种特性值请填代码，性状一栏中的下栏为标准品种名称，* 为必测性状）。

后　　记

本书近日要出版了，回顾近四年的编写历程，尚有许多感触和未尽之言，只好在后记中再加以言明。

首先，需要进一步强调的是本书的编著出版的确是集体智慧的结晶。据统计，本书的参编人员达35位，来自于全国15个科研、教学单位，作者们都是在总结自己科研实践经验的基础上，参阅了国内外大量文献资料之后而成稿的，体现了实践与理论的有机结合。在全书的编写过程中，做到了集思广益，逐章研究、逐句修改，相互反复多次，统审两次，从而使本书的成稿充分发扬了学术民主，体现了参编人员的集体智慧。

需要说明的第二点是敬业奉献精神是本书编写工作的巨大动力。从编写初稿到定稿，全体参编人员表现出了积极主动和奉献精神。河北省农业科学院经济作物研究所王子欣研究员，年老体弱仍然抱病远赴西安参加第一次编委会；沈阳农业大学年逾八旬的韦石泉教授，不仅积极接受编写任务，在他病重住院期间，依然抽时间到学校图书馆查阅文献资料，其敬业精神令人敬佩；东北农业大学刘学敏教授在韦石泉教授病逝后，临危受命，在较短时间内，较好地完成了第七章“抗病育种”的编写、统稿任务；东北农业大学园艺学院崔崇士教授在得知本书编写信息较晚的情况下，仍积极主动争取任务，力求尽力做些工作。编委会秘书赵利民同志在其科研教学任务十分繁重的情况下，还全身心地投入到本书的编写服务工作，除完成自身编写任务外，利用一切可以利用的时间，负责全国各地的优良地方种质资源、育成品种资料、照片以及奖项等的搜集和整理工作，并承担了与各位作者的联络、编委会议组织安排、文稿的整理、录印等工作。他在工作中主动、热情，任劳任怨，恪尽职守，为本书的编写出版作出了贡献。

第三，要特别感谢为本书的编写出版提供经费的单位。本书在编写出版期间，一直受到全国各地业内朋友和同行单位的密切关注，他们得知出版经费不足后，纷纷慷慨解囊，热情资助。资助本书出版费用的单位有：西安金鹏种苗有限公司、张掖市科兴种业有限公司、山东登海种业股份有限公司西由种子分公司、杨凌农业高科技发展股份有限公司，以及北京市农林科学院蔬菜研究中心、山东省农业科学院蔬菜研究所、中国农业科学院蔬菜花卉研究所、沈阳农业大学园艺学院、天津科润蔬菜研究所、河南省农业科学院园艺研究所。本书得以顺利面世，能为众多业内朋友服务，能为促进我国大白菜育种事业的发展作出贡献，与以上单位的热情帮助是分不开的。在此，我们满怀感激之情，谨向他们表示深切的谢意。

《中国大白菜育种学》编委会

2010年元月

大白菜种质资源

石特1号

水仙花

二牛心

福山包头

城阳青

冠县包头

玉　青

郑州早黑叶

黑叶蕾白菜

京90-1

小狮子头

李咀中核桃纹

大矬菜

石特79-3

甘蓝×大白菜远缘杂种

北京小青口

大白菜萝卜细胞质雄性不育系RC_7

不育系RC_7单株

不育系RC_7及保持系的花器比较

不育系RC_7及保持系花枝比较

不育系RC_7及保持系植株结荚状况比较

大白菜种质资源

石特1号

水仙花

二牛心

福山包头

城阳青

冠县包头

玉　青

郑州早黑叶

黑叶蕾白菜

京90-1

小狮子头

李咀中核桃纹

大矬菜

石特79-3

甘蓝×大白菜远缘杂种

北京小青口

大白菜萝卜细胞质雄性不育系RC_7

不育系RC_7单株

不育系RC_7及保持系的花器比较

不育系RC_7及保持系花枝比较

不育系RC_7及保持系植株结荚状况比较

大白菜优良品种

中白50　　中白62　　中白78　　中白81　　中白76

北京小杂56　　秦白2号　　北京新3号　　北京橘红心

87-114　　秦杂1号　　西白5号　　早熟5号

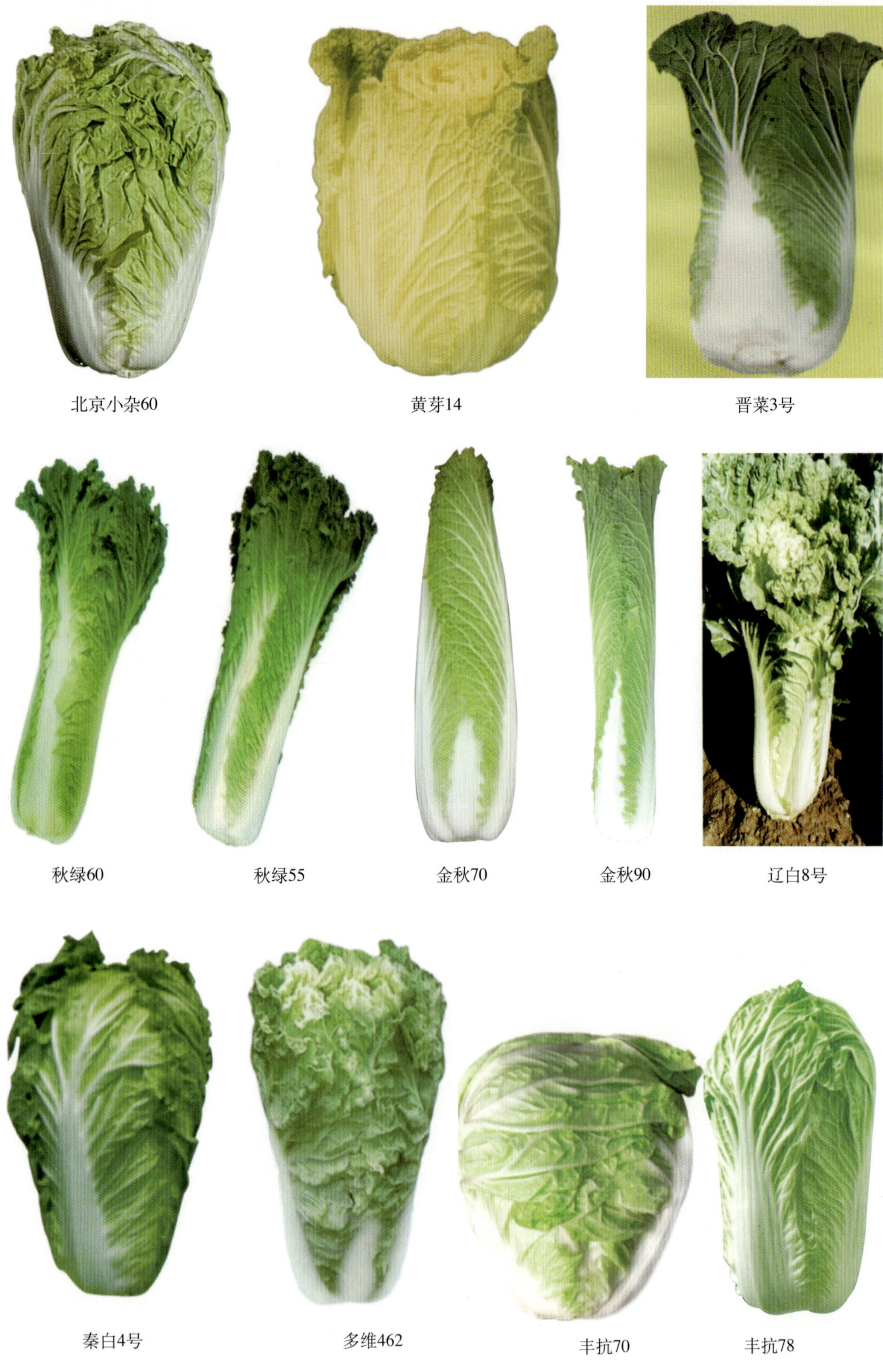

北京小杂60　黄芽14　晋菜3号

秋绿60　秋绿55　金秋70　金秋90　辽白8号

秦白4号　多维462　丰抗70　丰抗78

早熟6号

京夏1号

京春绿

西白1号

天正秋白19

天正春白1号

荧光显微镜鉴定大白菜自交不亲和性

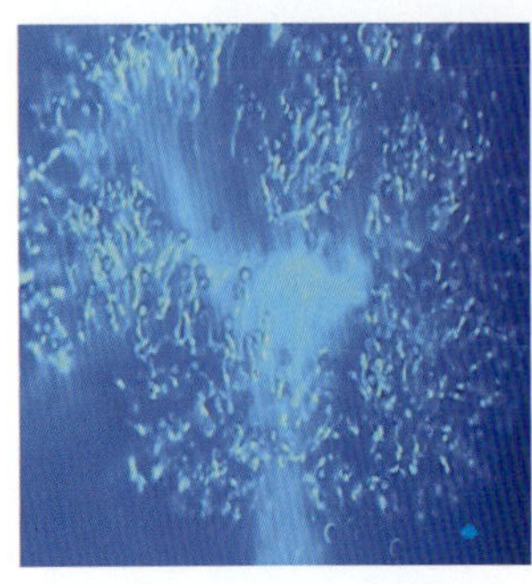

1.亲和：柱头上大量花粉粒萌发，花粉管汇集成花粉管束

2.不亲和：柱头上看不到萌发的花粉粒,只见到乳突细胞上呈现的小白点

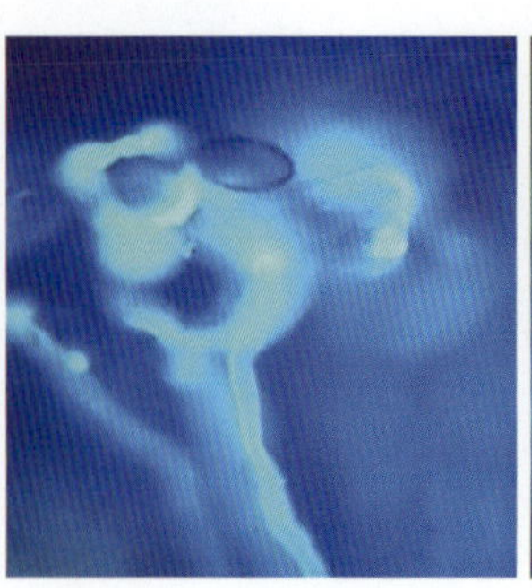

3.亲和：花粉粒萌发形成花粉管(细部)

4.不亲和：花粉粒不萌发,乳突细胞上呈现明亮的胼胝质染白斑(细部)

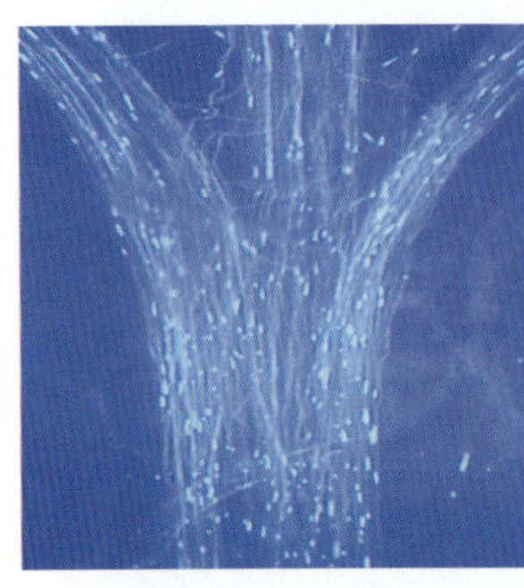

5.亲和：花粉管束由柱头髓部通向柱头中、下部

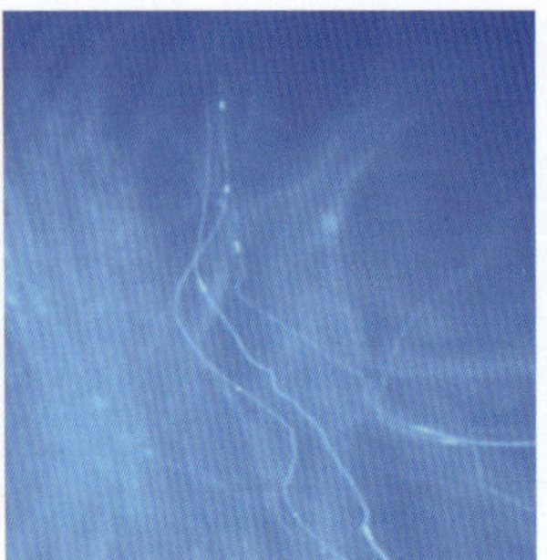

6.不亲和：极少数花粉管束由柱头髓部通向柱头中、下部

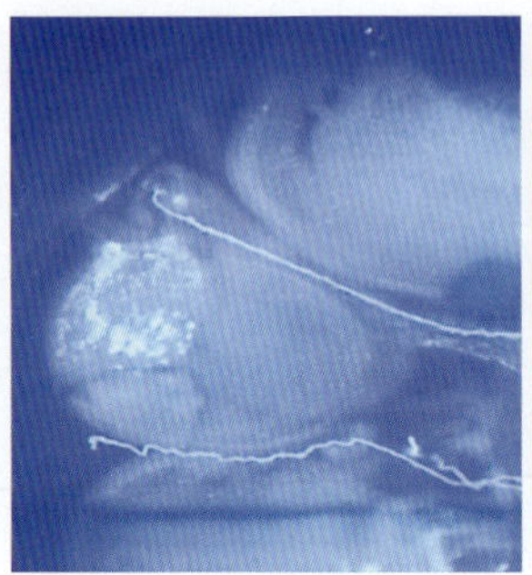

7.亲和： 花粉管进入胚珠受精

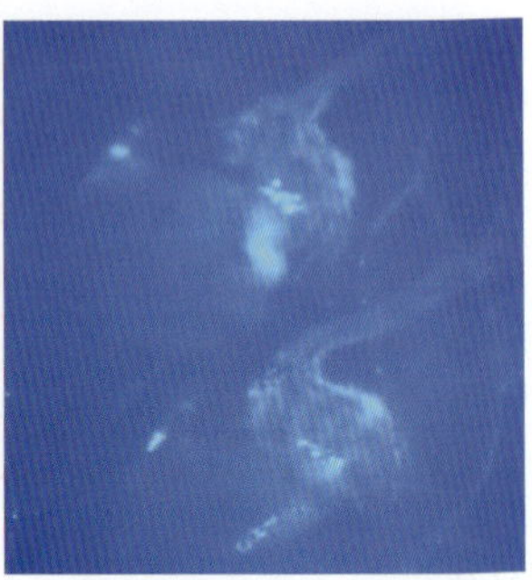

8.不亲和：胚珠中无花粉管进入

9.花粉粒萌发后花粉管基部呈球状，乳突细胞与花粉管接触部分呈白斑（认可反应）

10.光学显微镜所观察到的“认可反应”

小孢子培养技术在大白菜种质创新中的应用

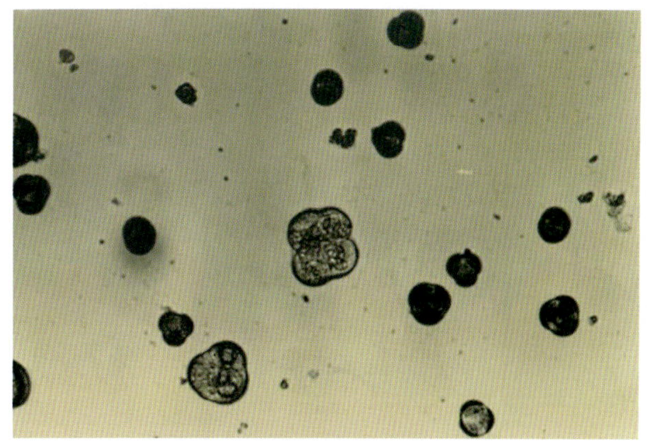

小孢子培养（二次分裂的小孢子）

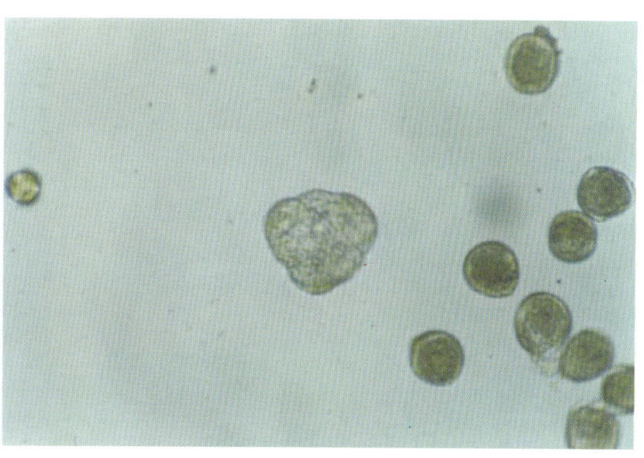

小孢子培养的多细胞团

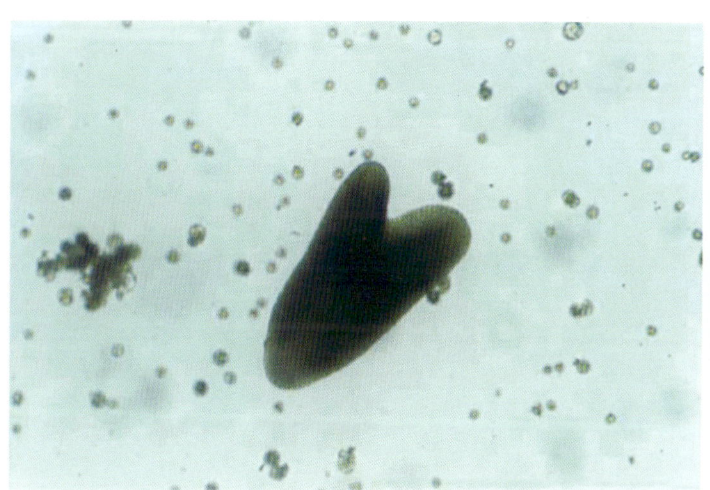

小孢子培养的幼胚

小孢子培养的胚状体形成

成熟胚分化成苗

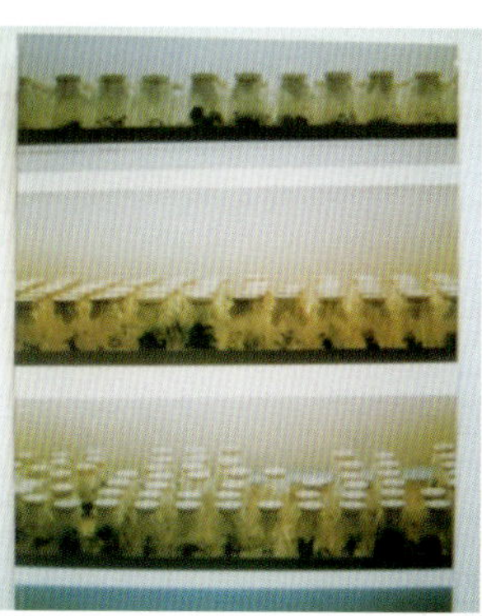

培养箱中的再生苗

单倍体培养成苗

再生苗移栽露地

大白菜抗病性鉴定

离体叶接种抗病性鉴定

苗期复合抗病性鉴定

大白菜制种田

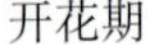

开花期

蜜蜂授粉

结荚期

大白菜新品种试验示范

新品种比较试验

新品种生产示范